화재조사 길잡이

정재웅 감수

김태석 김유식 윤충국 정영진 저

기문당

격 려 사

도시화와 산업기술의 발달로 전기, 가스, 유류 등 에너지 자원이 다양해지고 각종 위험물질의 증가와 새로운 각종 전자제품 등이 개발함에 따라 화재의 발생위험성이 높아졌고 원인도 다양해져 우리 주변에는 여러 가지 복합적 요인에 의한 화재가 지속적으로 발생하고 있고, 원인규명에 대한 요구수준이 높아지고 있습니다.

화재가 발생하면 소방서, 경찰서, 국과수, 가스 · 전기 관련 유관기관의 현장조사요원이 조사를 하게 되는데, 이런 특정 집단의 전문인력들이 현장에서 갈고 닦은 노하우를 정리하는 것은 쉬운 작업이 아닙니다. 그런데 이번에 이런 소개서가 발간된 것을 매우 뜻 깊게 생각합니다.

여러 가지 어려운 여건 속에서도 중요한 자료와 현장에서만 익힐 수 있는 생생한 감식기법을 전수해 주신 화재조사 전문가 여러분들께 감사의 마음을 전해드립니다.

최근 발생한 대형화재에서 볼 수 있듯이 사소한 부주의와 불특정 다수를 대상으로 하는 방화가 사회적 문제로 이슈화 되고 있는 상황에서 화재조서에 대한 새로운 지식과 정보가 이런 책자를 기초로 하여 교류된다면 화재조사의 전문성이 한 단계 더 높아질 것으로 확신합니다.

유사시 국민의 생명과 재산을 지켜내는 일은 가장 중요한 사명이고, 이에 따른 정확한 원인조사 또한 소중한 업무이기 때문에 화재조사에 대한 과학적인 기법을 연구하고 체계화하기 위해 노력하는 인원은 지속적으로 배출되고 화재조사에 대한 인프라가 꾸준히 구축되어야 합니다.

그리고 2000. 1. 12 제조물책임법(PL법)이 제정되고, 2002. 7. 1부터 시행됨에 따라 화재조사의 중요성이 더욱더 부각되고 있으며, 또한 소방에서는 NFDS(국가화재정보시스템)을 구축하여 화재 한 건, 한 건에 대한 자료를 세밀히 관리하고 분석하여 화재를 예방하고 대응하는 자료로 활용도를 높여가고 있으며, 화재조사 분석시스템을 고도화하여 화재예방과 원인규명의 신뢰도를 높여 나가는데 지속적으로 노력하겠습니다.

'화재조사 길잡이' 출간을 기초로 하여, 화재조사의 전문성 향상을 위해 끊임없이 연구 정진하는 화재조사관 여러분의 노고에 다시 한번 감사의 인사를 드리며, 여러분의 가정에 건강과 행운이 함께하시길 기원합니다.

2009. 2. 2

경상남도 소방본부장　정재웅

추 천 사

최근 3년간 우리나라 화재의 발생건수는 소방대상물 및 에너지 사용량의 증가, 생활환경의 변화 등으로 급격히 증가했습니다. 특히 2008년에만 49,630건의 화재가 발생하여 사망 등 인명피해 2,716명, 재산피해 3,831억원 등 막대한 손실이 있었습니다.
특히 발생원인 중 방화 또는 방화로 의심되는 화재가 2007년 3,095건에서 2008년에는 4,240건으로 약 37%나 급증하였습니다.

숭례문 방화사건처럼 사회에 대한 막연한 불만을 표출하거나, 경기침체로 인한 현실비관, 범죄현장 훼손 목적 등의 방화는 앞으로도 계속 증가할 것으로 예상되어 경찰관의 한 사람으로써 매우 걱정스럽습니다.

방화의 증가 및 공판중심주의公判中心主義 강화에 따라 법정에서의 다툼이 첨예화 될 것으로 보이는 만큼 화재에 대한 과학적인 조사기법 등 화재감식의 중요성은 더욱 커질 전망입니다.

범죄수사의 3대 원칙 중에 "현장보존의 원칙"이 있습니다. 사건현장은 수사의 「답안지」이고, 탐문探聞은 수사의 「참고서」 라는 금언金言이 있듯이 현장보존과 관찰은 수사의 시작점이자 종착점으로 과학수사의 핵인 것입니다.

첨단과학이 끝을 모르고 발달하는 오늘날이지만 화마火魔로 인해 소멸된 대상을 통해 진실을 찾는 것은 결코 간단하거나 쉬운 일이 아닙니다.

화재에 대한 고도의 전문지식과 현장에 대한 많은 경험이 요구되기 때문에 과학수사 분야에서도 화재감식 분야는 가장 어려운 분야로 손꼽히고 있습니다. 그러나 주변에서 화재에 대한 전문지식과 경험이 어우러진 자료를 찾기란 그리 쉬운 일이 아닙니다. 대부분 화재에 대해 지나치게 학문적으로 접근하여 실무에 도움이 되지 않는 경우가 많았습니다.

그러던 중에 경찰에서 화재감식 전문과정을 이수하고 오랫동안 수많은 화재현장을 누벼오신 현장의 달인이며, 대학에서 소방관련 학문을 연구해 오신 김태석 선배님께서 실무와 이론을 접목시켜 화재분석의 새로운 틀을 제시한 「화재조사 길잡이」 라는 결정판을 세상에 내놓으셨습니다. 참으로 시의적절하며 화재전문가로서 시대적 위험성을 미리 예측하시고 끊임없이 연구하고 준비하신 결과가 아닌가 생각합니다.

이 책은 화재 전반에 대한 탄탄한 학문적 이론을 바탕으로 현장조사에 필요한 실무사항 및 화재의 유형, 제품의 특성에 따른 발화경향 및 조사요령 등을 상세하고 풍부한 사진 등을 첨부하여 처음 입문하는 초급자도 누구나 쉽게 접근할 수 있도록 배려하였습니다. 뿐만 아니라 화재에 적용할 수 있는 형법 및 형사소송법 등 법률적 해설까지 총망라하고 있어 화재수사의 종합 지침서라 할 수 있습니다. 또한 방대한 자료분석과 충실한 사례의 제시는 그 어떤 책에서도 볼 수 없는 장점이라 생각합니다.

책의 곳곳에서 김태석 선배님의 화재감식에 대한 전문가적 열정과 혼신을 다한 노력을 엿볼 수 있습니다. 금번 저서를 발간하기까지 수없이 많은 밤을 지새며 연구와 집필에 전념하셨을 김태석 선배님의 노고에 진심어린 경의와 박수를 보냅니다. 아무쪼록 이 책이 경찰, 소방 등 실무가는 물론이고 학계, 업계 및 연구기관 등 화재현장에서 애쓰시는 모든 분들에게 많은 도움이 될 수 있기를 기대합니다.

2009, 2. 6.

충청남도 지방경찰청장

치안감 김동민

추 천 사

존경하는 김태석 교수께서 평소에 갈고 닦은 김 교수의 전문분야인 책을 저술 출간하심에 진심으로 축하와 더불어 경의敬意를 올립니다.

화재로 인한 피해는 소손燒損, 수손水損, 소화消火, 인적피해 등 직접적인 피해와 화재 후의 휴업, 정리, 복구 등의 간접적인 피해를 감안하면 실로 우리 인간생활에서 화재만은 기필코 근절시켜야 할 대상입니다. 그러함에도 "강 건너 불 보듯" 설마 우리 집에서 하는 식의 사고가 큰 재앙을 맞게 됩니다.

흔히 소방의 중요성을 강조하면서 일반재산범죄는 "재산의 이동"에 불과하지만 화재의 뒤끝은 무無로 돌아간다고 말합니다.

금번 화재감식(調査)서를 발간한 김 교수를 본인은 개인적으로 누구보다도 잘 알고 있다고 자부합니다. 간부후보생 시절 1년간을 같은 내무반에서 침식을 같이 하였으며, 그는 경찰로 본인은 소방으로 재직하면서 경찰로서는 남다르게 화재의 발생 추세와 원인감식 등에 대하여 수시로 정보지식을 교환하며 지내왔습니다. 오늘의 김 교수가 있기까지는 그의 천신만고의 노력과 지칠 줄 모르는 근면 그리고 앞을 꿰뚫어보는 지해와 경륜이 밑바탕 되었다고 봅니다.

화재조사는 발화건물의 구조, 연소물, 연소양상 등을 파악 연소방향, 연소속도 등으로 최초 발화지점을 포착하는 과학적인 근거 아래 감식자의 전문지식과 기술, 경험 등이 동원되는 종합적인 작업입니다. 따라서 화재의 원인규명의 단서는 발화지점에 있고, 발화지점을 포착하기 위해서는 현장보존의 중요성과 최초 목격자의 확보가 요구됩니다.

화재예방계획은 화재의 발생원인에 따른 대응조치로부터 시작되며, 화재진압작전 또한 원인에 따른 진화방법이 착수된다. 다행스럽게도 중앙정부에 자연재해이던 인위적인 것이던 모든 재난을 총괄 조정하는 소방 방재청이 발족되었으므로 화재의 감식鑑識 · 조사와 아울러 그에 따른 방放·실화失火에 대한 책임처별도 재해현장에 최초 출동하는 소방기관에서 수행케 함으로써 화재로 인한 피해방지에 크게 기여할 것으로 생각된다. 물론 소방법과 형사법 등 관계법령의 개정검토가 있어야 할 것입니다.

끝으로 본 저서가 화재로 인한 피해 경감에 크게 기여할 것을 기원합니다.

2009. 2.

전 충청북도 · 광주광역시 소방본부장 임갑재

머 리 말

최근 급격하게 변하는 산업화 · 도시화로 인한 에너지원의 다양화 · 건축물의 대형화와 연쇄방화사건 등의 급증으르 화재로 인한 피해 역시 대형화되고 있고, 막대한 경제적 손실과 심각한 인명피해를 야기 시켜 사회적 불안요인이 되고 있어서 화재원인의 실체적 규명요구가 더욱 높아지고 있다.

필자는 경찰 재직 중에 1976년도 경찰청 주관 화재감식 전문과정을 이수한 후에 경남 및 울산경찰청관 내에서 화재감식 및 사법경찰관으로써 수사를 지휘 감독한 경험과 퇴직 후의 대학의 소방 관련학과에서 강의한 자료를 정리하여 화재조사업무(경찰 · 소방)에 종사하는 분들과 학생 및 관심 있는 분들에게 하나의 화재조사 길잡이가 될 것을 소망하며 다음과 같은 자세로 이 책을 집필하게 되었다.

첫째, 오늘날 과학기술의 발달에 의한 고도의 산업사회에서 화재의 발생요인은 복잡다단하여 화재조사의 난해성難解性은 더욱 높아지고 있다.

따라서 화재관련 이론과 조사관련 사항을 체계적 · 종합적으로 기술함과 동시에 보다 많은 발화사례 · 그림 및 자료를 소개하고자 노력하였다.

둘째, 화재조사는 기초 · 자연 · 사화과학 등 모든 분야에 대한 광범위한 전문지식이 요구됨과 동시에 화재현장에 대한 풍부한 관찰경험이 중요한바 보다 많은 화재현장 사진을 수록하고자 노력하였다.

셋째, 화재현장에 대한 조사결과가 화재예방의 교육 및 홍보자료로써 가치도 크지만, 궁극적으로 화재발생 책임자에 대한 민 · 사적인 책임부과도 중요함으로 현행 법제法制에서 물증物證의 수집과 보존과 화재수사의 적정성을 위하여 시중에 소개된 화재조사 관련서적에서 다루지 않은 형사소송법과 형법상의 방放 · 실화失火죄의 구성요건에 대한 해설을 비교적 상세하게 소개하였다.

넷째, 오늘날 한글 전용화의 풍조가 대세이나, 화재조사업무의 특수성을 고려하여 화재조사 관련 전문용어에 대하여 보다 많은 한자(漢字)를 부기하고자 노력하였다.

이상 저자가 경험하였던 화재감식과 수사업무 및 수집된 강의자료를 바탕으로 책을 마무리하였다는 보람과 아울러 급변하는 산업화에 충분히 부응하지 못하였다는 아쉬운 마음이 교차한다. 아무쪼록 독자 제현들의 넓은 아량과 이해를 구하며, 화재관련 부문의 업무수행이나 학업 및 관심 있는 분들어게 조금이라도 도움이 되는 화재조사 길잡이가 되어 주길 간절히 바란다.

또한 여러 가지 귀중한 자료를 지원하는 등 아낌없는 도움과 격려를 주신 송재철 님과 경남 지방경찰청 수사과 원종호 님 및 각 경찰서 과학수사요원들과 창신대학 소방안전관리학과장 윤충국 교수님에게 깊은 감사의 뜻을 전한다. 끝으로 경찰청에 편집한 "과학수사 길라잡이"에서 그림과 사진 등 일부자료를 인용하였음을 밝혀둔다. 아울러 출판을 맡아주신 관계자 여러분께 심심한 사의를 표한다.

김 태 석

차 례

제 1 장		**개 요**	**17**
1.	**1**	기본용어	**18**
1.	**2**	화재조사의 개요	**21**
1. 2	1	화재조사의 목적	21
1. 2.	2	화재조사의 범위	21
1. 2.	3	화재조사의 관련규정	22
1. 2.	4	화재진압출동 및 작전중의 관찰과 질문	23
1. 2.	5	화재현장의 보존조치(保存措置)	24
1. 2.	6	부문간(部門間)의 상호협조	26
1. 2.	7	조사관의 자세와 유의사항	27
1. 2.	8	과학적인 조사기법	28
1.	**3**	화재의 종류	**29**
1. 3.	1	화재대상물에 따른 분류	29
1. 3.	2	가연물(可燃物)에 따른 분류	30
1. 3.	3	국가화재 분류체계	32
1.	**4**	화재에 의한 사상자	**33**
1. 4.	1	사망원인에 따른 분류	33
1. 4.	2	생활반응(生活反應)	35
1. 4.	3	소사자의 현장조사	36
1. 4.	4	화상(火傷* Burn)	38
1.	**5**	화재위험(Fire hazard)	**39**
1. 5.	1	화기 유무에 따른 화재위험	39
1. 5.	2	기상조건과 화재위험	40
제 2 장		**연소이론**	**41**
2.	**1**	물질의 기본성질	**42**
2.1.	1	물질의 상변화에너지	42

2.1.	2	기체의 성질	44
2.1.	3	액체의 성질	44
2.1.	4	고체의 성질	45
2.	**2**	**기초연소이론**	**45**
2.2.	1	연소(燃燒)의 의의와 종류	45
2.2.	2	연소형태	47
2.2.	3	연소성상(燃燒性狀)	50
2.2.	4	열전달(熱傳達* Heat transfer)	56
2.	**3**	**연소의 필요조건**	**58**
2.3.	1	화원(火源* Ignition·Fire source)	59
2.3.	2	가연물(可燃物* Combustible material)	63
2.3.	3	산화제(酸化劑* Oxidizing agent)	73
2.	**4**	**연소생성물**(Combustion products)	**77**
2.4.	1	연기(煙氣* Smoke)	77
2.4.	2	화열(火熱* Heat by Fire)과 불연재	84

제 3 장 화재이론 99

3.	**1**	**발화**(發火)**와 인화**(引火)	**100**
3.1.	1	발화점과 인화점	100
3.1.	2	발화(Ignition)	101
3.1.	3	인화(Flash)	107
3.	**2**	**화재성상**(火災性狀)	**108**
3.2.	1	불의 상승 성향과 방향성	108
3.2.	2	화재의 성장	110
3.2.	3	건축물 화재	123
3.	**3**	**가연물의 연소성상과 조사요점**	**129**
3.3.	1	가연물의 연소형식	129
3.3.	2	가스연료의 성질과 화재	136
3.3.	3	인화성 액체(Flammable liquid)	144
3.3.	4	목재류의 소적관찰(燒迹觀察)	148
3.	**4**	**발화**(發火)**부 · 화원**(火元)**부**	**162**

3.4. 1 발화부와 출화부 162
3.4. 2 화원(火元* Seat of fire)부 163
3.4. 3 연소(延燒)형식 164

제 4 장 화재현장조사 167

4. 1 예비조사와 준비 168

4.1. 1 예비조사(豫備調査) 168
4.1. 2 사전준비 170
4.1. 3 경찰의 소방관과 협의 172

4. 2 화재원인조사 173

4.2. 1 기초지식과 진행순서 173
4.2. 2 현장관찰 174
4.2. 3 질문과 녹음 180
4.2. 4 연소상황 관찰 185
4.2. 5 발화범위의 결정 192
4.2. 6 현장발굴조사 210
4.2. 7 복원(復元* Restoration) 218
4.2. 8 발화지점의 판정 219
4.2. 9 발화원의 검토 220
4.2. 10 발화원인의 판정 221
4.2. 11 현장해제(現場解制) 223
4.2. 12 보완조사 224
4.2. 13 물증(物證) 225

4. 3 소방자료의 수집평가 233

4.3. 1 화재의 확산경로에 대한 점검 확인 234
4.3. 2 대피상황(待避狀況)의 점검확인 235
4.3. 3 소방용 설비의 사용과 작동상황 235
4.3. 4 소방행정상의 문제점 236

제 5 장 화재유형별 조사요점 237

5. 1 폭발화재(爆發火災) 238

5.1. 1 폭발(爆發* Explosion) 238

5.1. 2 인화(引火)에 영향을 미치는 요인 243
5.1. 3 폭발화재조사 243
5.1. 4 화학화재 원인 입증 278

5. 2 전기화재(電氣火災) 281

5.2. 1 전기화재의 개요 281
5.2. 2 전기화재의 조사요령 290
5.2. 3 전기화재 원인별 조사요점 299
5.2. 4 전기제품별 조사요점 325

5. 3 연소(燃燒) 기구별 조사요점 340

5.3. 1 가스연료 연소기구 340
5.3. 2 액체연료 연소기구의 조사요점 353

5. 4 자동차 화재 361

5.4. 1 자동차의 중요구조와 기능 361
5.4. 2 LPG 차량 370
5.4. 3 차량의 화재위험성 380
5.4. 5 차량화재의 조사요점 384
5.4. 5 자동차 방화 397

5. 5 미소화종에 의한 화재 401

5.5. 1 미소 무염화종의 종류와 특징 401
5.5. 2 미소화종에 의한 발화증명 408
5.5. 3 유염화종과 발화 409

5. 6 방화(放火* Arson) 410

5.6. 1 방화의 성격과 특징 410
5.6. 2 방화의 목적유형 411
5.6. 3 방화조사의 핵심요소와 유의사항 412
5.6. 4 방화 가능성의 판단요소와 용의자 414
5.6. 5 방화의 행위방법과 조사요점 416
5.6. 6 방화수사의 요점 425

제 6 장 화재사건과 형사법 429

6. 1 화재사건의 수사 430

6.1. 1 수사의 기본원칙 430
6.1. 2 임의수사(任意搜查) 431
6.1. 3 체포(逮捕 : 대인적 강제처분) 435
6.1. 4 수사상 압수·수색(대물적 강제수사) 439
6.1. 5 수사상의 검증(檢證) 444

6. 2 방화와 실화의 죄 445

6.2. 1 의의(意義)와 본질(本質) 445
6.2. 2 방화죄의 행위객체 449
6.2. 3 방화죄(放火罪) 449
6.2. 4 실화(失火)의 죄(罪) 458

부록 461

1 제조물책임법의 일반론 462
2 실황조사서식과 기재요점 469
3 감정서(사례) 473
4 차량화재 분석 사례 475
5 혼합 및 혼촉 위험물 481

참고문헌 489

1
개 요

제 1 장

개 요

1.1 기본용어

1. 화재(火災* Fire)

'화재'란 불에 의하여 야기되는 재란(災亂 : 인적·물적인 피해)으로서 고의(故意)에 의한 방화(放火) 또는 사람의 의도에 반하여 발생하고 현저하게 확대되어 진화활동에 일정한 소화설비나 이와 같은 성능을 가진 도구나 장비를 사용하여 소화(消火)할 객관적 필요가 있다고 판단되는 화열(火熱 : 불과 열)과 빛을 동반하여 급속하게 연소(燃燒* Combustion)하는 산화(酸化* Oxidation)현상을 말한다.

화재의 3요소

(1) 인간의 의도에 반하거나 또는 방화에 의하여 발생할 것.

(2) 소화에 필요가 있는 연소현상일 것.

(3) 소화시설 또는 이와 동등한 효과가 있는 것을 이용할 필요가 있는 것.

2. 화재감식(火災鑑識* Fire Identification)

'화재감식'이란 과학적이고 전문적인 지식과 기술 및 경험 등을 활용 하고 응용하여 주로 시각적(視覺的)인 판단에 의해 화재현장의 소잔상황(燒殘狀況)을 탐색하여 방증자료(傍證資料)의 수집·분석하고 종합 판단하여 화재원인(Fire cause)과 구체적인 사실관계를 명확하게 규명(糾明)하여 밝혀내는 것을 말한다.

3. 화재조사(火災調査* Fire Investigation)

'화재조사'란 화재현장(火災現場* Fire ground)에 임장하여 화재의 원인을 규명하고, 화재로 인한 피해산정 및 화재예방대책의 수립을 위한 자료수집(資料蒐集), 관계자 등에 대한 질문과 현장 확인(確認), 감식(鑑識) · 감정(鑑定) 및 실험(實驗) 등을 하는 일련의 조사활동을 말한다. 따라서 일반적인 범죄수사(犯罪 搜査)는 현장감식의 결과 규명된 각종 증거(證據) 및 범인(犯人)의 특징 등 구체적인 사실관계(事實關係)를 근거로 하여 수사(搜査)활동이 전개되는데 반해 화재조사는 일반범죄(一般犯罪)의 현장감식과 수사 활동의 복합적(複合的)인 행위가 된다.

4. 화재현장(火災現場* Fire ground)

'화재현장' 이란 화재가 발생하여 소방대 및 관계자 등에 의해 소화 활동(消火活動)이 진행 또는 완료된 장소를 말한다.

5. 발화원(發火源)

'발화원' 이란 발화에 직접 관계하거나 또는 그 자체로부터 발화한 화원(火源)을 말한다. 발화원을 크게 분류하면, ① 가연성 물질이 화염(火焰)에 접촉할 때, ② 전반적으로 가열을 받았을 때, ③ 고온의 고체표면에 접촉할 때, ④ 고온의 가스 또는 전기 스파크(불꽃)에 접촉될 때, ⑤ 급격히 압축되었을 때 또는 자연발화, ⑥ 각종 열원(熱源)과 동력원에 의한 실화(失火), ⑦ 방화(放火), ⑧ 천재(天災) 등이 있다.

6. 경과(經過)

'경과' 란 시간적인 진행 그 자체를 의미하며, 발화에 관계된 현상 및 상태 또는 행위를 말한다. 발화원(發火源)으로부터 착화물에 이르기까지는 반드시 몇 개의 현상 및 상태 또는 행위가 관련되어 화재가 발생한다.

7. 발화·발화지점·발화장소

'발화' 란 연소현상이 확대되어 화재조건에 다다른 시점을 말하고, '발화지점(發火地點)'이란 화재가 발생한 지점 즉, 화원과 가연물이 서로 접촉하여 발화가 시작한 정확한 장소로써 화재가 발생한 지점을 말하고, '발화장소(發火場所)' 란 화재가 발생한 장소로써 행정상의 소재지를 포함할 수 있다.

8. 착화물(着火物)

'착화물' 이란 발화원에 의해서 최초로 착화한 물질을 말하며, 모든 가연성물질은 착화물이 될 수 있다. 착화물의 분류는 물질의 상태에 따라 기체·액체·고체로 크게 분류되며, 물질의 명칭으로도 분류하고 있다. 따라서 소방법의 '화재조사 보고서 작성지침' 을 참조하여 착화물의 종류를 적정하게 구분해야 한다.

9. 소손면적(燒損面積 : 燒燬面積)

건물의 소손(燒損 : 燒燬)이 입체적인 경우에는 이 부분의 바닥면적 산정(算定)방법에 의해서 산정하고, 비입체적인 경우에는 소손표면적으로 산정한다.

10. 소실정도(燒損程度)

(1) 전소(全燒* Total destruction) : 건물의 70% 이상이 소손된 것 또는 그 미만이더라도 잔존부분을 보수하여 재사용이 불가능할 것

(2) 반소(半燒* Half destruction) : 건물의 30% 이상 70% 미만 소손된 것

(3) 부분(部分燒* Partial destruction) : 건물의 30% 미만이 소손된 것

11. 사상자(死傷者)

화재현장에서 소화(消火)활동·피난(避難)활동 등을 포함한 화재에 직접 기인하여 사망 또는 부상당한 사람을 말하며, 화재에 의해 부상당한 후 72시간 이내에 사망한 자도 사망자로 한다.

12. 신설가격 · 현재가액

'신설가격(新設價格)' 이란 화재당시를 기준으로 피해 고정자산의 건축 또는 신설의 소요비용에 상당하는 금액을 말하고, '현재가액(現在價額)' 이란 신축가액 또는 제조가액에서 감가상각(減價償却)액을 공제한 가액을 말한다.

13. 관계자 등

'관계자(關係者) 등'이란 소방기본법 제2조 제3호에 의한 관계인과 화재의 발견자(發見者), 신고(申告) 및 통보(通報)한 자, 초기소화자(初期消火者), 기타 조사 참고인(參考人) 등을 말한다.

14. 입회인(立會人)

화재의 현장조사(現場調査) 및 발굴조사(發掘調査) 등의 진행과정에서 화재 직전의 현장상황, 물건의 형태 및 위치, 화재발견 상황 등과 기타 필요한 사실을 확인하기 위해 현장조사에 참여시키는 모든 이재관계자들을 말하며, 입회인의 참여(參與)는 화재조사의 임의성(任意性)과 적정성(適正性)을 담보한다.

15. 소훼(燒燬)와 소손(燒損)

'소훼' 란 어떤 사물이 불에 타서 없어짐을 말하고, '소손'은 어떤 사물이 불에 타서 손상

을 입은 것을 말한다. 양자의 구분은 관점에 따른 차이일 뿐 뜻은 대동소이(大同小異)하나, 화재조사는 불에 타고 남은 현상을 그 대상으로 하므로 소손이라고 표현하는 것이 타당하다고 생각된다.

1.2 화재조사의 개요

1.2.1 화재조사의 목적

화재(火災)는 국민의 생명·신체 및 재산에 막대한 피해를 야기하기 때문에 화재가 발생한 원인과 연소의 확대요인 및 피해상황을 조사하고, 그 결과를 활용함으로써 화재발생을 사전에 예방하고 화재에 의한 피해를 감소시킬 필요가 있다. 따라서 화재조사의 목적을 정리하면 다음과 같다.

(1) 발화원인 및 연소의 확대요인을 규명하여 화재예방을 위한 자료로 활용목적.

(2) 화재발생상황, 원인 및 피해상황 등을 집계하고 통계(統計)화함으로써 정책자료로 활용할 목적.

(3) 방화(放火) 및 실화(失火)의 범죄수사를 위하여 발화원인에 대한 책임을 규명할 목적.

(4) 손해상황을 조사하여 화재피해에 대한 적정한 보상목적.

1.2.2 화재조사의 범위

1. 화재원인 조사

화재원인 조사의 중심은 물론 발화원인(發火原因)에 대한 조사이나, 연소의 확대 원인조사도 중요한 조사범위가 된다. 화재의 원인조사는 단순히 '**발화원(發火源)**'을 밝혀냄으로써 끝나는 것이 아니고, 화재가 발생한 원인에서부터 진화(鎮火)에 이르는 일련의 과정을 밝히고, 발화원인·연소의 확대요인·사상자 발생원인 등을 규명하는 것이다.

(1) 발화원인조사(화재감식)

발화건물·발화부위를 판정하고, 발화지점에 존재하였던 발화원인을 규명하고, 가연물에의 착화경과와 화재발생과정을 과학적으로 입증(立證)한다.

(2) 연소의 확대원인 조사

발화에서부터 시작하여 화재성장을 거쳐 수평·수직방향으로의 연소 확대상황에 대하여 방화(防火)문·내장재(內裝材) 등의 건축구조·방화관리(防火管理), 인적·물적·지리적·자연 조건 등을 근거로 연소의 확대원인을 조사한다.

2. 화재손해 조사

화재손해(火災損害)조사는 화재라고 하는 연소현상(燃燒現象)과 피난(避難) 등에 의해서 발생한 인적·물적 손해와 공사(公私)를 불문하고 화재를 소화(消火)·진화(鎭火)하기 위하여 발생한 인적·물적 손해를 조사한다.

1.2.3 화재조사의 관련규정

화재는 국민의 생명과 재산에 막대한 피해를 주는 재해(災害)로서 화재당사자들 뿐만 아니라 확대연소로 인한 사회적인 혼란을 야기시키기 때문에 화재관련 각 부문의 기능과 목적에 따라 화재조사권이 법규에 의하여 부여되어 있다(표 1.1 조사기관의 법적근거 참조).

〈표 1.1〉 조사기관의 법적근거

조 사 기 관	법 적 근 거	비 고
경 찰	형법 제13장 방화와 실화의 죄(제164조 ~ 제176조)	범죄수사
소 방	소방기본법 제5장 화재의 조사(제29조 ~ 제33조의 규정)	소방행정 기본자료
보 험 사	화재로 인한 재해보상과 보험가입에 관한 법률·제16조 등	보험금 지급
가스전문기관	액화석유가스의 안전 및 사업관리법 제35조(보고 · 조사 등)	사고예방과 홍보
전기전문기관	전기사업법 제52조(사업) 전기안전에 관한 조사 및 연구	사고예방과 홍보

■ 소방기본법 제29조(화재의 원인 및 피해조사)

① 소방본부장 또는 소방서장은 화재가 발생한 때에는 그 화재원인과 화재 또는 소화로 인하여 생긴 손해를 조사해야 한다.

② 제1항의 조사는 소화활동과 동시에 시작해야 한다.

■ 소방기본법 제29조(화재의 원인 및 피해조사)

① 소방방재청장–소방본부장 또는 소방서장은 화재가 발생한 때에는 화재원인 및 화재 또는 피해 등에 대한 조사(이하 '화재조사'라 한다)를 해야 한다.

② 제1항의 규정에 따른 화재조사의 방법 및 전담조사반의 운영과 화재조사자의 자격 등 화재조사에 관하여 필요한 사항은 행정자치부령으로 정한다.

■ 소방기본법 제 30조(출입·조사 등)

① 소방방재청장·소방본부장 또는 소방서장은 화재조사를 하기 위하여 필요한 때에는 관계인에 대하여 필요한 보고 또는 자료의 제출을 명하거나 관계공무원으로

하여금 관계 장소에 출입하여 화재의 원인과 피해의 상황을 조사하거나 질문하게 할 수 있다.

② 제1항의 규정에 따라 화재조사를 하는 관계공무원은 그 권한을 표시하는 증표를 지니고 이를 관계인에게 내보여야 한다.

③ 제1항의 규정에 따라 화재조사를 하는 관계공무원은 관계인의 정당한 업무를 방해하거나 화재조사를 수행하면서 알게 된 비밀을 다른 사람에게 누설하여서는 아니 된다.

■ 소방기본법 제31조(수사기관에 체포된 사람에 대한 조사)

소방방재청장·소방본부장 또는 소방서장은 수사기관이 방화(放火) 또는 실화(失火)의 혐의가 있어서 이미 피의자를 체포하였거나 증거물을 압수한 때에 화재조사를 위하여 필요한 경우에는 수사에 지장을 주지 아니하는 범위 안에서 그 피의자 또는 압수한 증거물에 대한 조사를 할 수 있다. 이 경우 수사기관은 소방본부장 또는 소방서장의 신속한 화재조사를 위하여 특별한 사유가 없는 한 조사에 협조해야 한다.

■ 소방기본법 제 32조(소방공무원과 국가경찰공무원의 협력 등)

① 소방공무원과 국가경찰공무원은 화재조사에 있어서 서로 협력해야 한다.

② 소방본부장 또는 소방서장은 화재조사 결과 방화 또는 실화의 혐의가 있다고 인정하는 때에는 지체 없이 관할 경찰서장에게 그 사실을 알리고 필요한 증거를 수집·보존하여 그 범죄수사에 협력해야 한다.

■ 소방기본법 제33조(소방기관과 관계 보험회사와의 협력)

소방본부·소방서 등 소방기관과 관계 보험회사는 화재가 발생한 경우 그 원인 및 피해상황의 조사에 있어서 필요한 사항에 대하여 서로 협력해야 한다.

1.2.4 화재진압출동 및 작전중의 관찰과 질문

화재발생의 신고접수 또는 인지시점부터 출동 및 진압작전 과정까지의 제반 화재현장 상황에 대하여 출동 및 진압활동을 수행한 소방요원과 이재관계들에게 관찰사항을 질문하여 실제로 관찰한 사실과 내용을 확인한다.

1. 출동과정에서의 관찰과 확인

① 연소상황이 어떤 형태였으며, 연기(煙氣)와 화염(火焰)이 어디에서 어느 방향으로 진행하고 있었는지 등 제반 화재상황에 대하여 확인한다.

② 탐문(探聞)에 의하여 얻어진 화재상황은 어떤 내용이며, 연소상황을 촬영한 경우에는

화재 초기의 연소상황은 어떠한 형태였는지를 확인한다.

③ 사건에 따라서 사건관계자가 초기소화를 시도하는 경우도 있기 때문에 화재 초기의 관찰과 탐문내용으로부터 발화범위를 보다 쉽게 추정할 수 있는 경우도 있다.

2. 진압작전 중의 관찰과 확인

① 화재 진압작전지휘 · 소화(消火) 및 구조(救助)활동 등의 각각의 방어활동 과정에서 특이연소(特異燃燒)나 주수효과에 대한 상황, 사상자(死傷者)의 발생상황, 방어(防禦) 활동 중의 물건이동 · 도괴 및 파손상황 등을 확인한다.

② 발화원인과 관련되는 제반사항 즉, 전기기기 및 연소기구의 사용상황, 가스 누설(漏泄)의 유무 및 가스전의 개폐상황, 화재건물의 출입구 · 셔터 · 창문 등의 개폐 및 잠금상황 등을 현장관찰 및 관계자에게 질문하여 확인한다.

3. 부상자 처치 및 후송과정에서의 관찰과 질문

화재현장에서 부상을 당한 사람들은 우연하게 초기화재를 실제로 경험한 자가 많고, 화재발생과 어느 정도 인과관계(因果關係)가 있는 경우가 있으므로 이들의 진술(陳述)과 현상(現象)은 초기화재의 발생상황(發生狀況)을 추정할 수 있는 많은 정보를 제공하게 된다.

① 화상부위가 신체의 앞쪽에 있는 경우와 뒤쪽에 있는 것과는 화재 당시의 부상자의 행동이 전혀 다른 것을 의미한다.

② 화재당시 부상자가 입고 있던 의복의 소손현상 및 석유 등의 이상한 냄새의 유무도 초기화재의 발생상황을 추정할 수 있는 중요한 단서가 된다.

③ 자해방화(自害放火)나 폭발화재(爆發火災)로 인한 부상자들은 병원에 후송한 후에 장기 입원치료와 증상의 악화로 사망하는 경우가 있어 필요진술을 얻지 못하는 경우가 많다. 따라서 구조요원은 부상자의 증상(症狀)정도를 고려하여 응급조치(應急措置) 당시에 발화원인과 관련된 필요정보를 얻을 수 있도록 노력해야 한다.

1.2.5 화재현장의 보존조치(保存措置)

화재현장의 모든 소잔물건(燒殘物件)들은 화재감식 및 조사에 있어 판정(判定)의 대상물이 되기 때문에 있는 그대로의 상태가 화재사건의 수사(搜査)에 있어 상황 증거(狀況證據* Circumstantial evidence) 및 필요한 증거물(證據物)이 된다. 따라서 화재수사에 있어 증거(證據)의 보고(寶庫)인 화재현장은 가능한 있는 그대로의 상태로 보존하는 것이 중요하다.

1.2.5.1 화재진압작전중의 조치

화재진압작전을 수행함에 있어서 지휘관 및 소방대원들은 화재현장에 존재하는 모든 물건들은 화재조사에 필요한 증거자료(證據資料)가 된다는 인식을 가지고, 불필요한 과잉방수(過剩放水)·물건의 파괴 및 이동 등을 가능한 한 삼가야 한다.

1. 현장보존(現場保存)과 통제(統制)

현장보존 후에 추정되는 발화부의 주변에 대한 정보수집(情報蒐集)에 노력하고, 확인된 발화부의 주변에 대한 과잉주수(過剩注水)·짓밟고 휘젓고 다니는 행동 등을 하지 않도록 지휘관 및 방어대원에게 연락하여 철저하게 통제함은 물론, 기타 필요시에는 통제관을 현장에 머물도록 조치한다.

2. 화재현장내의 불가피한 물건의 파괴와 이동

① 잔화(殘火)처리 당시에 불가피하게 화재현장에 있는 물건을 파괴 또는 이동해야 할 경우에는 파괴 또는 이동하기 전의 위치를 측정하여 기록하고 사진을 촬영하여 원래의 상황과 상태를 확실하고 명확하게 해둔다.

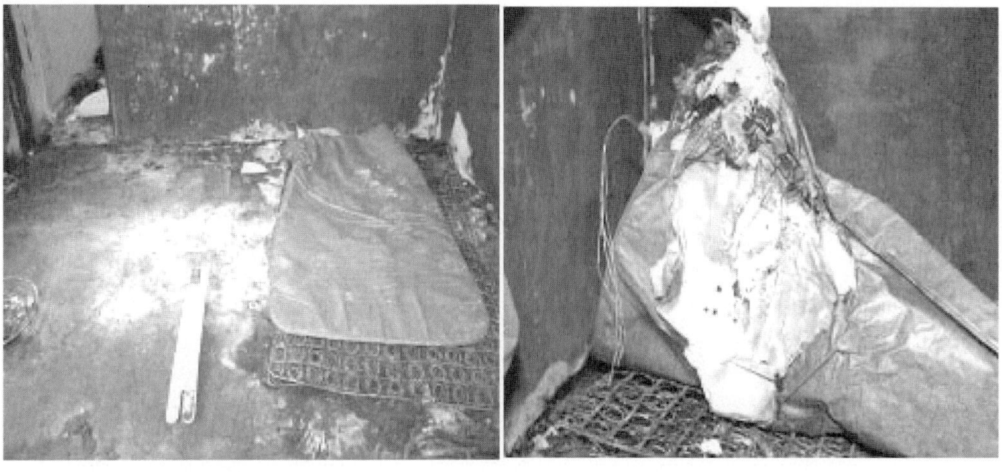

〈사진 1.1〉 화재실의 소잔현상과 침대 및 전기장판의 소손상태

② 화재현장에서 행방불명자의 검색(檢索)을 위한 물건의 이동 또는 재연소의 위험방지 등을 위하여 잔화처리를 할 필요가 있을 때에는 발화부의 주변을 최대한도로 한정하여 현장보존에 노력한다.

1.2.5.2 화재진압 후의 현장보존

화재현장은 시간이 경과함에 따라서 자연적·인위적으로 변화하는 본질을 가지고 있으며, 특히 관계자의 부주의와 호기심 또는 제3자의 출입으로 화재현장이 파괴되고 소멸되어 귀중한 조사자료 또는 증거물을 채취하지 못하게 되는 경우가 많으므로 완전한 현장보존이 되도록 노력해야 한다. 따라서 '화재현장의 보존'이란 화재 진화(鎮火)후의 상태를 그대로 일정시간 보존하는 것으로써, 현장보존은 제1단계 화재사건의 발생과 동시에 경찰관이 현장에 급행하여 능동적으로 행하는 것이고, 제2단계 전담수사관 또는 현장 감식관이 입장하여 전문적인 입장에서 현장관찰(現場觀察)·현장감식(現場鑑識) 및 현장보존(現場保存)을 행하는 것 등 2단계로 구분할 수 있다.

화재현장의 타다 남은 콘센트나 플러그 하나와 훈소흔(燻燒痕) 같은 잔존형태가 단 한번의 유린(蹂躪)만으로도 판별 불능상태가 되어 화재원인의 판단이 불능해짐은 당연하다. 그러므로 화재현장의 보존이란 진화 후의 상태에서 발굴조사까지 보존되어야 하며, 예비조사가 진행되는 동안 화재현장의 본조사인 발굴조사가 진행되어서는 안 된다.

① 실제로 이재관계자의 입장을 고려해서 현장발굴에 의한 세부조사를 필요로 하는 범위 및 위험방지 범위를 설정하고, 로프·표지 등으로 출입금지 구역을 명시한다.

② 출입금지구역을 설정한 후에는 조사관계자 이외의 자가 출입하는 것을 금지시키고, 필히 관계자들에게 통고한다.

③ 발화(發火)원으로 추정되는 물건이 제조 가공된 기계설비 등으로 일련의 관련 기구를 가지고 있을 때에는 이러한 설비 전체를 포함한 범위를 출입금지구역으로 설정한다.

④ 폭발화재 및 폭발사고 시에는 발화범위 내의 물건들이 비산(飛散)하므로 그 영향을 받은 범위를 출입금지구역으로 설정한다.

1.2.6 부문간(部門間)의 상호협조

1. 관련부처간의 상호협조

화재조사는 화재원인을 규명한다는 목적은 같지만 '소방기관의 소방행정시책', '경찰기관의 범죄수사', '기업의 제조물위험성의 확인 및 법적인 면책대응' 등 부문간의 주된 목적과 성격에 있어서는 다소 다른 성향이 있다. 따라서 각 부문 및 부처에서 실시하는 화재감식 및 조사의 취지에 대하여 평상시에 교류와 정보공유를 통한 깊은 이해와 노력이 서로 필요하며, 화재현장의 조사활동에서 원활한 관계를 가지는 것이 요구된다.

2. 조사일시의 결정

화재현장의 조사실시일시는 조사가능인원·기상과 환경조건·사진촬영의 용이성 등을 고려하여 결정하며, 낮에 실시하는 것을 원칙으로 하여 각 부문 및 부처·이재관계자들과 상호협의를 통하여 결정한다.

1.2.7 조사관의 자세와 유의사항

최근 과학기술의 발전에 따른 전기·Gas·유류 등을 이용한 각종 기기류의 개발보급에 의한 화재원인의 다양화와 건축의 구조 및 재료 등의 변혁에 따른 화재형태가 복잡화되고 있는 실정인데 반해, 더욱이 화재현장은 물적 증거가 불에 타서 소실(燒失)·소락(燒落)·도괴(倒壞)되거나 인명구조 및 소화(消火)활동 등에 의해서 파괴 또는 위치이동 등의 환경적인 특징 때문에 화재원인의 규명에 곤란한 점이 많다. 따라서 화재조사관은 공인(公人)으로써 사명감을 가지고 평소 각 분야에 걸친 과학적인 전문지식의 함양과 경험을 쌓는 등 자기개발을 위한 부단한 노력을 해야 함은 물론 위험성이 상존하는 화재현장에서 신체안전에 유의하며 조사활동을 전개하여 과학적으로 화재원인을 규명(糾明)할 필요가 있다.

1. 조사관의 자세

① 사심(私心)과 선입견(先入見)을 가져서는 안 된다.
② 속단은 금물이다.
③ 공정하고 정확하게 실시해야 한다.
④ 책임을 다하려고 노력해야 한다.
⑤ 작은 것도 소홀히 해서는 안 된다.
⑥ 서두르지 말고 여유를 가져야 한다.

2. 조사관의 유의사항

① 과학적인 근거에 의한 조사에 중점을 두고 관계자 또는 목격자 등에 대한 질문조사는 보조적인 방법으로 실시한다.
② 개인의 권리를 침해하거나 업무를 방해하지 않도록 유의한다.
③ 지득한 비밀을 누설하거나 명예를 훼손하지 않아야 한다.
④ 신분을 명확하게 밝히고 가능한 관계자의 입회하에 조사를 실시해야 한다.
⑤ 조사결과를 부주의로 누설시키지 않아야 하며, 보도기관 등에의 발표는 신중하게 판단하여 행해야 한다.
⑥ 타 기관의 조사에 상호 협력해야 한다.

1.2.8 과학적인 조사기법

화재조사에 있어서 발화지점 및 화재원인에 접근하는 방법에는 귀납법(歸納法), 연역법(演繹法), 형태학적 접근법 및 소거법(消去法) 등이 활용되고 있으나 어느 하나에 의존하기보다는 모든 조사기법을 종합적으로 활용하는 것이 바람직하다. 따라서 조사관은 화재현장을 귀납적인 기법으로 조사하여 추정사실(推定事實) 즉, 가설(假說)을 세우고, 연역적인 기법으로 그 추정사실(가설)을 분석검토하고, 형태학(形態學)적 방법으로 추정사실(가설)을 검증하고 판단하여, 화재와 직접적으로 관련 없는 가설은 배제시켜 두는 것. 즉, 소거법이 조사결과의 신뢰성을 보증하는 데 있어서 아주 중요하다.

1. 귀납법(Inductive method · Inductive technique · Inductive approach)

'귀납법(歸納法)적인 조사방법'이란 어떤 가설을 설정함이 없이 많은 각각의 특수한 사실자료를 수집하고 종합하여 일반적인 원리 및 법칙으로 결론을 도출해 내는 조사방법을 말한다. 예컨대 화재현장에서 소잔물건의 소손(燒損) 및 소실(燒失) 등의 연소현상과 여러 가지 특이현상에 대한 관찰결과를 대조하고 비교해서 어디에서 · 무엇이 · 무엇 때문에 · 어떤 관계에서 · 어떻게 화재에 이르게 되어, 어떤 경로로 확대 진행되었는지 등을 논리적(論理的)으로 규명하여 나가는 조사방법을 말한다.

2. 연역법(Deductive method · Deductive technique · Deductive approach)

'연역법(演繹法)적인 조사방법'이란 어떤 문제 및 사실을 인식하고 가설을 설정한 후에 그 가설이 맞는가를 예상되는 관찰결과 또는 실험결과를 통하여 확인하고 검증(檢證)하는 조사방법을 말한다. 화재현장에 대한 귀납적(歸納的)인 조사방법에 의한 조사활동을 실시한 결과 추정되는 판단사실에 대해서 연역법적인 조사방법으로 그 추정된 판단사실이 예상되는 화류(火流 : 불길)의 흐름에 따른 연소의 확대진행 경로와의 부합 여부에 대하여 확인하고 검증하는 것이 정확한 화인규명을 위하여 아주 중요하다.

3. 형태학적 접근법(Morphological approach)

'형태학적(形態學的)인 접근방법'이란 화재현장에 있는 잠재적인 위험요소에 직접 초점을 맞추는 것으로써, 귀납법과 연역법이 간접적인 접근방식이라면 이 방법은 직접적인 접근방식이라고 할 수 있다. 즉, 화재에 영향을 주는 가장 중요한 요소에 집중하여 조사하는 방법으로써 조사자는 화재조사에 대한 상당부분 자신의 경험에 의존하게 되기 때문에, 알려진 위험요소에 초점을 맞추게 되어 간편하게 사용할 수 있는 반면, 인지(認知)하지 못한 위험요소를 누락할 수 있는 접근방법이다.

4. 소거법(消去法* Elimination)

'소거법적인 조사방법' 이란 어떤 원인 및 사실을 규명하기 위하여 원인 및 실체(實體)를 알지 못하는 여러 개의 개체를 각각 조사하여 원인 및 사실로서의 가능성이 희박한 것을 하나씩 부정(否定) 또는 배제시켜 가며 최후에 남는 것을 원인 및 사실로 결론짓는 조사방법을 말한다.

화재사건의 조사활동에 있어서 발화부로 의심되는 현상 및 화원(火源)으로서 가능성이 있는 모든 소잔된 화기시설(火氣施設)에 대해서 각 개체별로 형태학적인 조사방법으로 정밀하게 조사하여 화재당시의 분화 여부(焚火與否) 및 화인(火因) 또는 발화부(發火部)로서의 가능성 유무를 확인하여 합리적으로 타당성 있게 배제시켜 두는 것이 조사결과의 신뢰도의 제고 및 공판(公判)에서의 법정증언(法庭證言)에 대비하여 두는 것이 아주 중요하다.

1.3 화재의 종류

1.3.1 화재대상물에 따른 분류

1. 건조물화재(建造物火災)

'건조물화재' 란, 가옥(家屋) 및 그 부대시설 또는 이와 유사한 공작물(工作物)에서 발생한 화재를 말한다. 건조물(建造物)은 건축물(建築物)보다 넓은 개념으로서 가옥 기타 이와 유사한 공작물로서 토지에 정착(定着)하여 사람이 거주하고 내부에 출입할 수 있는 정도의 기둥에 의해 지지되고 지붕이 있는 구조물(構造物)을 말하는데, 그 크기에 관해서는 문제가 없다. 다만 용도, 기능, 구조상 건조물로 취급하는 것이 부적당한 폐가(廢家)와 비닐하우스 및 텐트 등은 제외된다.

2. 차량화재(車輛火災* Vehicle fire)

'차량화재' 란, 차량과 견인되고 있는 차, 또는 그것들에 실려 있는 적재물에서 발생한 화재를 말한다. 차량이란 차량등록의 유무와는 상관없이 동력기계를 사용하여서 육상으로 이동하는 것을 목적으로 제작된 용구를 말하며, 여기에는 자동차와 기차 및 전동차 등이 포함되고, 차량의 본래의 목적을 벗어난 오락용 및 완구용은 제외된다.

3. 선박화재(船舶火災* Marine fire)

'선박화재' 란, 선박 또는 그 적재 물에서 발생한 화재를 말한다. 선박은 선체의 등록 및 엔진의 유무와 상관없이 독립된 기능을 가진 범선(帆船) · 기선(汽船) 및 작은 배와 주거선

(住居船) · 창고선(倉庫船) · 거룻배 등을 말한다.

4. 항공기화재(航空機火災)

'항공기화재' 란 사람이나 물건을 싣고 공중을 비행하는 비행기 · 헬리콥터 등의 비행체 및 그 적재(積載)물에서 발생한 화재를 말한다.

5. 임야화재(林野火災* Wildfire)

'임야화재' 란, 산림(山林)과 야산(野山) 및 들판의 수목(樹木) · 초지(草地) · 덤불 · 농작물에서 발생한 화재로서 무제한적으로 연소를 지속하는 성향을 가지는 화재이다.

6. 기타 화재

위의 어느 것에도 해당되지 않은 화재를 말한다. 여기에는 재료에 기계적인 가공(加工)과 조립(組立)을 통해서 만든 물건이나, 땅위 및 땅속에 인공적(人工的)인 가공을 통하여 제작(製作)된 물건인 건물 · 정원(庭園) · 터널 등의 공작물 또는 쓰레기 · 마른풀 등이 불에 타는 것이 해당된다.

1.3.2 가연물(可燃物)에 따른 분류

가연물(*Combustible Material)의 종류와 상태에 따라 미연방방화협회(NFPA : National Fire Protection Association)는 다음과 같이 4종으로 분류한다.

〈표 1.2〉 국가별 화재 분류

구 분	한 국	일 본	미 국	독 일	표시색상
A급 (일반)	목재, 종이, 섬유류 등의 일반 가연물	목재, 종이, 섬유류 등의 일반 가연물	목재, 종이, 섬유류 등의 일반 가연물	목재, 종이, 섬유류 등의 일반 가연물	백 색
B급 (유류)	유류(가연성 액체 포함)	유류(가연성 액체 포함)	유류(가연성 액체 포함)	유류(가연성 액체 포함)	황 색
C급 (전기)	전기	전기	전기	가스(액화, 용해, 압축)	청 색
D급 (금속)	금속	금속	금속	금속	무 색
E급 (가스)	–	가스(액화, 용해, 압축)	가스(액화, 용해, 압축)	전기	황 색

1. A급 화재(일반가연물 화재)

연소(燃燒) 후에 재를 남기는 종류의 화재로서 목재(木材), 종이, 섬유(纖維) 등의 일반가연물의 화재를 말하며, 소화방법(消火方法)으로는 물에 의한 냉각소화(冷却消火)로 주수(注水), 산알칼리, 포(泡) 등이 있다.

가연물	면화류 · 목재 및 가공물 · 종이 · 볏짚 · 고무 · 석탄 · 합성섬유 · 고분자물질
발생원인	주거 및 편의시설에 설치된 연소기구류에 사용하는 유류·전기 등의 취급부주의로 인한 가연물에 인화(인간의 불안전한 행동) ① 화기사용의 부주의, ② 담뱃불의 취급 부주의, ③ 불장난, ④ 열에너지원의 사용 부주의, ⑤ 작업시의 불티에 의한 화재, ⑥ 방화
예방대책	① 열원의 취급 주의, ② 가연물의 이격, ③ 저장시설의 지정 등

2. B급 화재(유류 및 가스화재)

연소 후에 아무것도 남기지 않는 종류의 화재로서 인화성 액체(引火性液體* Flammable liquid), 기체(氣體) 등의 화재를 말하며, 소화방법으로는 공기차단으로 인한 질식소화(窒息消火)로 화학포(化學泡), 증발성 액체(蒸發性液體 : 할로겐화물), 탄산가스, 소화분말(消火粉末) 등이 있다.

가연물	"위험물안전관리기본법 별표 1"에 규정된 특수인화물류, 제1·2·3·4석유류, 에스테르류, 케톤류, 알코올류, 동식물류 등
발생원인	A급 가연물보다 발열속도가 크고, 낮은 온도에서 인화점을 가지므로 가연성 증기와 공기가 혼합된 혼합증기의 상태가 연소범위에 있을 때 발화원의 접촉으로 인하여 발생함. ① 유출된 기름에 불씨 접촉, ② 환경변화에 의해 유출된 증기로 인한 연소범위의 가연물이 열원과 접촉, ③ 열 시스템의 과열 및 관리 소홀, ④ 난방기구의 전도 및 가연물의 낙하에 의한 발화 등
예방대책	① 연소기구류의 규격품 사용, ② 가연물과 열원의 이격, ③ 환기 및 통풍시설

3. C급 화재(전기화재)

전기에너지를 이용하는 기계기구(機械器具)에서 발생한 화재로서 전기적(電氣的)인 절연성(絕緣性)을 가진 소화기로 소화해야 하는 화재를 말하며, 소화방법으로는 탄산가스, 증발성(蒸發性)액체, 분말소화(粉末消火) 등이 있다.

발생원인	누전·과전류 · 스프크 · 접촉 불량 · 정전기 · 트래킹 · 합선(단락)
예방대책	① 전기기기의 규격품 사용, ② 전기 설비기준에 적합하게 적용, ③ 적정용량의 제품의 사용, ④ 퓨즈류는 적정용량을 사용

4. D급 화재(금속화재)

마그네슘 같은 가연성금속(可燃性金屬* Combustible metal)에서 발생하는 화재가 이에 속하며, 가연성금속은 미세(微細)한 입자나 용융(熔融)된 상태에서 쉽게 발화하는 금속류(金屬類)로서 마그네슘, 티타늄, 나트륨, 칼륨, 칼슘, 리튬, 하프늄, 지르코늄, 아연, 토륨, 우라늄, 플루토늄 등이 있고, 소화방법으로는 건조 사(모래) 등으로 덮어서 진화(鎭火)한다.

발생원인	"위험물안전관리기본법 별표 1"에 규정된 금속칼륨·금속 나트륨·탄산칼슘·인산칼슘·생석회 등(제3류 위험물)·황린·황화인·유황·금속분A(마그네슘과 알루미늄의 가루·조각·리본), 금속분B(마그네슘 및 알루미늄 이외의 금속가루) 등(제2류 위험물)·리튬·칼슘·탄산알루미늄·수소화물(알칼리 및 알칼리토금속 유의 수소화물)·칼슘실리콘 등의 제3류 준 위험물
예방대책	① 해당 금속 가공 당시 가루의 발생 억제, ② 공구 및 기계에서 열 발생 억제, ③ 환기시설, ④ 금수(禁水)성 물질을 제외한 금속 가공장소는 적당한 습도 유지 ⑤ 자연발화성 금속은 저장용기나 저장액에 보관, ⑥ 금수(禁水)성 금속과 수분의 접촉방지

5. E급 화재(가스화재)

가연성 가스가 발화원에 의하여 착화되는 화재이며, 발생빈도는 적으나 피해가 크다는 것이 특징이고, 다른 가연물에 비하여 화재의 위험성이 높다. 누설부분의 방지와 물에 의한 냉각소화(冷却消火)를 한다.

가연물	가연성가스·액화가스·압축가스·용해가스 등
발생원인	끓는점이 낮고, 상태의 불안정, 점화에너지가 작아 착화되면 급속히 연소
예방대책	① 통풍시설, ② 적합한 연료사용, ③ 사용전후 누설 유무 확인, ④ 가연성 물질에 인접보관 금지, ⑤ 공기량의 조절, ⑥ 사용당시 자리 이탈금지, ⑦ 밸브관리 철저, ⑧ 사용 중 이동금지, ⑨ 설치 및 보수는 자격자에게 의뢰, ⑩ 누설 여부의 판단.

1.3.3 국가화재 분류체계

1. 국가화재분류체계로 변경사유(2007. 1. 1)

- 종전의 화재조사가 일본식 분류체계로 서술적·포괄적 구성으로 화재통계(火災統計) 및 분석자료의 정밀성이 부족하여
- 이러한 문제점을 해결하기 위하여 영·미식인 세분화된 체크리스트식인 '국가화재분류체계'로 전환하여
  - 표준화 ⇒ 화재조사 항목에 코드를 부여

- 세분화 ⇒ 화재원인(11종 → 156종), 장소(26종 → 588종류)
- 입체적 Data 분석 ⇒ 과학적 예측력으로 화재예방 및 진압대책 수립

※ 종전 화재분류체계에서 "기타화재"는 화재건수에서 "제외"되었으나, 변경된 국가화재분류체계에서는 "모든 화재를 건수에 포함"한다.

2. 재산피해액 주요 변경내용

■ 피해산정기준 확대

- 건물 등 피해액 산정 ⇒ 원물피해액 + 부대설비 피해액 + 구축물 피해액 + 시설 피해액 + 잔존물 또는 폐기물 등의 제거 및 처리비용 포함
- 부대시설 피해액 산정(기존 : 실질적 구체적 방식) 변경
- 간이평가방식(예외 : 실질적 구체적 방식) 적용

■ 경과연수(經過年數)에 물가상승률 적용

- 기존 : 신축단가만 적용 ⇒ 재건축비·재설치비·재설비비 포함
- 재건축비 = 최초건축비 X 경과연수별 물가상승률

■ 내용연수·표준단가 등의 적용 매뉴얼(기존 : 행정자치부) 사용 ⇒ '한국 감정원'에서 발간하는 표준단가표(격년 발간) 사용

1.4 화재에 의한 사상자

화재에 따른 소화활동(消火活動)·대피행동(待避行動) 및 기타의 행동으로 말미암아 화재 현장에서 사망 또는 부상을 당한 사람을 화재에 의한 사상자라고 말한다. 보통 화상을 입으면, ① 최초는 의식이 분명치 않고 대체로 흥분상태로 불안해지고, ② 심한 통증과 목이 마르고 가일층 불안상태가 되고, ③ 나중에는 맥(脈)이 점점 없어지고, ④ 호흡이 얕아지면서 의식이 혼미해져 통증을 느끼지 못하게 되고, ⑤ 소변이 진해지고 토하기도 하며, ⑥ 설사와 헛소리를 하고 경련을 일으키는 등의 증세를 일으키며 사망하는 것이다.

1.4.1 사망원인에 따른 분류

1. 소사(燒死* Death by fire)

'소사'란 화재 당시 불에 타서 사망하거나, 그와 동시에 연소과정에서 만들어지는 일산화탄소(CO)·매연(煤煙) 등의 가스와의 양면작용으로 사망한 것을 말하며, 그의 특징은 다음과 같다.

① 소사자(燒死者* Fire fatality)의 전신(全身)에서 1 ~ 3도 화상현상이 보인다.

② 코 옆으로 짧은 주름이 생기며 근육이 수축되어 있기 때문에 사지(四肢)가 구부러져 마치 권투선수와 같은 자세를 하고 있는 경우가 많다.

③ 피부에 기포가 형성되며, 가슴과 배의 일부가 소실될 경우에 적색의 내장이 보이지만 그 일부는 표면이 탄화하여 내부가 경화되어 있는 경우가 많다.

④ 소사자는 연기를 마셔 기도의 중간인 기관지에서 폐 부분까지 매연(煤煙)이 흡착되는 경우가 많은 반면, 살인(殺人) 후에 사체를 불속에 넣거나 불을 지를 때에는 일산화탄소가 혈액 속에서 반응하지 않고 호흡이 정지된 상태이므로 매연 같은 것이 기도 내에 흡착되어 있지 않다.

⑤ 두개골(頭蓋骨)과 그 밑 경뇌막(硬腦膜)의 화상혈종(火傷血腫)은 혈액덩어리가 뼈 부근에 붙어 있는 것이 많은 반면, 외상에 의한 혈종(血腫)은 뼈보다도 뇌경막(腦硬膜)편에 붙어 있고 색깔도 화상혈종과 달리 붉은 벽돌색과 같이 약간의 빨간 기미를 띠고 있다고 한다.

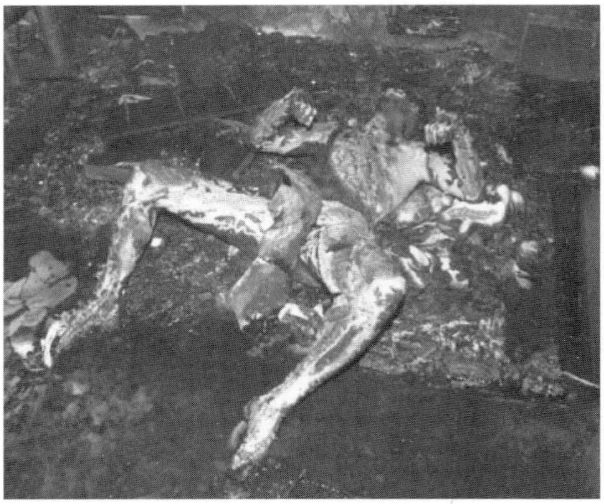

〈사진 1.2〉 소사자의 자세 및 상태

2. 화상사(火傷死* Death by burn)

'화상사'란 불에 의하여 화상을 당한 후 그런 상황아래에서 2차적인 조건으로 사망한 경우를 말한다.

3. 질식사(窒息死* Asphyxia)

질식사에는 외질식사(外窒息死)와 내질식사(內窒息死)로 구분된다.

① '외 질식사'란 연기에 숨이 막혀 구토가 발생하여 토하는 음식물이 기도(氣道)를 막아 사망한 경우를 말한다.

② '내질식사'란 일산화탄소 등의 영향으로 혈관이 막혀 피의 흐름을 막아서 산소가 부족하여 사망한 경우를 말한다.

4. 쇼크사(Shock死)

화재현상에 의하여 신경을 자극받아 정신 또는 신체가 충격을 받아서 사망한 경우를 말한다.

5. 일산화탄소 중독사(CO 中毒死)

호흡한 일산화탄소(一酸化炭素)가 몸 안에서 산소(酸素)를 운반하는 헤모글로빈(Hb : Hemoglobin)을 감소시켜 근육·내장·조직 등 호흡곤란의 상태를 일으켜 사망한 경우를 말한다.

〈표 1.3〉 일산화탄소와 헤모글로빈 농도에 따른 증상

CO ~ Hb 농도(%)	증 상
80 ~ 100	사망
60 ~ 80	혼수, 경련, 맥박미약, 호흡정지로 인해 사망하기 쉽다.
50 ~ 60	심한 두통, 혼수, 경련
40 ~ 50	심한 두통, 호흡과 맥박증가, 가사(假死) 및 허탈상태가 되기 쉽다.
30 ~ 40	심한 두통, 권태, 현기증, 시력약화, 구토, 허탈
20 ~ 30	두통, 머리 측면부의 맥동(脈動)
10 ~ 20	머리 앞면부의 압박과 가벼운 두통, 피부혈관의 확장
0 ~ 10	이상 없음

1.4.2 생활반응(生活反應)

'생활반응' 이란 사람이 생존 당시에 나타나는 갖가지 인체의 변화와 반응을 말하며, 이 반응결과를 통하여 인체가 손상된 것이 사망 전의 것인지[방화살인(放火殺人) 및 치사상죄·실화치사상죄], 아니면 사망 후에 생긴 것[방화죄·사체유기죄·손괴 죄의 경합범(競合犯)]인지를 감별하는데 응용된다.

1. 출혈(出血)

살아 있는 사람의 혈액순환(血液循環)은 상당한 압력을 가지고 있기 때문에 외력에 의하여 혈관(血管)이 파괴되면 혈액이 용솟음치듯 내뿜으며 출혈한다. 그러나 죽은 사람은 파괴된 혈관 부근에서 혈액이 흘러나오는 정도로 끝난다.

2. 피하출혈(皮下出血)

살아 있는 사람이 둔기(鈍器)에 맞으면 피부가 파열되지 않아도 피부속의 모세혈관(毛細血管)이 파괴되면서 피부 속으로 출혈하여 굳는 응고현상(凝固現象)이 생성되는 것에 반하여, 사체(死體)는 이와 같은 응혈현상(凝血現象)이 없고 일정한 시간이 경과되면 밑바닥과

접촉된 사체 하부에 전반적으로 사반(死斑)이 형성되며, 이는 국부적으로 형성되는 응혈현상과 구별된다.

3. 창상개구(創傷開口)

살아 있는 사람의 생체조직에는 탄력성이 있기 때문에 피부근육이 칼날과 같은 날카로운 흉기에 베이는 등의 상처가 생기면 석류(石榴)와 같이 벌어지는 현상이 생기나, 사체(死體)는 그러하지 않다.

4. 발적 종창(發赤腫脹)

살아 있는 사람이 상처를 입으면 그 상처부위에 동맥혈(動脈血)이 증가하여 충혈(充血)되고 빨간 부스럼이 생긴다.

5. 화상포(火傷疱)

살아 있는 사람이 화열(火熱)을 받으면 피부에 물집이 생기나, 사체가 화열을 받았을 때는 그러한 물집이 생기지 않는다. 따라서 사후(死後)에 생기는 수포(水疱)는 부풀기는 하나 수포 내에 장액(漿液)이 들어 있지 않게 된다.

6. 미세포말(微細泡沫)

살아 있는 사람이 익사(溺死)하거나 소사(燒死)할 경우에는 입에서 하얗고 빽빽한 점액성(粘液性)의 거품이 부풀어 오르고, 사체를 물속에 넣거나 불에 태울 때에는 이러한 증상이 나타나지 않는다.

1.4.3 소사자의 현장조사

화재조사에서 부상자는 본인에게 질문하여 그 진술을 통해 부상원인을 규명할 수 있지만, 소사자(燒死者)는 현장상황에서 그 원인을 규명해야 하기 때문에 소사자가 발생한 화재는 신중을 기하여 조사할 필요가 있다. 또한 소사체가 있는 경우에는 '살인방화'라고 하는 흉악범죄와 관계되는 경우도 있기 때문에 경찰과 원활한 협력관계를 필요로 한다. 통상적으로 소사자의 소사상태는 그 주위의 연소상황과 거의 일치하고 있다. 예컨대 자해방화(自害放火)에서는 의류가 전체적으로 연소되어 있고, 부근에 등유(燈油) 등의 석유류의 냄새가 남아 있기도 한다.

1. 소사(燒死)체의 식별사항

① 화재건물의 각 구획 및 벽체의 연소상황

② 소사자의 발생장소와 문 등의 개폐 및 시건상황

③ 소사자의 위치 : 거실·침실·계단 등과 머리방향(머리가 출입구 또는 피난구 방향인가? 아니면 실내측인가?)

④ 소사자의 자세 : 엎드린 자세, 누운 자세, 옆으로 누운 자세, 앉은 자세 등

⑤ 소사자의 착의사항 : 나체, 하의 착, 평상복장, 잠옷 등 소잔의복과 유류냄새의 확인.

⑥ 신체의 손상상황 : 머리, 목, 몸통, 상지, 하지 등 신체 각 부위에 대한 비교 식별

⑦ 소사자의 지참품 : 라이터, 소화기, 귀중품 등

⑧ 소사자 반출 후의 신체하면과 주위상황 : 하면에 있는 물건의 종류, 연소의 유무, 상층으로부터의 낙하물건 등의 확인

2. 소사체의 특징

① 소사체에서는 전신에 1 ~ 3도 화상이 보인다.

② 코 옆으로 짧은 주름이 생김(생존 중에 화재를 만나면 눈을 꼭 감기 때문)

③ 근육이 수축되어 있기 때문에 사지는 구부러져 있고, 권투선수의 자세를 하고 있는 경우가 많다.

④ 피부에 기포(氣泡)가 형성된다.

⑤ 가슴과 배의 일부가 소실(燒失)되어 있는 경우에는 적색을 나타내는 내장(內臟)이 보이지만, 그 일부는 표면이 탄화(炭化)하여 내부가 경화(硬化)되어 있는 경우가 많다.

상기의 특징으로는 개괄적으로 생존중의 화재가 어떠한가를 판단하기 어렵기 때문에 사망원인에 대하여 검시관(檢屍官) 또는 검시인(檢屍人) 등에게 조회(照會)하여 그 소견(所見)을 듣는다.

3. 소사의 경과

① 발견이 늦어 화재를 알아차렸을 때는 이미 화염이 차서 피난할 수 없었다고 생각되는 사람.

② 판단력이 부족하거나 또는 체력적인 조건이 나빠서 피난할 수 없었던 사람.

③ 연소의 확대가 빨라 피난할 수 없었던 사람.

④ 피난의 기회를 놓쳤던 사람.

⑤ 피난 중에 가스 및 화염 등으로 사망한 사람.

⑥ 옥외 피난 이후에 재진입한 사람.

⑦ 화재 발생 당시 옥외에 있다가 옥내로 진입한 사람.

⑧ 옷에 착화되어 화상 또는 가스중독으로 사망한 사람.

1.4.4 화상(火傷* Burn)

화상(Burn)이란 뜨거운 기체나 액체에 의한 화상, 화염(火焰) 또는 고열의 물체에 의한 육체적인 손상(損傷)을 말한다. 화재실험에 의하면 1.5m 높이에서 온도가 65℃를 넘으면 그 속을 통과할 수 없고, 145℃가 되면 견딜 수 없게 된다고 한다.

1. 1도 화상

붉은 빛을 띤 홍반(紅斑)을 형성하며, 처음에 선홍색(鮮紅色)의 상태로 있다가 시간이 경과되면 색깔이 바래고 몸에 열이 오르는 신열(身熱)과 몸이 쑤시고 아픈 동통(疼痛)을 느낀다. 화열에 의한 국부적인 피부충혈과 함께 부어오르는 발적(發赤)현상은 살아있는 사람에게 나타나며, 사체에는 화열을 작용시켜도 이와 같은 현상은 발생하지 않는다.

2. 2도 화상

국부적인 화상으로써 수열피부(受熱皮膚)가 염증(炎症)을 일으켜 표피 밑에 장액(漿液)이 채워져 차차 투명하고 황색인 수포(水疱)를 만들고, 1도 화상 때보다 신열(身熱)과 동통(疼痛)이 심하다. 간혹 사망 후의 사체(死體)가 물속에 있었을 경우에는 불완전한 수포가 형성되어 있는 경우를 볼 수 있어나, 사망 전의 인체에는 완전한 수포가 형성된다. 온도가 높아지게 되면 2도의 화상을 입는 시간은 더욱 단축되는데, 55℃에서 20초, 70℃에서 2초면 2도 화상을 입게 된다고 한다.

3. 3도 화상

3도 화상은 괴저성(壞疽性) 화상 또는 가피성(痂皮性) 화상이라고 하며, 부스럼딱지 또는 생체내의 피부조직이나 세포가 국부적으로 죽는 괴사성화상이 형성된다. 즉, 고열에 의해서 피부조직의 단백질이 엉켜 굳어 세포가 국부적으로 죽어가며 표피(表皮) 및 피부의 안쪽 모세혈관(毛細血管)과 신경이 있는 진피(眞皮)층, 때로는 그보다 더 깊은 부위까지 영향을 미치며 딱지를 형성한다. 사망 전에 화상을 입었을 경우에는 상기와 같은 딱지 중에 응고된 혈액이 가득한 혈관을 볼 수 있다.

4. 4도 화상

4도 화상은 탄화 또는 회화성(灰化性)의 화상상태로서, 피부의 세포조직이 검게 타는 탄피(炭皮)층이 형성되며, 이는 신체의 표층부에 나타나고 깊은 곳은 예상외로 탄화되지 않고 남는 것이 많다. 4도 화상에서는 사망 전인지 아니면 사망 후인지를 구분하기 어렵다. 화상의 전신적인 증상은 도수에 관계없이 국소적인 증상이 심한 경우보다도 고열작용을 받는 면적의 정도에 따라 위험이 달라진다. 즉, 피부표면의 1/3이상 화상을 입으면 굉장히 위독한 증상으로써 수 시간 혹은 수일 이내에 사망한다. 그러나 수열 표피면적이 1/5 정도가 되어도 위독한 경우도 있다. 이는 개체의 저항에 따라 다소 차이가 있는 것이어서 화상사의 사인은 법의학(法醫學)적이나 병리학(病理學)적으로도 굉장히 어렵다고 한다.

1.5 화재위험(Fire hazard)

1.5.1 화기 유무에 따른 화재위험

'화재위험(火災危險*)'이란 소방서(消防署) 등의 관련기관에서 화재발생 및 발생할 우려가 있다고 판단되는 물질이나 행위를 말하며, 발화원인과 가연물을 그 성상만으로 따로따로 생각할 수 없는 복잡한 관계를 가지고 있다.

화재조사에서 발화부가 규명되면 그 부근을 발굴하여 발화원인을 발견하기 위한 조사가 시작되고, 이때 발화부의 장소적 특징과 예비조사에서 파악된 화재건물의 구조와 중요물건 등 집적된 물건의 배치·이재민의 직업·화재발견 상황 등으로 미루어 발화원에 대한 범위는 어느 정도 그 윤곽이 축소되고 조사의 초점도 한정되게 된다. 발화부에서 화재를 분류해보면 일반적으로 화기가 없는 장소에서 발화한 화재와 화원(火源)이 상존하는 장소에서 발화한 화재로 분류할 수 있다.

(1) 전자의 경우에는 누전·단락·접속불량 등 전기에 기인한 화재, 비화화재, 자연발화 또는 방화, 농화(불장난) 등이 고려될 수 있고, 후자의 경우에는 전기다리미 등 전기기구와 난로·담뱃불·촛불 등에 의한 화재가 고려될 수 있다.

(2) 화기가 없는 장소에서 발화한 화재의 경우, 천장보다 낮은 곳에서는 화염(火焔)을 볼 수 없고 천장부에서의 발화가 분명하다면 전기에 의한 화재 또는 벽체에 접해 축조(築造)된 연돌이나 화덕 등에 의한 것으로 볼 수 있을 것이며, 바닥 등의 저면부의 발화가 분명하다면 제 연소기구·전기기구·화기(담뱃불, 성냥불, 촛불, 모기향 등)·자연발화·방화 등을 생각할 수 있을 것이다.

(3) 화재위험에는 석유난로를 연소상태로 가연물 옆에서 넘어뜨렸다든지 하는 당연한 화재여건 이외에도 잠재적이고도 특수성을 갖는 것들이 있다. 예를 들면,

① 섬유의 발화점은 보통 400~600℃인데, 이 섬유류가 100℃ 이상인 전등이나 스

팀파이프에 덮여 있을 경우 축열(蓄熱)에 의하여 발화하게 된다. 이 경우 가연물의 인화 또는 발화점과 열원(熱源)의 온도만의 단순한 물리적인 성장만으로 발화 가능성이 검토되지 않고, 열원의 온도와 가연물의 적재량이 적을 경우에는 화재 위험이 적다는 것을 고려해야 한다. 그 이유는 축열량보다 방열량(放熱量)이 크기 때문이며, 이는 목재류에도 마찬가지 이다.

② 대형 납땜인두가 서서히 가열될 때에는 그 인두가 벌겋게 달더라도 신문지는 발화하지 않고 그냥 재로 변하나, 이미 벌겋게 달아있는 인두에 신문지를 대면 즉시 발화하게 된다. 이런 현상은 열원에 대한 가연성물질과 화원에 대한 노출시간이 중요한 상관관계를 가지기 때문이다.

(4) 화재시의 작동 및 사용상황의 경우에 연소정도와 화인(火因)의 종류에 따라 화재현장의 양상은 천태만상이기 때문에 많은 경험을 쌓는 것이 중요하고, 특히 축소된 화재현장에서 연구를 거듭한다면 전소(全燒)화재현장에서 화인조사를 위해 노력하는 조사관에게는 최적의 교육장이 된다.

1.5.2 기상조건과 화재위험

화재는 기상조건 가운데서 습도(濕度)와 풍속(風速)에 가장 크게 영향을 받아서, 풍속이 빠를수록·습도가 낮아 건조할수록 화재의 발생위험이 높다.

따라서 화재조사관은 화재현장을 관할하는 기상대에 문의하여 화재 당시의 풍향·풍속·습도 등의 기상상황을 먼저 알고 난 후에 화재현장에 입장하여 조사에 착수하는 것이 아주 중요하다.

(1) 화재경보는 풍속 10m/sec가 1시간 이상 지속되거나, 최대풍속이 15m/sec가 예상되거나, 실효습도가 50% 이하의 상태가 2～3일간 계속될 때에 발령된다.

(2) 자연발화는 이와 반대로 무풍 또는 미풍의 조건에서 습도가 80% 이상일 때에 발화위험이 높아지며, 정전기는 습도가 40% 이하일 때가 화재위험이 높다.

(3) 따라서 조사관은 화재조사에 착수하기 전에 화재현장의 풍향·풍속·습도·기온·기압 등을 측정하거나, 기상대에 문의하여 화재 당일 또는 그 이전의 화재현장 주변의 기상상황을 조사하여 축열과 방열 관계, 자연발화, 정전기 및 누전관계 등을 검토하는 것이 중요하다.

2

연소이론

제 2 장

연소이론(燃燒理論)

2.1 물질의 기본성질

우리 자연에 존재하는 물질은 어떤 조건하에서 고체(固體)·액체(液體)·기체(氣體)의 상태로 나타나며, 이들의 상태는 온도에 따라서 상변화(相變化* phase change)가 일어날 수 있고, 이 때에는 반드시 열의 출입이 있게 된다.

2.1.1 물질의 상변화에너지

하나의 물체가 고체에서 액체, 또는 액체서 기체로 변화할 때는 반드시 열에너지를 흡수하고, 반대로 기체에서 액체로, 또는 액체가 고체로 변화할 때는 각각 기화열(氣化熱)과 용해열(溶解熱)의 열에너지를 방출한다. 이 열에너지는 물질의 상변화(相變化)에 사용되는 잠열(潛熱* Latent heat)로써, 물질의 온도를 상승시키는데 사용되는 열 즉, 현열(顯熱* Sensible heat)과는 다르다.

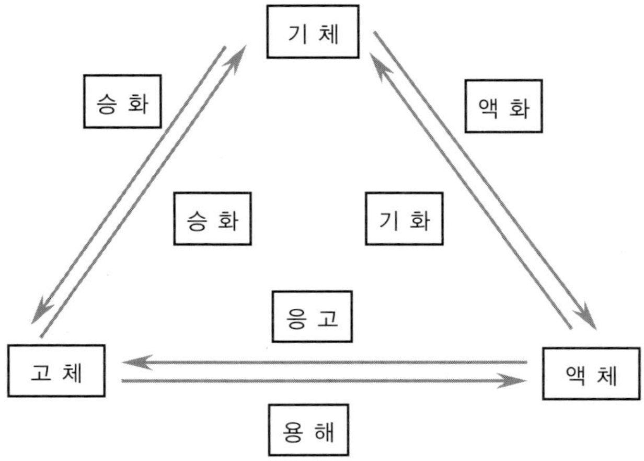

〈그림 2.1〉 물질의 상변화

2.1.1.1 현열(顯熱* Sensible heat)

'현열'이란 어떤 물체에 열을 가했을 때 온도차(溫度差)를 발생시키는 열을 말한다. 예컨대 0℃의 물을 가열하여 온도가 올라가서 100℃가 되면 끓고, 더욱 가열하면 수증기(水蒸氣)의 온도는 상승하는데, 이때의 열을 현열(顯熱)이라 한다.

2.1.1.2 잠열(潛熱* Latent heat)

'잠열'이란 어떤 물체에 열을 가했을 때 온도가 변하지 않고 상(相)만 변하게 하는 열에너지를 말하고, 융해열(融解熱)·응고열(凝固熱)·증발열(蒸發熱)·응축열(凝縮熱)·승화열(昇華熱) 등이 이에 해당한다.

1. 융해(融解* Fusion·Dissolution·Melting)열

'융해열'이란 얼음이 녹을 때와 같이 고체에서 액체로 변화될 때 주위 에서 빼앗는 열량(熱量)을 말한다.

2. 응고*(Coagulation)열

'응고열'이란 융해열과는 반대로 액체가 고체로 될 때 관여하는 열량을 말한다. 예컨대 0℃의 물이 0℃의 얼음으로 될 때는 79,68kcal/kg의 잠열이 필요하다.

3. 증발열(*Heat of vaporization)

'증발열'이란 물이 증발할 때와 같이 액체가 기화(氣化)되어 기체로 될 때 주위로부터 흡수하는 열량을 말한다. 예컨대 100℃의 물이 100℃의 증기로 될 때는 약 539kcal/kg의 잠열이 필요하다.

4. 응축*(Condensation)열

'응축열'이란 증발열과는 반대로 기체에서 액체로 응축될 때 관여하는 열량으로서, 100℃의 증기가 100℃의 물로 될 때는 약 539kcal/kg의 잠열이 필요하다.

5. 승화열

'승화열'이란 고체가 승화하여 기체로 되면서 주위에서 빼앗는 열량을 말한다. 승화열에는 현열과 잠열이 동시에 관여하며, 이러한 현상에는 압력과 온도가 중요한 요소로 작용하게 된다.

2.1.2 기체의 성질

기체(氣體)는 무정형(無定型)으로서 체적팽창(體積膨脹)에 대하여 저항이 없으며, 한없이 확산하려는 성질을 가지고 있다. 기체를 구성하고 있는 각 분자(分子) 또는 원자(原子)는 서로의 간격이 크므로 대부분 자유로이 운동하고, 압축하는 것이 가능하다.

① 일정한 온도에서 밀폐된 기체를 압축하면 기체압력은 증가하고 체적은 작아지고, 반대로 압력을 감소시키면 체적은 팽창한다(Boyle 법칙).

② 일정한 압력에서 밀폐된 기체에 온도를 높이면 기체의 체적은 팽창하고, 반대로 온도를 낮추면 기체의 체적은 감소한다(Charles 법칙).

③ 일정량의 기체가 점하는 체적은 압력에 반비례하고, 절대온도(섭씨온도 + 273)에 비례하여 변화한다(Boyle – Charles 법칙).

④ 기체는 같은 온도 같은 압력일 때 같은 체적내의 같은 분자수가 존재한다.
(Avogadro 법칙 : 기체의 상태방정식에 관한 법칙 또는 기체분자수의 법칙)

2.1.3 액체의 성질

액체는 거의 일정한 체적을 가지고 있는 비정형(非定形)이므로, 그 형체는 용기에 따른다.

① 액체가 그 표면으로부터의 기화현상(氣化現象)을 '**증발(蒸發)**'이라 말하고, 액체표면은 물론 그 내부에서 맹렬하게 증기를 발생시켜 기화하는 현상을 '**비등(沸騰)**'이라 하며 액체가 비등하고 있는 동안에는 온도가 일정하다.

② 순수한 물질은 각각 일정한 '**비점(沸點)**'을 가지고 있고, 액체 1g이 기화하는데 흡수하는 열을 기화열이라고 하며, 물은 539cal/g(100℃)이다.

③ 일정한 공간에서 액체가 증발하면 기화가 어느 정도까지 진행되고 평형상태로 되어 그 이상 기화하지 않을 때의 증기압을 '**포화증기압(飽和蒸氣壓)**'이라 하고, 증기압은 온도가 올라가면 함께 상승하고, 물질별로 증기압은 다르다.

④ 액체의 '**비중(比重)**'은 같은 체적의 물의 중량과의 비율을 말한다.
예컨대 프로판 1ℓ 가 기화하여 기체로 되면 표준상태에서 258ℓ (258배)로 된다. 즉 액화 프로판 액의 비중 = 0.508이고, 기체프로판 1ℓ 의 질량 = 508g이므로 (프로판 1ℓ 의 질량)508/44(프로판 1g 분자) = 11.55mol이 되고, 1mol은 표준상태에서 22.4ℓ 의 체적을 가지므로, 1ℓ 의 액화프로판은 22.4 × 11.5 = 258ℓ 의 프로판기체가 된다.

2.1.4 고체의 성질

고체(固體)는 일정한 정형(定形)을 가지며, 그 구성원자 또는 분자가 일정한 규칙으로 배열되어 있으므로 외부로부터 힘을 가해도 기체나 액체에 비하여 변형되기 어렵다. 고체가 가열되면 각각의 물질에 따라서 일정한 온도 즉, 융점(融點)에 달하면 융해(融解)되기 시작하여 마침내 전부가 액체로 되어 다시 온도가 상승한다.

융해하는 1g의 물질이 필요로 하는 일정한 열량을 융해열(融解熱) 또는 융해잠열(融解潛熱)이라 한다. 얼음의 융해열은 융점 0℃에서 약 80cal/g이다.

2.2 기초연소이론

광의(廣義)의 연소개념으로써 협의(狹義)의 연소(燃燒)와 폭발(爆發) 또는 정상(正常)연소와 비정상연소인 폭발(爆發)로 분류될 수 있으나, 본 장에서는 협의의 연소에 대해서만 설명하고 폭발에 대해서는 별도로 폭발화재(爆發火災)의 장에서 기술하도록 하겠다.

2.2.1 연소(燃燒)의 의의와 종류

'연소*(Combustion)'란 물질의 화학반응(化學反應* Chemical reaction) 중에서 산소와 반응하여 빛과 열을 수반하는 산화반응(酸化反應* Oxidation reaction)으로서의 자활과정(自活過程* self sustaining process)이라고 정의될 수 있으며, 구분하여 설명하면 다음과 같다.

① 연소란 발열(發熱)을 수반한 산화반응이어야 한다. 따라서 쇠가 녹스는 것은 산화반응이지만 연소라고 하지 않는다.

② 산화반응에 의한 온도상승에 따른 열복사(Thermal radiation)선(線)으로써의 빛이 아니면 연소의 범주에 들어갈 수 없다. 따라서 어두운 곳에서의 황린의 발광은 인(燐)의 증기가 산화되어 발생하는 에너지의 일부가 직접 빛으로 변하는 결과로서 온도가 거의 오르지 않으므로 연소라 하지 않고 화학적 발광(發光)이라 한다.

③ 산화발열(酸化發熱)로 물질 자신이나 생성물의 온도가 적색(赤色)을 띄는 적열(赤熱 : 500~600℃) 이상의 온도에 달할 때를 연소라 부르게 된다. 육안감지(肉眼感知)의 빛 중 가장 긴 파장의 빛이 적색이고, 파장이 짧아지면 등색(橙色), 황색(黃色), 녹색(綠色), 청색(靑色), 자색(紫色), 백색(白色) 또는 백열(白熱 : 1,300℃이상) 등으로 식별된다.

따라서 가연물(可燃物 : 고체·액체·기체상의 연료)에 충분한 에너지와 산소가 공급됨으로써 열과 빛을 발하며 일어나는 (a) 급격한 산화(酸化) – (b) 발열(적열 이상의 온도) – (c) 자활반응(自活反應)이라고 말할 수 있다. 따라서 불은 그 급격한 연소반응(Combustion reaction)의 결과이고, 불꽃의 발생 유무에 따라 유염연소(有焰燃燒)와 무염연소(無焰燃燒)로 분류된다.

2.2.1.1 무염연소(無焰燃燒* Smoldering ignition)

'무염연소' 란, 숯·코크스(Cokes) 등의 고체물질이나 철 분진(쇳가루) 등이 연소할 때 불꽃 없이 적열(赤熱)연소 또는 백열(白熱)연소하면서 물체의 표면으로부터 중심부로 깊숙이 타들어가는 현상을 말하며, 심부연소(深部燃燒* Deep seated combustion) 또는 훈소(燻燒* Smoldering)라고도 표현한다.

1. 적열연소(赤熱燃燒* Glowing combustion)

'적열' 이란 빨갛게 불씨가 되어있는 상태를 말하고, 숯불·담뱃불 등과 같이 불꽃 없이 빛만 내고 연소하는 상태를 적열연소라고 한다.

2. 백열연소(白熱燃燒* Incandescence combustion)

'백열연소' 란, 가연물이 눈으로 알아볼 수 있는 하얀색에 가까운 빛을 발생할 정도로 온도가 몹시 높은 상태의 연소현상(燃燒現象)을 말한다.

2.2.1.2 유염연소(有焰燃燒* Naked ignition)

유염을 나화(裸火)라고도 하며, 높은 온도에서 가스성분과 탄소성분으로 분리되면서 불꽃을 유지하고 타는 불꽃연소를 '유염연소' 라고 말하며, 불꽃 자체는 다음과 같은 3개 영역으로 분류된다.

1. 가스대역(Gas zone)

'가스대역' 은 불꽃의 중심부로서 가연성액체 등의 연료(燃料)가 가스로 변화하는 대역(帶域)을 말한다.

2. 적열대역(赤熱帶域* Glow zone)

'적열대역' 은 가연성가스가 고온에서 탄소(炭素)와 수소(水素)로 분해하는 대역으로써 잘 혼합된 연료가 열적으로 분해하면서 나오는 적열(赤熱) 또는 백열(白熱)상태의 빛이 가늘게 부서지면서 발산한다.

3. 연소대역(燃燒帶域* Combustion zone)

'연소대역'은 불꽃의 가장 외곽(外廓)부로써 공기 중에 있는 산소(酸素)와의 혼합이 일어나서 화학적인 발열반응(發熱反應)이 일어나는 곳으로써 가장 온도가 높은 뜨거운 대역이다.

2.2.2 연소형태

연소형태는 완전연소와 불완전연소, 정상연소와 이상연소로 분류할 수 있다.

2.2.2.1 완전연소(完全燃燒* Complete combustion)

'완전연소'란 연소가 완료되고 남겨진 연소생성물(燃燒生成物) 가운데 가연물이 전혀 남아 있지 않은 경우를 말하고, 화재현장에서 일반적으로 불연재의 표면에 달라붙어서 발견되는 검댕과 연기의 응축물(凝縮物)이 강렬한 복사열(輻射熱)이나 화염(火焰)과 직접적인 접촉에 의하여 다 타버릴 때 나타나는 현상이 완전연소 즉, 'Clean Burn현상'이다.

① 가연물이 완전히 연소되기 위해서는 이론공기량보다 많은 실제 공기량 및 산소량이 요구되며, 고체가연물의 완전연소에 필요한 산소량은 액체·기체 가연물에 비하여 많다. 상온에서 기체상태로 존재하는 가연물은 대부분 완전 연소한다.

② 아래 반응식은 메탄(CH_4) 1mol과 산소(O_2) 2mol이 반응하여 이산화탄소(CO_2) 1mol과 수증기(H_2O) 2mol이 생성됨을 의미한다. 이때 연소생성물에서는 더 이상 탈것이 없으므로 완전연소라 한다.

$$CH_4 + 2O_2 \rightarrow CO_2 + H_2O \text{ (완전연소)}$$

③ 완전연소 지역과 검댕이 생긴 지역 사이의 경계선은 조사관이 화재의 확산 방향·연소시간 및 강도 차이를 결정하는데 중요한 판단자료가 되지만, 완전연소는 폭열(爆裂)의 특성을 가지는 표면물질의 손실을 나타내지 않으므로 폭열 지역과 완전연소 지역을 혼동하지 않도록 주의해야 한다.

2.2.2.2 불완전연소(不完全燃燒* Incomplete combustion)

'불완전연소'란 가연물이 완전히 연소할 만큼 충분한 산소가 존재하지 않을 때 발생하는 현상으로써, 화재 당시의 불완전연소는 일산화탄소(一酸化 炭素 : CO)와 연기 및 검댕을 대량 배출하면서 훈소(燻燒)하는 상태로 지속되고, 간혹 백 드래프트의 위험을 내포하기도 한다.

1. 반응식(反應式)

'반응식'은 메탄 1mol과 산소 1.5mol이 반응하여 일산화탄소 1mol과 수증기 1mol이 만들어짐을 나타낸다. 이때 연소생성물 중에서 더 연소할 수 있는 일산화탄소가 포함되어 있으므로 불완전연소라 한다.

CH_4 + 1.5O_2→ CO(또는 미분의 C) + 2H_2O (불완전연소)

2. 불완전연소의 발생요인

① 공급되는 연료와 공기의 혼합이 충분하지 않을 때.

② 공기의 양이 적거나 연료가 많을 때.

③ 연소생성물의 배기가 불량할 때.

④ 화염이 온도가 낮은 물건과 접촉하여 화염온도가 떨어질 때 등이 있다.

2.2.2.3 정상연소(正常燃燒)

가연물이 연소당시 공기공급이 충분하게 이루어지고 기상조건(氣像條件)이 양호할 때에는 정상적인 연소가 이루어지므로 연소상의 문제점이 발생하지 않고 연소장치(燃燒裝置)·기기 및 기구에서 열효율(熱效率)이 높고 화재의 위험성도 낮다.

2.2.2.4 이상연소(異常燃燒)

가연물의 연소 당시 공기공급이 불충분하거나 기상조건이 좋지 않아서 정상적인 연소가 이루어지지 않고 이상(異常) 연소현상이 발생되어 화재위험이 높고 연소상의 문제점이 많이 발생하므로 연료(燃料)의 취급·사용하는 연소장치·기기 및 기구 등의 안전관리에 주의할 것이 요구된다.

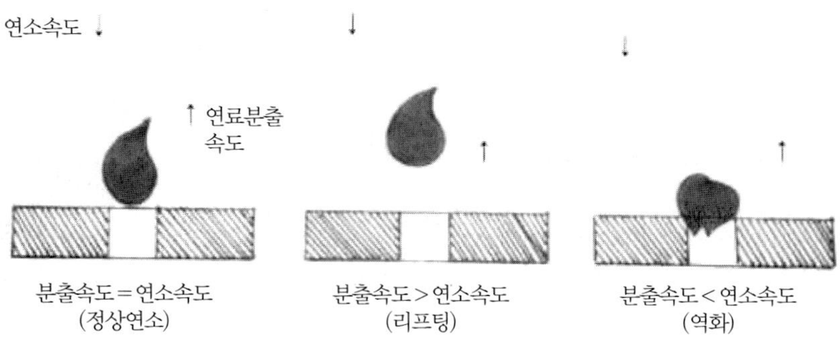

〈그림 2.2〉 연소의 이상현상

1. 역화(逆火* Flash back Backfire)

'역화'란, 대부분의 가연성기체를 연소시킬 때 발생되는 현상으로 화염(火焰)이 버너내로 되돌아가는 현상을 말하며, 가스의 분출속도(噴出速度)보다 연소속도가 빠르거나 연소속도가 일정하여도 분출속도가 느릴 때 일어난다.

(1) 점화시의 역화

연소기기를 사용하기 위해 처음 밸브를 열면 가스·공기의 혼합기(混合氣)는 혼합관을 거쳐 버너 내부를 채우고, 그 다음 염공(焰孔)으로 분출(噴出)되므로 분출량이 적어 분출속도가 느리게 되어 역화가 일어난다.

(2) 소화(消火)시의 역화

연소기구의 코르크를 닫으면 분출속도가 연소속도보다 늦어져서 역화가 일어나며, 소화음(消火音)은 연소속도보다 빠른 가스일수록 많이 발생한다.

(3) 라이팅 역화(Lighting back)

'라이팅 역화'란, 노즐의 착화가 외부화염에 의해서 일어나는 현상을 말한다. 즉, 분젠버너의 염공(焰孔)이나 버너 내부가 막혀서 가스흐름에 대한 저항이 증가하면, 혼합관의 내압이 상승하여 1차 공기구멍으로 가스가 유출되어 1차공기의 흡입이 불가능하게 되어 불꽃의 길이가 길어지고, 불꽃이 1차 공기구멍으로부터 흘러나온 가스에 인화되어 노즐에 착화하게 된다.

2. 리프팅(Lifting)

'리프팅'이란, 역화현상과는 정 반대로 가스의 분출속도가 연소속도보다 커서 화염(火焰)이 버너의 상부를 떠나 어떤 거리를 유지하면서 연소하는 현상을 말하며, 이때의 화염을 부상화염(浮上火焰)이라고 한다. Lifting현상이 일어나는 원인은 다음과 같다.

① 버너 내의 가스압력이 너무 높아서 분출속도가 빠를 때.
② 공기조절기가 너무 열려서 1차 공기의 흡입량 과다로 분출속도가 빠를 때.
③ 연소실내의 급배기 불량으로 2차공기가 극히 감소했을 때.
④ 염공(焰孔)이 막혀 분출속도가 빨라질 때 등.

Blow-off

Blow-off란, Lifting현상이 일어난 상태에서 분출속도를 더욱 증가시키면 불꽃이 버너의 노즐에서 떨어지면서 결국 불꽃이 꺼지는 현상을 말한다.

적황염(赤黃焰)*Yellow tip

적황염이란, 화염의 선단(先端)이 적황색으로 되는 현상을 말하며, 적황염의 현상이 계속되면 적황색의 빛을 내는 탄소가 그대로 그을음을 생성하고, 이 그을음이 연소기기의 밑바닥이나 열교환기 등에 부착되어 연소효율(燃燒效率)을 저하시킨다.

2.2.3 연소성상(燃燒性狀)

2.2.3.1 연소와 폭발한계

'연소'는 각기 주어진 상황아래에서 대소(大小)간에 유한(有限)의 속도를 유지하면서 정상적으로 진행해가거나, 폭발이란 기체발생을 수반하는 연소반응으로써 한번 시작하면 미(未)반응체가 조금이라도 잔존해 있는 한 그 속도가 어디까지든지 제한 없이 확대되어 가는 성질을 갖는 것이라고 정의할 수 있다.

'폭발(爆發)'이란, 정지상태에 있던 물질소(物質素)가 급격히 팽창하는 현상이고, 광(光)·음(音)·압력 등을 수반하는 연소 또는 파열현상으로써, 폭발은 빠른 속도로 이루어지는 관계로 진행부분의 온도가 일반연소에 비하여 아주 높고, 이때 생기는 압력은 주위 공기에 큰 진동을 줌으로써 일반연소와 다른 것뿐이다.

〈표 2.1〉 주요 가연물의 연소특성

위 험 물 명	인화점(℃)	발화점(℃)	폭발범위(Vol%)	연소열(kcal/mol)
아 세 톤	− 20	465	2.1 ~ 13	395
아세틸렌	− 17.7	305	2.5 ~ 81	301.5
암모니아		651	15 ~ 28	76.2
벤 젠	− 11	580	1.4 ~ 8.0	750.6
부 탄	− 72	365	1.6 ~ 8.5	634.4
에 탄 올	12.8	365	3.3 ~ 19	295.9
가 솔 린	− 45	250	1.3 ~6.0	
중 유	69 ~ 150	254 ~ 263		
등 유	65 ~ 85	225	1.2 ~ 6.0	
경 유	50 ~ 780	257	1 ~ 6	
메 탄	− 188	538	하한 5.54	191.7
프 로 판	− 104.4	468	2.1 ~ 9.5	48 ·
톨 루 엔	− 95	480	1.27 ~ 7	892.0

1. 폭굉(爆轟* Detonation)

'폭굉' 이란 폭발반응(爆發反應)에서 생성되는 화재면(火災面)의 이동속도가 음속(音速)보다 빠른 것을 말하고, 화재면의 이동을 파(波)로 생각하여 '폭굉파(爆轟波)'라고 하며 폭굉파의 이동속도를 '폭속(爆速* Detonation Velocity)' 이라고 하는데, 고체폭약(固體爆藥)에서는 8km/s에 이르는 경우가 있으며, 가연성기체의 경우에는 1~3km/s 정도가 된다. 감각적으로는 심한 폭발이 폭굉인데, 정지하고 있는 미(未)반응부분을 음파(音波)가 전하는 속도보다도 연소의 파면(波面)이 전하는 속도가 클 경우를 말한다.

2. 폭연(爆燃* Deflagrating)

'폭연' 이란, 개방된 대기 중에서 폭발한계(연소한계) 내의 혼합가스가 발화할 경우에 연소가스가 자유로이 팽창하여 화염속도가 느린 음속 이하로서 압력과 폭발음이 거의 발생하지 않고, 연소대의 전파속도(傳播速度)가 0.3~10m/s 되는 것을 말한다. 폭연성 분진(爆燃性粉塵)으로 산소가 부족한 환경조건이나 이산화탄소 가운데서 착화하여 부유(浮遊)상태로 격렬하게 폭발하는 금속분진(金屬粉塵)이 여기에 속한다.

폭굉과 폭연의 구분

이전에는 폭발이 발생하였을 때 음속(340m/s) 이상의 폭발이 측정되었을 때에는 폭굉·음속 이하일 때에는 폭연으로 구분하였지만, 지금은 이들 두 개념의 구분이 모호하여 구분하지 않는 경향이다.

3. 폭발한계(爆發限界)

'폭발한계' 란 폭발범위(Explosive range)·연소범위(Flammable range) 또는 한계·가연범위 또는 한계라고도 하며, 통상 연소되기 위해서는 가연성 가스 또는 증기가 공기 또는 산소와 적당량으로 혼합될 때 한하며, 이 범위를 폭발한계라 하고, 낮은 쪽의 치(値)를 폭발하한치, 높은 쪽을 폭발상한치라 한다. 그러나 한계 부근의 영역에서는 이외로 타기만 하고 폭발이라는 느낌이 없을 정도이다. 폭발한계 내에서도 특히 연소가 빠른 범위가 있는데, 이것은 폭굉(爆轟)한계라고 한다.

2.2.3.2 연소점(燃燒點* Fire point)

밀폐되지 않은 용기 안에서 어떤 물질이 외부의 화원(火源 : 불씨)에 의하여 점화(點火)된 후에 일정한 시간 동안 연소를 지속할 수 있도록 가열되어져야 할 최저온도(보통 그 물질의 인화점에 가까운 온도)가 연소점이 되며, 인화점(引火點)보다 약 10℃ 높은 온도로서 5초 이상 연소를 계속할 수 있는 온도이다. 따라서 액체의 증발증기(蒸發蒸氣)가 연소로 소비되는 증기량(蒸氣量) 이상으로 공급을 계속할 수 없는 경우에는 연소가 계속할 수 없다. 또한 인화온도가 낮은 액체에 있어서는 연소점(燃燒點)과 인화점(引火點)의 차이가 적고, 인화온도가 높은 액체에 있어서는 그 차이가 크며 연소에 영향을 크게 미친다.

2.2.3.3 연소온도(燃燒溫度* Combustion temperature)

연소가 개시되면 많은 연소열(燃燒熱)이 발생하여 가연물의 발화온도 이상으로 온도가 높아지며, 이 연소열량이 전도(傳導)·대류(對流)·복사(輻射) 등에 의한 일주열량(逸走熱量)과 같아지면 더 이상 온도상승은 발생하지 않게 되는데, 이때의 온도를 연소온도라고 말한다.

1. 이론적 · 실제적 연소온도

'이론적(理論的) 연소온도' 란, 이론적인 공기량으로 완전히 연소시킬 때의 발생 열량이 전부 연소생성물(Combustion products)에 전도(傳導)되고 외부로 일주(逸走)하지 않는다고 가정할 경우에 얻어지는 최고온도를 말하고, '실제적(實際的) 연소온도' 란, 실제로 반응생성물 분해당시의 해리열(解離熱)·화염의 방사열·불완전연소에 따른 열손실·과잉공기로 인한

〈표 2.2〉 가연물의 최고 연소온도

가연성 물질	최고 연소온도(℃)	최고 연소시 가스농도	이론혼합비 가스농도
마그네슘(Magnesium)	2,000 ~ 3,000		
수소(Hydrogen)	2,900		
아세틸렌(Acetylene)	2,325		
에틸렌(Ethylene)	1,975	6.66 ~ 7.00	6.50
프로필렌(Propylene)	1,935	4.45 ~ 4.90	4.45
부타디엔(Butadiene)	1,930	3.35 ~ 3.45	3.35
프로판(Propane)	1,925	4.05 ~ 4.30	4.02
이소부탄(Isobutane)	1,900	3.15 ~ 3.25	3.35
부탄(n-Butane)	1,895	3.15 ~ 3.40	3.10
에탄(Ethane)	1,895	5.70 ~ 5.95	5.65
메탄(Methane)	1,880	9.45 ~ 10.10	9.45
코크스(Cokes)	1,400 ~ 1,600		
석탄가스(Coal gas)	1,550		
나무(Wood)	1,100~ 1,300		
인(Phosphorus)	800		

연소 생성물량의 증가현상·공기부족으로 인한 연소열의 저하현상 등이 나타날 때의 온도를 말한다.

일반적으로 최고 연소온도는 이론적인 혼합비보다 공기량이 약간 적을 때에 얻어지며, 산소를 공기에 대체하여 사용하면 연소온도가 현저히 증가한다. 예컨대 산소와 아세틸렌 용접기의 불꽃온도가 공기 중에서 약 2,325℃인 것이 산소 중에서는 약 3,300℃ 정도가 된다.

2. 연소효율(燃燒效率* Combustion efficiency)

'연소효율' 이란, 연소에 의한 실제 발생열량과 연료(燃料)의 고유(固有)발열량과의 비(比)를 말한다. 연소효율을 높이기 위해서 적당량의 공기공급이 필요한바 이산화탄소가 최고가 될 때에 연소효율은 최고가 된다. 또한 연소에 사용할 공기를 예열(豫熱* Preheating)하면 연료의 고유 발열량 이외에 공기가 가지고 있는 열량만큼 연소온도가 높아진다.

3. 최소점화에너지(Minimum Ignition Energy)

'최소점화에너지(最小點火Energy)' 란, 인화성혼합기를 점화하기 위해서 필요한 최소에너지 즉, 농도 조성이 폭발한계의 범위 내에 있는 가연성 혼합가스 및 공기 중에 분산되어 있는 폭발성 분진(粉塵) 등을 발화시키기 위해 필요한 최소에너지를 최소점화에너지 또는 최소착화에너지라고 말하며, 일반적으로 줄(Joul)로 표현하는 전기스파크 또는 아크(Arc)의 최소에너지이다.

최소점화에너지로는 전기적·기계적·화학적으로 여러 가지가 있지만 모두 혼합가스 및 분진의 종류·농도·온도·압력 등에 의하여 변화하며, 일반적으로 상온·상압에서 분진폭발의 최소점화에너지는 혼합가스의 경우와 비교하여 두 자리수 정도 큰 것이 보통이라고 알려져 있다.

발화원(發火源) 중에서 에너지량의 측정이 편리한 전기불꽃으로 혼합기가 충만한 구형(球形) 폭발용기의 중심에서 불꽃으로 착화(着火)시켜 그 에너지를 다음 식으로 구하고, 그 최소치를 최소 점화에너지 또는 최소 착화에너지로 하고 있다.

$$E=\frac{1}{2}CV_2=\frac{1}{2}QV=\frac{1}{2}\frac{Q^2}{C}[J]$$

여기서, C : 정전용량[F], V : 방전전압[V], Q : 전전기량[C]

2.2.3.4 화염온도(火焰溫度* Flame temperature)

가연성 가스의 연소 당시의 불꽃온도는 공기와의 혼합상태 및 분위기 온도 등 주변상황에 따라 다르고 정확한 측정이 곤란하기 때문에 이론적인 화염온도가 주로 사용되고 있다.

'이론적인 화염온도'란, 가연성가스가 이론적인 공기량과 혼합되어 발생열량 전부가 방산(放散)하여 연소생성물을 가열시킬 때의 온도를 말한다. 그러나 실제적인 연소과정에서의 발생열량은 방사(放射)와 전도(傳導) 등에 의하여 주변으로 일주(逸走)해 버리기 때문에 실제 화염온도는 이론 화염온도보다 떨어지게 된다.

예컨대 분젠버너(Bunsen burner)의 화염(火焰)에서 실제로 최고온도가 되는 위치는 가장 중심의 가장자리인 추염(錐焰 : 송곳형의 불꽃)의 약간 위에서 약 1,700℃·불꽃 외곽은 약 1,500℃이지만, 이때의 이론적인 화염온도는 약 2,500℃ 수준이 된다. 그러나 이 상태는 충분한 공기가 가스와 혼합된 경우이고, 공기가 부족하면 불꽃온도는 더욱 낮아지고, 처음부터 공기를 공급하지 않고 불꽃 주변에서 공기가 얻어진다면 기껏해야 900℃ 수준밖에 되지 않는다.

1. 발광(發光)에 따른 온도
   - 담암적색 : 522℃
   - 암적색 : 700℃
   - 적색 : 850℃
   - 휘적색 : 950℃
   - 황적색 : 1,100℃
   - 백적색 : 1,300℃
   - 휘백색 : 1,500℃

2. 연소물질에 따른 온도
   - 전기용접불꽃 : 3,000 ~ 4,000℃
   - 아세틸렌불꽃 : 3,300℃
   - 촛불 : 1,400℃
   - 목재 화재 : 1,200 ~ 1,300℃
   - 물의 비점 : 100℃

2.2.3.5 연소속도(燃燒速度* Burning Velocity)

'연소속도'란 연소의 화학 반응속도와 같은 개념으로서, 어떤 가연물이 불에 타나가는 화염의 전파(傳播)속도를 말하며, 가연물의 종류와 산화제(酸化劑) 또는 가연물과 산화제의 혼합비에 따라 연소속도가 달라질 수 있다. 즉, 가연물과 산소가 얼마만큼 잘 혼합되고 고르게 분포되어 있는가와 연소 당시 발생하는 질소(窒素) 또는 탄산(炭酸)가스 등의 불활성물질(不活性物質* Inactivity material·Inertia material)에 얼마만큼의 영향을 받는가에 따라 연소속도가 변하지만, 정상적인 연소속도는 약 0.03 ~ 1m/sec 정도라고 알려져 있다. 가연물의 연소속도와 관련된 조건은 다음과 같다.

① 미연소가연물(未燃燒可燃物* Uncombustion combustible material)의 열전도율(熱

傳導率)이 크면 연소속도가 크다.

② 미연소가연물의 밀도(密度)가 작으면 작을수록 연소속도가 크다.

③ 미연소가연물의 비열(比熱)이 작으면 작을수록 연소속도가 크다.

④ 화염온도(火焰溫度)가 높으면 높을수록 연소속도가 크다.

1. 화재시의 연소속도

'화재시의 연소속도'는 화재발생 이후의 연소속도를 통상 단위시간을 분으로 하고, 그 시간에 연소해가는 거리를 말한다. 연소속도는 대상물의 형태, 기상상태, 화재 규모 및 경과시간 등에 따라 매우 다르며, 목조건물이라 할지라도 강풍시의 풍상(風上)과 풍하(風下)는 상당한 차이가 난다.

① 학교형태의 목조건물은 1분간 10m 전후의 속도로 연소하며, 연립(聯立)식 목조건물의 천장 속이나 집단건물지역일 경우 폭풍(暴風) 아래에서는 1분당 20m에 달하는 경우도 있다. 건물의 밀집지역에서 강풍시의 연소속도는 일반적으로 목조(木造) : 6, 방화(防火)조 : 3, 내화(耐火)조 : 1의 비율로 보아도 좋다.

② 풍속(風速)에 따라 연소속도는 매우 달라지는데, 풍속이 1m/sec 정도에서 최대연소속도를 나타내며 무풍(無風)시에 비해 약 10% 정도 빠르게 연소 된다. 이는 무풍시에 비하여 타고 있던 부근의 공기가 바람에 의하여 신선한 공기로 대체되기 때문이며, 풍속이 점차 증가하여 2.2m/sec가 되면 오히려 연소속도는 점차 느려져서 소화(消火)하게 된다. 화재 초기인 10분 이내의 연소속도는 매분 평균 0.75 ~ 1m로서 대개 원형(圓形)으로 확대되는 것으로 나타난다.

2. 연소(燃燒)와의 상관요인

(1) 촉매(觸媒* Catalyst)

'촉매'는 소량으로도 화학반응속도에 큰 영향을 미치지만 그 자신은 반응하지 않고 남는 물질로써, 예컨대 아세트알데히드의 중합반응(重合反應)시에 소량의 황산(黃酸)은 반응을 맹렬히 촉진시킨다.

(2) 억제제(抑制劑* Inhibition material or restrainer)

'억제제'는 안정제(Stabilizer)라고도 하며, 화학적으로 불안정한 물질에 소량으로 첨가하여 급격한 반응을 억제한다. 억제제는 화학반응속도를 떨어뜨리는 부촉매(負觸媒)형도 있고, 원하지 않는 촉매역할을 하는 물질을 제거하는 것과 반응생성물 중 원하지 않는 것을 선택적으로 제거하는 형이 있다. 스티렌모노마의 중합(重合)을 억지하기 위해 TBC (Tertiary Butyle Catechol)를 가해준다.

(3) 오염물(汚染物* Contaminant)

'오염물'이란 어떤 물질 속에 통상 존재하는 것은 아닌데 혼입(混入)되어 있는 경우 이다. 염화칼슘($CaCl_2$)에 모래 같은 것이 혼입된 경우 화재시의 위험은 없지만 어떤 것은 촉매나 원래 물질에 반응하여 큰 위험을 초래하는 경우도 있다.

2.2.4 열전달(熱傳達* Heat transfer)

'열전달'이란, 발열체(發熱體)로부터 발생한 열이 다른 곳으로 차츰차츰 옮겨가는 열의 이동 및 확산형태를 말하며, ① **'매체(媒體)를 통한'** 열전달현상인 전도(傳導), ② **'매체와 함께'** 이루어지는 순환적인 열전달현상인 대류(對流), ③ **'매체에 의존하지 않는'** 열전달현상인 복사(輻射) 등의 열전달 형태를 가진다.

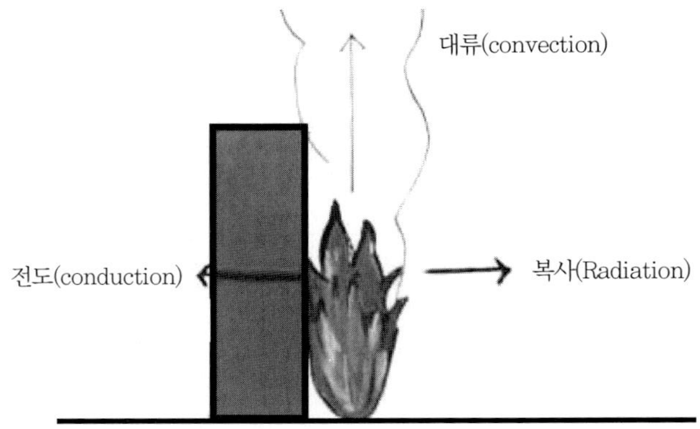

〈그림 2.3〉 화재시의 열전달상황

1. 전도(傳導* Conduction)

'전도'란, 고온의 물체와 열전도체의 직접 접촉을 통하여 이루어지는 열의 전달로서 하나의 물체 또는 서로 직접 접촉해 있는 여러 물체의 고온부(高溫部)에서 저온부(低溫部)로 열이 이동하는 현상을 말한다.

예컨대 가늘고 긴 금속봉(金屬棒)의 한 끝을 불꽃 속에 넣으면 불꽃이 닿지 않은 다른 부위에도 열이 전달되어 점점 뜨거워지는데, 이와 같은 열의 이동은 전도에 의한 것이며, 열전도량(熱傳導量)은 다음과 같이 구한다.

$$Q = S \cdot a/d(t_1 - t_2)T$$

여기서 Q : 열전도량(kcal) S : 전열면적(m^2)
a : 열전도율(kcal/m · h · ℃) d : 열의 흐름거리(m)

t_1 : 고온물체의 온도(℃)　　t_2 : 저온물체의 온도(℃)

T : 시간(h)

열전도율(熱傳導率)

'열전도율'은 열전도도(熱傳導度* Thermal conductivity)의 난이도를 나타내는 것으로써 열전도율이 큰 물질은 양도체(良導體)로서 열이 전달되기 쉽고, 반대로 열전도율이 작으면 열의 불량도체라고 한다. 따라서 가연물의 경우 열전도율이 낮으면 낮을수록 연소되기 쉬우므로 화재위험은 높다.

〈표 2.3〉 상온에서의 열전도율

물 질	열전도율(Kcal/mh℃)	물 질	열전도율(Kcal/mh℃)
공 기	0.022	니 켈	50 ~ 77
유리솜	0.03	황 동	74 ~ 79
물	0.5	알루미늄	175
유 리	0.5 ~ 1.16	금	254
석면판	0.6	철	254
콘크리트	0.66	동	320
스테인리스	14	은	360

2. 대류(對流* Convection)

'대류'란, 유체(流體* Fluid)의 실질적인 흐름에 의하여 열이 전달되는 현상으로써, 유체 내부의 어느 구역이 따뜻하게 되어 그 온도가 주위온도보다 높아지면 보통 그 부위의 유체는 팽창(膨脹* Expansion)에 의하여 밀도(密度)가 작아져서 상승하고, 주위의 낮은 온도의 유체가 대신 그 구역에 흘러들어가는 과정이 계속 되는데, 이러한 운동에 의한 열의 이동현상을 말하고, 신체표면(身體表面)과 차가운 지역 사이의 공기유동으로 인한 열손실(熱損失* Thermal convection)이라고도 한다. 일반적으로 다층건물의 화재 당시 가열된 공기와 가스가 발화(發火)층의 위층으로 열을 전달하여 화재를 확산시키는 경우가 바로 대류현상(對流現象)에 의한 것이다.

3. 복사(輻射* Radiation)

고온물체와 저온물체 사이에 중간물질의 매개(媒介) 없이 열이 전달되는 현상을 '복사'라 말하고, 이에 의하여 전달되는 열을 '복사열(輻射熱* Radiant heat)' 이라 하며, 복사열의 특징은 다음과 같다.

① 고온물체에서 발생하는 열복사선(熱輻射線)은 빛이나 전파(電波)와 같은 전자파(電磁波)로서 빛의 속도인 30만km/sec로 직진하여 저온물체의 표면에 도달하면 일부는 반사(反射) 및 투과(透過)하고 나머지는 저온물체에 흡수되어 축적(蓄積)된다.

② 흑색(黑色)물체는 백색(白色)물체보다 복사열을 잘 흡수하여서 일찍 열을 받고, 표면이 고른 물체보다 불규칙적으로 표면이 거친 물체의 경우에는 복사면적이 크고 요철(凹凸)부위에서 복사의 다중산란(多重散亂)이 일어나기 쉽기 때문에 복사열의 흡수와 방출(放出)이 잘 된다.

③ 화염(火焰* Blaze)에서 발생한 복사열로 인하여 인화점(Flash point) 또는 발화점(Ignition point)에 도달하기도 하며, 이 경우 화염 면(Flame front)이 크면 클수록, 또는 지속시간이 길면 길수록 복사열을 받는 거리는 멀어져서 100m 이상일 경우도 있다. 따라서 화재 당시 가열된 물체 표면에서의 복사열에 의해 매우 먼 거리에 있는 가연물을 발화시킬 수 있다.

④ 화재 당시 가열된 물체 표면에서 열을 복사시켜 매우 먼 거리에 있는 물질을 가열시킨 흔적을 복사흔적이라고 하며, 화원부에 가까울수록 그 수열도(受熱度)가 심하다.

⑤ 복사에너지는 복사체(輻射體)가 가열되면 될수록 급속하게 증가한다. 즉, 복사 에너지는 복사체의 절대온도(絕對溫度 : ℃ + 273.16)의 4제곱에 비례한다.

절대온도(絕對溫度)

Kelvin 온도로써, 물의 삼중점(얼음·물·수증기가 공존하는 상태)의 온도를 273.16[K]로 정한 것으로 물의 어는점을 물의 삼중점보다 0.01[K] 낮은 온도로 정하였다. 따라서 절대온도와 섭씨온도 사이에는 「절대온도 = 273 + 섭씨온도」의 관계가 성립한다.

2.3 연소의 필요조건

'연소의 필요조건'으로는 ① 가연물과 산소공급원을 활성화시키는데 필요한 에너지(화원 또는 불씨), ② 산화되기 쉬운 가연성물질(가연물 또는 착화물질), ③ 산소 공급원 등의 연소 3요소(燃燒三要素* Fire triangle)를 들고 있어나, 최근에는 연쇄반응(連鎖反應* Chain reaction)을 포함시켜 연소4요소 또는 연소4면체라고 한다. 따라서 이들 조건을 동시에 구비되어야만 연소를 계속할 수 있고, 이들 조건 중 단 하나라도 존재하지 않으면 연소는 일어나지 않고 지속도 불가능하다.

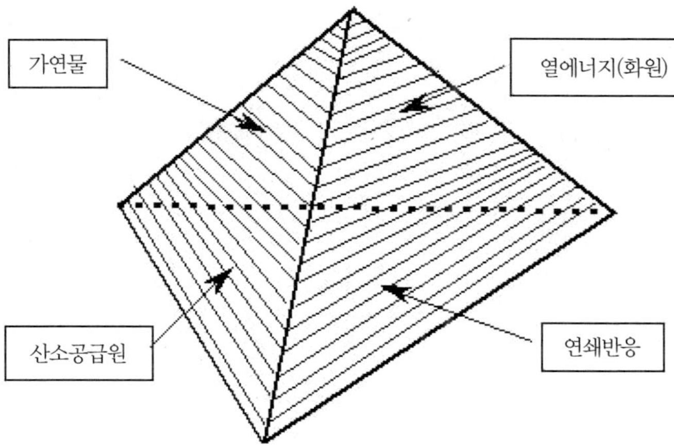

〈그림 2.4〉 연소의 4면체

2.3.1 화원(火源* Ignition·Fire source)

'화원' 이란 불씨·점화원(點火源)·에너지원·열원(熱源) 등으로 표현되며, 불이 발생하거나 발생할 수 있는 잠재적인 에너지를 가진 물체 또는 물질을 말하며, 연소반응에 필요한 활성화(活性化) 에너지를 제공하여 주는 화원을 크게 분류하면 기계적 에너지·전기적 에너지·화학적 에너지 등이 있고, 양태(樣態)적으로 분류하면 유염화원(有焰火源)·무염화원(無焰火源)·잠재화원(潛在火源) 등이 있으며, 시간적으로 분류하면 지속성화원(持續性火源)·순시성화원(瞬時性火源)·단속성화원(斷續性火源) 등으로 분류할 수 있다.

2.3.1.1 기계적 에너지(Mechanical energy)

1. 마찰열(摩擦熱)

'마찰열' 이란 두 물체를 마찰시키면 그 운동에 대한 저항현상으로 발생되는 열을 말하며, 기계회전축(機械回轉軸)의 마찰열·제동장치(制動裝置)의 마찰열·롤러와 벨트 사이의 마찰열·자동차 브레이크 시스템에서 발생하는 열 등이 여기에 해당된다. 또한 건조시의 강풍에 의한 나무와 나무의 마찰에 따른 발열로 발생하는 산불도 이에 해당된다.

2. 충돌(衝突)불꽃

금속(金屬) 등이 충돌 또는 마찰될 때 발생하는 불꽃을 말하며, 이때 발생하는 불꽃은 순간적인 열로써 발생즉시 소멸되므로 폭발한계 또는 연소한계에 있는 가연성 혼합기에 착화할 화재위험은 있어나 일반 가연물에 대한 점화(點火) 에너지로의 작용은 어렵다.

3. 단열압축열(斷熱壓縮熱)

기체를 급격하게 압축할 때 발생되는 열을 말하며, 가스의 압축공정을 이용한 냉장고나 에어컨 등의 냉동장치의 경우가 해당되며, 특히 디젤엔진은 압축에 의하여 폭발연소한다. 일반적으로 공기가 어떤 열의 공급이나 방출없이 단순하게 부피가 변할 때 부피가 줄어들면 온도가 상승하고(斷熱壓縮), 부피가 팽창하게 되면 부피가 늘어난 만큼 온도가 내려간다(斷熱膨脹).

4. 고온표면(高溫表面)

열전도(熱傳導)에 의하여 빨갛게 달구어진 쇠 등이 여기에 해당되며, 적열상태(赤熱狀態)의 고열은 일반적인 가연물의 발화온도(發火溫度)를 초과한다.

2.3.1.2 전기적 에너지(電氣的 energy)

1. 저항 열(抵抗熱* Resistance heat)

물체에 전류가 흐르면 물체가 가지고 있는 전기저항(電氣抵抗)에 따른 줄열에 의해서 전기에너지의 일부가 열로 변하며, 도선(導線)에 흐르는 전류에 의한 발열로서는 과전류(過電流)·과부하(過負荷)·불완전접촉(不完全接觸) 등에 의한 발열(發熱)이 여기에 해당된다.

2. 아크(Arc)열

전기합선(電氣合線)에 의한 순간적인 고온의 전기불꽃으로서 절연물(絕緣物)의 파괴에 의한 충전부(充電部)의 방전(放電)으로 인해 나타난다.

3. 정전기(靜電氣* Static electricity)

전기의 불량도체가 이(離)·착(着) 또는 마찰에 의해 대전(帶電)되었다가 방전(放電)을 개시하면서 발생되는 불꽃으로 건조하거나 접지불량한 곳 등에서 발생한다.

4. 낙뢰(落雷* Thunderbolt)

천재지변(天災地變)의 하나로 직접 불꽃을 제공하기도 하며, 전로(電路)에 이상 전압을 일으켜 정상전로의 극간(極間) 절연파괴(絕緣破壞)를 가져올 수 있다.

줄열(Joule heat)

① '도체에 전류를 흘렸을 때 발생하는 열량은 전류의 2승과 도체저항의 곱에 비례한다.' 는 것을 줄의 법칙(Joule's law)이라고 하며, 이때 발생하는 열을 Joule heat이다.

② 도체에 전류가 흐르면 단위시간에 전류의 제곱에 비례하고, 도체저항에 비례 하는 열이 발생하는데 이를 줄열이라 한다. 1J은 1A의 전류가 1Ω 의 저항에 1초 동안 흐를 때의 열에너지로 정의 된다.[$H=kI^2Rt$]

2.3.1.3 화학적 에너지(Chemical energy)

1. 연소열(燃燒熱* Heat of combustion)

'연소열'이란 가연물이 산소와 결합하여 연소할 때 외부로 발생하는 열을 말하며, 분자를 구성하는 원자(原子)의 종류·수·배열에 따라 발열량(發熱量)이 달라진다. 따라서 고체가연물은 액체나 기체보다 탄소(C)·수소(H)의 수(數) 및 연소의 필요산소량이 많으므로 연소열이 크게 된다.

어떤 가연물 1몰이 완전 연소할 때 외부로 발생하는 대표적인 연소열(燃燒熱)의 값(kcal/kg) : 은(銀) - 68.4, 메틸알코올 - 173.7, 메탄 - 212.8 등이다.

2. 자연발열(自然發熱* Spontaneous heating)

어떤 물질이 외부에서 열을 공급받지 않고 그 내부의 화학적·생물학적 반응에 의하여 발생한 열로 온도가 상승되는 현상을 자연발열이라고 하고, 물질의 온도가 발화점(發火點) 이상에 다다르면 '자연발화' 하게 된다. 자연발열이 자연발화 되는 경우는 많지 않으나 자연발열의 원인이 있게 되면 발화위험은 필연적이며, 어떤 산화반응(酸化反應)의 온도·발열속도(發熱速度)·공기의 일산조건(逸散條件)이 되는 주위의 습도(濕度) 및 바람 등에 의하여 결정된다.

(1) 분해열(分解熱* Heat of decomposition)

'분해열'이란 둘 이상의 물질이 주위의 온도·압력·반응조건 등에 의하여 화학반응을 일으켜 둘 이상의 물질로 분해할 때 외부로 방출하는 열을 말하며, 제5류 위험물·폭약·아세틸렌·산화에틸렌 등이 분해열을 발생시키는 물질이다. 분해열을 발생하는 물질은 대부분 상온·상압에서는 안정상태로 존재 가능하나, 온도·압력의 상승에 따라 분해하면서 많은 열을 외부로 방출하며 폭발을 유발하여 인적·물적 재해를 발생시키고 주위의 가연물에 활성화(活性化) 에너지를 공급함으로써 화재위험이 크다.

(2) 산화열(酸化熱* Heat of oxidation)

'산화'에 의한 발열물질에는 황린·금속분말·유지류(油脂類)·원면(原綿)·석탄(石炭)·고무류·부잠사류 등이 있으며, 과거 들깨기름을 먹인 고약 포장유지를 쌓아둔 창고에서 산화열(酸化熱)로 발화한 사례가 있었다.

(3) 흡착열(吸着熱)

'흡착열'이란 유탄(柳炭)·활성탄(活性炭)·목탄(木炭) 등 탄소분말류와 같이 다공성(多孔性)이고 비표면적(比表面積)이 큰 것은 제조 직후나 분쇄(粉碎) 직후 주변의 기체를 흡수해서 흡착반응(吸着反應* Adsorption spontaneous)하며 발생시키는 열을 말하며, 흡착반응에 의한 발열물질을 퇴적(堆積)하면 급히 타지 않고 내부에서 발연(發煙)과 불완전연소에 의한 탄산가스를 발생하나 내부온도가 상승하면 발화하는 경우가 있다. 따라서 이들의 저장(貯藏)은 환기(換氣)가 양호한 상태로 보존하고 대량으로 퇴적하지 않도록 하고, 제조(製造) 또는 분쇄(粉碎) 직후에 충분하게 냉각(冷却)시킨 후에 퇴적하는 것이 필요하다. 특히 유지(油脂)와의 친화력이 강하여 건성유(乾性油) 등에 접촉되면 위험하다.

(4) 발효열(醱酵熱)

'발효열'이란 마류(麻類)·건조초(乾燥草)나 볏짚·퇴비(堆肥)·먼지 등이 다량으로 퇴적된 경우 박테리아 미생물(微生物)이나 산소의 작용으로 발효반응(醱 酵反應* Fer-mentation sponta-neous)하며 발생시키는 열을 말하며, 건초(乾草)의 경우는 대량 집적하였을 경우 적당한 수분이 있는 상태에서 열의 축적 또는 부패(腐敗)로 생성되는 박테리아의 발효작용의 중첩으로 자연발화하게 되는데 퇴적한 1~2주까지는 발화하지 않고 2~6주까지 발화위험도가 가장 높다.

(5) 융해열(融解熱)

'융해열'은 고체상태의 물질이 용매에 용해될 때 외부로 발생되는 열로써, 화학물질을 취급하는 실험실 등에서 일반적으로 취급되며, 용매(溶媒)와 용질(溶質)의 종류에 따라 용해열의 값이 매우 위험할 수 있으므로 주의를 요한다.

(6) 중합열(重合熱)

'중합*(Polymerization)'이란 같은 종류의 분자가 둘 이상 결합하여 조성이 같은 원분자의 2배 또는 3배 등과 같이 정수배(正數倍)의 분자량을 갖는 새로운 화합물이 되는 반응을 말하며, 중합열은 주로 고분자 석유 화학제품의 원료인 염화비닐 모노마(VCM), 에틸렌 모노마(PM), 스틸렌 모노마(SM) 등을 한 장소에 장기간 저장할 경우 서로 중합되거나 또는 다량체(多量體)의 제조를 위해 중합반응을 일으킬 때 외부로 발출되는 열이다.

2.3.2 가연물(可燃物* Combustible material)

'가연물' 이란 물질의 발화온도(發火溫度)나 그 상태(고체·액체·기체)에 관계없이 연소될 수 있는 모든 물질을 말하며, ① 산소와 결합하여 연소반응을 일으킬 때 활성화 에너지가 작은 물질 즉, 발열반응(發熱反應)을 일으키는 물질, ② 산화할 때 열전도율이 작고, 발열량(연소열)이 크고, ③ 산소와 친화력이 좋고 표면적이 넓으며, ④ 연쇄반응(連鎖反應* Chain reaction)을 일으킬 수 있을 것 등의 조건을 가진다.

2.3.2.1 상태에 따른 가연물의 정의

1. 가연성 기체(Flammable gas)

'가연성 기체(可燃性氣體)' 는 열전도도(熱傳導度)가 작기 때문에 공기와 접하고 있는 가연성기체에 불씨를 가하면 인화(引火* Flash)되어 폭발적으로 확산연소(Diffusion combustion)를 일으킨다. 고압가스안전관리법상 '가연성가스'란, 아크릴로니트릴·아크릴알데히드·아세트알데히드·아세틸렌·암모니아·수소·황화수소·시안화수소·일산화탄소·이황화탄소·메탄·염화메탄·브롬화메탄·에탄·염화에탄·에틸렌·산화에틸렌·프로판·사이크로 프로판·프로필렌·산화프로필렌·부탄·부타디엔·부틸렌·메틸에테르·메틸에테르·모노에틸아민·디메틸아민·트리메틸아민·에틸아민·벤젠·에틸벤젠 및 그 이외 공기 중에서 연소하는 가스로서 폭발한계의 하한이 10% 이하인 것과 폭발한계의 상한과 하한의 차이가 20% 이상인 것을 말한다.

2. 가연성 액체(Combustible Liquid)

'가연성 액체(可燃性液體)' 란, 인화점(引火點* Flash point)이 65℃ 이하인 인화성 액체로서 석유류와 알코올류가 이에 해당되며, 증발과정과 반응과정이 밀접하게 결부되어 액체 표면에서 발생한 증발증기가 산소와 반응하여 연소하고, 가스의 연소와 같이 완전연소하여 소잔물(燒殘物)을 전혀 남기지 않는 연소 특성(燃燒特性)을 가진다.

3. 가연성 고체(Flammable solid)

'가연성 고체(可燃性固體)' 란, 고체에 불이 붙었을 때에 그의 중심축을 따라 약 254mm/sec 이상의 속도로 불꽃이 지속되며 연소할 수 있는 고체인 고분자(高分子* Macromolecule) 물질을 말하며, 자연계의 생성물질인 천연고분자(나무·고무·비단·석면 등) 물질과 인공적으로 고분자화시킨 합성고분자(합성수지·합성고무·합성섬유 등) 물질로 대별된다.

2.3.2.2 가연물의 조건

연소는 가연물이 산소와 화합해야 하고, 산화반응(酸化反應)에 의해 열이 발생하고, 그 결과로서 빛 즉, 적열(赤熱 : 500~600℃) 이상의 열복사선(熱輻射線)을 생성시켜야 한다. 따라서 가연물의 연소성상(燃燒性狀)에는 착화(着火)는 쉬우나 연소진행은 느린 것과 반대로 착화는 어려우나 일단 착화되면 급격하게 연소가 진행되는 것 등 각양각색의 가연물이 있으며, 그 조건은 다음과 같다.

① 가연물은 산소와 화합하여 산화물이 될 수 있는 것이어야 한다. 따라서 제0족의 희유기체원소인 헬륨(He)·네온(Ne)·아르곤(A)·크립톤(Kr)·크세톤(Xe) 등은 가연물이 될 수 없다. 또한 이미 산소와 충분히 화합해버린 산화물 즉, 탄산가스(CO_2)·무수황산(SO_2)·5산화인(P_2O_5)·산화알루미늄(Al_2O_3)·산화철(Fe_2O_3)·산화마그네슘(MgO) 등은 산소가 더 있어도 연소할 가능성이 없다. 그러나 같은 산화물이라도 산화 정도가 낮아 산소와 재(再)화합할 여지가 있는 것 즉, 일산화탄소(CO)·3산화인(P_2O_3) 등은 가연물이 된다.

② 물질의 산화반응은 발열을 수반하는 발열반응이어야 가연물이 될 수 있다.
따라서 질소(N_2)·염소(Cl_2) 등과 같이 산화반응이 흡열반응(吸熱反應)을 하는 물질은 가연물이 될 수 없다. 단, 수소와 탄소는 많은 발열을 수반한다.

③ 산화반응이 발열을 수반한다고 해서 반드시 연소되는 것은 아니며, 연소되기 위해서는 다량의 열이 급속하게 발생될 것이 필요하다. 따라서 은(Ag)·수은(Hg) 등과 같이 산화에 있어서 비교적 적게 발열하는 물질은 가연물이 될 가능성은 적다.

- $CO + \frac{1}{2} O_2 = CO_2 + 67.7kcal$: 발열반응

- $SO_2 + \frac{1}{2} O_2 = SO_3 + 23.5kcal$: 발열반응

- H_2O(수증기) + $\frac{1}{2} O_2$ = H_2O_2(과산화수소) − 26kcal : 흡열반응

2.3.2.3 가연물의 연소성과 특징

1. 가연물의 연소성

① 산소와의 접촉면적이 클수록, 그 부피가 작을수록 연소되기 쉽다.

② 산화되기 쉬운 것일수록 연소되기 쉽다.

③ 발열량(연소열)이 큰 것일수록 연소되기 쉽다.

④ 열전도율이 작은 것일수록 연소되기 쉽다.

⑤ 건조도(乾燥度)가 좋은 것일수록 연소되기 쉽다.

2. 가연물의 특징

① 활성에너지(Activated energy)의 양이 작아도 발열량(發熱量)이 크다.
즉, 작은 에너지만으로도 활성화상태(活性化狀態)에 쉽게 도달한다.

② 산화(酸化* Oxidation)되기 쉬운 물질이다.

③ 열전도도(熱傳導度* Thermal conductivity)가 작아서 열의 축적이 쉽다.

④ 연쇄반응(連鎖反應* Chain reaction)을 잘 일으킬 수 있는 물질이다.

⑤ 산소 또는 염소와 같은 지연성가스(支燃性 Gas)와의 결합력이 강한 물질이다.

2.3.2.4 연소성에 따른 가연물의 분류

1. 폭연성 가연물(爆燃性可燃物)

'폭연(爆燃* Deflagrating)' 이란 개방된 대기 중에서 혼합가스 및 증기가 폭발한계에서 착화하여 연소할 경우 연소가스가 자유로이 팽창하여 화염속도(火焰速度)가 늦고 압력과 폭발음이 거의 발생하지 않으며 연소대(燃燒帶)의 전파속도가 음속(音速)보다 느린 것을 말하며, 일반적으로 0.3~10m/sec 정도이다.

'폭연성 가연물' 에는 폭발물은 물론 한정된 공간에서 밀폐된 상태로 폭발한계(연소한계)내에 있는 혼합가스 또는 증기(증발가스)가 해당되기도 하나, 주로 위험물 제5류에 속하는 물질로서 큰 압력을 수반한다는 특징을 가진다.

2. 인화성 가연물(引火性可燃物)

'인화성*(Flammability)' 이란 가연물이 화원(불씨)에 의하여 착화되어 연소할 수 있는 용이성을 말하며, '인화성 물질(Flammable material)'은 쉽게 착화하여 신속하게 연소할 우려가 있는 고체·액체·증기(蒸氣) 또는 가스 등을 모두 포함하며, 인화성 고체의 경우에는 다음과 같이 분류된다.

① 분진(粉塵* Dust) 또는 분말형태(粉末形態)의 금속 또는 셀룰로오스·소맥분 등의 유기물질(有機物質)

② 저온에서도 자연발화 할 수 있는 종류 : 백린(白燐)

③ 미생물(微生物) 또는 기타 열화작용(熱化作用)에 의해 내부에서 열기(熱氣)가 축적되는 종류 : 어분(魚粉)·젖은 셀룰로오스류

④ 필름 · 섬유 · 저인화성 직물류(低引火性織物類) 등

3. 이연성 가연물(易燃性可燃物)

'이연성(Burning easiness substances)' 가연물이란, 종이더미·천 쪼가리더미·대팻밥 등과 같이 착화가 용이한 가연물을 지칭하며, 인화(引火)와는 다른 착화(着火)의 의미가 있

고, 고체상으로서 눈에 띄는 압력을 수반하지 않아 일반가연물과 인화성 가연물의 중간형태로 연소한다.

4. 난연성 가연물(難燃性可燃物)

'난연성(Flame retardant character) 가연물'이란, 일반적인 가연물보다 불이 잘 붙지 않고 연소속도가 상대적으로 느린 성질을 가진 가연물로서, 조기착화가 어렵거나, 착화 이후라도 발염현상(發焰現象)을 보이지 않거나, 연소의 확대속도가 느린 가연물일 뿐이며 본질적인 것보다 가공적인 것이 많다.

〈표 2.4〉 종이의 발화온도에 대한 염류(鹽類)의 영향

첨 가 염 류	발 화 온 도(%)	첨 가 염 류	발 화 온 도(%)
순 수	450	K_2CO_3	430
NaCl	450	$FeSO_4$	410
Na_2SO_4	470	$PdCl_3$	410
$(NH_4)_3PO_4$	480	$FeCl_3$	380
NaOH	〉550	$CuSO_4$	380
KOH	〉550	$CuCl_2$	370

〈표 2.5〉 목재에 여러 가지 염(鹽)을 첨가할 때의 탄소 생성 비

첨 가 염 류	잔류탄(C)의 양(%)	첨 가 염 류	잔류탄(C)의 양(%)
불화 암모늄(NH_4Br)	49.0	염화 아연($ZnCl_2$)	40.5
황산암모늄[$(NH_4)_2SO_4$]	48.9	염화마그네슘($MgCl_2$)	39.9
염화 암모늄(NH_4Cl)	48.3	염화 칼슘($CaCl_2$)	35.7
붕사($Na_2B_4O_7 \cdot 10H_2O$)	46.1	염화 나트륨(NaCl)	28.9
인산암모늄($NH_4H_2PO_4$)	44.3	황산나트륨($NaSO_4$)	27.4
붕 산(H_3BO_3)	41.0	순수한 것	25.1

※ 위 표는 나무에 여러 가지 염을 침윤(浸潤)시켜 건류(乾溜)시킨 실험예로, 각각 4g의 톱밥에 여러 가지 염 0.8g을 물에 녹여 침윤시킨 뒤 건류시킨 것을 450℃의 열로 30분간 건류시킨 것으로, 염류를 가함으로써 탄소의 생성량이 확실히 증가하는 것을 볼 수 있다.

난연(難燃)화를 위한 방염(防焰* Fire prevention material)처리한 건축자재·내장재료·커튼·갈포벽지 등은 초기 착화 시까지 시간적인 지연이 가능한 반면 여기서 발생되는 가스로 질식될 수 있는 위험이 있다. 난연(難燃)화를 위한 방염처리(防焰處理) 약제로는 염화암모늄(NH_4Cl)·불화암모늄(NH_4Br)·황산암모늄[$(NH_4)_2SO_4$]·인산암모늄($NH_4H_2PO_4$)·염화

마그네슘($MgCl_2$)·붕사($Na_2B_4O_7-10H_2O$)·붕산(H_3BO_3) 등과 같은 염류가 사용되고 있다.

5. 훈소성가연물(燻燒性可燃物)

① '훈소(燻燒* Smcldering)'란, 불꽃을 내지 않고 장시간 연기만 내고 타면서 그대로 꺼지던든지, 아니면 중심부로부터 발염(發焰)하면서 인접 가연물로 접염(接焰)연소되어 가는 가연물의 연소양상을 말하며, 대표적인 훈(燻)소성 가연물 에는 탈지(脫脂)된 면(綿)이 있으며, 낡은 이불이나 요에 들어있는 탈지된 면은 불꽃을 내면서 타질 않는다. 그러나 탈지되지 않은 원면(原綿)의 화재에 대한 착화위험은 굉장히 높아서 유염(有焰)이면서도 불꽃이 잘 보이지 않고 연소가 확대되므로 마치 알코올이 인화된 모양과 흡사한 화재위험이 있다.

② 자연섬유의 직물류가 거의 훈소성 가연물의 성질을 가지고 있으나, 비스코스 같은 것은 인화성에 가까운 이연성이고, 나일론·폴리에스텔 같은 화학섬유는 화원(火源)의 유·무염에 따라 그 착화성이 달라지기도 한다. 또한 뜸이나 모기향 같은 훈소는 물론 노변이나 휴지통에 버려진 담뱃불에 의해 건초나 휴지통 내의 가연물이 장시간 발연(發煙)상태로 타는 것이라든지, 논바닥에서 짚이나 겨의 더미가 타는 것과 같은 것들이 훈소성 가연물에 해당된다. 따라서 훈소성 가연물은 발화원이 유염화원(有焰火源)이라도 무염(無焰)착화되어 훈소하는 것이 특징이다.

2.3.2.5 특수가연물(特殊可燃物)

소방기본법 제15조 제2항에 "화재가 발생하는 경우 화재의 확대가 빠른 고무류·면화(棉花)류·석탄 및 목탄 등 대통령령이 정하는 특수가연물(特殊可燃物)의 저장 및 취급의 기준은 대통령령으로 정한다."고 규정하고, 동법 시행령 제6조에 "화재의 확대가 빠른 특수가연물(特殊可燃物)이라 함은 별표2에 규정된 품명별 수량 이상의 가연물을 말한다."고 규정하고 있다.

〔별표 2〕 〈개정 05. 10. 20〉 특수가연물(시행령 제6조 관련)

<table>
<tr><th>품 명</th><th>수 량</th><th colspan="2">품 명</th><th>수 량</th></tr>
<tr><td>면 화 류</td><td>200kg 이상</td><td colspan="2">가연성고체 류</td><td>3,000kg 이상</td></tr>
<tr><td>나무껍질 및 대팻밥</td><td>400kg 이상</td><td colspan="2">석탄·목탄 류</td><td>10,000kg 이상</td></tr>
<tr><td>넝마 및 종이부스러기</td><td>1,000kg 이상</td><td colspan="2">가연성액체 류</td><td>$2m^3$ 이상</td></tr>
<tr><td>사류(絲類)</td><td>1,000kg 이상</td><td colspan="2">목재가공품 및 나무부스러기</td><td>$10m^3$ 이상</td></tr>
<tr><td rowspan="2">볏 짚 류</td><td rowspan="2">1,000kg 이상</td><td rowspan="2">합성수지 류</td><td>발포시킨 것</td><td>$20m^3$ 이상</td></tr>
<tr><td>그 밖의 것</td><td>3,000kg 이상</td></tr>
</table>

[비고]

1. **"면화(棉花)류"**라 함은 불연성 또는 난연성이 아닌 면상 또는 팽이모양의 섬유와 마사(麻絲) 원료를 말한다.
2. 넝마 및 종이부스러기는 불연성 또는 난연성이 아닌 것(동식물유가 깊이 스며들어 있는 옷감·종이 및 이들의 제품을 포함한다)에 한한다.
3. **"사류(絲類)"**라 함은 불연성 또는 난연성이 아닌 실(실 부스러기와 솜털을 포함 한다)과 누에고치를 말한다.
4. **"볏짚류"**라 함은 마른 볏짚·마른 북더기와 이들의 제품 및 건초를 말한다.
5. **"가연성 고체류"**라 함은 고체로서 다음 각목의 것을 말한다.
   가. 인화점이 40℃ 이상 100℃ 미만인 것
   나. 인화점이 100℃ 이상 200℃ 미만이고, 연소열량이 1g당 8kcal 이상인 것
   다. 인화점이 200℃ 이상이고, 연소열량이 1g당 8kcal 이상인 것으로 융점(融點)이 100℃ 미만인 것
   라. 1기압과 20℃ 초과 40℃ 이하에서 액상(液相)인 것으로 인화점이 70℃ 이상 200℃ 미만이거나 나목 또는 다목에 해당하는 것
6. 석탄(石炭)·목탄(木炭)류에는 코크스, 석탄가루를 물에 갠 것, 조개탄, 연탄, 석유코크스, 활성탄 및 이와 유사한 것을 포함한다.
7. **"가연성 액체류"**라 함은 다음 각목의 것을 말한다.
   가. 1기압과 20℃ 이하에서 액상인 것으로서 가연성 액체량이 40중량퍼센트 이하이면서 인화점이 40℃ 이상 70℃ 미만이고 연소점이 60℃ 이상인 물품
   나. 1기압과 20℃에서 액상인 것으로서 가연성 액체량이 40중량퍼센트 이하이고 인화점이 70℃ 이상 250℃ 미만인 물품
   다. 동물의 기름기와 살코기 또는 식물의 씨나 과일의 살로서 추출한 것으로서 다음의 1에 해당하는 것
      (1) 1기압과 20℃에서 액상이고 인화점이 250℃ 미만인 것으로서 **'위험물안전 관리법'** 제20조 제1항의 규정에 의한 용기기준과 수납·저장기준에 적합 하고 용기외부에 물품명·수량 및 "화기엄금" 등의 표시를 한 것 〈개정 05. 10. 20〉
      (2) 1기압 20℃에서 액상이고 인화점이 250℃ 이상인 것
8. **"합성수지류"**라 함은 불연성 또는 난연성이 아닌 고체의 합성수지제품, 합성수지반제품, 원료합성수지 및 합성수지 부스러기(불연성 또는 난연성이 아닌 고무제품, 고무반제품, 원료고무 및 고무 부스러기를 포함한다)를 말한다. 다만, 합성수지의 섬유·옷감·종이 및 실과 이들의 넝마와 부스러기를 제외한다.

2.3.2.6 위험물(危險物* Hazardous substances)

위험물안전관리법 제1조 제1항 1호에 '위험물'이라 함은 인화성 또는 발화성(發火性) 등의 성질을 가지는 것으로서 대통령령이 정하는 물품을 말한다고 규정하고, 동법 시행령 제2조에 "대통령령으로 정하는 물품"이라 함은 별표 1에 규정된 위험물을 말한다고 규정하고 있다. 관련법규로는 산업안전보건법·화약류단속법 · 고압가스안전관리법 등이 있다.

〔별표 1〕 〈개정 06. 5. 25〉 위험물 및 지정수량(법 제2조 및 제3조 관련)

위험물			지정수량
유별	성질	품명	
제1류	산화성 고체	1. 아염소산염류	50kg
		2. 염소산염류	50kg
		3. 과염소산염류	50kg
		4. 무기과산화물	50kg
		5. 브롬산염류	300kg
		6. 질산염류	300kg
		7. 요오드산염류	300kg
		8. 과망간산염류	1,000kg
		9. 중크롬산염류	1,000kg
		10. 그 밖에 행정자치부령이 정하는 것	50kg, 300kg 또는 1,000kg
		11. 제1호 내지 제10호의 1에 해당하는 어느 하나 이상을 함유한 것	
제2류	가연성 고체	1. 황화인(黃化燐)	100kg
		2. 적린(赤燐)	100kg
		3. 유황(硫黃)	100kg
		4. 철분(鐵粉)	500kg
		5. 금속분(金屬粉)	500kg
		6. 마그네슘	500kg
		7. 그 밖에 행정자치부령이 정하는 것	100kg 또는 500kg
		8. 제1호 내지 제7호의 1에 해당하는 어느 하나 이상을 함유한 것	
		9. 인화성 고체	1,000kg
제3류	자연발화성 물질 및 금수성 물질	1. 칼륨	10kg
		2. 나트륨	10kg
		3. 알킬알루미늄	10kg
		4. 알킬리튬	10kg
		5. 황린(黃燐)	20kg
		6.알칼리금속(칼륨 및 나트륨을 제외한다) 및 알칼리토금속	50kg
		7.유기금속화합물(알킬알루미늄 및 알킬리튬을 제외한다.	50kg
		8. 금속의 수소화물	300kg
		9. 금속의 인화물	300kg
		10. 칼슘 또는 알루미늄의 탄화물	300kg
		11. 그 밖의 행정자치부령이 정하는 것	10kg, 20kg, 50kg 또는 300kg
		12. 제1호 내지 제11호의 1에 해당하는 어느 하나 이상을 함유한 것	

〔별표 1〕 계속

위험물				
유별	성질	품명		지정수량
제4류	인화성 액체	1. 특수인화물		50리터
		2. 제1석유류	비수용성 액체	200리터
			수용성 액체	400리터
		3. 알코올류		400리터
		4. 제2석유류	비수용성 액체	1,000리터
			수용성 액체	2,000리터
		5. 제3석유류	비수용성 액체	2,000리터
			수용성 액체	4,000리터
		6. 제4석유류		6,000리터
		7.동 · 식물류		10,000리터
제5류	자기반응성 물질	1. 유기과산화물		10kg
		2. 질산에스테르 류		10kg
		3. 니트로화합물		200kg
		4. 니트로소화합물		200kg
		5. 아조화합물		200kg
		6. 디아조화합물		200kg
		7. 히드라진유도체		200kg
		8. 히드록실아민		100kg
		9. 히드록실아민염류		100kg
		10. 그 밖에 행정자치부령이 정하는 것		10kg, 100kg 또는 200kg
		11. 제1호 내지 제10호의 1에 해당하는 어느 하나 이상을 함유한 것		
제6류	산화성 액체	1. 과염소산(過鹽素酸)		300kg
		2. 과산화수소(過酸化水素)		300kg
		3. 질산(窒酸)		300kg
		4. 그 밖에 행정자치부령이 정하는 것		300kg
		5. 제1호 내지 제4호의 1에 해당하는 어느 하나 이상을 함유한 것		300kg

※ 비고

1. **"산화성고체(酸化性固體)"**라 함은 고체[액체(1기압 및 20℃에서 액상인 것 또는 20℃ 이상 40℃ 이하에서 액상인 것을 말한다. 이하 같다.) 또는 기체(1기압 및 20℃에서 기상인 것을 말한다.) 외의 것을 말한다. 이하 같다.]로서 산화력의 잠재적인 위험성 또는 충격(衝擊)에 대한 민감성을 판단하기 위하여 소방방재 청장이 정하여 고시(告示)하는 시험에서 고시로 정하는 성질과 상태를 나타내는 것을 말한다.

"액상(液相)"이라 함은 수직으로 된 시험관(안지름 30mm, 높이 120mm의 원통형 유리관을 말한다.)에 시료(試料)를 55mm까지 채운 다음 당해 시험관을 수평으로 하였을 때 시료액면의 선단이 30mm를 이동하는데 걸리는 시간이 90초 이내에 있는 것을 말한다(개정 05.5.26).

2. **"가연성 고체(可燃性固體)"**라 함은 고체로서 화염(火焰)에 의한 발화(發火)의 위험성 또는 인화(引火)의 위험성을 판단하기 위하여 고시로 정하는 시험에서 고시 로 정하는 성질과 상태를 나타내는 것을 말한다.
3. 유황(硫黃)은 순도가 60중량퍼센트 이상인 것을 말한다. 이 경우 순도측정에 있어서 불순물은 활석 등 불연성 물질과 수분에 한한다.
4. **"철분(鐵粉)"**이라 함은 철의 분말로서 53마이크로미터의 표준체를 통과하는 것이 50중량퍼센트 미만인 것은 제외한다.
5. **"금속분(金屬粉)"**이라 함은 알칼리금속·철 및 마그네슘 외의 금속의 분말을 말하고, 구리분·니켈분 및 150마이크로미터의 체를 통과하는 것이 50중량퍼센트 미만인 것은 제외한다.
6. 마그네슘 및 제2류 제8호의 물품 중 마그네슘을 함유한 것에 있어서는 다음 각목의 1에 해당하는 것은 제외한다.
   가. 2mm의 체를 통과하지 아니하는 덩어리 상태의 것.
   나. 직경 2mm 이상의 막대 모양의 것.
7. 황화인(黃化燐)·적린(赤燐)·유황(硫黃) 및 철분은 제2호의 규정에 의한 성상(性狀)이 있는 것으로 본다.
8. **"인화성 고체(引火性固體)"**라 함은 고형 알코올, 그 밖에 1기압에서 인화점이 40℃ 미만인 고체를 말한다.
9. **"자연발화성 물질 및 금수성(禁水性) 물질"**이라 함은 고체 또는 액체로서 공기 중에서 발화의 위험성이 있거나 물과 접촉하여 발화하거나 가연성 가스를 발생하는 위험성이 있는 것을 말한다.
10. 칼륨·나트륨·알킬알루미늄·알킬리튬 및 황린은 제9호의 규정에 의한 성상이 있는 것으로 본다.
11. **"인화성 액체"**라 함은 액체(제3석유류, 제4석유류 및 동식물유류에 있어서는 1 기압과 20℃에서 액상인 것에 한한다.)로서 인화의 위험성이 있는 것을 말한다.
12. **"특수인화물"**이라 함은 이황화탄소, 디에틸에테르 그 밖에 1기압에서 발화점(發火點)이 100℃ 이하인 것 또는 인화점(引火點)이 -20℃ 이하이고 비점(沸點) 이 40℃ 이하인 것을 말한다.
13. **"제1석유류"**라 함은 아세톤, 휘발유 그 밖에 1기압에서 인화점이 21℃ 미만인 것을 말한다.
14. **"알코올류"**라 함은 1분자를 구성하는 탄소원자의 수가 1개부터 3개까지인 포화1가 알코올(변성알코올을 포함한다.)을 말한다. 다만, 다음 각목의 1에 해당 하는 것은 제외한다.
   가. 1분자를 구성하는 탄소원자의 수가 1개 내지 3개의 포화1가 알코올의 함유량이 60중량퍼센트 미만인 수용액
   나. 가연성액체량이 60중량퍼센트 미만이고 인화점 및 연소점(태그개방식 인화점 측정기에 의한 연소점을 정한다. 이하 같다.)이 에틸알코올 60중량퍼센트 수용액의 인화점 및 연소점을 초과하는 것
15. **"제2석유류"**라 함은 등유, 경유 그 밖에 1기압에서 인화점이 21℃ 이상 70℃ 미만인 것을 말한다. 다만, 도료(塗料)류 그 밖의 물품에 있어서 가연성 액체량이 40중량퍼센트 이하이면서 인화점이 40℃ 이상인 동시에 연소점이 60℃ 이상인 것은 제외한다.
16. **"제3석유류"**라 함은 중유, 클레오소트유 그 밖에 1기압에서 인화점이 70℃ 이상 200℃ 미만인 것을 말한다. 다만, 도료(塗料)류 그 밖의 물품은 가연성 액체량이 40중량퍼센트 이하인 것은 제외한다.

17. **"제4석유류"**라 함은 기어유, 실린더유 그 밖에 1기압에서 인화점이 200℃ 이상 250℃ 미만인 것을 말한다. 다만, 도료류 그 밖의 물품은 가연성 액체량이 40중량퍼센트 이하인 것은 제외한다.

18. **"동식물유류"**라 함은 동물의 지육 등 또는 식물의 종자나 과육으로부터 추출한 것으로서 1기압에서 인화점이 250℃ 미만인 것을 말한다. 다만, 법 제20조 제1항의 규정에 의하여 행정자치부령이 정하는 용기기준과 수납·저장기준에 따라 수납되어 저장·보관되고 용기의 외부에 물품의 통칭명, 수량 및 화기엄금(화기 엄금과 동일한 의미를 갖는 표시를 포함한다)의 표시가 있는 경우를 제외한다.

19. **"자기반응성 물질"**이라 함은 고체 또는 액체로서 폭발의 위험성 또는 가열분해의 격렬함을 판단하기 위하여 고시로 정하는 시험에서 고시로 정하는 성질과 상태를 나타내는 것을 말한다.

20. 제5류 제11호의 물품에 있어서는 유기과산화물을 함유하는 것 중에서 불활성 고체를 함유하는 것으로서 다음 각목의1에 해당하는 것은 제외한다.

    가. 과산화벤조일의 함유량이 35.5중량퍼센트 미만인 것으로서 전분가루, 황산칼슘2수화물 또는 인산1수소칼륨2수화물과의 혼합물

    나. 비스(4클로로벤조일)퍼 옥사이드의 함유량이 30중량퍼센트 미만인 것으로서 불활성 고체와의 혼합물

    다. 과산화지크밀의 함유량이 40중량퍼센트 미만인 것으로서 불활성 고체와의 혼합물

    라. 1·4비스(2-터셔리부틸 퍼 옥시 이소프로필)벤젠의 함유량이 40중량퍼센트 미만인 것으로서 불활성 고체와의 혼합물

    마. 시크로 헥사놀 퍼 옥사이드의 함유량이 30중량퍼센트 미만의 것으로서 불활성 고체와의 혼합물

21. **"산화성액체"**라 함은 액체로서 산화력의 잠재적인 위험성을 판단하기 위하여 고시로 정하는 시험에서 고시로 정하는 성질과 상태를 나타내는 것을 말한다.

22. 과산화수소는 그 농도가 36중량퍼센트 이상인 것에 한하며, 제21호의 성상이 있는 것으로 본다.

23. 질산(窒酸)은 그 비중(比重)이 1.49 이상인 것에 한하며, 제21호의 성상이 있는 것으로 본다.

24. 위 표의 성질 란에 규정된 성상을 2가지 이상 포함하는 물품(이하 이 호에서 "복수성상물품"이라 한다)이 속하는 품명은 다음 각목의 1에 의한다.

    가. 복수성상물품이 산화성고체의 성상 및 가연성고체의 성상을 가지는 경우 : 제2류 제8호의 규정에 의한 품명

    나. 복수성상물품이 산화성고체의 성상 및 자기반응성물질의 성상을 가지는 경우 : 제5류 제11호의 규정에 의한 품명

    다. 복수성상물품이 가연성고체의 성상과 자연발화성물질의 성상 및 금수성물질의 성상을 가지는 경우 : 제3류 제12호의 규정에 의한 품명

    라. 복수성상물품이 자연발화성 물질의 성상, 금수성 물질의 성상 및 인화성 액체의 성상을 가지는 경우 : 제3류 제12호의 규정에 의한 품명

    마. 복수성상물품이 인화성액체의 성상 및 자기반응성 물질의 성상을 가지는 경우 : 제5류 제11호의 규정에 의한 품명

25. 위 표의 지정수량 란에 정하는 수량이 복수로 있는 품명에 있어서는 당해 품명이 속하는 류(類)의 품명 가운데 위험성의 정도가 가장 유사한 품명의 지정수량 란에 정하는 수량과 같은 수량을 당해 품명의 지정수량으로 한다. 이 경우 위험물의 위험성을 실험·비교하기 위한 기준은 고시로 정할 수 있다.

26. 동 표에 의한 위험물의 판정 또는 지정수량의 결정에 필요한 실험은 **"국가 표준기본법"**에 의한 공인시험기관, 한국소방 검정공사, 중앙소방학교 또는 소방 방재청장이 지정하는 기관에서 실시할 수 있다(개정 06, 5,25).

2

〈표 2.7〉 위험물의 혼촉(混觸)시 발화위험도 조견표

	제 1 류	제 2 류	제 3 류	제 4 류	제 5 류	제 6 류
제 1 류		X	X	X	X	X
제 2 류	X		X	○	△	X
제 3 류	X	X		□	X	X
제 4 류	X	○	□		□	△
제 5 류	X	△		□		X
제 6 류	X	X	X	△	X	

※ **보기** : X ~ 위험, △ ~ 위험성이 있음, □ ~ 경우에 따라 위험, ○ ~ 위험성이 없음

※ **위험물의 발화사례와 자료**(※ 별첨 부록 참조)

① 위험물 제1류인 강산화성 염소산칼륨과 적린(제2류)이 혼합되면 폭발한다.

② 콜드 파마액 제1액은 치오·그리콜·암모늄(ammonium thioglycolate)용액으로써 환원제이고, 제2액은 브롬산 칼륨용액인 산화제인데, 서로 혼합되어 건조하게 되면 농축되어 발화한다.

③ 무수 크롬산에 그리스 · 알코올 등이 혼합되거나, 아염소산나트륨과 수산 또는 치오 황산나트륨이 혼합되면 즉시 발화한다.

④ 아지 화 바륨에 4염화탄소를 혼합함으로써 둔감한 아지 화 바륨이 분해 폭발한다.

⑤ 황산 등 강산이 염소산염·과염소산염 등과 혼합하면 보다 강한 강산화성 물질이 생겨 이것이 유기물과 혼촉(混觸)하면 폭발적으로 발화한다.

2.3.3 산화제(酸化劑* Oxidizing agent)

가연물과 산화제가 적당한 비율 및 농도로 혼합되어야만 비로소 착화하여 연소반응을 일으킬 수 있고, 연소로 발생한 열이 주위 가연물의 미연소부분을 가열하여 연소조건(Burning condition)을 만들기 때문에 지속적인 연소반응이 일어난다. 산화제는 산소(酸素 * Oxygen : O)와 그 자체로는 불연성(不燃性)인 지연성 가스(支燃性Gas)인 염소(鹽素)·불소(弗素)·산화질소·2산화질소·아산화질소 등이 있다.

2.3.3.1 산소공급원

1. 공기

산소는 공기 중에 체적비의 약 21%(질소 : 79%), 분압 160mmHg, 중량비의 약 23%를 차지하는 기체로서 연소의 필수요소일 뿐만 아니라 생물체의 호흡에도 필수적인 기체이다.

〈표 2.10〉 공기의 조성

구 분	산 소	질 소	이 산 화 탄 소	희(稀)가스
용 량(V%)	20.99	78.03	0.03	0.95
중 량(W%)	23.15	75.51	0.04	1.30

2. 공기 이외의 산소공급원

(1) 불연성으로 산소를 많이 함유하고 있는 화합물

화합물(化合物)에 내재되어 있는 산소성분이 산소(酸素)공급원으로서 역할을 하는 제1류 산화제로서 질산칼륨 또는 질산가리라고 하는 초석(硝石)에서 방출하는 산소가 가연물과 반응하면서 연소한다.

(2) 자기연소성 물질

가연성 물질에 산소가 함유되어 있는 제5류 위험물로서 연소속도가 급속하거나 폭발적인 연소현상을 발생시키는 물질로서, 니트로셀룰로오스$[C_6H_7O_2(ONO_2)_3]n$ · 다이너마이트의 주성분인 니트로글리세린$[C_3H_5(ONO_2)_3]$ · TNT(트리니트로톨루엔)$[C_6H_2(NO_2)_3CH_3]$ · 피크린산$[C_6H_2(NO_2)_3OH]$ 등이 이에 속한다. 이들 물질은 연소에 앞서 분해를 일으켜 자기의 분자 중에 있는 질산기(NO_2) 등으로부터 유리(遊離)된 산소에 의해 분자와의 산화반응이 일어난다.

2.3.3.2 연소 공기량

1. 실제(實際)공기량

가연물질을 실제적으로 완전 연소시키기 위해 필요한 공기량을 '실제공기량'이라고 하고 이론공기량에 과잉공기를 더한 값이다.

2. 이론(理論)공기량

가연물질을 이론적으로 완전연소시키기 위해 필요로 하는 최소량의 공기를 말하며, 이는 물질의 가연성분(可燃性分)에만 필요한 것으로서 그 물질의 각 가연성분이 연소할 때 소요되는 공기량의 합이 된다. 즉 이론산소량/0.21(체적) 또는 이론산소량/0.23(중량)이다. 따라서 이론산소량은 가연물을 이론적으로 완전연소를 시키는데 필요한 최소한의 산소량이므로 이론공기량은 실제공기량보다 적다.

3. 이론산소량

'이론산소량(理論酸素量)'은 가연물질을 연소시키기 위해 필요한 최소의 산소량으로서 이론공기량중의 산소량을 말하므로 다음과 같이 산출된다.

이론산소량 = 이론공기량 × 21/100

4. 공기비(空氣比)

'공기비' 란, 실제로 사용한 공기량이 그 이론공기량의 몇 배에 상당하는가를 나타내는 계수(係數)를 말하며, 가연물질의 완전연소를 위해 공급된 실제공기량을 이론공기량으로 나누어 얻은 비이다. 즉 공기비=실제공기량/이론공기량 이다. 일반적으로 공기비는 연료의 형태에 따라 일정한 범위의 값을 사용하므로, 고체가연물 : 1.8~2.0, 액체가연물 : 1.1~1.3, 기체가연물 : 1.1~1.2 등의 범위를 갖는다. 따라서 공기비가 클 경우에는 연소실 내 연소온도의 저하·배기가스에 의한 열손실 증대 등이 일어나고, 공기비가 적을 경우에는 불완전연소로 매연발생(煤煙 發生)이 심하고 미연소(未燃燒)에 의한 열손실(熱損失)이 늘어난다.

5. 과잉공기량

'과잉(過剩)공기량' 이란, 실제공기량에서 이론공기량을 차감한 공기량이다. 즉, 과잉공기량 = 실제공기량 – 이론공기량이다. 실제 연소에 있어서 이론공기량만으로 완전연소가 어렵기 때문에 20 ~ 50%의 과잉공기가 필요하다.

〈표 2.11〉 중요연료의 연소에 필요한 이론공기량

연 료(1kg)	이론공기량(m^3)	이론공기량(kg)	연 료(1kg)	이론공기량(m^3)	이론공기량(kg)
숯(수분 15%)	3~4	4~5	알 코 올	7	9
석탄(수분 5~10%)	5.4~8	7~10	벤 젠	10	13
중 유	10.8~11.0	14~14.5	메 탄	9.54	12.3
등 유	11.6	15	아세틸렌	11.93	15.4
휘 발 유	11.3~11.5	14.5~15			

2.3.3.3 연소시의 필요산소량

가연물(연료)의 가연성분에는 탄소·수소·유황(硫黃) 등이 있고, 산소를 함유하고 있는 가연물도 많으므로 연소에 필요한 공기량을 계산할 때에는 이들 함유 산소량을 고려해야 한다. 다음은 연료별 연소에 필요한 산소 및 공기량이다.

① 프로판가스는 산소량이 5배, 공기량은 25배 정도

② 도시가스는 산소량이 4.5배 정도

③ 부탄가스는 산소량이 6.5배, 공기량은 32배 정도

④ 아세틸렌은 공기량이 12배 정도 필요하다.

2.3.3.4 산소의 결핍과 과잉

1. 산소의 결핍

밀폐된 실내에서의 화재는 거의 실내 산소만으로 연소를 계속하면서 발연(發煙)하게 되므로 산소량이 산소의 한계량인 16% 이하의 산소 부족현상이 되고 급격한 온도상승이 되지 않아 이에 따른 대류현상(對流現象)은 생기지 않기 때문에 연소를 일시 멈춘 것 같아 보이고, 외부로 쉽게 노출되지 않는다. 그러나 이런 과정에서도 훈소(燻燒)가 진행되며 주위의 가연물은 계속 예열(豫熱)상황에 있으므로 개문 또는 개구부가 형성되면 외부로부터 산소를 공급받아 급속하게 발염(發焰)하게 된다.

예컨대 밀폐된 방내에 연기가 꽉 찼다하더라도 기온차(氣溫差) 또는 압력차(壓力差)에 의한 대류조건이 생기지 않는 한 연기가 쉽게 밖으로 배기되지 않는 경향이 있다. 따라서 연기가 꽉 찬 방의 한쪽 문을 열어놓아도 쉽게 빠지지 않고, 2면 이상 문을 열어놓아야 쉽게 환기되는 현상을 보아도 느낄 수 있다.

2. 과잉산소(過剩酸素)

과학기술의 발달로 고기압(高氣壓) 공기 하에서의 작업(Caisson공법 또는 산소가 희박한 지하 갱내에 육상에서 강제로 공기주입 및 고압산소를 정압시켜서 공급하는 등)이나 고압산소 아래에서의 치료방법 등이 보급됨으로써 산소분압 160mmHg 이상의 환경에서 간혹 화재발생의 요인이 되며, 이러한 고압산소 환경 아래에서는 대기 중에서보다 발염이 격렬하기 때문에 과승(過乘)산소화재라고 하여 일반화재와 구별하고 있다. 따라서 과잉산소 하에서의 연소특징은 다음과 같다.

① 화염의 전파속도나 온도는 대기 중에서보다 훨씬 빠르고 높다.

② 기체가연물의 인화온도(引火溫度)는 일반적으로 대기 가운데서와 별 차이가 없지만, 액체 및 고체가연물의 인화온도는 대기 중에서보다 낮아지는 경우가 많다. 예컨대 금속불티는 대기 중에서는 의류(衣類) 같은 가연물을 발화시키기 어려우나 고압산소 아래에서는 높은 온도를 지속함으로써 착화 가능성이 높다.

③ 산소농도를 증가시켜 주면 가연물의 착화온도는 통상의 최소착화온도보다 급격히 낮아져서 화원(火源)의 착화에너지가 작아도 착화가 가능해진다. 따라서 인체대전(人體帶電)에서 예상되는 수십 mj 정도의 정전기(靜電氣)스파크로도 가연성 가스는 쉽게 인화되나 고체가연물은 좀 다르다.

④ 일반적으로 불연물(不燃物)로 분류되는 금속의 경우, 산소배관(酸素配管) 내에서 유기물 등이 발화하였을 때에 배관강판(配管鋼板)이 타게 되는데, 이는 산소가 계속 공급될 때 금속의 높은 연소열로 연소가 계속되는 사례이다.

⑤ 산소호스 또는 가연성 가스의 공급호스가 폭발적으로 발화하는 경우가 있는데, 이는 산소호스 내에 어떤 화원(火源)이 있었기 때문에 호스 내부의 고무 표면이 발화(發火)하여 연소가 계속되는 경우로서, 고무의 열분해(熱分解)로 인한 가연성 가스가 계속 발생하면서 연소되기 때문에 고무호스의 내압력(內壓力)이 떨어지는 환경조건으로 인하여 폭발하게 되는 것이다.

⑥ 고압산소(高壓酸素)치료탱크와 같이 밀폐된 작은 공간 안에서 과승산소화재(過乘酸素火災)가 발생하면 화염전파속도(火焰傳播速度)와 화염온도(火焰溫度)가 높아 내부압력이 상승하여 폭발한다.

2.4 연소생성물(Combustion products)

화재 당시 만들어지는 **'연소생성물(燃燒生成物*)'**에는 화재열(火災熱* Heat by fire : 불기 또는 불의 뜨거운 기운), 연기(煙氣* Smoke), 유독가스(Noxious gas) 등이 있다. 이들의 위험인자(危險因子)는 화재열에 의한 화상(火傷* Burn), 고밀도 연기에 의한 시각장애(視覺障碍), 질식(窒息)제에 의한 호흡곤란과 신경마비 등이 있고, 효과로는 신체·근육·신경의 조절능력 상실, 판단력 및 방향감각의 상실, 시각장애와 극도의 공포 및 불안상태를 일으킨다. 화재발생 당시에는 화재 열에 의한 손실보다는 가연물(Combustible Material)의 연소 당시 발생되는 연소가스와 연기에 의한 피해가 훨씬 많이 발생한다. 특히 연기는 화재 당시 인명피해에 있어서 제일 큰 비중을 차지한다.

2.4.1 연기(煙氣* Smoke)

일반적으로 **'연기(Smoke)'** 란, '공기 중에 부유(浮遊)하고 있는 고체 및 액체미립자와 가연물이 열분해 또는 연소할 때에 발생하는 가스의 복잡한 혼합물'이라고 정의할 수 있고, 소방법에서는 **'화재에 의해 발생하는 연소생성물'** 로 정의하고 있다. **'미립자(微粒子)'** 란 유리 탄소(遊離炭素)·타르 계의 입자·고(高)비점물질의 응축방울 등을 총칭하고 있다.

① 가연물의 가연성분은 대부분의 탄소(Carbon ; C)와 일부의 수소(Hydrogen ; H)로 구성되어 있고, 탄소가 완전연소하면 일산화탄소(CO)만 발생하고, 불완전연소 시에는 일산화탄소(CO)·탄산가스(CO_2)·탄소미립자(숯)·산소결핍 공기 등이 발생한다.

② 불완전연소가 심할수록 연소생성물중의 CO의 비율(比率)은 적어지고, CO_2·탄소미립자(숯)·산소결핍공기 등의 비율이 증가한다.

③ 일산화탄소는 CO중독, 산소결핍공기는 질식사(窒息死)의 원인이 되며, 연기는 사람의

시야를 방해하여 생리적·시각적·심리적인 피해(Panic)를 준다.

④ 연기의 발생량은 가연물의 1kg당, 목재류는 $20m^2$, 합성고분자는 $200m^2$ 정도 발생한다고 알려져 있다.

2.4.1.1 연기 색상(煙氣色相)

연기는 낮은 온도에서 그을리는 정도의 연소단계에서는 액적(液滴)입자가 대부분이기 때문에 백색(白色) 또는 청백색(靑白色)의 연기가 발생하고, 온도가 상승하여 착화(着火) 연소단계에 도달하면 유리(遊離)탄소가 발생하여 검정연기가 나온다.

비교적 낮은 온도에서의 연소는 가스가 냉각(冷却)되기 쉬우므로 미세한 물방울이 되기 쉽고, 이러한 입자가 다량으로 섞이게 되는 연기는 농도가 짙고 검게 보인다.

〈표 2.12〉 연기의 색상

연기의 색	연소물질과 연기의 색상
수증기가 포함된 연기	습기가 많거나 수분을 가진 물질이 높은 온도의 연소물질과 접촉되었을 때에 발생한다.
백색(白色) 연기	완전 백색의 연기는 질소족인 인(燐)이 탈 때 발생한다.
흑색(黑色) 연기	화재 당시 대부분을 차지하는 연기의 색으로, 물질이 불완전연소를 하거나, 고무 · 석유 · 석탄 등이 탈 때 발생한다.
회색(灰色) 연기	주로 마른 풀이나 짚이 탈 때 발생한다.
황색(黃色) 또는 홍갈색(紅褐色)	폭발물 · 셀룰로이드 등 니트로셀룰로오스 기(基)를 갖는 물질에서 발생한다.

〈표 2.13〉 감광계수와 가시거리

감광계수	가시거리	상 황
0.1	20 ~ 30	연기 감지기가 작동할 정도
0.3	5	건물 내부가 익숙하지 못한 자는 피난에 지장이 있다.
0.5	3	어둠침침함을 느낄 정도
1	1 ~ 2	거의 앞이 보이지 않을 정도
10	0.2 ~ 0.5	화재의 최성기 때의 연기농도로서 유도등이 보이지 않음
30	–	출화실에서 연기가 분출될 때의 연기농도

※ 연기 속으로 투과한 양으로 연기의 농도를 평가하는 광학적(光學的)인 농도표시방법으로써 일반적으로 감광계수(感光係數)를 사용한다.

2.4.1.2 연기 성상(煙氣性狀)

1. 연기순환(煙氣循環)

'연기'는 화재진행에 따라 대류현상(對流現象)에 의한 열 분해가스의 흐름과 함께 실내의 천장에 도달한 후에, 차츰 위로 올라가는 열 기류(熱氣流)에 의하여 위쪽으로부터 단계적인 층(層)을 이루며 사방으로 확산하여 가다가 벽면에 도달하면 아래로 내려가게 되고, 비로소 실내전체에 연기가 가득 차게 된다. 이때 실내의 개구부가 열려 있으면, 그 개구부의 상부 절반 정도의 영역에서 연기가 유출되면서 다른 구획으로 확산되어 간다. 화재실(火災室)의 연기량은 내장재(內裝材)의 종류·방의 환기요소·실내 가연물의 공기와의 접촉 표면적·방의 용적 등에 의하여 결정된다.

2. 연기의 유동속도(流動速度)

화재건물 내의 연기의 유동속도는 상층으로 확산하는 열의 이동속도와 거의 같다고 생각하는 것이 좋다.

① 화재실에서 발생한 연기는 복도의 문이 열리면 수평으로 0.5~1.0m/sec의 유속(流速)으로 복도 속으로 확산된다.

② 건물의 계단실 · 덕트(Duct) · 샤프트(Shaft) 등이 열려있으면 연기는 위로 떠올리는 부력(浮力* Buoyance)효과에 의하여 유속이 증대되면서 수직으로 2~3m/sec의 속도로 급속하게 위로 상승하여 수직통로를 빠져나간다.

③ 화재 층(層)과 위층 계단의 문이 열리면 계단통로에 연기가 들어가 통로 내부의 공기가 데워져 연돌효과(煙突效果* Chimney effect /stack effect : 굴뚝효과)를 일으켜 건물 내부 전체로 공기의 강한 흐름이 형성되고, 다량의 연기와 가스가 빠르게 위층으로 확산되면서 위층은 짧은 시간에 연기와 가스가 가득 차는 결과가 되며, 이런 현상은 고층건물에 있어서 엘리베이터 샤프트와 덕트 등의 불완전한 구획공간이 있는 경우 위층으로 연기를 확산시키는 위험통로가 된다.

3. 연기의 배출

① 실내에서 화재가 발생하면 연소열에 의하여 기체의 온도가 상승하고 부력이 발생하여 천장 쪽으로 상승기류가 형성됨과 동시에 천장 쪽의 온도가 상승하고 연기가 축적되며, 온도상승에 따라서 기체가 팽창하여 실내 · 외의 동일 수평면상에서 정압(定壓)의 차이가 나타난다. 이때 천장 쪽의 실내정압은 높고, 바닥 쪽의 실내정압이 낮은 것이 보통이다.

② 바닥과 천장 사이의 어느 지점에서 실내정압과 실외정압이 동일한 수평면이 존재하

게 되는데, 이 면을 중성대(中性帶* Neutral Zone·Neutral plane)라 하고, 연기의 배출구는 중성대보다 위쪽에 형성된다.

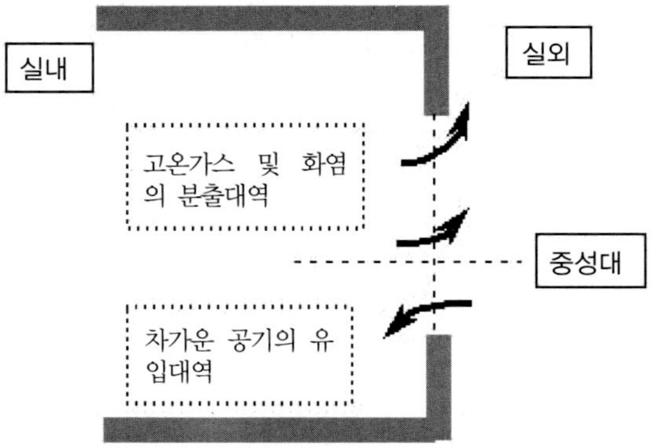

〈그림 2.5〉 개구부의 공기유입과 분출 분포도

③ 화재 당시 건물 내의 기류이동(氣流移動)은 드래프트효과(연돌효과)에 의하여 자연 통기력(通氣力)이 발생하며, 드래프트효과(연돌효과)의 크기는 최하층과 최상층의 내·외부의 온도차와 개구부 간의 수직거리에 좌우되고, 화재건물 내·외부의 온도와 압력이 같으면 자연기류(自然氣流)의 이동은 일어나지 않고 중간높이 부근에서 중성대가 형성된다.

4. 연기흡착과 주연흔(走煙痕* Smoke running trace)

화재에 의한 연기에는 다량의 농축습기(濃縮濕氣 : 液體微粒子)를 함유하고 있기 때문에 연기의 순환 중에 천장이나 벽면에 부딪히면 열을 빼앗기게 되므로, 이때 연기가 천장이나 벽면에 흡착되어 연도(煙道* Smoke pathway) 즉, 주연흔을 남기게 된다. 따라서 화재조사관은 다음과 같은 주연흔의 생성 성향(生成性向)을 충분하게 고려하며 현장관찰을 해야 한다.

(a) 슬레이트 천장　　(b) 콘크리트 천장

〈사진 2.1〉 불길 진행방향(→)과 주연흔 및 주염흔

〈사진 2.2〉 불길방향(→)과 발화지점 직상부의 주연흔 및 주염흔

① 동일 온도에서의 연기의 비중은 공기보다 무겁지만, 유출 직후에는 연기의 온도가 높아져서 공기보다 가볍기 때문에 신선한 공기가 복도바닥 또는 개구부의 아랫부분으로 화재실에 들어오고, 연기는 복도 또는 개구부의 상부로 통하여 흘러 빠져나가는 2층류(二層流)를 형성한다.

② 연기의 흡착(吸着)은 그 접촉면의 온도가 낮을수록 쉽게 이루어지므로 불길 진행방향의 사각(斜角)부위 및 배면(背面)벽체에 선명하게 나타나며, 주로 내장 회벽(灰壁)·타일·콘크리트 등 불연성 외벽에 잘 나타난다.

③ 물체나 벽면에 흡착된 연기 및 그을음은 화염이나 발화온도 이상의 고온을 받으면 연소하여 소멸되어 주염(走焰)흔적을 남기게 된다. 따라서 불길의 진행방향과 가까울수록, 수열온도가 높을수록 주연(走煙)흔적의 농도는 엷어진다.

④ 조사관이 화재 당시의 불길의 진행경로 및 발화부위를 역 추적하여 판단함에 있어서 주연흔(走煙痕)은 주염흔(走焰痕)과 더불어 중요한 단서가 된다.

5. 연돌효과(Chimney effect : 드래프트 효과 – Draft effect)

건물 내의 화재로 인한 연소열에 의하여 기체가 데워지면 체적은 증가하나 단위체적당 중량이 감소된 부력에 의해서 더워진 공기는 상승하여 외부로 빠져 나가고, 연소실내에는 압력이 낮아져 외부의 새로운 공기가 흡입된다. 이와 같이 일정한 실내 또는 연통이 갖는 통(通)기력을 연돌효과(煙突效果 : 드래프트 효과)라고 한다. 연소효과는 연돌효과에 따라 좌우되며, 연소실 내부의 배기가스의 온도가 높을수록(연통의 경우 직경이 굵고 높이가 높을수록) 커진다. 따라서 고층건물의 경우 화재 당시에 1층에서 최상층으로 강한 통기력이 발생한다.

효과적인 연소를 위해서는 적량의 필요한 공기를 항상 공급하고, 연소가스는 빨리 배출시켜주어야 하므로 연통을 시설하여 연소를 촉진시키는 것이고, 인위적으로 연돌효과를 높이기 위하여 연통 끝에 뚜껑(top)을 장치하는 것은 역풍(逆風)에 의한 연돌효과의 저하를 억제시키는 역할과도 중복된다. 연돌효과가 저하되면 연통의 균열부분에서 불꽃이 새어나오고 연통 내부의 온도는 이상 상승하여 새로운 화재위험을 유발시킬 수 있어 통기력을 좋게 하는 것이 중요하며, 연돌효과의 저해요인은 다음과 같다.

① 연통의 수평 길이가 긴 경우(수직 길이가 수평 길이의 1.5배 이 상일 것)
② 굴곡(屈曲)이 많거나 예각(銳角)으로 구부러져 통기저항이 클 경우
③ 균열이나 파손된 곳으로 외부의 공기가 들어올 경우
④ 통(筒) 내에 그을음이 많이 쌓여 단면적이 감소되는 경우
⑤ 통의 밑 부분에 습기가 많거나 연기의 온도가 떨어지는 경우

2.4.1.3 화재 당시에 발생하는 유해가스

1. 일산화탄소(CO : Carbon monoxide)

'일산화탄소'는 화재 당시 가장 많은 피해를 주는 유독성분 중의 한 가지 물질이며, 이것은 허파에서 산소 대신 헤모글로빈(Hb : Hemoglobin)과 결합하여 체내의 산소공급을 중단시키므로 치명적이다. 중독증상이 가벼울 때에는 두통·현기증 등을 나타내고, 중독이 진행되면 의식상실·경련·사망에 이른다. 일산화탄소는 어떠한 유기물에서도 발생할 가능성이 있고 화재중독사의 주원인이다. 1시간 치사농도는 0.4%이고, 1.0%에서는 1분에 치사할 수 있고, 1.4% 이상의 농도에서는 몇 번 호흡 정도로도 사망하게 된다.

2. 시안화수소(청산* HCN : Hydrogen Cyanide)

'시안화수소(청산)' 은 천연물질이지만 나일론 · 울 · 실크 · 요소수지 · 폴리우레탄 · 아크릴로니트릴 중합체(Vinyl Cyanide) 등의 합성물질 중에 질소를 함유하는 물질이 연소할 때

에 발생하는 가장 급격한 독성물질(毒性物質) 중의 하나이다. 시안화수소의 독작용은 세포 내에서 산화반응의 촉매작용을 행하는 산화요소의 활성을 저해하는데 있으며, 그로 인하여 세포호흡의 정지를 초래한다. 0.3%의 농도에서 거의 즉사하는 독성물질로서 일산화탄소의 약 20배 수준의 반응속도를 가진다.

3. 아크롤레인(CH_2CH_2)

강자극성의 무색가스로 눈·호흡기계 및 피부를 자극하기 때문에 최루(催涙)가스로 이용된 사실이 있으며, 그 자극성은 1ppm에서 2~3분의 노출로 자극을 느끼게 되고, 4분에는 눈물을 흘리고, 5분이 지나면 고통을 참을 수 없다.

아크롤레인은 모든 유기물(有機物)이 연소할 때 발생할 가능성이 있지만, 분자구조에 따라서 발생량의 차이가 크다. 즉, 고분자물질 중 폴리에틸렌·폴리프로필렌 등이 연소할 때 많이 발생하며, 특히 산소부족의 상태에서 비교적 발생하기 쉽다.

4. 이산화탄소(CO_2 : Carbon dioxide)

탄산가스라고도 하며, 무색(無色)·무취(無臭)의 가스로서 유기물이 연소할 때에 발생하는 가스이다. 그 자체는 독성(毒性)이 없어나 산소농도를 저하시키고 호흡중추(呼吸中樞)에 대한 자극과 속도를 빠르게 하여 유독가스(有毒 Gas)를 들여 마시는 속도가 빨라지면서 산소결핍증(酸素缺乏症)을 일으켜 위험을 증폭시킨다.

5. 기타

화재 당시에 발생하는 독성물질은 연소물질의 화학적인 성분과 연소를 촉진시키는 산소의 양과 온도 등 많은 변수가 작용하여 발생하며, 폭발성 탄화수소 이외에 이산화탄소(CO_2), 염화수소(HCl), 암모니아(NH_3), 이산화질소(NO_2), 이산화황(SO_2), 불화수소(HF), 아세틸알데히드(CH_2), 산화질소(NO), 할로겐산, 포스겐, 황화수소 등이 있다.

〈표 2.14〉 주요 유해가스의 농도와 생리작용

분 류	단순 질식(%)			화학적 질식(%)			자 극(ppm)	
가스류	산소결핍	이산화 탄소	일산화 탄소	청산	염화수소	암모니아	염소	아산화 질소
	O_2	CO_2	CO	HCN	HCl	NH_3	Cl_2	NO_2
작 용	정신 및 근육의 활동저하, 호흡곤란, 질식	산소결핍 유도, 호흡곤란, 질식	혈액내 산소운반 능력 저해, 두통, 근육조절 장애, 허탈, 의식불명	세포호흡 정지, 현기증, 허탈, 의식불명	눈 및 상부기도 점막자극, 상부기도 파괴에 의한 물리적 질식	눈 · 상부기도 점막자극, 폐수종	눈 · 상부기도 및 폐조직 자극, 눈물 · 재채기 · 기침 및 폐수종에 의한 호흡곤란 · 질식	기관지 및 폐포세 자극, 폐수종에 의한 호흡곤란 및 질식
냄새인지					35	53	3.5	5
목구멍자극		4			35	408	15	62
눈 자극		4				698		
기 침						1,620	30	
수시간 노출중 안전		1.1 ~ 1.7	100	20	10	100	0.35 ~ 1.0	10 ~ 40
1시간 노출중 안전		3 ~ 4	400 ~ 500	45 ~ 54	50 ~ 100	300 ~ 500	4	
30분~1시간 노출시 위험		5 ~ 6.7	1,500 ~ 2,000	110 ~ 135	1,000 ~ 2,000	2,500 ~ 4,500	40 ~ 60	117 ~ 154
30분 노출시 치사			4,000	135				
단시간 노출시 치사	6	20	13,000	270	1,300 ~ 2,000	5,000 ~ 10,000	1,000	240 ~ 775

2.4.2 화열(火熱* Heat by Fire)과 불연재

2.4.2.1 주염흔(走焰痕* Blaze running trace)

'주염흔'이란 불꽃이 흘러간 흔적으로써, 연기를 왕성하게 발생시키는 연소단계를 지나 가연물이 줄고 산소공급이 원활한 여건아래 발연(發煙)량이 줄어들고 불꽃의 양이 커지면서 건물 등의 불연성 구조물 또는 재질에 남기는 수열흔적을 말하며, 대체로 연한 갈색·

상아색·백색 등을 나타내기도 하고 박리(剝離)현상도 생긴다. 따라서 화재현장에 형성된 주염흔적의 위치와 형태는 조사관이 화재 당시의 불길의 진행경로를 판단하는데 중요한 상황증거가 된다.

〈표 2.15〉 수열온도에 따른 변색현상

수열온도(℃)	변 색	수열온도(℃)	변 색	수열온도(℃)	변 색
230	황 색	590	진 홍 색	980	연 황 색
290	홍 갈 색	760	심 홍 색	1,200	백 색
480	연 홍 색	870	분 홍 색	1,320	희 백 색

2.4.2.2 금속류의 수열현상

화재 당시 화열(火熱：불꽃과 열)의 영향을 받은 금속류는 변색(變色)·만곡(彎曲)·용융(熔融) 등의 특이현상을 나타내게 되는데, 이것들은 화재 당시 연소의 확대 진행방향과 발화부위를 추정 판단하는데 결정적인 상황증거(狀況證據)를 제시한다.

1. 변색(變色* Discoloration)

〈사진 2.3〉 전동기 및 그 주변의 변색과 만곡현상.

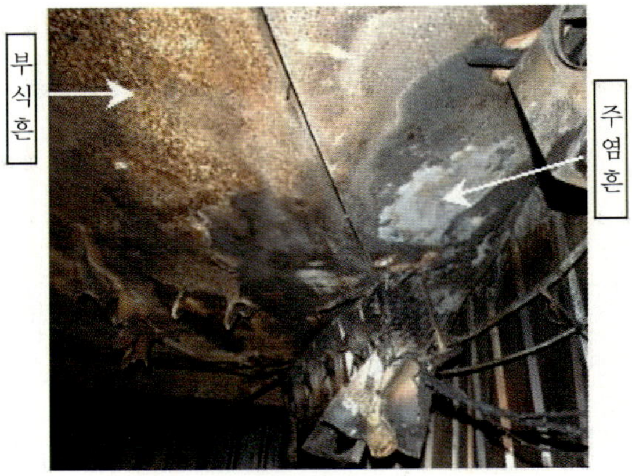

〈사진 2.4〉 금속표면의 주염흔과 부식흔

〈사진 2.5〉 알루미늄 셔터문의 소잔현상

'변색(變色)' 이란 화재 당시에 화열을 받아서 금속의 고유색상이 없어지고 색깔이 달라지는 색조현상을 말하며, 일반화재에서 녹거나 녹지 않는 금속·콘크리트 모르타르 등 비가연물인 구조물, 내부 집적물건으로서의 철(鐵)구조물·철재 캐비닛·책상·선반·기계류·냉장고 등은 수열 정도에 따라 표면이 변색된다

2. 도포(塗布)페인트의 소잔현상

페인트가 도포된 금속표면의 일부가 화열을 받으면 그 수열부의 페인트 층이 타면서 그을음이 생기고, 더욱 온도가 상승하면 가열부위가 넓어지면서 페인트의 탄화재가 완전히 소실(燒失)되거나 떨어져나간다. 즉 금속표면에 비교적 두께가 얇은 판형(板型)의 도

〈사진 2.6〉 컨테이너 박스의 측면 및 상부의 탄화 및 변색흔적

〈사진 2.7〉 함석지붕 페인트의 ·변색·발포·소실현상

〈사진 2.8〉 함석 및 슬레이트 지붕의 페인트 소실과 변색현상

포 상(塗布狀)으로 되어 있는 페인트 층은 변색(Discoloration) → 발포(發泡* Foaming) → 탄화(炭化* Carbonization) → 소실(燒失* Destruction by fire) 등의 과정(process)을 가진다. 따라서 변색과 그을음의 흡착수준, 발포현상, 소실정도 등을 비교 관찰하여 연소의 강약 또는 불길의 진행방향을 판별할 수 있다.

(1) 변색(變色* Discoloration)

페인트의 변색 정도를 식별하기 위해서는 화재전의 페인트 원색을 확실하게 파악해 두는 것이 중요하다.

(2) 발포(發泡* Foaming)

발포란 화재 당시 물체표면의 페인트 층에서 국부적이고 산발적으로 화열을 받아 부풀어 오른 포립(泡粒)현상을 말하며, 화열을 강하게 받으면 포립의 크기가 크고 약하게 받으면 그 크기는 작지만 많은 수의 포립이 생성된다.

(3) 소실(燒失* Destruction by fire)

금속표면에 박판상태(薄板狀態)로 엷게 도포(塗布)된 페인트는 비교적 소실되기 쉽다. 따라서 소실 및 변색현상의 정도에 따라 화열의 강약 및 불길의 진행방향을 판단할 수 있다.

3. 만곡(彎曲* Curve·Bending)

〈사진 2.9〉 발화부위 주변의 만곡현상과 직상 천장부의 변색현상

(a) 외부에서 본 발화부위 (b) 발화부의 내부현상

〈사진 2.10〉 발화지점 주변철골의 만곡 및 변색현상

금속(金屬)이 열을 받게 되면 그 수열면(受熱面)이 팽창하고 각각의 고유온도에 도달하면 연화(軟化)되기 시작하여 하중(荷重)·자중(自重)·중력(重力) 등에 의하여 급속히 휘어지는 만곡현상이 생기기 시작하고, 그 정도의 차이는 연소의 강·약을 나타낸다. 보통의 금속들은 대부분 열이 가해지는 반대쪽으로 휘어지는 성질을 가지고 있으나, 반드시 만곡방향이 수열방향을 나타내는 것은 아니다.

철골구조물이 완전하게 도괴(倒壞)된 화재현장의 경우에는 대부분 발화지점을 중심으로 좌우로 서로 겹쳐 도괴된 경우가 많으므로 이를 유념하여 조사할 필요가 있다.

4. 용융(熔融* Melting)

'용융'이란 금속이 화열에 의하여 점진적으로 가열 받아 금속 고유의 용융점(熔融點* Melting Point : MP)에 도달되어 녹기 시작하여 액상(液相)으로 되는 물리적인 변화현상을

〈사진 2.11〉 불길방향(→)과 내외에서 본 알루미늄 문틀의 용융현상

〈사진 2.12〉 불길방향(→)과 알루미늄방범창의 용융 및 외벽의 변색과 박리현상

말하며, 금속이 녹아 있는 부분과 녹지 않은 부분의 경계선을 '용융대(熔融帶* Fusion zone)' 이라고 한다. 이때 용융흔(熔融痕)의 표면은 수포(水泡)가 형성되어 윤기가 없는 형상으로 거칠게 나타난다. 따라서 순간적으로 고열을 받아 녹아서 그 표면이 아주 곱고 윤기가 나는 전기합선에 의한 '용융흔*(Fusion marks)'과 구별된다. 용융대의 형성 위치 및 형상은 화재 당시 불길의 진행방향을 추정 판단할 수 있는 중요한 상황증거가 된다.

① 일반금속은 저온의 납(327℃)에서부터 고온의 철(1,537℃)에 이르기까지 금속의 융점(融點)이 각각 상이하기 때문에 소잔금속의 용융흔으로 화재 당시의 온도를 추정할 수 있다. 따라서 용융하기 전의 금속이 어떤 종류의 것인가를 식별하는 것이 중요하다.

② 유리와 알루미늄 같은 합금물질(合金物質)은 화재 초기인 600℃ 정도에 녹아 흐르게 되며, 이것이 바닥 쪽으로 떨어져서 바닥에 있는 다른 물체들을 덮어 버리면 그 가연물이 덜 타거나 질식소화(窒息消火)되어 원형 그대로 소잔되어 있는 경우가 있고, 또한 인화성 액체의 경우에는 그 고유의 냄새 일부를 남기게 되는 경우도 있다.

〈표 2.16〉 각종 금속의 용융점과 비중

금 속 류	비 중	용 융 점(℃)	금 속 류	비 중	용 융 점(℃)
아 연	7.14	419	알루미늄	2.7	659
금	19.7	1,063	은	10.5	960
황 동	8.21~8.8	900~1,050	스테인리스	7.6	1,520
수 은	13.6	38	주 석	7.31	231
텅 스 텐	19.3	3,400	티 타 늄	4.8	1,800
철	7.86	1,530	동	8.9	1,083
납	11.4	327	니켈	8.9	1,455
마그네슘	1.75	650	몰리브덴	10.2	2,620

2.4.2.3 콘크리트 등의 수열현상

시멘트를 재료로 한 콘크리트 등의 불연성(不燃性) 건재(建材)는 강렬한 화염(火焰)을 받으면 재질 내의 수분이 급격히 탈수됨으로써 재질 본래의 특성을 상실하고, 특이한 백화현상(白化現象* Chlorosis phenomenon) 및 접착(接着) 층으로부터 떨어져 나가는 박리현상(剝離現象* Peeling phenomenon) 등의 각가지 유형의 수열흔적(受熱痕迹* Traces of bathing in heat·Marks of bathing in heat)을 남긴다.

1. 백화현상(白化現象* Chlorosis phenomenon)

화재 당시 콘크리트 등과 페인트 층이 불꽃과 열을 받아서 흰색을 띠는 색조(色調*

Color tone)현상을 '백화현상(白化現象)'이라 말하며, 이런 현상의 형성위치 및 형태는 화류(火流 : 불길)의 진행방향을 추정할 수 있는 중요한 상황증거(狀況證據)가 된다.

(a) 일반화재　　　　(b) 가스폭발화재

〈사진 2.13〉 불길의 진행방향(→)과 콘크리트의 백화현상

2. 폭열(暴裂* Spalling)과 박리(剝離* Peeling)

'폭열'이란 물질 내부에서 기계적인 힘을 초래하는 가열속도와 고온의 화재 열을 받은 콘크리트·조적·벽돌·타일 등이 탈수 및 표면장력(表面 張力)의 강도붕괴(强度崩壞)로 인하여 깨어지고 구멍이 형성되는 현상을 말하며, 이때 화열에 의해 떨어져나가는 현상을 박리라고 말한다. 일반적으로 화재 초기부터 진화될 때까지 연소되어지는 발화부의 부근 구조물들은 자연박리 및 탈락되는 경우가 많으며, 신축건물일수록 함수량이 많아 박리현상이 잘 나타난다.

또한 강렬한 화열을 받았을 경우에는 재질내의 수분이 단시간에 탈수되어 재질 본래의 특성을 상실하여 푸석푸석해지기 때문에 망치 등으로 두들겨서 떨어져나가는 상태를 보고 연소의 확대 진행방향을 추적 확인할 수 있다. 그러나 돌과 같은 석재류(石材類)는 같은 재질·형상·상태의 것이 적기 때문에 소훼현상(燒燬現象)의 강약을 판단하는데 다소 어려움이 있다.

폭열(爆熱* Cook - off)

주위 환경으로부터 흡수된 열에 의한 폭연(爆燃) 또는 폭발(爆發)한 현상을 말한다.

(1) 폭열현상의 형성조건

① 굳지 않았거나 양생되지 않은 콘크리트 안에 존재하는 습기

② 철근 또는 스틸메시와 그를 둘러싸고 있는 콘크리트 사이의 차등팽창

③ 콘크리트 제조용 자갈과 콘크리트 혼합물 사이의 차등팽창

④ 잘 연마된 표면의 연감 층과 거칠거칠한 내부 층 사이의 차등팽창

⑤ 슬래브의 내부와 화재에 노출된 표면 사이의 차등팽창

(2) 폭열현상과 열원(熱源)

일반적으로 화재조사에서 인접지역보다 더 밝은 색을 나타내는 폭열현상의 중요성은 그 열원을 분석하는데 있다. 표면에서 액체연료를 흡수하거나 보유하는 능력이 있는 콘크리트 바닥과 같은 수평면에서 인화성 및 발화성 액체가 연소할 때 발생하는 급속하고 강렬한 열은 바닥표면 및 인접지역을 폭열시킬 수 있고, 가열된 콘크리트 덩어리, 벽돌, 조적 등을 소화수(消火水) 등으로 급속 냉각시켰을 경우에도 폭열을 일으킬 수 있다. 그러나 도장(塗裝)되어 있거나 밀봉한 콘크리트 바닥표면은 폭열되지 않는 경향이 있다.

따라서 일반적으로 가연성 액체가 생성시키는 고열이 존재한다고 해서 폭열을 일으

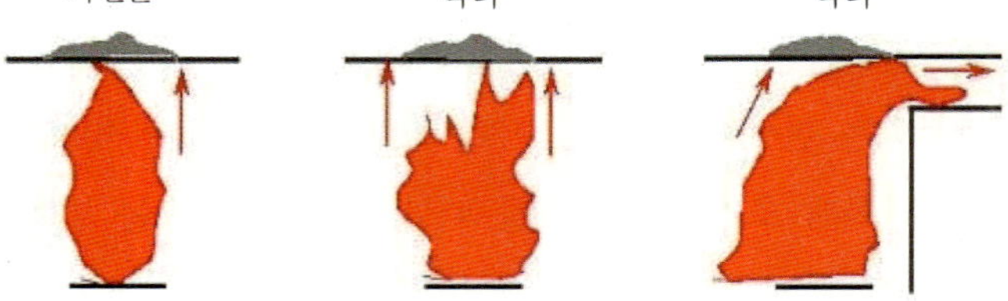

〈그림 2.6〉 불길의 진행방향과 박리흔적의 형성상태

(a) 시멘트 벽면의 박리 (b) 천장면의 박리

〈사진 2.14〉 콘크리트 벽면과 천장의 박리현상

〈사진 2.15〉 불길방향(→)에 따른 천장 보의 박리 및 변색현상

〈사진 2.16〉 타일부착 벽면의 박리현상

키는 것은 아니므로 화재 당시 폭열의 존재 여부 그 자체만으로 액체 연료 촉진재의 존재 여부를 표시한다고 추론(推論)해서는 안 된다.

(3) 박리현상의 발생조건

① 습기(濕氣)가 많은 신축건물 콘크리트의 경우

② 콘크리트의 혼합 정도에 차이가 있는 경우

③ 철근 및 철망과 콘크리트의 열팽창(熱膨脹)의 차이가 있는 경우

④ 수열 면(受熱面)과 그 반대편 사이에 온도 차이가 있는 경우

⑤ 마감처리 된 면에 따른 수열 차이가 있었을 경우 등

3. 하소(煆燒* Calcination)

'하소'란 어떤 물질을 고온으로 가열하여 그 휘발성분의 일부 또는 전부를 제거하는 작용을 말하며, 가장 자주 사용되는 석고벽판은 회반죽보다도 열에 훨씬 복잡하게 반응한다.

따라서 이 하소현상(煆燒現象)을 통하여 화재 당시 회반죽(Plaster)벽판·석고(石膏* Gypsum)벽판·바름벽 등에서 발생하는 수많은 변화를 역학적으로 조사 분석할 수 있다.

① 화염에 노출된 종이 표면은 까맣게 타서 없어지고, 노출면의 석고는 유기결합체의 탄화와 내부의 탈경화제(脫硬化劑)로부터 회색(灰色)이 된다.

② 더욱 가열되면 회색표면이 확대되고 뒷면의 종이표면은 까맣게 탈것이고, 화재에 노출된 면은 탄소가 연소되어 없어지므로 더 하얗게 될 것이다.

③ 벽판의 모든 두께가 연회색으로 변하였을 때 양면에 남겨진 종이는 타서 없어지고 석고는 탈수되어 부서지기 쉬운 고체로 변할 것이다.

④ 화재에 노출될 때에 벽판의 강도를 유지하는 광물섬유나 질석입자가 석고 안에 묻혀 있기 때문에 완전히 하소(煆燒)된 후에도 벽판의 강도는 유지된다.

⑤ 화열에 노출된 석고벽판 또는 회(灰)벽판의 표면에 색깔의 차이가 나는 경계선을 나타내며, 하소된 지역과 하소되지 않은 지역 사이에도 경계선이 나타난다.

〈사진 2.17〉 시멘트 바름벽면의 하소현상과 지붕의 발소현상

2.4.2.4 유리의 수열현상

1. 유리의 열적 특성

유리의 열적 특성(熱的特性)은 열전도도(熱傳導度)와 깊은 관계가 있고 그 두께와는 상관없으며, 수열온도(受熱溫度)에 따른 열적 특성은 다음과 같다.

- 약 250℃ : 유리에 균열이 생기며, 부분적인 온도차이가 60~70℃ 정도가 되면 쪼개져 떨어져나가는 것이 있다.
- 약 470℃ : 유리 전체가 균일한 온도로 가열되면 파열(破裂)되지 않고 녹으면서 일그러지기 시작한다.

- 약 600~650℃ : 파열된 유리의 첨단부(尖端部)의 끝부분 또는 모서리 끝의 얇아진 부분이 용융되며 물방울과 유사한 둥근 변형현상이 생성된다.
- 약 750~850℃ : 유리가 녹아서 수열 방향으로 흘러내리기 시작한다.

2. 유리의 종류별 연화(軟化)온도
- 판형(板型)의 소다석회유리 : 730℃
- 전구용(電球用) 소다석회유리 : 690 ~ 700℃
- 유리관(琉璃管)의 납알칼리 유리 : 626℃
- 경질 붕 규산 유리 : 820℃

3. 유리의 파괴성상(破壞性狀)

(1) 물리력에 의한 파괴성상

① 폭발압력 또는 공과 같은 큰 물체가 비교적 중속(中速)의 속도로 충격하여 유리가 휘어짐에 의한 응력파괴가 될 때에는 충격이 가해진 방향 반대쪽의 표면에서 금이 가기 시작하여 충격 점을 중심으로 방사상균열(放射狀龜裂) 또는 유리조각이 사방으로 바퀴살처럼 죽죽 내뻗친 방사상 모양으로 파손되고, 비교적 깨끗한 삼각형에 가까운 모양은 화재이전에 이미 어떤 외력에 의하여 파손될 때 나타나는 현상이다.

〈사진 2.18〉 방사형과 동심원의 파단선 기점의 측단면

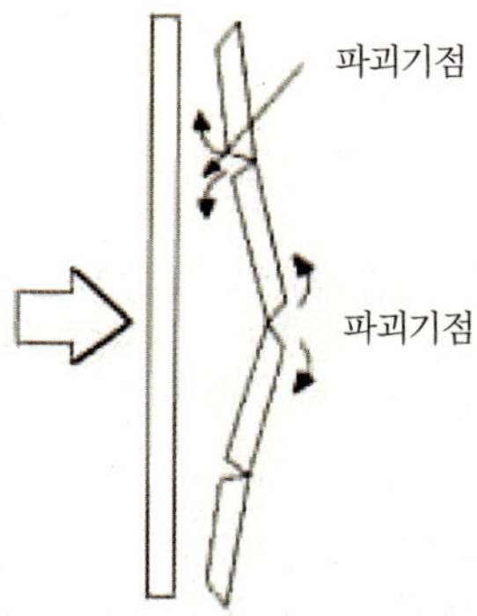

〈그림 2.7-1〉 충격방향과 파괴

〈사진 2.19〉 파손유리 파단면에 남는 리플마크 측면의 리플마크

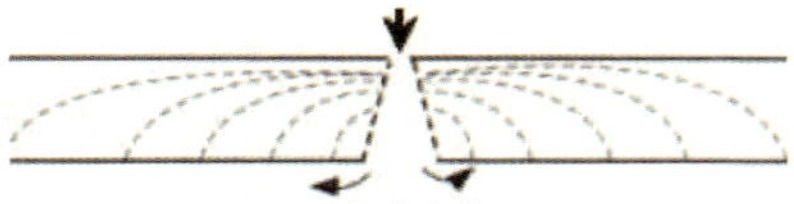

〈그림 2.7-2〉 충격방향과 파괴지점

② 단단한 돌이나 총알이 고속으로 날라 와서 유리를 관통하게 되면, 비교적 두꺼운 유리는 충격이 가해진 표면에서 반대쪽으로 원추상(圓錐 狀* Circular cone)의 파괴성상으로 구멍만 생성되나, 얇은 두께의 유리는 구멍과 함께 전체적인 방사상균열이 생성되는 경우도 있다. 특히 폭발(爆發)과 같은 강한 충격력(衝擊力)에 의한 파손 유리는 촘촘하고 가느다란 모양으로 은빛을 내지만, 충격력이 약할 때는 유리조각이 비교적 크다.

③ 유리파편의 방향성은 돌 및 폭발 등의 물리적인 충격력에 의하여 순간적으로 유리가 밀리며 휘어지는 현상으로 인하여 유리파편은 외력이 작용해 나가는 방향으로 쪼개져서 떨어져나가기 쉽다. 따라서 이러한 현상은 방화수사(放火 搜査)에 있어서 하나의 단서가 된다.

(2) 수열에 의한 파괴성상

평판유리의 한쪽 면이 화재 열을 받으면 열적인장(熱的引伏)에 의한 응력파괴(應力破壞)가 이루어지며, 상대온도가 낮은 저온부에서부터 균열이 발생하며 파열(破裂)된다.

〈사진 2.20〉 화재 열에 의한 출입문 및 창문 유리의 파열현상

(a) 닫힌 상태 (b) 열린 상태

〈사진 2.21〉 화성기의 고온가스에 의한 출입문 유리의 용융현상

이때 두께가 얇아 응력이 작은 유리는 균열수가 적고, 반대로 두께가 두꺼워 응력이 큰 유리는 균열수가 많고 나뭇가지 모양으로 생성되고, 유리 파편은 화열(火熱)이 가해지고 있는 방향으로 떨어지거나 녹아내린다.

4. 소잔유리의 오염형태

① 불완전연소에 따른 훈소(燻燒) 또는 유류연소(油類燃燒) 등과 같이 발연량(發煙量)이 많고 점진적으로 화열을 받은 유리파편에는 매연(煤煙)과 검댕이가 많이 흡착된 현상을 나타낸다.

② 진화작전에 의한 소화수(消火水)의 영향을 받은 유리파편에는 매연반점(煤煙 斑點)과 얼룩들이 많이 끼여 있는 현상을 나타낸다.

5. 소잔유리의 조사요점

화재현장에 소잔(燒殘)된 유리파편들의 위치·형상 및 상태는 수열의 강도 및 시간관계, 불길의 진행방향, 소잔물의 낙하순서(落下順序), 폭발의 유무 등의 판단자료와 방화수사(放火搜査)에 대한 직·간접적인 중요한 상황증거가 되기 때문에 조사관은 다음 사항을 고려하며 조사활동을 전개함이 중요하다.

① 유리파편 조각이 깨끗하며 직사각형 또는 삼각형 비슷한 모양으로 화재건물 내부에서 발견될 경우에는 화재이전에 어떤 외력에 의하여 파손된 것으로 추정할 수 있다.

② 파손된 유리조각들이 깨끗하고 불규칙적인 모양을 하고 있었을 경우에는 약 10분 이내에 강렬한 화열을 받은 것이며, 매연이 흡착되어 있는 유리조각들은 연기의 발생이

심한 훈소 등 불완전연소에 의하여 화열을 서서히 받은 것으로 판단할 수 있다. 그러나 유류연소(油類燃燒)에 의한 매연의 부착은 유리조각의 모양이나 매연의 색이 불완전연소시의 양상과 조금 다르며, 또 매연이 낀 유리조각에 반점(斑點)들이 있을 때에는 화재 당시 유리가 창문에 부착되어 있었거나 소화(消火)작업으로 인한 파손으로 판단할 수 있다.

③ 매연흡착(煤煙吸着) 유리조각과 매연흡착이 없는 유리조각들이 동일 장소에서 발굴될 경우, 매연흡착이 없는 유리조각들은 화재 초기에 강렬한 화열을 받아 파손된 것으로 판단할 수 있다.

④ 일반적으로 화열을 많이 받은 유리조각들은 아주 불규칙적으로 괴상한 모양으로 남게 되고, 다이너마이트 같은 고성능 폭발물에 의해 파손된 유리조각들은 가느다란 모양으로 파손되고 은빛을 내며, 성능이 약한 폭발의 경우에는 파손된 유리조각들이 크다.

⑤ 화재실내에서 중속 이상의 폭발압력이 있었을 때에는 창문유리의 파편조각들은 화재실의 밖으로 비산(飛散)되고, 화재실의 외부에서 안쪽으로 돌 등에 의한 중속 이상의 충격력(衝擊力)을 받았을 경우에는 창문유리의 파편조각들은 화재실 내부로 비산된다. 따라서 유리파편의 존재위치는 화재 당시의 폭발 유무의 판단 및 방화수사(放火搜査)의 단서가 된다.

⑥ 유리는 화열의 수열방향으로 녹아 흘러내리기 때문에 유리의 녹아 흘러내린 방향 및 높이를 비교 관찰하면 화재 당시 불길의 진행방향을 추정하는데 중요한 단서를 제공한다.

⑦ 바닥에 떨어진 유리파편의 위 또는 아래에 어떤 소잔물건(燒殘物件)이 어떤 형태로 있었는가에 따라서 벽 붙이 시계 및 거울 등이 받은 화염(火焰)과 수열(受熱)의 시간관계, 소잔물의 낙하순서, 발화부와의 거리적인 위치관계 등을 판단할 수 있는 직·간접적인 중요한 단서가 된다.

3

화재이론

화재이론

3.1 발화(發火)와 인화(引火)

화재발생과정의 최초단계로서 열의 축적(蓄積)이나 가열(加熱)에 의해서 외부의 불씨가 없는데도 스스로 불이 붙는 것을 '발화' 라고 하며, 일반적으로 화학적 측면에서는 발화라고 표현하고 기계적 측면에서는 착화(着火)라고 많이 쓰고 있다. 또한 이미 존재하는 불씨가 인화성 가연물에 접촉되면서 불이 붙는 것을 '인화' 라고 한다. 즉 발화는 불씨가 없는데서 불이 발생하는 현상이고, 인화는 불씨가 있는데서 불이 옮겨 붙는 현상을 말한다.

3.1.1 발화점과 인화점

1. 발화점(發火點* Ignition point)

가연물(Combustible material) 또는 혼합물(Mixed material)에 화염 및 전기불꽃 등의 점화원(불씨)을 외부로부터 부여하지 않고 공기(산소) 가운데서 가열되어 연소 또는 폭발을 개시하는데 필요한 온도를 '발화점' 또는 '발화온도' 라고 말하고, '출화점(出火點)' 이라고는 말하지 않는다.

또한 가연물을 상온에서 발화온도까지 가열하는데 필요한 열량을 '발화열(Heat of ignition)' 또는 '착화열(Ignition heat)' 이라 하며, 발화하여 연소하기 위해 흡수해야 할 에너지를 발화에너지라고 말한다.

가연물이 가열되어 산화반응(酸化反應* Oxidative reaction)의 속도가 증가하여 발화점에 이르면 열의 발생속도(發生速度)가 방열속도(放熱速度)보다 크게 되어 자기가열(自己加熱)을 일으켜 연소가 계속 되고, 발열속도와 방열속도의 평형(平衡)으로부터 얻어지는 값은 가연물을 가열하는 시간·속도·공기와의 혼합방법·용기의 재질 및 형상 등에 영향을 받는다. 따라서 발화위험은 다음과 같다.

① 가열함으로써 발화한다.
② 비교적 낮은 온도에서도 축열(蓄熱)에 의하여 발화한다.
③ 충격을 가하거나, 물질에 혼합되거나, 접촉에 의해서 발화한다.
④ 저온축열(低溫蓄熱)에 의한 발화위험은 가연물의 부피가 크면 클수록 더욱 높다.

2. 인화점(引火點* Flashing point)

일정한 조건 속에서 휘발성(揮發性) 물질의 가스 또는 증기(蒸氣)가 주변의 작은 불꽃으로 불이 붙어 연소(燃燒)를 시작할 때의 최저온도를 '인화점' 또는 '인화온도'라고 말하며, 인화위험성은 다음과 같다.
① 가연물의 부피가 작으면 작을수록 인화위험성은 높다.
② 인화성 가연물은 작은 불티 또는 불씨로도 인화위험성이 높다.
③ 물·습기 등과 반응하면서 인화성 가스를 발생하는 물질은 인화위험성이 높다.
④ 물질이 서로 혼합되거나 접촉될 때 인화성 가스를 발생하는 물질은 인화위험성이 높다.

3.1.2 발화(*Ignition)

불씨가 없는데도 불이 일어나는 현상으로 불이 타기 시작함을 의미하며, 가연성 물질에 불이 붙는 현상을 '발화' 또는 '착화'라고 한다. 또한 어떤 물질이 외부의 도움 없이 스스로 연소를 지속하는 과정에서 외부 발화원의 도움 없이 스스로 발화한 경우를 자연발화(Auto-ignition), 외부의 화염 · 스파크 등 작은 불씨 등에 의해 발화한 경우에는 유도발화(誘導發火* Piloted-ignition)라고 한다.

3.1.2.1 자연발화(自然發火* Spontaneous Ignition)

장기간의 열의 축적이 없어도 알킬알루미늄·황인 등과 같이 공기와 접촉하여 직접 발화하는 것도 자연발화성 물질의 범주에 포함되지만, 일반적으로 '자연발화'라 함은 '물질이 공기 중 상온에서 화학변화에 의해 자연히 발열하여 그 반응열이 장기간 축적되어 결국 발화에 이르는 현상'이다. 따라서 공기 중 상온 에서 화원(火源) 없이 물자체가 자연히 발열하여 발화하는 데는 발열량(發熱量)·열전도율(熱傳導率)·열의 축적·수분·퇴적방법·공기의 유동 등이 자연발화를 일으키는 대표적인 인자가 된다. 따라서 자연발화는 반드시 다음과 같은 조건을 갖추어야 한다.

1. 열의 축적

자연발화는 산화(酸化)·분해(分解)·흡착(吸着)·중합(重合)·발효(醱酵)·융해(融解) 등으로 발생한 약간의 열(※ p.61 자연발열 참조)이 축적되어 반응계 자체가 내부온도의 상승을 일으키고, 더욱 발열하여 결국 발화점에 도달하여 연소를 개시하는 것이다. 이 때문에 열의 축적은 중요한 조건이 되고, 반응계(反應系)의 에너지 수치가 '발열량 〉방열량'의 관계에서 축(蓄)열이 이루어진다. 다음은 열의 축적에 관련되는 요소에 대한 설명이다.

(1) 열전도도(熱傳導度)

기체·액체·고체 중에서 기체의 열전도도가 가장 적고, 액체 및 비금속 고체가 그 다음이며, 금속의 열전도도가 가장 크다. 따라서 연소는 기체에서 가장 일어나 기 쉽고, 금속에서 일어나기 어렵다고 할 수 있다. 또한 금속이라도 작은 괴(塊) 또는 분체(粉體)로 되어 있는 경우에는, 그 입자들의 주위를 열전도도가 적은 공기가 둘러싸 분체 전체의 열전도도를 감소시켜서 내부의 한 국부에서 생긴 산화(酸化)열이 외부로 발산되지 않아서 내부온도가 상승하여 연소할 가능성이 있다. 이 때문에 분말(粉末)상·섬유상·다공질인 것이 발화의 가능성이 더욱 높아진다.

(2) 수분(水分)

수분이 많으면 전체적으로 열전도도가 좋지만, 수분이 적정량 존재할 때에는 반응계(反應系)에 대한 촉매로서 작용하여 열의 발생을 촉진시킨다.

(3) 적재방법(積載方法)

부피가 큰 물질은 열의 방출이 용이하기 때문에 축열(蓄熱)효과가 크지 않으나, 분말상으로 대량 적재하거나 얇은 시트 상으로 겹겹이 쌓이게 되면 축열조건이 좋아서 이 대량 적재물의 내부는 외부와 단열(斷熱)상태가 된다.

(4) 공기의 유동

공기의 유동은 대류(對流)에 의한 열의 발산으로 발열물질을 냉각시켜 열의 축적을 나쁘게 한다. 따라서 통풍이 좋은 장소에서는 자연발화가 일어나기 어렵다.

2. 열의 발생속도

자연발화의 조건으로써 열의 축적과 함께 열의 발생속도도 중요한 인자가 되며, 열의 발생속도는 발열량과 반응속도의 함수이다. 즉 단위량의 발열량을 Q라 하면, 반응에 의한 열의 발생속도는

$Q=A\ e^{-E/RT}$로 표시된다.

A : 빈도계수 cm/sec, E : 활성화 에너지 cal/mol.

R : 기체상수 cal/mol, T : 절대온도 °K

따라서 발열량이 커도 반응속도가 작으면 열의 발생속도는 작아진다.

(1) 온도

반응계(反應系)의 분위기 온도가 높으면, 반응속도가 증가하는 것은 아레니우스의 속도(速度)식 $v \propto A e^{-E/RT}$ (v : 반응속도)에서 명확해진다. 따라서 반응속도에 민감하게 작용된다.

예컨대 목탄(木炭)의 연소에 필요한 활성화(活性化)에너지 E = 30kcal/mol라 하면, 온도가 상온 즉, 25℃에서 100℃로 되면 목탄의 반응속도는 104배, 또한 500℃까지 상승하면 108배나 된다.

(2) 발열량(發熱量)

물질의 발열량이 큰 쪽이 자연발화의 조건으로서는 유리하다. 발열체가 열을 용이하게 전달하는 경우에는 열의 발산이 용이하여 축적되기 어렵기 때문에 자연 발화하는 것은 열전도도가 작고 발열량이 큰 물질이나 물체일 필요가 있다.

(3) 수분

수분은 자연발화에 관계가 있는 반응의 거의 모두에 촉매(觸媒)로서 작용하여, 그 반응의 활성화 에너지를 낮게 하고 반응속도를 촉진한다. 따라서 수분이 존재하는 것은 자연발화의 조건을 좋게 하지만, 그 양적 관계는 명확하지 않다.

(4) 표면적(表面的)

① 섬유질 또는 다공성 물질에 가연성 액체가 함유되어 있는 것과 분체(粉體)가 쉽게 연소되는 것은 공기공급이 잘 이루어지고, 열전도도가 낮은 공기가 그 주위를 둘러싸 열의 발산을 방해하기 때문에다.

② 일반적으로 산화반응의 반응속도는 표면적에 공급되는 산소의 양에 비례하므로 반응계에 고체 또는 액체가 존재하는 경우 단위질량당의 표면적이 큰 만큼 즉, 입자가 작고 빈틈없는 만큼 반응속도가 빨라지고 열전도도(熱傳導度)가 나빠져서 자연발화하기 쉽다.

③ $1cm^3$의 입방체의 표면적은 $6cm^2$에 지나지 않지만, 이것을 분쇄(粉碎)하여 $0.1mm^3$의 입방체로 하면 그 표면적은 $600cm^2$로 되고, 또 일변을 0.001mm

로 분쇄하면 $6m^2$의 표면적을 갖게 된다.

(5) 새것과 낡은 것

① 석탄·활성탄·유연(油煙) 등은 새로운 것일수록 발열하기 쉽고, 건성유·반건성유는 산화되어 고화(固化)된 것은 위험성이 없다.

② 셀룰로이드나 질화면과 같은 원래 불안정한 것은 오래된 것일수록 분해를 일으키기 쉽고, 자연발화의 위험성이 있다.

(6) 촉매효과(觸媒效果)

자연발화의 과정에서, 황린(黃燐)에 대한 수분, 건성유에 대한 수분 또는 금속 산화물, 셀룰로이드나 질화면에 대한 수소이온·수산이온·이산화질소 등은 반응물질을 활성화 상태로 끌어올리는 활성화 에너지의 값을 작게 하는 효과가 있기 때문에 반응속도를 촉진하는 촉매효과가 있다.

3. 자연발화의 조건 및 대책

(1) 조건

① 발열량이 클 것

② 열전도율이 작을 것

③ 주위의 온도가 높을 것

④ 표면적이 넓을 것

(2) 방지대책

① 열의 축적을 방지하기 위하여 통풍이나 저장방법을 고려한다.

② 저장장소 등의 온도를 낮춘다.

③ 습기가 적은 곳에 저장한다.

④ 불활성 가스를 주입하여 공기와의 접촉을 금지시키는 등 자연발화를 일으킬 수 있는 인자(因子)를 부족하게 한다.

3.1.2.2 준(準)자연발화(Semi spontaneous combustion)

'준 자연발화'란, 오랜 시간에 걸친 열의 축적에 의하여 발화점에 도달하는 자연발화 현상과는 달리 공기 중에서 화학변화로 인하여 발열하며, 비교적 짧은 시간 안에 자연적으로 발화하는 것을 말한다. 따라서 과학적으로는 단지 발화하기까지의 시간이 다를 뿐 본질적으로는 자연발화와 동일한 것으로 생각된다.

그러나 생석회(生石灰)가 물과의 반응으로 급격히 발열하여 접촉 또는 인접되어 있던 가연물이 심하게 타거나, 금속나트륨·황린·알킬알루미늄 등이 공기 또는 물과 반응하여 발화하거나, 또는 이때 발생한 가연성 가스가 심하게 타거나 폭발하는 경우가 있는데, 이들의 연소는 자연발화의 경우와는 다소 차이가 있다.

3.1.2.3 혼합발화(混合發火* Mixed ignition)

'혼합발화'라 함은 2종 이상의 물질이 상호 혼합 또는 접촉(接觸)하여 발열·발화하는 것을 말하며, 대부분의 혼합위험에서는 한 쪽의 물질이 산화성(酸化性)이고 다른 한 쪽이 가연성인 것이 많고, 혼합방식에 따라서 원래의 것보다 발화하기 쉽게 되는 경우도 있다. 일반적으로 혼합발화는 제조공정·저장 또는 수송 중에 전혀 예기치 못한 화재나 폭발사고를 일으키는 원인이 된다. 특히 단독으로는 산화성 또는 환원성(還元性)이 강하지도 않고 보통 안전하다고 생각되는 것이 2～3종 혼합되면 아래와 같이 발화·폭발의 위험성을 나타내고, 이들 혼합위험의 형식 중에서 가장 중요한 것은 (2)이다(※ 부록 혼합 및 혼촉(混觸) 위험물 참조).

(1) 폭발성 화합물을 생성하는 것.
(2) 즉시 또는 일정 시간이 경과되어 분해·발화 또는 폭발하는 것.
(3) 폭발성 혼합물을 생성하는 것.
(4) 가연성 가스를 생성하는 것.

3.1.2.4 훈소발화(燻燒發火)

'훈소(燻燒* Smoldering)'란 발화 후에 열분해로 생성된 가연성분이 바람에 의해 그 농도가 희석되거나, 밀폐공간에서 산소공급이 부족하면 가연성 혼합기(混合氣)가 생성되지 않고 불꽃 없이 주로 백열(白熱)과 연기를 내며 연소하는 현상을 말하며, 이때 발생하는 분해가스는 응축(凝縮)해서 액체미립자가 되기 때문에 단내가 나며 연기로서 느껴진다. 훈소 단계에서는 산소가 15% 이하인데 반하여 일산화탄소(CO)의 가스는 증가한다. 또한 훈소현상은 거의 밀폐된 창고 등에 쌓인 왕겨·톱밥·목화솜 담뱃불 및 향불 등에서 많이 발생하며, 환경에 따라 수 시간 후에 불꽃으로 출화될 수 있다.

1. 훈소화재(燻燒火災)

목재의 마찰열이나 담뱃불 등 무염화원(無焰化源)에 의하여 가연물에 착화되어 불꽃 없이 연기만 내면서 타다가 어느 정도의 시간이 경과되어 산소공급을 받아 발염(發焰)이 될 때까지의 연소상태를 훈소화재 또는 심부화재(深部火災* Deep seated fire)라고 하며, 주로 곡물저장소·쓰레기나 폐자재의 적재장소·물품더미·오래된 기와지붕 등의 가연물 속으로 깊게 파고 들어가 자리 잡은 화재로써 물을 뿌려도 잘 진화(鎮火)되지 않고 구조부분을 심각하게 소훼(燒燬)시킨다.

2. 유의사항(留意事項)

진화가 완료된 화재현장에서 잔존불씨가 소잔퇴적물(燒殘堆積物) 속에서 하루 이상 꺼지지 않고 연소를 계속할 경우에도 무염(無焰)연소에 의한 훈소흔(燻燒 痕)이 형성되어 있었을 경우, 그 장소를 발화부로 오인할 수 있으므로 주의해야 한다. 따라서 화재감식 및 조사관은 훈소흔의 주변 소잔현상(燒殘現象)과 전체적인 화재의 확대진행 상황과의 부합 여부를 총체적으로 종합 검토하여 신중하게 판단해야 한다.

3.1.2.5 저온발화(低溫發火)

물질 고유(固有)의 발화점보다 매우 낮은 온도로 장기간 열전달(熱傳達)을 받아 열의 축적(蓄積)이 발생했을 때에 어느 순간 불꽃을 일으키며 발화하는 현상을 저온축열(低溫蓄熱)에 의한 발화 또는 저온발화현상(Ignition phenomenon in low temperature)이라고 하며, 목재의 저온발화 과정은 다음과 같다.

〈표 3.1〉 나무의 발화점과 인화점

활 엽 수				침 엽 수			
종 류	인화점(℃)	발화점(℃)	밀 도	종 류	인화점(℃)	발화점(℃)	밀 도
밤 나 무	260	460	0.68	삼 나 무	240	435	
자작나무	263	438		솔송나무	253	445	
나 왕	264			노송나무	253	446	0.35
칠 엽 수	264	406		전 나 무	258	468	
느티나무	264	426	0.76	가문비나무	262	437	
오동나무	269	435	0.32	적송(소나무)	263	430	0.42
계수(침)나무	270	455	0.50	미 송	270	445	
너도밤나무	272	415					
인화범위 : 260 ~ 272℃ 발화범위 : 406 ~ 460℃				인화범위 : 240 ~ 270℃ 발화범위 : 430 ~ 468℃			

① 목재류를 저온으로 서서히 가열하여 100℃ 정도에 이르면 목재의 수분이 방출되어 건조상태(乾燥狀態 : 표면이 누렇게 변색되는 상태)가 되고, 120℃ 정도에서 발열(發熱)성을 나타내며 탄화(炭化)되기 시작한다.

② 장시간 가열된 목재는 수분 등 휘발(揮發)성 가스의 증발(蒸發)로 인한 구멍이 많은 다공질(多孔質)로 되어 가벼워지고 단열성(斷熱性)을 가져 온도의 상승효과가 더욱 커진다.

③ 목재 내부에서 열이 축적됨으로 인하여 목재의 형태(부피)가 크면 클수록 내부 온도의 상승효과는 더욱 커진다.

④ 목재의 탄화 정도와 범위가 어느 정도 심화(深化) 확대되면 탄화부에 불씨가 붙어 무염연소(無焰燃燒 : 燻燒)하며 탄화범위를 더욱 확대 촉진시키다가 어느 순간 공기의 공급을 받아 불꽃을 발생시키면서 발염발화(發焰發火)하게 된다.

⑤ 저온 발화한 목재의 훈소흔(燻燒痕) 또는 소잔 균열흔(龜裂痕)이 미세하고 가늘게 형성되며 탄화심도(炭化深度)가 비교적 깊게 나타나는 특징을 가진다.

1. 저온발화의 조건

저온발화현상(低溫發火現象* Ignition phenomenon in low temperature)은 단열상태가 양호하고 열의 축적이 쉬운 조건하에 있는 가연물이 그의 고유한 발화점(發火點)보다 매우 낮은 온도로 장시간 열의 축적(熱蓄積)이 형성될 때에 어느 순간 불꽃을 일으키며 발화하는 현상을 말하며, 목재 등 천연수지(天然樹脂)재의 부피가 크면 클수록 발화위험은 높다.

2. 발화 경과(發火經過)

목재류의 저온축열(低溫蓄熱)에 의한 발화경과는 열전달(熱傳達 : 전도·복사·대류) → 수분증발 → 목재표면의 탄화 → 탄화범위의 확대진행 → 탄화물(炭化物)에 불씨 착화 → 발염발화(發焰發火 : 불꽃을 발생하며 타기 시작함)하는 형태를 가진다.

3. 목재류의 소잔현상(燒殘現象)

전도(傳導) 및 복사열(輻射熱)에 의해서 발화한 경우에는 화재초기의 화세(火勢)가 비교적 약한 약 700 ~ 800℃ 정도에서 목재가 천천히 더디게 타기 때문에 목재표면의 갈라진 흔적이 가늘고 탄화심도(炭化深度)가 비교적 깊은 완소흔(緩燒痕 : p.151)이나 훈소흔 : p.151)을 나타내는 것이 일반적이다.

3.1.3 인화(*Flash)

프로판·메탄·아세틸렌·수소 등의 가연성 가스는 공기와 적당히 혼합한 상태에서 착화원(着火源 : 불씨)과 접하면 용이하게 인화하여 가스화재 또는 폭발화재를 일으킨다. 또한 상온 이하의 인화점을 갖는 가연성 액체는 가연성 증기를 방출하고 가연성 가스와 같은 성질을 갖는 것으로 생각할 수 있고, 상온 이상의 인화점을 갖는 가연성 액체에서도 인화점 이상으로 가열된 상태라면 언제나 인화의 가능성이 있다. 액체뿐만 아니라 고체중에서도 나프탈렌·파라-알데히드와 같은 가연성 증기를 발생하여 인화·폭발의 위험성을 갖는 것이 있으며, 인화에 미치는 요인은 다음과 같다.

(1) 연소의 3요소와 인화점·발화점 및 착화에너지
(2) 확산연소·증발연소·분해연소·표면연소 등의 연소형식
(3) 폭발·폭굉·폭발한계
(4) 비중(比重)·비점(沸點)·돌비(突沸)·융점(融點)
(5) 증발열(蒸發熱)·증기압(蒸氣壓)·증기폭발(蒸氣爆發)·단열변화(斷熱變化)

〈표 3.2〉 공기의 단열압축에 의한 압력 및 온도상승

V_1 / V_2	1	2	3	5	10	15	20
P_2 [atm]	1.0	2.6	4.7	9.5	25.0	44.2	66.0
T_2 [℃]	20	120	181	283	462	594	697

3.2 화재성상(火災性狀)

3.2.1 불의 상승 성향과 방향성

화염(火焰)과 열을 동반한 불은 주변공기에 영향을 주어서 실질적인 유체(流體* Fluid)의 흐름에 의한 열전달에 따른 대류현상(對流現象)으로 인하여 상승 성향(上昇性向)을 가진다. 따라서 가연물의 재질이 같고 균일한 두께와 형상이 평탄한 것을 기준으로 연소 성향(燃燒性向)에 따른 연소속도 비율은 그림 3.1과 같이 좌우의 수평연소를 1로 볼 때, 위로 타는 상향연소(上向燃燒)는 약 20배, 아래로 타는 하강연소(下降燃燒)는 약 0.3배 수준의 비율로 연소한다.

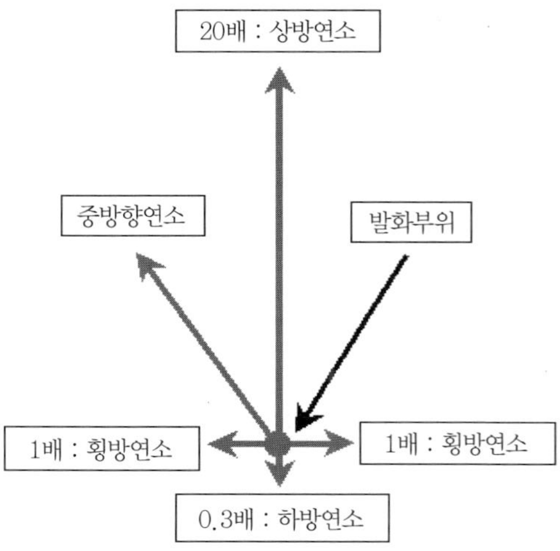

〈그림 3.1〉 불길의 방향에 따른 연소의 속도비율

1. 연소의 수직방향성

연소의 수직방향성에는 상승연소(上昇燃燒)와 하강연소(下降燃燒)가 있다. 따라서 화재현장에서 상승화염(上昇火焰)과 연소가스의 급속한 확산에 의한 V-Pattern 또는 U-Pattern의 연소의 확대현상이 많이 나타난다.

① 불길의 수직상방에 있던 가연물의 소훼(燒燬)·소실(燒失)·도괴(倒壞)현상이 가장 심하고, 화염을 수직으로 접촉한 불연재에는 변색(變色)·박리(剝離)·만곡(彎曲)·용융(熔融) 등의 주염흔(走焰痕)이 형성되는 경우가 많다.

② 일반적으로 화재현장의 구석진 곳은 완전하게 연소되지 않으나, 가연성 액체의 경우에는 가장 낮고, 구석진 곳까지 흘러들어가 깊고 구석진 곳까지도 연소시키는 경우가 있다.

③ 조사자는 금속·유리 등 불연재와 플라스틱의 용융(熔融) 및 변색현상, 탄화심도(炭化深度), 박리흔(剝離痕), 주염흔, 주연흔(走煙痕) 등을 비교 관찰하여 연소의 수직방향성을 판단한다.

> **주염흔(走焰痕)과 난류염(亂流焰)**
>
> 불길이 흘러가는 과정에서 장애물을 만나게 되면 난류염(亂流焰* Turbulence flame)을 형성하게 되고, 난류염에 의한 고온의 화열(火熱)을 받은 천장과 벽체 등 불연구조물에 흰색 또는 연한갈색·박리 등의 수열흔 즉, 주염흔*(laze running trace)을 형성시키게 된다.

2. 연소의 수평방향성

화재발생시에 수평방향으로의 연소속도는 비교적 느리고, 연소에너지가 적기 때문에 소잔물(燒殘物)에는 연소의 강·약의 차이가 나기 쉬우므로 다음 사항을 고려하여 연소의 수평방향성을 판단한다.

① 목재 등이 연소하였을 때에는 소실 및 탄화심도를 측정하여 연소진행의 방향성을 식별할 수 있다.

② 주염(走焰) 및 주연흔, 금속류의 변색·만곡·용융 등의 상태, 유리의 파손상태, 가연물의 소잔상태, 건물 등의 도괴방향 등으로부터 연소진행의 방향성을 식별할 수 있다.

③ 불에 타서 떨어져 쌓여 있는 물건 등의 소(燒)락 형태·위치·순서 등의 제반 현상을 통하여 연소진행의 방향성을 식별할 수 있다.

3. 연소의 상승 성향에 따른 이동모형

〈사진 3.1〉 발화부위 중심의 V패턴의 소잔현상

〈사진 3.2〉 연소진행방향(→)과 벽지의 소잔현상

일반적인 연소의 속도비(速度比)에 의한 상승연소의 기하학적 모형이 "V" 패턴 또는 "▽" 모형을 이루게 될 것이나, 가연물의 종류 및 연소의 시간경과 등에 따라서는 "△" 모형이나 "◇" 형상의 패턴이 남을 수 있다. 그러나 이는 모두 연소의 상승 성향에 기인되는 것으로써 어느 패턴이든지 불꽃의 방향과 이동방향이 외부로부터 강제력(强制力)이 작용하지 않는 한 위로 향함을 나타낸다.

3.2.2 화재의 성장

화재의 성장속도와 형태는 연소물질과 주변 환경간의 복잡한 관계에 의존하며, 제한된 공간에서의 연소에서는 상부 천장의 온도를 높이고 다량의 연기를 생성함과 동시에 복사열의 영향으로 화재가 급속하게 성장하게 된다. 따라서 화염·복사(輻射)·고온가스·연기 등에 의한 화재의 성장형태는 조사관이 화재의 발화원(發火源) 또는 발화부가 어디인가를 알 수 있게 하는 소잔형태(燒殘形態)를 발생시킨다.

3.2.2.1 플룸(Plume)

화재로부터 발생하는 고온가스의 불기둥을 플룸이라고 말하며, 고온 공기의 유동물질에 의해 화재의 밑바닥으로 찬 공기가 플룸 안으로 유입(entrainment)하여 모아져서 불기둥(Plume)의 중심부로 가까이 갈수록 더 짙어지고 뜨거워지며, 거리가 멀어질수록 더 엷어지고 차가워진다.

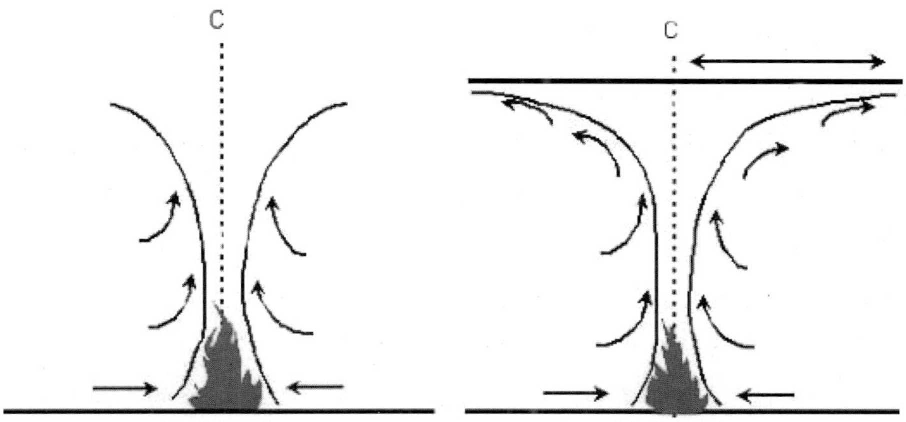

(a) 개방공간 (b) 실내공간

〈그림 3.2〉 화재 플룸의 찬 공기의 유입과 고온 공기의 유동상황(→)

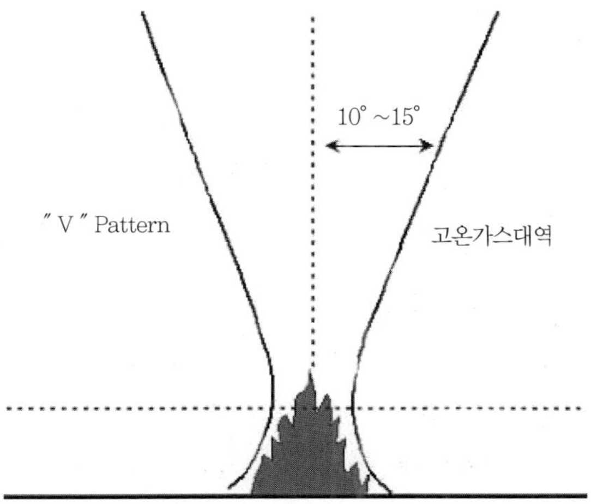

〈그림 3.3〉 플룸의 모래시계 형태

1. 플륨의 생성형태

연소물체에 생성되는 고온가스의 플륨 모양은 열원(熱源)을 향하는 원뿔모양의 원추(圓錐)형으로 묘사될 수 있으며, 장애물이 없을 때에는 플륨의 모서리와 수직선 사이의 각도는 약 15도로 알려져 있으며, 천장과 같이 물리적인 장애물의 존재는 플륨 경계를 측면으로의 확장에 크게 영향을 준다. 따라서 벽체표면과 같이 플륨이 수직면에 의해 잘리게 될 때에는 V 또는 U 모양의 손상형태가 표면에 생기며, 플륨의 고온가스 부분에서의 형태는 역 V를 닮게 된다. 따라서 전체형태를 함께 생각하면 그것은 모래시계로써 묘사되어질 수 있다

2. 건물화재의 불길형태

출입구 및 창문 등의 개구부가 화재발생 이전부터 열려 있을 경우에는 외부공기가 개구부의 아래쪽으로부터 유입하여 상부에서 배출되거나, 또는 1층 창문으로부터 들어와서 2층 창문으로 빠져나가면서 연소를 계속한다.

또한 개구부가 닫혀 있었을 경우에는 화재실의 내부화염에 의한 열기(熱氣)가 상당히 강하고 왕성하게 되었을 때에는 불길이 창문틀을 태워서 뚫거나, 또는 벽 및 지붕 등의 약한 곳을 태워 뚫고 번져나가며 연소가 확대되고, 그 이후 화염이 건물의 상부에 이르면 연소는 급속하게 확산된다.

화재가 가장 왕성한 최성기의 상승기류는 무풍(無風)시에는 건물에서 곧바로 상승하고, 그 형상은 건물의 지붕 위에서 좁혀져 상공으로 향하게 되고, 좁혀지는 위치는 처마높이에서 약 3~5[m]이며, 좁혀진 부분의 면적은 건물 전체에서 화염이 상승하고 있을 때에는 처마 아래층 건물면적의 약 50% 정도이다. 그러나 바람이 불고 있을 때에는 바람이 부는 방향 또는 풍하(風下)로 불길이 처지게 된다.

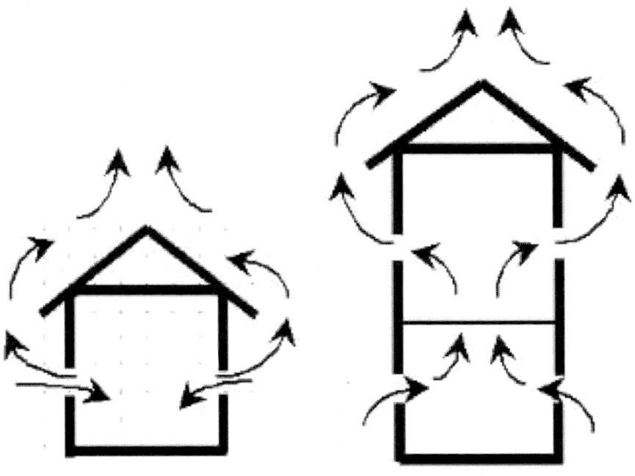

〈그림 3.4〉 창문 등 개구부가 열려 있을 때의 대류현상에 의한 불길방향

(a) 사찰 대웅전 화재　　　　　　(b) 일반건물 화재

〈사진 3.3〉 대웅전 및 건물화재의 최성기 불길형태 및 방향(풍하)

3. 환기(換氣)에 따른 소손상황

① 출입문이 닫혀 있는 구획공간에서 화재가 발생하면 화열(火熱)은 고온가스의 속도를 증가시키면서 대류(對流)에 의해 열전달이 되고, 가벼운 고온 가스는 검게 그을림을 남기고 출입문의 상부공간을 통해 빠져나가고, 차가운 공기는 출입문 밑으로 구획실내(區劃室內)로 들어올 수 있다(그림 3.5 및 사진 3.4 참조).

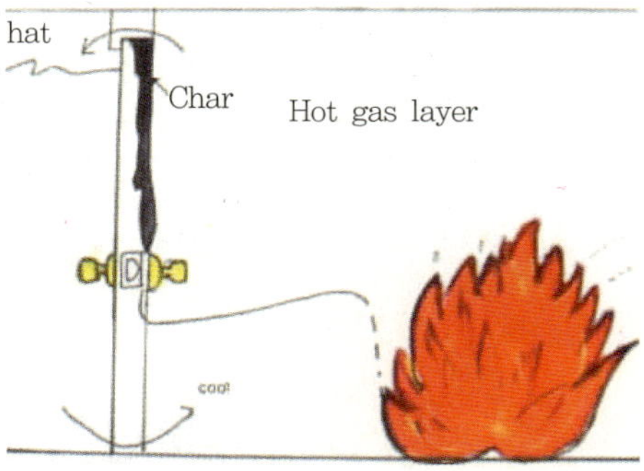

〈그림 3.5〉 문 주변의 기류와 그을림 현상

〈사진 3.4〉 화재당시 기류에 의한 출입문 외부에 형성된 주연흔적(그을음)

② 화재가 완전히 성장하여 고온가스가 구획실내에 충만하여 바닥에 퍼진 곳에서는 고온가스가 문(門)밑으로 빠져나가고, 문 밑과 문지방의 관통부가 검게 그을릴 수 있다(그림 3.6 및 사진 3.5 참조).

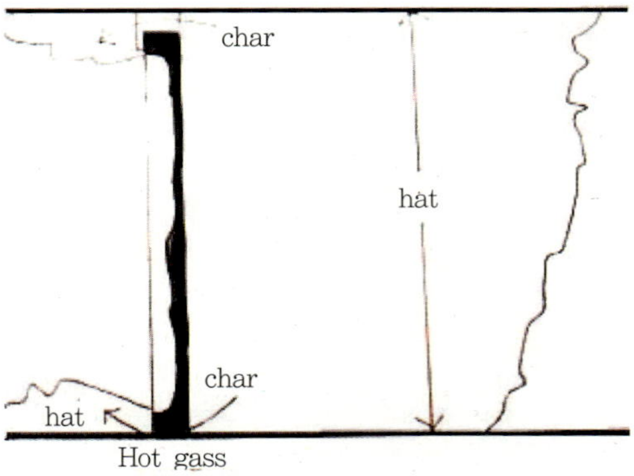

〈그림 3.6〉 화재 성장시의 고온가스 유동과 그을림 현상

(a) 밖에서 본 출입문 상황

(b) 안에서 본 출입문 상황

〈사진 3.5〉 화재실의 안과 밖의 출입문 주변의 소잔현상

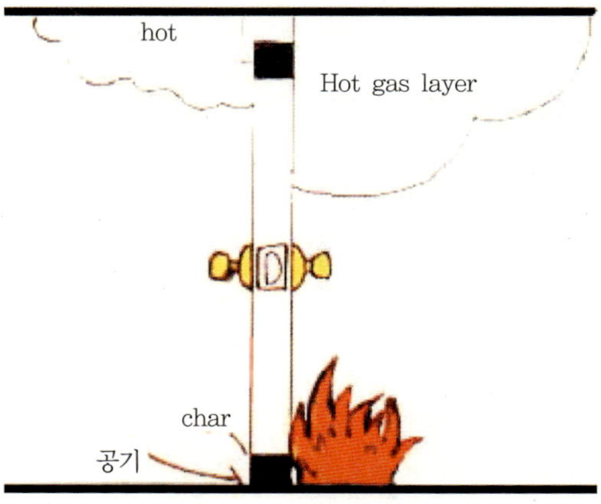

〈그림 3.7〉 문 하부 주변에서 발화할 때의 기류유동

③ 출입문 하부 주변에서 발화한 경우에는 문상부의 고온가스 배출부와 문 하부 공기 유입부에 그을음 및 탄화현상을 남길 수 있다(그림 3.7 참조).

4. 출화(出火)와 발소흔(拔燒痕)

(1) 출화*(Occurrence of fire)

'출화'란, 발화부에서 발화한 불길이 그 규모와 세력이 보다 크게 일어나는 현상 및 개구부 등을 통해 '일정 공간(空間)' 밖으로 진출하는 화염의 거동(擧動)을 의미한다고 볼 수 있다. 따라서 발화나 인화가 1차적인 연소의 시작이라면, 출화는 그곳에서의 2차적인 연소의 확대개념이다.

(2) 발소흔(拔燒痕* Marks of fall off by burning)

연소는 산소와의 친화력 때문에 외기와 급히 접하려고 하는 성향과 불의 상승 성향에 의한 상승화염(上昇火焰)이 화재건물의 취약부분이 화열로 타서 없어지거나 떨어진

〈사진 3.6〉 고층건물 화재의 개구부 발소현상

〈사진 3.7〉 지하 변압기실의 상부에 형성된 개구부 발소현상

(a) 불연벽체의 발소현상　　(b) 가연 천장재의 발소현상

〈사진 3.8〉 건물구획벽체 및 천장에 형성된 취약부의 발소현상

〈사진 3.9-1〉 발소현상과 지붕 및 벽면 취약부의 발소흔적

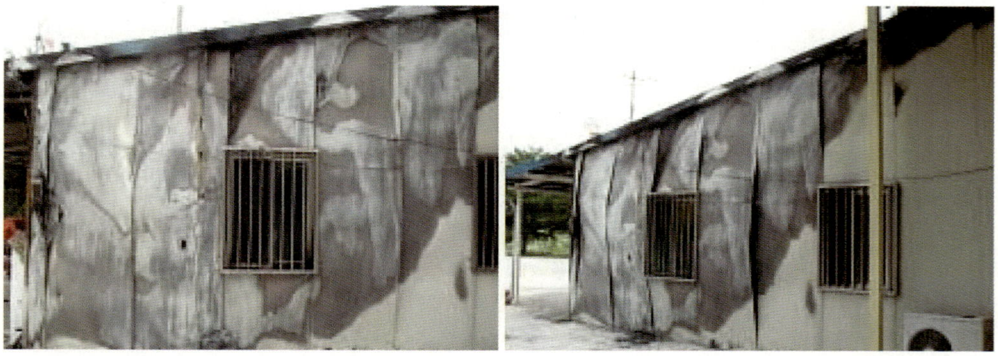

〈사진 3.9-2〉 함석벽체 변색 및 취약부의 발소흔적

틈 등 개구부를 통해서 외부로 분출(噴出)하는 연소경로(燃燒 經路)상에 남는 화염분출(火焰噴出)부의 관통 및 소훼(燒燬)흔적을 **'발소흔(拔燒痕)'**이라 하고, 조사관이 화원(火元)부와 발화부의 한정 및 연소경로를 판단하는데 있어서 중요한 단서가 된다.

(3) 관통부(貫通部)

아래로부터이든지 또는 위로부터이든지 수평면의 관통부는 직접적인 화염 및 복사열의 영향 또는 환기효과(換氣效果) 등과는 관계없이 일정한 국한지역에서 훈소(燻燒)에 의하여 생성된 것이다. 아래 방향으로의 관통부는 부력(浮力)의 작용에 의한 자연스러운 열의 이동방향으로 인하여 그리 일반적이지 않다. 따라서 조사관은 바닥 또는 테이블 상판 등 수평면에서 연소된 구멍 등이 아래로부터 타오르며 형성된 것인지, 위로부터 타내려가며 형성된 것인지 그 구멍의 경사면(傾斜面)을 시험하여 분석 확인해야 한다.

① 경사면이 구멍을 향하여 위에서부터 아래 방향으로 기울어져 있다면, 이는 화재가 위에서부터 발생했다는 것을 나타낸다.

② 경사면이 바닥에서 더 넓고 구멍의 중심을 향하여 위로 기울어져 있다면, 이는 화재가 아래에서부터 발생했다는 것을 나타낸다.

③ 만약 화재가 표면을 통하여 위로 유동하였다면 관통면의 바닥부위의 손상도가 윗면보다 훨씬 더 강하고, 화재가 아랫방향으로 유동하였다면 그 반대형상이 될 것이다

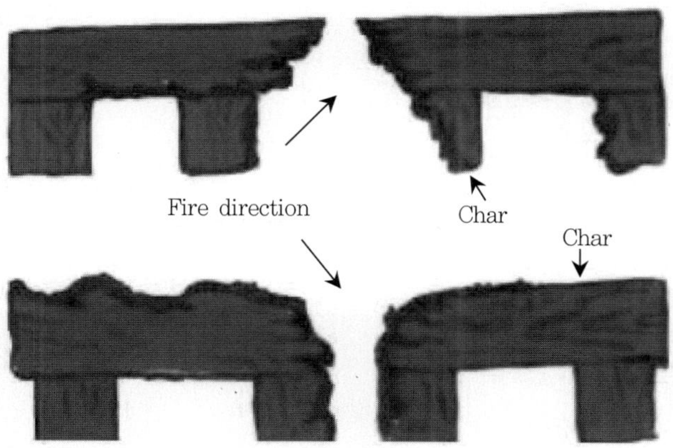

〈그림 3.20〉 위 및 아래로부터의 화재에 따른 연소형태

3.2.2.2 연소의 확산

고분자물질(高分子物質* Macromolecule material)의 연소현상은 화염(火焔 : 불꽃)으로부터 발생한 열에너지가 화염이 진행하는 앞쪽의 미연소부분(未燃燒部分)을 열전도(熱傳導) 및 방사열(放射熱) 등에 의한 예열(豫熱)작용으로 열분해(熱分解)가 이루어짐과 동시에 가연성 가스를 발생시켜, 이것이 공기와 섞인 혼합가스에 화염이 옮겨 붙으면서 연소가 확산

하며 진행한다.

연소의 확산이 빨라지면 화염으로부터 고체표면을 향한 열전도가 빨라지는데, 이것은 열분해의 난이도(難易度)에 따라서 좌우된다. 또한 공기공급의 제약을 받으면 화염온도가 떨어져서 미(未)연소부분의 예열성이 나빠지기 때문에 연소의 이동속도가 늦어지고, 또 열분해를 일으키기 어려운 조건이나 물질 및 가연성 가스의 발생이 적은 물질 등인 경우에도 연소의 이동속도가 늦어진다.

3.2.2.3 발화(發火)에서 상부 착화까지

화재의 경과시간은 대부분 발화위치 및 구조 등과 밀접한 관련이 있으며, 건물의 경우 천장 등 상층부(上層部)의 구조물에 불이 붙어 타는 시기에 연소가 급격하게 진행되기 때문에 그 이전의 화재단계와는 그 화재양상이 확연하게 구분된다.

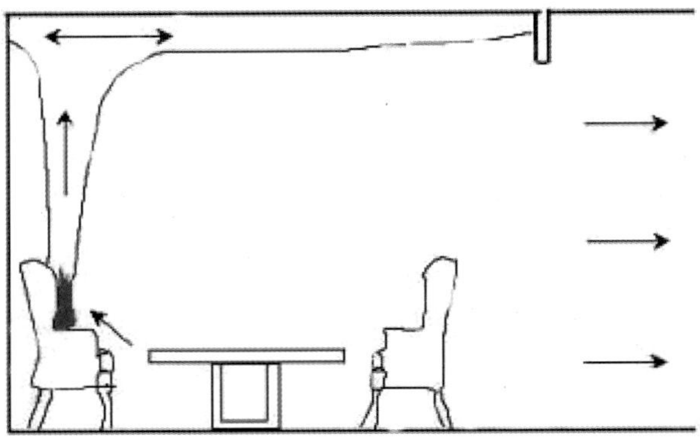

〈그림 3.8〉 구획실내의 화재초기 성장

〈사진 3.10〉 방화화재 초기의 벽면 및 천장부의 소잔현상

〈사진 3.11〉 방화화재 초기성장단계의 벽면 및 천장부의 소잔현상

① 구획(區劃)실내에서 화재로부터 발생한 화열(火熱)은 벽체와 천장에 의해서 제한된다. 따라서 벽체에 근접함으로써 천장에 고온가스 층이 더욱 빠르게 성장하고, 그 층은 더욱 두터워진다(그림 3.8 및 사진 3.10, 3.11 참조).

② 더욱 화재가 성장하여 고온가스가 벽체에 닿고 더 이상 수평으로 확산될 수 없으면 천장 열기층(熱氣層)의 밑부분은 밑으로 내려오면서 깊이가 균일해지고, 연기 감지기는 화재성장단계의 초기에 반응한다.

③ 연기의 높이가 창문 등 개구부의 상부에 이르렀을 때 구획실의 밖으로 흘러 나가기 시작하고, 연기의 생성속도가 구획실의 밖으로 배출하는 연기속도를 초과하지 않는다면 천장열기의 층(層)은 더 이상 내려오지 아니한다(그림 3.9 및 사진 3.12 참조).

④ 자동 스프링클러헤드는 화성(火盛)기 이전의 초기단계에 작동하며 속(速) 동형 스프링클러헤드는 일반 스프링클러헤드보다 훨씬 더 빨리 작동하고, 구획실의 밖에 설치된 감지기(感知機)는 그것의 위치와 감지기까지 연기의 유동능력(流動能力)에 따라 작동한다.

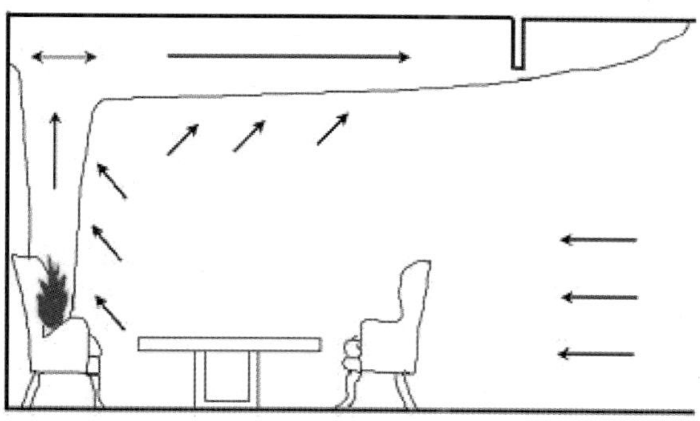

〈그림 3.9〉 구획실내 천장 열기 층의 성장

〈사진 3.12〉 불길방향(→)에 따른 천장과 벽면의 소훼 및 변색현상

3.2.2.4 화성기(火盛期* Intensive fire period)

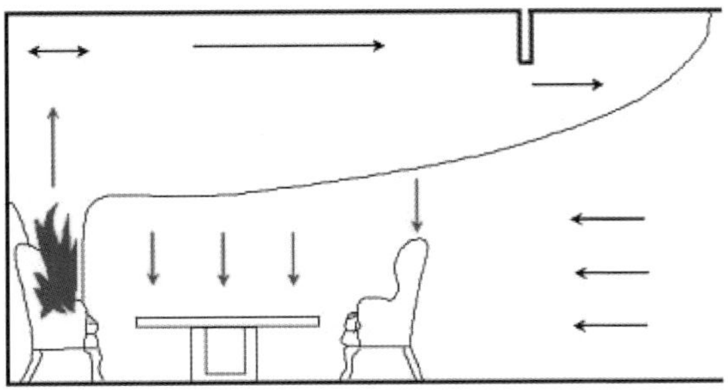

〈그림 3.10〉 구획실내에서의 플래시오버 이전의 상태

건물의 창(窓) 등의 개구부(開口部)가 열려진 상태에서 건물 안에서 화재가 발생하면 대류현상 및 드래프트 효과(draft effect)에 의하여 공기가 창이나 출입구 등의 개구부의 아랫부분으로 들어와서 개구부의 위쪽으로 빠져나가거나 또는 1층의 창으로 들어와서 2층의 창으로 빠져나가면서 연소(燃燒)를 계속하게 된다.

건물 내부의 화세(火勢 : 불기운)가 상당한 화성기(火盛期 : 成長期)가 되면 창을 태우거나 벽(壁) 또는 지붕 등의 약한 부위를 태우기 시작 한다. 따라서 화재가 화(火)성기에 다다르면 천장 열기 층의 밑 부분은 계속 내려올 것이고, 고온의 연기와 가스온도는 더욱 상승하여 천장열기 층으로부터 나오는 복사열이 미연소 가연물을 가열하기 시작할 것이며, 차가운 공기가 연기층의 아래로 유입되는 잘 정의된 유동형태가 정립될 것이다(그림 3.10 참조).

1. 연료(燃料)지배형의 연소단계

화재 초기에서 화성기까지는 모든 물질을 연소시킬 수 있는 충분한 공기가 있기 때문에 연료 지배형의 연소단계로써 상층부에 모인 고온가스에는 많은 양의 산소와 상대적으로 적은 양의 미연소 연료를 함유하게 될 것이다.

2. 환기지배형의 연소단계

실내공기와 개구부 등으로 유입되는 공기의 양이 화재실내의 모든 가연물을 연소하기에 불충분해지면 화재는 연료지배(燃料支配)형으로부터 환기지배(換氣 支配)형으로 변화한다.

3. 플래시오버(Flash Over : FO)현상

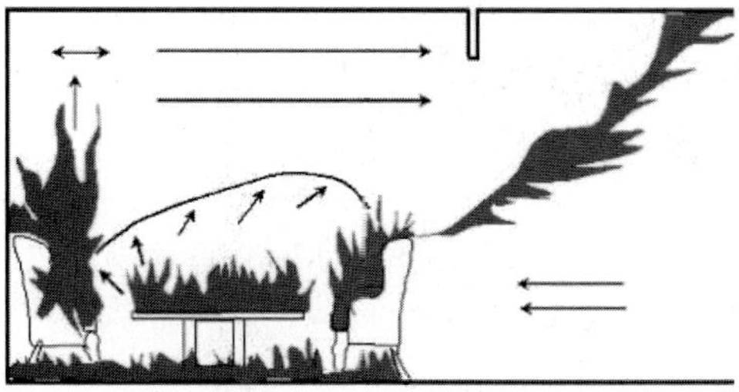

〈그림 3.11〉 구획실의 화재에서 플래시오버 상태

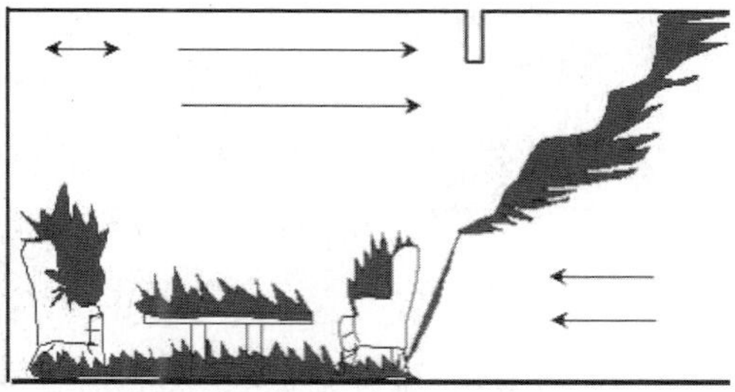

〈그림 3.12〉 플래시오버 이후 실 전체의 휩쓸림 상태

'플래시오버(FO)현상'이란, 화재가 성장함에 따라 천장 열기(熱氣)층의 가스 온도는 노출된 실내의 가연성 수용물질에 복사열(輻射熱)의 강도를 높여서 480℃(900°F) 정도에 이르게 되고, 가연성 수용물의 표면온도가 증가되어 열분해(熱分解)가스가 생성되고, 발화온도까지 가열되어 거의 590℃(1100°F)까지 도달했을 때 가연물로부터 생성된 열분해(熱分解)가스는 천장 열기층의 밑부분을 따라 발화(發火)하는 현상을 말한다(그림 3.11·12 참조).

① 플래시오버(FO) 이후 화재현장의 온도는 급상승하여 최고점에 도달하게 된다.

② 플래시오버(FO)가 실내에서 발생한 경우에는 그 실내에는 불꽃(火焰) 때문에 사람이 생존할 수 없고, 유독가스를 포함한 짙은 연기의 분출로 인하여 복도는 짙은 연기로 꽉 차서 복도를 통한 피난(避難)은 불가능해진다.

③ 불씨가 성장하여 내장재(內裝材)에 착화(着火)되어 플래시오버(FO)가 발생할 때까지의 경과시간은 창문 등 개구부의 크기 불씨의 크기 및 내장재의 재질 등에 의하여 다소 달라지지만, 일반적으로 내장재가 가연성 재질일 경우에는 약 7~8분으로 알려져 있다.

④ 플래시오버(FO) 현상은 화재실이 밀폐되어 있을수록, 가연성 가스를 낼 수 있는 가연물이 많을수록 잘 일어난다.

플래시오버(Flash - over)

- 영향인자
  환기 개구부의 크기, 점화원의 위치와 면적, 가연물의 높이, 가연물의 치적과 밀도, 실내의 마감재 등
- 단계
  연료지배(燃料支配)형 → 환기지배(換氣支配)형(성장기 → 최성기)

룰 오버(Rollover) 및 프레임 오버(Flame over)

(1) '룰 오버 현상'은 플래시오버 현상의 발생 직전에 작은 불꽃들이 연기 속에 산재하여 있는 상태로써, 작은 불꽃들은 고열의 연기가 충만한 화재실의 천장 부근 또는 개구부의 상층부에서 뿜어져 나오는 연기에 섞여 나타난다.

(2) '프레임 오버 현상'은 화염이 가연물의 표면으로 급속하게 확산되는 현상을 말한다.

(3) 룰 오버(Rollover) 및 프레임 오버(Flame over)현상은 보통 플래시오버현상 이전에 발생하지만, 연료가 제한되어 있거나, 그 체적이 크거나, 해당 화재실의 높이가 높은 경우 등에는 특정 구획 실을 통해 플래시오버 현상을 유발하지 않는다.

3.2.2.5 최성기(最盛期)로부터 종기(終期)까지

1. 최성기*(Zenith period)

화재건물의 상층 부위가 연소되기 시작하면 연소상황은 극도로 빠르게 진행하며 확산한다. 천장 또는 지붕이 콘크리트 및 철판(鐵板) 등과 같은 불연재(不燃材)일 경우에는 연소가 지연되나, 대류현상의 영향으로 틈새와 같은 개구부의 구멍들은 빠르게 커지며, 화재실의 실내온도가 600℃ 전후에서 플래시오버 현상이 일어나서 화재실의 온도는 900~1,100℃ 정도로 급상승하고, 화재실의 온도가 최고 1,100~1,200℃가 됨으로부터 2~3분이 경과되면 화세(火勢 : 불길)가 가장 왕성한 최성기가 된다.

2. 화재종기

연소작용으로 인하여 건축 구조물들의 붕괴 직전의 시점으로부터 진화(鎭火)될 때까지의 과정인 화재종기(火災終期 : 火災衰退期)에는 건물의 지붕·벽·불연재 등에 의하여 연소가 저지되는 시기가 된다.

3.2.3 건축물 화재

3.2.3.1 내화(耐火)건축물 화재

'내화건축물' 이란, 건물의 주요 구조(構造)재가 불에 타지 않는 철근콘크리트·석조(石造) 등의 건물을 말하나, 건물 내부의 내장(內藏) 가구 및 집기들로 인해 화재에 절대적일 수 없고, 건물의 배치·구획·설비상태 등에 따라 화재에 상당한 취약(脆弱)성을 보이는 경우가 많다.

1. 내화건축물의 화재성상

① 4주 벽과 바닥 및 천장이 콘크리트 등 발소(拔燒)되지 않는 재료로 축조된 경우에는 화염(火焰)이 각층의 개구부인 양 측면만으로 분출(噴出)되기 때문에 완만하게 연소가 진행된다.

② 4주 벽체는 발소되지 않으나 바닥과 천장 또는 지붕 등이 발소되어 화염이 수직상승하여 분출할 수 있는 구조(대규모의 극장·구식 연화조의 빌딩 등)는 건물 전체가 마치 화덕에 불을 집히는 것과 같이 심하게 연소하게 된다.

③ 건물 내부의 가재집기 및 내장재 등에 착화되어 발염하게 되면 목조건물에 비해서 통기(通氣)량이 적기 때문에 창문 등의 개구부가 닫혀져 있으면 출화시기가 목조의 경우보다 다소 늦어지겠지만, 통기량이 양호한 경우에는 연소 확대가 목조와 다를 바 없다.

④ 건물의 공간이 방화구획(防火區劃)이 없거나 있어도 천장까지만 되어 있는 구조, 층간 방화문이 없어 층계가 연돌 구실을 할 수 있는 구조, 공조설비가 불비되어 댐퍼가 제 구실을 못하게 된 설비구조, 상하수도·전기배관 등의 관통 덕트 및 각종 피트로 통하도록 되어 있는 구조 등의 설비에 있어서는 예상외의 부위에서 연소가 확대되는 경우가 많고, 빌딩이 아닌 공장 건물에 있어서도 무(無)구획·무(無)방화벽 등으로 연소의 확대를 억제하지 못하게 되는 경우가 많다.

⑤ 지하실과 같이 비교적 밀폐된 공간에서의 화재는 실내공기 및 문틈으로 유입되는 한정된 공기만으로 산소부족에 따른 다량의 발염을 수반하는 불완전연소 상태가 장시간 진행된다. 따라서 장시간의 불완전연소와 훈(燻)소에 의한 가열(加熱)로 출입문 손잡이가 뜨거워진 경우가 많고, 문을 여는 순간 화염이 발염(發焰)함과 동시 분출(噴出)되는 경우가 많다.

⑥ 화원부의 고온가스는 부력에 의해 상승하기 때문에 엘리베이터 통로·계단·에어덕트(환기덕트) 등 수직통로를 따라 수평방향보다 빠르게 각층으로 연소가 확대된다. 따

라서 건물 중에는 의외로 수직방향으로 통하는 구멍이 많고, 화재는 하층에서 발생했는데도 생각지도 않던 최상층 쪽에서 화염이 분출할 경우가 많다.

⑦ 바람이 강하면 유입공기량은 증가하여 연소가 왕성하고 온도는 높아지나 왕성한 연소로 인하여 연소시간은 단축된다. 따라서 고층건물의 경우 상층부가 받는 바람은 하층부보다 강하므로 화재진행은 상층부가 빠르고 격심한 것이 일반적이다.

⑧ 내화(耐火)조의 경우 실내온도의 상승은 완만하고 고온의 계속시간은 아주 길다. 따라서 목조 화재와는 달리 가연물량과 산소와의 접촉면이 적어 최고 온도는 낮으나 보온(保溫)능력이 커서 최고 온도의 지속시간은 길다.

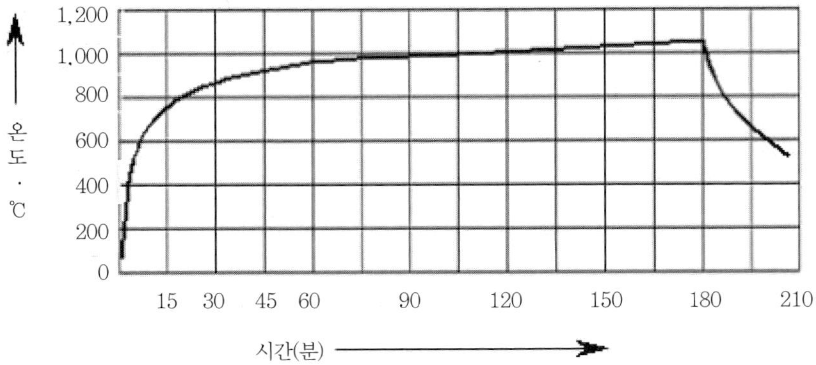

〈그림 3.13〉 내화건물화재의 온도-시간 곡선

2. 내화건물의 화재경과

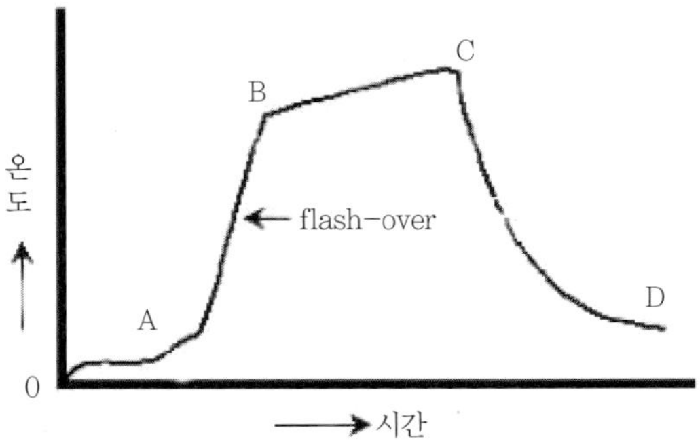

〈그림 3.14〉 내화구조에서의 연소경과

화원(火源)으로부터 발화한 화재는 성장기(成長期 : O~A), 화성기(火盛期 : A~B), 최성기(最盛期 : B~C), 쇠퇴기(衰退期 : C~D)를 거쳐서 진화되는 패턴을 가지며(그림 3.14 참조), 화재초기에는 '가연물(可燃物)지배형'의 연소구조로 성장하다가 플래시오버(flash-over)

가 일어난 이후에는 '환기(換氣)지배형'의 연소구조(燃燒構造)를 가진다.

목조건물에서는 가연물이 많아 O~A~B의 기간이 짧아 10분도 못 미치나, 내화구조의 건물은 그 시간이 상당히 길어질 수 있어 피난이나 소화활동이 용이해질 수 있다. 따라서 flash-over가 일어날 때까지 O~A~B 기간을 가능한 길게 하여 소화활동에 여유를 주기 위하여 벽체 및 가구재 등은 불연재 또는 방염(防炎)처리하여 난연(難燃)화 할 필요가 있다.

(1) 화원으로부터 연소 확대(O ~ A) : 성장기

① 화원으로부터 점차 연소가 확대되어 가고 연기도 확산되어 간다.

② 목조와 같이 통기량이 많은 구조에서는 급속하게 연소하지만, 철근콘크리트 및 스틸 새시 같은 건물은 창문유리의 파열과 같은 통기량이 많아질 요인이 없는 한 쉽게 화재로 진행되지 않는다. 그러나 창문유리의 파열 등으로 공기가 소통되기 시작하면 점차 화재가 실내에 확대되어 유리도 많이 파열되고 연기는 개구부로부터 분출하기 시작한다.

③ 목조에서는 O ~ A 사이에 불이 억제되지 않으면 큰 불이 된다고 보나, 내화구조에서는 비교적 O ~ A 사이가 길어지는 경우가 많다. 또한 고층빌딩 등에서는 철재가구를 사용하고, 사무용 서류 같은 것도 철재 캐비닛에 넣고 벽과 천장 등이 불연재로 되어 있어 이 O ~ A 사이가 더 길어질 수 있다.

④ 난연처리된 합판이나 텍스 같은 것은 초기연소는 억제되지만 약 2~3분 정도 지나면 난연처리되지 않은 가연재나 별 차이가 없게 된다.
그러나 2~3분이라는 시간은 소화(消火)활동의 효과를 크게 할뿐만 아니라 대피(待避)시간을 확보해주는 생존문제에 큰 영향을 미칠 수 있는 시간이다.

(2) Flash-over 시기(A ~ B) : 화성기

① 공기 유입구가 생기지 않고 가연성 가스가 실내에 충만되어 있을 때 진화를 위해 문을 개방 또는 파괴할 경우, 갑자기 다량의 공기가 공급되면 때로는 가연성 가스가 폭발적으로 발염(Flash-over)하므로 인하여 진화 자가 화상(火傷)을 입을 수도 있다.

② 공기부족에 의한 불완전연소와 훈(燻)소 과정에서 고온의 가연성 가스가 실내에 충만함으로써 창유리의 파열 등 개구부가 형성되어 다량의 공기가 유입되면, Flash-over현상이 일어나 흑연(黑煙)이 나기 시작하고 잠시 후에는 연기와 혼합된 빨간 화염이 개구부의 상부로부터 분출하게 된다.

③ O ~ A ~ B를 가능한 한 길게 하여 소화활동에 여유를 주기 위해서는 벽체와 가

구 등은 이연(易燃)성 가연물을 피하고 불연성(不燃性)으로 한다든지, 방염처리하여 난연화 할 필요가 생기게 된다.

(3) 성화단계(盛火段階 : B ~ C) : 최성기

① 점차 개구부의 화염(火焰)분출량은 증가하고, 실내에는 화염으로 충만하여 그 중심부에서는 화염이 소용돌이친다. 이때 연기는 엷은 색으로 변해간다.

② 성화단계에서 화염이 개구부에서 분출할 때는 화세(火勢)에 의해 벽이나 천장의 콘크리트가 커다란 소리를 내면서 박리되기도 한다.

③ 성화단계의 지속시간은 가연물의 량과 개구부의 크기에 관계되나, 이로부터 화세는 쇠퇴하고 연기는 점점 더 엷어진다.

(4) 쇠퇴기(衰退期 : C ~ D)

가연물이 거의 다 타버리면 C ~ D의 하강곡선(下降曲線)을 나타내며 소화된다. 따라서 화재규모를 결정하는 것은 화원(火元)부의 벽·천장·바닥 등과 내장재를 비롯한 고정(固定) 가연물과 가구·서적·의류 등의 적치된 이동성 가연물의 양이 된다.

3.2.3.2 목조건물 화재

목조건물(木造建物)은 화재원인이 발생하여 발화(發火)로부터 진화(鎭火)될 때 까지 ① 화재원인(火災原因) → ② 무염착화(無焰着火) → ③ 발염착화(發焰着火) → ④ 출화(出火) → ⑤ 최성기(最盛期) →⑥ 소락(燒落) 및 도괴(倒壞) → ⑦ 진화 등 7단계로 구분하여 생각할 수 있다.

1. 발화지점의 위치에 따른 화재양상

일반적으로 목조건물 화재에 있어서는 발화장소가 벽장·바닥·다락·공간 등에 따라서 화재 양상은 달라진다.

※ '그림 3.15의 경우' ①은 가연재의 벽·가구·구조물 등의 수직면을 따라 타 올라가는 경우이고, ②와 ②'는 실내의 바닥 부근에서 타 들어가는 경우로써, ②는 벽 또는 가구 등의 근처에서 발화하여 그 수직면에 옮겨 붙어 타게 되고, ③은 실내의 바닥 위에 발화원이 있고 실내공간을 따라 번지지 않고 바닥의 이면(裏面 : 속) 공간으로 타 들어가는 경우로서 아주 어려운 상황이 되며, ④는 벽 내의 공간에서 타 들어가는 경우로서, ③과 ④의 경우는 직접 보이지 않고 숨겨진 장소에서 타 들어가므로 화재에 따른 이상한 기분을 느껴졌을 경우에는 이미 연소가 상당히 진행된 것으로 보아야 한다. 이때에는 물이나 소화기를 사용해도 소화의 효과를 보기 어렵고, 만약 취침

당시에 이러한 상황이 전개되면 최악의 상태가 될 것이다. ⑤는 외부로부터의 접염(接焰), ⑥은 외부로부터의 비화(飛火)에 의한 착화 가능성을 나타낸다. 또한 천장내의 전선에 의한 전기(電氣)적인 발화여건이 따르면 소화의 어려움이 있음은 거의 ③ 또는 ④와 같은 상황이 된다.

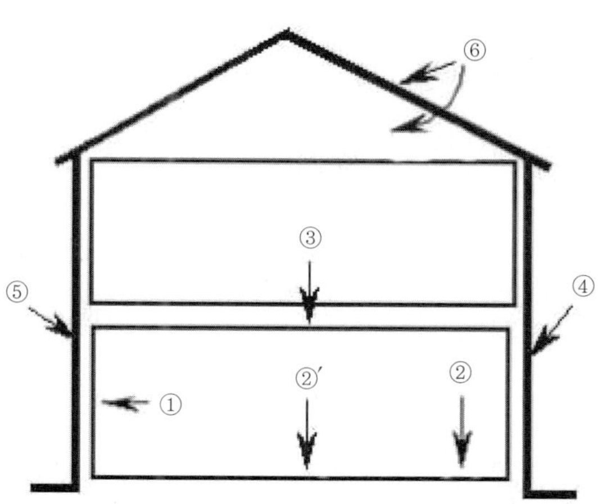

〈그림 3.15〉 목조건물의 화재발생지점 사례

2. 화재경과

(1) 화재초기(원인 ~ 발화)

① 무염(無焰)착화된 불씨는 적은 통풍에 의해 발염(發焰)하며, 무염착화에서 유염(有焰)착화에 이르는 시간은 주로 불씨의 정도와 발생장소에 관계된다.

② 어떤 원인에 의해 발염착화한 상태에서 곧 출화하는 것이 아니고 발염착화한 때로부터 출화까지는 일반적으로 약간의 시간이 소요되며, 이 시간의 장단은 주로 발염착화한 위치와 건물의 구조에 의한다. 즉, 동일한 실내라도 방바닥에서 발염한 것이 천장에 착화하기까지는 다소의 시간이 소요되나, 창호지 문에 착화하면 약 2.5분 후에 천장에 착화한다.

③ 옥내연소가 조금씩 진행하면 창 · 처마 밑 · 판자 · 기와 등의 사이로 수증기를 함유한 백색연기를 발산한다. 이때에는 연소량이 적고 옥내의 공기로 연소하나 연소량이 증대하면 공기부족에 의한 불완전연소가 진행되다가 공기 공급을 받아 왕성한 연소를 시작하게 되면 검은 연기를 발산하며, 보통 이 시기에 유리의 균열이 생겨 떨어져나간다.

④ 창이나 출입구가 처음부터 열려진 경우에는 공기가 개구부의 밑으로부터 유입되어 위쪽으로 배기되고, 또는 1층 창으로부터 유입되어 2층 창구로 나가면서 연소를 계속한다.

⑤ 개구부가 닫혀 있을 경우에는 내부의 화세가 상당히 강해진 시기에 창문 또는 처마 밑 부근의 벽 및 지붕의 약한 부분 등으로 발소(拔燒)하게 되고, 일단 발소되면 대류(對流)경로가 구성되어 연소는 급속으로 진행된다.

⑥ 내부 거주자는 이때까지 피난을 완료해야만 하고 옥내 소화전이 쓰일 수 있는 시기는 이때까지이다.

(2) 화재중기(화성기 ~ 최성기)

① 지붕 밑이나 벽 전체로 확산된 화염은 가장 취약한 부분을 발소시켜 개구부가 새롭게 형성되어 새로운 공기를 공급받아 연소는 급격히 활발하게 진행된다.

② 발소시기에 이르면 발소부분은 급속도로 커지고 그 수도 증가하고, 옥내 온도도 최고가 되며, 이때부터 2 ~ 3분 동안의 화세가 가장 왕성한 시기가 되며, 내부온도가 최고가 되고 주위의 연소위험도 제일 높은 때가 된다.

③ 발염부터 이때까지의 시간은 보통 목조건물일 경우에는 7 ~ 10분대로 보며, 준내화(耐火)조 건물에서는 15 ~ 20분대가 된다.

④ 처마 밑이나 외벽(창·출입문도 포함)이 타서 떨어져나가고 화재의 최성기(最盛期)가 장시간 계속되면, 건물을 구성하고 있는 판재류나 그 외의 장식 재료는 거의 떨어져 나가거나 소(燒)락하고 기둥이나 보와 같은 주 구조재만이 연소를 계속한다.

⑤ 화성(火盛)기에는 다량의 화염과 흑연(黑煙)이 혼합되어 상공으로 분출되고, 격심한 연소 음(音)과 무수한 불티가 비산되고 복사열을 나타낸다. 연소 음에는 공기유동에 따른 음향과 건재(建材)가 타는 소리, 도괴(倒壞)·소락(燒落)·충돌(衝突) 등에 의한 소리 등이 교착된다.

⑥ 화재가 가장 왕성한 최성기의 상승기류 현상은 무풍 시에는 건물에서 곧바로 상승하고, 그 형상은 건물지붕 위에서 좁혀져 상공으로 향하게 되고, 좁혀지는 위치는 처마높이에서 약 3~5[m]이며, 좁혀진 부분의 면적은 건물 전체에서 화염이 상승하고 있을 때에는 처마 아래층 건물 면적의 약 50% 정도이며, 바람이 불고 있을 때에는 바람이 부는 방향 또는 풍하(風下)로 불길이 처지게 된다(※ p.112 그림 3.4, p.113 사진 3.3 참조).

(3) 화재종기(최성기 ~ 진화)

① 최성기가 지나면 가옥은 기둥류만 남아 연소하다가 이것마저 넘어지게 되고, 가옥이 소락되면 지상에는 소잔목재나 불연재료 등이 퇴적된다.

② 무풍상태에서부터 2~3m/sec의 풍속에서는 출화단계에서 화성기까지 4~14분, 화성기에서 소락까지 6~19분(보통 발염에서 소락까지는 13~24분)이 소요된다.

③ 목재건축물 화재의 계속시간은 그 규모나 구조 및 화재원인에 따라서 다르나 일반적으로 주택 정도에서는 30분 정도로 본다. 물론 풍속(風速)이 강할 때에는 시간적인 경과가 빠르고, 보통 목재벽보다 토벽이 많은 건물과 모르타르 벽 건물의 화재 진행은 좀 느린 편이다.

3. 최고온도

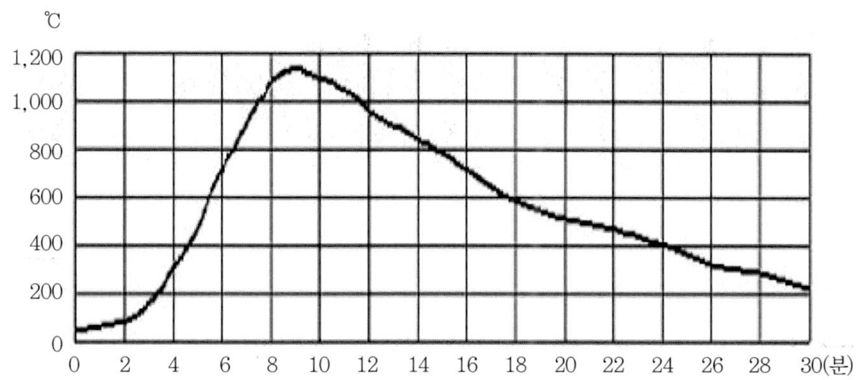

〈그림 3.16〉 목조건물의 화재당시 온도-시간 곡선

목재의 발열량(發熱量)은 3,650cal/kg으로써 화재진행 당시에 대부분 대류(對流)에 의해 발산(發散)되고 또 주위와 지중(地中)으로 복사(輻射) 및 전도(傳導)되기 때문에 건물의 구조·기온·측정위치 등에 따라 다소의 차이는 있으나, 화재 당시 최고온도는 1,100~1,300℃까지 이르고, 지면(地面) 또는 연소과정의 최저면부(最低面部)는 300~500℃ 정도로 측정된다고 알려져 있다.

3.3 가연물의 연소성상과 조사요점

3.3.1 가연물의 연소형식

가연물은 물질의 3태인 기체·액체·고체와 같이 분류되고, 이들은 각 상태와 조건에 따라 연소하는 형태와 특성이 다르다.

3.3.1.1 확산연소(擴散燃燒* Diffusion combustion)

'확산(또는 분출)연소'란, 가연성 가스(연료)와 연소용 공기를 별개로 공급하여 연소시키는 방법을 말하며, 기체연료에 연소에 필요한 공기 또는 산소를 미리 섞어 연소하는 것을 예혼합연소(豫混合燃燒* Premixed flames)라 한다.

확산연소의 경우 가연성 가스(연료)와 공기의 경계에서 확산과 혼합이 일어나서 연소한계(燃燒限界) 내의 혼합비가 먼저 형성된 곳에서부터 연소를 개시한다. 따라서 연소형태는 연소기기(燃燒器機)의 위치에 따라 다른 비균일 연소를 한다.

1. 화염면(火焰面* Flame front)

확산연소에서도 화염면은 형성되나 그 화염은 전파(傳播)하지 않기 때문에 사용이 안전하고 용이한 연소방법이지만, 혼합기를 형성하는 시간과 거리가 필요하며 화염이 길게 늘어나는 단점이 있다. 따라서 확산연소의 단점을 극복하기 위해 연료를 직접 공급하는 대신에 과농(過濃) 가연한계 부근의 농(濃) 혼합기체를 만들어 공급하는 방법이 있으며, 이를 부분 예(豫)혼합연소라고 한다.

2. 확산화염(擴散火焰* Diffusion flame)

가스라이터의 연소 또는 분젠버너에서 공기흡입구를 닫았을 때의 연소 등은 우리 주변에서 볼 수 있는 전형적인 기체연료의 확산화염이다. 액체나 고체의 연소에 있어서도 미리 증발(蒸發) 또는 분해(分解) 등으로 발생한 증기(蒸氣)나 기체를 예(豫)혼합시키는 경우를 제외하고는 일반적으로 확산화염을 형성한다.

① 반응대(反應帶)는 연료와 산화제(산소)의 경계에서 존재하며, 이 반응대를 향해서 확산을 통해서 연료와 산화제가 접근하고, 반응생성물 및 중간생성물 은 그 역(逆)방향으로 확산한다.

② 확산연소 과정은 연료와 산화제의 혼합속도에 의존하기 때문에 예(豫)혼합 연소의 경우와 같이 연소속도를 간단하게 측정하기 어렵다.

〈표 3.3〉 각종 연료의 공기 중의 가연한계농도범위

물 질 명	희박가연한계 농도[%](V./V)	과농가연한계 농도[%](V./V)	물 질 명	희박가연한계 농도[%](V./V)	과농가연한계 농도[%](V./V)
수 소	4.0	75	벤 젠	1.3	7.9
co+수증기	12.5	74	톨루엔	1.2	7.1
메 탄	5.0	15.0	크실렌	1.1	6.5
에 탄	3.0	12.4	시클로헥산	1.3	7.8
프로판	2.1	9.5	아세톤	2.6	13
부 탄	1.8	8.4	암모니아	15	28
헥 산	1.2	7.4	가솔린	1.3	7.1
에틸렌	2.7	36	1.3-부타디엔	2.0	12
아세틸렌	2.5	81(100)			

3.3.1.2 증발연소(Evaporation Combustion)

'증발연소(蒸發燃燒)'란, 가열된 가연물(액체 또는 고체) 그 자체가 연소하는 것이 아니라, 연소물질의 표면에 생성되는 포화증기(飽和蒸氣) 또는 열에 녹아 기화(氣化)한 휘발성분(揮

發性分)과 공기혼합물의 성분비(成分比)가 폭발범위(연소범위)에 도달하였을 때 인화되어 연소하는 것을 말한다.

1. 증기성상(蒸氣性狀)

① 일반적으로 일정한 증기압을 갖는 액체나 고체의 표면은 포화(飽和)증기압 층과 공기의 혼합물(混合物)층을 이루고 있다.

② 포화증기층의 증기는 액체나 고체표면에서 끈임 없이 발생하는 증발증기(蒸發蒸氣)에 의해 바깥쪽의 공기 중으로 나오며 증기의 확산층을 형성한다.

③ 증기농도는 액체나 고체표면에 가까운 곳이 가장 높고, 멀수록 적어진다.

④ 액체나 고체의 온도가 떨어지면 그 증기압도 떨어져서 표면에서의 증기의 증발속도가 감소하는 만큼 발화층은 표면 부근으로 이동하게 된다. 즉 발화 층의 하단(C_2 : 연소상한점)운 소멸되고 상단(C_1 : 연소하한 점)부분만이 표면 부근의 포화증기층과 같게 되고, 더욱 온도가 내려가면 증기압(蒸氣壓)이 계속 감소되어 발화층이 없어져 결국 착화(着火)되지 않는다(그림 3.18 참조).

⑤ 발화층의 하단(C_2) 이하 또는 상단(C_1) 이상에 적열(赤熱 : 500~600℃) 부근의 불씨를 근접시켜도 인화되지 않는다(그림 3.17 참조).

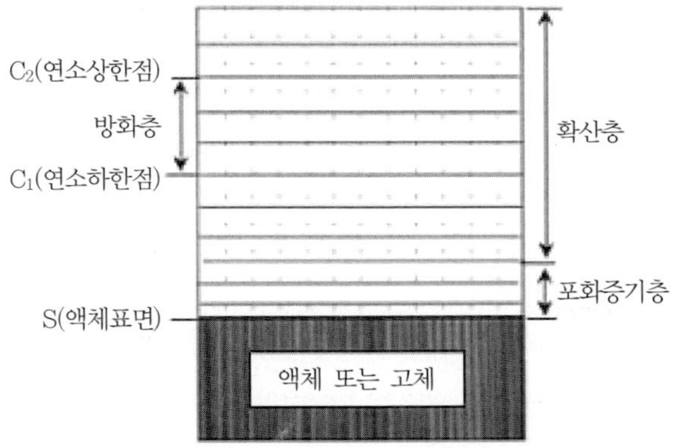

〈그림 3.17〉 액체 또는 고체 표면의 증기 층

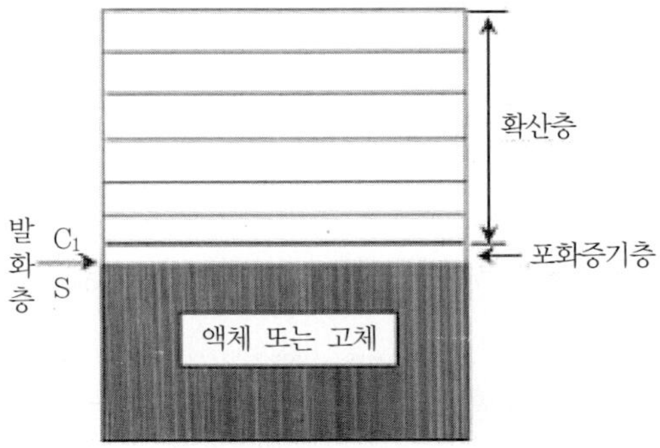

〈그림 3.18〉 인화점에서 발화층의 위치

2. 화염길이와 연소속도

용기속의 액체가 액면(液面)상에서 증발연소할 때 연소에 의한 액체량은 감소되더라도 연소면적은 변하지 않기 때문에 화염모양과 연소속도는 시간적으로 변하지 않는다.

(1) 화염의 길이

불꽃길이와 용기직경은 서로 반비례하므로 용기의 직경이 작아지면 불꽃 길이는 상대적으로 길어지고, 반대로 직경이 크면 불꽃길이는 줄어든다.

(2) 연소속도

일반적으로 연소속도는 1분 동안 벤젠 ~ 6.0mm, 가솔린 ~ 5.5mm, 경유 ~ 4.2mm, 등유 ~ 3.6mm, 중유 ~ 2.1mm, 메탄올 ~ 1.0mm 등의 수준이다.

3. 액면온도와 화염온도

연소하는 액체의 내부온도는 증발연소 및 확산(擴散)연소 때문에 액체표면에서 가장 높은 비점(沸點)대가 형성되고, 그로부터 밑으로 내려가면 급격하게 액체온도가 떨어지는 것이 보통이므로 액면에서 수십cm 아래의 액체온도는 거의 상승하지 않는다. 액면상의 화염온도는 가연성 액체의 종류와는 상관없이 거의 1,500℃ 전후이나, 정제(精製)되지 않은 원유 등과 같은 성분의 액체는 비점범위(沸點範圍)가 넓어 액면 부근에서 증류현상(蒸溜現象)에 의한 고온의 열 유층(熱流層* heat wave)이 상당히 아래에까지 내려가는 경우가 있기 때문에, 화재 당시 보일 오버(Boil over) 또는 슬롭 오버(Slop over)현상이 발생하여 화세범위를 급격하게 확산시키는 결과를 야기시키는 경우가 있다.

Slop-over

Slop-over란 연소중인 유류탱크에 유류의 표면온도보다 낮은 비등점(沸騰點)의 액체(소화수 또는 포소화액제)를 방사했을 때, 물 또는 포수용액의 급격한 증발과 열류교란(熱流攪亂)으로 유류가 팽창하여 용기 밖으로 넘쳐흐르는 현상을 말한다.

Boil-over

Boil-over란 유류탱크 화재에 있어서 유면(油面)에서부터 열파(熱波* Heat Wave)가 서서히 아래쪽으로 전파하여 탱크저부의 물에 도달했을 때, 이 물이 급속히 증발하여 대량의 수증기가 되면서 유류를 밀어 올려 탱크 밖으로 다량의 유류와 거대한 화염을 방출하는 현상을 말하며, 이러한 현상을 발생시킬 수 있는 위험물로는 원유(原油)·중유(重油)·혼합유(混合油) 등이 있다.

4. 액면상의 화염전파(火焰傳播)

(1) 액체온도가 인화점보다 높은 경우

액면상에 가연성혼합기가 생성되어 인화되면, 화염은 액체표면을 따라 전파되나 가연성혼합기의 생성속도에 비하여 늦다. 이때 액체온도를 얼마간 더 올려도 그 이상 되지 않는 것이 특징이다. 그러나 가연성액체는 유동성(流動性) 액체이므로 화염(火焰)에 의한 열전달(전도·대류·복사)로 표면 부근에서 표면장력(Surface tension) 및 밀도의 구배가 생겨 액체유동이 일어나고, 동시에 증발온도 이상으로 가열되는 표면영역이 넓어진다.

이와 같은 구동력(驅動力)이 집합하여 화염이 액체표면으로 전파해 나간다. 따라서 유류(油類) 등을 사용한 방화사건 또는 화재 진행과정에서 유류저장용기의 훼손으로 흘러내린 유류에 의한 화염전파가 화세범위를 급격하게 확장시키고, 바닥부가 심하게 소훼된 특이 소잔(燒殘)현상을 화재현장에 나타낸다.

(a) 바닥 장판의 소잔상황 (b) 벽제의 소잔상황

〈사진 3.11〉 유류살포 방화현장 벽면 및 바닥부의 소잔현상

(2) 액체온도가 인화점보다 낮은 경우

액면상의 증기농도(蒸氣濃度)는 가연범위에 들지 못하므로 점화원에 의하여 인화 되지 않고, 액체 일부를 가열시켜 착화시켜도 화염전면의 액체흐름의 발생으로 규칙적인 화염전파는 일어나지 않는다.

(3) 화염의 blow off

연소(燃燒)중인 액체 자체온도를 인화점(引火點)이하로 냉각시키면 화염은 blow off하여 연소를 계속하지 못하고 꺼지게 된다.

3.3.1.3 분해연소(Decomposition Combustion)

'분해연소(分解燃燒)' 란, 고체(목재류) 또는 비(非)휘발성이고 끓는점이 낮은 액체(제3석유류 – 중유 등, 제4석유류 – 실린더유 및 타르) 등이 가열에 의한 열분해(熱分解* Thermal decomposition)로 발생한 휘발성분인 가연성기체가 고체 또는 액체 표면에서 떨어진 위치에서 기상연소(氣相燃燒)하는 현상을 말하고, 일반적으로 열분해가 충분한 속도로 일어나려면 상당한 온도가 필요하므로 증발연소보다 일어나기가 어렵다.

1. 연소조건

① 가열분해(加熱分解)가 충분한 속도로 일어나기 위해서는 일반적으로 높은 온도가 필요하다. 따라서 불충분한 가열상태에서 발생된 기체는 착화되지 않고 열분해(熱分解)만으로 끝나버려 소위 눗는 현상만 나타낸다.

② 분해연소를 위해서는 어떤 물질을 가열분해하여 연소범위의 농도를 갖는 기체를 발생시켜야 하고, 연소를 계속 시키기에 충분한 속도로 열분해를 계속해야만 한다. 따라서 일부분의 분해연소로 생성된 불꽃이나 열기가 미(未) 반응부분을 계속적으로 열분해시키지 않으면 안 된다.

③ 분해연소란 열분해로 생성된 기체가 타고 불꽃에 의해 전파하여 나가는 것이므로 물질의 가열분해로 발생한 기체는 가연성 기체일 것이 필요하다.

예컨대 설탕은 탄수화물이지만 가열하면 [$C_{12}H_{22}O_{11} = 12C + 11H_2O$]와 같이 탄소와 물로 분해되고, 가연성 기체는 거의 발생하지 않는다. 따라서 탄소(C)는 표면연소(表面燃燒)함으로 인해 증발연소나 분해연소와 같이 발염(發焰)하지 않는다. 따라서 이러한 원리를 응용한 것이 나무 등의 난연(難燃)화이다(※ p.66 표 2.4 및 p.66 표 2.5 참조).

2. 고분자 물질의 열분해

천연고분자와 합성고분자의 고체가연물은 가열(加熱)에 의하여 복잡한 과정을 경유하여 다양한 물질로 열분해한다.

① 열분해에 의한 분해생성물에는 일산화탄소(CO)·수소(H)·메탄 이외의 탄화수소·알데히드 알코올·카르본산 등과 같은 여러 종류의 가연성 기체가 포함되어 있으며, 이들 가연성 기체가 착화하여 발염연소(發焰燃燒)하는 현상이 분해연소이다.

② 나무 또는 석탄 등의 고체를 가열하면 열분해를 일으켜 가연성 분해가스를 발생시키고, 이들 가스가 공기 중의 산소와 섞여 연소범위 내의 혼합기(混合氣)가 형성되었을 때 불씨에 의해 착화하여 연소가 개시된다.

③ 가연성 혼합기가 연소될 때에는 그 연소열에 의하여 가연성 고체의 열분해를 더욱 촉진시켜 연소가 계속된다.

④ 열분해로 생성된 가연성기체가 발화(發火)에 충분한 에너지를 받지 않으면 일주(逸走)해 버리는 경우가 있는데, 이것은 나무 또는 종이 등을 가열시켰을 때 볼 수 있는 탄화현상(炭化現象)이 이것이다.

⑤ 열분해 온도가 낮은 종이 또는 목재와 같은 물질이 착화온도보다 낮은 온도에서 열분해 반응이 계속될 경우에는 방출된 휘발성분은 점화되지 않고 많은 연기를 동반하는 열분해에 의한 발열반응(Exothermic reaction)을 일으키는 그을음연소(Soot combustion)를 하게 되는데, 이때 연기를 강제 점화시키거나 연기를 발화점 이상의 온도로 올리게 되면 불꽃연소로 바뀌게 된다.

3.3.1.4 표면연소(Surface combustion / Flame spread)

'표면연소(表面燃燒)'란 고체 그대로 연소하는 것으로써, 휘발성분을 거의 포함하지 않는 목탄·코크스·숯·나트륨·분해연소 후의 고정탄소(固定炭素) 등과 같은 가연성 고체가 공기와의 접촉표면 및 내부기공(內部氣孔)으로 산소 또는 산화성 가스가 확산하며 표면반응(表面反應)을 일으켜 빛과 열을 발생하는 연소형태로서 적열연소(Glowing combustion)라고도 부른다.

확산에 따른 산소공급이 부족하면 불완전(不完全)연소에 의해 생성된 중간생성물(CO·CH 등)들이 표면에서 약간 떨어져서 기상연소(氣相燃燒)를 하기 때문에 표면연소는 표면반응뿐만 아니라 기상반응(氣相反應)도 동반하는 것이 보통이다.

1. 고체표면에서의 기체흡착

고체표면(固體表面)에는 분자나 원자 또는 이온 간에는 '반데 발스인력(Van der waals 引力 : 상대적으로 약한 인력)' 또는 '화학결합력(化學結合力 : 상대적으로 강력한 인력)'에 의한 흡착력(吸着力)으로 공기 중의 산소를 흡착한다. 따라서 산소에 대한 친화력을 가지고 있는 고체나 액체를 공기 중에 두면 그 표면에 산소의 화학흡착이 생기고, 어떤 것은 바로 산화물이 생성되기도 하는데, 이것이 곧 표면연소를 일으키는 제1단계가 된다.

2. 표면연소 성상

① 목탄 · 코크스 · 금속분(金屬粉) 등의 고체표면은 가열되어도 증발 또는 분해가 일어나지 않고, 탄소와 공기가 접촉하는 표면부분에서 빨갛게 달아오른 숯불과 같이 표면층(表面層)만 높은 온도로 불꽃의 발생 없이 연소하며 타들어간다.

② 숯이 고온으로 연소하는 과정에서 탄소성분의 환원작용(還元作用)에 의하여 이산화탄소(CO_2)가스가 일산화탄소(CO)가스로 되어 이것이 푸른 불꽃을 생성하며 연소하는 경우가 있는데, 이는 분해연소와 표면연소가 함께 하는 혼성(混成) 연소현상이다.

③ 연소중인 금속은 가연성 액체가 연소할 당시의 온도보다 금속자체 온도가 높기 때문에 일반가연물은 연소될 수 없는 이산화탄소·질소·공기 중의 증기 등의 가운데에서도 열을 충분하게 받고 있는 금속은 연소를 계속 유지할 수 있다.

④ 목재류와 석탄 등이 열분해에 따른 불꽃연소를 한 후에 잔존하는 숯도 표면연소한다. 이는 공기 중에 방치(放置)된 숯(고정탄소)은 그 표면에 산소 등의 기체분자가 흡착되어 가연(可燃)분자와 지연(支燃)분자의 혼합계가 되기 때문이다.

⑤ 표면연소의 반응속도(反應速度* Reaction rate)는 비교적 작다. 이는 연소속도가 산소공급에 지배되기 때문이다.

3.3.2 가스연료의 성질과 화재

3.3.2.1 가스연료의 성질

1. 프로판과 부탄

프로판(C_3H_8)과 부탄(C_4H_{10})은 액화석유가스의 주원료이며, 그 특성과 성질은 다소 다르다. 프로판과 부탄은 액화(液化)하면 각각 1/260·1/230의 부피로 줄어들고 기체는 공기보다 무겁고 액체는 물보다 가볍다. 따라서 연소반응식의 각각 다음과 같다.

① 프로판 : $C_3H_8 + 5O_2 = 3CO_2 + 4H_2O + 531kcal$

※ 가스상태의 프로판 1mol이 완전연소하는데 필요한 이론공기량은 5mol/0.21 = 23.81이므로 프로판 체적의 약 24배의 공기가 필요하다.

② 부 탄 : $C_4H_{10} + 13O_2 = 4CO_2 + 5H_2O + 685kcal$

〈표 3.4〉 프로판과 부탄의 주요 비교 값

구 분	가스비중	액 비 중	기체부피 (1kg)	액체부피 (1kg)	체 적 비	증기압 (15℃)	비 점 (1기압)
프 로 판	1.52	0.508	510	1.97	1/260	7kg/cm^2	− 42.1℃
부 탄	2.00	0.584	390	1.71	1/230	1kg/cm^2	− 0.5℃

2. 액화석유가스(Liquefied Petroleum Gas : LPG)

액화석유가스(LPG)는 유전(油田)에서 원유(原油)를 채취하거나 원유정제(原油 精製)시에 나오는 탄화수소(炭化水素)를 낮은 압력(壓力 : 6~7kg/cm^2)을 가하여 냉각·액화시킨 것이다.

(1) LPG의 특성

① LPG의 주성분은 프로판과 부탄이고, 소량의 프로필렌(C_3H_6)·부틸렌(C_4H_8) 등이 포함되어 있다.

② 발열량이 20,000 ~ 30,000kcal/m^{3}으로서 다른 연료에 비하여 열량이 높다.

③ 무색(無色)·무독성(無毒性)의 연료로서 인화점(引火點)이 −73.3℃(−100°F), 발화점(發火點)이 426.7 ~ 537.8℃(800~1,000°F)이다.

④ 용해성이 높아서 천연고무나 석유제품을 잘 녹이거나 노화를 가중시킨다.

⑤ 기체를 액화시키면 그 부피가 1/250으로 줄어들어 저장과 운송에 편리하다. 그러나 운송과 이동이 편리하여 사용자에게 쉽게 노출되므로 인하여 가정이나 공장에서 폭발화재가 빈번하게 발생한다.

⑥ 순수한 LPG는 공기보다 무겁기 때문에 누설(漏泄)되면 바닥의 저면부에 정체(停滯)되는 경우가 많다.

⑦ LPG는 하한계농도(下限界濃度)가 낮기 때문에 극히 적은 양이 누설되어 공기와 혼합하여도 불씨에 의한 화재발생 위험이 높고, 폭발하한 범위(2 ~ 9%)에 이르면 폭발하여 급속히 연소한다.

⑧ 폭발압력 30kg/cm^{2}로 0.1초 동안에 1m^{2}에 주는 힘이 300ton에 달할 뿐만 아니라, 폭발순간 2,600m/sec의 폭풍을 동반하여 엄청난 인명과 재산피해를 유발시키게 된다.

〈표 3.5〉 LPG(액화석유가스)의 주성분

항 목		프로판	부 탄	프로필렌	이소부탄	에 탄	부틸렌	메 탄
함 유 량		38.3	27.9	15.3	13.2	2.7	2.1	0.2
분 자 식		C_3H_8	C_4H_{10}	C_3H_6	C_4H_{10}	C_2H_6	C_4H_8	CH_4
분 자 량		4 ·	58.1	42.1	58.12	30.07	56.11	16.04
인화온도[℃]		−102	−72		−72	−130		−187
착화온도[℃]		466~550	405~540	455	544	515	443	540
최고연소온도[℃]		1,925	1,895	1,935	1,900	1,895	1,930	1,880
폭발한계 (공기중 %)	하 한	2.2~2.4	1.8~1.9	2.0	1.8	3.0	1.7	5.0
	상 한	7.0~9.5	5.7~8.5	11.1	8.4	12.4	9.0	15.0

〈표 3.5〉 계속

항 목	프로판	부 탄	프로필렌	이소부탄	에 탄	부틸렌	메 탄
비중(14.5℃), 기상(공기=1)	1.56	2.01	1.475	2.069	1.046	1.995	0.555
비점(상압, ℃)	−42.8	−0.56	−47.0	11.73	−88.6	−6.26	−161.5
발열량(25℃) · [Kcal/kg]	12,200	11,850	11,692	11,797	12,410	11,577	13,280
증기압[20℃ · kg/m^2]	8.0	2.0	9.8	2.95		2.5	
가스발생량 [14.5℃ · m^2/kg]	0.537	0.407					

(2) 증발잠열과 기화(氣化)

① 액체가 기화할 때 기화열을 흡수하는 증발잠열(蒸發潛熱)은 LPG용기 내에서 가스의 거동과 깊은 관련이 있다.

② LPG를 사용할 때 액상(液相)의 LPG가 증발하는데 필요한 증발잠열은 용기 외벽을 통하여 필요한 열을 얻어낸다. 따라서 급격한 가스 누출의 경우 증발잠열에 의해 주위로부터 열을 빼앗아 용기온도가 급격히 낮아져 외기온도와의 차이가 커지면 용기 외벽에 이슬이 맺히는 현상이 발생한다.

③ LPG는 상온에서 10kg 용기로는 2kg/h 이상 기화하기 어렵고, 외기온도가 5℃ 이하로 떨어지거나 잔류 가스량이 적을 때는 기화량이 반으로 준다.

〈표 3.6〉 LPG(액화석유가스)의 특성

L P G	· 액화석유가스(LPG)는 프로판류와 부탄류의 혼합물로서 주로 프로판을 주성분으로 하여 보통 프로판 또는 프로판가스라고 부른다.
취기(냄새)	· 순수한 액화석유가스는 무색·무취이나 가정용 연료에는 마늘냄새 비슷한 물질을 첨가한다.
액화(液化)	· 상온에서 기체이나 운반을 위해 고압을 가하여 액화되어 있다.
기화(氣化)	· 끓는점이 −42.7℃이므로 상온에서 기화한다.
독성(毒性)	· 독성은 없으나 많이 마시면 마취되거나 산소결핍으로 질식한다.
비중(比重)	· 공기에 비하여 1.5～2배 정도 무거우므로 평온한 대기에서 아래쪽으로 가라앉는 성질이 있으므로, 누출되었을 때는 휘젓지 말고 방문을 열고 쓸어낸다.
칼 로 리	· 1m^3 중에 평균 24,000칼로리이다.

(3) 부취제(付臭劑* Odorant)

'부취제'란, 가스누출 시에 냄새로 인지하여 확인할 수 있도록 양파 썩는 냄새나 마늘냄새를 내는 첨가물질로써, 널리 알려진 에틸메르캅탄(Ethyl Mercaptan : EM)이외에 TBM(Tertiary Buthyl Mercaptan) · DMS(Dimetyl Sulfide) · EMS(Ethyl Methyl Sulfide) 등을 사용한다.

(4) 증기압(蒸氣壓* Steam pressure)

'증기압'이란, 고체 또는 액체로부터 증발된 증기가 더 이상 증발되지 않고(증발과 액화의 양이 단위시간당 같아짐) 평형상태에 이르는 포화증기압(飽和蒸氣壓)으로써, 용기 안에 가두어 둘 때에는 출구를 통해 그 압력이 전달된다. 또한 증기압은 가스종류 및 주위온도에 따라서 많이 변화하기 때문에 LPG를 제조할 때 증기압을 고려하여 여름용 · 겨울용 · 사업용에서 각각 프로판과 부탄을 적절히 조합하여 생산함으로써 가스의 증기압을 조절할 수 있다.

〈표 3.7〉 프로판 및 n-부탄 온도별 증기압

온 도(℃)		0	10	20	30	40
증 기 압 (kg/cm^2)	프 로 판	3.9	5.4	7.4	10.0	12.9
	n-부 탄	0	0.4	1.0	1.8	2.7

3. 도시가스

도시가스는 제조공급의 형태에 따른 명칭으로서, 공장에서 제조된 가스를 파이프라인을 통해서 각 가정 또는 사무실에 공급되는 기체연료를 말하며, LPG · LNG와 같은 각종 기체연료의 혼합으로 제조되고 주 성분은 수소 · 메탄 · 질소 · 이산화탄소 · 일산화탄소 · 산소 등이며, 그 성질은 다음과 같다.

① 가스밀도는 0.55 전후로 공기보다 가벼워 위로 부유하다가 상층부에 정체하는 성질을 가진다.

② 발열량(發熱量)은 4,500 ~ 11,000kcal 수준이다.

③ 폭발한계(爆發限界)는 5.6 ~ 31.2 범위이다.

④ 방출(放出)량은 직경 10mm관 : $2m^2/h$, 직경 13mm관 : $8m^2/h$ 정도이다.

〈표 3.8〉 도시가스의 폭발범위와 착화온도

종 별	하 한	상 한	착 화 온 도
제조가스	5 %	35 %	550℃ 이상
천연가스	5 %	14 %	650℃ 이상
프로판가스	2.2 %	9.5 %	510℃ 이상
부탄가스	1.9 %	8.5 %	490℃ 이상

〈표 3.9〉 도시가스의 주성분

항 목		수 소	메 탄	질 소	이산화탄소	일산화탄소	산 소
함 유 량[%]		32~44	18~28	10~17	3~10	5~7	1~3
분 자 식		H_2	CH_4	N_2	CO_2	CO	O_2
분 자 량		2.016	16.04	28.016	44.01	28.01	32.00
착 화 온 도[℃]		530	540			609	
최고 연소온도[℃]		2,900	1,880				
폭발한계 (공기중 %)	하 한	4.0	5.0			12.5	
	상 한	75.6	15.0			74.2	
비 점[상압 · ℃]		−252	−161.5	−195.8	−78.5	−192.2	−182.9
방 열 량[kcal/kg]		33,980	13,280			2,414	

4. 액화천연가스(Liquefied Natural Gas : LNG)

액화(液化)천연가스는 대부분 메탄(86%)으로 구성되어 있고 소량의 에탄(8.7%)·프로판·부탄·질소·이산화탄소·기타 천연가스 등을 함유한 초저온의 유체(流體)인 파라핀계 탄화수소이며, 그 성질은 다음과 같다.

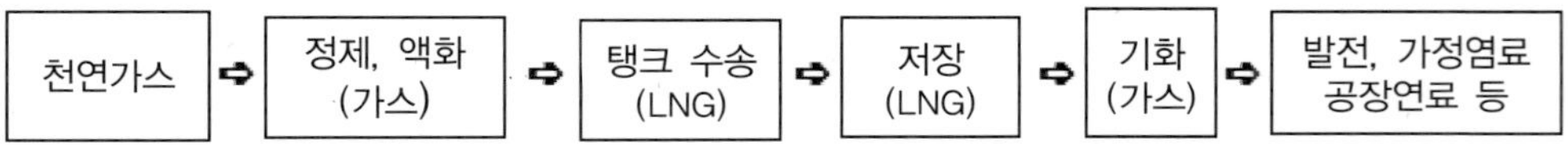

LNG 공급계통도

① 가스비중은 0.656으로 공기보다 가볍고, 기체용적(氣體容積)은 액체(液體)의 약 600배 수준으로 적은 양의 액체가 누설(漏泄)되면 많은 양의 가스가 누설된 것과 같은 효과가 있다.

② 무독성(無毒性)의 가스이지만, 질식(窒息)을 일으킬 위험은 LPG의 약 3배 수준이고, 인체에 접촉되면 동상(凍傷) 및 체내 피부화상을 입을 수 있다.

③ 폭발한계(爆發限界)는 4/1 ~ 14.4% 수준이며, 방출량(放出量)은 직경 10mm 관 : $2m^3/h$ · 직경 13mm관 : $9m^2/h$ 등의 수준이다.

④ 연소 당시 불꽃온도는 약 1,700 ~ 1,900℃ 정도이다.

3.3.2.2 가스화재와 조사요점

가연성 가스에 의한 화재는 모두 가스용기 또는 공급관으로부터의 가스누출에 기인하고, 이에 의한 화재의 원인조사는 가스누설부위를 찾는 것이 1차 관건이다. 따라서 가스누출

후의 착화과정을 예견하거나 설명할 수 있는 시각을 키우기 위해서는 가스가 가지고 있는 연소특성을 기본적으로 이해하는 것이 필수적이다.

1. 가스누출에 의한 화재

가스가 누출(漏出)되어서는 안 되는 공간에 누출된 가스가 점화(點火)되어 발생하는 화재를 말하며, 이때 공간 내의 누출가스가 공간 구석구석까지 일시적으로 가스가 분포된 공중에서 불이 붙어 불꽃의 이동흔적(移動痕迹)을 나타내지 않고 폭발적으로 완전연소된 뒤에는 누출가스의 소멸로 소화(消火)되고, 때에 따라서 누출부위에서 다시 확산연소를 하는 연소패턴을 가진다. 이때 연소흔적으로는 비닐 등 연화(軟化)도가 낮은 물질의 열(熱)변형 또는 탄화, 종이 등의 모서리와 같은 노출부위의 일부 소잔(燒殘) 등이 있으며, 이것이 진행되어 부분적으로 가연물에 연소가 지속되는 경우도 있으며, 가스 누출경과는 다음과 같다.

① 연소기구의 밸브를 열어놓았을 경우.

② 연소기구의 이상에 의해 연소되지 않아 가스가 새는 경우.

③ 가스배관의 이음부나 손상부위에서의 가스가 누출된 경우.

〈사진 3.12〉 가스호스의 파열부와 그 주변의 소잔현상

〈사진 3.13〉 가스누출부와 그 주변 소잔현상

④ 정상적인 배관에 이상 압력으로 공급한 경우의 가스누출.

⑤ 사람의 고의에 의한 가스누출 등으로 요약되며, 특히 최근에는 이사 때 배관의 마감 부위의 관리부실로 인한 대형사고로 이어지는 경우가 증가하고 있다.

2. 가스기구

대부분 정상적인 연소상태에서 조리기구나 난로 등을 방치한 경우와 배기불량·급기불량·가스공급의 부(不)적정 등으로 불완전연소를 일으켜 불꽃이 기구 밖으로 출화되어 가연물에 접촉되는 경우 등이다.

조리기구(調理器具)를 방치하게 되면 계속되는 가열에 의해서 내용물이 고온에 이르거나 탄화되면서 내용물에 착화되고, 난로의 경우에는 주변공기와 가연물의 온도상승으로 발화온도에 이르거나 난로 내부의 온도 제어장치의 반복적인 작동으로 접점부의 이상(異常) 등을 일으켜 과열에 이르는 경우 등이 있을 수 있다.

3. 조사요점

폭발한계 내에 있는 가연성 가스의 혼합기는 인화(引火)됨과 동시에 순간적인 폭발압력과 1,800～1,900℃ 정도의 고열을 발생하기 때문에 가스화재현장은 일반화재현장과 다른 광범위한 불연재의 수열변색 흔적과 주염흔(走焰痕) 등 특이한 소훼현상을 나타내고 있으므로 조사관은 다음 사항에 유의하여 면밀하게 조사할 필요가 있다.

① 연소기구를 분해하여 수열현상 및 그을음의 부착상태 등에 의해서 화재당시 분화(焚火) 및 사용 여부와 연소기구의 고장·파손 등에 의한 자체출화 여부를 확인한다.

② 연소기구 본래의 사용목적 이외의 용도로 사용했는지 여부를 확인하고, 만약 사용목적 이외의 용도로 사용되었다면 그것이 출화의 원인과 결과 사이에 상당 인과관계가 성립하는지 여부를 판단한다.

③ 가스기구의 주 밸브와 중간밸브(서비스코크)는 행위자·소방대원·가스회사원 등이 폐쇄(閉鎖)시켰을 가능성이 있으므로, 화재 당시의 개폐상황(開閉狀況)을 확인할 필요가 있다.

〈사진 3.14〉 안팎에서 본 가스폭발화재현장의 수열 변색흔적

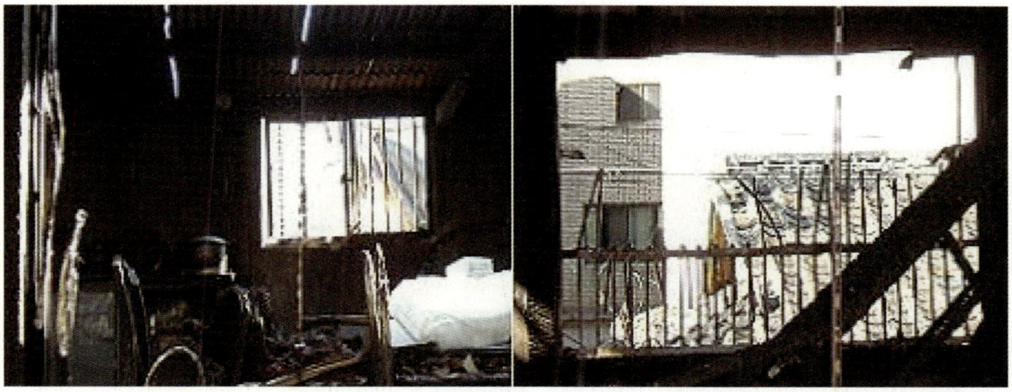

〈사진 3.15〉 LPG폭발화재에 의한 대면한 알루미늄 용융대의 형성현상

④ 연소기구와 벽체와의 거리·벽면의 재질·주변 가연물과의 관계와 소훼현상·착화물의 주변 가연물의 연소 확대현상과 전체적인 불길 진행경로와의 부합 여부 등을 확인하는 것이 중요하다.

⑤ 누설가스가 흘러가다가 제3의 불씨에 인화된 화재라고 판단될 경우에는 인화점과 누설점을 규명하고 그들 사이에 상당 인과관계의 유무를 확인한다. 그러나 가스 및 증기폭발화재의 수사에 있어서는 인화점보다 누설점의 규명이 더욱 중요하다.

⑥ 가스 및 증기 화재는 순간적이고 폭발적으로 발생하기 때문에 불씨 제공이 인위적일 경우에는 불씨 제공자(방화범)의 신체노출부위 및 피복(被服)에 화상과 그을린 흔적을 남기게 된다.

3.3.3 인화성 액체(Flammable liquid)

3.3.3.1 인화성 액체의 성상과 위험성

'인화성 액체(引火性液體)'는 대기압에서 인화점이 65℃ 이하인 가연성 액체로써, 특히 인화점이 30℃ 미만인 물질은 상온에서 불씨에 순간적으로 착화되기 때문에 화재위험을 고려한 인화성 액체는 인화점이 30℃ 미만인 것으로 분류되기도 한다.

- 인화점 - 30℃ 이하 : 에틸에테르·가솔린 등
- 인화점 30℃~0℃ : 노말헥산·아세톤 등
- 인화점 0℃~30℃ : 메틸알코올·에틸알코올 등
- 인화점 30℃~65℃ : 등유·경유·에탄·프로판 등

1. 휘발유(揮發油)

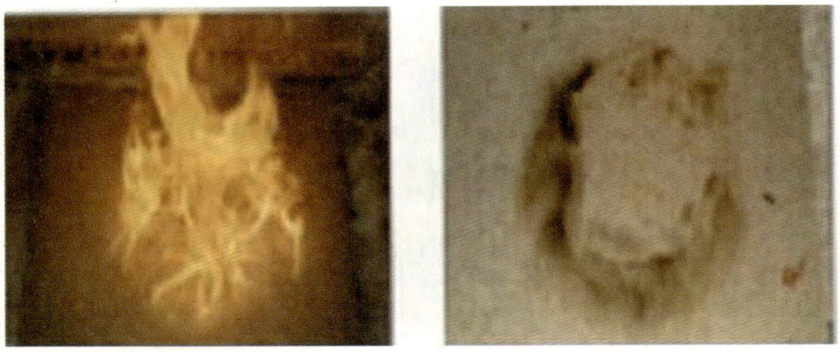

〈사진 3.16〉 휘발유 살포 연소 및 소잔현상

〈사진 3.17〉 발화부와 수직 상층부의 소잔현상(방화)

(1) 성상

① 주성분이 C_5H_{12} ~ C_9-H_{20} 의 포화(飽和)·불포화 탄화수소의 혼합물인 휘발성 액

체이다.

② 인화점 : −43℃ ~ −20℃

③ 발화점 : 약 300℃

④ 연소범위 : 1.4 ~ 7.6%

⑤ 명칭 : 가솔린·석유에테르·석유벤젠·석유나프타·솔벤트나프타(BTX)·리그로인·미네날스피릿 등으로 불린다.

⑥ 색상 : 무색이나 첨가제를 사용하여, 공업용 – 무색, 자동차용 – 오렌지색(유연가솔린)·노랑색(무연가솔린) 등으로 구별된다.

(2) 위험성

① 상온에서도 휘발성이 강하여 밀폐공간에 개방상태로 방치될 경우, 유증(油蒸)에 의한 폭발적인 발화위험이 있고, 특히 촉진제(促進劑* Accelerant)로 사용하여 발화(發火) 또는 방화(放火) 등에 이용될 경우 액면이 넓게 분포되어 단위 시간당 증발량(蒸發量)의 극대로 가연가스와 같이 점화 당시 "퍽"하는 연소 음(音)을 내며 폭발적으로 연소한다.

② 휘발유가 살포된 화재현장에서는 폭발현상을 나타내기도 하며, 휘발성과 연소성의 문제로 그 흔적이나 잔류 성분의 확인이 불가능한 경우가 많으나, 때에 따라 특별히 연소되지 않은 바닥이나 구석진 장소 또는 신문지·책·의류 등 적재물의 밑면 등에 침투된 미연소 휘발유 성분을 추출할 수도 있기 때문에 조사관은 이들 미연소 성분의 유징(油徵) 채취에 세심한 주의를 다해야 한다.

2. 등유(燈油* Kerosene)

등유는 석유제품 중 가장 오래전부터 사용되어 온 것으로서 대부분 등화용 연료로 사용되어 왔으며, 오늘날 석유난로 및 주방용 연료로 많이 쓰이고 있다.

① 등유의 비점범위는 160 ~ 300℃로 휘발유 다음으로 유출유분(流出溜分)으로서 난방용·동력용·용제(溶劑) 등 사용용도에 따라 그 성상이 다르다.

② 등유의 인화점은 보통 40℃ ~ 60℃ 정도로 여름철의 대기온도보다 높기 때문에 휘발유와는 달리 순간적인 불꽃에는 착화되지 않고, 수초 가열하여 40℃ 이상의 온도로 상승시켜야 불꽃에 착화된다.

③ 등유는 난방용·동력용 이외에 페인트나 니스의 용매(溶媒), 살충제·농약 유제 등의 용매, 아스팔트의 희석제(稀釋劑) 등에 사용된다.

3. 경유(輕油)

① 경유는 비점범위가 200 ~ 370℃로서 등유 다음으로 유출되는 것이다.

② 경유의 용도는 일부의 보일러용, 기계 세척용, 기타 가스흡수 및 금속 가공유(加工油)의 원료 등으로 사용되나 대부분 각종 디젤엔진의 연료(등유와 중유도 사용됨)로 이용된다.

③ 경유의 인화점은 저유황(低硫黃) ~ 45℃, 고유황(高硫黃) ~ 60℃ 이상으로서 상온에서 일반적으로 취급할 때에는 화재에 대한 큰 위험은 없다.

4. 중유(重油* Heavy oil)

① 중유는 내연기관용·보일러용·각종 노(爐)의 연료유(燃料油)로서 비중이 0.82 ~ 0.97인 갈색 또는 흑갈색의 점성도(黏性度)가 높은 기름이다.

② 중유는 석유제품 중 품질에서 저급(低級)이라고 할 수 있으나, 원유(原油)에서 필요한 석유제품을 빼어내고 남은 것이 아니라 명확한 목적을 가지고 만들어진 석유제품이다.

③ 중유는 다시 가공하여 윤활유(潤滑油)·아스팔트·석유 코크스 등을 제조할 수 있으며, 화재(火災)시에는 Boil over 현상이 일어날 위험이 있다.

3.3.3.2 유류화재(油類火災)

유류는 대부분 가연성 액체로서 매우 낮은 인화점을 가지므로 가연성 증발증기가 공기와 적당히 혼합된 상태에서 불씨와 접촉되면 쉽게 인화하여 화재가 발생한다. 유류화재의 발생은 유류가 포함된 자연발화도 있으나 대부분 취급부주의에 의해 발생하고, 경우에 따라서 방화범이 촉진제로 이용하는 방화사건도 있다.

1. 유류화재의 주요 원인

유류의 취급부주의(取扱不注意)에 의한 유류화재의 주요 원인에는 다음과 같은 것들이 고려될 수 있다.

① 석유난로 등 유류기구를 과열시켜 놓고 장시간 자리를 이탈 방치하여 가연물에 착화한 경우

② 일정 공간에 분포된 유류증기가 공기와 적당히 혼합된 상태에서 점화원과 접촉되었을 경우

③ 주유(注油)중이나 이동과정에서 흘린 유류 또는 유류기구에서 누설기름 등에 불씨가 닿았을 경우

④ 석유기구의 연료를 오용(誤用)하여 이상연소를 일으킨 경우
⑤ 기구의 본래 용도 이외의 사용(조리용을 난방용으로)으로 안전수칙 위반의 경우
⑥ 연소기구의 전도(顚倒)·가연물의 낙하 등에 의한 발화
⑦ 기타 유류저장소 및 취급소에서 환기불량(換氣不良)으로 인한 인화성 증기의 체류(滯留), 유류이송과정에서 정전기 스파크에 의한 발화 등이 있을 수 있다.

2. 유류관련 화재의 특징

유류 등 인화성 액체는 액면(液面)연소 및 증발연소를 하기 때문에 유류가 흘러내린 바닥부에 있는 장판 등 가연물을 심하게 소훼(燒燬)시키는 특이한 소잔현상(燒殘現象)을 남기고, 어느 정도 밀폐된 공간에서 유류의 증발증기가 폭발한계에 도달한 상황에서 인화되면 폭음(爆音)과 물리적인 파괴력(破壞力)을 발생시키면서 연소하는 특징이 있다. 따라서 유류관련 화재현장에는 유동성(流動性)인 유류의 연소특성으로 인하여 바닥 장판재가 심하게

(a) 바닥부의 소훼상황

(b) 바닥과 가구재의 소훼상황

〈사진 3.18〉 유류살포 방화현장의 바닥과 수직재의 소잔현상

〈사진 3.19〉 살포된 유류가 흘러내리며 연소한 바닥장판 등의 소잔현상

소훼되는 △형태의 소잔흔적(燒殘痕迹)을 남기는 특징을 가진다.

3.3.4 목재류의 소적관찰(燒迹觀察)

3.3.4.1 목재의 성분과 발화형태

1. 목재의 주성분

목재는 셀룰로오스(Cellulose)가 47~66%, 리그닌(Lignin : 木質素)이 13~35%, 기타 성분으로 구성되어 있으며, 목재에서 분비되는 점도가 높은 진액(津液)의 종류에 따라서 약간의 차이가 있다.

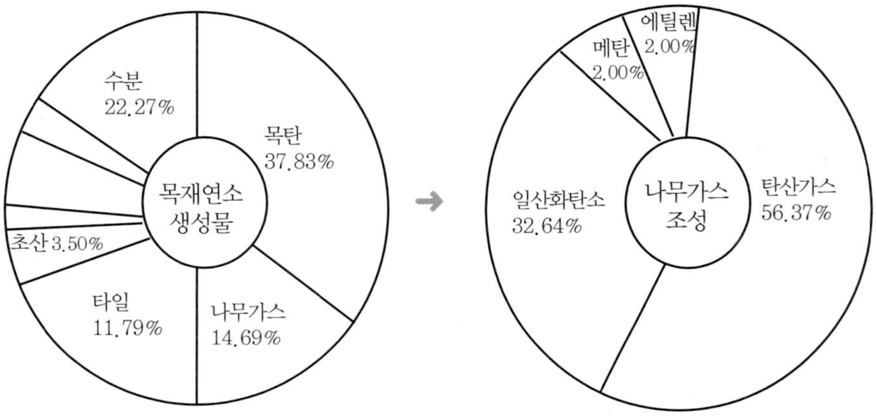

〈그림 3.19〉 나무가스 생성물과 조성

2. 목재의 발화형태

① 발화온도(發火溫度) : 400 ~ 470℃ 정도

② 인화온도(引火溫度) : 240 ~ 270℃ 정도

무염착화온도(無焰着火溫度) : 숯의 착화온도인 300 ~ 340℃보다 조금 낮다.

④ 저온착화온도(低溫着火溫度) : 약 100℃ 이하에서도 저온축열(低溫蓄熱)에 의한 착화위험이 있다.

3. 온도에 따른 목재 성상

(1) 100℃

목재를 가열하여 온도를 서서히 높이면 세포 사이의 공간에 열이 침투(浸透)해 들어가서 수분이 증발하고 건조된다. 수분이 전부 증발해버리면 100℃ 이상의 온도로 상승하기 시작하며, 이 정도의 온도가 되면 수분뿐만 아니라 목재에 함유된 휘발성분도 함께 증발하게 된다.

(2) 160℃

목재에서 분해가스가 나오며 약간 타는 정도의 갈색(褐色)이 되며, 이 정도의 온도에서도 연소되기 쉬운 상태의 가연물은 나화(裸火)의 점화원(點火源)이 있으면 착화한다.

(3) 240 ~ 270℃

목재류의 인화점(引火點 : 引火溫度)으로써 불씨가 있으면 불이 옮겨 붙는다.

(4) 300 ~ 340℃

목재의 탄화(炭化)가 종료되며, 숯의 착화점(着火點 : 着火溫度)보다 약간 낮은 온도대역(溫度帶域)이다.

(5) 420 ~ 470℃

별도의 불씨가 없어도 스스로 발화한다. 이때의 온도가 목재의 발화점(發火點* Ignition point)이 된다.

4. 목재의 연소성

① 목재가 발화점에 이르면 전체적으로 흡열반응에서 발열반응으로 변하고, 처음에는 휘발가스 내에 탄산가스와 수증기가 너무 많아 불꽃이 오래 지속하지 못한다.

② 화열에 의해 2차 열분해로 모든 분해가스가 발염연소하게 되는 단계에서는 기체의 발생속도가 아주 빨라서 발생기체가 목재 표면을 덮어버려 공기를 차단케 되므로 목재 내부가 발화점에 이르는 시간이 상당히 지연된다.

③ 목재의 연소온도가 더욱 높아져서 목재표면의 탄화부분도 연소를 지속할 수 있는 산소공급으로 인하여 분해가스와 마찬가지로 연소가 진행된다.

5. 목재의 함수량과 연소

① 건조한 목재의 비열(比熱)은 0.33인데 반해 물의 비열은 1.00으로써, 물의 비열이 건조목재의 비열의 3배에 달하므로 목재의 함수량(含水量)이 증가되면 증가될수록 같은 온도를 상승시키는데 필요로 하는 열량이 많아진다.

② 건조한 목재 1g의 온도를 100℃만큼 상승시키는데 33cal의 열량이 필요하지만, 20%의 함수량을 가진 목재를 100℃만큼 상승시키는데 앞의 경우보다 40% 정도 증가된 46cal의 열량이 필요하고, 40%의 함수량을 가진 목재라면 60cal의 열량이 필요하게 된다.

③ 물 1g를 증발시키는데 필요한 열량 즉, 증발열(蒸發熱)은 그때의 온도에 따라서 약간

의 차이가 있지만 대체로 560cal 정도이다.

④ 함수량이 가연물 전체중량의 약 15% 이하인 경우에는 성냥불과 같은 작은 불씨로도 불을 붙일 수 있지만, 함수량이 15% 이상이 되면 작은 불씨로는 불을 붙일 수 없다. 그러나 화재가 왕성해지면 함수량 자체는 중요하지 않게 되어 50% 이상의 함수량일 때에도 연소는 잘 이루어진다.

3.3.4.2 탄화(炭化)와 균열흔(龜裂痕)의 강약특성

1. 탄화*(Carbonization)

탄화란 유기화합물이 열분해 또는 다른 화학적 변화에 의해 탄소(炭素)로 되는 현상 즉, 탄소 함유물이 가열 분해되면서 탄소 이외의 물질은 없어지고 탄소만 남는 상태에서 까맣게 변화된 현상을 말하고, 탄화와 균열 흔적의 강약특성은 다음과 같다.

① 탄화 면에 있어서 요철(凹凸)이 많고 거칠수록 소훼현상(燒燬現象)이 강하다.

② 탄화된 모양의 패인 골과 깊이가 넓고 깊을수록 소훼현상이 강하다.

③ 화염(火焰)에 오래도록 강하게 탈수록 탄화심도(炭化深度)가 깊다.

④ 무염연소(無焰燃燒)의 경우가 유염연소(有焰燃燒 : 불꽃연소)보다 타들어가는 깊이가 비교적 깊게 형성된다.

2. 균열흔*(Burning chap mark · Alligator pattern)

불에 탄 목재겉면은 가스 분출구(噴出口)와 탄화층(炭化層)에 의한 무늬 모양이 마치 거북이 등껍질처럼 거칠게 갈라지고 터진 균열 흔적을 형성하고 있는데 이를 구갑상(龜甲象)이라고도 하며, 이들 균열흔적의 강약의 정도에 따라 열소흔(裂燒痕) · 강소흔(强燒痕) · 완소흔(緩燒痕) · 훈소흔(燻燒痕) 등으로 구분한다.

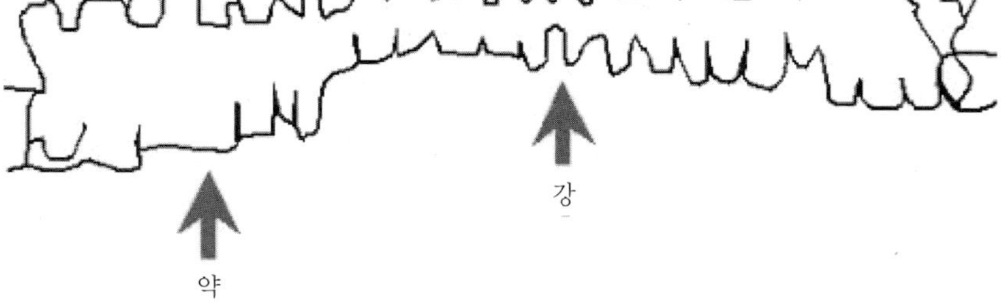

〈그림 3.18〉 목재의 열소현상

(1) 열소흔(*裂燒痕 Violent burning sign)

'열소흔'이란 화재발생 이후 최성기에 이르러 약 1,100℃ 수준의 온도에서 나무가 연소될 때 나무표면이 갈라지고 떨어져나간 현상을 말하며, 균열부의 골이 매우 넓고 깊으며 박리현상(剝離現象)이 심하다.

(2) 강소흔(强燒痕* Extreme burning sign)

'강소흔'이란 화재의 최성기에 도달하기 전에 약 900℃ 수준의 온도에서 나무가 화염의 영향을 강하게 받아 나무가 연소한 흔적을 말하며, 그 형상은 골의 깊이가 깊은 편이고, 균열부의 모서리 모양이 대체적으로 모가 없는 원형(圓形)에 가깝다.

(3) 완소흔(緩燒痕* Sluggish burning sign)

'완소흔'이란 플래시오버 이전의 화재 초기에 대략 700 ~ 800℃ 정도에서 나무가 비교적 천천히 더디게 연소한 후에 그 표면에 형성된 균열 흔적을 말하며, 목재표면에 형성된 완소 흔적은 발화부의 주변에 있는 목재에 주로 나타나며 균열이 가늘고 잘며 탄화심도(炭化深度)가 비교적 깊게 형성된다. 따라서 소잔목재에 형성된 완소흔적은 발화부의 한정에 중요한 단서가 된다.

(4) 훈소흔(燻燒痕* Smoldering mark)

'훈소흔'이란 발열체가 밀착된 목재표면에 장기간에 걸친 무염연소(無焰燃燒)한 흔적을 말하며, 목재의 연결접합부 또는 부식부(腐蝕部) 등에서 잘 생성된다. 따라서 화재현장의 출화부의 부근에 훈소흔이 남아있으면 그 부분을 발화부로 판단하여도 무방할 것이다.

① 목재 등이 연결 또는 결합된 부위는 장기간에 걸쳐 먼지 같은 분진이 쌓여 열전도율이 낮아 열이 축적되기 쉬우며, 여기에 불티 또는 담뱃불과 같은 무염화원

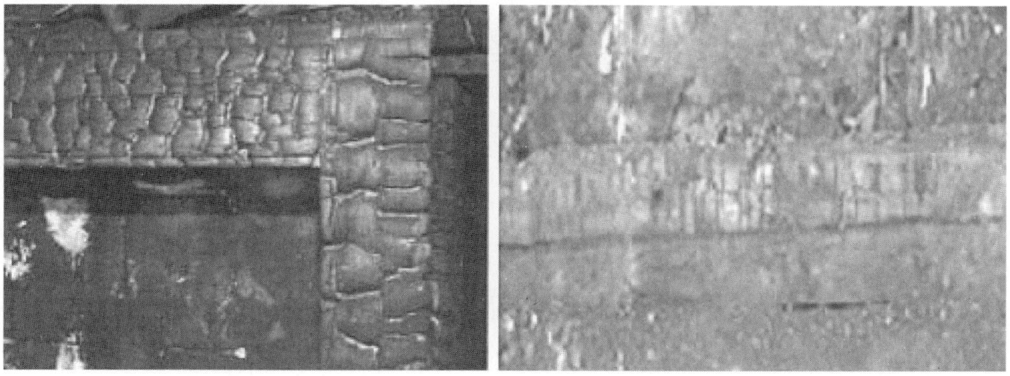

(a) 목재의 강소현상 (b) 하방 목의 완소현상

〈사진 3.20〉 목재의 강소현상과 완소현상

(無焰火源)이 떨어지면 용이하게 착화되어 연소면적이 서서히 확대되어 가지만, 이때에는 분해가스의 발생량이 적어서 발염연소(發焰燃燒)에 이르지 못하고 표면만 훈소하여 주로 갈라진 틈과 연결 또는 접합된 틈 사이를 따라 연소범위를 넓혀나가는 연소패턴을 가진다.

② 목재류의 훈소흔 형성 이유는 갈라진 틈·연결 및 결합된 틈 등의 사이에 쌓여 있는 먼지 등의 분진에 착화된 후에 공기유통이 적기 때문에 외부로 방산되는 열량이 적어 결과적으로 축열(蓄熱)에 의한 열에너지가 높아지고 분해가스의 발생이 일시에 증대되는 시기에 발염연소(불꽃 연소)하게 되는 관계로 훈소흔이 형성되는 것이고, 이러한 것은 그 부분이 패인 것처럼 소실(燒失)되는 것이 특징이다.

3. 탄화심도(Carbonization depth·Depth of char)

'탄화심도(炭化深度)'란, 목재가 분해 연소할 때 그 심층부의 휘발성 가스가 분출되면서 탄 분출구에 형성된 균열 흔적의 '탄화된 부분의 총 깊이'를 말하며, 이는 발화부와 가까울수록 깊어지고 심하게 연소한 부분일수록 더욱 깊어진다. 탄화심도는 원래의 나무표면에서 탄화부분을 지나 미(未)연소부분까지를 탄화심도 측정기로 탄화층의 깊이를 측정 비교하여 불길의 진행방향 및 발화부를 판단하는 자료로 한다. 따라서 비교할 소잔목재의 탄질(炭質)부는 연소조건을 고려하여 동일한 높이에서 측정하되 4면에 노출된 목재는 4면에서 모두 측정하여 비교 검토해야 한다.

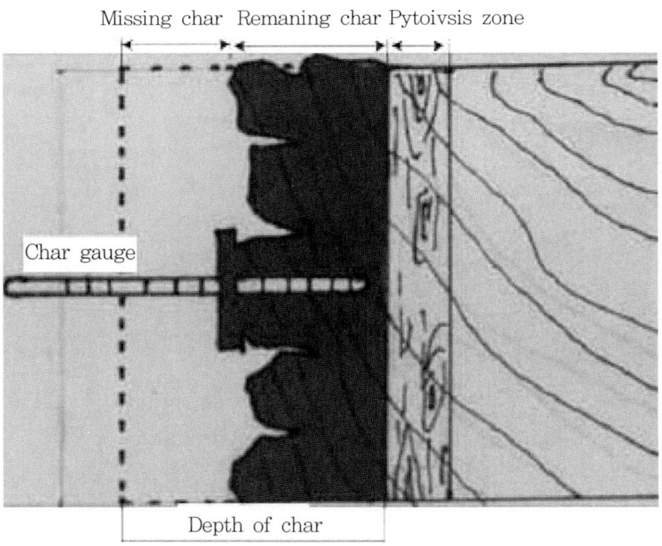

〈그림 3.19〉 목재 탄화물의 깊이 측정

(1) 탄화의 형성요소

① 불길의 진행경로와 속도

② 공기의 조절효과 및 대류여건(對流與件)

③ 목재의 표면적과 부피

④ 목재의 종류와 함습 수준(含濕水準)

⑤ 목재표면의 형상과 가공(加工)처리 상황

(2) 탄화심도의 측정방법

① 동일한 지점에서 동일한 압력으로 3회 이상 측정하여 그 평균치를 산출한다.

② 탄화균열부의 철(凸)부의 중심 깊이를 측정한다.

③ 목재중심선에 탄화심도계의 침(針)을 직각으로 삽입하여 측정한다.

④ 평판계침(平板計針)을 수직재에는 평판면을 수평으로, 수평재는 반대로 평판면을 수직으로 삽입하여 측정한다.

⑤ 나무의 소잔부분이 너무 가늘어 계침(計針)에 의한 측정이 불가능할 때에는 미연소(未燃燒)부분의 직경(直徑)을 측정하여 비교한다.

(3) 측정범위와 지점

① 발화부로 추정되는 범위 내에서 중심부를 택하고, 중심부로 향하는 면과 반대 쪽 면을 따라가면서 측정한다.

② 수직재 또는 수평재를 구별하여 비교 측정하고, 재질 및 굵기 같거나 유사한 것을 비교 측정한다.

③ 측정지점은 같은 소재, 같은 높이, 균등한 거리 등의 지점마다 비교 측정한다.

(4) 절단면(切斷面)에 의한 탄화심도 측정

① 목재가 장시간에 걸쳐 연소되었거나 강소(强燒)된 면은 깊게 파고들며 탄 형상을 나타내는데, 그 쪽이 발화부의 방향일 가능성이 높기 때문에 목재의 면을 수평으로 절단한 단면의 중심부의 형태를 비교 관찰하여 불길의 진행방향을 판단한다.

② 탄화심도 계침에 의한 측정과 같은 요령으로 위에서 아래로 또는 수평으로 각각 절단하여 비교 관찰한다.

③ 탄화심도 또는 절단면의 측정결과를 같은 면을 중심으로 비교 관찰한다.

3.3.4.3 목재류의 특이 소손현상

1. 박리(剝離* Peeling)

나무가 탈 때 "딱딱" 거리는 소리를 내면서 불티 또는 재가 튀며 날라 다니며 숯으로 변한 나무표면이 얇게 벗겨져 떨어져나가는 현상을 볼 수 있는데, 이것을 박리라 말하고, 목재가 연소하며 떨어져나가는 현상을 박리현상이라 한다.

(1) 화염에 의한 박리현상

박리현상은 일반적으로 불길이 진행하여 온 쪽의 목재표면에 많이 형성되며, 연소가 강했던 목재부분의 일반적인 박리현상은 다음과 같다.

① 박리현상의 형성부분이 많고 깊게 형성된다.

② 박리면적이 비교적 작고 표면의 거칠기가 거세다.

③ 박리부분이 여기 저기 산재(散在)되어 있는 특징을 가진다.

(2) 소화수(消火水)에 의한 박리현상

연소중인 목재에 소화수를 주수(注水)하게 되면 수압(水壓)과 물에 의한 순간적인 냉각(冷却)의 영향을 받아 목재표면에 형성된 탄화물이 떨어져 나가는 경우가 있는데, 이렇게 벗겨진 목재표면의 박리면(剝離面)은 비교적 평탄하고 윤기가 나며 그 면적이 넓다.

2. 휨과 절단(切斷 : 타서 끊어짐)

목재류는 불길이 가해진 방향으로 연소되며 타서 굽어지는 성질이 있고, 또 강소(强燒) 및 탄화(炭化)로 인하여 목재강도가 떨어지면 중력(重力)과 하중(荷重)에 의해서 불길이 진행하여 온 쪽으로 쓰러지고 절단되어 나간다. 따라서 소잔목재의 휨과 쓰러진 방향, 절단부의 탄화현상 등을 비교 관찰하면 불길의 진행방향과 발화부의 방향과 위치를 추정할 수 있는 단서가 된다.

3. 도괴상황(倒壞狀況)

'도괴(倒壞* Collapse)'란 건축물·물건 등의 물체가 쓰러지고 허물어지는 붕괴현상(崩壞現象)을 말하며, 건축물의 가구재(架構材)는 역학적으로 서로가 서로를 받혀 힘의 균형을 이루도록 설계 시공되었으므로, 화재시에 구조재(構造 材) 및 가구재(架構材) 등이 화열(火熱)에 의해 취약 또는 소(燒)락 되어 평형을 상실했을 경우에는 집적물체 또는 건물은 자체하중에 의해 취약 또는 탈락한 부분을 향하여 넘어지게 된다. 따라서 이러한 건축물 및 집적물의 도괴방향은 조사관이 발화부위를 추적(追跡) 조사하는데 중요한 단서가 된다.

4. 세연화현상(細軟化現象 : 타서 가늘어진 현상)

'세연화현상'이란, 각목 등의 목재가 타면서 면과 각이 부분적인 연소로 인하여 가늘어지는 현상을 말하며, 목재의 선단(先端)쪽이 불길이 진행하여온 방향을 나타낸다. 따라서 조사관은 불길의 진행방향과 발화부의 위치를 추정하기 위해서 소잔목재의 재질과 모양을 먼저 알고 난 후에 원형과 세연화의 정도 및 상태를 비교하여 식별하는 것이 중요하다.

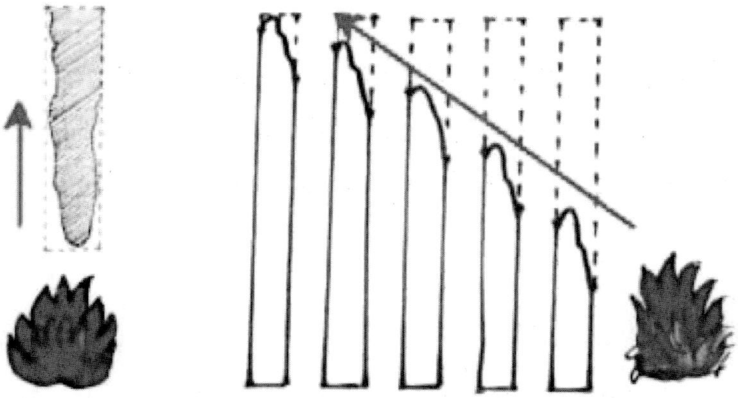

(a) 세연화 (b) 소실현상

〈그림 3.20〉 불길방향(→)과 세연화 및 소실현상

〈사진 3.21〉 불길방향(→)과 목재 간주 및 벽체무늬목의 소실현상

5. 소실(燒失* Destruction by fire : 타서 없어짐)

'소실' 이란 목재류의 연소과정에서 탄화를 거쳐 재(灰)로 변하여 없어지는 현상을 말하며, 화염에 먼저 접촉된 부위가 보다 빨리 소실되기 때문에 소실면적의 차이·동종 목재의 소실 정도 및 높이의 차이 등은 화재 당시의 불길의 진행방향을 판단하는데 중요한 단서가 된다. 따라서 조사관의 현장조사 당시 소실부분이 연소과정에서 자연적으로 형성된 것인지, 아니면 물리적인 힘이 가해져서 재가 떨어져 나감으로써 소실면적이 커져 보이게 된 것인지 세심한 주의를 기울여 판단할 필요가 있다.

3.3.4.4 소잔목재류의 관찰요령

화재조사관은 화재현장의 소잔목재류의 소훼현상에 대하여 다음과 같은 관찰요령으로 비교 조사하여 화재 당시의 확대 연소상황과 불길의 진행방향을 추정한다.

① 같은 목재끼리 비교하여 관찰한다.

② 타서 가늘어지는 등 소훼현상의 강약으로부터 불길의 진행방향을 판단한다.

③ 전체적인 화재현장 상황 중심으로 연소 확대상황과 불길의 흐름방향을 추정하고, 때에 따라서 특정부분의 소잔현상 중심으로 연역적인 관찰방법으로 검증(檢證)한 후에 판단한다.

3.3.4.5 플라스틱의 연소성상

외부의 압력 또는 열에 의해 변형된 후에 원형으로 되돌아가지 않는 성질의 물질 또는 이러한 재료로 성형(成形)이 가능한 수지제품(樹脂製品)을 플라스틱 또는 가소성 물질(可塑性物質* Plasticity material)이라고 하며, 천연수지와 합성수지(Synthetic resin)로 대별되고, 일반적으로 플라스틱은 합성수지 또는 고분자(高分子* Macromolecule)화합물을 가리키며, 그 성상은 다음과 같다.

① 플라스틱의 원료는 대부분 석유이고, 그 다음 천연가스 그리고 일부는 석탄(石炭)을 사용하고 있다.

② 폴리에틸렌·폴리프로필렌 등은 불에 잘 타서 이산화탄소(CO_2)와 물(H_2O)이 되기 쉬우나, 폴리스티렌은 매연(煤煙)을 대량으로 방출하며 잘 타지 않는다. 특히 사용량이 많은 염화(鹽化)비닐수지는 난연성(難燃性)으로서 유독가스(Noxious gas)를 발생한다.

③ 최근 건설재료로서 플라스틱제품이 대량으로 사용되면서 화재 당시 발생하는 대량의 매연과 유독가스에 대한 대책이 더욱 중요시되고 있다.

1. 열적성질에 따른 분류

(1) 열가소성 수지(熱可塑性樹脂* Thermoplastic)

'열가소성 수지'는 가열하면 부드러워지고 녹아 흐르는 상태에 도달할 수 있고, 온도가 낮아지면 다시 굳어지는 성질을 가진 플라스틱으로 재가공이 가능한 성질을 가지고 있다.

① 염화비닐수지(Chloride poly-vinyl resin)는 아세틸렌과 염산, 에틸렌과 염소 등으로부터 만들어지는 수지(樹脂)이다.

② 스티렌수지(Styrene resin)는 벤젠과 에틸렌으로 합성시킨 무색투명(無色透明)한 수지이다.

③ 폴리에틸렌수지(Polyethylene resin)는 에틸렌 중합에 의하여 만들어진 수지이다.

④ 기타 열가소성 수지에는 메타크릴산·나일론(폴리아미드)·테플론(불소)·세루 로스아 세테이트 수지 등 다수가 있다.

(2) 열경화성 수지(熱硬化性樹脂* Thermosetting resin)

'열경화성 수지'는 열을 가하면 오히려 단단하게 굳어버리고, 다시 열을 가하여도 부드러워지지 않기 때문에 재가공이 불가능한 성질을 가지고 있다.

① 페놀수지(Phenol resin)는 페놀과 포르말린으로 만들어진 수지이다.

② 요소수지(Urea resin)는 요소(尿素)와 포르말린으로 만들어진 수지이다.

③ 멜라민수지(Melamin resin)는 멜라민과과 포르말린으로 만들어진 수지이다.

④ 폴리에스테르수지(Polyester resin)는 불포화 폴리에스테르라고도 말하며, 그 성질의 대폭적인 변화가 가능한 수지이다.

(3) 내열성(耐熱性* Heat resistance·Heat proof)

'내열성'이란, 고열(高熱)에 노출되었을 때에도 안정도를 잃지 않고 견디는 성질을 말하며, 내열성을 증가시키는 방법으로 일반적인 것은 유리섬유로 강화시키면 열(熱)변형온도가 변한다.

① FRP(Fiberglass Reinforced Plastics)는 열 경화수지에 유리섬유를 혼입(混入)한 것이다.

② FRT(Fiberglass Reinforced Thermoplastics)는 열가소성 수지에 유리섬유를 혼입한 것이다.

2. 연소 성질에 따른 분류

플라스틱은 연소 성질에 따라 불에 잘 타고 연소속도가 빠른 성질을 가진 이연(易燃)성 플라스틱과 불이 착화되어도 연소속도가 늦거나 잘 타지 않는 성질을 가진 난연성(難練性) 플라스틱이 있으며, 난연성 플라스틱은 이연성 플라스틱과는 달리 불완전연소 중에 많은 연기와 독가스를 발생하는 것이 많다.

3. 플라스틱의 연소특성

① 화재당시 연기를 많이 발생하는 것이 있다.

② 연소당시 자극성(刺戟性)이 강하고, 부식성(腐蝕性) 및 독성(毒性)가스를 발생 시키는 것이 많다.

③ 연소속도가 빠른 것과 느린 것이 있다.

④ 화재당시 열량이 높은 것이 많다.

⑤ 연소과정에 변형(變形) · 연화(軟化) · 용융(熔融) 등을 일으키거나 방울방울 맺혀 떨어지면서 연소에 영향을 미치는 것이 있다.

〈표 3.10〉 플라스틱의 연소특성과 온도

플라스틱	인화점 (℃)	용융점 (℃)	유동점 (℃)	인화점 (℃)	발화점 (℃)	연소시 냄새와 색상 등 특징
염화비닐	57~119	75~110	140~219	391	435~557	녹색 불꽃 속에 노란색 불꽃, 흰색 연기와 톡 쏘는 냄새
염화비닐 라이트				532	532	
나일론	65~238	160~275	177~327	421	424~532	황색의 청염, 자극성 냄새
ABS	60~82	88~125	163~313		416	검정색 그을음, 어두운 불꽃
아크릴	54~93	91~125	149~264		560	연소할 때 과일 향, 푸른 불꽃
실리콘				490~527	550~564	
페놀				520~540	571~584	황색스파크, 포르말린 냄새, 타면서 금이 간다.
폴리프로필렌	40~149	158~168	182~288		570	타는 것이 에틸렌과 유사,달콤한 냄새
폴리에틸렌 (LDP) (HDPE)	40~44 65~91	107~124 122~137	121~315 149~274	341	349	푸른색 불꽃, 양초가 타는 냄새
폴리카보네이트	104~132	140~150	246~377		580	완전 소실이 어렵고, 다량의 그을음과 독특한 냄새
스티렌아크릴로니트릴				366	454	
스티렌메틸메타크릴				338	486	
폴리우레탄		85~121	182~232	310	416	청염이 황염으로 변화, 식초 냄새
폴리에스테르	70~138	220~268	224~327	346~399	346~399	청염과 황염, 양초 타는 냄새, 얇은 판은 열이 가하여지는 반대 방향으로 말림.
에폭시		298				
멜라민 포름알데히드	147	205		475~500	624~645	엷은 황염, 타면서 금이 간다.

〈표 3.10〉 계속

플라스틱	인화점 (℃)	용융점 (℃)	유동점 (℃)	인화점 (℃)	발화점 (℃)	연소시 냄새와 색상 등 특징
우레아 포름알데히드	132	138				
폴리아세틸		156~173	205~226			
니트로셀룰로오스				140	170	황색 염, 빠르게 연소
셀룰로오스	49~121	127~268			475~540	약간의 스파크를 동반한 파란색에·노란색 불꽃, 탈 때 식초 썩은 버터 냄새.
셀룰로오스아세테이트				305	475	
폴리사염화에틸렌	125	327	260~371		530	완전 소실이 어렵고, 황색 불꽃
폴리비닐아이렌클로라이트	54~65	160~172	127~204		532	녹색 불꽃이 노란 색으로 변화, 많은 연기와 톡 쏘는 냄새.

4. 온도특성과 조사요점

플라스틱의 제조과정에서 화염 저항물질을 첨가하면, 그 연소특성의 변화와 동시에 온도특성인 발화온도·연소온도·연화온도·용융온도·유동온도 등도 변화한다. 따라서 조사관은 플라스틱의 특이한 온도특성에 대한 정확한 식별을 위해 성형제품의 제조사양(Specification)을 확인하는 것이 중요하다.

(1) 발화온도(發火溫度* Ignition temperature)

플라스틱이 공기 중에서 스스로 연소하기 위한 최소온도를 발화온도라고 말하며, 대부분 300~500℃에서 발화한다. 그러나 단단한 플라스틱은 발화온도의 범위 내에서도 연소가 계속되지 않는 것이 있다. 또한 주변온도가 플라스틱의 발화온도 이상일 경우에는 완전연소를 하지만, 난연성 플라스틱 또는 소화활동에 의한 진화(鎭火) 및 산소부족에 의한 자연소화(自然消火) 등으로 부분적으로 연소된 상태로 화재현장에 소잔(燒殘)되어 있다. 따라서 플라스틱의 소잔현상은 당해 플라스틱이 난연성 또는 이연성인지를 판단할 수 있는 중요현상이 되므로 조사관은 소잔현상의 생성이유를 반드시 조사할 필요가 있다.

(2) 화염온도(火焰溫度* Blaze temperature)

플라스틱이 연소할 때의 화염온도는 플라스틱의 종류와는 관계없이 약 1,400~1,500℃

정도가 된다.

(3) 연화온도(軟化溫度* Softening temperature)

모든 물질들은 열에 노출되면 약해지기 시작하여 물질의 외형이 바뀔 수 있는 최고온도를 연화온도라고 말하며, 건축재료 등에 사용되는 플라스틱의 연화온도는 화재조사관뿐만 아니라 화재진압요원들도 반드시 알아둘 필요가 있다.

① 화재조사관이 플라스틱의 연화온도(연화점)를 알고 있으면, 화재현장에서 불길의 진행방향·수열(受熱)방향·플라스틱 주변의 화염온도 등을 판단하는데 중요한 단서가 되고, 플라스틱의 변형의 수준 및 형상을 관찰하여 필요한 증거자료를 확보할 수 있다.

② 소방요원의 진화작전 과정에서 화재실내에 갑작스런 공기 유입현상의 발생은 플라스틱의 연소과정에서 생성된 가연성 가스에 산소가 공급되는 결과를 초래함으로써 백드래프트(Back draft)·플래시오버(Flashover)·룰-오버(Rollover) 등의 현상이 발생하여 플라스틱의 소훼(燒燬)로 인한 건축부재의 붕괴(崩壞) 및 급격한 상승화열(上昇火熱)로 부상을 당할 위험이 있다.

(4) 용융온도(熔融溫度·熔融點* Melting temperature·Melting point)

고체상인 물질이 가열되어 녹기 시작하는 온도로써 물질이 액체처럼 녹아 흐르기 시작한 온도를 보통 플라스틱의 용융온도라고 말하며, 화열을 받은 플라스틱은 화학적·물리적인 결합력이 약해지거나 부드러워지기 시작하여 더 많은 화열을 흡수하게 되면서 부분적으로 녹아 중력의 영향에 의해 휘어지는 등 심한 변형이 발생한다. 따라서 조사관은 플라스틱의 종류와 용융온도를 확인하여 화재 당시의 화염온도 또는 플라스틱 주변의 분위기 온도를 추정하여 판단할 수 있다.

(5) 유동온도(流動溫度* Fluid temperature)

플라스틱이 화열(火熱)과 압력에 의해 밀가루 반죽처럼 변하여 이리 저리 흘러 움직이는 유동성(流動性)을 갖기 시작한 온도를 유동온도라고 말하며, 보통 녹는 온도보다 높고 반드시 액체로 되어있는 상태는 아니다.

① 매우 높은 온도의 화열을 받은 플라스틱은 변형에 이어서 어떤 면을 따라 흐르다가 녹은 것들이 서로 엉켜 붙어 반죽과 같이 된 상태로 정체되어 있다가 분위기온도가 내려가면 여러 가지 형상으로 화재현장에 남게 된다.

② 조사관은 현장에 소잔된 각종 플라스틱의 유동온도를 확인하여 발화부의 주변 온도를 추정할 수 있다. 다만 플라스틱은 매우 낮은 온도에서도 녹는 것이 있기 때문에

반드시 플라스틱의 종류를 확인할 필요가 있다.

(6) 비파괴(非破壞) 및 분해(分解) 관찰

발화영역 등 현장바닥에 녹아서 엉켜 붙어있는 용융물은 그 속에 들어 있는 내용물을 확인하지 않고 함부로 제거하는 것은 금지사항이다. 따라서 녹아서 딱딱하게 뭉쳐진 플라스틱 등 고체덩어리 또는 물건은 가능한 고전압 X-ray 비파괴 투시기 등을 사용하여 그 내부에 어떤 물체의 존재 여부와 위치·형상·상태 등의 내부상황을 촬영하여 확인한 후에 분해 관찰하는 것이 중요하다

① 일반적인 공구로는 손상 없이 분해할 수 없는 녹아 뭉쳐진 플라스틱과 같은 딱딱한 고체덩어리 또는 물건들의 내부에 충격력을 전달시키지 않고 손상 없이 해체할 필요가 있는 경우에는, 공작물을 끼워 고정시키는 바이스 또는 압착(壓搾)기구를 사용하여 서서히 압박을 가해 조사대상물의 외곽을 균열시켜 뜯어내듯이 분해해서 조사한다.

② 압박위치는 비파괴투시기의 관찰결과 압력에 의한 내부영향이 미치지 않는 부위를 선택하여 압박을 가하고, 망치질 및 톱질과 지렛대 등의 도구 사용은 내부에 대한 충격과 손상을 야기할 수 있으므로 압박해체과정에서 적절한 수준에서 부분적으로 병행(竝行)사용하여 분해해서 관찰한다.

〈사진 3.22〉 플라스틱 용융덩어리 상하면의 소잔형태

3.4 발화(發火)부 · 화원(火元)부

화재현장에서 발화부가 한정되면 화재조사가 90% 이상 진전되었다고 보는 것은 발화부에서만 화재원인이 존재하기 때문이다. 물론 방(放)·실화(失火)의 판별과 직접적인 화재원인의 조사가 계속되어야 할 문제이지만, 발화부를 가려 한정한다는 것이 화재조사에서의 비중이 얼마만큼 큰 것인가를 의미한다.

3.4.1 발화부와 출화부

1. 발화*(Ignition)부

'발화부(방화의 경우에는 점화 부)' 란 화재가 처음 시작된 곳으로서, 그로부터 연소가 확대되어지는 것이기 때문에 화재가 어느 정도 성장되어 소방서에 통보되면, ① 규모가 작은 불은 직접파괴 또는 화점(火點)에 주수(注水) 및 화학소방 약제 등을 사용하여 진화하지만, ② 화점의 집중공략으로 쉽사리 진화가 곤란할 때에는 주변으로의 연소(延燒)의 확대를 저지시키면서 압축해서 진화시켜 나가게 된다. 그러므로 발화부위는 비교적 동일한 구조적·용도적인 상황이라면 처음부터 뒤늦게까지 연소가 지속되는 관계로 여러 가지 면에서 연소도가 심하게 나타나는 것이 상식에 속한다.

그러나 주변으로의 연소과정에서 인화(引火)성 또는 이연(易燃)성 물질이 존재한다면 오히려 이러한 장소가 발화부보다 연소도가 심하게 나타나기도 하며, 건물구획 또는 지형지물 등의 구조와 배치상태·이에 따른 연소저지(燃燒沮止) 등 소방상의 문제점 등에 따라서도 정석적인 방법으로 발화부의 판단을 쉽게 하기 어렵게 되는 현장도 많을 것이다.

2. 출화(出火* Occurrence of fire)부

발화부에서 시작한 화재가 연소를 계속하다가 공기의 소통에 의해 왕성하게 연소를 개시한 부분으로써, 연소속도가 신속·왕성하여 그에 상응한 소잔흔적(燒殘痕迹)을 남긴다.

일반적으로 '**출화부**' 란 플래시오버 단계 전후 건물 또는 구조물 밖으로 화염(火焰)이 분출(噴出)되는 것으로써, 대개 발화부의 직상부가 되므로 발화부와 일치되는 경우가 많지만, 건물의 구조(構造)·물품의 위치 또는 전도가열(傳導加熱)에 의한 훈소(燻燒) 끝에 이면벽체를 따라 발염출화(發焰出火)한 경우에는 화인(火因)이 존재하는 발화부가 다른 곳에 나타날 경우가 있다.

3.4.2 화원(火元* Seat of fire)부

'화원부'란 화재의 중심부로써 발화부위를 포함하는 좀 넓은 영역을 의미하나, 다수의 가옥이 연소되었을 경우 화원(火元)가옥을 판단하는 것은 발화부의 판단에 우선된다. 따라서 화원부나 발화부의 판단에 따른 최초목격자 또는 발견자의 진술은 화재발생 상황과 건물의 구조여건·소잔상황(燒殘 狀況) 등과 결부시켜 청취하지 않으면 시간이 경과될수록 이해관계에 얽힌 진술로 될 가능성이 많으므로 현장관찰에 의해 화원부를 확실하게 해둘 필요가 있다.

1. 화원부의 판단과 일반관찰

화원부의 일반적인 관찰은,

첫째, 다수가옥의 화재 당시 화원가옥은 대체적으로 다른 가옥에 비해 소훼도(燒燬 度)가 심한 편이다.

둘째, 화원가옥(火元家屋)의 천장 또는 지붕은 다른 가옥에 비해 발소(拔燒)가 빠른 편이다.

셋째, 다른 가옥은 2층이 타고 있는데 화원가옥은 1층이 타고 있다.

따라서 불의 상승 성향에 의해 화원건물 또는 가옥(家屋)에서 인접한 건물 또는 가옥으로 연소되는 일반적인 패턴은, 그림 3.22의 ①에서는 A가옥이 화원가옥일 경우, 화재는 B가옥 2층부터 연소되고, 늦게 B가옥 1층으로 연소가 진행되겠지만, ②에서는 B가옥 2층이 화원부일 경우에는 A가옥으로의 연소는 어렵고, 연소가 진행되면 2층 바닥으로 발소된 후에 1층으로 소(燒)락 되면서 연소가 확대될 수 있다. 또한 ③의 경우 B가옥 1층이 화원부일 경우에는 2층으로의 연소 확대와 동시에 창문 등 개구부를 통하여 A가옥으로의 연소의 확대가 이루어지게 된다.

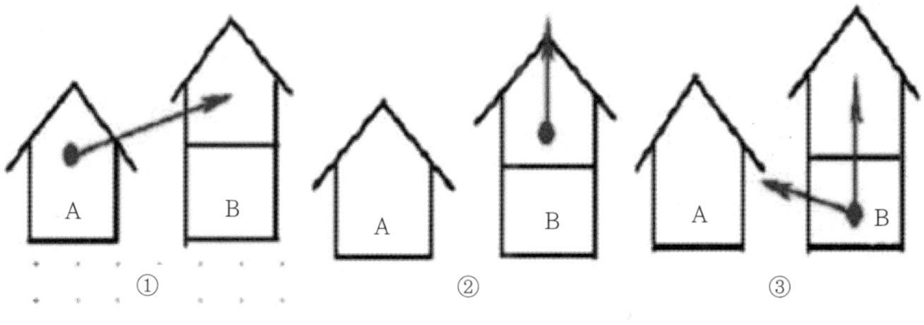

〈그림 3.21〉 화원가옥 및 화원 층의 연소상황

2. 유의사항

① 연소는 반드시 규격 또는 규칙대로 앞의 그림 3.21과 같이 이루어지는 것이 아니므로 소훼현상(燒燬現像)과 건물의 구조 및 집적물건(集積物件) 등에 따라 화원부을 판

단해야 할 것이다.

② 최초 발견자 및 목격자들의 진술이 현장관찰 내용과 일치 내지 부합할 경우에는 문제될 것이 없지만, 역(逆)으로 진술하는 경우와 현장상황과 달리 진술되는 경우가 문제된다. 따라서 이재관계자(罹災關係者)들 사이에 민사상의 분쟁이나 모략(謀略)요인이 존재할 가능성이 크다는 것을 고려하여 판단해야 할 것이다.

3.4.3 연소(延燒)형식

'연소*(Combustion)' 가 일반적으로 빛과 열의 발생을 수반하는 화학반응(化學反應) 또는 산화반응(酸化反應)이라고 한다면, '연소*(Spreading fire)' 는 발생한 불이 주변으로 옮겨 붙어 번져나가는 연소의 확대현상을 말하며, 이들의 구별 실익(實益)은 자기의 소유물에 대한 방화(放火)가 예상 외로 확대되어 타인의 소유물(所有物)까지 연소시킨 경우를 처벌(處罰)하는 형법 제168조 '연소죄(延燒罪)' 의 규정에 있다.

1. 접염연소(接焰延燒)

'접염연소' 는 불꽃이 물체에 접촉함으로써 착화(着火)되어 연소되는 현상으로 불꽃의 온도가 높을수록 타기 쉽고, 불꽃이 직접 닿는 곳에는 전도·가까운 이격거리에는 복사(輻射)·멀어질수록 대류(對流)에 의하여 주로 발생한다. 그러나 화재시의 불꽃은 끊임없이 동요(動搖)함으로써 결국은 전도(傳導)·복사·대류가 다같이 작용하는 것으로 보아야 한다.

2. 대류연소(對流延燒)

'대류연소'란 열기(熱氣)가 흘러 그 기류(氣流)가 가연물을 가열시켜서 종국적으로 그 가연물에 착화되어 연소가 유도되는 현상을 말한다. 대류연소는 열 기류(熱氣流)의 온도가 높지 않을 때에는 문제될 것이 없으나 불꽃이 고열(高熱) 상태에 있을 때에는 매우 위험하다.

3. 복사연소(輻射延燒)

'복사연소' 란 화원으로부터 발산하는 열에 의하여 주변가연물에 인화하여 연소를 전개하는 현상을 말하며, 이때 형성되는 흔적을 복사흔적이라고 한다. 복사열은 본래 열원 자체의 작용이며 그 작용은 열원의 쌍방에서 사방으로 파급되며, 그 자체가 격렬히 작용되어도 대상물에 착화되기까지는 육안으로 식별되지 않는다.

> **복사흔(輻射痕)**
>
> '복사흔적'이란, 화재 당시 가열된 물체의 표면에서 열을 복사시켜 매우 먼 거리에 있는 물체를 가열하는 현상으로 화원부에서 가까울수록 수열도가 심하다. 일반적으로 화원 건물에서 주변건물이나 수목 등 가연물에 열이 발산됨으로써 연소 또는 탄화 및 변색흔적을 남기는 경우가 많으며, 이것은 주염흔(走焰痕)과 같이 발화지점을 기점으로 수열 정도가 점점 적어진다.

4. 비화연소(飛火延燒)

'비화연소'란 불티가 바람에 날리거나 이동되어 발화지점에 떨어져 가연물에 착화되어 연소되는 현상을 말한다. 불티의 비산(飛散)거리와 범위는 연소중의 물체, 발화점의 분화력(焚火力), 풍력(風力) 등에 따라서 달라진다.

▸ 연소 사례 : 부속 보일러실에서 발화한 불이 본체에 옮겨 붙은 화재

〈사진 3.24-1〉 불길의 진행방향(→)과 발소흔적 등 소잔현상

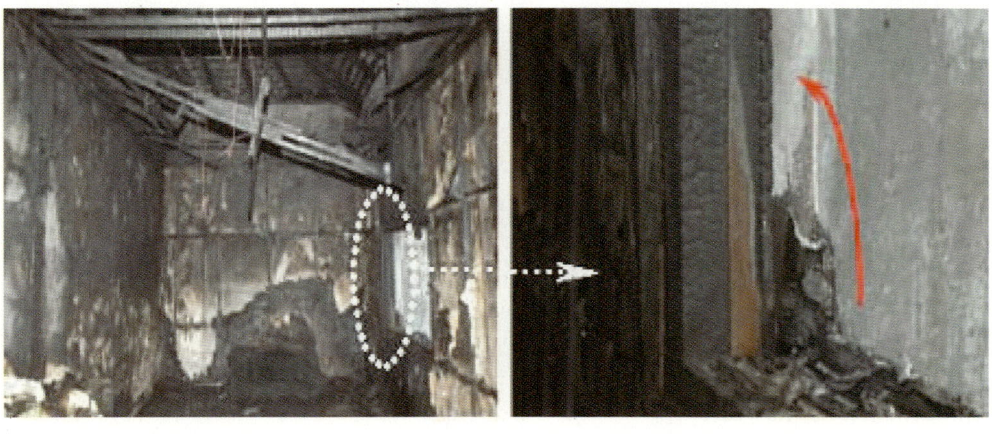

〈사진 3.24-2〉 불길의 유입(→)에 따른 실내와 보일러실 쪽 목재문틀의 소잔현상

〈사진 3.24-3〉 실내와 보일러실 반대편 목재문틀의 소잔현상

〈사진 3.24-4〉 보일러실과 기름보일러의 소잔현상

〈사진 3.24-5〉 보일러의 변색 등 소잔현상

4

화재현장조사

제 4 장

화재현장조사

화재현장조사는 화재현장 전체의 제반상황을 잘 파악하여 관련된 많은 문제점을 검토하면서 조사하며, 선입견을 배제시키고 현장에서 많은 자료를 수집함으로써 합리적 판단과 과학적 타당성을 토대로 발화원인 · 연소의 확대요인 등을 규명한다.

발화원인조사는 화재 초기에 조사한 신뢰성이 높은 정보 및 연소상황 등의 관찰자료를 근거로 조사계획을 수립하고, 현장관찰과 현장발굴을 실시하여 얻은 상황증거(狀況證據) 등 많은 조사자료를 토대로 '발화부위 및 발화지점', '발화원인','화재 경과', '착화물질' 등을 판정하는 것이다.

4.1 예비조사와 준비

4.1.1 예비조사(豫備調査)

'예비조사(Preliminary investigation · Preparation investigation)' 란 화재현장에 대한 본격적인 조사를 하기 전에 실시하는 상황조사의 성격을 가진 초기조사 단계를 말한다. 화재현장은 화인규명(火因糾明)에 있어서 증거자료(證據資料)가 될만한 물건들이 적지 않게 소실(燒失) 내지 파손(破損)되고, 발화시간, 발화원인, 화재건물의 구조 · 용도 · 업태 등에 따라서 소훼현상이 전체적으로 상이하기 때문에 각각의 화재현장에 따라 조사방침을 달리하는 것이 일반적이다. 따라서 화재현장에 대한 조사를 착수하기 전에 화재진압작전 당시에 관찰된 연소상황, 특이한 폭발 및 파열현상, 사상자(死傷者)의 상황, 현장보존상황, 이재관계자의 진술내용 등을 확인 검토한 후에 현장조사를 위한 방침을 수립할 필요가 있다.

1. 화재의 발견상황에 대한 조사

화재의 최초 및 조기 발견자로부터 화재발견 당시의 제반 현장상황, 이재(罹災) 관계자의 직업, 화재건물의 구조 · 주된 건축재 · 업태 등을 조사하여 화재원인과 관련되는 인과관계에 대한 설정 및 화재 당시의 연소온도 등 제반사항에 대하여 어느 정도 감을 잡을 수 있는 근거를 마련하기 위하여 다음과 같은 사항을 조사한다.

① 화재의 발견시간 및 발견위치

② 화재발견 동기 및 경위

③ 불꽃의 색상과 크기

④ 화염(火焰)의 존재위치 및 연소의 진행방향

⑤ 연기(煙氣)의 색깔과 냄새

2. 건물 또는 구조물 등에 관련사항

화재현장으로 출발하기 전에 가능한 한 출화한 방화(防火)대상물에 대한 방화 관계자료, 도면 또는 설계도 및 배치도, 건물구조와 층수, 인접건물과의 관계 및 중요도로 등을 기초로 하여서 다음 사항을 확인하고 검토하여 현장조사를 대비한 예비조사를 해두는 것이 필요하다.

① 방화대상물의 용도·구조·규모·층수 ·건축 경과시간 등

② 소방용설비 등의 설치·유지 및 관리상황

③ 방화구획 및 기타 방화시설 등의 상황

④ 대피시설 및 대피설비 상황

⑤ 위험물 관계시설 등의 상황

⑥ 방화관리상황

⑦ 사찰 경과시간과 그 당시의 상황

3. 이재관계자 관련사항

① 사상자의 유무 및 생명체의 사상(死傷)원인

② 물적 피해자의 직업, 수입, 부채(리스 포함), 보험(종류·보험액과 불입방법·중복 또는 초과보험 관련사항·실사 관련사항 등)

③ 화재 전후의 행적관계 등 필요하다고 판단되는 제반사항

4. 물적 피해상황

가장 중요하거나 고가(高價)의 피해품 등으로서 현찰 및 유가증권, 금·은 등의 보석, 고

서화 및 골동품 등의 예술품 등

5. 소방상황과 제반시설 관계

관창의 배치 등 화재진압작전에 대한 제반상황과 화기 및 전기시설, 화재 및 도난 등 각종 경보시설, 냉난방시설, 공기조절설비, 소방설비, 각종 제어설비, 전기설비 등

6. 기상상황 : 기온 · 기압 · 풍향 · 풍속 · 습도

– 축열(蓄熱)과 방열(放熱) 관계, 자연발화, 정전기, 누전관계 등의 검토

7. 화재관련 사진 및 자료의 수집

소방요원이 화재현장에 도착하기 전에 촬영된 사진은 발화부의 위치 및 화재의 확대진행상황 등을 보다 정확하게 유추(類推)할 수 있고, 특히 방화사건의 경우에는 방화범(放火犯)의 모습이 사진에 담겨있을 가능성이 있기 때문에 생활필수품인 디카폰 등에 의하여 촬영된 이재관계자의 사진 또는 방송사 등에서 촬영한 사진 및 비디오 영상물을 입수하는 것이 중요하다.

4.1.2 사전준비

1. 조사인원의 구성

조사요원의 규모는 출동 및 화재진압작전 당시의 조사내용에 따른 화재규모·추정발화범위(推定發火範圍) · 소잔물건의 퇴적상황(堆積狀況) · 요구되는 현장의 발굴범위(發掘範圍) 및 규모 등을 고려한 작업량에 따라 현장지휘 조사관이 판단하여 결정하고, 조사요원의 개인별 능력에 의하여 임무를 분담시켜 팀을 구성하여 발화원인조사를 실시한다.

〈표 4.1〉 국가기관의 화재원인조사 인원구성

임무의 구분	소규모 화재 (반소 이하의 수준)	여러 건물의 전소 및 대규모의 화재 (다량의 퇴적물이 쌓여 있는 수준)
조사지휘관(현장관찰자)	1명	1명
발 굴 자	2～3명	5명 이상
사진 촬영자	1명	2명
도면 작성 및 기록자	1명	2명
탐문조사자	사진촬영자가 겸임하거나 별도의 탐문 담당자를 선정한다.	
손해조사자	1명	2명

2. 복장(服裝)

화재조사관의 복장은 작업복·헬멧·장화 또는 작업화 등으로써 화재현장과 소잔(燒殘)물건에 대한 조사활동에 불편함이 없고, 그들의 직무를 제3자에게 분명하게 인식시킬 수 있는 정도의 복장이어야 한다(표 4.2 참조).

〈표 4.2〉 조사복장과 기자재

구 분		용 도
기본휴대	조사복장	· 방수·방진·방한·내열 등 조사에 편리하고 적합한 복장 및 타인에게 조사자의 직무를 알리기 위한 복장
	안전용구	· 탄화 등 부유분진·오염물질·위험물체 등으로부터 신체보호·유리파편·못 등의 돌출물 및 낙하물에 의한 신체보호·조사관 자신의 추락 등 낙상방지(落傷防止)
화재감식 기자재	조명용구	· 관찰·발굴·복원 등의 감식에 있어서 식별 용이성을 확보하기 위한 기자재
	전원용구	· 조명·분석·시험·실험 등 감식용 전기기기의 전원공급 기자재
	발굴용구	· 현장발굴 당시 물질 및 물건의 채취를 통한 증거물 확보와 현장정리를 위한 기자재
	복원용구	· 화재현장을 화재발생 직전의 상태로 환원하여 화재 당시의 현장상황을 판단하기 위한 유사재현성(類似再現性) 확보용 기자재
	채집용구	· 현장의 발굴과 복원 당시 물질 및 물건의 채집과 보존 또는 보전(保全)하기 위한 기자재
	기록용구	· 현장관찰 내용의 기록과 증거물 수록을 위한 기자재
	표식용구	· 발굴된 증거물과 감정대상물에 대한 구별 보관, 복원현장의 구획 및 경계 등의 구별을 위한 표식용 기자재
	보조용구	· 화재현장 감식에 부가적으로 사용되는 제구(諸具), 각종 기자재의 활용·보존·보관에 필요한 기자재
	조회용구	· 정보의 교환과 저장·조회·검색 등을 위한 기자재
	감식용구	· 화재현장의 정밀관측과 분석·시험·실험 등을 위한 기자재
	운송보관용구	· 감식 기자재 및 부자재의 수송과 이동을 위한 차량·기자재 일체에 대한 충격완화(衝擊緩和)와 보호도구(保護道具)
감정연구	전기 화학 기타	· 전기·화학·운송체계·기타 원인판독(原因判讀)과 검증(檢證)을 위한 제반기기(諸般器機)와 설비

3. 조사장비

(1) 발굴용구

장갑, 삽, 괭이, 빗자루, 호스, 공구류(톱 · 망치 · 빠루 · 가위 · 커터 · 뺀지 · 드라이브 등)

(2) 기록용구

카메라, 도판, 분필, 노트, 필기구, 자, 표지 등

(3) 조명용구

발전기, 배터리 라이트, 플래시 등

(4) 감식용구(鑑識用具)

핀셋, 채취용 병 및 바구니, 확대경, 테스트(가스검지기 · 전기테스트) 등

4. 안전용구

조사요원의 호흡기와 피부보호 및 눈 또는 신체방호를 위하여 안전용구의 착용이 요구된다(표 4.3 참조).

〈표 4.3〉 화재조사관의 안전용구

구 분	명 칭	형 식	용 도
안전용구의 착용	안전화(安全靴)	발목의 면질군화(綿質軍靴)	· 발 보호
	안전모(安全帽)	p v c 헬맷	· 머리 보호
	보안경(保眼鏡)	유리제 밀폐형 : 스키용	· 눈 보호
	방진(防塵)마스크	정화필터 교체형	· 호흡기 보호
	비옷(雨衣)	비닐 제품	· 우천·낙수 당시 사용
	안전띠(安全帶)	전기공사용·구조용	· 신체의 낙하 및 전도의 방지

4.1.3 경찰의 소방관과 협의

소방관(消防官)은 화재신고를 받고 화재현장에 출동할 때부터 화재현장에 도착하여 진화작전을 수행할 때까지 화재의 진행상황을 가장 가까이에서 가장 정확하게 관찰한 화재 초기의 현장 목격자이고, 또한 화재에 대한 전문지식과 풍부한 경험을 가지고 있어서 소방관의 진술내용은 그 신뢰도가 매우 높다.

1. 화재현장 출동상황

① 화염의 상승상태 및 연기의 색과 냄새

② 불티의 비산상태와 풍향

③ 폭발음 등의 소리상황(특히 Flashover에 주의할 것)

④ 화재신고 접수시간 등

2. 화재현장 도착 이후 진화상황

① 화재의 위치(건물 · 층 · 실 · 지붕 등)

② 연기의 종류(흰색·노랑색·검정색)

③ 냄새(인화성 위험물·화학물질 등 특이한 냄새)

④ 연소 확대의 경로 및 방향

⑤ 개구부 및 지붕으로의 화염의 분출(噴出)상황

⑥ 건물의 출입구·창문·알루미늄 셔터 등의 개폐 및 잠금상황

⑦ 소화전(소화전) 등 소화설비의 상태(사용 및 파손 등)

⑧ 사상자의 발생장소의 상황

4.2 화재원인조사

4.2.1 기초지식과 진행순서

4.2.1.1 필요 기초지식의 숙지

원인조사는 물질의 소훼(燒燬) 및 소실(燒失)된 사실에서 출발하며, 연소에 의한 소훼흔적으로부터의 귀납적(歸納的)인 고찰이 주체가 된다. 따라서 소훼현상이 강할수록, 관계자가 적을수록 화재원인을 조사하는 것이 곤란하다. 원인조사의 순서는 소잔 물건을 관찰하고, 연소의 확대 방향성을 찾아내어 발화부위를 한정하고, 여기에 존재하고 있었던 여러 가지의 발화원인을 검증해나가는 일련의 작업으로서, 과학적인 원인조사를 실시하기 위해서는 다음과 같은 기초적인 지식이 필요하다.

1. 화재발생 Mechanism의 파악(물질의 잠재적 발화 위험성의 파악)

전기화재에서는 단락(短絡) · 누전(漏電) 등의 현상, 화학화재에서는 약품의 자연발화 등의 특성, 연소기구 화재에서는 기기사용방법 등의 물리적 · 화학적 · 기계적인 면에서부터 화재를 발생시키는 Mechanism에 관한 지식이 필요하다.

2. 물질의 연소성상에 대한 이해

발화(發火)원과 착화(着火)물의 관계로써 종이·면 등과 같은 여러 가지의 물질에 따라서 연소방법(燃燒方法)이 상이(相異)한 사실 또는 무염(無焰)연소에서 유염(有焰)연소에 이르는 과정에 관한 지식 등이 필요하다.

3. 연소 방향성의 관찰

화재현장에서 목재·금속·콘크리트 등의 각종 소재의 소훼현상으로부터 종(縱)·횡(橫)으로의 방향성과 연소의 흐름을 관찰하고, 발화건물·발화부위·발화지점 등을 순차적으로 조사해 나가는 관찰기술 및 감식기술이 필요하다.

4. 현장조사 진행방법의 숙지

소잔(燒殘)현장에서 귀납적으로 고찰하는 것과 아울러 필요한 자료를 입수하는 방법과 입증(立證)과정에서의 증거보존 방법에 관한 기술을 숙지할 필요가 있다.

5. 방재(防災)관계법규의 숙지

소방법령 및 위험물·소방용 설비 등에 관한 기준, 건축법 등의 방재관계법령 기준에 대한 지식 등을 숙지할 필요가 있다.

4.2.1.2 진행순서

화재원인조사는 한번 실시하면 다시 조사하기가 불가능한 경우가 많으므로 정확한 **'연소의 진행방향 관찰'** 에 의하여 발화부위 및 발화지점을 찾아내는 것이 아주 중요하고, 발화부위 및 발화지점의 오판(誤判)은 치명적인 사항이 된다. 더욱이 **'현장조사의 진행순서'** 대로 정확하게 실시하지 않으면 만족할만한 원인조사가 불가능하고, 애매한 원인판정(原因判定)을 하게 된다. 현장보존·관계자 질문 · 현장관찰 · 현장발굴 등의 일정한 수순에 따라 정확하게 실시해야 하고, 작은 화재이더라도 이러한 순서를 준수하는 것이 과학적인 원인조사의 기본이다.

현장관찰 ➡ 관계자 질문 ➡ 발화범위의 결정 ➡ 발굴 ➡ 복원

➡ 발화부의 판정 ➡ 감식 · 감정 ➡ 발화원인의 판정

(실험, 문헌조사) (발화원인, 경과, 착화물질)

4.2.2 현장관찰

화재현장조사는 화재현장 전체의 연소에 의한 소손상황을 관찰함으로써, 어디에서부터 연소가 시작되어 어떻게 연소가 확대되었는가를 조사하며, 이러한 관찰조사는 조사관의 오감(五感)에 의해서 선입관에 구애되지 않고, 오직 현장 전체의 상황과 소잔물건의 존재 및

상태 등을 통하여 연소의 진행방향을 객관적으로 판단하는 것이다. 화재건물 구조재의 일부가 현저하게 소실된 경우에도, 그 부분만을 관찰하지 말고 총체적인 상황을 관찰해야 한다. 또한 초기관찰에 의한 판단결과는 조사계획을 수립하는 요인이 되고, 정보수집 및 발굴작업에 지대한 영향을 미친다.

4.2.2.1 현장관찰 요령

① 옥상 등 높은 위치에서 화재현장 전체를 관찰하여 소실 및 도괴부위 등 화재 중심부를 확인하고, 관계자로부터 화재건물에 대한 제반상황을 질문하여 설명을 받는다.

② 화재건물의 외주부에서부터 건물의 중심부로 이동하면서 구획별로 단계적인 관찰을 실시하여 화재 당시 불길의 진행경로를 확인한다.

③ 소실된 건물이 다수동인 경우에는 연소의 확대가 정지된 경계 부근의 소잔상황을 관찰하여 연소의 진행경로를 고찰한다.

④ 소손(燒損) 및 탄화 정도(炭化程度)가 약한 부분에서 강한 곳을 향하여 상하 전후좌우로 대칭시켜 입체적으로 비교 관찰하여 연소의 진행경로를 고찰한다.

⑤ 건물 구조재료와 수용물품 등의 소실 및 소훼현상을 통하여 연소의 진행방향을 고찰한다.

⑥ 불연재의 변색농도 · 박리(剝離)위치 · 만곡(彎曲)방향 · 용융(熔融) 위치 및 방향 등을 관찰한다.

⑦ 건물 등의 구조를 고려하여 예상되는 화염과 연기의 흐름방향에 따른 구획경계의 전면과 배면의 소훼현상과 그을음의 부착상태를 비교 관찰한다.

⑧ 발화원이 될 수 있는 물질에 유의하여 형태학적(形態學的) 접근방법으로 조사하고, 그 결과를 명확히 기록 유지하여 둔다.

⑨ 화재로 인하여 도괴(倒壞) · 소락(燒落) · 소실된 영역에 대해서는 복원적인 관점에서 모든 소잔 물건을 주의 깊게 관찰한다.

⑩ 화재 당시의 풍향·풍속 등의 기상상황과 화재실내의 대류 및 드래프트효과에 의한 기류변화에 따른 화류(火流)의 흐름을 고려하며 관찰한다.

⑪ 관계자의 진술내용을 고려하면서 관찰하고, 그 진술내용이 현장상황에 부합하지 않을 경우에는 반드시 그 이유를 규명(糾明)하여 두는 것이 중요하다.

금지사항

(1) 현장에서 흡연 또는 흡연물질을 버리지 말 것.

(2) 정밀조사를 하기 전에는 증거가 될 수 있는 물질을 만지거나 이동시키지 말 것.

4.2.2.2 현장사진

조사자는 자신의 현장관찰 상황을 나중에 회상할 수 있도록 하고, 그 현장에서의 제반조건을 문서화할 수 있도록 할 목적으로 매체(媒體)를 통해 현장상황을 기록하는 것이며, 이런 목적을 위한 일반적인 방법은 사진·비디오테이프·그림·지도·복사물·녹음기·메모 등이다. 특히 화재현장 관찰 당시에 현장상황을 촬영한 사진은 보고서의 작성 및 증거자료로서 객관적인 사실의 보존 등 매우 중요한 역할을 한다. 따라서 조사자가 현장에서 관찰한 것에 대하여 가장 효과적으로 기억에 남는 것이기도 하고, 화재형상과 물품은 사진이나 비디오를 한번 촬영하는 것으로 명백해지고, 조사자의 진술이나 보고를 실증하는 자료가 되기 때문에 화재현장을 적절히 문서화 하고 기록하기에 필요한 수만큼의 사진이 필요하다.

1. 현장사진의 중요성

① 현장사실의 묘사(描寫)

② 법정진술의 신뢰성담보(信賴性擔保)

③ 기억의 환기성과 누락사실의 보전(補塡)

④ 증명력(證明力) 있는 증거

2. 사진촬영의 한계

① 화재현장과 감정(鑑定)대상물에 대한 사진촬영은 긴박한 현장상황, 화재건물의 구조적인 제약, 감정대상물의 분해난이도(分解難易度) 등 여러 가지 제약조건으로 인하여 사진촬영을 위한 현장접근이 어려운 경우가 많다.

② 차량화재의 경우 신속한 교통소통을 위한 차량이동으로 인하여 실제적인 현장상황과 대상차량에서 얻어야 할 여러 가지 필요 대상물들이 차량의 이동과정에서 분실 내지 파손되어 사진을 촬영하기가 어려울 경우가 있다.

③ 화재사건현장은 경찰 등 수사기관에 의하여 법적으로 철저하게 현장격리 및 통제를 받기 때문에 사법권(司法權)을 갖지 못한 일반기업 및 보험회사 조사 팀은 현장조사 자체는 물론이고 사진촬영조차 어려울 경우가 많다.

3. 주요 촬영대상

① 화재현장의 전경(全景)에 대한 촬영

화재건물의 가장 심하게 소훼(燒燬)·소락(燒落) 및 도괴(倒壞)된 부위를 식별할 수 있도록 높은 곳에서 화재현장 전체에 대하여 촬영한다.

② 확대 연소경로(擴大燃燒經路)를 나타내는 제반 소잔현상(燒殘現象)

출입문 · 창문 · 개구부 등의 안과 밖의 소잔현상, 각 경계부의 전후 소훼현상, 수열 변색 및 박리현상과 주염(走焰)및 주연(走煙)흔, 화재건물 내의 각 개체의 소훼 · 만곡 · 낙하 · 전도 및 도괴 등의 제반 소잔현상에 대하여 서로 대비하여 관찰할 수 있도록 피사체의 위치 및 촬영장소를 분명하게 하면서 상하 전후좌우를 촬영한다.

③ 발화부의 주변 소훼현상과 추정 발화원의 기기(器機)와 물건

④ 발화(發火)원으로 추정된 감식(鑑識) 및 감정(鑑定)대상물

⑤ 복원(復元) 후의 전체 또는 부분적인 소훼현상

⑦ 사체가 있을 경우에는 사망자의 위치 및 자세와 주변상황

⑧ 소방용 설비들의 사용 및 작동상황

⑨ 정밀하게 확대촬영이 필요한 대상물과 기타 관찰자료로서 필요한 모든 대상물에 대하여 촬영해둔다.

4. 화재현장 사진의 촬영요령

① 별도로 지정된 사진촬영자는 화재조사관의 의도와 지시에 따라 사진의 촬영목적을 이해하고 피사체와 촬영장소를 선정하여 촬영한다.

② 화재현장 사진은 연소의 확대에 따른 화류(火流 : 불길)의 진행경로를 사진으로 재현시키는데 있으므로, 피사체에 대하여 상하 전후좌우로 비교분석이 가능할 수 있도록 발화부로 추정되는 방향에 서서 피사체를 촬영하는 것이 좋다.

③ 피사체가 화재건물 내의 구획경계부위일 경우에는 피사체의 전면(前面)과 배면(背面)을 각각 촬영하여 서로 비교하는 것이 유용하다.

④ 피사체가 난방보일러 및 냉장고 등과 같이 독립된 기기일 경우에는 전후좌우의 4면을 각각 촬영하여 대비 관찰하는 것이 유용하다.

⑤ 피사체가 선반(旋盤) · 천장재 · 탁자 등일 때에는 윗면과 아래면의 소잔현상을 각각 촬영하여 불길이 피사체의 위쪽에서 아래로 흘러갔는지, 아니면 아래쪽에서 위쪽으로 흘러갔는지를 대비하여 판단하게 하는 것이 중요하다.

⑥ 촬영방향은 발화부로 추정되는 곳을 중심으로 상하 전후좌우 및 중요 피사체의 앞 · 뒷면 또는 좌우의 옆면 등 여러 방향으로 촬영하고, 카메라의 기울기는 특별한 사유가 없는 한 반드시 수평이나 수직으로 잡아야 한다. 이는 거리의 판별, 보는 각도에 따른 시각 차이의 해소, 피사체의 각 방면의 입체적인 소훼현상 및 연소의 확대상황과 차이점 등을 식별하기 위하여 필요하다.

⑦ 촬영은 단시간에 끝낼 수 있도록 요령 있게 실시하고, 발화부의 주변은 화재 조사관의 발굴조사의 진행과정에 따라 그때그때 중요 피사체에 대한 촬영을 실시한다.

⑧ 피사체가 어디에 있는 것인지 그의 소재와 위치관계를 분명하게 해두고 가능한 한 표식용구를 두고 촬영하는 것이 바람직하다.

⑨ 촬영일시는 카메라에 장치된 기억기능을 이용하여 사진에 기록하고, 만약 카메라에 이런 기능이 없을 때에는 촬영일시와 장소를 별도로 기록하여 사진 설명에 부기(附記)해야 한다.

⑩ 장시간 보존할 수 없는 흔적·물질·물건·사체 등은 우선하여 먼저 촬영해두어야 한다.

⑪ 현장바닥에 물이 고여 있었을 경우에는 빛에 반사되지 않도록 수분을 제거한 후에 사진을 촬영하도록 한다.

4.2.2.3 도면(圖面)

화재의 규모 또는 복잡성에 따라 도면을 작성하는데 다양한 기술이 사용되며, 도면작성에 요구되는 정확한 세부사항은 지정된 조사자의 결정에 따른다. 조사자가 화재현장을 관찰할 기회가 오로지 한번만 주어진다면 사진 및 도면은 조사자의 기억을 돕는데 아주 유용하다. 따라서 화재현장을 분석하고 기술하는데 조사자를 보조하기 위하여 작성되는 도면에는 스케치·다이어그램·평면도·입체도 등 다양한 도면이 작성되고 있다.

1. 도면의 종류

조사자가 화재현장을 분석하고 설명하는데 도움이 될 도면의 종류는 다음과 같으며, 도면의 작성요령은 일반도면의 작성방법에 준하여 작성한다.

① 사진 및 목격자 위치를 나타내는 현장도면

② 화재현장의 세부 평면도

③ 화재 이전의 수용품 도면

④ 손상형태 · 견본위치 및 사진위치를 나타내는 폭발실의 도면

⑤ 원래 위치에서 손상된 가구를 나타내는 수용품 재배치 도면

⑥ 바닥위에 쌓인 탄화물의 높이 라인을 나타내는 탄화물 등심선 도면

⑦ 입면도 또는 단면도

⑧ 기타 필요한 도면

〈표 4.4〉 이용 가능한 설계 및 시공도면

타 입	정 보	분 야
지 형 도	여러 가지 토지 등급을 나타냄.	측량기사
배 치 도	하수 · 상수 · 건축물의 전기배선 특정 구조를 나타냄.	토목기사
평 면 도	위에서 내려다 본 벽과 실의 구조를 나타냄.	건축가
배 관 도	상수 · 하수도관의 배치와 크기	기계기사
전 기 도	전기 인입장치 · 스위치·콘센트 · 고정전기장치의 크기와 배치	전기기사
기 계 도	HVAC 설비	기계기사
스프링클러/ 화재경보기	설명생략	방화기사
구 조 도	건물 골격	구조기사
입 면 도	내 · 외벽을 나타냄.	건축가
단 면 도	단면처럼 내부 구성요소를 나타냄.	건축가
상 세 도	복잡한 지역을 확대해서 나타냄.	모든 분야

2. 도면의 선정과 기호

도면유형의 선정 당시 조사자는, 건물의 시설 · 장비 및 다른 요인 가운데 무엇이 화재원인 및 연소의 화재원인이 되었는지에 대해서 의문을 가져야 한다. 예컨대 내부 편의시설의 마무리부분이 화재원인이 될 의심이 있다면, 그 위치를 보여주는 도면이 중요하고, 또 인접 빌딩의 화재 때문에 연소된 경우라면 양건물의 위치를 보여주는 도면이 중요하다.

인화성 액체가 화재에 사용되었다면 그것이 어디서 어떻게 사용되고 연결되는지를 보여주는 것이 중요하다. 또한 도면 기호의 선택은 조사자의 결정에 달려있지만, 화재현장 도면에 사용한 기호와 반드시 일치하게 하는 것이 아주 중요하다.

3. 도면 작성의 주의사항

① 도면을 그릴 때에 사용하는 제도필기구의 색상은 도면의 식별성이 높고 적당한 3~4 가지의 색상으로 한정하여 사용한다.

② 도면에 사용하는 제도용의 기호는 건축·전기·화학·공조(工造) 등의 관련 공학에서 사용하는 정규기호를 사용한다.

③ 각 도면에는 각각의 도면번호를 부여하고, 범례(凡例 : 일러두기)를 기록하여 표식기호에 대한 설명을 기재한다.

④ 도면에는 필요에 따라 적정 비율을 융통성 있게 선택하여 축적 비율(蓄積比率 : 1/10 · 1/20 · 1/50 · 1/100 · 1/200 등)과 방위표(方位表)를 기록한다.

⑤ 도면 작성의 기준은 벽과 칸막이 등의 경계부와 출입구 및 개구부 등으로 한다.

⑥ 거리 측정은 기둥의 중심으로부터 다른 기둥의 중심 또는 측정 대상물까지를 기준점

으로 통일한다.

⑦ 벽 또는 칸막이 등이 복잡한 화재건물은 건물의 중심기둥 등의 특정부위를 기준점으로 정하여 그것으로부터 주변으로 확대하여 측정한다.

4. 도면작성의 대용방법

아래와 같이 대용(代用)방법에 의하여 도면을 작성할 경우에는 사진속의 입체영상(立體映像)을 그대로 도면에 옮길 수 있는 이점(利點)이 있으나, 현장도면에는 여러 가지 표식사항이 기입되어야 하고 또한 사진 자체도 복잡한 전경과 피사체를 담고 있기 때문에 도면 전체에 복잡하고 혼란함을 가중시킬 우려가 있는 단점이 있다.

① 먼저 디지털 또는 비디오카메라에 수록한 필요영상을 컴퓨터 화상(畵像)에 그대로 띄운다.

② 화상으로 띄운 사진 위에 컴퓨터의 기능을 활용하여 입체윤곽(立體輪廓)을 따라 제도한다.

③ 제도가 끝나면 사진화상을 지운다.

④ 윤곽이 잡힌 그림에서 선의 굵기 및 색상 등을 필요한 규격으로 조정(調整)하여 변경하고, 추가표식이 필요한 경우에는 필요표현사항을 보충한다.

⑤ 실제로 측정한 치수를 도면상에 기입한다.

⑥ 그려진 그림을 필요에 따라서 도면의 크기에 맞추어 확대 및 축소하여 사용한다.

4.2.3 질문과 녹음

4.2.3.1 관계자 질문

발화원인은 직·간접적으로 사람의 행위와 관련된 것이므로 관계자들로부터 청취한 진술내용은 소훼현상을 관찰 조사하는 것과 마찬가지로 화재원인의 규명에 있어서 매우 중요한 요소가 된다. 그러나 관계자들의 진술내용에는 관계자가 직접 경험한 사실뿐만 아니라, 타인으로부터 전해들은 사항과 이해관계로 인한 사실과 다른 진술내용을 포함하고 있는 단순정보일 경우도 있다.

① 현장발굴 전에 실시하는 관계자들에 대한 질문은, 건물의 방실의 배치 및 구조, 발화부의 주변 수용물건, 생활 및 작업상황, 화기시설 사용 등을 종합적으로 파악하는 것으로부터 시작한다.

② 그 다음 청취한 정보를 취사선택하고, 화재발생 전의 상황·화재발견상황·건물의 초기 연소상황·진화 이후의 소훼현상에 대한 관찰내용 등과 함께 발화범위 및 발화지

점을 한정하고, 발화원인이 될 가능성이 있는 발화원 및 착화(着火)물에 대한 연소상황 등의 판단자료로 한다.

1. 관계자(關係者)

'관계자'란 발화건물의 소유자 및 관리자, 화재의 최초목격자, 신고자, 초기소화자, 피난자, 소방관 등을 말한다.

2. 질문요령

질문자는 자기신분을 밝히고 상대방의 감정을 도발하는 언동을 삼가며, 일방적인 아닌 상대방의 입장을 충분히 고려하며, 다음과 같은 요령으로 질문하고 진술내용을 신속하게 기록한다.

① 일문일답(一問一答)식으로 질문을 진행한다.
② 질문내용을 사전에 준비하여 체계적으로 실시한다.
③ 말을 너무 많이 하지 말고, 짧고 간결하게 요점만을 질문한다.
④ "예, 아니오." 라고 대답할 수 있는 질문은 피하고, 발화원인에 대한 조사자의 견해 등을 일체 말하여서는 안 된다.
⑤ 진술내용이 현장관찰 상황과 불일치할 때에는 다시 확인하여 충분히 이해하고, 감정적인 요소가 포함되지 않도록 유의하며 질문한다.
⑥ 피질문자에 대한 선입견을 배제하고, 유도질문이 되지 않도록 배려한다.

3. 질문 항목

① 진술자의 인적사항
② 화재의 발견상황
③ 발견 이후의 행동상황
④ 목격상황
⑤ 신고 및 소화활동상황
⑥ 화재 전의 생활 또는 작업상황
⑦ 건물상황
⑧ 피난상황
⑨ 발화원인이 될 수 있는 물건 또는 물질의 배치 및 사용 관리상황
⑩ 기타 필요하다고 판단되는 사항 등

4. 질문시의 주의사항

(1) 질문 장소

① 피질문자의 사생활에 관한 문제 등 질문내용에 따라 적당한 장소를 선정하여 질문하도록 배려한다.

② 화재현장에서 질문할 경우에는 이해관계인들과 격리된 장소를 선정하여 평온한 대화 분위기에서 질문하는 것이 중요하다.

③ 화재현장 이외의 장소에서 질문할 경우에는 진술조서의 임의성(任意性)을 확보할 수 있도록 피질문자의 심리상태가 충분히 안정상태에서 진술할 수 있는 장소를 선택하는 것이 절대적이다.

(2) 질문 시간

① 제반 화재관련사항에 대한 명확한 사실규명(事實糾明)을 위해 화재현장에서 질문할 경우에는, 필요할 경우마다 질문하여 사실관계를 명확히 규명하며 복원(復元)적인 관점에서 현장조사를 실시하는 것이 중요하다.

② 진술(陳述) 또는 신문(訊問)조서를 작성하기 위하여 질문할 경우

- 진술내용의 정확성을 확보하기 위해 피질문자의 기억이 희박해지기 이전 즉, 화재발생으로부터 많은 시간이 경과되지 않은 시점에 질문하여 조서를 작성하는 것이 좋다.
- 일반적으로 일출(日出)에서 일몰(日沒)까지의 사이 혹은 근무시간대가 적당하다.
- 피질문자의 연령과 건강상태 및 직업 등을 고려하여 진술자가 편한 시간과 장소에 출석하여 답변하게 하는 등 임기응변(臨機應變)의 대처가 필요하다.
- 질문은 가급적 짧은 시간에 요점만 요약하는 요령으로 실시하는 것이 절대적이다.

(3) 여자 및 어린이에 대한 질문

진술 또는 신문조서의 작성목적으로 여자 및 어린이에 대하여 질문할 경우에는 참여인(參與人 : 가능하면 여자를 참여시키는 것이 좋다.) 또는 부모 등의 보호자 등을 입회시킨 상태에서 질문하는 것이 절대적이다.

(4) 허위진술(虛僞陳述)

피질문자의 이해관계에 의하여 허위진술을 하는 경우가 있으므로, 질문자는 현장상황과 제3자의 진술을 충분히 고려하여 실체적 진실 발견을 위한 노력을 다해야 한다.

(5) 피보험자(被保険者)

보험제도는 최대의 신의성실(信義誠實* Utmost Good Faith)을 기본원칙으로 하고 있으나, 보험제도가 담보(擔保)하고 있는 위험이 우연적인 사고(事故)라는 점에서 이를 악용(惡用)하고 남용(濫用)할 때 큰 사회적인 문제가 발생된다. 따라서 보험계약자·피보험자 및 제3자가 보험금을 수령할 목적 또는, 보험자를 기망(欺罔)하여 부당하게 고액의 보험금 지급을 요구할 목적으로 고의적이며 악의적(惡意的)인 행동에 의한 화재 여부를 규명하기 위한 질문과 조사를 반드시 해야 할 필요가 있다.

4.2.3.2 녹음(錄音)

질문사항에 대한 녹음은 화재원인을 규명하기 위한 현장조사과정에서 복원할 수 없었던 발화 당시의 상황, 소잔현상(燒殘現象)에 가려진 생활 및 환경조건과 물품의 배치상황, 발화원인으로 추정되는 기기(器機)의 구조상의 문제점 등의 해명사항, 발화에 이른 직·간접적인 제반행위, 발화범위의 한정을 위한 화재발견상황 등의 필요상황이나 의문점에 대하여 실시한다.

화재의 현장조사과정에서 질문하여 녹음된 진술내용은 객관적으로 임의성(任意性)이 있기 때문에 이를 유의하여 질문하고, 진술조서에 첨부하거나 녹음내용을 옮겨 작성하여 화인규명(火因糾明)의 입증자료(立證資料)로 한다.

4.2.3.3 서류작성의 일반적 유의사항

화재현장상황에 대하여 객관적인 감식 및 조사를 실시한 후에 작성하는 '화재현장 실황조사서'·'수사보고서'·'진술조서' 및 '화재현장관찰조서' 등의 화재사건 관련서류는 화재원인의 판정과 민·형사책임의 소재를 밝히는 가장 중요한 서류로서, 화재 건물 또는 물건의 소훼현상·발화부와 출화원인·연소 작용의 확대원인·사망자 및 부상자의 발생원인 등 필요한 모든 요소가 포함되며, 이를 기초로 하여 사실적인 근거에 의하여 과학적·논리적으로 입증하고 기록되어져야 하며, 서류 작성의 일반적인 유의사항은 다음과 같다.

1. 필요한 모든 사항에 대한 관찰순서에 따른 기록

화재서류의 문장구성과 내용은 과학기술의 발달과 사회적 구조의 복잡다변화에 맞추어 서류가 지녀야 할 성격과 목적을 모두 만족시킬 수 있도록 작성되어져야 한다. 특히 경찰의 '실황조사서' 또는 소방기관의 '현장관찰조서' 등의 경우에는 화재현장의 제반 소훼현상을 관찰된 객관적인 사실 그대로 관찰순서에 따라 그 작성목적에 부합시켜 기록하고, 직접적으로 현장을 관찰하지 않은 제3자가 보고 충분히 이해할 수 있도록 필요한 모든 사실을 빠짐없이 관찰하고 기록하는 것이 중요하다.

2. 누구든지 모두 알아볼 수 있는 문장

화재현장을 직접 관찰한 조사관 본인은 현장의 제반상황을 충분히 알고 있기 때문에 관찰내용의 부분적인 생략이나 부족한 부분 또는 독선적인 표현이 있어도 그 내용을 이해할 수 있지만, 제3자들은 이해하기 어렵기 때문에 누구나 알기 쉬운 단어나 문자 등으로 표현되도록 세심한 주의를 다해야 한다.

3. 창작숙어가 없는 문장

화재현장이란 특수상황에 따라서 주염흔(走焰痕)·발소흔(拔燒痕)·완소흔(緩燒痕)·훈소흔(燻燒痕) 등과 같은 전문용어를 어느 정도 사용하는 것은 어쩔 수 없지만 가급적 이해하기 어려운 용어나 표현은 피하고 까다롭지 않고 쉽게 알 수 있는 단어나 문장으로 표현하는 것이 좋다.

4. 문장에 오자나 탈자가 없는 정확한 기록

문장에 오자(誤字)·탈자(脫字)·취음자(取音字 : 말이나 뜻과는 관계없이 음만 비슷하게 나는 한자로 적은 글자) 등이 있으면 문장 전체의 의미를 바꾸거나 완전히 반대의 표현으로 나타나게 된다. 특히 화재관련 서류는 특정한 집단 내부에서만 활용되는 것이 아니고 이해당사자간의 분쟁이나 민·형사 재판상의 증거자료로서 중요한 역할을 하게 되므로 신중을 기해서 작성해야 한다.

5. 객관적으로 명확한 표현

화재관련 서류, 특히 '실황조사서' 또는 '현장관찰조서' 등은 작성자의 주관적인 생각 또는 추상적인 내용으로 불명확하게 표현하는 것을 피하고 객관적으로 분명하게 사실적으로 기록해야 한다. 만약 입증자료가 부족한 상황에서 충분한 관찰과 검토를 하지 않고 발화원인 등을 판정한다면 이는 조사관 자신의 주관적인 상상에서 탈피하지 못한 잘못된 결론을 내리는 모순에 빠지게 된다.

6. 소거법적인 논리와 과학적인 타당성의 확보

소거법(消去法)에 의한 부정(否定)은 부정을 위한 부정이 되어서는 안 되며, 오직 과학적이고 논리적인 근거와 객관적인 사실의 바탕위에서 부정되어져야 한다.

만약 소거법적인 판단에 의하여 최종적으로 남게 된 화원(火源)이 화재원인으로써 긍정

(肯定)될 경우 그 긍정에 대한 충분하고 타당한 근거가 제시될 때에 비로소 소거법에 의한 입증과정이 과학적인 타당성과 합리적인 수단이 된다고 말할 수 있다.

7. 적정절차에 의한 증거물 수집

형사소송법은 적정절차(適正節次)의 원리를 보장하고 위법수사(違法搜査)를 억제하기 위한 일반원칙으로서 위법수집증거(違法蒐集證據)의 배제법칙(排除法則)을 규정하고 있다. 따라서 거절권(拒絕權)을 침해한 압수 및 수색에 의하여 수집된 증거 등 적정절차의 원리에 반하여 수집된 증거는 그 증거능력이 부인된다. 특히 방화사건의 현장조사 당시에 있어서 적정절차에 의한 증거물의 수집은 아주 중요하다.

8. 진술조서 등의 임의성 담보

방화피의자(放火被疑者) 등의 진술이 ① 고문·폭행·협박에 의한 자백, ② 신체구속의 부당한 장기화에 의한 자백, ③ 기망(欺罔)에 의한 자백, ④ 약속에 의한 자백, ⑤ 위법(違法)한 신문방법(訊問方法)에 의한 자백, ⑥ 진술거부권 등의 침해에 의한 자백 등과 같은 임의성 없는 심리상태에서 진술되었을 경우에는 그 진술조서의 증거능력은 배제된다. 따라서 임의성이 담보되는 제반조건 하에서 진술조서가 작성될 수 있도록 최대한 고려되어져야 한다.

4.2.4 연소상황 관찰

화재현장에서는 먼저 연소상황(燃燒狀況)을 관찰하고 관계자들로부터 구조(構造)재와 물품 등의 배치상태를 청취하여 이들 두 가지 상황을 종합적으로 고찰하여 발화부위를 판정하고 관계자로부터 필요한 사항을 질문하여 화재의 발생원인을 밝힌다. 따라서 연소상황에 대한 관찰은 일반적으로 대상물을 상하전후좌우로 대칭시켜 비교 관찰하며 연소의 강약, 연소진행방향(燃燒進行方向) 및 수열방향(受熱方向), 특이한 연소흔적(燃燒痕迹) 등을 조사한다.

4.2.4.1 연소의 강약

현장관찰은 화재조사의 제1보로써, 조사관은 현장에 도착하면 먼저 현장의 연소상황 즉, 소잔현상을 관찰하여 어느 부분으로부터 연소가 시작되어 어떠한 경과로 연소가 확대되었는가를 확인한다. 화재현장의 소잔(燒殘)상황의 관찰은 여러 각도에서 실시하는 것이 중요하며, 일부분의 소잔상황을 관찰하고 어떤 부재의 일부가 현저하게 소훼된 것만으로 다른 상황은 관찰하지 않고 발화부위를 판단하는 사례는 잘못된 관찰이다. 따라서 여러 방면에서 관찰함으로써 연소방향을 설명할 수 있게 되고, 현장에 소잔된 관찰대상물에는 목재·금속·유리제품·합성수지 등의 수열에 의한 변화 및 변색, 매연(煤煙)의 부착 등 관찰대상이 많다.

1. **목재류**(※ p.148, 3.3.4 목재류의 소적관찰 참조)

건축 및 가구의 재료로 가장 많이 사용되고 있는 목재는 일반적으로 다음과 같은 수열성상(受熱性狀)에 의하여 착화되고, 그 이후 탄화(炭化)한다. 이러한 과정에서 '탄화', '박리(벗겨져 떨어짐)', '소실(부분소실, 반소실, 완전소실 : 아래 사진 · 참조)' 등 연소의 강약현상을 나타내게 되고, 목재류의 일반적인 수열성상은 다음과 같다.

① 목재에 열을 가하여 서서히 온도를 높이면 처음에는 수분이 증발하여 건조되고, 온도가 100℃에 도달하면 가해진 열은 전부 수분증발에 소비되어 온도는 100℃에서 정지하게 되고, 수분이 전부 증발하면 100℃ 이상으로 상승하기 시작한다.

② 100℃ 정도의 온도가 되면 수분뿐만 아니라 목재성분에 포함된 휘발성분도 증발하게 되고, 더욱 열을 가하면 약 160℃부터 목재의 분해가스가 나와 타는 상태이며 갈색이 된다. 이 정도의 온도에서도 연소하기 쉬운 상태의 것은 불씨가 있으면 착화한다.

③ 목재의 인화온도는 대체로 240～270℃로써 불씨가 있으면 완전히 착화한다.

④ 열만 가해서는 300～350℃에서 탄화가 종료되고, 420～470℃ 정도에서는 불씨가 없어도 발화한다.

(a) 벽체무늬목의 소실상황　　(b) 구획 목재류의 소잔상황

〈사진 4.1〉 벽체 무늬목과 목재 구획벽체의 소실현상과 연소방향(→)

2. 금속류(金屬類 : p.85. 2.4.2.2 금속류의 수열현상 참조)

소화(消火)된 후 화재현장에는 녹슨 철판이나 용융 알루미늄 등의 금속을 많이 목격하게

되는데 이것들은 원래 불연재(不燃材)로써 열을 받으면 **'변색(變色)'** · **연화(軟化)'** · **'만곡(彎曲 : 휨)'** · **'용융(熔融)'** 등의 수열과정을 거친다. 금속류에는 각종 금속을 혼합한 합금(合金)과 수은(水銀)과 같이 유동성 물질도 있으며, 열을 받으면 특성에 따라 큰 차이가 있으므로 그 금속의 성질을 충분히 알아둘 필요가 있고, 현장에서 목격한 용융금속으로부터 그 부근의 대략적인 화재온도를 측정할 수 있다.

(a) 수직면의 수열변색상황　　(b) 지붕골조의 붕괴변색상황

〈사진 4.2〉 불길방향(→)에 따른 금속의 변색 및 만곡(휨)현상

〈사진 4.3〉 불길방향(→)에 따른 알루미늄의 용융현상

3. 콘크리트 · 모르타르 · 타일 · 벽돌 · 석류(石類)

이들은 원래 불연재로써 질적으로 견고한 것이 많으며, 화열(火熱)의 영향을 받게 되면 **'변색'** 또는 **'박리'** 등의 수열의 강약에 따른 흔적을 비교적 충실히 남긴다. 따라서 수열에 의한 색깔 및 형태 등의 변화현상에 의하여 연소의 강약을 파악할 수 있다(※ p.90. 2.4.2.3 콘크리트 등의 수열현상 참조).

(a) 발화부위 벽면타일 박리 및 변색상황 (b) 벽체 하단의 콘크리트 박리현상

〈사진 4.4〉 콘크리트의 수열 변색 및 박리현상

(a) 외벽 타일의 박리상황 (b) 내벽 타일의 박리상황

〈사진 4.5〉 내·외벽타일의 수열 박리현상

〈사진 4.6〉 발화부의 주변 벽체와 상부 천장의 변색현상

4. 플라스틱류

플라스틱과 목재 등 분해연소(分解練燒)물질들은 수열에 의하여 연화(軟化)·용융(熔融)·탄화하고 소실된다. 플라스틱류는 연소가 시작되면 외부에서 열의 공급이 없어도 스스로의

화염(火焰)에 의한 열의 공급으로 연소가 계속되는 것과 화염에 의한 열전도량(熱傳導量)의 불충분으로 인하여 충분한 열분해를 일으키지 못하여 열원(熱源)을 제거하면 연소가 정지되는 것이 있다. 이러한 류(類)의 연소성은 발생가스량과 분해(分解)가스의 종류에 따라서 다르지만, '연화', '용융', '소실' 등 여러 가지 현상의 정도 차이가 연소의 강약을 나타낸다. (※ p.156 3.3.4.5 플라스틱의 연소성상 참조)

5. **도료(塗料)류**(※ p.86, 도포 페인트의 소잔현상 참조)

화재현장에는 도료가 탄 흔적 즉 '변색', '발포(發泡)', '소실' 등이 많이 보이지만, 단서가 될만한 상태로 남는 것이 적고, 도료는 비교적 얇은 도포 상의 판(版)이므로 이들의 수열강약(受熱强弱)을 식별하는 것은 어렵다.

4.2.4.2 연소의 방향과 확대경로

1. 연소의 방향

화재 당시 여러 가지 물건들은 화열을 받아 탄화·용융·변색하기 때문에 원형 및 원색을 가지고 있는 것이 적고, 수열방향 및 수열시간의 장단과 열에너지의 대소 등에 의해서도 물체가 변화하며, 이 변화과정에서의 차이가 연소의 강약을 나타낸다. 예컨대 목재기둥의 경우 어떤 측면이 다른 면과 비교하여 보다 심하게 탄화되었는가? 또는 알루미늄제의 냄비가 용융하는 것도 수열방향을 나타내는 하나의 사례가 된다. 이와 같이 탄화·용융·변색 등의 강약을 나타내고 있는 부재 및 물건을 집약하여 연소의 방향을 추정하고, 이들의 방향에서 연소경로가 얻어진다. 특히 목재는 수분과 분해가스를 방출하며 탄화가 진행하는 부분만 체적이 수축하므로 판재 등은 수열에 의해 탄화(炭化)가 강한 방향으로 휘어지는 경향이 있지만, 이것도 하중(荷重)관계로 변화하는 경우가 있으므로 그 판단에 주의를 요한다.

(a) 구획판재의 소훼 및 천장의 변색　　(b) 분출 불길에 의한 변색 및 용융

〈사진 4.7〉 연소방향(→)과 탄화, 용융, 변색 현상

2. 연소의 확대경로

연소의 확대경로는 확실하게 화재진행에 수반되는 연기와 화염의 확대방향을 나타내는 것으로서 화류(火流 : 불길)는 여러 조건에 좌우되면서 종(縱)방향과 횡(橫)방향으로 변화되어 연소한다. 따라서 화류(火流)의 경로 즉, 연소경로에 있는 각종 재료는 연기와 화열에 의해서 변화한 상태로 소잔되어 있다.

종방향과 횡방향으로 확산되는 각각의 화류는 그 경로와 맞닿는 부분에서 물리적인 영향을 나타내며, 특히 연소가 정지된 부분에서 그 방향성이 현저하게 나타난다. 따라서 화류에 의한 물리적 현상이 남기는 흔적 즉, 연소경로를 분명하게 조사해 가면서 얻은 결론을 역으로 추적해 가면 궁극적으로 발화부위 및 발화지점에 도달할 수 있으므로, 화재건물의 구조에 따라 다음 사항을 고려하여 각 부재의 수열 방향성으로부터 연소경로를 추적하고 건물 내의 수용물로부터 판단 가능한 연소방향을 고찰한다. 따라서 주요 관찰대상은 다음과 같다.

(1) 가연구조의 건물

① 지붕재료 ② 천장재료 ③ 벽재 ④ 계단 ⑤ 바닥재

〈사진 4.8〉 창문 등 개구부 외벽의 주염 및 주연흔적

〈사진 4.9〉 불길방향(→) 정면에서 관찰된 복도 상층부의 소잔현상

(2) 내화구조의 건물

① 파이프 피트　② 덕트　③ 계단

④ 방화(防火)구획선상의 개구부　⑤ 에스컬레이터

4.2.4.3 연소상황과 소적관찰(燒跡觀察)

건물의 연소특성으로써 직소(直燒) 또는 반소(半燒)된 화재현장에서 합판벽체나 판자벽에 화재기점(火災基点)으로부터 역삼각형(▽)적으로 연소가 확대되어진 흔적을 많이 볼 수 있다. 따라서 화재현장에서 다음과 같은 특이한 소적현상(燒跡現象)은 불길의 진행경로를 판단할 수 있는 중요한 상황증거가 된다.

① 도괴상황(倒壞狀況) : p.154, 도괴상황 참조

② 탄화심도(炭化深度) : p.152, 탄화심도 참조

③ 균열흔(龜裂痕* Alligator Pattern) : p.150 균열흔 참조

④ 용융흔(溶融痕)과 만곡(彎曲)현상 : p.88 만곡과 p.89 용융 참조

⑤ 박리흔(剝離痕) : p.91 폭열과 박리 참조

⑥ 변색흔(變色痕) : p.85 금속류의 수열현상, p.90 콘크리트 등의 백화현상 참조

⑦ 발소흔(拔燒痕) : p.115, 출화와 발소흔 참조

⑧ 주연흔(走煙痕) : p.80, 연기의 흡착과 주연흔 참조

⑨ 주염흔(走焰痕) : p.84, 2.4.2.1 주염흔(走焰痕) 참조

⑩ 완(緩)소흔과 훈(燻)소흔 : p.150 균열 흔 참조

⑪ 복사흔(輻射痕) : p.164, 복사연소와 복사흔적 참조

⑫ 기타 흔적

기타 소사(燒死)체의 위치 및 형태를 비롯하여 집적(集積)물건 등의 소락(燒落)형태·위치·순서 등이 있으나, 이는 건물구조 또는 물건의 배열 등 현장여건에 따라 다르게 나타나는 경우가 많아 체계적인 설명은 어렵지만 연소 또는 수열흔적 등과 같은 관찰에 준하여 주의를 집중할 필요가 있다. 따라서 다음과 같은 사항 등은 반드시 확인되어야 할 것이다.

- 연소의 형태(폭발·소훼 또는 파손상황)
- 시정장치
- 유징(油徵)
- 소형 금속물의 수열상황
- 시계 · 계측기의 위치와 지침(指針)상황
- 전선(電線)류 및 전기기기의 상태와 종류
- 화공약품(化工藥品)류 등의 용기(用器)류 등

4.2.5 발화범위의 결정

화재현장에 도착하면 우선 현장의 소실 및 소잔상황을 관찰하여 어느 부근에서 연소가 시작되어 무엇에 의해 위로 상승연소하고 어떻게 확대되었는가에 대하여 현장관찰을 실시하여 발화부위를 한정한다. 발화부의 상부 및 주변의 물체들이 도괴 및 소(燒)락 퇴적물이 높게 쌓여있는 경우가 대부분 이므로 화인과 발화지점을 규명하기 위해 발굴조사가 필요불가결하다. 따라서 조사결과의 신뢰도제고 및 인력과 시간의 절약을 위하여 발화범위를 최대한 축소시키는 것이 바람직하다.

4.2.5.1 발화건물의 한정

화재건물에서 다른 건물로 연소(延燒 : 옮겨 붙음)부분은 건물구조에 따라 차이가 있는 개구부 · 외벽 · 추녀 · 처마 속과 지붕 등이 대부분이다. 따라서 조사관이 현장에 임장하

〈사진 4.10〉 공장화재의 전경과 연소 정지 및 소손현상

(a) 화원건물과 인접 2층 건물 (b) 계단통로와 연소된 2층 건물

〈사진 4.11〉 화재건물과 계단을 통한 불길에 의한 2층 건물의 소잔현상

면 이재관계자로부터 현장설명을 청취하면서 다음과 같이 관찰하여 연소경로(延燒經路)와 연소형태(복사연소 · 접염연소 · 비화연소 등)를 규명하여 발화건물을 한정한다(※ p.162, 1.5 발화부와 화원부 참조).

1. 높은 장소에서 현장전체의 소잔현상 관찰

인접건물의 옥상과 베란다, 고층건물, 사다리차, 언덕 등 비교적 높은 곳에 올라가서 화재현장 전체를 관찰하여 어디가 가장 심하게 소손되었는지를 판단한다.

2. 연소가 정지된 주변에 대한 관찰

창문과 틈새 등의 개구부의 발소(拔燒)현상에 따른 연소의 강약을 관찰하여 화류(火流 : 불길)의 진행방향과 경로를 판단한다.

(a) 인접 수조탱크의 수열현상

(b) 복사열로 고사한 대나무

〈사진 4.13〉 화재건물에 인접한 수조탱크 및 대나무의 수열현상

(a) 실외에서 유입된 불길방향

(b) 측면 유입에 의한 주방기구 탄화현상

〈사진 4.14〉 외부 유입 불길에 의한 불연재의 소잔현상 및 발소현상

3. 복수 동(棟)에서 연소경로 관찰

연소(延燒)건물이 복수 동일 경우에는 연소가 중지된 경계부의 소잔현상을 관찰해서 어느 방향으로부터 연소되어 왔는가를 관찰하고, 각 건물 간의 간격·외곽의 구조와 개구부의 발소현상을 통해 연소의 확대경로를 관찰한다.

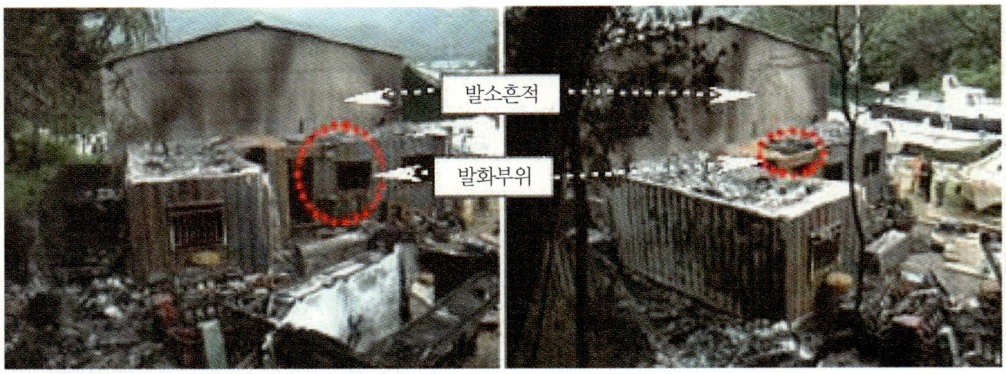

〈사진 4.15〉 발화동과 인접 동의 소잔 및 변색현상

▶ 연소사례 : 냉동고공장에서 발화한 불길이 인접가옥에 옮겨 붙어 전소한 화재

(a) 연소에 의한 가옥의 전소현상 (b) 발화공장 지붕의 소손 및 변색현상

〈사진 4.16-1〉 발화공장과 연소 가옥의 소훼현상

〈사진 4.16-2〉 전소가옥과 발화공장 인접부의 소훼 및 변색현상

〈사진 4.16-3〉 경계벽체의 발소현상과 발화부위 주변의 변색현상

4. 주요 구조부의 소손현상과 도괴 및 퇴적상황 관찰

건물의 지붕지지 구조재와 서까래 등 주요 구조재의 도괴상황과 낙하물의 퇴적상황 및 변색현상 등을 관찰하여 연소방향과 경로를 살핀다.

〈사진 4.17〉 주요 구조물의 도괴 및 붕괴현상

〈사진 4.18〉 화재현장의 전경과 퇴적 및 소잔현상

4.2.5.2 발화 층의 한정

화재가 발생하여 주변의 가연물에 인화되어 연소가 확대되면 일반적으로 불길의 상승 성향과 연돌효과에 의하여 계단 · 승강통로(엘리베이터 · 에스컬레이터 등의 설비) · 파이프 스페이스(Pipe space)와 공조용 닥터 스페이스(Duct space) 등 위 · 아래로 통하는 공간의 샤프트(Shaft) · 창과 창 사이의 부분인 스팬드럴(Spandrel) 등 옥외경로 및 건물의 취약부위를 경로로 하여 아래층에서 위층으로 연소가 확대되는 경향이 아주 강하다. 따라서 각 층의 소손현상을 비교 검토하여 화세(火勢 : 불길)의 진행방향과 경로를 밝혀 입증하는 것이 중요하다. 만약 각층의 소손현상이 불의 상승 성향과 연돌효과에 따른 수직관계(세로관계)에서 전체적으로 서로 연결되지 않을 경우에는 판단의 오류(誤謬)가 있던지, 아니면 출화영역이 두 곳 이상의 경우이다. 따라서 발화 층의 판정에 있어서 발화부와 전체적인 소손현상 사이에 상당한 인과관계를 규명하는 것이 필수적이다.

1. 층별 개구부 관찰

화재건물의 창문 등 개구부에 형성된 주염(走焰) 및 주연흔적(走煙痕迹)과 소잔현상을 층별로 대비하며 관찰하여 발화층을 잠정적으로 식별한다.

〈사진 4.19〉 발화 층(1층)의 불이 위층으로 번져간 개구부 외벽현상

〈사진 4.20〉 발화부와 옥외경로를 통하여 불길이 확산된 소손현상

2. 계단부에 대한 관찰

계단의 구조는 측면판·단과 단 사이의 수직판·계단발판 및 벽과 천장으로 구성되어 있고, 사용된 가연물과 불연재에 화류의 이동경로에 따라서 소손 현상과 주염(走焰) 및 주연흔(走煙痕)을 형성시키는 것이 일반적이다. 따라서 발화 실내에서 출화한 화류는 드래프트효과(연돌효과)에 의하여 발화 실내의 계단을 통해서 위층으로 연소가 확대진행 되는 과정에서 계단부의 상하좌우에 주염 및 주연흔과 가연물의 소훼현상을 남기게 되는데, 이들의 제반현상을 상하 좌우로 비교하며 관찰하여 화류(불길)가 아래층에서 위층으로 타올라갔는지, 아니면 위층 에서 불이 아래층으로 타내려왔는지를 판별한다.

(a) 2층 계단 (b) 지하계단

〈사진 4.21〉 발화 층(1층)에서 관찰된 2층 및 지하 계단의 소잔현상

(a) 2층 계단 (b) 지하계단의 주연흔적

〈사진 4.22〉 1층에서 본 2층과 지하층(발화) 계단의 소잔현상

4.2.5.3 발화실의 한정

목조 및 방화구조(防火構造) 등의 건물은 천장내부와 벽의 소실, 출입구 등을 통한 다른

방으로 확대연소, 화염의 이동을 저지하기위한 방화설비(防火設備 : 방화벽과 경계벽체 · 칸막이 등의 방화구획 · 닥터의 방화 댐퍼 등)의 시공상황 및 구조상의 결함과 그 이유, 확대연소상황 등을 귀납적(歸納的)으로 모두 조사하고 연역적(演繹的)으로 검증하여 모순점이 없다고 판단될 때 최종적으로 발화실을 한정한다.

1. 화재확산 경로(Avenues of fire spread)에 대한 관찰

〈사진 4.23〉 불길(→)과 화재실의 외벽 및 천장의 소잔현상

〈사진 4.24〉 발화 실에서의 불길(→)과 소잔 및 변색현상

〈사진 4.25〉 불길의 진행방향과 상층부의 소잔현상

〈사진 4.26〉 발화부의 주변 수용물건 소잔현상

수용 가연물의 소잔상태 및 도괴방향, 불연재 표면의 주염흔(변색·박리·용융·만곡 등의 변형) 및 주연흔적, 발소현상과 복사흔적 등을 종합적으로 관찰하여 화재의 확산경로를 추정하고, 이를 역으로 추적하여 발화실을 한정한다.

2. 건물과 수용물건의 소훼 및 도괴방향과 퇴적상태 등에 의한 연소추이 관찰

① 불길의 진행경로는 대류현상에 의한 상승 성향을 가진다. 따라서 천장 등 상층부가 화열(火熱)을 보다 심하게 받아 소훼 및 변색된다.

② 물체가 화염(火焰)을 받으면 화류(火流)가 진행하여 오는 방향으로 쓰러지고(倒壞) 무너지는(崩壞) 것이 일반적이고, 소(燒)락 된 퇴적물(堆積物)은 소락의 순서대로 바닥에 층별로 쌓여 있게 된다. 따라서 소잔물의 도괴방향과 순서 및 퇴적물의 층별 소잔현상을 순서 되로 발굴하며 관찰하는 것이 아주 중요하다.

3. 경계 벽면 및 문틀에 대한 비교 관찰

① 화재진행경로 쪽의 벽면에는 변색(變色)범위가 넓고 박리(剝離)현상이 형성되는 경우가 많으며 소훼(燒燬) 정도가 심한 반면, 배면(背面)의 벽면에는 그을음의 흡착농도가 짙고 소훼 정도가 비교적 약한 경우가 많다(사진 4.27 참조).

② 가연물의 벽체로 구획(區劃)되어 있었을 경우에는, 얇은 합판은 화재확산 경로 방향(출화부의 방향)으로 불룩하게 만곡(彎曲)되어 소잔된 경우가 보통이다(사진 4.28 참조).

③ 각목 등의 목재는 화염접촉면(火焰接觸面)이 그 배면(背面)보다 바닥 쪽으로 더욱 낮게 탄화(炭化) 및 소실되어 소잔되어 있는 것이 일반적이다.

(a) 발화실 쪽 벽면 (b) 배면 벽면의 소잔상황

〈사진 4.27〉 불길진행방향(→)과 벽체의 전면과 배면의 소잔현상

〈사진 4.28〉 불길방향에 따른 목재출입문의 탄화 및 소실현상

〈사진 4.29〉 불길(→)이 옆방으로 흘러간 문틀목재의 소잔현상

〈사진 4.30〉 안과 밖에서 본 출입문틀의 소잔현상

〈사진 4.31〉 불길방향(→)과 경계부의 소잔현상

4.2.5.4 발화실 내의 관찰요점

발화부의 추정범위가 축소되면 될수록 발굴조사에 따른 인력 및 시간을 절약할 수 있고, 그 조사결과의 신뢰도를 높일 수 있으므로, 발화층과 실이 한정되면 다음 사항을 고려하여 불이 옮겨 붙은 착화물건으로부터 내벽·문·천장 및 천장 내부 또는 다락 등과 같은 발화실내의 소잔상황, 커튼·블라인더·벽에 거는 융단 등의 방염(芳艶) 처리상황, 벽과 천장 등의 재질과 건축내장재, 연소속도(燃燒速度)에 영향을 미친 개구부의 상황 등을 비교 관찰하여 발화범위를 한정하고 발굴범위를 결정한다.

1. 벽체(壁體)

벽체에 나타난 형태가 가장 뚜렷하며, 화재의 확산형태는 벽면에 열처리 경계선으로 나타나거나 연소의 강약으로 증명된다. 실제 벽체의 피복재가 연소에 의해 일단 파괴되면, 기초를 이루는 벽면 및 지지 샛기둥에 다양한 형태를 나타낼 수 있으며, 대체로 'V'형태, 'U'형태, 완전연소 및 폭열(爆裂)현상이 일반적이다.

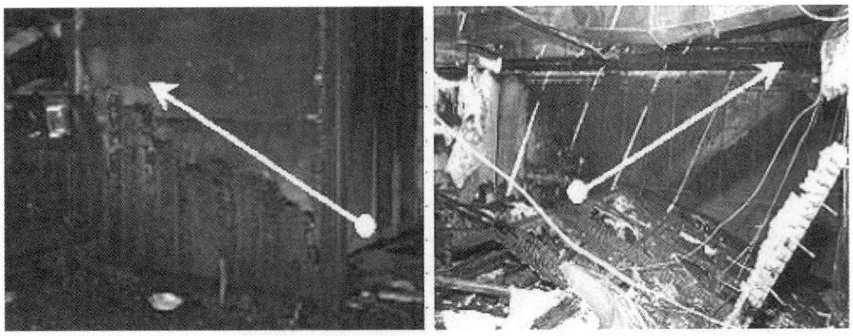

〈사진 4.32〉 불길방향(→)과 내장목재 및 벽지의 소잔현상(V패턴)

〈사진 4.33〉 방화(유류)현장에서 가구의 U패턴과 문틀 및 바닥의 소잔현상

2. 천장

연소가스의 부양(浮揚)성은 열원(熱源) 위에 있는 수평면의 열에너지에 집중되므로 그런 수평면의 아래쪽에 생기는 소잔(燒殘)형태는 열원지역의 표시가 될 수 있고, 열원과 화염발생 지점의 상부지역이 다른 화재 확산지역보다 먼저 가열(加熱)되는 것이 일반적이고, 발화지점(發火地點)에서 가연물이 빠르게 소실될 수 있다. 결과적으로 화재는 연료공급이 많은 지역으로 확대되어 장시간 동안 연소하며, 원형(原型)의 형태는 천장 또는 선반과 맞닿는 곳 또는 테이블 상부와 선반(旋盤)의 가장자리에서 종종 발견된다. 따라서 조사관은 테이블 상부 또는 선반 같은 수평구조물의 바닥 면이나 천장에 형성되는 소잔형태에 유의해야 한다.

(1) 천장이 없는 경우

발화실내의 대류현상에 따른 상승 성향에 의한 불길은 다음 그림과 같은 패턴으로 직접 지붕 밑으로 감아돌기 때문에 직접적인 화염의 영향을 받은 부위가 다른 곳보다 먼저 소훼되어 소락(燒落) 및 붕괴된다.

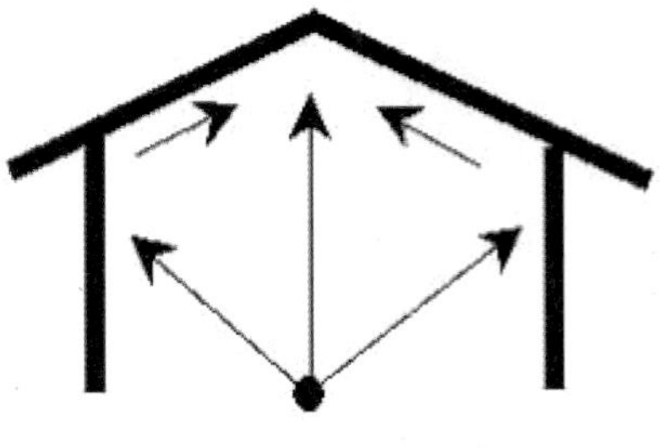

〈그림 4.8〉 발화실 내에서의 불길(→)의 진행패턴

〈사진 4.34〉 발화지점 상부 슬레이트 지붕의 소락 및 변색현상

(2) 천장 안에 일정한 공간이 있는 경우

천장의 구조재로는 철근콘크리트 및 금속재질과 목재류와 방염(防炎)가공 처리된 가연물로 구성되며, 천장 구조재의 종류 및 천장내의 공간 유무에 따라 소훼 및 소잔현상의 차이가 있다. 일정한 공간을 둔 천장의 경우에는 일반적으로 얇은 판재로서 목재류의 달대 및 반자틀(천장틀)에 고정되어 있기 때문에 화염의 영향을 받아 소실 및 소(燒落)락되는 경우가 많다. 그러나 같은 목재라도 반자돌림대는 벽에 부착되어 있으므로 일부분이 소잔되어 있는 경우가 많고, 완전히 소실되더라도 벽면의 부착부위에 그을음이 형성되어 있어서 천장의 가구된 위치를 판별할 수 있다.

① 천장 내부공간에서 발화한 화재의 경우

- 화원(火源)은 1차적으로 내부공간에 부유하는 분진 등 가연물에 착화되어 공간내부 전체로 급속하게 확산연소하며, 달대 및 반자틀이 연소된다.
- 발화지점 주변의 천장재가 먼저 타서 낙하되어 천장 아래에 있던 가연물에 착화되어 2차적으로 연소가 확대 진행된다.
- 천장달대 및 반자틀이 소훼되면 천장판재는 하중에 의하여 바닥으로 낙하되는 화재구조(火災構造)를 가진다.
- 소락된 천장 가구재는 일반적으로 바닥 쪽의 면보다 천장 안쪽 면의 소훼현상이 광범위하게 더욱 심하게 나타나며, 이는 천장 안쪽에서 발화한 사실에 대한 상황증거가 된다.

〈사진 4.35〉 소락된 천장 가구재 안쪽 윗면의 소잔현상

② 천장 아래공간에서 발화한 경우

불의 상승 성향에 의해 발화지점의 직상부의 천장 구조재의 아랫면으로부터 착화되어 넓게 확산 연소하여 나가기 때문에 천장 구조재의 윗면보다 아랫면의 소훼면적이 훨씬 넓고 탄화현상(炭化現象)도 심하고, 천장의 달대와 반자틀이 천장 및 벽체에 부착된 채로 소잔(燒殘)되어 있는 것이 일반적이다.

〈사진 4.36〉 천장 가구재의 아래면 및 달대의 소잔현상

3. 바닥

① 바닥 위와 피복재의 소잔형태는 연소중인 가연물 또는 고온가스층의 강렬한 복사열의 영향으로 형성된다. 화재는 일반적으로 방염(防炎)처리된 카펫이나 깔개 표면을 통해 방을 가로질러 확산되지 않으며, 노출화재의 복사에너지가 카펫의 화염 확산을 지속시키기에 필요한 최소 값 미만이면 카펫을 통한 화재 확산은 종결된다. 그러나 카펫은 플래시오버 조건에 노출되면 연소한다.

② 인화성 액체와 관련된 화재의 경우에는 문턱 주변지역과 바닥판 사이의 틈새공간 내

부에 인화성 액체가 방출되거나 모여 있어서 연소증거(燃燒證據)를 보여주며, 플래시오버가 발생하지 않은 실(室) 등의 경우에는 바닥 틈새에서 인화성 액체의 존재가 나타난다는 것이 실험실의 시험으로 확인할 수 있다.

③ 플래시오버 이후 화재는 건축물 안의 틈새로부터의 유입공기와 고온의 가연성 연소가스로 인하여 문지방 근처와 바닥에 구멍이 생길 수 있고, 아무리 작은 틈새라도 연소를 위한 충분한 공기를 제공한다.

④ 잔화(殘火)도 바닥에 구멍을 낼 수 있으며, 화재 후에 존재하는 미연소 영역은 복사로 인한 손상 또는 연기 오염으로부터 바닥이나 바닥 피복재를 방호한 내용물의 위치를 나타낸다.

〈사진 4.37〉 촉진제(유류)사용 방화현장 바닥장판의 소잔현상

4. 외부표면

구조물의 외부 표면에는 일반적인 소손(燒損)형태뿐만 아니라 수평면과 수직면의 모든

〈사진 4.38〉 발화부의 내측과 외측 벽체의 변색 등 소잔현상

면에서 연소된 소잔형태를 나타내며, 연소된 지역은 격렬하게 또는 장시간 연소된 영역과 동일할 수도 있다.

5. 건물 내의 수용물품

화재건물 내의 수용물품의 측면과 상부는 화재에 의한 소손형태와 경계면을 형성할 수 있다. 벽, 천장, 바닥에서 발생한 화재형태는 의자 · 책상 · 선반·기구 · 설비 · 장비 · 기계 또는 다른 내용물의 측면 · 상부 · 아랫면에 생긴다.

〈사진 4.39〉 불길의 진행방향(→)과 소잔현상

〈사진 4.40〉 불길 진행방향(→)과 철재책상의 수열 변색현상

〈사진 4.41〉 불길방향(→)과 목재의자 및 탁자의 소잔현상

〈사진 4.42〉 발화부의 기계류 수열 변색현상

6. 화재형태의 높이

화재로 인한 고온가스로 생성된 플륨(Plume)과 공기로 운반되는 연소생성물(燃燒生成物)은 팽창하여 주위 공기보다 농도가 낮아 부력이 있고, 체적과 부력의 성장이 가열된 생성물을 위로 들어올려서 연소를 확산시키는 원인이 되어서 화재형태의 가장 낮은 부분이 일반적으로 열원(熱源)에 근접해 있다. 따라서 조사관은 낮은 연소지역을 확인하고 화재 발생지점을 추적(追跡)하는데 이용한다. 그러나 조사관은 화재가 진행되는 동안 연소의 잔재(殘在)가 저층으로 떨어져서 그 지점에서 위로 타올라가는 화종낙하화재(火鐘落下火災), 즉 폴다운(Fall down) 또는 드롭다운(Drop down) 현상에 의해서 발화지점과 혼돈되는 낮은 연소형태를 생성할 수 있다는 것을 명심해야 한다.

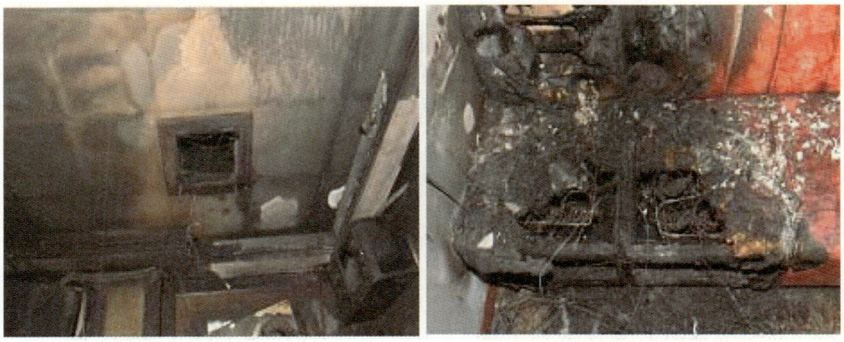

(a) 화종낙하부의 천장　　(b) 낙하화종이 떨어진 의자

〈사진 4.43〉 천장에서 낙하한 불티에 의한 의자의 소잔현상

드롭다운(Drop down / 화종낙하화재 / Fall down)

드롭다운(폴다운)이란 진행 중인 어떤 화재현장의 불티는 물건 중에서 심한 연소작용 또는 다른 물리적 작용에 의하여 튀어 떨어져 나온 작은 화종(火鐘 : 불똥 = 불씨)이 진행 중인 화재현장 이외의 장소에 있는 가연성물질의 열원(熱源 : energy 源)으로 제공되어져 착화되어 발화하는 화재를 말한다.

▶ 사례 : 천장 조명회로에서 발생한 불길이 낙하하여 확산된 화재현장

〈사진 4.44-1〉 발화부의 천장의 변색현상 및 직하부의 소락 퇴적현상

(a) 문 외부의 소잔현상 (b) 문 안 실내의 소잔현상

〈사진 4.44-2〉 동일 알루미늄 문틀의 안과 밖의 불길(→)과 소잔현상

(a) 외부 (b) 내부

〈사진 4.44-3〉 안과 밖에서 본 알루미늄문틀의 용융현상

7. 통전입증(通電立證)

최근 자연과학의 급속한 발전은 전기·전자 및 정보통신 등의 분야에 지대한 영향을 미치고 있으며, 특히 전기는 현대 인류생활에 필요불가결한 에너지원이다. 따라서 모든 화재 건물에는 전기가 배선되어 있어서 화재와 직·간접적으로 상관관계가 있기 때문에 화재 당시의 통전 유무(通電有無)에 대하여 반드시 입증해두어야 한다(※ p.290, 5.4.2.1 통전입

증 참조).

① 화재건물의 배전반 및 분전반을 관찰하여 각종 스위치의 ON-OFF상태를 확인하고, OFF되어 있는 스위치에 대하여 화재발생 전 또는 후에 인위적으로 OFF시킨 것인지, 아니면 ON상태에서 화재와 관련하여 OFF된 것인지를 확인하여 화재 당시 화재건물의 전기회로가 통전상태에 있었는지의 여부를 판단해야 한다.

② 분기(分岐)스위치 중에 화재발생 전에 ON상태에 있던 것이 화재조사 당시에 OFF로 되어 있으면 동 회로 어디엔가 단락(短絡 : 合線)되었을 것이라고 충분히 의심할 수 있다. 따라서 조사관은 화재현장에서 소잔전선을 추적(追跡)조사 하여 단락에 의한 용융흔(鎔融痕)을 색출하는데 노력해야 한다.

왜냐하면 소잔전선에 용흔이 생성되어 있다는 것은 화재 당시 동 회로는 통전상태였음을 객관적으로 입증됨은 물론, 생성위치에 따라 전기적 여건에 의한 화재발생의 유무를 판정할 수 있는 증거자료가 될 수 있기 때문이다.

8. 소거법적 관찰에 의한 화재요인 배제

'소거법(消去法* Elimination)' 이란 어떤 원인이나 사실을 규명하기 위해 미지(未知)의 실체 또는 현상들 중에서 어떤 개체를 조사하여 하나씩 배제시켜 줄여 나가는 조사방법에 따라 원인 또는 사실로서의 가능성이 희박한 것인지 아닌지를 부정해 가며 배제시켜서, 최후에 남는 것을 원인 또는 사실로 결론짓는 조사 및 관찰방법을 말한다. 특히 잿더미 속에서 화재원인을 규명하는 화재감식에 있어서 현장에 있는 모든 화재요인과 특이현상을 개별적으로 관찰하여 전체적인 화재 확산경로와의 부합 여부를 종합적으로 분석검토하며 하나씩 배제시켜나가는 소거법적인 조사방법은 화재감식 및 조사결과에 대한 객관성과 증명력(證明力)의 제고를 위하여 아주 중요하다.

① 화재건물에 소잔된 일체의 화기시설을 개체별로 정밀조사해서 화재 당시의 사용 유무와 그 주변의 소훼현상을 연역법적으로 관찰 조사한 결과와 전체적인 화재 확산경로와의 부합 여부를 종합적으로 판단하여 화재요인에서 배제시키고, 사진촬영 및 기록을 유지하여 두는 것이 아주 중요하다.

② 화재현장에 특이한 소훼흔적(燒燬痕迹)이 있을 경우에는 그 주변의 연소 확대경로와 불씨의 유무를 확인하여 전체적인 화재 확산경로와 부합하는지 여부를 종합판단하고, 만약 부합하지 않는다면 가연물의 종류 및 위치·가연물의 양과 집적상태(集積狀態) 등을 명확하게 밝혀두는 것이 중요하다.

③ 담뱃불과 같은 훈소성(燻燒性) 화원에 의한 화재의 개연성이 있다고 판단되는 현장에서는 이를 규명하여 배제시켜두는 것도 중요하다.

4.2.6 현장발굴조사

화재현장조사에 의하여 한정된 발화범위 및 그 주변에는 다량의 소잔물건이 퇴적(堆積)되어 있으며, 그 퇴적물에는 발화원인은 물론 착화물질·연소매체 가연물 또는 이러한 흔적이 매장되어 있다. 발굴조사는 이러한 화재발생과 연소요인에 관한 상황증거를 발굴하여 채취함과 동시에, 이것이 평면적·입체적으로 어떠한 위치관계가 존재하고 있었던가를 명확하게 규명함으로써 발화원인과 그 이후 화재의 진전상황을 실증적으로 파악하기 위한 수단이 된다. 따라서 발굴조사는 증거물(證據物)로서의 정확한 가치판단에 의해서 소잔(燒殘)물건을 취사선택함은 물론 복원(復元)적 관점에서 실시해야 한다.

4.2.6.1 발굴범위의 결정

발굴범위의 결정은 조사관들의 의견을 수렴하고 발화(發火)범위와 관계자에 대한 질문내용을 근거로, ⓐ 화재발견상황 · 소훼(燒燬) 및 소실(燒失)과 연소의 확대상황 · 화재초기 관찰 상황 등의 제반상황, ⓑ 화재건물 내의 수용물의 배치 · 화기(火氣)설비기구의 사용 및 취급상황, ⓒ 작업자의 작업위치 및 활동상황, ⓓ 문단속의 상황, ⓔ 소잔퇴적물(燒殘堆積物)의 집적규모 등을 종합적으로 검토하여 결정한다.

① 발굴범위를 협의할 때에는 현장조사에 참여한 조사관계자들 이외의 제3자들을 협의 장소로부터 완전히 격리시켜 놓고 협의하여 결정한다.

② 발굴범위를 출화영역에만 한정하지 말고, 특이 소훼영역·화기시설영역·비교대상이 되는 소잔현상의 주변 및 발화원과 근접한 물건 등도 발굴대상 영역에 포함시킨다.

③ 화재관련 물건의 반출(搬出)과 이동의 여부를 확인할 필요가 있을 경우에는 옥외(屋外)의 빈터 또는 쓰레기장도 발굴영역에 포함시킨다.

④ 발굴범위가 결정되면 기둥·문턱·소잔구조물 등을 기준으로 흰 줄 등으로 구획표시를 하여 발굴조사관 전원 및 제3자들이 인식할 수 있도록 조치한다.

4.2.6.2 관계자의 입회원칙

화재현장조사의 적정성(適正性) 보장을 위해서 반드시 관계자를 입회시켜 조사사항에 대하여 필요한 경우 질문하고 확인하는 것이 아주 중요하다.

1. 입회인의 선정

입회인(立會人)은 소훼건물의 관리 또는 소유자와 제반상황을 가장 잘 알고 있는 종업원 및 작업책임자 등에서 1인 이상을 선정하여 입회시켜야 한다.

2. 현장상황의 확인 점검

화재현장에서 화재 이전의 상황을 식별할 수 없는 경우 또는 이재관계자의 진술내용과 현장상황이 불일치(不一致)할 경우 등에는 반드시 입회인에게 질문하여 설명을 받으면서 관찰상황과 진술자의 진술내용을 비교하여 판단하고, 필요할 경우에는 그때그때 화재 이전의 현장상황을 확인 점검하면서 발굴조사를 진행한다.

3. 증거물에 대한 확인 및 보호

현장에서 수집한 증거물의 적정성(適正性)과 임의성(任意性) 및 신뢰도(信賴度)를 담보하기 위해서 수집할 필요성이 있는 증거물은 반드시 입회인에게 확인시켜 화재 이전의 사용상황 및 위치관계 등에 대하여 구체적인 설명을 청취한 후에 사진을 촬영하고 채집(採集)하여 보존(保存)조치하며, 이때 입회인을 현장에 출입시킬 때에는 미(未)발굴현장 또는 이미 발굴하여 놓은 증거물 등을 건드리거나, 밟아 부수거나, 흩어뜨리지 않도록 세심한 주의를 다해야 한다.

4. 입회인의 안전 확보

입회인을 화재현장에 출입시킬 때에는 밑창이 튼튼한 안전화와 보호복장 등에 의한 신체보호에 대한 배려가 필요하고, 특히 높은 곳 등 위험지역에서는 먼저 입회인의 안전을 확보한 이후에 출입시켜야 한다.

4.2.6.3 발굴조사관의 자세와 유의사항

화재현장은 대류(對流) 및 드래프트효과에 의한 화류(火流 : 불길)의 상승 성향으로 불과 연기는 위로 향하지만 화류에 영향을 받은 모든 사물들은 소훼 및 소실됨으로 인하여 강도 및 균형이 상실되는 순서에 따라서 발화부의 주변 쪽으로 전도(顚倒) · 도괴(倒壞) · 만곡(彎曲) · 낙하(落下)하는 등 발화원인이 되는 증거물과 이를 객관적으로 증명하여 줄 제반 소잔물건들이 대부분 바닥부에 떨어져 퇴적하여 있기 마련이다. 따라서 조사관은 다음과 같은 자세와 유의사항을 지켜야 할 필요성이 있다.

1. 발굴조사관의 자세

(1) 정적(靜的)인 행동자세

화재현장에 있는 모든 소잔물건들은 가벼운 움직임에도 부서져 훼손(毁損)되기 쉬운 상태에 있기 때문에 화재현장에서의 행동과 소잔물건의 취급은 대단히 조용하고 조심스럽게 다루어야 한다.

(2) 치밀하고 정확한 발굴자세

화재현장의 특성상 한번 발굴조사한 현장은 원래의 상태로 되돌려 다시 조사할 수 없고, 재현성(再現性)이 거의 없기 때문에 발굴의 모든 과정에서의 행위는 매우 치밀(緻密)하고 정확하게 실시해야 한다.

(3) 탐구정신과 지구력 있는 발굴자세

발굴조사관은 화재현장을 발굴조사하는 전 과정에서 보고 느끼는 모든 소잔물건들은 어느 것 하나 가볍게 취급하거나 방심하지 말고, 모든 것을 화재의 확산경로(Avenues of fire spread)와 연결시켜서 깊이 캐고 살피는 고고학자(考古學者)와 같은 탐구정신과 지구력 있는 끈질긴 발굴자세가 필요하다.

(4) 사진촬영과 기록 유지

인간의 기억은 유한(有限)하고 발굴현장은 재현이 불가능하기 때문에 중요 한 증거물의 소잔위치 및 화재의 확산경로를 나타내는 제반 상황증거는 그때그때 바로 촬영한 후에 채집하고 기록을 유지해두어야 한다.

2. 발굴조사시의 유의사항

(1) 증거인멸(證據湮滅)의 방지

발굴조사를 실시함에 있어서 화재의 원인규명을 위한 정신집중으로 인하여 부지불식간(不知不識間)에 조사자 스스로 화재원인과 관련성이 있는 소잔(燒殘)증거물을 훼손(毁損)하거나 제거시키는 경우가 이외로 많이 있기 때문에, 조사자는 이러한 사실을 충분히 유의하고 발굴대상으로 결정된 장소에 첫발을 들여 놓는 순간부터 발굴조사가 종료될 때까지 세심한 주의를 다해야 한다.

(2) 복수조사관에 대한 발굴 지휘감독의 철저

1인 이상의 복수조사관이 발굴조사를 진행할 경우, 현장발굴을 주관하는 지휘조사관은 발굴조사의 전반적인 진행상황을 통찰하고, 화재현장은 대부분 발화원이 있던 곳에서 위로 타 올라가기 시작하여 화염(火焰)과 화열(火熱)의 영향이 빠른 곳부터 먼저 낙하 및 전도하여 2차 연소를 시작하는 복합적인 연소구조를 가지면서 소잔퇴적물(燒殘堆積物)이 쌓인다는 것을 고려하여 다음 사항에 관심을 가지고 관찰함은 물론, 발굴조사관들에 대한 적절한 지시와 주의를 환기시켜서 발굴조사의 차질이나 오류가 발생하지 않도록 해야 한다.

① 화재현장에는 가연물의 양(量)이나 연소에너지가 보다 큰 곳의 소훼현상이 크고 강하게 나타날 수 있기 때문에 소훼현상이 다른 곳보다 심하다고 하여서 반드시 그곳이 발화부위라고 단정할 수는 없다. 따라서 가연물의 양과 밀집도 및 연소에너지 등을

잘 살피고 고려하면서 발굴조사를 진행해야 한다.

② 전도 및 소락하여 쌓여 있는 퇴적물 속에는 발화원인과 직·간접으로 관련성이 있는 증거물이 소잔되어 있기 때문에 가연물과 그 지지재(支持材)의 연소성질·화염과 화열에 대한 내성(耐性) 등을 고려하여 퇴적물의 종류·재질·열적성질·위치 및 용도 등을 검토하여 판단한다.

③ 바닥에 고정 내지 정착된 가구나 물건 등은 가급적 이동을 금해야 하나 조사의 진행에 있어서 불가피하게 이동시켜야 할 경우에는 먼저 사진을 촬영하고, 위치측정과 표시를 한 후에 위치이동을 실시한다.

④ 화재현장에 있는 불연재의 수열(受熱)흔적을 관찰하고, 이것을 단서로 하여 현장의 소잔현상을 조사하여 전체적인 관점에서 연소의 확산 및 화류(火流 : 불길)의 진행방향을 추정 판단한다.

⑤ 화재는 대부분 사람의 직업과 거주 등 생활공간과 관련되어 발생하므로 이재 관계자들의 화재발생 전후의 동정을 살펴서 관찰할 필요성이 있다.

⑥ 화재현장에 소잔된 건축구조물은 화염 및 화열에 의하여 탄화 및 소훼되어 그 강도가 현저하게 약화되어 있기 때문에 마루판재·천장 및 벽체 등이 전도·낙하·함몰될 위험이 있는 장소의 출입을 금하고, 필요할 경우에는 최소한도로 제거하거나 발판을 가설하는 등 보강조치를 취한 후에 조사활동을 진행하는 것이 조사자 자신의 신체보호를 위하여 아주 중요하다.

(3) 발굴현장의 통제(統制)

발굴현장의 지휘조사관은 조사관 이외의 모든 사람의 현장출입을 철저하게 통제하고, 다만 관계자에 대한 확인질문·발굴조사를 지원하기 위한 기술인과 작업인 및 입회인 등은 필요할 경우에는 지휘조사관의 통제를 받아 이미 조사가 완료되고 정리가 된 곳만을 선정하여 출입을 시켜 현장의 오손(汚損)을 최대한으로 줄이는데 노력해야 한다.

(4) 발굴조사의 진행관점

① 발굴조사는 소잔퇴적물속에서 화인(火因)과 화재 확산경로의 직·간접적인 요인을 규명하고, 증거물과 조사연구에 필요한 물건들을 채취 및 수집하면서 평면과 입체적인 관점에서 화재 이전에 어떤 물건이 어느 위치에 어떻게 존재하였었는지를 밝히는 행위이며, 화인과 화재의 확산경로를 객관적인 사실에 근거하여 증명하기 위한 수단이 된다.

② 발굴대상물 중에 증거 및 증명 가치가 있는 모든 것들은 가능한 원래의 위치 및 상태·원래의 성질과 모양 등으로 회복시켜 놓고 관찰하며, 복원이 불가능한 것들은 표

시물을 이용하는 등의 방법을 강구하여 실제적으로 전경이나 장면을 식별할 수 있도록 하는 모의재현(Simulation)을 동시에 실시한다.

③ 발굴조사 중에 화재와 관련되는 증거물·비파괴(非破壞)검사와 같이 실험실에서 별도의 정밀검사 및 전문기관에 감정의뢰를 해야 할 필요가 있다고 판단되는 발굴대상물들은 사진촬영 및 기록을 유지한 후에 발굴 수집하여 안전하게 보존조치 해야 한다.

4.2.6.4 발굴조사 요령

화재현장의 발굴조사는 소잔된 퇴적물 속에 숨겨져 있을 발화원인 증거물의 발견을 위한 조사 및 화재발생의 직전상황을 원상에 가깝도록 복원하는 것을 전제로 하는 것으로써, 화염 및 화열에 의하여 타거나 녹아서 엉겨 붙고 섞이어 쌓여있는 탄화물(炭化物) 및 소잔물건에 대하여 세심한 주의를 다하면서 발굴조사를 진행해야 한다. 또한 한정된 발화범위 안에 남아 있던 소잔물의 소훼현상으로부터 추정되는 발화원은 최초의 착화물질·연소매체인 가연물·화재 당시의 발화부의 주변 환경 상황 등을 고려하여 다음과 같은 요령으로 조사를 진행하여서 화재에 따른 화류의 확산방향 및 흐름을 판별한다.

① 화재발생 이전의 상황으로 되돌아가 복원을 기본으로 한다.

② 탄화물을 세밀하게 관찰하고 발굴한다.

③ 발화범위 내에 존재하는 소잔물건의 소훼현상을 통하여 발화원인, 착화물질, 연소의 확대요인이 된 가연물, 발화범위 내의 환경 등에 대하여 고찰한다.

④ 화재이후의 현장은 화재발생 전의 상황파악이 곤란하므로, 관계자의 진술내용 및 입회인의 설명내용 등을 참작하여 화재 이전의 상황을 파악한다.

⑤ 화재현장에는 위험한 부분이 많으므로 조사관 자신은 물론 관련 출입자의 안전에 주의한다.

⑥ 화재현장에 소사체(燒死體)가 있는 경우(※ p.36, 소사자의 현장조사 참조)

- 피난행적, 소사체의 위치 및 그 주위의 소훼상황을 관찰한다.
- 외상의 유무, 의류의 소잔상태, 석유류 등의 냄새 등을 관찰한다.

⑦ 지붕·기둥·벽체 등 건물의 주요 구조부가 붕괴되어 건물의 구획 칸막이가 불명확한 현장에서는 본격적인 발굴작업에 착수하기 전에 건물의 실(室) 배치상태를 명확하게 한다.

- 윗부분에 어지럽게 쌓여 있는 찬장·장롱 등의 목재류와 있었던 장소가 불명확한 구조(構造)재는 제거하고 기둥·문턱 및 기초재를 목표로 한다.
- 출입구·창 등의 개구부에는 끈에 표지를 부착하고, 계단 등의 위치도 표시한다.
- 입회인의 설명을 토대로 끈으로 칸막이를 표시한다.

⑧ 낙하물의 제거요령

- 지붕이 붕괴되어 구조재가 낙하한 경우에는 복원 가능한 구조재를 구분하여 보존 조치한다.
- 지붕기와·장롱 판·천장재 등의 표면부의 탄화물 또는 오염물을 제거한 후에 관찰 한다.
- 출입구·창 등의 개구부에서는 시건 및 개폐상태를 확인하며, 특히 방화(放火)의 심증이 가는 경우에는 더욱 주의해야 한다.
- 발굴범위의 상층부위가 소실하여 낙하한 경우에는 이를 확인한 이후 제거한다.
- 가구(家具)류 등은 연소의 진행방향을 판단할 수 있는 물건이므로, 가능한 이동시키지 않고 관찰 조사한다.
- 기와 · 유리 · 조명기구 등 높은 위치에 있었던 물건들은 화재 초기에 낙하하므로 연소의 진행방향과 수열방향을 나타내는 경우가 많다.

⑨ 발화원·착화물질 및 관계 소잔물건의 발굴요령

- 바닥부의 소잔물건은 발굴범위의 외곽부로부터 중심부로 이동하면서 발굴조사한다.
- 발굴조사는 가능한 한 도구를 사용하지 않고 손으로 실시하는 것이 좋다.
- 국부적으로 깊이 묻힌 소잔전선 등은 위에서 아래로 퇴적물을 제거하여 발굴한다.
- 옥내배선·전기코드 유는 통전상태에서 생성된 단락흔적 또는 스파크에 의해 생성된 입상(粒狀)의 ~~용융~~(鎔融)흔적이 탄화물 속에 존재하므로 이를 발굴하여 조사한다.
- ~~용융~~흔적은 전기적인 것인지 화재 당시 열을 받아서 발생한 ~~용융~~흔 인지를 구분한다.
- 복원에 필요하지 않은 소잔물건들은 현장에서 제거 조치한다.

⑩ 잔존물에 부착되어 있는 불필요한 탄화물은 수건이나 물로 세척한 후에 조사한다.

- 바닥에 고여 있는 물은 매우 가볍고 흡수성이 우수하며 기포구멍이 매우 조밀한 고운 스펀지나 면(棉)수건을 사용하여 수분을 빨아들여 제거한다.
- 발굴조사가 거의 완료되어 바닥을 세척할 필요가 있을 경우에는 호스를 이용하여 물을 분무(噴霧)하면서 세척하는 것이 좋다.

⑪ 발굴조사가 끝난 영역이나 감식대상물의 습기를 완전하게 제거해야 할 필요가 있을 경우에는 송풍기 및 드라이어 등으로 불어 말리는 것이 좋다.

⑫ 바닥 또는 감식대상물에 묻어 있는 그을음·분말소화액·먼지 및 분진 등을 제거함에 있어서는 먼저 송풍기·흡입기·빨대 등을 사용하여 불어내거나 빨아들인 후에 솔 등

을 사용하여 털어서 제거한다. 다만 흡입력 및 송(送)출력의 세기조절에 유의하며 실시한다.

▶ 화종낙하화재(Drop down / Fall down) 현장발굴 사례

〈사진 4.45-1〉 Drop down 화재 2차 연소부의 소잔현상

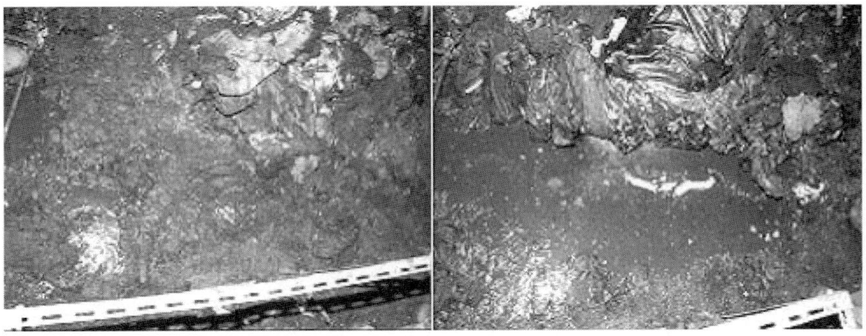

〈사진 4.45-2〉 Drop down 화재 2차 연소부의 발굴전후 현장상황

〈사진 4.45-3〉 발화부의 수직 상하의 소잔현상
(2차 연소부위에 화학섬유 등 발연물이 많아 발화부의 천장에 그을음이 짙게 부착되어 있음)

〈사진 4.45-4〉 Drop down 화재 2차 연소부의 주변 소잔현상

〈사진 4.45-5〉 소락된 형광등 갓과 코드선의 단락 용흔

천장의 형광등회로에서 발생한 단락 불꽃에 착화된 천장에서 소락된 불꽃이 바닥에 있던 가연물에 착화되면서 2차적으로 연소가 확대된 화재사건.

4.2.6.5 발굴시의 관찰기록

1. 사진촬영

① 소사자 사진

② 발화건물 사진

③ 발화범위 주변의 사진

④ 발화 원 및 상황증거 사진

2. 도면작성

① 소사자의 위치

② 발화범위의 편면도·입면도·단면도

③ 기계시설 등 주요 시설물의 배치도·평면도·입면도

4.2.7 복원(復元* Restoration)

'복원'이란 건물 및 수용물건이 소실(燒失) 또는 붕괴되어 원형이 파괴된 경우에, 그것을 가능한 화재발생 직전의 상태로 조립하여 고찰하는 것을 말하며,

① 추정된 발화원에서 어떻게 연소가 확대되었는가?

② 수직방향으로 연소된 벽체 · 창문 · 가구류 · 천장 등이 어떠한 위치 · 구조 · 재질이었는가?

③ 연소의 확대와 관련된 커튼 · 의류 · 골판지 · 상자 등의 물건은 어떠한 상태였는가?

등을 조사하고 입회인의 설명에 따라 화재발생 직전의 상황에 맞게 판단 가능한 상태로 복원한다.

4.2.7.1 복원요령

① 먼저 소잔(燒殘)한 건물구조 재와 관련된 물건들의 화재 당시의 위치를 밝히고, 발굴 당시 복원 가능한 것으로 구분하여 보존한 것들은 계측 기록한 내용을 기초로 하여 재조립한다.

② 완전소실로 인하여 복원이 불가능한 물건·실의 배치·경계·계단 등은 흰 실이나 끈으로 경계를 구획하고 윤곽 및 형상을 표시한다.

③ 출입구 등의 문과 창의 개폐상황, 걸쇠와 열쇠의 위치 및 잠김의 유무, 문지방·기둥·문창살 등의 상태를 검토하여 복원한다.

④ 복원물건에 대해서 입회인의 설명을 들으면서 복원작업을 진행하며, 위치가 불명확한 것은 복원에 사용하지 않는다.

⑤ 마감재 및 벽재 등의 복원은 소잔물의 상태를 고려해서 그 위치를 결정한다.

⑥ 발화부가 2층 등으로 건물구조재가 소실·붕괴되어 복원이 불가능한 경우에는 공지(空地) 등을 이용, 로프로 방실의 배치상태를 표시한 후에 입회인의 설명에 의하여 화재발생 전의 상태로 잔존물건으로 복원하여 확인한다.

⑦ 소잔된 건축구조재는 버팀목, 기둥과 기둥 사이 또는 문 및 창틀의 아래위로 가로지른 목재인방(木材引枋), 한쪽 끝을 다른 쪽의 구멍에 맞추어 넣기 위하여 얼마쯤 가늘게 만든 장부(掌部)를 끼우게 만들어 놓은 구멍, 겹쳐져 있는 구조재 등에 대해서 타고 남았거나 가늘어진 상태를 살펴 일치되는 부분을 서로 맞추어 조립한다.

⑧ 기둥 · 횡목(橫木) · 문지방 · 벽재 · 가구 등의 복원은 그것들에 박혀있던 못 또는 나사의 머리형태와 방향을 살펴서 그 위치를 결정한다.

⑨ 소잔물건의 원래 위치에 대한 판단은 그것들이 놓여 있었거나 걸려 있던 바닥·벽체

등의 소잔 또는 눌린 자국, 오염경계 및 윤곽, 물건의 규격 및 치수 등을 통하여 상관관계를 확인한다.

⑩ 바닥에 특이 소훼(燒燬)현상이 확인될 때에는 바닥에 놓여 있던 소잔물건을 조심스럽게 제거하고 바닥의 소잔현상 및 국부적인 소실현상을 비교하며 관찰한다.

⑪ 미소화원(微小火源* Microscopic ignition source : 담뱃불 · 향불 · 불티 · 스파크 · 비화(飛火) 같은 미세한 불씨로서 불꽃이 없는 극히 작은 화원)에 의하여 바닥 아래로 현저하게 타들어간 곳이 있는 경우에는 바닥판을 걷어 내어 그것의 내외표면의 소잔현상을 대비하며 관찰한 후에 복원시켜 놓고, 전체적인 소훼현상에 따른 확대연소의 방향성을 종합하여 함께 검토 분석한다.

⑫ 복원 후에는 계측(計測) 및 소훼현상을 검토분석하고 사진촬영과 기록을 유지한다.

4.2.7.2 복원시의 관찰기록

1. 사진촬영

① 발화 전의 상태 파악
② 소잔부분과 소실부분의 구별
③ 연소 확대 진행방향의 파악
④ 특이한 소잔현상
⑤ 용융(熔融)물건
⑥ 발화원과 착화물의 위치관계
⑦ 발화원인의 입증에 필요한 제반상황

2. 도면작성

① 발화원과 관련된 물건의 위치
② 특이한 연소상황
③ 발화범위 내의 상황을 이해할 수 있는 평면도와 입면도 등

4.2.8 발화지점의 판정

어떤 발화원에서 발화하여 착화(着火)물에 착화되어 주변 가연물을 태우면서 연소가 확대되어 가는 과정에서, 관계자가 특정 위치에서 각 시점의 화재를 목격하고, 그 이후 소방대가 출동하여 진화(鎭火)하는 동안 화재의 변화과정을 관찰하고, 최종적으로 진화건물의 소잔현상을 귀납적으로 조사한 결과를 연역적으로 검증(檢證)하는 등 제반 조사상황을 종합 분석하여 발화지점을 판정한다.

발화지점을 명확히 하기 위해서는, ① 발화에서 연소 확대의 목격상황 및 ② 소방대가 출동하여 진압까지의 관찰상황으로부터, ③ 진화 이후 현장조사를 통한 발화범위 한정 ➪ 현장발굴 ➪ 복원 때까지 귀납적으로 관찰한 소잔상황과 관계자의 발견상황 및 화재 초기

〈사진 4.46〉 방화현장의 발화지점 주변의 소손현상

〈사진 4.47〉 발화부의 주변 소잔 및 수열변색현상

〈사진 4.48〉 발화부위 주변의 소잔 및 수열변색현상

의 관찰상황 등을 종합하여 연역적으로 검토하고 연소의 확대를 고려하여 발화지점을 판정한다.

4.2.9 발화원의 검토

발화부의 상황증거(狀況證據)로부터 발화원이 될 수 있는 것들 각각의 착화 에너지가 화재로 발전할 가능성이 있었는지 유무를 개별적으로 검토 확인한다.

4.2.9.1 발화부의 소잔물건 중에서 발화원이 존재할 경우

1. 전기기기(電氣器機) : 스위치, 프라그, 배선단락흔적, 통전상황, 안전장치의 작동상황
2. 기계장치(機械裝置) : 금속의 변색상황, 용융상황, 변형파손, 이물질의 혼입, 안전장치의 작동상황
3. 화기시설(火氣施設) : 기능, 재질적 결함, 파손상황, 안전장치상황
4. 누전(漏電) : 누전전류의 흔적, 누전점, 접지(接地)점
5. 화학적(化學的) 원인 : 물질의 산화·분해·중합 등으로 인한 발열(發熱)성질, 타 물질과의 혼촉(混觸), 화학변화의 발생요인

4.2.9.2 발화부의 소잔물건 중에 발화원이 존재하지 않을 경우

① 미소 열원(熱源)에 용이하게 착화할 가능성이 있는 가연물의 존재

② 흡연상황, 연돌(煙突), 불티 발생작업

③ 미소(微小)열원의 유입 가능성(기후, 바람, 건물배치 등)

4.2.9.3 검토시의 유의사항

① 발화의 관련사항을 체계적으로 고찰해야 한다.

② 관계자의 면전에서 현장물건의 가치판단 및 발화 가능성에 대한 협의를 하여서는 안된다.

③ 발화원과 착화물이 대부분 입증될 때에는 반드시 전체 연소경로와 관련지어 발화지점을 확인해야 한다.

④ 감정(鑑定)의 필요가 있다고 판단될 경우에는 위치관계를 계측(計測)하고 사진촬영 후에 채취하고 기록하여 보존해야 한다.

⑤ 화원(火源)검토에 의하여 구체적인 발화원인이 입증된 경우에는 반드시 그 상황을 기록 유지해야 한다.

⑥ 화재현장에 존재하는 발화원 이외의 모든 화원에 대한 반증사실(反證事實)을 반드시 규명하여 두는 것이 필요하다.

4.2.10 발화원인의 판정

발화원의 판정은 현장조사를 실시한 결과의 명확한 상황증거로부터 발화지점과 발화원인·화재경과·착화물질 등을 결정하는 것으로써, 소훼상황으로부터 고찰한 객관적인 사실·진술된 각종 증언·조사에 종사한 각 조사원의 의견 등 모든 요소를 종합적으로 신중히 분석

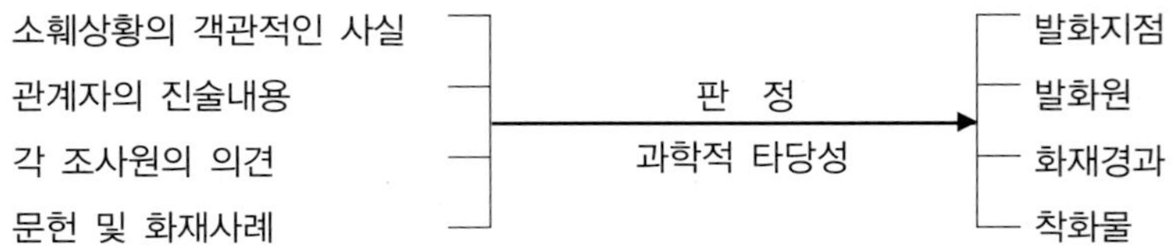

하고 취사선택(取捨選擇)하여 과학적인 타당성에 의거 발화원인을 현장에서 판정한다.

만약 현장에서 최종적인 입증이 곤란한 때와 추정된 발화원으로부터의 발화 가능성이 있는지 결정하기가 불가능한 경우에는 보완조사에 의한 재현실험, 각종 기기에 의한 측정분석 등을 통하여 감정을 실시하고, 각종 문헌과 과거의 화재 사례 등의 자료를 참조하여 사후에 발화원인을 판정한다.

4.2.10.1 판정조건

① 발화원으로 추정되는 물건에 인접한 가연물이 착화되는 경과에 무리한 추론(推論)이 없을 것.
② 발화원이 잔존하지 않는 경우에는 소훼현상, 발견상황, 발화지점의 환경조건 등을 종합적으로 고찰하여 발화원인에 타당성이 있을 것.
③ 과거의 화재사례 및 경험에 비추어 보아 발화 가능성에 모순이 없을 것.
④ 추정된 발화원 이외의 다른 발화원은 사용상태와 소잔현상 등으로 보아 발화 가능성이 없을 것.
⑤ 발화지점으로 추정된 장소의 소훼상황에 모순이 없어야 하고, 발화지점으로부터 시작된 연소영역이 전체적인 소훼상황에 따른 연소의 확대경로와의 모순이 없을 것.

4.2.10.2 검토사항

① 발화원은 어떤 착화가연물에 불을 붙일 수 있는 열에너지를 충분히 가지고 있는가?
② 발화원과 착화 가연물 간의 상태가 불이 옮겨 붙을 수 있는 환경조건이 되는가?
③ 가연물에 착화한 불이 화재로 발전할 수 있는 연소조건이 존재했는가? 또는 연소가 주변으로 확산할 조건은 충분한가?
④ 현장관찰 결과 화재사실을 입증할 수 있는 상황증거가 있었는가?
⑤ 관계자의 진술내용에서 발화원과 착화물간의 제반상황이 발화로 이어질 수 있는 환경조건이 인정되는가?

4.2.10.3 판정에 있어서 유의사항

① 입회인을 포함한 모든 이재관계자들은 발화원인을 검토하는 장소에서 완전하게 격리시켜놓고 검토 판정한다.

② '사실의 인정은 증거에 의해'라는 원칙에 따라 발화원인의 판정자료는 화재현장의 객관적인 소훼현상에 근거를 두어야 하며, 관계인의 진술 및 증언은 소훼현상과 일치되는 것은 채택하고, 불일치할 때에는 그 사유를 규명하여 분명히 한다.

③ 발화원의 발화 가능성은 과거의 경험이나 화재사례의 관점에서 볼 때에 현저한 모순점(矛盾點)이 없어야 하지만, 과학기술의 진보에 따라서 새로운 관점과 문제 해결방법이 제기될 수 있으므로, 과거의 실패사례의 인용은 참고 내지 응용하는 것은 좋으나 전적으로 의존하는 것은 삼가야 한다.

④ 발화부 내에 존재하는 추정 판단된 발화원인 이외에 화인이 될 수 있는 모든 화기시설(火氣施設)들에 대해서도 화재 당시 그들의 사용상태·주변의 소훼현상·기타 관련사실 등을 종합 분석하여 논리적으로 발화 가능성을 부정(否定)하며 배제(排除)시켜두어야 하며, 이는 추정판단한 발화원에 대한 신뢰도 제고에 이바지한다.

⑤ 발화원으로 판단되는 화원(火源)이 둘 이상으로 추정될 때에는 그들 주변의 소훼현상을 재검토한 후에 감정결과를 기다려서 발화지점 및 발화원인을 사후에 판정한다.

4.2.10.4 관계기관 간의 협의와 발화원인 판정

① 화재현장의 소훼현상(燒燬現象)에서 얻어지는 제반의 상황증거(狀況證據) 및 관계자들의 각종 증언을 종합한 발화원인 및 판정근거에 대하여 경찰 및 소방기관 관계자 간의 상호협의에 의하여 충분하게 의견을 조율한 후에 현장조사에 대한 최종 결론을 내린다.

② 관계기관 상호의견의 불일치 및 발화원인의 판정이 어려울 경우에는 무리하게 결론을 내리지 말고 상호 협조하여 재조사를 실시하는 등 상호 의견조율을 거쳐 최종결론을 내린다.

4.2.11 현장해제(現場解制)

현장조사를 완료한 후에 출입금지구역을 해제하고 관계자에게 설명해주는 것과 동시에 다음과 같은 조치를 행한다.

① 현장조사 완료 후에 예상치 못한 어떤 사유로 인하여 다시 출화(出火)하는 경우가 있고, 특히 진화작전(鎭火作戰) 종료 후에 바로 현장조사활동을 실시할 경우에는 잔화

확인(殘火確認)에 대한 조치를 취할 필요가 있다.

② 경찰서 또는 소방서에 출석하여 진술조서를 작성할 필요가 있는 참고인 및 피의자, 이재신고서 제출자 및 기타 필요한 관계자 등은 출석일시 및 장소를 조정하여 해당 당사자들에게 연락한다.

4.2.12 보완조사

화재현장조사에서 발화원인을 판정할 수 없을 때에는 실험 또는 감정결과(鑑定結果)와 각종 문헌(文獻)으로부터 과학적인 타당성을 도출하여 발화 가능성을 증명한다. 실험 또는 감정을 필요로 하는 소잔물건 등에 대하여는 각각의 실험 또는 감정 데이터·기록사진·각종문헌 복사 등으로 원인입증(原因立證)의 자료로 한다.

4.2.12.1 실험(實驗* Experiment)

'실험'이란 어떤 물건이나 현상에 인위적 · 임의적으로 설정한 제반조건에서 변화를 일으켜 특정관계나 현상을 쉽게 관찰하는 것을 말하며, 시험(試驗)이 객관적이라면 실험은 주관적인 행위로서 창의적(創意的)인 사고가 요구된다.

화재현장조사에서 얻은 각종 자료에 근거하여 추정된 발화원의 화재발생 가능성 등에 대하여 과학적인 입증수단인 재현실험을 실시하고, 그 결과를 참조하여 판정자료로 한다. 그러나 화재발생에 대하여는 과학적 · 이론적으로 미해명(未解明)부분이 많다는 것을 유의해야 한다. 다음은 재현실험에 있어서 유의사항이다.

① 발화원인과 관련한 재현실험재료는 재질·규격·경과시간 등이 가능한 화재 당시와 동일한 것을 선택할 것

② 화원 주변의 착화가연물의 재질·규격· 경과시간 등이 가능한 화재 당시와 동일한 것을 선택할 것

③ 발화부의 주변 온도·습도·보온 및 축열(蓄熱)조건 등의 환경조건이 가능한 화재 당시와 동일하게 할 것

④ 재현 실험장소 주변의 환경조건을 가능한 화재 당시의 기상조건과 동일하게 할 것

4.2.12.2 감정(鑑定* Judgement)

화재원인과 관련 있는 모든 소잔(燒殘) 증거물들은 현장에서 수집 보존하여 감식한 결과 화인(火因)으로 인지(認知)되는 특이현상이 있을 경우에는 과학수사연구소 등 해당전문기관에 감정 의뢰하여 그 결과를 고려하여 최종적으로 화재원인을 판정한다.

① 감정이 필요하다고 판단되는 소잔증거물을 채집하여 보존 조치함에 있어서 어떤 기기를 사용하여 무엇을 감정할 것인지를 충분히 인식하며 시료(試料) 부족이 없도록 충분하게 채집하고 파손 및 유실됨이 없도록 보존하여 감정 의뢰한다.

② 정확한 화인규명을 위하여 필요한 감정대상물 및 증거물과 자료는 사용목적에 따라 다음과 같은 절차에 의하여 수집하여 보존조치를 취한다.

- 화재현장에서 소잔물건 등의 자료를 반출할 경우에는 그 물건의 소유자의 승낙이 필요하다.
- 방화 또는 실화사건에 대한 증거물 및 감정대상물을 수집보존조치 할 경우에는 '형사소송절차'에 따라 임의제출 받고, 불응할 경우에는 법관의 압수수색영장(押收搜索令狀)을 발부받아서 압수조치한다.
- 소방법에 근거하여 감정대상물 또는 자료에 대하여 제출명령을 할 때에는 '감정처분승낙서(鑑定處分承諾書)'에 의한 소유권포기각서(所有權抛棄覺書)를 받는 등 서류 수속을 밟고 수집 보존조치 한다.

4.2.12.3 각종 문헌(文獻)의 인용

각종 문헌 및 관련자료, 각종 관련 실험기록, 물건 및 물질의 성질과 성상, 기기 등의 구조와 기능 등을 인용 및 참조하여 판정자료로 한다.

4.2.13 물증(物證)

'물증'이란 일반적으로 어떤 특별한 소재나 결과를 증명 또는 입증할 수 있는 물리적이고 명확한 것 또는 결과라고 정의할 수 있다. 따라서 화재현장에서의 물증은 화재의 발화지점 및 화재원인, 화재의 확산원인 및 경로 등을 규명하는 물적 증거로써 화재에 따른 민·형사의 책임과 논쟁에 있어서 판정증거(判定證據)가 된다.

4.2.13.1 물증의 수집 및 보존

화재조사관은 화재원인과 직·간접적으로 관련이 있는 제반 증거자료 또는 시험 및 검사를 위하여 실험실 기타 전문시험시설에 제출하기 위해서 현장에서 수집할 물증을 결정하고, 그 위치 및 상태에 대하여 기록유지 및 사진촬영 이후 소유자의 임의제출(任意提出) 등 적절한 방법에 의해 수집하여 보전조치를 취한다. 특히 방화사건의 관련 증거물의 경우에는 법관의 사후영장(事後令狀)을 받아두는 것이 아주 중요하다.

1. 물증의 수집방법

물증의 수집방법은 화재원인조사의 적정한 수행을 위해서 필수적인 부분이다. 따라서 다음을 포함한 많은 항목에 의해서 물증의 수집방법이 결정된다.

그러나 어떤 수집방법을 이용하든지 수사기관 및 물증에 관해 검증시험을 하는 연구소의 방식에 따라야 한다.

① 물리적 상태 : 물증의 상태가 고체·액체·기체 중 어디에 해당되는가?

② 물리적 특성 : 물증의 크기·모양·무게 등이 어떠한가?

③ 메짐성 : 물증이 얼마나 쉽게 깨지고, 손상되고, 변경되는가?

④ 휘발성(揮發性) : 물증이 얼마나 쉽게 증발하는가?

(1) 물증 수집의 문서화

문서화의 목적은 첫째, 이런 문서가 화재조사관이 물증 발견 당시의 장소뿐만 아니라 조사상태 및 관계를 포함한 물증의 출처를 확립하는데 도움이 되어야 한다. 두 번째, 이러한 문서는 물증이 오염(汚染)되거나 훼손(毁損)되지 않았음을 조사관이 입증하는데 도움이 되어야 한다. 따라서 물증이 이동되기 전에 완벽하게 문서화해야 하며, 이는 조사관련 기록, 작성된 보고서, 도면 그리고 정확한 측정치(測定値)의 도표와 사진 등을 통해서 완성된다.

(2) 전통적인 물증 수집

전통적인 물증은 한정된 것은 아니나 손가락 및 손바닥 지문·피나 타액과 같은 신체의 유체(流體)·머리카락과 피부·발자국과 도구의 자국·흙과 모래·나무와 톱밥·유리·금속·페인트·의문시 되는 서류·기타 일반적인 흔적 등의 증거로 열거될 수 있고, 이러한 물증 또한 화인조사의 한 부분이 된다. 따라서 이러한 전통적인 증거물의 수집방법은 다양하다. 따라서 화재조사관은 물증의 검정 및 시험을 행하는 전문연구소와 상담할 필요가 있다.

〈사진 4.47〉 방화후의 도주로 및 침대에 유류된 혈흔과 흉기

2. 촉진제의 실험용 증거수집

촉진제(促進劑)는 화재를 일으키거나 빠르게 확산되게 하는 약제(藥劑)로써, 가연성 가스·액체·고체 등 여러 상태로 발견되며, 특히 액체 촉진제는 물증으로써 아래와 같은 수집대상물에 직접적인 관계가 있는 유일한 특징이 있다.

① 액체촉진제는 대부분 건축물의 구성요소·내부 마감재·다른 소잔물질 등에 의해서 즉시 흡수된다.

② 액체촉진제는 물과 접촉했을 때 일반적으로 물위에 뜬다(알코올은 제외 됨).

③ 액체촉진제는 다공성 물질 내에 고여 있을 때 놀랄만한 영속성 즉, 잔류(殘溜)성을 지닌다.

(1) 액체촉진제의 실험용 샘플 수집

액체촉진제는 액체상태일 때 가능하게 되고, 이것을 쉽게 수집하는데 여러 가지 방법이 있다. 그러나 어느 방법을 사용하던 조사관은 반드시 그 증거물이 오염되지 않도록 주의해야 한다.

① 즉시 접근이 가능하면, 액체촉진제는 새 주사기·피펫·점안기 흡입기구 또는 증거물 용기에 수집될 수 있다.

② 살균한 면봉 또는 거즈패드 등은 액체흡수에 사용되며, 살균된 면봉 또는 거즈패드에 흡수된 함유물(액체촉진제)은 액봉(液封)용기에 봉(封)해 시험과 검증을 위해 연구소에 물증으로 제출한다.

(2) 고체에 흡수된 액체증거물 수집

액체촉진제 증거물은 종종 진흙이나 모래를 포함한 고체에 흡수되는 경우가 있는데, 이런 경우에는 흡수된 내용물을 포함한 고체를 수집할 필요가 있다. 이러한 고체물질의 수집방법은 증거물 용기 자체를 포함하여 떠 넣거나, 절단 또는 톱질하거나, 긁어내는 것에 의한다.

(3) 촉진제 실험용 고체샘플 수집

고체촉진제는 흔히 가정용품이나 합성물 또는 위험한 화학물질일 수 있다.

① 고체촉진제 증거물을 수집할 때에는 반드시 증거물이 발견된 당시의 물리적 상태로 고체증거물이 유지되도록 해야 한다.

② 어떤 방화물질은 부식성(腐蝕性) 또는 반응성(反應性)이 있기 때문에, 이 잔유물의 부식성이 포장용기를 손상하지 않도록 포장 당시 주의해야 하고, 개인의 안전을 위해서도 주의 깊게 다루어야 한다.

(4) 기체샘플 수집

화재(火災)나 폭발(爆發) 같은 유형의 경우 화재원인 조사관이 기체표본의 수집은 필수적이며, 기체샘플의 수집은 몇 가지 방법에 의해서 완수된다.

① 상용의 유용한 물리적인 표본 추출기구의 사용을 수반한다. 이런 기구는 단지 가스혼합기를 끌어당겨 가스혼합기를 샘플 챔버 안에 담거나, 탄화물 또는 물질을 흡수한 중량체의 흔적을 따라 가스혼합기를 끌어당긴다.

② 기체샘플 수집을 위해서 특수하게 고안된 흡수된 기체샘플 캔을 이용하여 수집한다.

③ 증류수(蒸溜水)가 가득한 깨끗한 유리병을 이용하는 수집방법으로서, 이때 증류수는 불순물을 대부분 제거된 것이 사용된다. 조사관은 샘플로 채취한 기체혼합기 속에서 병에 든 증류수를 밖으로 쏟아 부으면 증류수가 병에서 빠져나감에 따라 병 속으로 기체샘플이 들어가게 되고, 이때 병뚜껑을 닫으면 기체샘플이 얻어진다.

3. 전기장치 및 구성부품 수집

전기장치 및 구성부품은 조사관으로 하여금 어떤 구성요소가 화재원인과 관계가 있는지를 결정하는데 도움이 되는 물증으로써, 이들 물증을 수집하기 전에 모든 전원(電源)이 차단 또는 단전되었는지를 반드시 확인해야 한다.

① 전기부품은 화재발생 이후에 깨지거나 취급부주의로 인하여 손상되기 쉬운 것이므로, 사진촬영 또는 도표로 확실히 기록한 이후에 가능한 한 발견 당시의 상태를 그대로 유지하며 물증 수집에 사용되는 방법 및 절차에 따라 수집해야 한다.

② 전기스위치, 콘센트, 온도조절장치, 중계기, 접속함, 분전반, 기타 유사한 장체 및 구성요소 등을 물증으로 수집할 때에는 가능한 발견된 장소에서와 똑 같은 상태로 손상되지 않게 옮겨 수집해야 한다.

③ 전기배선은 쉽게 잘려지거나 배치가 바뀔 수 있어서 그 소잔형태는 짧은 전선조각, 잘려지거나 용융된 끝부분, 전선조각 등으로 구성되고, 여전히 손상되지 않은 배선 및 절연피복이 타지 않은 부분도 수집대상에 포함된다.

조사관이 긴 전선조각을 수집하는 것은 남아 있는 절연체를 조사하기 위한 것으로써 실용적인 것이며, 다음 사항을 밝히기 위해서 전선의 양쪽 끝에 꼬리표를 붙이고 잘라야 한다.

- 전선이 부착 또는 이탈한 기계나 기구 확인.
- 전선이 부착 또는 이탈한 곳의 회로차단기나 퓨즈번호 또는 위치 확인.
- 기계와 회로보호장치 사이를 점하는 배선경로 및 방향 확인.

④ 조사관이 장치에 익숙하지 않은 경우에는 장치 또는 부품의 손상을 막기 위해서 현

장시험 또는 분해하기 전에 장치에 대하여 잘 알고 있는 사람의 도움을 받는 것이 좋다.

4. 기기 또는 소형 전기설비의 수집

화재조사관은 화재에 관련된 것으로 의심되는 기기 또는 다른 종류의 설비기구에 대해서 화재원인 여부를 결정하기 위해서 그것들을 물증으로 수집하여 아래 사항을 고려하여 집중 시험을 해야 한다. 이런 종류의 물증은 난로·온수기·스토브·세탁기·건조기 등 큰 것에서부터 토스터 · 커피포터 · 라디오 · 램프 등 작은 것에 까지 포함되며, 실제로 모든 종류의 설비는 물론 전원코드나 연료를 공급 또는 조절하는 배관까지 포함하여 물증으로 수집한다.

① 기기나 장비의 크기 또는 손상조건으로 인하여 전체이동이 불가능할 경우에는 검사 및 시험을 할 장소를 확보할 것을 권장한다.

② 기기나 어떤 설비의 구성개체 또는 부품을 물증으로 수집할 경우에는 그러한 증거의 이동·운반·저장·보관 등에 있어서 처음 발견될 당시의 물증상태를 유지해야 함을 유의해야 한다.

4.2.13.2 물증의 보존과 오염

1. 물증의 보존

조사관은 대개 명백한 물증을 화재장소 내부에 옮길 필요가 있을 경우에는 어느 정도 기록이 완료될 때까지 물증의 이동을 피해야 한다. 특히 물증의 소재 자체를 보존 또는 보호해야 할 필요성이 있을 때, 예컨대 불탄 마루형태는 그 주위에 로프를 치거나 방수(防水) 시트를 덮어놔야 하고, 물증보호를 위해 판지상자로 포장하는 등 어떤 형태의 위험에 대비하여 그 물증의 보존 및 보호를 위한 적합한 모든 예방조치를 취해야 한다.

2. 물증의 오염(汚染)

물증의 오염은 그릇된 현장보존과 같은 물증오염, 부적절한 수집 및 보존방법 또는 선적 등에 의해서 야기될 수 있고, 오염된 물증은 그 가치를 떨어뜨린다.

(1) 증거용기의 오염

물증은 종종 오염된 증거 용기를 통해서 오염된다. 따라서 조사관은 새로운 증거 용기 또는 오염되지 않은 증거 용기의 사용 또는 오염지역에서 이격(離隔)하여 합리적인 모든 예방조치를 취해야 한다.

① 금속 페인트 캔 또는 유리병을 포함한 증거수집 용기의 교차오염원으로부터 제한하

는데 효과적인 한 가지 방법은 공급자로부터 인수받는 즉시 용기를 밀봉하는 것이다.

② 증거수집 용기는 저장 및 수집장소로 이송될 때에도 여전히 밀봉되어 있어야 하며, 수집장소에서 증거물을 채취할 때에만 개방한 후 즉시 다시 밀봉하여 실험실에서 실험될 때까지 보존한다.

(2) 수집과정에서의 오염

대부분의 물증오염은 그것의 수집(蒐集)과정에서 야기된다. 즉, 액체와 고체의 반응촉진제는 조사관의 장갑 또는 운반기구 및 도구에 의해서 흡수될 수 있다. 따라서 이러한 물증의 상호 오염을 피하는 것이 조사관에게 필수불가결한 일이 된다.

① 상호 오염을 막기 위해서 조사관은 1회용 플라스틱 장갑 및 플라스틱 손가방 같은 것을 액체 및 고체 촉진제를 수집하는 동안에 착용해야 하고, 새로운 장갑 또는 가방은 다음의 액체 및 고체의 촉진제의 수집기간 중에 사용토록 한다.

② 수집과정에서의 오염을 줄이는 또 다른 방법은 증거수집 용기 자체를 수집기구 로 사용하는 것이다. 예컨대, 금속뚜껑을 이용하여 물증을 캔 속에 떠 담아서 조사관의 손이나 장갑 및 도구로부터 상호오염을 제거한다.

③ 조사관이 사용하는 수집기구나 괴철, 부삽 또는 압착기와 같은 정밀검사장치 등은 액체 및 고체 촉진제의 수집에 있어서 유사한 상호오염 방지를 위해서 철저한 청결이 요구된다. 그러나 물기가 없거나 휘발성 용제를 포함한 세제 종류는 사용하지 않도록 주의해야 한다.

4.2.13.3 증거수집 용기

일단 수집된 증거물은 물증의 물리적 상태 · 특성 · 강도 · 휘발성 등에 의존하므로 적합한 증거수납 용기를 선택하여 보관 또는 저장해야 한다. 또한 증거수집 용기는 증거물의 원상태를 보존해야 하며, 증거물의 변화 또는 오염을 방지해야 한다.

일반적인 소재의 증거수집 용기에는 봉지 · 종이가방 · 플라스틱 가방 · 유리용기 및 금속캔 · 특정 타입의 물증을 위해 전문적으로 고안된 것 등이 있으며, 조사관은 경찰 또는 증거물을 검증, 시험 및 그것이 맡겨질 연구소의 절차에 따라 적절한 수집용기를 선정한다. 특히 액체 및 고체 촉진제의 증거수집 용기는 금속 캔, 유리병, 특수 증거 가방, 일반적인 플라스틱 가방 등 4가지 유형으로 한정되어 있으며, 기화와 오염을 방지하기 위해 증거수집 용기를 완전히 봉인하는 것이 중요하다.

1. 금속 캔

액체 및 고체 촉진제의 수집용기로는 사용하지 않은 빈 금속 캔이 유용하고, 시험과 검증과정에서 증거의 견본을 채취하기 위한 공간 확보를 위하여 캔은 2/3 이상 채워서는 안 된다.

(1) 장점

금속 캔의 사용은 유동성(流動性)·경제적 가격·내구성(耐久性)·휘발성 액체의 기화(氣化)를 막는 특수성까지 포함한 장점을 가지고 있다.

(2) 단점

① 용기를 개방할 때까지는 용기 안의 내용물을 볼 수 없다.

② 저장장소의 확보와 장기간에 걸쳐 저장할 때 용기가 부식하는 것에 유의해야 한다.

③ 금속 캔이 가솔린과 같은 휘발성 액체의 대량저장에 사용될 경우, 고온[38℃ (100°F)]의 저장은 뚜껑을 열기에 충분한 증기압을 발생시켜 견본을 유실시킬 수 있기 때문에 이러한 견본은 유리병에 넣어 보존하는 것이 좋다.

2. 유리병

유리병은 액체 및 고체 촉진제 증거물을 수집 보존하는데 이용되고 있으며, 대량의 용액을 수집할 때에는 특히 병은 아교로 접착된 뚜껑 또는 고무로 봉인하지 않는 것이 중요하다. 왜냐하면, 아교는 종종 증거물을 오염시킬 수 있는 가능성을 가지고 있고, 고무의 봉인은 액체촉진제(液體促進劑) 또는 그것의 기화에 의해서 녹거나 쉽게 용해(溶解)되어 표본의 누출(漏出)이나 손실(損失)될 수 있다. 또한 감정과 시험기간 중 기체표본을 얻기 위한 공간 마련을 위해서 유리병은 2/3 이상 채워서는 안 된다.

(1) 장점

유용성(有用性), 낮은 가격, 병을 열지 않고도 증거물을 확인할 수 있는 것. 휘발성액체의 증발방지, 오랜 시간을 저장할 때 증거물의 악화를 줄일 수 있는 것 등의 장점이 있다.

(2) 단점

쉽게 깨어지는 것과 물증의 대량저장을 금지하는 크기 제한이 종종 있다는 단점이 있다.

3. 특수증거 가방

특수 가방은 액체 또는 고체 촉진제의 수집을 위하여 전문적으로 고안된 것으로써 일반적인 플라스틱 가방과는 달리 특수증거 가방은 그러한 가방에 잘못된 시험결과를 야기할 수 있는 화학조성이 들어 있지 않다.

(1) 장점

다양한 모양과 크기, 경제적 가격, 가방을 열지 않고도 증거물을 확인할 수 있는 것, 저장의 편리함, 휘발성 액체의 오염방지능력 등의 장점이 있다.

(2) 단점

쉽게 손상되는 것, 물증 자체의 오염을 야기하는 것, 충분히 봉인(封印)하기 어려운 것, 어떤 종류의 액체 및 고체 촉진제와 접촉할 때 부패 및 변질(變質)할 경향이 있는 것 등의 단점이 있다.

4. 일반 플라스틱 가방

일반적인 플라스틱 가방은 액체 및 고체 촉진제의 수집에 사용되고 있으나, 물증이 연구소 등의 감정 및 시험기간 동안 그러한 가방에 담겨서 화학조성에 의해서 잘못된 결과를 야기할 수도 있기 때문에 달리 취해야 할 유용한 것이 없을 경우에만 한정하여 일반 플라스틱 가방을 사용해야 한다.

(1) 장점

다양한 모양과 크기, 경제적인 가격, 저장의 용이함, 가방을 열어보지 않고도 증거물을 확인할 수 있는 것 등의 장점이 있다.

(2) 단점

손상되기 쉬워서 경질 탄화수소와 알코올을 담기가 곤란하여 물증오염의 가능성이 있고, 찢기거나 구멍이 남으로 인하여 표본손실 또는 용기 내의 교차오염을 일으킬 수 있어서 잘못된 판정을 할 수 있는 단점이 있다.

4.2.13.4 물증의 확인

조사관은 증거의 수집시간 및 장소에 따라 그것을 나타내는 표시 또는 라벨을 화재관련 모든 증거에 부착해야 한다.

① 증거물을 수집한 조사자 이름과 수집날짜·품종명칭 및 식별명의 숫자와 용기번호·증거물의 위치장소·증거물에 대한 간단한 요약사항 등을 사전에 인쇄된 꼬리표 또는 표지 위에 기재하여 용기 바로 위에 단단히 부착하도록 한다.

② 조사관은 물증을 확인하여 물증이 쉽게 손상·분실·이동 또는 변경 등이 되지 않도록 주의하고, 접착성 표지가 차후에 연구소 등에서 증거물의 감정(鑑定) 또는 시험에 방해되지 않도록 주의해야 한다.

4.2.13.5 물증의 압류보관 및 처리

1. 물증의 압류보관

증거물의 가치는 전적으로 증거물의 초기 발견과 수집에서 감정과 시험까지, 그것의 안전과 온전함을 유의하는 조사관의 노력에 달려있다. 따라서 증거물의 발견과 수집 이후로 증거물은 이러한 목적으로 줄곧 보관되고 명시된 장소에 보관해야 한다. 또한 한사람으로부터 다른 사람에게 압류 증거물의 보관이 전가(轉嫁)될 때에는 증거물을 받을 사람의 확인서식을 사용해야 한다.

2. 물증의 처리

조사관은 조사를 완결한 이후 적절한 승인을 얻지 못하면 증거를 버리거나 파괴할 수 없고, 사정상 수년간 보관했다가 주인에게 되돌려 주어야 할 경우가 있다. 특히 방화와 같은 형사사건의 경우, 심리(審理)기간 동안은 제출된 증거 즉, 보고서 · 사진 · 도면 · 물증항목 등은 법원기록으로써 법원에서 보관하게 되나, 증거물은 재판종결(裁判終結)시까지 조사관이 보관할 필요가 있을 경우가 있다. 또한 휘발성 또는 대형증거는 법원이 조사관에게 돌려줄 수도 있고, 심리에서 사용되지 않은 다른 증거를 조사관이 보관하고 있을 수도 있다.

① 일단 모든 재판절차가 종료되면 조사관은 모든 증거물을 적절히 파기(破棄) 또는 배분할 것을 법원에 청원하여 승인 받아 조치하고, 그 승인문서를 보관하는 것이 좋다.

② 범죄관련 조사관은 화재사고로 인한 잠재적인 민사사건을 염두에 두고 민·형사의 소송기간 이상 증거물을 보관할 필요가 있다.

4.2.13.6 감정 및 시험

조사관은 일단 수집된 증거물에 대해서 그것의 화학적 조성분석, 물리적 특성의 정립, 어떤 법적기준의 부합 여부 결정, 작동·부(不)작동 · 오작동 등의 판정, 설계의 적정 여부 판정 또는 발화지점·화재원인·화재확산에 미친 요소나 책임을 이해하고 판정할 자료를 얻기 위해서 감정 및 시험을 할 수 있고, 연구소 또는 기타 시험기관에 의뢰하여 자문을 구해야 한다.

4.3 소방자료의 수집평가

소방기관은 소방법(消防法)의 근거에 의해서 화재원인조사는 물론 화재예방 및 홍보자료의 수집평가를 위해 소방기관(消防機關)에서 보유하고 있는 방화대상물(防火對象物) 자료

철에 의거한 방화대상물의 용도 및 건축경과, 소방 설비의 설치·유지·관리상황, 대피(待避) 및 방화시설상황, 위험물(危險物)관리 및 방화관리상황, 기타 소방기관이 수집 파악한 정보 등을 각각 점검 확인하고, 이것들을 종합하여 현장조사 결과 얻어진 객관적인 사실과 화재발견·신고·초기 소화활동·대피상황 등에 따른 관계자들의 각종 증언(證言)에 맞추어 분석 평가하여 화재예방 자료를 수집한다.

4.3.1 화재의 확산경로에 대한 점검 확인

불씨에 의하여 가연물에 착화한 불이 어떠한 형태와 경로를 거쳐서 확대 연소되었으며, 화재 당시 방화시설 및 대피시설의 기능상황은 어떠하였는지를 검토 분석하여 문제점의 유무(有無)를 확인한다.

1. 화재실내에서 불이 번져간 확대연소상황

화원(火源 : 火種 : 불씨)에 의하여 주변가연물에 착화(着火)된 불이 발화실 내의 내벽·문 · 커튼 · 천장 내외 · 다락방 등으로 확대 연소한 소훼현상을 관찰하고, 커튼 · 블라인더·벽에 거는 융단 등의 방염(防炎)처리상황, 벽재 · 천장재료 · 건축내장재 등의 재질 · 연소속도에 영향을 미친 개구부상황 등을 검토 분석하여 소방상의 문제점 유무를 확인한다.

2. 다른 구획실 내로 불이 번져간 확대연소상황

대규모 및 방화대상 건물은 확대연소로 인하여 이동하는 화염(火焰)을 저지하기 위한 방화설비인 방화벽과 경계벽체·칸막이 등의 방화구획, 덕트의 방화댐퍼 등의 방화기능상황 및 구조 결함과 그 사유 등을 검토 분석하여 소방상의 문제점 유무를 확인한다.

3. 다른 층으로 불이 번져간 확대연소상황

① 목조 및 방화구조물은 바닥 및 벽면의 소잔 및 소실현상, 계단 및 개구부 등의 확대연소경로 등을 검토 분석하여 소방상의 문제점의 유무를 확인한다.

② 내화(耐火)구조물 및 간이 내화구조물의 확대연소 경로에 대해서는 비상계단 및 방화문·엘리베이터·에스컬레이터 등 설비의 소잔현상, 파이프 스페이스(Pipe space)와 공조용 닥터스페이스(Duct space) 등의 위아래로 통하는 공간 샤프트(Shaft) 및 창문과 창문 사이의 스팬드럴(Spandrel) 등 옥외 경로에 대해서도 검토 분석하여 소방상의 문제점 유무를 확인한다.

4. 인접 건물로 불이 번져간 연소(延燒)의 확대상황

최초 발생의 발화건물에서 다른 인접 건물로 연소되어 확대 연소한 부분(개구부·외벽·추녀·처마 속 및 지붕 등 대부분이 해당 됨)이 ⓐ 복사열(輻射熱)에 의한 것인지, ⓑ 접염(接焰)에 의한 것인지, ⓒ 비화(飛火)에 의한 것인지 등에 대해서 검토 분석하여 발화건물로부터 다른 인접 건물로 연소되어 화재가 확산된 경로를 밝히고 소방상 문제점의 유무를 확인한다.

4.3.2 대피상황(待避狀況)의 점검확인

발화(發火)당시 화재건물 안에 있던 사람들의 상황·화재 당시 대피행동 유무·대피활동에 있어서 구조적인 장애요소 유무 등 화재 당시 대피행동과 관련되는 제반사항을 조사대상으로 하며, 조사방법으로는 사망자의 위치 및 자세, 대피한 사람 및 자위 소방활동 관련자들로부터 대피상황에 대한 청취, 대피한 사람이 많을 경우에는 앙케트 설문지에 의한 조사 및 필요시 다음 사항을 확인하여 사상자 발생원인을 분석하고, 화재 당시 인명의 위험방지대책 수립에 필요한 자료를 수집한다.

① 화재건물 화재경보시설의 작동시기 및 방법 등의 경보상황

② 대피유도시설 및 구조 등의 상황

③ 대피자의 화재발생 사실의 인지방법

④ 대피시기와 대피경로

⑤ 대피활동에 있어서 장애를 받았던 상황

⑥ 비상계단 또는 발코니 설치상황

⑦ 대피기구의 설치 및 사용상황

⑧ 유도등(誘導燈) 및 유도표식의 설치상황과 효과

4.3.3 소방용 설비의 사용과 작동상황

소방용 설비란 소방에 도움이 되는 설비·소방용수 및 소화활동상 필요한 시설의 총칭을 말하며, 방화대상물의 용도·구조·규모 등에 따라 종류별로 정해진 소방용 설비의 효과적인 작동 여부는 화재발생시 연소의 확대와 사상자 발생에 밀접한 관계가 있기 때문에 소방용 설비에 대한 화재 직전의 기능상태를 세부적으로 조사하여 소방의 대책자료를 수집한다.

1. 설치기준의 적부(適否)에 대한 점검 확인

① 화재건물의 소방용 설비에 관련되는 제반 관계서류를 통하여 착공 및 설치 신고·검사 등의 여부를 점검 확인한다.

② 화재건물에 대한 소방동의서 및 사찰(査察)결과에 따른 면적 · 구조 · 용도에 따른 필요설비를 법령규정대로 구비하고 있었는가를 점검 확인한다.

2. 기술기준에 따른 유지관리의 적부에 대한 점검 확인

각각의 소방용 설비는 그들 설비의 설치 및 유지관리에 대한 기술기준을 기초로 하여 그것들의 종류·유지 및 관리상황·화재 당시의 사용 및 작동상황 등을 사실대로 점검하여 기록하고 관계자의 진술내용을 확인하여 문제점을 도출한다.

3. 위험물 관계시설의 점검 확인

위험물과 준 위험물·특수가연물 등의 저장 또는 취급과 관계가 있는 화재는 연소의 확대위험 및 사상자의 발생위험이 크기 때문에 이들 물품은 일정량 이상의 저장 또는 취급에 대해서 법적인 규제를 하고 있다. 따라서 위험물 제조소 및 저장취급소 · 위험물 소량 저장취급소 · 준위험물 저장취급소 · 특수가연물 저장취급소 · 고압가스 관계시설 및 각각의 무허가 또는 무신고 저장취급소 등으로부터 발화 또는 연소가 확대한 경우에는 그들 시설 전부에 대한 허가(許可) 및 신고(申告)에 관련된 관계서류 및 사찰결과 등에 따라서 다음 사항을 점검 확인한다.

① 위험물 등의 관계시설에 대한 허가 또는 신고의 유무(有無)

② 화재 전후의 화재관련 의무불이행 및 위반사실의 개요

③ 저장 또는 취급대상물품이 소실(燒失)된 경우에는 그것들을 종류 및 품명별로 구분하여 전체의 허가 및 신고수량·저장 및 취급수량·소실수량 등의 제반 상황

4.3.4 소방행정상의 문제점

화재와 관계가 있는 '소방법령 위반' 및 '소방법령 이외의 관계법령 위반사항(건축·고압가스·전기 등과 같은 법령위반사항)'과 다음과 같은 기타 소방행정상의 문제점의 유무에 대하여 규명한다.

① 화재와 관련이 있는 방화관리체제 및 소화(消火)계획, 자위소방활동과 관계되는 문제점

② 화재와 관련하여 행정지도를 필요로 하는 사항

③ 발화한 방화대상물의 과거의 화재발생상황

④ 기타 소방행정상 필요가 있다고 판단되는 사항

5

화재유형별 조사요점

화재유형별 조사요점

5.1 폭발화재(爆發火災)

5.1.1 폭발(爆發* Explosion)

폭발을 일으키는 물질에는 가연성 기체 및 증기·가연성 분진(粉塵)·화약류(火藥 類) 등을 들 수 있으며, '폭발'이라는 것은 기체의 발생을 수반하는 일종의 연소반응으로써, 그것이 한번 시작되면 적어도 그곳에 가연물이 있는 한 그 속도가 무한정 커지는 성질이 있다. 이것에 대한 통상의 연소는 각각 주어진 상황 아래에서 크거나 작은 유한(有限)속도를 갖고 정상적으로 진행한다.

5.1.1.1 가연성 가스 및 액체의 폭발

가연성 가스 및 액체의 증기(蒸氣)가 폭발범위 내의 농도로 확산하는 경우에는 어떤 발화원에 의해 발화하여 연소한다. 이때 연소파(燃燒波)의 전파속도는 가스의 조성이나 농도에 따라 달라지지만, 일반적으로는 0.1~10m/sec 정도이다. 특히 LPG 등 가스연료는 깨끗하고 사용이 편리한 반면, 폭발압력이 30kg/㎠로 0.1초 동안에 1㎡에 주는 힘이 300ton에 달할 뿐 아니라, 폭발순간에 2,600m/sec의 폭풍을 동반하여 엄청나고 가공스러운 인명과 재산의 피해를 유발하는 위험이 있다(사례 : 1971년 12월 25일 10시 17분경 서울 대연각 호텔에서 167명 사망을 발생시킨 초대형 LPG 폭발화재).

① 가연성 가스 및 증기와 공기 또는 산소가 혼합된 경우에는 밀폐용기 내에서 발화하면 발생한 연소열로 인하여 연소생성가스가 팽창하여 7~8kg/㎠에 달해 폭발을 일으킨다.

② 폭발범위 내의 어느 특정 농도 범위에서는 연소의 전파속도가 매우 빨라지고, 연소파

〈표 5.1〉 가연성 가스의 연소범위와 화염속도, 착화온도

가연성 기체	아세틸렌	수 소	프 로 판	부 탄
연소범위 (공기 중 %)	2.5~81	4~75	2.1~9.5	1.8~8.4
화염속도 (1inch 관중에서 m/sec)	1.14	4.85	0.81	0.82
착화온도(℃)	335	580	467	405

전파속도(傳播速度)는 보통의 폭발에 비해 수백 배에서 수천 배 이상의 속도(1,000~3,500m/sec)가 되며, 이 농도범위를 폭굉(爆轟)범위라고 한다.

③ 폭굉파(爆轟波)의 전파속도는 음속[331.45m/sec, 표준상태(0℃의 건조공기 중)]의 수배이기 때문에 그 진행의 전면(前面)에 충격파(衝擊波)가 발생한다.

1. 가스폭발의 특징

① 가스폭발은 가스가 공기와 일시에 혼합되어 착화되었을 때 순간적인 반응으로 열의 발생속도가 일산(逸散)속도를 훨씬 능가하는 비정상 연소인 폭발연소(爆發燃燒)를 하게 된다. 따라서 현장발굴조사 당시에 압력을 받은 물질 또는 물체에 대한 존재 확인은 아주 중요하다. 만약 이들이 확인되지 않으면, 연소의 상승 성향(上昇性向)에 따른 역삼각형의 연소형태가 광범위하게 형성되어 있어서 발화부의 추적이 어렵게 될 수 있는 특징을 가진다.

② 가스폭발은 공간부분으로의 분출연소로 인하여 외관상 둔탁하다고 할 수 있는 파괴현상을 나타내고, 폭발당시 폭풍(爆風)과 화열(火熱)이 순간적으로 확산되면서 소위 다른 가연물로의 2차적 연소(燃燒)현상을 수반하는 것이 대부분이다. 따라서 화상자가 많이 발생하는 특징을 가진다.

2. 폭발현장의 판단

① 폭발규모가 큰 현장은 심한 폭발음으로 식별할 수 있지만, 누설가스의 정체량이 많지 않은 단계의 가스폭발에서는 폭발음이 반드시 수반되지는 않지만 구조물의 내부에서는 폭발 당시의 압력발생은 필연적이므로 가구물(架構物)이나 불안정한 부착물 또는 집적물이 제일 먼저 도괴·전도된다든지 붕괴·낙하되는 현상이 발생된다. 따라서 진화(鎭火) 후의 화재조사에서 소락물(燒落物)의 순서 확인으로 폭발현상이 있었는지의 여부를 쉽게 판별할 수 있을 것이다.

② 약한 폭발의 경우 즉, 인화점이 낮은 제1석유류와 같은 액체가연물을 살포하고 점화(點火)하는 방화(放火)의 경우에도 액체가연물의 증발연소성 때문에 가스폭발과 같은

현상으로 나타나 쉽게 판별할 수 있다.

③ 가스 누설(漏泄)에 의한 폭발현상도 가스농도가 큰 경우에는 불완전한 산화 생성물을 생성할 뿐 아니라, 일부의 기체는 전혀 변화하지 않거나 열분해가 일어나는 정도로 끝나고, 2차적인 연소 없이 폭발적으로 끝난 현장에서는 섬유물질에 가스첨가제의 냄새가 침윤(浸潤)된 채로 잔존해 있는 경우도 있다.

〈표 5.2〉 혼합가스의 최대연소속도

혼합가스의 조성과 농도		최대연소속도(m/sec)
메 탄 : 10%	공 기 : 90%	0.35
수 소 : 43%	공 기 : 57%	2.7
수 소 : 70%	산 소 : 30%	9.0

〈표 5.3〉 혼합가스의 폭굉속도

가연성 가스	혼합농도(Vol %)	공기 또는 산소	폭굉속도(m/sec)
에틸알코올	6.2	공 기	1,690
에틸렌	9.1	〃	1,734
일산화탄소	66.7	산 소	1,264
이황화탄소	25.0	〃	1,600
메 탄	33.3	〃	2,146
벤 젠	11.8	〃	2,206
에틸알코올	25.0	〃	2,356
프로판	25.0	〃	2,600
아세틸렌	40.0	〃	2,716
수 소	66.7	〃	2,821

〈표 5.4〉 혼합가스의 폭굉범위(상온 상압)

혼합가스		폭발범위(Vol %)		폭굉범위(Vol %)	
가연성 가스	공기/산소	상 한	하 한	상 한	하 한
수 소	공 기	4.0	75.0	18.3	59.0
수 소	산 소	4.7	93.9	15.0	90.0
일산화탄소	〃	15.5	94.0	38.0	90.0
암모니아	〃	13.5	79.0	25.4	75.0
아세틸렌	공 기	2.5	81.0	4.2	50.0
아세틸렌	산 소	2.5	–	3.5	92.0
프로판	〃	2.3	55.0	3.2	37.0
에틸에테르	공 기	1.85	48.0	2.8	4.5
에틸에테르	산 소	2.1	82.0	2.6	)40.0

5.1.1.2 액체 및 고체의 분진폭발

가연성 액체무적(液體霧滴) 또는 고체미분(固體微粉)이 어느 농도 이상에서 공기 및 산소 등의 지연성(支燃性) 가스 중에 분산된 상태에서는 폭발성 혼합가스와 같이 에너지를 공급받으면 폭발을 일으킨다. 일반적으로 분진폭발(粉塵爆發)은 혼합가스 폭발에 비해 폭발압력의 상승속도가 빠르지만 최대압력은 대체로 같고, 또 폭발압력의 지속시간이 상당히 긴 것이 특징이다. 따라서 분진폭발의 파괴력은 상당히 클 뿐만 아니라 금속 또는 합금(合金) 입자 등은 공기 중에서 연소할 때의 발열량이 크고, 입자는 가열되어 비산(飛散)하여 다른 가연물에 부착될 때 착화원이 되는 경우도 있다.

1. 착화에너지와 폭발한계

여러 가지 분진은 가스 또는 화약류에 비해 폭발되기 어렵고, 기폭(起爆)에 필요한 최소 에너지는 가스 또는 화약류가 10^{-4}~10^{-6}줄인데 반해 10^{-2}~10^{-3}줄(Joul)로서 더 큰 에너지를 필요로 한다. 또 폭발한계에 대해서는 측정하기가 어렵지만 대체로 하한 25~45mg/ *l*, 상한은 80mg/ *l* 정도라고 보고되고 있다.

〈표 5.5〉 분진의 종류별 최소 착화에너지

분진의 종류	부유분진 발화점(℃) 부유상	부유분진 발화점(℃) 층상	최소점화에너지(mJ)	폭발하한(g/㎥)	최대폭발압력(kg/㎠)	압력상승속도[3](kg/㎠·sec) 평균	압력상승속도[3](kg/㎠·sec) 최대	부유분진의 전기불꽃에 의한 발화를 방지하기 위한 한계산소농도[4]	분진폭발 방지를 위한 최대허용 산소농도[4·5]
페놀포름알데히드	500	320	10	25	7.4	210	770	14	9
요소포름알데히드	470	–	80	70	4.2	49	126	17	11
폴리에틸렌	410	380	10	20	6.0	112	385	12	7
폴리프로필렌	420	–	30	20	5.3	105	350	–	–
폴리스티렌	490	470	40	20	5.1	105	280	14	7
나일론	500	430	20	30	6.7	70	154	13	6
초산셀룰로오스	420	390	15	35	7.8	151	455	13	7
폴리에틸렌옥사이드	350	–	30	30	6.2	70	140	12	5
폴리우레탄폼	510	440	15	25	6.2	98	259	–	–
리그닌	510	–	160	65	5.6	119	329	17	13
카세인	520	–	60	45	4.6	28	70	17	7
테레프탈산	680	–	20	50	5.1	119	420	15	–
헥사메틸렌테트라민	410	–	10	15	6.9	168	770	14	11
무수프탈산	650	–	15	15	5.0	91	294	14	11
목 분	430	260	30	40	7.1	161	525	17	7

[참고사항]
(1) 분진시료 : 200메시
(2) 최대폭발 압력 : 분진농도 500(g/㎥)에서 얻은 값.
(3) 평균압력 상승속도는 최대 폭발압력을 점화하여 거기에 도달하는데 필요로 하는 시간으로 나누어 얻은 것이고, 최대압력 상승속도는 압력·시간곡선에서의 최대 기울기를 나타냄.
(4) 불활성가스로 탄산가스를 사용한 경우의 값.
(5) 850℃의 노 내에서 발화가 일어나지 않을 때의 공기-불활성가스 혼합기 중 산소농도를 나타냄.

2. 분진입자의 크기와 부유(浮遊)농도

분진입자의 직경이 매우 크면 폭발은 일어나지 않고, 어느 정도 직경 이하의 입자이어야 한다. 분진에는 여러 가지 크기의 입자가 혼재(混在)해 있으므로 한마디로 정하기는 어렵지만, 공기 중에 부유할 수 있는 정도의 크기이어야 하고, 일반적으로는 100㎛ 이하가 되면 폭발 위험성이 있으며, 미립자(微粒子)일수록 폭발하기 쉽다. 또 가스폭발과 같이 명확한 폭발한계를 정하기는 어렵지만, 공기 중의 단위체적당 일정량의 분진이 존재할 필요가 있다고 할 수 있다. 부유성을 지배하는 중요인자로서는 분진 및 유적(油滴)의 대전(帶電)성과 수분의 흡착성 등을 들 수 있다.

3. 폭발의 유발 분진

구 분	물 질 명
금속분말	Al, Mg, Fe, Mn, Si, Sn, Ti, Zn, Zr, 페로실리콘(규소/철 합금), 다우합금
플라스틱	아릴알코올수지, 카세인, 질산 및 초산셀룰로오스, 리그닌수지, 페놀수지, PE, PS, 합성고무, 성형용 요소수지
농 산 물	소백분, 전분, 면, 쌀, 대두, 땅콩, 코코아, 커피, 담배
기 타	스테아린산 알루미늄, 석탄, 콜타르피치, 유황, 비누, 목분

5.1.1.3 화약류의 폭발

일반적으로 폭발성 물질이라고 함은 가열(加熱) 또는 충격(衝擊)에 의해 폭발을 일으키는 물질을 말하지만, 화약용어에 의하면 '열역학적으로 불안정한 평형상태에 있는 한 개 또는 수개의 균일 또는 불균일계를 형성하는 물질이며, 경미한 교반(攪拌)작용에 의해 물리적 또는 화학적 변화를 일으키고, 주위에 급격한 압력상승을 일으키는 것'이다. 이것은 예외적인 것까지 고려하고 있다.

그러나 화약류라 하는 경우에는 '공업적으로 이용가치가 있는 폭발성 물질이고, 그 일부에 열 또는 충격을 가했을 때 화학적 변화를 일으켜 열량을 유리(遊離)함과 동시에 다량의 가스를 발생하여 국부적으로 급격한 압력상승(壓力上昇)을 일으키고, 이 고온가스 중의 활성(活性)분자의 작용에 의해 다른 부분에 연달아 급격한 분해를 일으키는 것'이다.

1. 조성에 따른 분류

- 혼합화약류 : 질산염 혼합화약류, 염소산염, 액체산소 화약류
- 화학화약류 : 질산유도체−질산에스테르, 니트로화합물, 상기 이외의 화학화약류

2. 총포·화약류 단속법에 따른 분류

- 화약(Gunpowder) : 질산칼륨(KNO_3 : 초석), 목탄, 유황이 혼합된 검정색 또는 갈색 혼합물
- 폭약 및 화공품

5.1.2 인화(引火)에 영향을 미치는 요인

프로판·메탄·아세틸렌·수소 등의 가연성 가스는 공기와 적당히 혼합한 상태에서 불씨를 접하면 용이하게 인화하여 가스화재 또는 폭발을 일으키고, 상온 이하의 인화점을 갖는 가연성 액체는 언제나 가연성 증기를 방출하고 가연성 가스와 같은 성질을 가지며, 상온 이상의 인화점을 갖는 것에도 인화점 이상으로 가열된 상태라면 언제나 인화 가능성이 있다. 여기에는 액체뿐만 아니라 고체 중에서도 나프탈렌·파라−알데히드와 같이 가연성 증기를 발생하여 인화 또는 폭발의 위험성을 갖는 것이 있다. 따라서 인화에 미치는 요인으로써는 ① 인화점과 발화점, ② 폭발한계(연소 한계), ③ 폭굉과 폭연, ④ 착화에너지, ⑤ 비중, ⑥ 증발열, ⑦ 증기압, ⑧ 비점과 돌비현상, ⑨ 융점(融點), ⑩ 증기폭발, ⑪ 단열압축 등이 있다.

5.1.3 폭발화재조사

5.1.3.1 개요

화재 및 폭발의 원인조사에 있어서 폭발은 잠재에너지(화학적 또는 기계적)가 압력 아래에서 가스를 생성하여 방출(放出)하면서 운동에너지로 급격히 전환하는 것으로써, 이 고압가스는 주변의 물질을 이동·변경 또는 파괴하는 등의 기계적인 작용을 한다. 또한 비록 폭발이 거의 항상 큰 폭음의 발생을 동반할지라도 그 폭음 자체는 폭발의 정의에서 필수적인 요소는 아니며, 가스 생성과 가스의 격렬한 유출이 일차적인 폭발의 기준이 된다. 따라서 조사자는 폭발효과와 손상특징을 제어하는 요인이 연료의 종류·양 및 조성, 용기 또는 구조물의 크기와 형태, 용기와 구조물의 재질과 강도, 벤팅(Venting : 건물 안의 개구부를

통한 연기와 열의 배출)의 종류 및 양 등을 포함하여 아주 다양하다는 것을 염두에 두어야 한다.

① 캔 등을 파열시켜 캔 내부에서의 인화성 증기/공기 혼합기의 착화는 폭발이지만, 개방된 장소에서 위와 똑같은 혼합기의 착화는 폭연(爆燃)인 반면에 고압가스 유출에 의한 국부적인 공기압력 증가와 현저한 폭음이 있을 지라도 폭발은 아니다.

② 수압(水壓)으로 인한 탱크 또는 용기의 파괴(破壞)와 파열(破裂)은 압력이 가스에 의해 증가되지 않기 때문에 폭발은 아니다. 따라서 폭발은 반드시 가스가 에너지를 발생해야 한다.

5.1.3.2 폭발형태

폭발압력을 생성시키는 근원(根源) 또는 메커니즘에 의하여 폭발형태를 구분하면, 기계적 폭발과 화학적 폭발의 2가지 주요형태로 구분된다.

1. 기계적 폭발

기계적 폭발이란, 고압가스가 전적으로 물리적 반응에 의해 생성되는 폭발로써, 반응의 어떤 것도 용기 내에 있는 물질의 기본적인 화학적 성질의 변화를 포함하지 않으며, 순수한 기계적 폭발에는 가스저장 실린더 또는 탱크가 고압 때문에 파열되어 압축가스·이산화탄소 또는 산소 등의 저장된 고압가스를 방출하는 것이다.

(1) 증기폭발

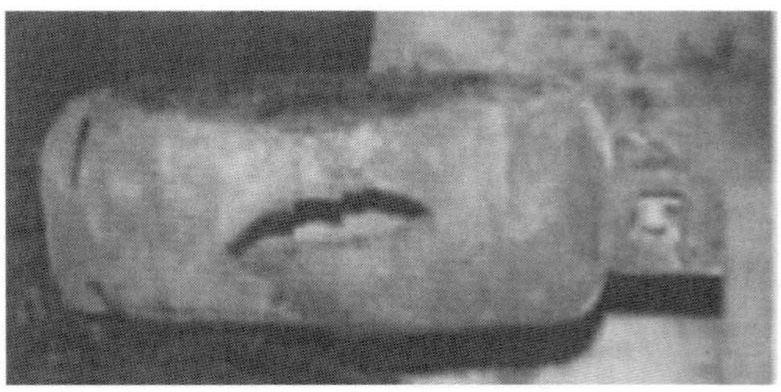
〈사진 5.1〉 LPG용기의 폭발 및 소잔현상

증기폭발(蒸氣爆發)이란, 가압하의 과열(過熱)상태에 있는 액체가 밀폐용기의 파손 등으로 급격하게 압력이 떨어져 대기압에 이르면 돌비현상(突沸現象)과 비슷한 작용이 일어나서 급격하게 증기화(蒸氣化)되어 체적을 팽창시켜 나타나는 폭발현상을 말하며, LPG(Liquefied Petroleum Gas)와 같이 비점(沸點)이 상온 이하의 액체도 밀폐용기가 파열하면 상온에서 증기폭발이 일어날 가능성이 있다. 이들 액체가 가연성일 때는 증기폭발로 용기가 파손되고 한번에 대량의 증기가 공기 중에 방출되어 2차적인 폭발이 일어나기도 한다.

(2) 스팀보일러의 폭발

스팀보일러의 폭발은 가장 보편적인 기계적 폭발로서, 과압(過壓)원인은 가열되어 증발하는 물에 의해 생성되는 스팀이다. 스팀압력이 보일러에 의해 더 이상 억제할 수 없을 때 용기에 결함이 생겨 폭발이 발생한다. 어떤 화학적인 반응이나 연소반응 또는 핵반응은 전혀 필요 없고, 가압된 스팀이 에너지원이며 스팀의 화학적 특성은 바뀌지 않는다.

BLEVE(Boiling Liquid Expanding Vepor Explosion)

'BLEVE(비등액체 팽창증기 폭발)'은 비점(沸點) 이상의 온도에서 가압액체를 저장한 용기와 관련한 기계적인 폭발형태로써, 가압액체는 인화성(引火性)일 필요는 없고, 1회용 라이터 또는 에어로졸처럼 작은 용기에서부터 탱크 카 또는 산업체의 저장탱크와 같은 큰 용기에서도 일어날 수 있다. BLEVE는 화재현장에서 조사관이 가장 빈번하게 마주치게 되는 기계적 폭발로써 다음과 같은 경우에 주로 발생한다.

① BLEVE는 액체 및 증기의 온도가 외부로부터 열을 받아 상승하여 저장용기(탱크 등)가 견딜 수 없어 파열되면서 발생한다.

② 저장(貯藏)용기의 파열은 가압액체가 유출되면서 순간적으로 기화(氣化) 되고, 그 내용물이 인화성 물질일 경우에는 거의 항상 화재가 발생한다.

③ 그 내용물이 불연성일 경우에는 여전히 BLEVE가 발생할 수 있지만, 증기 연소에 뒤이은 화재는 발생하지 않을 것이다.

④ 착화(着火)는 BLEVE를 일으킨 원래의 외부 열 및 폭풍이나 비산물체에 의해 생성되는 전기 또는 마찰스파크에 의해 발생하고, 또 기계적 손상·과충전(過充塡)·폭주반응(輻輳反應)·과열증기의 공간 폭발·기계적 고장 등으로도 발생한다.

2. 화학적 폭발(Chemical explosions)

불안정한 화학적 화합물의 치환(置換) 또는 반응(反應)으로 인하여 발생하는 에너지의 급격한 방출현상으로써, 주로 폭발성 혼합기나 가연성 고체 등의 화합물의 안정성에 열·압력·충격 등의 미세한 장애요인이 발생하면, 화합물이 유지하고 있던 균형상태가 와해되면서 격렬한 반응이 일어난다. 화학적 폭발의 결과 물질은 고체상태에서 기체상태로 급격히 변화하여 부피가 순간적으로 엄청나게 증가하여 강력한 압력파(壓力波)를 발생시킨다.

① 가장 일반적인 화학적 폭발은 가연성 탄화수소 연료의 연소에 의하여 일어나는 연소폭발이고, 이것은 산화제(酸化劑)로서 공기와 함께 연료의 존재에 의하여 특정지어진다. 연소폭발에는 분진폭발을 포함할 수 있다.

② 연소폭발에서 압력상승은 연료의 연소와 다량의 연소부산물 및 고온가스의 생성에 의하여 발생한다. 왜냐하면 위의 결과가 화재원인 조사자에 의해 발견되기 쉽기 때

문에 연소폭발을 별도의 폭발형태로서 간주하는 것이다.

③ 연소반응은 연료를 통과하는 화염 전면의 이동속도에 따라 반응속도가 미(未)반응연료에서 음속(音速) 이상인 연소반응인 폭굉(爆轟)과 반응속도가 미반응연료의 유속이 음속 미만인 연소반응인 폭연(爆燃)으로 분류된다.

④ 연소폭발의 기본형태를 관련 연료의 형태에 따라 분류하면 가장 일반적인 것은 다음과 같다.

- 가연성 가스
- 인화성 증기와 가연성(착화 가능한) 액체
- 분진(粉塵)
- 저폭발물(폭연이 일어난 것)
- 고폭발물(폭굉이 일어나는 것)
- 스모크(smoke) 및 인화성 물질의 불완전 연소(백 드래프트 폭발)

주의

고(高)폭발물의 화학적 구조는 폭굉 당시 산화반응이 일어나게 한다. 고폭발물의 폭굉은 통상적인 연소반응이 아니며, 별도의 산화제도 없고, 오히려 충격파가 초음속으로 관통함에 따라 폭약이 분해된다. 반응은 발열반응이다.

3. 전기폭발

높은 전기 아크에너지가 폭발을 유발하기에 충분한 열을 발생시킬 수 있다. 주위 가스의 급속한 가열은 화재를 유발하거나, 그렇지 않을 수 있는 기계적 폭발을 일으킨다. 번개를 동반하는 천둥소리는 전기폭발효과의 한 예이다. 전기폭발을 조사하려면 특별한 기술이 필요하다.

4. 핵폭발(核爆發* Nucleus Explosion)

핵폭발서 고압(高壓)은 핵 원자의 융합(融合) 또는 분열(分裂)에 의해 만들어진 엄청난 양의 열에 의해 발생한다.

5.1.3.3 폭발손상의 특징

폭발손상(爆發損傷)을 특정하기 위해서 손상유형을 근거로 구조에 따라 분류하는 것이 좋으며, 폭발로 인한 에너지 방출을 설명하는데 사용되는 유사한 단어와의 혼돈을 피하기 위해 '높은 등급의 손상'과 '낮은 등급의 손상'이라는 용어를 사용하는 것이 좋다. 그러나 현

〈사진 5.2〉 증기폭발화재와 소잔현상

1. 낮은 등급의 손상(Low Order Damage)

〈사진 5.3〉 화재가 발생하지 않은 낮은 등급의 가스폭발에 의한 파괴현상

장에는 두 범위에 걸치는 증거도 있을 수 있다. '낮은 등급의 손상'은 구조물 바로 옆의 벽체가 튀어나오거나 손상되지 않고 내려앉는 것이 특징이다. 지붕은 가볍게 위로 들렸다가 거의 원래 자리로 되돌아온다. 창문은 종종 유리가 깨어지지 않은 채로 튀어나가기도 한다. 폭발잔해(爆發殘骸)는 규모가 크며 짧은 거리로 날아가고, 낮은 등급의 손상은 느린 속

도의 압력상승으로 발생한다.

2. 높은 등급의 손상(High Order Damage)

높은 등급의 손상(損傷)은 구조물이 부서져 작은 잔해가 되는 것으로 특징지어진다. 높은 등급의 폭발에서 벽·지붕·다른 구조의 부재 등이 쪼개지고, 산산조각 나고, 완전히 파괴된다. 폭발잔해가 사고의 발생장소로부터 수천 피트 떨어진 거리에서 발견될 수도 있으며, 높은 등급의 손상은 급속한 압력의 상승속도에 의한 결과이다.

〈사진 5.4〉 높은 등급의 가스 폭발화재

5.1.3.4 폭발효과

폭발은 이상적인 이론적 상황에서 팽창하는 구(球)형태의 열과 압력파면으로 표시하는 가스의 동적인 현상이다. 열과 압력파장은 폭발의 파괴특성을 발생하며, 폭발효과는 폭발 압력 파(波)효과·파편(破片)효과·열(熱)효과·지진(地震)효과 등이다.

1. 폭발압력 파(波)효과

물질이 폭발하면 다량의 가스를 생성하고, 이들 가스는 높은 속도로 팽창하여 폭발의 발생지점으로부터 바깥쪽으로 움직인다. 가스와 가스에 의해 움직인 공기는 주로 폭발과 관련 있는 손상 및 부상을 일으키는 압력파를 생성한다. 그 폭발압력 파는 폭발의 발생지점에서 힘의 방향에 따른 두 가지 분명한 국면에서 일어나고, 이것은 양압(陽壓 : +)단계와 부압(負壓 : −)단계이다.

이상적인 폭굉(爆轟)의 대표적인 압력(壓力)이력은 아래 그림 5.1에서 볼 수 있으며, + 및 − 단계로 구성되어 있고, 압력−시간 곡선 아랫부분은 폭발 '임펄스'라 한다.

(1) 양압(+)단계

양압(+)단계는 팽창가스가 사고발생 장소로부터 멀리 움직이는 폭발압력파 부분이며, 보통 부압단계보다 더 강력하고, 압력손상의 대부분을 차지하고 있다. 부압단계는 확산단계(가스/증기)의 폭발후기에 있어서의 폭발조사나 증거로 감지할 수 없을 수도 있다.

(2) 부압(−)단계

폭발의 양압(+)단계의 급속한 팽창이 폭발 발생지점으로부터 바깥으로 움직일 때 주변을 둘러싼 공기를 밀어내어 압축하고, 가열하여 주위압력에 비해 상대적으로 낮은 공가압력상태가 발생지점 중심부에 생긴다. 양압(+)단계가 사라질 때 생성된 부압단계인 낮은 공기압력 조건을 평형상태로 만들기 위해 공기는 발생지점으로 역류한다. 부압(−)단계는 2차적인 손상을 일으킬 수 있고, 발생지역 쪽으로 물증을 이동시킬 수 있고, 부압단계 동안 잔해가 움직여 발생지역을 숨길 수 있다. 부압(−)단계는 보통 현저하게 적은 힘이지만 양압(+)단계에 의해 이미 약해진 구조물의 형태를 무너지게 할 수 있는 충분한 힘을 가지고 있다.

(3) 폭발파면의 형태

이상적·이론적인 상황에서 폭발로부터 폭발파면(爆發波面)의 형태는 착화지점으로부터 골고루 사방으로 팽창할 것이나, 실제 상황에서는 폭발압력파의 제한 또는 방해가 방향·형태·파면의 힘 등을 바꾸거나 변형시킨다.

① 밀폐된 용기 또는 구조물에서의 벤팅(Venting)은 용기 또는 구조물의 외부에 손상을 일으킬 수 있고, 대부분의 손상은 Venting 경로에 있는 것으로 예상할 수 있다.

② 폭발 압력파(壓力波)는 견고한 장애물에서 반사되어 방향이 바뀌어서 장애물의 특성에 따라 실질적인 압력상승 또는 예상압력의 감소를 가져올 수 있다.

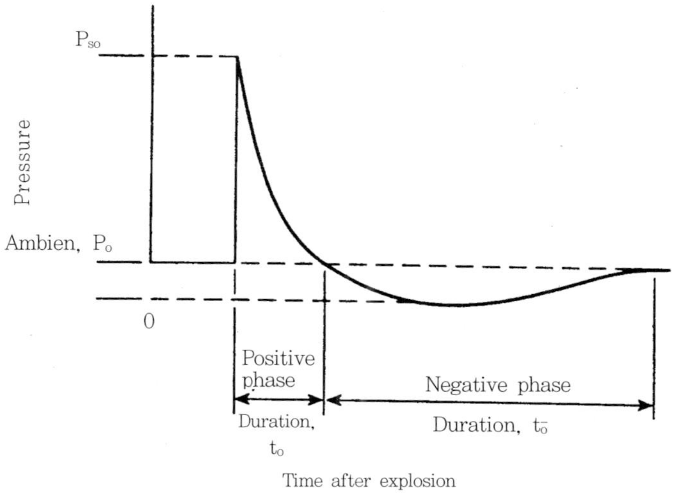

〈그림 5.1〉 Typical pressure history from an idealized detonation

(4) 압력 상승속도 대 최대압력

폭발압력파면에 의해 발생되는 손상형태는 생성된 전체에너지의 양뿐만 아니라 종종 더 큰 규모로 에너지의 방출속도와 압력의 상승속도에 따라 다르다.

① 비교적 느린 압력의 상승속도는 낮은 등급의 손상에서 나타나는 것과 같이 미리거나 튀어나온 형태의 손상효과를 발생할 것이고, 창문 또는 구조물의 접합부분과 같이 밀폐된 구조물의 좀더 약한 부위가 먼저 파열(破裂)된 다음 폭발압력파가 분출되어 전체적인 폭발의 손상효과를 감소시킨다.

② 압력의 상승속도가 매우 급속한 폭발에서는 밀폐용기 또는 컨테이너 등이 파괴되고 Venting효과가 일어날 충분한 시간이 없기 때문에 폭발잔해(爆發殘骸)는 멀리 비산할 것이며, 이것은 높은 등급의 손상특징이다.

③ 압력상승이 덜 급속한 경우의 Venting효과는 발생된 최대압력에 큰 영향을 미치며, 일부 환경에서 폭연(爆燃)캔에서 발생될 수 있는 이론적 최대압력은 7~9atm만큼 높다(120psi 범위).

④ 주거 또는 상업용 건물에서의 누출가스 폭발과 같이 일반적으로 직면할 수 있는 상황에서의 최대압력은, 건물의 벽 또는 지붕 등은 파열되지 않고 유지될 수 있는 압력을 조금 넘는 정도까지로 제한된다. 잘 건축된 주거지의 경우 이 값은 거의 3psi를 초과하지 않는다.

2. 비산효과(飛散效果)

폭발압력파를 수용하거나 제한하는 컨테이너·구조물 또는 용기 등의 파손 당시 조각으로 부서져서 멀리까지 비산될 수 있으며, 이 파편조각을 비산물(飛散物)이라고 말한다.

① 비산물은 폭발의 발생지점으로부터 먼 곳까지 큰 손상이나 부상자를 발생시킬 수 있고, 더욱이 비산물체(飛散物體)는 종종 전력선·연료가스 또는 기타 인화성 연료배관 또는 저장 컨테이너를 절단할 수도 있고, 이로 인해 폭발 이후 화재의 규모나 심도가 증가할 것이며, 때에 따라서는 추가 폭발을 야기시킬 수 있다.

② 폭발 당시 바깥쪽으로 날아가는 비산거리(飛散距離)는 비산물체의 최초 방향에 크게 의존하고, 비산물체가 도탄충격(塗炭衝擊)의 발생에 크게 좌우된다. 그림 5.2는 서로 다른 초기 비산방향에 따른 이상적인 비산물체의 궤도(軌道)에 관한 도표이다.

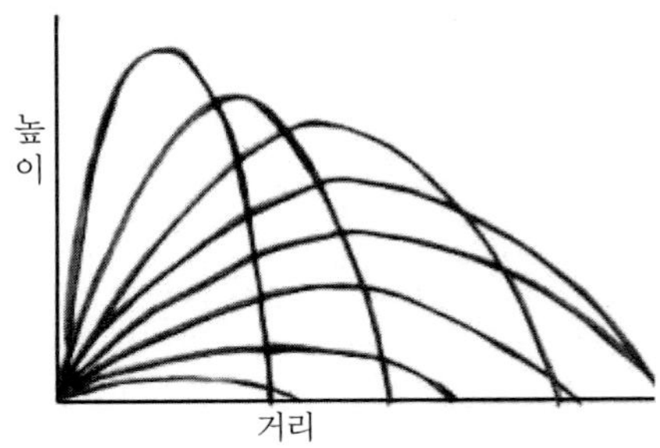

〈그림 5.2〉 Idealized missile trajectories for several initial flight directions

3. 열효과(熱效果)

연소폭발(燃燒爆發)은 연소가스와 주변의 공기를 가열하는 많은 양의 열을 방출하며, 이

열에너지는 근처의 가연물을 착화시키거나 사람에게 화상을 입힐 수 있다. 따라서 이러한 2차적인 화재는 폭발로 인한 피해나 부상을 증가시키고 조사과정을 복잡하게 만들며, 종종 폭발 또는 화재 중 어떤 것이 먼저 일어났는지를 판정하는 것을 어렵게 한다.

① 모든 화학적 폭발은 많은 양의 열을 발생시키고, 열손상은 최고온도(1,040℃ 이상)의 지속시간뿐만 아니라 폭발성 연료의 특성에 의존하고, 열을 유지하는 지속시간 또는 강도는 폭발에서의 잠재적 손상 또는 부상에 크게 영향을 미친다.

② 폭굉폭발은 매우 제한된 지속시간 동안에 극히 높은 온도를 발생시키고, 반면에 폭연 폭발은 낮은 열을 발생시키나 오랫동안 지속된다.

③ 폭발, 특히 가연성 증기 BLEVE의 열효과로는 화구(火球)와 파이어 브랜드(Firebrand)도 있으며, 화구는 폭발 당시 또는 폭발 이후 순간적으로 존재하는 고(高)농도로써 단시간의 열방사가 있을 수 있는 화염 덩어리이고, Firebrand는 폭발 당시 분출되는 고온 또는 연소중인 파편(破片)이다.

④ 이상의 모든 열효과는 폭발의 중심에서 멀리 떨어진 곳에 화재를 발생시킬 수 있다.

4. 지진(地震)효과

폭발압력파가 팽창되고 큰 구조물의 손상부분이 땅에 떨어질 때 현저한 국부적인 지진 또는 진동(振動)이 대지를 통해 전달될 수 있고, 이 지진효과는 소규모 폭발의 경우에는 일반적으로 미미한 수준이지만, 구조물과 지하에 매설된 지원시설·파이프라인·탱크 또는 케이블 등에 추가적인 손상을 일으킬 수 있다.

5.1.3.5 폭발효과의 제어요소

연료의 원자배열과 형태, 저장용기의 체적과 모양, 착화원의 위치와 크기, 폭발압력과 Venting 관련 최대압력 및 압력 상승속도 등이 폭발효과에 영향을 준다. 폭발압력파면은 폭발장소에서 멀어짐에 따라 다양한 현상이 폭발압력파의 특징에 영향을 미치며, 다음 사항은 이에 대한 설명이다.

1. 반사(反射)

폭발압력 파면이 경로(經路)상에 있는 물체와 충돌함에 따라 파면의 반사로 인하여 확대될 수 있으며, 이 반사는 과압(過壓)을 증가시키며 투사각에 따라 종종 반사면의 8배까지 증폭시키기도 한다. 용기 전체의 압력이 대기 중 음속에서의 압력과 동일한 즉, 강한 충격파가 없는 폭연인 경우에는 반사효과가 미미한 정도이다.

2. 굴절과 폭발중심

대기의 이질(異質)부분은 종종 비정상적인 폭발압력파면을 유발할 수 있고, 폭발압력파면의 온도가 확연히 다른 공기층과 만나게 되면 파면(波面)이 꺾이거나 굴절된다. 이것은 음속이 공기 중 온도의 제곱근에 비례하기 때문이다.

낮은 온도로 대기가 역전되면 초기의 반구형 폭발파면이 굴절되어 폭발중심의 주위 지면으로 향하게 되고, 악천후와 관련된 바람 층(層)밀리기(wind shear : 바람의 진행방향에 대해 수직 또는 수평방향의 풍속변화)는 파면을 바람방향으로 돌려놓을 수도 있다. 폭연의 경우에는 이 효과는 미미하다.

5.1.3.6 분화구(噴火口) 형성폭발

'**분화구**'는 폭발 개시지점 또는 발화지점에 위치한 큰 손상지역 또는 중심지로 정의할 있고, 분화구 밖으로 커다란 암석에서부터 미세한 분진까지 다양한 분출물이 분출될 수 있다. 화재현장에 분화구가 존재하면 연료원이 그 자리나 아주 근접된 곳에서 폭발하였음을 나타낸다. 분화구의 크기는 관련 폭발물질의 크기나 강도에 따라 다양하며, 보통 직경 수 인치에서 7.6m(25ft)까지 범위이다.

분화구의 형성폭발은 일반적으로 높은 압력과 급속한 압력 상승속도로 특징되고, 덜 손상 받은 지역의 중앙에 위치한 분쇄된 토양, 바닥 또는 벽에서 알아 볼 수 있는 크기의 분화구를 쉽게 나타낸다. 그러나 일반적인 손상이 용기파열로 인한 비산물체에 의해 생성되지 않는 한 분화구 형성폭발이 일어나기 위해서는 폭발속도가 음속(音速)을 초과하는 것으로 알려져 있다.

폭발성 연료의 특정 형태 또는 특정 원자구조만이 분화구가 형성되는 폭발을 할 수 있으며, 이에는 폭발물, 스팀보일러, 완전히 밀폐된 연료가스나 액체연료 증기, 캔이나 통 등의 비교적 소형용기에서 발생하는 BLEVE를 포함한다.

1. 폭발물

다량의 폭발물이 연료가 된 폭발은 착화지점 또는 '**분화구**'에 의해 아주 쉽게 확인된다. 고성능 폭발물은 폭굉상태로 높은 속도의 양압(+)단계를 일으켜 인근 주변을 파괴하며, 분화구 또는 아주 국소(局所)화된 큰 손실을 야기한다.

2. 보일러 및 압력용기

보일러 폭발은 높은 에너지와 급격한 압력방출속도 및 밀폐공간에서 발생하기 때문에 분화구가 생성된다. 보일러와 압력용기의 폭발은 폭발지점 근처에 과압(過壓)을 발견하기 어렵지만 폭발물과 비슷한 효과를 내고, 보일러와 압력용기는 에너지를 급속히 방출해서 거리를 축소시키는 압력파를 일으킨다.

3. 용기에 든 연료가스와 액체증기

연료가스 또는 인화될 수 있는 액체증기가 탱크·통 또는 기타 컨테이너 등의 작은 용기에 들어 있을 때에도 분화구가 생성될 수 있다.

4. BLEVE(비등액체 팽창증기 폭발)

'비등액체 팽창증기 폭발(沸騰液體膨脹蒸氣爆發)'은 만약 저장용기(통 또는 작은 탱크)가 작고, 용기에 문제가 발생시에 압력의 방출속도가 충분히 빠르면 분화구가 형성될 것이다.

5.1.3.7 분화구가 형성되지 않는 폭발

분화구가 형성되지 않는 폭발은 대부분 연료가 폭발시점에서 흩어져 있거나 분산될 경우에는 압력 상승속도가 완만하고 폭발속도가 음속미만인 폭연(爆燃)이다. 그러나 초음속의 폭굉일지라도 어떤 조건에서는 분화구가 형성되지 않는 폭발을 일으킬 수 있다는 사실을 염두에 두어야 한다.

1. 연료가스

천연가스와 액화(液化)석유가스(LPG) 등의 연료가스는 대부분 분화구가 형성되지 않는 폭발을 일으킨다. 이것은 개별 실이나 구조물과 같은 대형 컨테이너에 보관되어 있고, 그것의 폭발속도가 음속 미만인 폭연이기 때문이다.

2. 고인 인화성/가연성 액체

고여 있는 인화성(引火性) 또는 가연성(可燃性) 액체의 증기폭발은 분화구를 형성하지 않는 폭발이다. 그것이 덮은 넓은 지역과 음속 미만의 폭속(爆速)은 작고 높은 손상의 분화구를 생성하지 않는다.

3. 분진(粉塵)

비록 분진폭발이 대부분 격렬하고 높은 손상을 주는 폭발에 속할지라도 곡물엘리베이터, 물질가공공장, 석탄광산 등과 같이 비교적 넓게 확산되는 밀폐공간에서 분진폭발이 대부분 발생한다.

4. 백 드래프트 또는 스모그 폭발

백 드래프트 또는 스모그 폭발은 거의 항상 넓게 분산된 가연성 가스와 미립자 물질의 체적과 관계되며, 폭발속도는 음속 미만인 폭연이므로 분화구는 생성되지 않는다.

백 드래프트(Back draft : 逆火)

밀폐된 화재공간에서 산소결핍현상의 발생으로 불완전연소로 인한 연소작용이 약할 때 공간 내의 취약부의 틈새 등 개구부가 형성되어 그곳으로 산소가 빨려 들어오는 경우, 산소의 공급방향을 향하여 실내에 충만한 고열의 가스가 폭발하는 동시에 급격한 연소를 일으키며, 공간 밖으로 분출하는 현상을 백 드래프트 또는 역화라고 말한다.

스모그(Smog)

스모그는 연기(煙氣, smoke)와 안개(fog)의 합성어로써, 연기·안개·대기 중의 부유입자 등에 의한 공기오탁(空氣汚濁)의 총칭을 말하며, 이런 종류의 공해(公害)를 가리키는 의미로도 사용된다.

5.1.3.8 가스/증기 폭발

대부분의 일반적인 폭발은 특히 연료가스 또는 인화성 액체증기와 같은 가스/증기와 관련되어 있다. 격렬한 폭발은 천연가스와 같은 공기보다 가벼운 것에서 흔히 발생하지만, 1.0보다 높은 증기밀도를 갖는 가스/증기(공기보다 무거운 것)에서는 그 발생빈도가 낮은 것으로 보고 되고 있다. 다음 표 5.5는 일반적인 가연성 가스의 몇 가지 유용한 특성을 제공하고 있다.

〈표 5.5〉 가연성 가스의 연소특성

구 분	Btu/ft^3	MJ/m^3	연소한계 (Vol %)		비 중	연소 공기량 (m^3)	발화점 (℃)
			하한	상한			
Natural gas 1	958–1051	35.7–39.2	4.5	14.0	0.660–0.708	9.2	–
Natural gas 2	1008–1071	37.6–39.9	4.7	15.0	0.590–0.614	10.2	482–632
Natural gas 3	1071–1124	39.9–41.9	4.7	14.5	0.620–0.719	9.4	–
Blast furnace gas	81–111	3.0–4.1	33.2	71.3	1.04– 1.00	0.8	–
Coke oven gas	575	21.4	4.4	34.0	0.38	4.7	–
Propane	2516	93.7	2.15	9.6	1.52	24.0	493–604
Butane	3300	122.9	1.9	8.5	2.0	31.0	482–538
Sewage gas	670	24.9	6.0	17.0	0.79	6.5	–

〈표 5.5〉 계속

구 분	Btu/ft³	MJ/m³	연소한계 (Vol %)		비 중	연소 공기량 (m³)	발화점 (℃)
			하한	상한			
Acetylene	1499	208.1	2.5	81.0	0.91	11.9	305
Hydrogen	325	12.1	4.0	75.0	0.07	2.4	500
Anhydrous ammonia	386	14.4	16.0	25.0	0.60	8.3	651
Carbon monoxide	314	11.7	12.5	74.0	0.97	2.4	609
Ethylene	1600	59.6	2.7	36.0	0.98	14.3	490
Methyl acetylene, propadiene, stabilized	2450	91.3	3.4	10.8	1.48	–	454

[참고사항]

Natural gas 1 : CH_4 71.9~83.2%, N_2 6.3~16.20%

Natural gas 2 : CH_4 87.6~95.7%, N_2 0.1~2.39%

Natural gas 3 : CH_4 85.0~90.1%, N_2 1.2~7.5%

1. 가스 및 증기의 최소 착화에너지

연료/공기의 기체혼합기는 가장 쉽게 폭발을 일으킬 수 있는 가연성 연료이며, 착화온도 범위는 370~590℃(700~1,100°F)이며, 최소 착화에너지는 대략 0.25mJ에서 시작된다.

2. 폭발손상 해석

구조물의 폭발손상(낮은 및 높은 등급)에는 많은 요인이 관계되어 있고, 이 요인에는 연료–공기 비율, 연료의 증기밀도, 난류효과(亂流效果), 밀폐공간의 체적, 착화원의 위치와 양, Venting 및 구조물의 강도 등이 포함된다.

(1) 연료–공기 비율

흔히 밀폐된 구조물에 대한 손상특징은 착화시점에서 연료/공기 혼합비로 나타낼 수 있다. 가스 또는 증기의 폭발한계하한(Lower Explosive Limit) 또는 폭발한계상한(Upper Explosive Limit) 근처에서의 혼합기(混合氣)로 발생하는 폭발은 최적농도의 혼합기 근처에서보다는 덜 격렬한 폭발(이·화학 양론을 조금 넘는 정도)을 일으킨다. 이것은 연료의 비효율적인 연소가 낮은 폭발압력파 속도와 최대 압력을 발생하기 때문이고, 이 폭발은 낮은 등급의 손상을 일으키는 밀폐된 구조물에서 밀거나 융기(隆起)하는 경향을 보인다.

① 화염속도는 고정지점과 관계있는 화염이 자유로이 전파되는 국부적인 속도로서, 이는 화염 전면의 이동속도와 연소속도의 합이다. 메탄과 프로판의 층류 화염의 최대속도는 각각 3.5m/sec(11.5ft/sec)와 4m/sec(13.1ft/sec)이다.

② 연소속도는 화염 앞에 있는 미연소가스 속도와 비례하는 화염 전파속도이고, 기본 연소속도는 미연소가스의 압력·온도 및 조성에서 층류화염의 연소속도이다. 따라서 기본 연소속도는 기본적인 연소의 특성이며, 화염속도가 기존의 온도, 압력, 밀폐된 공간의 체적 및 배치, 가연물의 농도 및 난류범위 등에 따라 크게 달라지는 것과는 달리 기본연소속도는 일정한 값을 가진다.

③ 연소속도는 화염이 연료와 산화제를 연소생성물로 변형시킴에 따라 화염반응면이 미(未)연소 혼합기로 이동하는 속도이며, 이는 화염속도에 비하면 극히 느리다. 전이(轉移)속도는 온도와 몰수 증가로 인해 연소생성물의 체적팽창에서 발생하는 화염의 전면속도와 착화전 가스혼합기의 작용으로 발생된 유동속도의 합이다. 따라서 폭발 당시의 압력 및 난류가 사실상 증가하면 기본 연소속도도 증가하며, 나아가서 압력의 가속도도 증가할 것이다.

④ LEL 근처의 혼합기 폭발은 폭발과정에 거의 모든 가용연료가 소비되기 때문에 폭발 이후 화재를 일으키는 경향은 거의 없다. 그러나 UEL 근처의 혼합기 폭발은 풍부한 연료혼합기이기 때문에 폭발 이후 화재를 발생시키는 경향이 있고, 남아 있는 연료의 지연된 연소는 폭발 이후의 화재를 발생시킨다. 또한 종종 UEL을 초과하는 혼합기는 폭발의 부압(−)단계의 공기와 혼합될 때까지는 연소하지 않은 연료를 가지고 있으며, 그로 인하여 화재가 뒤따르는 특성을 갖는다.

⑤ 이·화학 양론적 혼합기 근처 또는 바로 위의 혼합기에서 가장 격렬한 즉, 최적 폭발이 발생하며, 이 때가 최적의 혼합기이다. 이 혼합기는 가장 효과적인 연소를 일으켜 결과적으로 가장 높은 폭발속도, 압력상승속도, 높은 압력 등의 결과로서 대부분의 손상을 일으킨다.

⑥ 혼합기의 농도가 높은 포켓이 있는 경우 폭발 이후 화재가 발생할 수 있고, 주거 건물에서 공기보다 가벼운 일반가스의 경우 최적농도의 폭발은 때때로 목재구조물을 산산이 파괴할 수도 있다.

(2) 증기밀도(蒸氣密度)

가스 또는 증기 연료의 밀도는 밀폐된 구조물에 대한 폭발손상의 특성에 현저한 영향을 줄 수 있다.

① 인화성 액체와 LPG 같은 공기보다 무거운 가스(증기밀도 1.0이상)는 낮은 지역으로 모여 체류(滯留)하는 경향이 있고, 천연가스와 같이 공기보다 가벼운 가스는 위로 올라가서 더 높은 곳에 체류하고, 공기와 같은 밀도의 가스는 공기 중으로 확산되어 가는 성질을 가진다. 따라서 공기보다 가벼운 가스는 더 높이 움직이고 위쪽으로 올라가는 경향 때문에 지하·우물 및 탱크에 고이는 공기보다 무거운 가스보다는 위험

한 상황을 발생시키지 않는다. 예컨대 천장 들보 사이의 공간에서 폭발(爆發)연소했을 때에는 공기보다 가벼운 연료가스가 있었음을 말해준다.

② 다층 건축물의 1층에서의 천연가스 누출은 위층에서 폭발중심이 나타나는 것이 당연하며, 공기보다 가벼운 천연가스는 보통 개구부를 통해 위로 올라가는 경향이 있고, 심지어 벽체 내부로 이동할 수도 있다. 따라서 천연가스는 착화(着火)원과 만날 때까지 건물 내부로 계속 확산할 것이고, 가스의 농도가 연소범위(폭발한계)에 들어가고 적당한 착화에너지와 접촉할 경우에 착화될 것이다.

③ 관련 가스가 공기보다 무겁거나 가볍거나에 관계없이 연료/공기 혼합기층이 있었던 곳에는 화염이 통과한 주염(走焰) 흔적이 있을 수 있다. 즉, 도장부분의 부풀음과 소실 및 변색 등의 '흔적'은 이러한 현상을 표시하는 것이다.
난방 및 공기조절설비의 작동, 온도변화 및 건물에 바람이 미치는 효과 등은 연료/공기의 혼합 및 운동을 유발하여 증기밀도의 효과를 감소시킬 수 있으며, 증기밀도 효과는 공기가 잔잔한 상태에서 최대가 된다.

④ 실내에서의 가연성 가스농도 분포는 실물시험 결과 누설(漏泄)위치가 (1) 공기보다 가벼운 가스의 경우에는 천장부위, (2) 공기보다 무거운 가스는 바닥 사이에 거의 이·화학 양론적인 가스농도가 형성되는 것으로 밝혀졌고, 바닥 면에 서 누출(漏出)된 공기보다 무거운 가스는 바닥에서 농도가 더 높고, 가스는 서서히 위쪽으로 확산할 것이라는 것이 보고되었다. 또한 비슷하지만 반대의 관계가 천장면에서 누출된 공기보다 가벼운 가스에 대해서도 적용된다. 따라서 자연환기나 강제(强制)환기 모두 가스의 유동(流動)과 혼합(混合)을 바꿀 수 있고, 인접실로 가스를 확산시키는 결과를 가져올 수 있다.

⑤ 만약 특정 건물의 벽이 바닥면에서 폭발되었다면 연료(燃料)가스는 공기보다 무거운 것이고, 벽이 천장면에서 폭발되었다면 연료는 공기보다 더 가벼운 것이라는 것이 지배적인 생각이었다. 그러나 연료의 증기밀도가 바닥면의 상부에서 폭발손상의 상대적 높이 관계를 반드시 나타내는 것은 아니다.

(3) 난류(亂流)

① 연료–공기 혼합기 내에서의 난류는 화염속도를 증가시켜 연소속도와 압력 상승속도가 증가하며, 난류는 혼합기만 있다하더라도 상대적으로 소량인 연료의 압력상승속도를 증가시켜 높은 등급의 손상을 발생시킬 수 있다.

② 용기의 모양과 크기, 연료를 배관으로 공급받는 지점의 위치와 압력 등은 난류의 특성에 영향을 줌으로써 폭발의 격렬함에 깊은 영향을 준다.

③ 연소파의 이동경로에 있는 많은 방해물들은 난류를 증가시키고, 주로 혼합물의 화염

속도를 증가시켜 폭발강도를 크게 증대시킨다.

(4) 밀폐공간의 특성

구획실의 특성·크기·모양·구조·용량·재료 및 설계 등은 폭발효과에 크게 영향을 줄 것이다. 예컨대 공기와 혼합된 천연가스의 특정 Vol%는 화재가 발생한 때에 28.3m3실에 있는 것보다 283m3실에 있을 때에 완전히 다른 효과를 만들 수 있을 것이다. 이것은 화염의 전면속도와 생성된 최대과압(最大過壓)이 본질적으로 동일하다고 하더라도 마찬가지이다.

① 가연성 증기–공기 혼합기로 채워진 길고 좁은 복도의 한쪽 끝에 착화되었을 때의 압력방출·압력상승속도 및 구조물 등에 미치는 영향은 동일한 체적의 연료–공기 혼합기가 구획실내에 들어있을 때와는 확연히 다를 것이다. 즉, 일반적으로 용기의 용량이 작을수록 주어진 연료–공기 혼합기에 대한 압력상승속도는 더 높아질 것이고 폭발은 더욱 격렬해질 것이다.

② 폭발하는 동안 저장용기 내부의 막힘으로 발생된 난류는 손상효과를 증가시킬 수 있다. 이러한 난류는 폭발압력 파(波)를 집중시키거나 반사할 수 있는 기둥·지주·기계류 또는 벽·칸막이 등과 같은 단단한 장애물(障碍物)에 의해서 일어날 수 있다.

(5) 착화원의 위치와 크기

① 착화원이 밀폐된 구조물의 중앙에 있을 때 가장 높은 압력상승속도가 발생할 것이다.

② 착화원이 밀폐된 용기나 구조물의 벽에 가까울수록 화염 전면은 더 빨리 벽에 도달하며, 벽의 열전도에 의해 더 빨리 냉각될 것이다. 따라서 에너지가 손실되고 압력상승속도는 상대적으로 더 느려지며, 폭발의 격렬함은 줄어든다.

③ 착화원의 에너지는 일반적으로 폭발과정에 최소한의 영향을 주지만, 비이상적으로 큰 폭발뇌관·폭발장치 등의 착화원은 현저히 압력의 상승속도를 증가시키며, 어떤 순간에는 갑자기 폭연이 폭굉으로 전이를 일으킨다.

(6) 벤팅(Venting)

① 폭발연료인 가스·증기 또는 분진 등과 함께 저장용기의 Venting은 폭발의 손상특성에 많은 영향을 미친다. 예컨대 양끝이 개방되어 있을지라도 강철 배관(鋼鐵配管)의 길이가 충분히 길면 그것의 중심부에서 파열시키는 것은 가능한 일이다. 따라서 그 실(室)이 완전히 파괴될 것인지, 아니면 단지 벽과 천장이 약간 움직일 정도일지는 그 실에 있는 문과 창의 수·크기·위치 등에 의하여 결정될 것이다.

② 밀폐된 용기 또는 구조물의 Venting은 용기 또는 구조물의 외부를 손상시킬 수 있고, Venting 경로에서 대부분의 손상이 예상된다. 예컨대 실내의 폭발압력파는 출입

구를 통해 이동하면서 인접한 실의 출입구에 있는 물질을 손상시킨다.

③ 고성능폭약의 폭굉에서 Venting으로 폭발압력을 방출하기에는 폭발의 압력파면이 너무 빠르기 때문에 Venting효과가 적다.

3. 연료가스의 지하이동

지하배관(地下配管) 계통에서 누설된 연료가스는 지하로 이동하여(때로는 원거리까지 이동하는 경우도 있음) 건축물로 유입되어 인화성 분위기를 형성하게 된다. 또한 공기보다 가볍거나 무거운 모든 가스는 토양을 통해 이동하거나 지하배관의 외부 빈 공간을 따라서 이동하여 건축물로 유입될 수도 있다.

① 지하로 이동하는 연료가스는 지하하수도·배수관·전기 또는 전화배선관 등으로 스며들거나 지하실 또는 지하벽체를 통해 새어 들어가서 건물로 유입되는 것으로 알려져 있고, 또한 토양으로 스며들고 무해(無害)하게 공기 속으로 확산될 수도 있다.

② 만약 지표면이 빗물·눈·얼은 땅 또는 도로포장 등으로 방해를 받게 되면 누설가스는 수평으로 이동하여 건축물로 유입될 수 있고, 가스가 장시간 지하에서 유출된 경우에는 유출지역에 고사(枯死) 또는 갈색으로 변한 잔디 등의 식물이 존재한다.

③ 연료가스에 첨가된 방향성 화학물질은 흡착 또는 흡수되는 토양과 같은 물질을 통과하거나 스틸배관과 탱크 같은 물질과 반응함으로써 없어질 수 있다. 따라서 일부 토양에서 가스냄새가 충분히 변해서 가스 유출이 인식되지 않는 '스크러빙(Scrubbing)현상'이 나타나 탈취(脫臭)된 가스가 탐지되지 않고 건축물 안으로 유입될 수 있다.

4. 다중폭발(多重爆發)

천연가스와 프로판가스 등의 연료가스의 이동과 포켓형성 효과는 다중폭발의 발생으로 가끔 입증(立證)되고 있다.

① 일반적으로 가스 또는 증기가 인접한 층 또는 실로 이동하여 그곳에 모이거나 각 레벨에서 포켓을 형성하여 2차 폭발을 일으킬 수 있다. 따라서 화재 또는 폭발이 한 층 또는 실에서 발생할 때 부근의 지역 또는 층에서 연속폭발이 발생할 수 있다.

② 가스의 이동과 포켓형성은 종종 여러 가지 연료/공기 혼합기가 있는 지역에서 포켓을 생성하게 되고, 이러한 폭발범위 내의 혼합기는 충분한 착화에너지가 존재하면 폭발할 것이다. 따라서 이러한 방식으로 일련의 증기-가스 폭발이 가능하다.

③ 다중폭발은 자주 발생하지만 때때로 폭발이 너무 갑자기 발생하여 목격자가 하나의 폭발음(爆發音)만 들었다고 진술하나, 다수의 발화지점이 관련된 물증(物證)을 통해 2개 이상의 폭발이 있었음을 알 수 있다.

5. 가스 부취제의 중요성

천연가스와 프로판가스 등의 연료가스는 원래 냄새가 없거나 거의 없으므로 가스 유출(流出)의 발견을 위한 안전측면에서 불쾌한 냄새가 나는 부취제(腐臭劑)를 인공적으로 첨가한다.

① n-부틸 메르캅탄은 가장 보편적인 천연가스 부취제이며, 에틸 메르캅탄과 티오판은 가장 일반적인 LP가스 부취제이다.

② 가스 유출의 암시가 있는 현장에서는 그것의 존재를 확인해야 하고, 냄새 확인은 연료가스와 관련이 있거나 가능성 있는 폭발조사의 한 부분이 되어야 한다.

③ 어떤 현장상황에서는 그 냄새효과를 감지할 수 없을 정도로 줄어들 수 있고, 사람에 따라 여러 가지 이유로 인하여 가스냄새를 감지할 수 없는 경우가 있으므로, 가스 확인을 위해 스테인 튜브(stain tube)를 현장에서 사용할 수 있고, 더 정확한 결과를 위해 시험실에서 가스크로마토그래피(Gas-Chromatography)를 사용할 수 있다.

5.1.3.9 분진폭발(Dust explosions)

분진폭발(粉塵爆發)이란, 미세하게 나누어진 고체물질의 분진과 분말(粉末)들이 공기 중에 흩어져 부유(浮遊)상태에 있을 때 전기불꽃 등의 점화원에 의해 착화하여 격렬하고 파괴적인 폭발을 일으키는 현상을 말한다.

분진폭발은 곡물분진 및 톱밥과 같은 농산물, 석탄과 목탄 같은 탄소물질, 화학물질, 아스피린과 아스코르빈산(비타민C) 같은 의약품, 염료와 안료, 마그네슘·알루미늄·티타늄 등과 같은 금속, 플라스틱·합성고무 같은 합성수지 등과 같은 매우 다양한 물질에서 발생하며, 심지어 일반적으로 가연성이 아닌 것으로 알려진 아스피린·알루미늄·분유 등의 물질조차 분진(粉塵)으로 연소될 때 폭발을 일으킬 수 있다.

1. 분진폭발과정

(첫째) 입자 표면에 열에너지가 주어져 표면온도가 상승 → (둘째) 입자 표면의 분자가 열분해 또는 건류(乾溜)작용을 일으켜 입자 주위로 기체방출 → (셋째) 방출기체가 공기와 혼합하여 폭발성 혼합기를 만들어 발화 → (넷째) 화염이 입자분해를 계속적으로 촉진시켜 방출된 가연성 기체가 공기와 혼합됨으로써 화염전파를 확대시킨다. 따라서 분진폭발도 본질적으로는 가스폭발이고, 분진 자체에 가연성 가스가 저장되어 있는 것이라고 보아도 무방하다. 다만 입자 표면의 온도를 상승시키는 방법으로서 열전도(熱傳導)뿐만 아니라 복사(輻射)가 큰 역할을 하는 것이 가스폭발과 다른 점이다.

2. 분진폭발의 특징

① 분진폭발의 연소속도나 폭발압력은 가스폭발보다 작은 경우가 많으나, 연소 대역의 범위와 방출에너지가 크고 연소온도가 2,000℃ 이상의 수준이며, 폭발압력이 발생 후의 0.1~0.2초 만에 불꽃이 쫓아와서 연쇄폭발을 일으키고, 화염(火焰)의 파급(波及)속도는 초기에는 2~3m/sec 정도이나, 그 이후에는 300m/sec 정도의 수준이라고 알려져 있다.

② 최초의 분진폭발로 인하여 주변에 퇴적(堆積)된 분진이 교반작용(攪拌作用)을 일으켜 화열(火熱)과 빛의 전달 및 방사(放射)에 의하여 연쇄폭발을 일으키기 때문에 처음에 비하여 그 규모가 커지면서 큰 파괴력을 가진다.

③ 분진폭발은 분진입자가 타면서 비산되기 때문에 주변 가연물을 국부적으로 탄화 및 착화시키게 되고, 특히 인체에 심한 화상을 입히게 된다.

④ 폭발생성물 중에는 일산화탄소가 다량 포함되어 있기 때문에 폐쇄된 장소에서 폭발하면 일산화탄소의 중독을 일으키는 경우도 있다. 따라서 분진폭발의 이러한 현상은 가스폭발과는 다른 또 하나의 두려운 점이다.

⑤ 가연성 분진은 일반적으로 퇴적층의 두께가 두꺼울수록 발화온도가 낮아져서 장시간 가열에 의해 이외로 저온에서 자연발화하고, 이것을 발화(發火)원으로 하여서 대폭발이 되는 경우가 많다.

3. 분진폭발인자

가연성 분진의 폭발위험성은 물질이 갖는 본질상의 화학적인 성질·화학구조·함유수분·연소열량 등의 고체물질의 특성에 따른 인자(因子)와 입자(粒子)의 크기·입자의 분포·입자의 형상·분진의 밀도(密度)·응집성(凝集性)·표면적 등이 주된 인자가 된다.

(1) 화학적 조성

분진의 폭발성에 대한 화학적 조성 즉, 분진의 산화반응(酸化反應)에 의한 기체 발생량·연소열량·휘발성분의 함유량·반응 전후의 용적변화 등의 대소가 분진폭발의 맹렬성에 큰 영향을 갖는다.

(2) 입자크기

연소반응은 분진입자의 표면에서 일어나기 때문에 연소에 의한 압력상승속도는 대개 분산되어 있는 분진입자의 표면적에 따라 좌우된다.

① 분진입자의 크기가 작을수록 폭발은 더욱 격렬해진다.
일반적으로 폭발위험이 있는 가연성 분진의 입자크기는 직경 420㎛ 이하이다. 그러나 분진입자가 너무 작으면 입자사이에 인력(引力)이 생겨 입자의 분산이 저하되어

폭발성이 감소되는 경우도 있다.

② 입자의 분포가 조밀할수록 반응속도가 커져서 폭발성이 높다.

③ 입자형상(粒子形相)은 구형(球形)일수록 침상(針狀) 또는 편상(扁狀)에 비하여 그 폭발성은 약하고, 분진의 발화온도는 운상(雲相)이 층상(層相)에 비하여 약 2배의 수준이다.

④ 분진입자가 작고 가벼울수록 공기 중에 부유하기 쉽고, 부유성이 클수록 공기 중에 체류(滯留)시간이 길어서 폭발위험은 높아진다.

(3) 농도(濃度)

공기 중에 있는 분진의 농도는 분진의 착화와 폭발 압력파에 깊은 영향을 준다.

① 연소의 전파반응이 일어나는 최소폭발농도는 특정분진에서는 20~2,000g/m^3 0.015~2.0oz/ft^3)으로 다양하며, 대부분의 일반적 농도는1,000g/m^3(1.0oz/ft^3)미만이다.

② 분진농도에는 가스 및 증기와는 달리 일반적으로 확실한 최대한계농도는 없고, 반응속도는 최대농도보다는 질량에 대한 표면적비에 의하여 지배된다.

③ 만일 폭발전의 분진농도가 최적의 혼합기 또는 그에 가깝다면 분진폭발에서 발생하는 압력상승률(壓力上昇率)과 최대압력은 가스 및 증기(蒸氣)와 마찬가지로 보다 높게 된다.

④ 만일 혼합기가 연료 과잉(過剩) 또는 과소(過少)상태라면 연소속도와 최대압력은 감소하고, 압력상승속도와 전체폭발압력은 LEL 미만 및 UEL 초과상태에서는 매우 낮아진다.

(4) 습기(濕氣)

① 일반적으로 분진입자의 함수율(含水率) 증가는 착화에 필요한 최소에너지와 부유분진(浮遊粉塵)의 착화온도를 증가시킨다.

② 착화에너지와 온도의 초기증가는 일반적으로 낮지만, 습도의 한계값에 접근됨에 따라 착화에너지와 온도의 상승률은 높아지게 된다.

③ 습도의 한계치 이상에서는 부유분진물이 착화되지 않을 것이나, 주변 공기의 함수율은 일단 연소가 시작된 다음에는 전파반응에 거의 영향을 주지 않는다.

(5) 최소착화에너지

① 대부분 분진의 착화온도는 320 ~ 590℃(600~1,100°F)의 범위 내에 있기 때문에 나화(裸火)·흡연(吸煙)도구·용접(鎔接) 및 절단(截斷)작업·전구의 필라멘트·전기아크·정전기방전·마찰(摩擦)스파크·고온표면·자연발열 등에 의하여 착화된다.

② 층(層)을 이룬 분진은 일반적으로 공기 중에 부유하는 똑같은 분진보다 그 착화온도가 낮다.

③ 분진의 최소착화에너지는 가스 및 증기연료보다 높고, 일반적으로 대부분의 인화성 가스 및 증기보다는 높은 10～40mJ의 범위내로 떨어진다.

4. 분진폭발시의 난류

① 부유분진/공기의 혼합기 내에서의 난류는 연소속도를 크게 증가시키고, 그로 인하여 압력의 상승속도를 증가시킨다.

② 밀폐된 용기의 모양과 크기는 난류의 특성에 영향을 줌으로써 분진폭발의 심도에 큰 영향을 줄 수 있다. 그 예로서 아주 높은 곳에서 비어있는 저장고(貯藏庫) 속으로 곡물(穀物)을 쏟아 부울 때의 경우이다.

5. 다중폭발(多重爆發)

① 분진폭발은 일반적으로 연속해서 발생하며, 최초의 착화와 폭발은 대개 후속(後續)적인 2차폭발보다 덜 격렬하다.

② 최초폭발은 다른 분진을 부유물(浮遊物) 속으로 이동시켜서 또 다른 폭발을 야기시키는 메커니즘을 가진다. 따라서 하나의 폭발에 의한 진동(振動)은 바로 앞의 분진을 연소파(燃燒波)보다 더 빨리 날려 보내며 확산시킨다.

③ 곡물(穀物)엘리베이터 등의 시설에서 위와 같은 2차 폭발은 흔히 하나의 곡물 저장고에서 다른 곡물저장고로 또는 한 건물에서 다른 건물로 옮겨가는 사례가 있다.

5.1.3.10 백 드래프트 또는 스모그 폭발

기밀(氣密)이 상대적인 구조물 또는 방실 안에서 화재가 발생했을 때 화염이 산소를 고갈시키는 것이 일반적인 현상이다. 따라서 산소부족에 의한 불완전연소에 따른 공중에 부유된 가열된 고온의 고농도 미립자 또는 에어로졸, 일산화탄소와 기타 가연성 가스 등이 생성될 수 있고, 이러한 고온연료들은 연소되기에는 산소가 불충분하고 방출되기에는 통(通)기력이 불충분한 구조물 속으로 모여들게 된다.

이렇게 모여진 고온연료들은 창문 등의 개구부의 개방 또는 파열되었을 때 외부에서 유입된 공기와 혼합되어 급속도로 폭발연소하는 것을 백 드래프트 및 스모그 폭발이라 말하며, 이때 재래식 구조물 안의 과압이 2psi(0.14kg/cm^2) 미만이더라도 낮은 등급의 손상을 일으킬 수 있는 충분한 폭발속도로 착화되어 연소할 수 있다.

5.1.3.11 옥외 증기운의 폭발

옥외 증기운(蒸氣雲 : 증기구름) 폭발은 가스·증기 또는 분진을 대기 중에 방출되어 폭발 한계 내의 증기운을 형성한 결과 착화되어 폭발하는 것이다. 이 현상은 '자유공간 증기-공기 폭발' 또는 '자유공간 증기운의 폭발'이라고도 말하며, 완전한 자유공간 증기운의 폭발이 가능하다고 하더라도 인공 또는 천연 구조물에 의한 최소한의 부분적인 제한이 있다.

① 옥외 증기운의 폭발에 있어서 주요 특징은 폭연 또는 폭굉현상으로 인한 증기운의 경계 내부와 외부의 파괴적인 압력이다.

② 옥외 증기운의 폭발은 일반적으로 제조공장의 인화성 액체 또는 가스저장 지역에서 발생했으며, 대규모의 수송차량 즉, 레일-카와 관계가 있고, 다량의 연료(50kg 이상)가 폭발에 관계된다. 예컨대 1974년의 시클로헥산이 관련된 영국 Flixborough공장폭발이 대표적인 사례가 된다.

5.1.3.12 폭발물(爆發物* Explosive)

폭발물은 그 본래 목적이 폭발하도록 된 어떤 화학물질·혼합물 또는 장치이다. 폭발물은 저성능 및 고성능 폭발물의 두 가지 형태로 분류되며, 손상효과에 따른 낮은 등급 또는 높은 등급의 폭발과는 별개이므로 서로 혼동해서는 안 된다.

1. 저성능(低性能) 폭발물

저성능 폭발물은 폭연(爆燃 : 음속 미만의 폭발압력파) 또는 착화될 때 상대적으로 느린 반응속도와 낮은 압력파를 생성하는 것으로써, 통상적인 저성능 폭발물에는 무연(無煙)화약·섬광(閃光)화약·로켓 고체연료 및 흑색화약 등이다. 따라서 저성능 폭발물은 급격하게 생성된 고온반응가스의 팽창효과에 의해서 작용하도록 설계된 것이다.

2. 고성능(高性能) 폭발물

고성능 폭발물은 폭굉전파(爆轟傳播) 메커니즘으로서, 통상적인 고성능 폭발물은 다이너마이트·TNT·ANFO·RDX 및 PETN 등이다.

① 고성능 폭발물은 높은 압력의 상승속도와 극히 높은 폭발압력[대략 백만 psi(70,286 kg/cm^2)정도]의 특성에 의해서 파괴효과를 발생하도록 설계된 것으로서, 이러한 집중된 높은 압력은 폭발중심 근처에 분화구(噴火口)의 형성과 집중된 손상원인이 된다.

② 확산단계(연료-공기) 폭발과 고체 폭발물에 의해 발생되는 효과는 매우 다르다. 확산단계 폭발(보통 폭연)의 경우, 구조적인 손상은 균일하고 한쪽 방향으로 향하고

있으며, 연소·부풀음 및 그을음 등이 상대적으로 넓게 나타난다.

그러나 고체폭발물의 연소속도는 음속과 비교했을 때 매우 빠르기 때문에 폭발공간 전체압력이 균일하지 않으며 폭발물 근처에 극도로 높은 압력이 발생한다.

③ 압력과 손상 정도는 폭발 중심으로부터 거리가 멀어짐에 따라 급속히 감소된다. 따라서 폭발지점에는 고압으로 인하여 발생한 긁히고 부서진 흔적이 있고, 폭발지점에서 멀어지면 가연성 물질에 유산탄 또는 파이어 브랜드가 떨어진 곳을 제외하고는 격렬한 연소나 그을음이 거의 없다.

3. 폭발사고조사

폭발물과 관련된 사고의 조사는 매우 전문화된 훈련을 필요로 하며, 그렇지 않은 사람은 전문가 등의 도움을 반드시 받아야만 한다.

5.1.3.13 폭발현장조사

폭발현장조사의 목적은 일반적인 화재원인조사의 목적과 다르지 않다. 즉, 발생지점을 결정하고, 연료와 발화원을 밝혀내고, 원인을 규명하며, 그 사고의 책임 소재를 결정하는 것이다. 따라서 폭발원인조사에 있어서 현장검증에 대한 체계적인 접근은 화재원인조사 이상으로 중요하며, 화재현장은 일반 화재현장보다 더 크고 혼잡스럽기 때문에 사전에 계획된 체계적인 접근이 없으면 폭발원인조사는 효과적으로 수행하기가 더욱 어렵거나 불가능하게 된다. 또한 손상범위가 매우 광범위하고 많은 구조물이 손상되어 있었을 경우, 현장조사 초기에 폭발역학 전문가와 구조물 전문가 등과 접촉하여 복잡한 사항에 대하여 협력을 구하는 것이 좋다.

1. 현장보존

조사관의 첫 번째 임무는 폭발현장을 보존하는 것이므로, 폭발원인조사를 처음 명령을 받은 자는 그 구조물과 주변 지역에 대한 물리적 통제구역을 설정하고 유지해야만 하며, 허가받지 않은 사람의 현장출입금지 및 현장으로부터 멀리 떨어져 있는 폭발파편물을 만지지 못하도록 해야 한다. 왜냐하면, 폭발(그것이 사고에 의한 것이든 범죄에 의한 것이든 간에)에 있어서의 결정적인 증거는 아주 사소한 것일 수도 있으며, 또한 지나가던 사람에 의해 쉽사리 뒤섞이거나 옮겨질 수도 있기 때문이다. 따라서 적절한 현장보존은 안전하지 않은 지역으로 출입하려는 호기심 많은 사람 또는 허가 받지 않은 사람의 부상방지를 위해 도움이 된다.

(1) 현장설정

일반적인 원칙으로 사고현장의 외곽경계선은 가장 멀리서 발견된 폭발에 의한 파편(破片)조각의 비산거리의 $1\frac{1}{2}$ 배쯤으로 설정해야 한다. 중요한 파편조각이 아주 멀리 비산되거나 또는 주변 건물이나 자동차 안으로 날라 들어갈 수 있다. 그러므로 이러한 지역은 현장경계선으로 포함되어야만 하고, 만일 그 이외 의 다른 파편이 더 발견된다면 현장경계선을 확대한다.

(2) 배경자료 수집

현장조사 착수 전에 사고현장 및 설비 또는 관련 작업, 사고를 유발한 작업 및 조건 등 폭발사고에 관련되는 모든 자료를 수집한다.

① 가연물과 산화제가 있었던 위치와 폭발사고를 설명할 수 있는 어떤 특정한 위험조건이 존재했는지 여부를 확인할 필요가 있고, 폭발물질과 폭발원인에 대한 타당한 자료는 물론 중요하며 조사에 도움을 줄 것이다.

② 증인의 진술, 정비기록, 운전일지, 매뉴얼, 날씨기록, 이전의 사고기록 및 증거 가 될만한 기타 관련기록 등에 대하여 조사한다. 특히 장치·절차 및 운전조건 등의 최근 변경사항이 중요할 수 있고, 건물 또는 공정도면을 입수하면 현장의 문서화를 크게 개선시킬 수 있다.

(3) 현장조사의 유형결정

조사관은 우선 폭발현장의 조사유형을 결정해야 하며, 조사팀원의 도움을 받아 현장의 외곽경계선으로부터 가장 큰 충격을 입은 지역에 이르기까지 조사되어져야 하고, 폭발중심지의 위치에 대한 최종적인 결정은 현장의 모든 사항이 조사된 후에 이루어져야 한다.

① 조사유형 그 자체는 나선형·원형·격자형 등이 될 수 있고, 대부분 현장의 특수여건이 그 유형의 성격을 결정하게 된다. 그러나 어떤 경우에 있어서나 조사유형이 결정된 지역을 중첩시켜 조사지역의 경계선 내에 있는 어떠한 증거도 상실되지 않도록 해야 한다. 이는 대상지역을 두 번 이상 조사하는 것이 효율적이며, 다른 조사자들이 증거가 누락되지 않았음을 확인하는데 도움이 된다.

② 실제 조사자의 수는 현장의 외형적인 크기와 복잡성에 좌우되지만, 조사책임자는 조사자의 수가 너무 많으면 너무 적을 때와 마찬가지로 역효과를 나타낼 수 있다는 것을 명심해야 한다.

③ 조사관은 적절한 절차에 따라 증거를 식별하고, 기록하며, 사진을 촬영하고, 그 위치를 표시하는 등의 조치를 취한 후에 도표를 작성한다.

증거(證據)의 위치는 분필·스프레이 페인트·깃발·말뚝 또는 다른 표시수단 등으로 표시되며, 그 증거는 사진을 촬영한 후에 꼬리표를 붙이고 수집하여 안전한 장소에 옮겨 보관한다.

(4) 폭발현장의 안전

폭발사고로부터 피해를 입은 구조물은 단순하게 불타버린 일반화재 건물보다 구조적으로 훨씬 더 많은 충격을 받게 되고, 복도·벽체·천장·지붕 또는 전체 건물의 붕괴 가능성이 훨씬 크기 때문에 이와 같은 사항들은 항상 고려되어 져야 한다.

① 연료가스 또는 분진폭발의 경우에 있어서 2차 폭발은 예외적이라기보다는 철칙(鐵則)이다. 따라서 초기출동 조사자는 그 가능성을 계속해서 경고할 필요가 있으며, 누설가스 또는 가연성 액체는 조사에 착수하기 전에 반드시 안전조치를 취할 필요가 있다. 또한 공기 중이나 물체 표면의 독극물은 중화시킬 필요가 있고, 적절한 개인의 안전장치를 사용할 것을 권장한다.

② 폭발 이후 조사가 착수되기 전에 어떤 2차 폭발장치를 색출하기 위하여 철저한 현장조사를 수행해야 하며, 만약 불발된 폭발장치 또는 폭발물이 발견될 때에는 그것을 옮기거나 만져서는 절대 안 되며, 그 지역에서 모두 철수함과 동시에 폐쇄시키고 폭발물 처리반의 도움을 요청해야 한다.

2. 최초의 현장평가

일단 폭발현장이 설정되면 조사자는 사고유형에 대한 최초평가를 실시하고, 조사 중에 폭발물 또는 폭발장치(IED)에 의한 폭발이라고 확인되면 언제라도 현장조사를 중단하고 현장을 보존조치한 후에 해당 관계기관에 통보한다.

(1) 폭발 또는 화재 식별

최초 평가의 첫 번째 업무는 사고가 화재·폭발 또는 양자 모두인지를 결정하고, 또 어떤 것이 먼저 일어났는가를 결정하는 것이다. 대체로 연료가스의 약한 폭발의 경우에는 폭발증거는 확실하지 않다.

① 조사관은 벽체·복도·천장·문과 창문·지붕·기타 구조부재·못·나사·설치배관·패널 및 상자 등의 위치 이동과 부풀음을 포함하여 구조물 내에 존재하는 과압상태에 관한 증거를 찾아내야 하며, 집중된 붕괴와 압력손상 은 응축(凝縮)단계의 폭발임을 보여준다.

② 조사관은 구조물과 그 구성요소에 대해 열에 의한 충격의 특성과 정도를 찾아내어 평가해야 하며, 또한 그것이 단지 화재 하나에만 기인하는 것인지의 여부를 판정해야 한다.

〈표 5.6〉 대표적인 폭발특성

0 = Never 1 = Sometime 3 = Often 4 = Nearly Always 5 = Always							
특 성	공기보다 가벼운 가스	공기보다 무거운 가스	액체 증기	분 진	폭발물	백 드래프트	BLEVE
낮은 등급 손상	3	4	4	2	2	5	2
높은 등급 손상	2	1	1	2	3	0	2
2차 폭발	3	3	2	4	0	1	0
가스/증기/분진/ 포켓형성	3	2	2	2	0	0	0
폭 연 A	4	4	4	4	1	5	4^{B}
폭 굉	1	1	1	1	4	0	1^{B}
지 하 이 동	2	2	2	0	0	0	0
BLEVE	2	3	5	0	0	0	5
폭발 이후 화재	3	3	4	3	1	5	3
폭발 이전 화재	2	2	2	3	2	5	4
분화구 폭발	0^{C}	0^{C}	0^{C}	0	4^{D}	0	2
최소발화에너지(mJ)	0.17~0.25	0.17~0.25	0.25	10~40	E		F

※ 위 〈표 5.6〉**대표적인 폭발특성**은, 조사자에게 폭발손상과 연료의 특성비교를 위한 기초적 일반적인 가이드를 제공하고 있으며, 최초의 조사평가를 통해 어떤 종류의 폭발 또는 연료를 포함시키거나 배제하는데 도움을 줄 수 있다. 예컨대 만일 증거가 높은 등급의 손상이 발생했음을 나타낸다면 그 폭발은 백 드래프트의 결과가 아니었다고 가정할 수 있을 것이다.

[참고]

A : 폭연은 특정조건 아래에서 폭굉(爆轟)으로 전이될 수 있다.

B : 제한용기의 강도는 파열 당시 압력파가 초음속까지 허용될 수 있다.

C : 가스 및 증기가 소형용기 안에 갇혀 있다면, 폭발원을 발생할 수 있고, 또한 폭발 당시 충분히 압축 또는 파괴시킬 수 있다.

D : 모든 고성능 폭발물 및 일부 저성능 폭발물이 폭발 당시 재료는 충분히 압축 또는 파괴시킬 수 있는 경우, 분화구 형성폭발을 발생할 것이다.

E : 발화에너지는 매우 다양하며, 최신의 고성능 폭발물은 발화에 민감하지 않도록 설계되어 있고, 폭굉 에너지는 최소발화 에너지보다 9배 이상 크다.

F : BLEVE는 연소폭발이 아니며, 발화를 필요로 하지 않는다.

(2) 높은 또는 낮은 등급의 손상

조사관은 손상의 특성이 높은 등급의 손상을 나타내는지 아니면 낮은 등급의 손상인지를 경정해야 하며, 이것은 관련된 연료의 혼합물·종류 및 양 등을 분류하는데 도움이 될 것이다.

(3) 분화구의 형성 또는 미형성 폭발

조사관은 분화구(噴火口)가 형성되었는지 아닌지를 결정해야 하며, 이와 관련된 예상 연료의 종류를 분류하는데 도움을 줄 수 있을 것이다.

(4) 폭발종류 식별

조사관은 관련된 폭발의 종류, 예컨대 기계적 폭발인지, 연소폭발인지. 기타 화학반응인지, 아니면 BLEVE인지를 식별해야 한다.

(5) 일반연료의 종류 식별

조사관은 설비시설 특히 연료가스·가연성 분진원료 또는 액체 등의 위치와 상태를 확인함으로써 어떤 종류의 원료가 폭발현장에 이용되었는지를 식별해야 한다. 따라서 다음에서 얻을 수 있는 전형적인 손상유형과 대조하여 손상 특성을 분석해야 한다.

① 공기보다 가벼운 가스
② 공기보다 무거운 가스
③ 액체 증기
④ 분진
⑤ 폭발물
⑥ 백 드래프트
⑦ BLEVE

(6) 폭발지점 결정

폭발지점은 가장 손상이 큰 지점으로 확인하며, 때로는 분화구 폭발의 경우 분화구 또는 기타 심한 손상이 집중된 지역을 포함할 수도 있고, 연료–공기 혼합기 폭발의 경우 폭발지점은 밀폐된 공간 또는 실내일 수도 있다.

(7) 연료(燃料)원 및 폭발종류 결정

조사관은 지원설비의 사용 특히 연료가스·공정부산물인 분진 또는 발화성 액체의 위치와 상태를 확인하여 어떤 종류의 연료가 폭발이 이용되었는지를 확인한다. 따라서 조사관은 공기보다 가벼운 가스·공기보다 무거운 가스·액체증기·분진·폭발물·백 드래프트·

BLEVE 등의 대표적인 손상유형과 비교하여 그의 손상특징을 분석한다.

(8) 발화원의 결정

조사자가 발화원을 확인하기란 매우 어렵다.

① 연료-공기 혼합기가 관련된 폭발의 경우에는 고온표면·전기아크·정전기·나화(裸火)·스파크·화학물질 등과 같은 잠재적 원인에 대한 조사를 실시하여 발화원을 결정한다.

② 폭발물이 사용된 경우에는 발화원이 폭발뇌관 또는 다른 꽃불장치일 수 있고, 때로는 전선과 장치부품이 잔존할 경우도 있다.

3. 현장의 정밀평가

최초의 현장평가로부터 일반정보를 확보한 조사자는 폭발손상과 잔해에 관해서 보다 상세하게 연구해야 하며, 모든 일반화재의 조사와 같이 조사자 자신이 조사 및 발견한 것들을 정확하게 기록하고, 사진촬영 및 도표를 그리고 지도를 작성해야 한다.

(1) 폭발의 손상영향 식별

조사관은 특정 폭발 또는 과압(過壓)손상에 관해서 상세한 조사와 분석을 실시해야 하며, 손상품목은 폭발압력파의 양압(+)단계 또는 부압(-)단계, 비산물의 충격(衝擊), 열, 지진 등의 대표적인 폭발력 중의 하나 또는 그 이상에 의하여 영향을 받은 것으로 식별해야 한다.

① 조사관은 나타난 손상의 유형을 검사하고 분류해야 한다.

조사관은 산산 조각난 것, 굽혀진 것, 부러진 것, 평평한 것 등에 따라 손상의 종류를 검사 분류해야 하며, 또한 그 형상의 변화를 규명해야 한다.

폭굉(爆轟)의 중심지로부터 멀리 떨어져 있으면 압력상승은 상당히 완화되고 그 영향도 폭연(爆燃)의 영향과 유사하지만, 반면에 폭굉 중심지에 가까이 있는 물건은 균열과 파괴현상을 나타낸다(메짐성 파열).

② 조사관은 특정한 폭발 또는 과압손상을 면밀하게 조사 및 분석한다.

손상된 부품은 폭발압력 파(波), 열, 비산 및 지진충격 등의 폭발손상효과 중 하나 이상의 영향을 받았는지를 확인해야 한다.

③ 현장은 주의 깊게 조사되어져야 하며, 폭발장소에 있는 잔해와 마찬가지로 회수한 모든 이물질의 파편을 조사해야 하며, 그 파편은 그것을 식별하기 위해 법정연구소의 분석이 필요하다. 그러나 그 파편이 본래의 용기 또는 컨테이너의 조각이거나 아니면 임시로 만들어진 폭발장치의 일부분이든지 간에 그것은 조사에 아주 중요한 것이다.

(2) 폭발 전후의 화재손상의 식별

화재 또는 열손상은 이미 발생한 화재 또는 폭발의 열효과에 기인한 것으로 파악되어져야 한다.

① 중심지로부터 멀리 날아간 파편은 그것이 불에 탄 것인지의 여부를 결정할 수 있도록 조사해야 한다. 불에 탄 특성을 지닌 파편은 화재가 폭발보다 선행되었다는 것을 나타낸다.

② 과압조건의 가장 일반적인 표시는 구조물의 창문으로부터 어느 정도의 거리를 비산하여 떨어진 창유리일 것이며, 창유리나 기타 구조물의 파편조각에 남아 있는 스모크나 검댕이의 잔유(殘有)물은 폭발이 약간의 시간을 두고 화재에 뒤따랐다는 것을 나타내어 준다.

③ 구조물로부터 아주 멀리 날아가 떨어진 완벽하게 깨끗한 유리 또는 파편조각은 화재에 앞선 폭발을 나타내어 준다. 또한 녹았다가 재 응고(凝固)된 파편의 흐름 방향은 조사관에게 열에 노출되었을 당시 그 파편의 위치와 상태를 알려준다.

(3) 증거물의 위치 파악 및 식별

조사관은 폭발현장의 다양한 많은 증거물들에 대해 식별하고, 위치를 파악하고, 주석(註釋)을 달고, 등록하고, 사진을 촬영하고, 꼬리표를 부착하는 등의 조치를 취해야 한다.

① 폭발의 진행특성 때문에 조사자는 중요한 증거인 파편조각이 폭발된 건축물의 외부, 폭발된 구조물의 벽체 또는 다른 구조부재의 사이, 주변에 있는 식물 위 또는 속, 부근에 있던 구조물 또는 차량 내부와 이러한 인접 구조물의 틈새 등 광범위하게 다양한 지역에서 발견될 수 있음을 고려해야 한다.

② 폭발물 사고 또는 탱크·장치·설비 등의 폭발과 관련된 사고의 경우에는 중요한 증거인 파편조각은 희생자의 신체를 뚫고 들어가거나 그의 의복 속에 들어가 있을 수도 있다.

③ 폭발에서 부상당한 모든 사람의 의복은 검사 분석을 위해 확보되어져야 한다.

조사관은 부상자에 대한 사진촬영과 치료와 수술하는 동안에 희생자의 몸에서 수거한 물질에 대하여 보존조치를 해야 하며, 손상되거나 이동된 벽체·천장·복도·지붕·기초·기둥·문과 창문·인도·차도·집안 뜰(patios) 등의 구조부재의 위치와 상태에 관해서 기록해야 한다.

④ 조사관은 손상을 받거나 이동된 가구·시설·난방 및 주방설비·제조설비·희생자의 의복과 개인 소지품 등의 건축 수용물건의 위치 및 상태에 관해서 기록해야 하며, 손상을 받거나 이동된 연료가스 계량기와 정압기기·연료가스 배관과 탱크·전기함/계량

기·전선 및 전선관·연료탱크·폭발장치의 부품 또는 연료용기 등의 지원설비의 위치 및 상태에 관해서도 기록하여 두어야 한다.

(4) 힘 벡터(Vector) 식별

조사관은 폭발의 방향성과 상대적인 폭발력을 표시해주는 파편조각을 식별하고, 도표작성 및 사진촬영과 기록을 해두어야 한다. 또한 벽체를 파괴하는데 필요한 힘은 단순히 그것을 옮기거나 이동시키는데 필요한 힘보다 훨씬 크다는 사실을 염두에 두고 식별해야 한다.

① 창문을 파괴하는데 필요한 힘은 벽체를 이동시키는데 필요한 힘보다는 작지만, 원 상태의 창문을 여는데 필요한 힘보다는 크다. 따라서 힘이 크면 클수록 비슷한 크기의 파편조각은 그 중심지로부터 더 멀리 날아가게 될 것이다.

② 창유리와 유사한 파편의 다양한 비산방향과 거리를 기록하고 도표를 만들며 사진을 촬영하여 둔다. 크고 더 많은 비산물체는 그것을 비산시키는데 필요한 힘을 비교하기 위해 측정 및 평가한다.

③ 명백한 폭발 중심지로부터 날아가는 중요증거의 파편조각의 비산방향과 마찬가지로 그 비산거리도 중요하다. 따라서 중요한 모든 파편조각의 위치는 폭발현장 도표 위에 거리와 방향에 대한 주석과 함께 완벽하게 기록해야 하며, 이것은 조사자로 하여금 다양한 비산물의 궤도(軌道)를 재구성할 수 있도록 해준다.

〈표 5.7〉 비산유리로 인한 인명부상 기준

과 압(psi)	부 상	해 설
0.6	비행 유리에 의한 부상한계*	
1.0~2.0	비행유리에 의한 피부 열상한계	
1.5	비행유리에 의한 피부 관통한계(노출피부)*	
2.0~3.0	비행유리에 의한 심한 부상한계	
2.4	고막 파열한계	
2.8	고막 파열 가능성 10%	
3.0	사람이 땅에 넘어질 정도의 과압	한 자료에 따르면, 이러한 효과를 내려면 1.0psi 과압이 필요 함.
3.4	고막파열 1%	심각한 외상은 아님.
4.0~5.0	비행유리에 의한 심각한 부상 가능성 50%	
5.8	비행유리에 의한 신체 관통한계(노출피부)*	

〈표 5.7〉 계속

과 압(psi)	부 상	해 설
6.3	고막 파열 가능성 50%	고막파열 상반자료.
7.0~8.0	비행유리에 의한 심각한 부상 가능성 100%	
10.0	폐 출혈 한계*	심각한 출혈은 아님{장기간 폭발(50m/sec 이상)} : 3m/sec 지속파는 20~30 psi 필요.
14.5	직접 폭발효과에 의한 사망한계	폐출혈로 인한 최초 사망
16.0	고막 파열 50%	귀 부상이 심각함.
17.5	직접 폭발효과에 의한 사망 가능성 10%	
20.5	직접 폭발효과에 의한 사망 가능성 50%	
25.5	직접 폭발효과에 의한 사망 가능성 90%	
27.0	사망률 1%	심각한 폐 손상 발생률 높음{장기간 폭발(50m/sec 이상)} : 3m/sec간 지속파는 60~70 psi 필요.
29.0	직접 폭발효과에 의한 사망 가능성 99%	

※ 비산유리로 인한 부상과 직접 과압효과 포함

[참조]

〈표 5.7〉 및〈표 5.8〉 은 관찰된 건물의 손상(損傷)으로부터 최고 폭발 과(過)압을 평가할 수 있는 가이드로 사용될 수 있다. 이러한 자료는 구조물 의 외부에 가해진 최고 과압으로부터 얻어진다. 구조물의 내부에 가해지는 과압의 효과는 유사한 것으로 간주되나 과압수치는 때로 구조에 따라 다를 수도 있다.

〈표 5.8〉 과(過)압에 따른 자산의 손상기준

과 압(psi)	손 상
0.03	대형 유리창이 응력을 받아 때로 부서짐
0.04	큰 소음(143유), 소닉 붐 유리 파열
0.10	작은 유리창이 응력을 받아 파손
0.15	유리가 파열되는 일반적인 압력
0.30	"안전거리"(이 값에서 심각한 손상이 발생하지 않을 가능성 0.95), 비산물의 한계, 가옥 천장의 손상, 유리창 파손 10%
0.4	소규모 구조물의 손상
0.5~1.0	유리창 파손, 때로는 창틀도 손상(한 조사에 따르면,0.147psi에서 유리파열)
0.7	주택 구조물 소규모 손상
1.0	가옥의 부분붕괴, 거주 불가능

〈표 5.8〉 계속

과 압(psi)	손 상
1.0~2.0	골판 석면 벽체 파열, 골판 알루미늄/스틸 패널 파열, 목재 벽 패널파열(표준 주거구조)
1.3	건물 철골구조가 약간 틀어짐
2.0	가옥 벽체 및 지붕 부분붕괴
2.0~3.0	비강화 콘크리트나 콘크리트 블록 벽 패널 파손(다른 자료에 따르면 1.5psi)
2.3	심각한 구조물 손상한계 하한
2.5	벽돌가옥 50% 파괴
3.0	스틸 구조건물이 비틀어지고 기초에서 분리됨
3.0~4.10	자체 골조스틸 패널건물 붕괴, 오일저장탱크 파손, 스냅파열-목재 유틸리티 탱크
4.0	경공업 건물 외장 파괴 됨
4.8	강화 콘크리트 구조물 파괴
5.0	스냅파열-목재 유틸리티 폴
5.0~7.0	가옥이 거의 완전히 파괴
7.0	부하 트레인 웨건 전복
7.0~8.0	벽돌 벽 패널 갈라짐 또는 휨(두께 8~12in(20.3~30.5cm), 비 강화) 철골건물의 측면 송풍, 짐 실은 궤도차량 전복
9.0	짐 실은 트레인 박스 차 와전히 파괴
10.0	건물의 완전 파괴
30.0	철탑 부서짐
88.0	분화구 손상

5.1.3.14 폭발의 발생지점 분석

힘의 벡터(Vector)를 파악한 이후 조사자는 폭발의 힘 벡터의 일반적인 경로를 따라 가장 적은 손상지역에서 가장 큰 손상지역 방향으로 역으로 추적조사를 해야 하며, 이것은 폭발역학분석(爆發力學分析)으로 알려져 있다. 그것은 폭발된 구조물의 도면에 여러 방향의 파편이동과 가능하다면 각각의 중요한 파편손상 또는 이동에 필요한 상대적인 힘을 평가한 것을 표시함으로써 완성될 수 있다.

폭발역학분석(爆發力學分析)은 대략 구형으로 폭발중심에서 멀리 떨어진 파편이동과 폭발중심으로부터 거리가 멀어짐에 따라 폭발의 힘이 감소하는 것에 근거하고 있다.

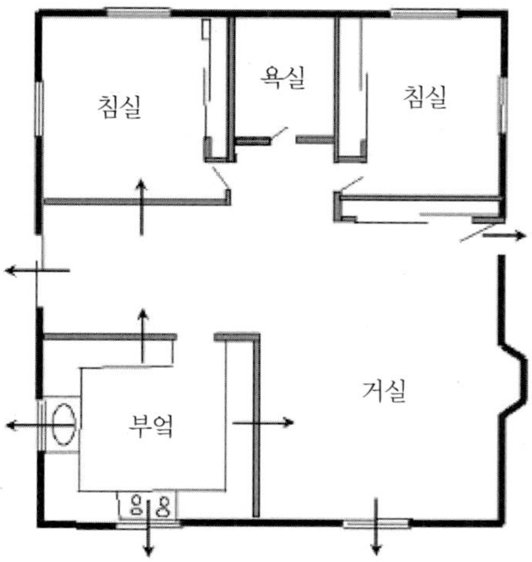

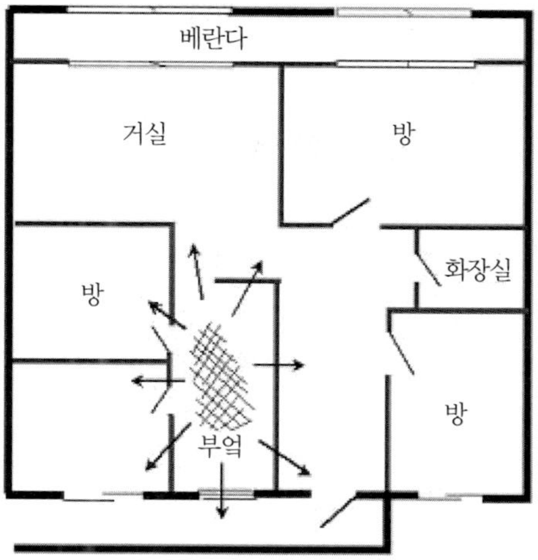

〈그림 5.3〉 폭발역학 도표(Explosion Dynamics Diagram)

〈그림 5.4〉 폭심부(▩)와 수압방향(→)

1. 종종 2개 이상의 폭발역학 도표가 필요하다.
   ① 첫 번째 도표는 특정지역 또는 발생지역으로서 좀더 자세한 조사를 위한 실(室)을 나타내는 비교적 큰 지역을 나타낼 것이다.
   ② 두 번째의 좀더 작은 규모의 도표는 폭발 발생지역의 폭발역학을 분석하기 위하여 작성하고, 이것은 특히 분화구의 형성폭발을 취급할 때 유용하다.
   ③ 특히 '분화구 미형성의 폭발' 예컨대 걷잡을 수 없는 연료가스 폭발과 같은 경우에는 때때로 특정 실 또는 지역이 폭발중심으로 정확히 나타나지 않는다.

2. 폭발역학분석은 일련의 폭발증거들이 각각 폭발중심을 가지기 때문에 복잡하고, 이 상황은 힘 벡터의 상세한 비교를 필요로 한다.
   벽체·바닥·지붕 등 좀더 견고한 잔해(殘骸)의 움직임은 일반적으로 1차 폭발보다 2차 폭발에서는 더 적다. 즉, 처음의 강력한 폭발은 건축물을 벤트시켜 후속폭발의 더 많은 양압(+)단계를 방출하는 경향이 있다. 그러나 이것은 두 번째 폭발이 첫 번째 폭발력 이하일 경우에만 사실이다.
   분진폭발은 처음보다 대부분 더 강력한 후속폭발이 함께 일어나는 경향이 있으며, 이 현상은 두드러진 예외현상이다.

5.1.3.15 연료원 분석

일단 폭발의 발생지점 또는 착화(着火)지점이 확인되면 조사자는 해당 연료를 결정해야 하고, 이것은 현장에서 알고 있는 연료에 대한 손상특성과 형태를 비교함으로써 이루어진다.

① 모든 연료원을 고려해야 하고, 물리적 손상영역 모드를 충족시키는 하나의 연료를 파악할 수 있을 때까지 배제하여 나간다. 예컨대 폭발의 발생지점이 바닥의 중앙에 부서진 콘크리트의 1.8m(6ft) 구멍으로 확인된다면 은밀한 특성가스(Fugitive Natural Gas)는 연료로서 배제할 수 있고, '분화구 형성폭발'을 일으킬 수 있는 연료만을 고려해야 한다.

② 파편·검댕·토양 또는 공기샘플에 대한 화학적 분석은 연료를 규정하는데 도움이 된다. 폭발물 또는 액체연료의 경우 가스 크로마토그래피·질량분석 또는 기타 적당히 수집된 샘플의 화학적 검사로 확인할 수 있다.

③ 발생지점 부근에서 채취한 공기샘플은 가스 또는 액체연료의 증기(蒸氣)를 확인하는데 사용될 수 있다. 예컨대 시판되는 "천연가스"는 메탄·에탄·프로 판·질소·부탄 등의 혼합기이므로, 만약 공기샘플에서 "에탄"의 존재는 모두 메탄 성분인 늪·습지·하수 등에서 자연적으로 발생하는 가스라고 하기보다는 시판되는 천연가스가 존재했었다는 것을 나타내는 것이다.

④ 일단 연료가 확인되면, 조사자는 그것의 근원을 결정해야 한다. 예컨대, 연료가 공기보다 가벼운 것으로 확인되고 건축물에 천연가스가 공급되었다면, 조사자는 발생지점 아래 또는 발생지점에 있기 쉬운 가스원이 공급관에서의 누설 또는 가스설비의 오작동(誤作動)에서 비롯된 것임을 알아야 한다.

⑤ 도로의 본관 또는 LPG 저장탱크로부터 정압기와 계량기 및 모든 설비를 포함한 가스배관을 조사하고, 가능하면 누설검사(漏泄檢査)를 실시해야 한다. 공기 또는 불활성가스를 사용하여 화재 또는 가스폭발이 있었던 건물 내부의 누설시험(漏泄試驗)을 실시해야 한다.

⑥ 특히 현장사람에 의해 탐지한 결과 가스 누설의 징후가 없는 곳이라면 부취제(腐臭劑)의 확인은 가연성 가스와 관련이 있거나 잠재적으로 관련이 있는 폭발원인 조사의 일부분이 되어야 한다. 이때 스테인 튜브(stain tube)는 현장에서 사용할 수 있고, 가스 크로마토그래피는 정확한 결과를 위해 연구소에서 사용할 수 있다.

5.1.3.16 발화원의 분석

폭발의 발생지점과 연료를 규명할 경우에는 발화설비도 분석해야 한다. 이것은 특히 Fugitive Natural Gas의 경우 다수의 발화원이 존재하고 있기 때문에 전체적인 폭발조사 중 가장 어려운 부분이다. 가능한 다수의 발화원의 경우 조사관은 증인의 진술을 포함한 모든 이용 가능한 정보를 고려해야 하고, 모든 가능한 발화원에 대하여 면밀하게 평가해야 한다. 따라서 고려해야 할 요소는 다음과 같다.

① 연료의 최소발화 에너지

② 가능성 있는 발화원의 발화에너지

③ 연료의 발화온도

④ 발화원의 온도

⑤ 연료와 관련한 발화원의 위치

⑥ 발화 당시 연료와 발화원의 동시 존재 여부

⑦ 폭발 직전과 그 당시의 조치상황에 대한 목격자의 진술 등

5.1.3.17 폭발원인의 입증분석

폭발 발생지점·연료·발화원 등을 규명한 이후 조사자는 무엇이 연료와 발화원을 동시에 폭발 발생지점으로 유도(誘導)했는지를 분석하고 규명해야 하며, 이들 요소를 그 당시·그 장소에 함께 있게 한 상황의 근원이 된다. 이러한 분석 중에는 결함(缺陷)을 현행코드 또는 기준에 따르도록 하는 등 어떻게 폭발을 방지할 수 있었는가도 포함하고, 화재 및 폭발의 파괴효과로 인하여 원인을 항상 확인할 수 없다는 것도 알아두어야 한다. 다음에는 원인을 확인하는데 도움이 될 만한 분석기술이며, 이들은 독특한 사고환경에 따라 분석기술을 선택한다.

1. 시간대(time line) 분석

수집한 배경정보(보고서·일지 등)를 바탕으로 폭발 이전 및 폭발 당시의 사고경위를 표로 작성한 후에 인과관계와의 일치 여부를 추론(推論)한 후에 '**최적(最適)**' 이론을 설정한다.

2. 손상패턴 분석

더 많은 분석, 주로 잔해와 구조적 손상에 관해 다양한 유형의 손상패턴을 체계화 한다.

(1) 잔해분석(殘骸分析)

① 조사자는 폭발방향과 상대적 힘을 표시하는 잔해를 확인하고, 그림으로 표시 및 사진을 촬영하여 참고한다. 일반적으로 폭발에너지가 크면 커질수록 유사한 잔해조각이 폭발의 중심에서 더 멀리 날아간다. 그러나 다양한 잔해형태의 서로 다른 항력(drag)/양력(lift)의 특징 때문에 더 멀리 날아갈 수도 있다.

② 중요한 증거물의 폭발중심에서의 방향뿐만 아니라 거리도 중요할 수 있다.
중요증거의 위치는 폭발현장 도면에 확실히 표시하고 거리와 방향도 표시한다. 이렇게 함으로써 조사자는 다양한 부품의 궤도를 재구성할 수 있고, 어떤 경우

중요한 비산물체, 특히 커다란 비산물에 대해서 질량과 기하학적 측정을 하는 것이 좋다. 이는 보다 완벽한 궤도의 기술적 분석에 사용될 수 있다.

(2) 상대적 구조물의 손상분석

조사자는 폭발지역 주변의 상대적인 손상을 도면에 표시하여 '유사-손상 등고선도(等高線圖)'라 불리는 도면을 작성한다. 등고선의 기준은 어떤 경우 단순한 과(過)압의 레벨이 되거나 아니면 구조물의 상대적 손상등급일 수도 있다. 따라서 이러한 지도 작성을 위해 몇몇 기술이 사용되며, 이러한 분석을 통해 폭발에 따른 또 다른 실마리를 얻을 수 있으며, 보다 완벽한 분석기술을 위한 더 많은 정보를 제공하여 준다.

(3) 폭발력(blast yield)과 발생손상의 상관관계

분석자(分析者)가 관련연료의 양과 유형 및 추진거리와 손상 정도 등의 상관관계를 밝히기 위해 사용하는 방법이 몇 가지 있다. 그러나 고체폭발물과 가스-증기의 폭연(爆燃) 사이에의 폭발역학은 크게 다르기 때문에 한 폭발에 사용된 연료량을 직접 다른 폭발에 사용된 폭발물의 무게와 연관시키는 것은 불가능하다.

(4) 손상된 장치 및 구조물 분석

폭발사고의 원인 결정시 사용연료와 손상을 연관시키기 위해 여러 전문분야를 통합한 접근법이 자주 사용된다. 따라서 특수한 전문가가 필요할 수도 있다.

(5) 열(熱)효과 상관관계

폭발사고로 인한 열 손상을 보이는 자료에 대한 수집은 사고 진행 당시의 화구(火口) 또는 화재의 증거가 될 수 있다. 즉, 이는 이러한 물건의 특징에 따라 폭발이 BLEVE·연료분사(燃料噴射)화재 또는 다른 현상에 관련되어 있다는 증거가 될 수 있다. 따라서 열 손상효과에 관한 전문분석은 이 분야의 교육을 받은 기술자가 실시해야 하며, 이를 통해 등온선(等溫線) 도면 즉, 열손상도(熱損傷圖)를 작성할 수 있다.

5.1.4 화학화재 원인 입증

5.1.4.1 개요

화학적 원인에 의한 화재뿐만 아니라 모든 화재에서 화재가 발생한 원인의 증거를 분석하여 결론을 도출하지 않으면 안 된다. 따라서 조사관은 화재현장에서 여러 자료를 수집하여 그것을 분석하여 가치를 부여하고 과학적 타당성을 조사하여 원인을 결정하며, 이것이 '원인(原因)의 입증(立證)'이다.

자료의 수집 ⇨ 가치 및 체계 ⇨ 타당성 조사 ⇨ 발화원의 결정

여기서 우선 자료수집에 세심한 주의를 기울여 정확히 할 필요가 있고, 수집된 자료 중에서 화재발생에 직접 중요한 의미를 갖는 것과 그렇지 않는 것이 있기 때문에 이것을 잘 음미하여 모순 없이 상당인관관계가 성립하도록 해야 하고, 실험데이터·문헌 등에 의해 체계를 세워 차례대로 타당성을 부여하고 원인을 판정할 필요성이 있다.

5.1.4.2 화학화재 조사요점

1. 현장을 관찰하여 대략적인 상황을 파악한다.
2. 주위 상황에 대한 정보

① 발화 전의 작업상황

② 발화 당시의 작업상황

③ 발견·통보·초기소화 등의 상황

- 화염의 색깔 – 취기(臭氣 : 냄새)
- 연소상황 – 초기소화 상황

④ 제조 또는 작업공정

⑤ 취급하는 화학제품에 대한 성질·양·품질 등

⑥ 화학약품의 취급상황

- 용기 등의 재질 – 유속
- 압력 – 가열 및 시간

⑦ 계기(計器)유의 기록조사

⑧ 화원(火源)의 상황

3. 현장복원

① 가연물의 연소상황

② 금속 등의 변색 및 용융상황

③ 소잔 잔유물의 표본 추출

4. 화학분석과 재현실험 및 문헌조사

① 실험실적인 재현실험

② 동일 기종에 의한 측정

③ 각종 분석

5. 조사사항에 대한 종합적인 검토

① 출화장소에 대한 검토

② 출화원인의 판정

※ 물질안전 데이트 시트(MSDS)

<table>
<tr><td colspan="6">일 반 사 항</td></tr>
<tr><td>화 학 명</td><td colspan="2"></td><td>화 학 식</td><td colspan="2"></td></tr>
<tr><td>별 명</td><td colspan="5"></td></tr>
<tr><td>분 자 량</td><td></td><td>위험물 분류</td><td></td><td>지 정 수 량</td><td></td></tr>
<tr><td>표 지 사 항</td><td colspan="2"></td><td>위험식별시스템</td><td colspan="2">융해성:　연소성:　반응성:</td></tr>
<tr><td colspan="6">물 리 적 특 성</td></tr>
<tr><td>성 상</td><td colspan="5"></td></tr>
<tr><td>비 (등) 점</td><td colspan="2">℃(°F)</td><td>증 기 명</td><td colspan="2">mmHg　ⓐ　20℃</td></tr>
<tr><td>비 중</td><td></td><td>증 기 밀 도</td><td></td><td>발 열 량</td><td>(　)(kcal/kg)</td></tr>
<tr><td>휘 발 성</td><td colspan="2"></td><td>수 용 성</td><td colspan="2"></td></tr>
<tr><td colspan="6">유 해 성</td></tr>
<tr><td>허 용 농 도</td><td colspan="2">ppm (LD$_{50}$: mg/kg)</td><td>특 성</td><td colspan="2"></td></tr>
<tr><td>과다노출시 영향</td><td colspan="5"></td></tr>
<tr><td>응급조치 요령</td><td colspan="5"></td></tr>
<tr><td colspan="6">연 소 성(화재·폭발위험)</td></tr>
<tr><td>인 화 점</td><td>℃(°F)</td><td>발 화 점</td><td>℃(°F)</td><td>연소범위(Vol%)</td><td>하한 :
상한 :</td></tr>
<tr><td>공 기 중 특 성</td><td colspan="5">※</td></tr>
<tr><td colspan="6">반 응 성</td></tr>
<tr><td>안 정 성</td><td colspan="2"></td><td>유해생성물질</td><td colspan="2"></td></tr>
<tr><td>반응하는 물질</td><td colspan="5"></td></tr>
<tr><td>위험한 반응</td><td colspan="5"></td></tr>
<tr><td colspan="6">유 출 · 누 출 대 책</td></tr>
<tr><td>조 치 요 령</td><td colspan="5"></td></tr>
<tr><td>폐 기 방 법</td><td colspan="5"></td></tr>
<tr><td colspan="6">진 화 대 책</td></tr>
<tr><td>보 호 장 비</td><td colspan="2"></td><td>적응소화약제</td><td colspan="2"></td></tr>
<tr><td>소 화 요 령</td><td colspan="5"></td></tr>
<tr><td colspan="6">취 급 · 저 장</td></tr>
<tr><td>저 장 용 기</td><td colspan="5"></td></tr>
<tr><td>저 장 방 법</td><td colspan="5"></td></tr>
<tr><td>전기장비(방폭)</td><td colspan="2">Class I, Group</td><td>기 타 사 항</td><td colspan="2"></td></tr>
</table>

5.2 전기화재(電氣火災)

5.2.1 전기화재의 개요

전기에너지를 열원(熱源)으로 발생하는 화재를 일반적으로 전기화재라고 말하며, 전기화재의 발생요인은 여러 가지가 있지만 여기에서는 우선 전기화재의 원리와 주된 발생요인과 경과에 대해서 예시를 들어 설명한다.

5.2.1.1 정의

1. 전류(電流* Electric current)

'전류'는 전하(電荷)의 흐름 또는 이동을 말하며, 암페어로 측정하고 SI단위로는 A (Ampere)로 표시한다. 음전하(−) 또는 양전하(+)의 이동만으로도 전기흐름은 가능하며, 또 음전하와 양전하가 서로 반대방향으로 이동하는 것도 가능하다. 따라서 대부분의 경우 전류는 전자(電子) 즉, 음전하의 이동을 뜻한다.

2. 전압(電壓)

'전압' 이란, 전기도체의 양 끝단 사이의 전기적인 위치에너지의 차이 즉, 전위차(電位差)를 말하며, 전류는 도체의 양 끝단에 전위차가 없을 때까지 흐른다.

3. 저항(抵抗* Resistance)

도체에 전류가 흐를 경우 이를 방해하는 도체(導體)의 저항 즉, 전류가 흐르기 힘든 정도를 '전기저항(電氣抵抗)' 이라 하고, 1[V]의 전위차에 대하여 1[A]의 전류를 흐르게 하는 저항의 값을 1[Ω]이라 한다.

전선(電線)의 전기저항은 전선재료의 전기전도도(電氣傳導度), 전선의 굵기, 전선의 길이 등에 따라 달라진다. 즉, 굵은 전선은 가는 전선보다 저항이 작고, 긴 전선은 짧은 전선보다 저항이 크다.

4. 직류와 교류

(1) 직류(直流* DC)

전류는 직류 아니면 교류인데, '직류(DC)' 는 항상 또는 전류가 일정하게 흐르지 않아도 한쪽 방향으로만 흐르는 전류를 말한다.

(2) 교류(交流* AC)

'교류(AC)'는 흐름의 방향이 변하는 전류로, 전기회로(電氣回路)에서 전자들은 처음 한 방향으로 움직이다가 곧 반대방향으로 움직인다. 즉, 고정점(固定點)을 중심으로 왔다 갔다 하는 것이다. 이것은 전기를 발생하는 발전기 또는 다른 전원장치에서 전압의 극(極)이 바뀌기 때문이며, 그 바뀌는 횟수가 1초에 60번일 경우를 주파수 60[Hz]라 한다.

5. 옴의 법칙(Ohm's Law)

'옴의 법칙'이란 전기회로의 저항[Ω]에 흐르는 전류[A]는 저항의 양단에 가해진 전압[V]에 비례하고, 저항[R]에 반비례한다는 법칙이다. 즉, 전류[A] = 전압[V]/저항[Ω]의 관계가 성립한다. 따라서 저항이 일정한 회로에서는 전류와 전압은 비례하고, 전압이 일정한 회로에서는 전류와 저항이 반비례한다.

6. 허용전류(許容電流)

'허용전류'란 일정 규모의 전선이 정상기능을 발휘하면서 흐를 수 있는 최대전류량으로써, 설치장소와 배선방식, 절연피복의 종류와 절연방식, 주변온도 등에 따라 달라질 수 있다. 따라서 허용전류 값의 초과가 모두 화재로 직결되는 것은 아니다.

〈표 5.9〉 절연전선의 허용전류(최고허용온도 60℃)

코드			동 선	
소선수/지름 (가닥수/mm)	공칭단면적 (mm^2)	허 용 전 류 [A]	지 름 (mm)	허 용 전 류 [A]
30/0.18	0.75	7	1.0	16
50/0.18	1.25	12	1.2	19
37/0.26	2.00	17	1.6	27
45/0.32	3.50	23	2.0	35
70/0.32	5.50	35	2.6	48

※ **공칭단면적** : 코드의 소선 각각의 단면 넓이를 합쳐서 규격을 대표하는 양으로 표시한 단면적

7. 과전류(過電流* Over-current)

선로에 허용전류보다 과다한 전류가 흘러 절연상태가 파괴됨으로써 합선(단락) 또는 과전류 자체로 인한 발열로 전선피복을 태우며 발화하는 경우가 많다. 그러나 정상배선에서 단시간에 전선피복을 열(熱)손상시킬 정도의 과전류가 흐르면 차단기의 작동으로 발화위험은 적으나, 문어발식 꽂음 접속기의 사용 등 정상치보다 약간 많은 과부하(200% 이하)가 장시간 계속되는 경우에는 전선피복을 점진적으로 손상시키고 절연피복 전체에 피로를 가

중시킬 수 있다.

'**과전류**'는 허용전류에 따른 규격미달의 전선 사용, 방열조건의 불량, 부하기기의 과다에 따른 과부하(過負荷) 등으로 일어나며, 초기에는 전선피복이 녹으면서 코드의 경우에는 소선(素線)에 피복물질이 침입하거나 피복으로부터 소선이 이탈되기도 하며, 결국 발열과정 또는 착화과정에서 피복의 절연파괴로 단락을 동반한다. 전기의 단락흔적과 부하기기의 과부하의 여부, 전선의 규격미달 여부, 전원(電源)측 차단기의 적정 여부 등이 검사의 포인트가 될 것이다.

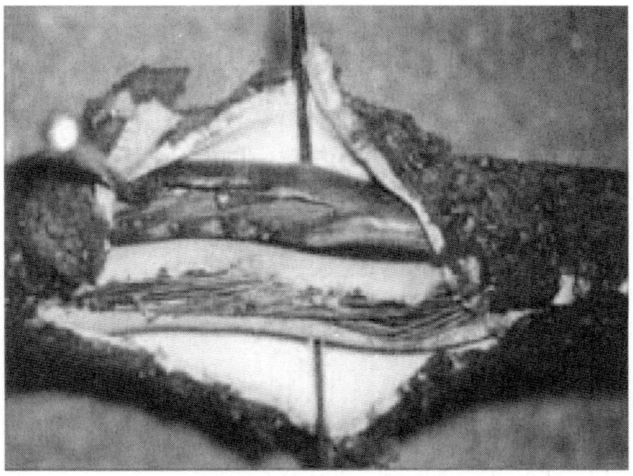

〈사진 5.5〉 과전류(Over-current)에 의한 절연케이블의 탄화현상

8. 전기합선과 단락(短絡)

합선(合線)이란, 극이 다른 전선이 서로 붙는 단순한 기계적인 표현이고, 단락*(Short circuit 또는 Short : 짧은 연결)은 정상회로보다 전류의 흐름이 짧게 구성되어 두 극성간의 전기저항이 줄어들었다는 전기적인 표현이다. 따라서 합선현상은 쇼트(Short) 또는 단락으로 모두 표현될 수 있으나, 반대로 쇼트 또는 단락의 경우에는 굳이 두 개의 선이 만나는 경우에만 있는 것이 아니고 케이스 등 다른 도체를 통해서도 나타날 수 있어서 동의어(同義語)로 사용해서는 안 된다.

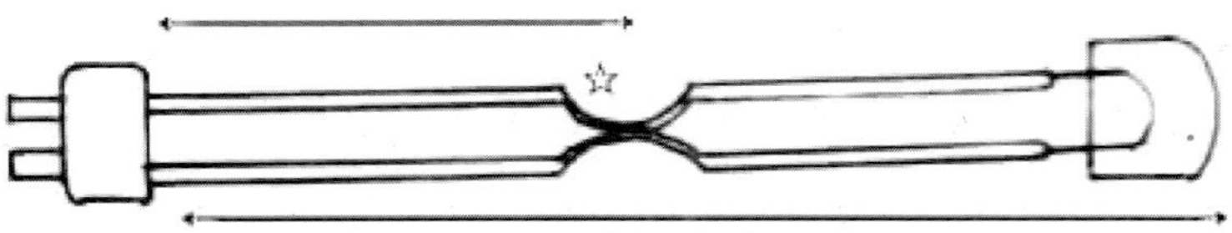

〈그림 5.4〉 합선과 단락회로의 구성도

〈표 5.10〉 전선의 종류별 특징 및 용도

구 분	명 칭	특 징	용 도	
전선의 구조	나전선	강 전류를 목적으로 한 도체재료를 단체 또는 합금으로 사용		송전선
	절연전선	도체재료를 절연물로 피복한 것		코드 및 동선의 일반구조
	케이블	도체재료를 절연물로 피복해 그 위에 보호피복을 한 것		기기 전원선
단선과 연선	단 선	단선은 1본의 도체로 이루어진 단심 전선이며, 전선의 직경이 작은 경우에 사용	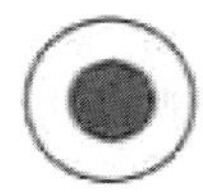	1.6mm, 2.0mm 동선 등 옥내배선
	연 선	연선은 단선을 다수로 하여 묶은 것으로 유연성이 있어 취급이 편리하며, 직경이 커질 경우에 사용		인입선 (심선 0.32mm 이하는 코드라 함

5.2.1.2 전기화재의 원리

전기화재의 발생은 기본적으로 전류의 발열작용으로서 주울 열(Joule heat)과 전극간의 방전(放電* Arcing)에 따른 불꽃에 기인하는 것이다.

1. 주울 열(Joule heat)

도체(導體)에 전류가 흐를 때에 발생하는 열을 Joule heat라고 하며, 전류의 2승과 도체저항(導體抵抗)의 곱에 비례한다는 것이 '주울법칙(Joule's law)'이다. 따라서 저항 R[Ω]의 도체에 I[A]의 전류가 t초간 흐르면 도체에 발생하는 열량 H는 다음 식으로 나타낸다.

$$H = I^2 R \cdot t[J] = 0.24 I^2 R \cdot t[cal]$$

1[J] = 1/4.2[cal] = 0.24[cal], H : 열량, I : 전류, R : 저항, t : 시간

저항 R은 도체의 길이에 비례하고 단면적(斷面積)에 반비례하므로 동종의 도체라 하더라도 길이가 길고 단면적이 작은 가는 도체는 저항이 커져서 발열량은 증가한다. 일반적으로 전로(電路)에 사용되는 도체의 고유저항(固有抵抗)은 대단히 적기 때문에 통상의 사용조건에서는 발열량은 적어 극도의 온도상승은 없지만, 다음과 같은 경우에는 Joule heat에 의한 온도상승이 현저하게 됨으로써 화재요인이 된다.

① 전선에 허용전류 이상의 큰 전류를 흘리는 과부하의 경우

② 발생한 주울 열의 방산(放散)이 저하된 경우(코드를 묶어서 사용, 이부자리 및 담요

밑의 코드배선, 전동기 및 변압기 권선에 자장의 축적 등)

③ 전선회로의 접속부에서 접촉저항(接觸抵抗)이 증가된 경우

④ 수전설비(受電設備)의 고조파 장애 등 전력계통(電力系統)의 전압변형(電壓變形 : 일그러짐)이 증가한 경우

⑤ 전선의 단락현상(短絡現象 ~ 아크방전이 약간 포함됨)

⑥ 전동기(電動機)의 구속운전(拘束運轉)

⑦ 단상3선식(單相三線式)의 전원에서 중성선(中性線)이 단선(斷線)된 경우

⑧ 3상전동기(三相電動機)의 단상운전(單相運轉)의 경우 등

2. 방전불꽃(Arcing Flame)

방전불꽃은 전극(電極)간의 방전(放電)에 의한 불꽃, 정전기 방전(靜電氣放電)에 의한 불꽃, 낙뢰(落雷)에 의한 불꽃 등으로 구분된다.

(1) 전극간의 방전

기체 속에서 전극에 고전압(高電壓)을 인가하면 기체원자(氣體原子)가 전리(電離* ionization)되며 발생한 양이온(cation)과 전자(electron)가 전계작용(電界作用)에 의해 각각 반대방향으로 힘을 받기 때문에 기체 속으로 전류가 흐르는 현상을 전극간의 방전이라 한다. 이 중 타운젠트 방전(townsend discharge : 미광방전·암광방전 또는 암방전 등으로 불리고 자속방전의 제1단계)과 대표적인 자속방전의 형식인 글로우 방전(glow discharge)은 전류치(電流値)가 작지만, 아크방전(arc discharge : 호광방전·전호방전이라고도 불리고 자속방전의 최종 단계)은 수 암페어 정도의 전류가 흘러서 고온(高溫 : 수천 ℃)의 불꽃(spark)을 발생시킨다. 불꽃방전(Spark Disc- harge)의 발생에 필요한 전압을 불꽃전압 또는 파괴(破壞)전압이라고 한다.

(2) 정전방전(Electrostatic discharge)

충전된 정전기(靜電氣* Static electricity)의 방전형태는 방전전력이 큰 것으로부터 불꽃방전(spark discharge)·스트리머 코로나방전(streamer corona discharge)·코로나 방전(corona discharge)으로 구분된다.

방전형태는 대전물체(帶電物體)와 접지체(接地體)의 양자에 의해서 정해지기 때문에 일반적으로 판정하기 어렵지만, 이들 양자가 비교적 평평한 구조일 때에는 에너지가 큰 착화성 방전이 일어나고, 반대로 바늘 및 칼형(knife type)의 돌기형상(突起形象)이면 코로나방전에 의하여 착화(着火)되기 어렵다.

(3) 낙뢰방전(落雷放電* Thunderbolt discharge)

뇌운(雷雲)이 발달하여 뇌운과 지표면의 전위차(電位差)가 있는 정도의 크기에 따라서 발생하는 방전현상. 즉, 뇌운 속에서 대전(帶電)된 에너지가 불꽃방전을 일으켜 뇌전(雷電 : 벼락)이 되어 땅에 떨어지는 뇌격현상(雷擊現象)이 낙뢰이다. 뇌전압은 1억~10억 볼트 정도로서 순간적으로 흐르는 전류는 수만 암페어(Ampere : A) 정도이고, 발화원(發火源)으로는 직격뢰(直擊雷* Direct surge)와 간접뢰(間接雷* Indirect surge)로 구분된다.

5.2.1.3 전기화재의 발생경과

전기화재의 일반적인 발생경과에 따라 분류하면, 설계 및 구조불량·취급부주의·공사불량·경년열화(經年劣化)·기타 등으로 나누어진다.

1. 설계 및 구조불량

전기기기(電氣器機)의 설계 및 구조가 좋지 않기 때문에 발생한 화재사례로는 다음과 같은 것이 있다.

① 텔레비전 전원스위치의 수지부가 ON-OFF할 때에 발생한 스파크로 절연체(絕緣體)의 흑연화(黑煙化* Graphite)로 화재가 발생하였다.

② 텔레비전의 고압회로 리드선의 절연내력(絕緣耐力)이 충분치 않기 때문에 먼지·습기 등에 의하여 리드선과 지지대(支持臺) 사이에서 스파크가 발생하여 리드선 피복에서 발화(發火)하였다.

③ 냉장고의 서리제거 히터 선을 냉장고의 배면(背面)까지 배선한 잘못으로 배선 접촉에 의하여 발화하였다.

④ 충전용(充電用) 전기면도기의 콘덴서가 흡습(吸濕)됨으로 인하여 절연저하(絕緣低下)를 일으켜 발화하였다.

⑤ 충전기 속의 변압기 부근에 붙어 있던 셀렌정류기의 발열로 인하여 변압기의 방열효과(放熱效果)가 국부적으로 저하되어 권선(捲線)으로부터 발화하였다.

2. 취급불량

전기기기 자체는 아무런 하자가 없었으나 사용방법을 잘 알지 못하여 부적절하게 사용하였기 때문에 발화한 사례는 다음과 같다.

① 전기기기를 나무로 만든 지지대 속에 넣어 사용하던 중에 스위치를 켜놓은 상태로 방치하여 두었기 때문에 지지대로부터 발화하였다.

〈사진 5.6〉 전동기 권선의 층간 단락현상

② 테이블 탭(table tap)에 전열기구(電熱器具)와 다른 전기기기를 연결하여 함께 사용하고 있었는데, 전열기구가 연결되어 있는 것을 잊고 다른 전기기기를 사용하기 위하여 테이블 탭의 플러그를 콘센트에 꽂아 사용하였기 때문에 전열기구가 통전(通電)되어 발화하였다.

③ 텔레비전 위에 놓아둔 화분에서 물이 넘쳐흘러 텔레비전 케이스 안으로 스며들어가 고전압부(高電壓部)에서 누설(漏泄)전류가 발생하여 발화하였다.

④ 집진기(集塵機) 필터의 청소 불량으로 콘센트의 방열효과(放熱效果) 저하로 인한 단락(短絡)으로 구속(拘束)운전된 전동기의 권선(捲線)에서 발화하였다.

⑤ 전기기구 코드선 및 연장 코드선 등을 뭉쳐서 사용하였기 때문에 방열효과(放熱 效果)의 저하로 코드선 및 연결전선의 과열(過熱)에 의한 절연파괴(絕緣破壞)로 인하여 발화하였다.

⑥ 수은등(水銀燈 : 400[W])에 근접 위치에 골판지상자(骨板紙箱子)를 쌓아두었기 때문에 수은등의 복사열(輻射熱)에 의하여 골판지상자에서 발화하였다.

⑦ 절연불량의 히터를 통전상태로 방치하여 두었기 때문에 발화하였다.

⑧ 플러그를 콘센트에 꽂아 놓은 상태에서 모발건조기가 낙하하여 스위치가 ON 되어 모발건조기가 과열되어 발화하였다.

⑨ 욕실에서 전기세탁기를 오랜 기간 사용하고 있었기 때문에 습기에 의한 전동기 권선의 절연열화(絕緣劣化)로 층간 단락되어 발화하였다.

3. 공사의 불량

정상적인 기능의 전기기기를 적절하게 사용하여 아무런 잘못이 없더라도, 취부공사의 결함으로 인하여 화재가 발생하는 경우가 있다.

① 교류용(交流用) 콘덴서를 상용 내전압 이내로 감압(減壓)시키지 않고 바로 직류회로

(直流回路)에 사용하였기 때문에 콘덴서로부터 발화하였다.

② 분기회로의 분기접속점에서 코드 및 전선의 조임 불량 또는 비틀림 접속 등에 의한 접속불량 및 과부하에 의하여 발화하였다(주로 비전문가에 의한 수리의 경우에 발생하며, 전선에 용융흔이 생성되는 경우가 많다.).

③ 비닐전선(vinyl 電線)을 스테이플(staple)로 고정할 때에 절연피복(絶緣被覆)의 손상(損傷)에 의한 단락으로 발화하였다.

④ 아웃렛박스(Outlet Box) 안에서 부적합한 전선의 단말처리(端末處理) 즉, 절연 테이프를 완전하게 감지 않는 경우 등에 의하여 누전(漏電) 또는 합선으로 발화하였다.

⑤ 매달음식의 형광등을 천장에 직부하였기 때문에 안정기(安靜機)의 방열효과(放熱效果)가 저하되어 안정기 권선의 과열에 의한 절연파괴(絶緣破壞)로 발화하였다.

⑥ 커버나이프 스위치(cover knife switch)의 퓨즈 대용으로 동선(銅線) 및 철선(鐵線)을 사용하였기 때문에 발화하였다.

⑦ 단상3선식의 중성선(中性線)에 실수로 퓨즈를 끼워 넣었기 때문에 퓨즈용단의 경우, 또는 3상3선식의 회로에 조임 부족으로 한선이 빠졌기 때문에 전기기기에 과전압(過電壓) 및 과전류(過電流)가 걸려서 발화하였다.

⑧ 옥내용의 전기기기를 옥외에 설치하여 빗물 등에 의한 절연열화(絶緣劣化)로 인하여 발화하였다.

⑨ 지선 가까이 설치한 철제 간판의 모서리에 바람으로 흔들린 지선의 비접지선이 장기간 닿아 전선피복이 찢어져 누전되어 발화하였다.

〈사진 5.7〉 동선을 퓨즈로 사용한 스위치의 소잔현상

4. 경년열화(經年劣化)

경년열화란 오랜 기간 또는 가혹한 환경에서 사용될 때 물질이나 부품 등의 절연재의 절연(絶緣) 특성이 점차적으로 나빠지는 자연현상의 변화를 말한다. 특히 전기설비의 절연재는 사용기간의 경과에 따라, 옥외의 비·바람·태양광 및 옥내의 온도·습도·코드선의 연장 사용 등에 의하여 외부 스트레스를 장기간 끊임 없이 받아 절연성능열화에 따른 수명단축으로 발화하는 경우가 많다.

① 형광등 등의 조명회로(照明回路)를 장기간(10년 정도) 사용함으로 인한 안정기(安靜機) 및 코드선의 경년열화로 발화하는 경우가 많다.

② 콘크리트 구조물의 보일러실에 설치 사용한 전동기의 코일 흡습(吸濕) 또는 환풍기의 먼지흡착 등에 의한 구속운전(拘束運轉) 등으로 절연열화되어 권선의 층간단락(層間短絡)으로 발화한 경우가 있다.

5. 기타

상기 이외의 사유로 발생한 전기적인 요인으로 발생한 화재사례는 다음과 같은 것이 있다.

① 보일러실 및 냉장고의 코드를 쥐가 갉았기 때문에 코드전선의 단락(短絡 : 合線)으로 발화하였다.

② 엘리베이터의 문에 이물질이 끼어 문이 닫히지 않아 전동기의 구속운전으로 인하여 변압기에 과전류가 흘러 과열에 의하여 발화하였다.

③ 겨울철 난방 등에 의한 결로현상(結露現象) 또는 오물부착(污物附着)으로 인한 스위치 절연체의 연면(Creepage)에 누설전류가 흐르게 되어 땅으로 지락(地落)회로가 현성되어 트래킹(Tracking) 현상에 의하여 발화하였다.

④ 전동기 전원의 전자개폐기(電子開閉器 : 3상3선식 200[V])에 바퀴벌레 등이 끼어 한 상이 차단됨으로 인하여 단상운전(單相運轉)의 상태가 되어 전동기의 발열(發熱)에 의하여 발화하였다.

⑤ 교통사고로 인하여 가로등이 꺾이며 전선피복(電線被覆)이 손상된 상태에서 민가(民家)의 철재 차양에 닿았기 때문에 누전되어 발화하였다.

⑥ 비바람에 흔들린 큰 나무가 전주의 전선 인류클램프커버를 손상시킴으로 인하여 빗물에 젖은 나뭇가지가 클램프에 직접 닫아 누전되어 발화하였다.

5.2.1.4 전기화재의 발화형태

화재현장조사는 일반적으로 처음 화원부(火元部)와 발화부(發火部)를 한정한 다음 그 발화부에 존재하는 발화 가능성이 있는 화원(火源)에 대하여 각각 검증한다. 전기화재의 발화원(發火源)을 분류하면 전기를 이용하는 전기배선 또는 전기기기에 의한 발화, 누전경로로부터의 발화 및 정전기 불꽃에 의한 발화 등 3종류로 나누어진다.

1. 전기배선 또는 전기기기로부터의 발화

발화부의 주변에 전기배선 또는 전기기기가 발견될 경우에는 먼저 전압인가를 포함한 통전입증(通電立證)을 하고, 그 다음 전열기(電熱器) 또는 전열부를 가지는 기기일 경우에는 취급 불량·구조 불량에 따른 과열에 의한 발화 여부를 밝히고, 그렇지 않은 경우에는 각각의 배선과 부품에 의한 트래킹·누전·단락·반(半)단선·아크방전·과부하·접촉 불량·아산화동증식 발열현상·은 이동(silver migration) 등의 발화요인을 과학적인 입증(立證)에 따라서 전기배선 또는 전기기기로부터의 발화를 판정한다.

2. 누전(漏電)에 의한 발화

발화부의 주변에 누전경로가 형성할 수 있는 환경 여부를 검토하여 어디에서 전기가 누설(漏電點)하여 어디에서 접지물(接地點)에 흘러들어 갔으며, 발화개소(發火點)가 누전경로를 구성하는지 여부를 분명히 함으로써 발화원인을 판정한다. 그러나 접지점을 특정할 수 없는 경우가 많지만, 이 경우에는 출화점을 구성하는 금속부재가 접지되어 있는 것을 입증하면 충분하다.

3. 정전기 불꽃에 의한 발화

발화부의 부근에 정전기의 발생요건과 정전기 불꽃에 의한 착화물질(가연성 가스 및 먼지 등)의 존재 여부를 조사함과 동시에 스파크 발생조건의 유무와 정전기의 불꽃에너지가 착화물의 최소발화에너지 이상으로 될 수 있는지 여부를 검증(檢證)함으로써 발화의 가부를 판정한다.

5.2.2 전기화재의 조사요령

화재가 전기에 기인한 것인지의 여부와 전기의 어떤 원인에 의한 것인지를 규명하기 위해서는, 각각의 현상 또는 기기의 특징을 알고 합리적인 근거에 따라 이것을 입증해 나가지 않으면 안 된다.

5.4.2.1 통전입증(通電立證* Conducting Proof)

전기적 요인에 의한 화재는 화재 당시 전선회로·배선기구·전기기기 등이 통전상태에 있었음이 전재되어져야 한다. 따라서 통전 유무의 조사는 전기계통의 배선도 및 기기의 결선도에 따라 부하(負荷)측으로부터 전원(電源)측으로 향하여 조사를 진행시키는 것이 원칙이다. 왜냐하면 부하측으로 통전흔적이 발견될 경우 그 개소까지의 통전이 입증되고, 그곳에서 전원측으로의 조사필요가 없어지기 때문이다. 그림 5.5 단락흔적과 통전입증의 범위 참조

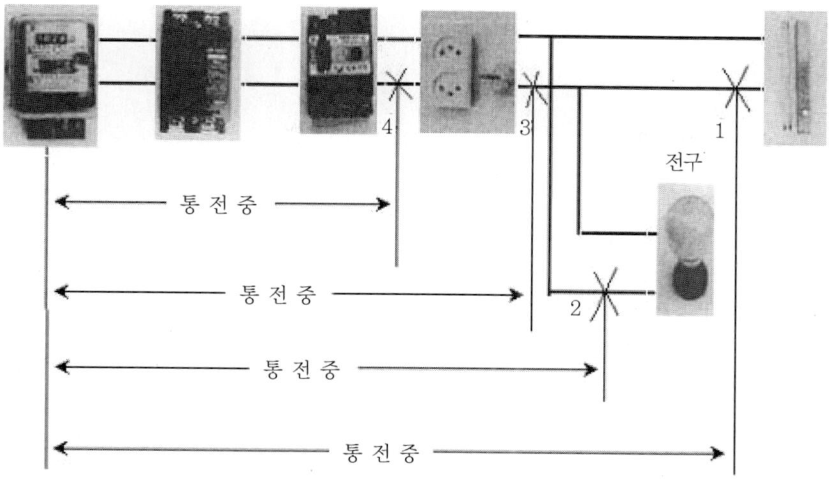

〈그림 5.5〉 단락흔적과 통전입증의 범위

1. 전기기기(電氣器機)

전기기기의 전원스위치(電源Switch)가 ON-OFF의 어느 위치에 있었는지를 관찰하는 것이 기본이지만, 소훼현상(燒燬現象)이 심한 경우에는 육안관찰(肉眼觀察)이 불가능할 경우가 많다. 그러나 내장된 전류퓨즈의 용단형태(鎔斷形態)로부터 통전 유무(通電有無)를 판정할 수 있는 경우도 있다.

① 기기내장 퓨즈(Fuse)의 중앙부에서 국부적으로 용단되어 있으면 과전류에 의한 전기적인 용단일 가능성이 높고, 퓨즈가 흩어진 상태로 녹아 엉켜 붙어 있으면 순간단락에 의한 용단일 가능성이 높다. 이때의 용단(鎔斷* Fusing)이란 녹아서 끊어진 것으로 퓨즈의 가용체(可鎔體* Fusible element)가 큰 전류 또는 높은 온도로 인하여 그것의 선로가 끊기는 것을 말한다.

② 릴레이회로(Relay回路) 및 제어회로(制御回路)를 갖는 기기(器機)에 대해서는 이들 기기들의 기능과 접점상태를 조사하여 통전범위를 한정한다. 특히 접점(接點)에는 이(離)·착(着)당시의 스파크에 의한 불꽃이 발생하기 쉽기 때문에 접점 주변의 절연재(絕緣材)가 도전(導電)화되는 경우가 있다.

③ 육안관찰로 OFF의 위치를 확인할 수 있더라도 다음과 같은 경우를 고려하여 테스터(Tester)에 의한 도통시험, 분해 및 X선 촬영에 의한 접점의 이·착 확인 등을 실시하여 기기내의 단락(短絡)흔적 등 통전흔적의 발견에 노력 할 필요가 있다.

- 스위치의 접점부근 절연재(絕緣材)의 도전화에 따라서 통전하는 경우가 있다.
- 타임스위치(Time Switch) 기구 내부의 문제로 인하여 접점(接點)이 연결되는 경우가 있다.

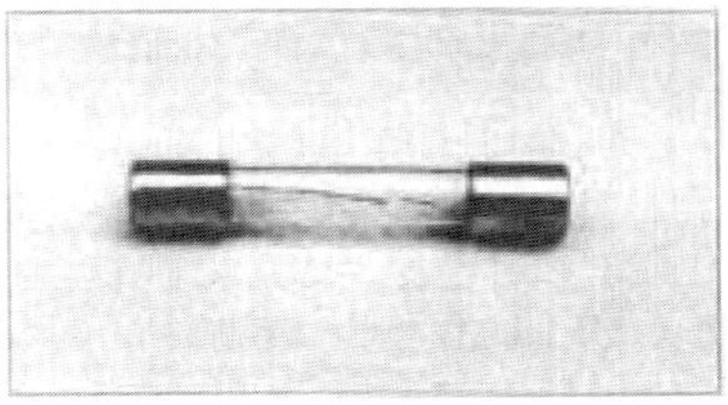

(a.1) 허용전류 2배

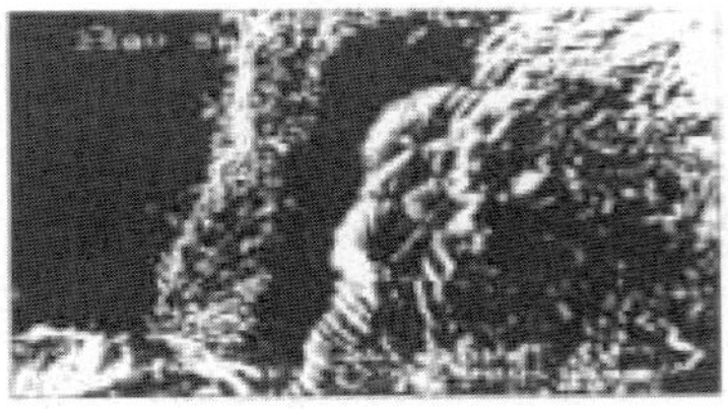

(a.2) 허용전류 2배의 SEM 사진

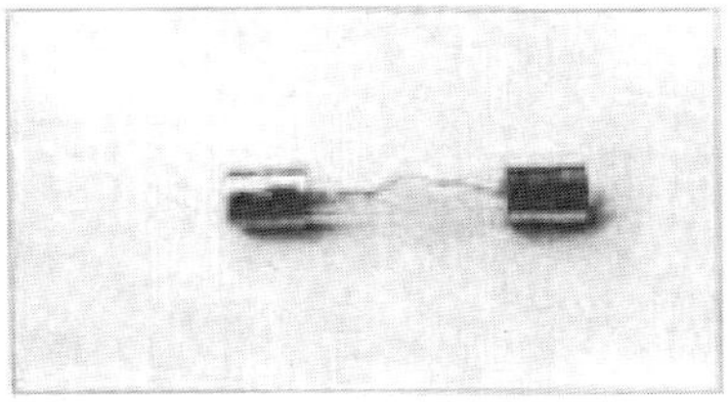

(b.1) 순간단락(선형)

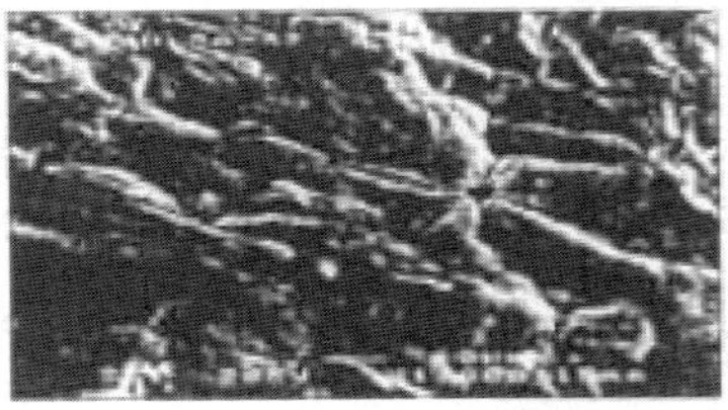

(b.2) 순간단락(선형)의 SEM 사진

〈사진 5.8〉 250V 5A CF형 Fuse의 실체 용단현상

- 부서진 스위치(1회로 1접점) 조각이 접지측(接地側)의 선에 삽입된 회로에서는 접점을 통하지 않은 비(非)접지 측의 전원으로부터 전압이 가해져서 기기 내부의 누전(漏電)에 의하여 통전되는 경우가 있다.

2. 전선접속기구

화재 건물에는 옥내배선과 비닐코드 또는 비닐코드 사이를 접속하는 콘센트·코드 커넥터·착탈(着脫) 플러그·탭 등의 기구가 사용되고 있으나, 이들은 화재 당시의 화열에 의한 소훼(燒燬)·전도(顚倒) 및 소락(燒落)·소화활동(消火活動) 등으로 인하여 화재 이전에 접속된 상태 그대로 현장에 소잔(燒殘)되어 있다고 단정할 수는 없지만 현장조사를 할 때에 세심한 주의를 기울려 그 발견에 노력해야 한다.

① 용흔(鎔痕 : 短絡痕)이 접속부보다 부하(負荷)측의 코드 및 기기에서 생성되어 있었을 때에는 화재 당시 접속되어 통전상태였음이 인정된다.

② 소잔 플러그 칼(plug blade)에 그을음 및 오물 등이 부착되어 있으면 화재 당시에 플러그가 콘센트 등에 접속되지 않았음이 인정되고, 반대로 칼이 깨끗하게 원래의 색을 유지하고 있을 때에는 화재당시 플러그 칼이 콘센트 등에 꽂혀있어 플러그 쪽 회로가 통전상태였음을 입증하는 증거가 된다.

③ 플러그 칼(plug blade)이 콘센트 등에 꽂혀 있는 상태에서 화열을 받으면 콘센트 등의 칼집이 복원력을 상실하여 넓게 열려져 있고, 반대로 플러그 칼이 투입(投入)되지 않은 콘센트 등의 칼집은 수축된 상태로 소잔되어 있다. 따라서 콘센트 등의 칼집이 복원력을 상실하여 넓게 열려 있었는지, 아니면 수축된 상태로 있었는지의 판별은 화

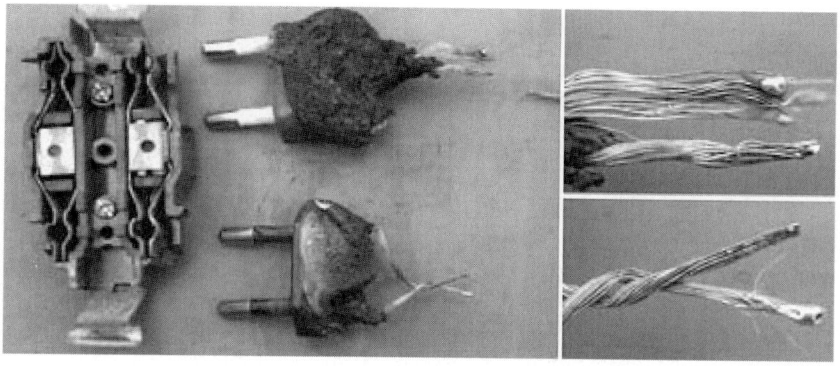

〈사진 5.9〉 투입되었던 플러그의 칼과 칼집의 소잔현상과 코드의 용융현상

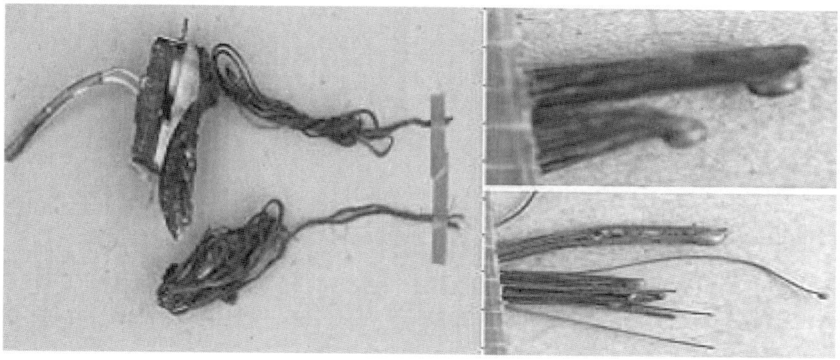

〈사진 5.10〉 투입된 채로 소잔된 콘센트와 플러그 코드의 용흔

재 당시 통전 여부의 입증증거가 된다.

④ 전기회로의 접속부(接續部)는 도전부(導電部)와 절연부(絕緣部) 및 리드선과 접속부로 이루어져 있으며, 접속부 및 리드선 접속부에 다음과 같은 원인에 의하여 접속불량 상태가 되면 전기저항의 증가에 따른 발열에 의한 절연열화(絕緣劣化)현상이 발생하고, 이때 대부분 습도의 영향을 받는다.

- 조임 나사의 느슨함, 충분치 못한 투입(投入), 용수철 압력의 저하, 탈락(脫落) 및 변형 등의 기계적인 접촉의 불충분.
- 먼지·기름·그리스 등의 이물질 및 오물이 접속부에 부착.
- 아황산가스·염산·유화수소·질소산화물·염소·오존(Ozone)·염화나트륨·암모니아(Ammonia) 등에 의한 접속부의 금속산화 및 부식(腐蝕).
- 절연부의 트래킹(Tracking)·곰팡이 및 결로(結露)에 따른 절연열화, 전기접속부의 금속이 이온화하여 절연부에 확산하는 이동(Migration) 현상에 의한 절연열화 및 절연부의 파손 또는 변형에 의한 단락(短絡 : 合線) 등이 있다.

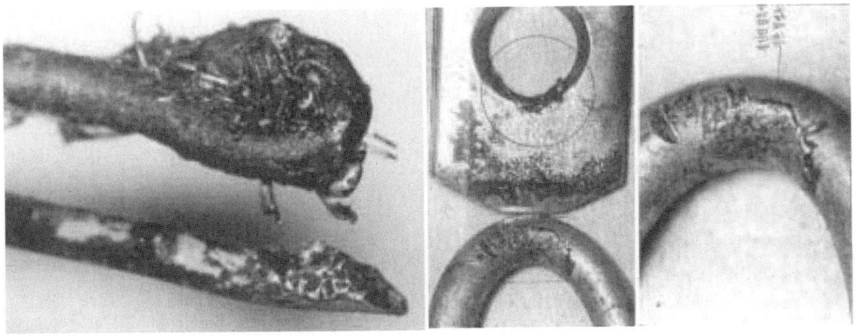

〈사진 5.11〉 동선과 코드 이음부위 및 불완전 결합에 의한 발열현상

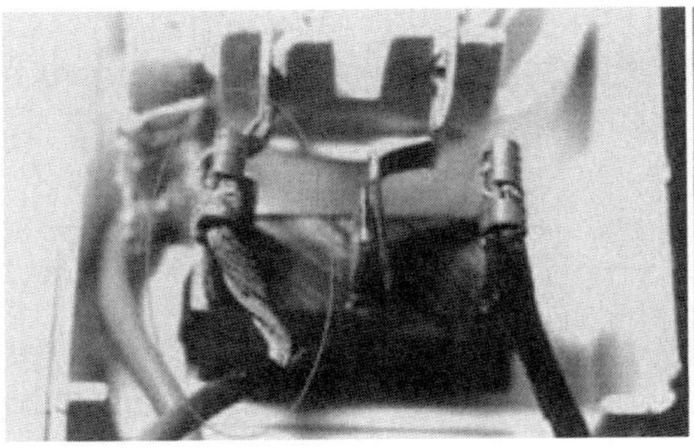

〈사진 5.12〉 전원과 칼받이 단자 이음부의 불완전접촉에 의한 발열초기의 절연파괴현상

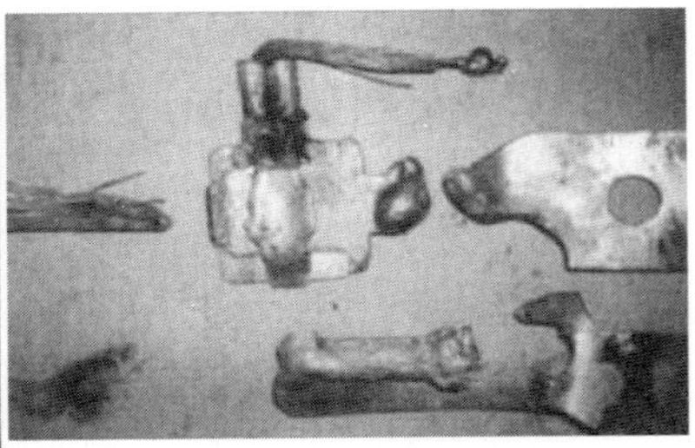

〈사진 5.13〉 단자와 전원코드의 단락 발열현상

3. 배선용 차단기

배선용 차단기에는 일정한 전류치(電流値) 이상의 과전류(過電流) 및 단락(短絡 : 合線)에 대하여 자동적으로 전로(電路)를 차단하는 전류제한기(電流制限器* Current Limiter)·배선용차단기(No Fuse Breaker/ Circuit Breaker)·퓨즈(Fuse) 및 일정한 전류치 이상의 누전(漏電* Leak)을 자동적으로 차단하는 누전 차단기(Residual Current Operated Circuit Breaker) 등이 있다.

① 퓨즈를 제외한 차단기(遮斷器)는 손잡이 또는 베이스 커버에 ON-OFF의 표시가 되어 있고, 일반적으로 위로 올라가 있으면 ON 아래쪽으로 내려가 있으면 OFF이다.

〈사진 5.14〉 스위치의 ON 상태(전 회로 통전입증)

② 계약전류 30[A] 이하의 전류제한기(電流制限器)는 끈이 붙어있어서 밑으로 잡아당길 때 ON회로가 되는 것이 있다.

③ 차단기의 종류에는 전기적으로 트립(Trip)되는 경우와 수동으로 OFF시키는

경우가 있으며, 트립이란 차단기 또는 안전스위치 레버(Lever)가 회로 보호를 위하여 자동적으로 작동하여 회로를 차단하는 것을 말하며, 트립된 경우에 손잡이가 중립에 위치하기 때문에 수동으로 행한 것이 아님을 식별할 수 있다.

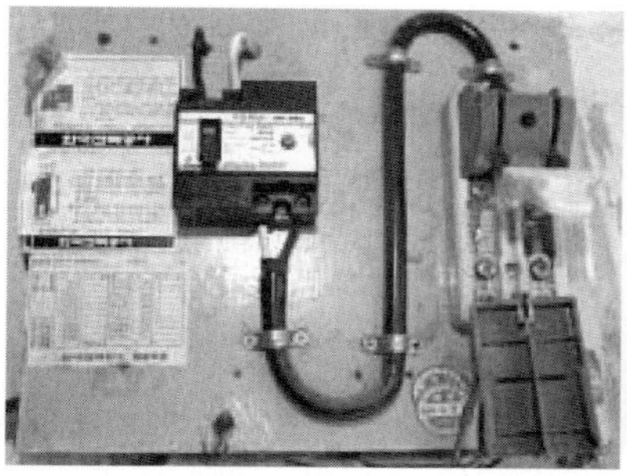

〈사진 5.15〉 스위치의 OFF 상태

〈사진 5.16〉 스위치의 Trip 현상

4. 벽 붙이 스위치

벽 붙이 스위치는 텀블러스위치와 매립(埋立) 스위치가 대부분이다.

① 스위치의 가동(稼動)편에 ON측에 도장(印) 또는 ON-OFF가 붙어있고, 화열(火熱)에 의해 탄화(炭化)되더라도 이 표식을 인식할 수 있는 경우가 많다.

② 표식(標式)쪽이 눌려있으면 ON의 상태이고, 이러한 판단이 불가능할 경우에는 위의 방법에 따라 내부의 접점현상을 점검하여 확인한다.

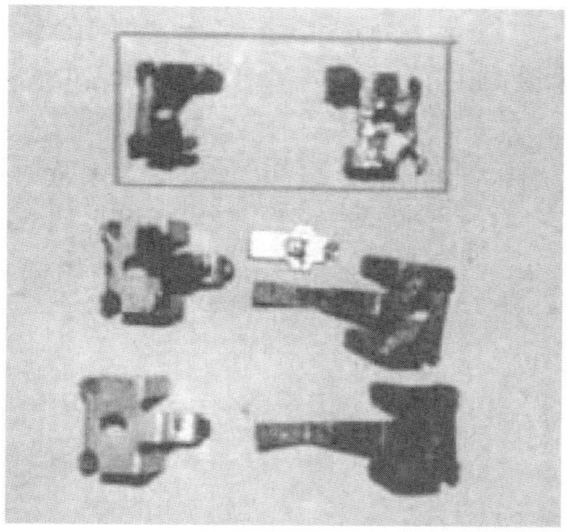

〈사진 5.17〉 분해검사 후 스위치 내부 단자와 접촉자의 발열흔적

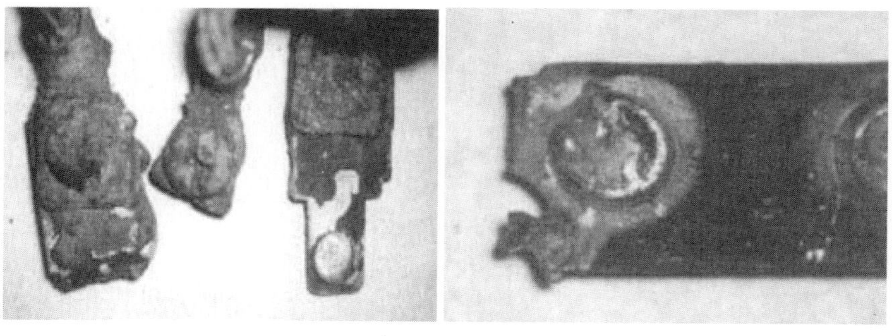

〈사진 5.18〉 전자 접촉기 단자의 발열흔적 및 저압 스위치 단자의 용융흔적

5. 개폐기(開閉器)

나이프스위치(Knife switch/ Cut out switch) 및 금속상자 개폐기 등의 칼과 칼집에 그을음이 부착되어 있는지 여부 및 칼집의 열려진 상태 등을 조사하여 화재 당시의 개폐 여부를 판정한다.

① 화재 당시 개폐기가 OFF의 상태로 화열을 받으면 칼과 칼집은 비교적 균등하게 그을음이 부착되어 있지만, ON의 상태였으면 칼과 칼집이 맞물린 부분은 그을음의 부착이 없고 다른 부위보다 화열에 의한 변색(變色)이 약하고, 화열을 받은 칼집은 복원력(復原力)을 상실하여 열린 상태로 소잔(燒殘)되어 있다.

② 개폐기의 부하(負荷)측에 투입된 퓨즈의 중앙부가 국부적으로 용단되어 있으면 전기적인 요인에 의한 용단으로 판정하여도 좋지만, 소훼가 극심하여 퓨즈가 완전하게 녹아내리고 개폐기의 원형이 변형되었을 경우에는 개폐 여부의 판단은 곤란하다. 따라서 이를 경우에는 부하쪽 회로의 소잔전선에 단락에 의한 용흔(鎔痕* Fusion marks /Melting signs)의 생성 유무를 추적 조사하여 종합적으로 판단한다.

6. 누전차단기(漏電遮斷器* Residual Current Operated Circuit Breaker)

전압(電壓)이 인가된 절연물에는 누설전류가 흐르게 되고, 시간경과와 더불어 온도·습도 및 절연물의 표면오손 등에 의한 저항 값의 변화에 따른 절연열화가 진행되면 누설전류의 증가에 의한 감전·누전화재·아크지락에 의한 기기의 손상 등 여러 가지 사고를 발생시킨다. 누전차단기(Residual Current Protective Device ; RCD, or Earth Leakage Breaker ; ELB)는 누전의 검출방법에 따라 전압동작(電壓動作)형과 전류동작(電流動作)형으로 구분되며, 일반적으로 누설전류에 의해 동작하는 전류동작형이 주로 채용되고 있다.

전류동작형의 누전차단기는 누설전류를 검출하기 위한 연상변류기(Zero phase Current Transformer ; ZCT)의 출력을 안전한계에서 정해진 기준치(基準値)와 비교하는 비교부와 비교치의 출력에 의해 전로를 차단하는 차단부로 구성되며, 기본구조와 동작원리는 그림 5.6, 그림 5.7과 같다.

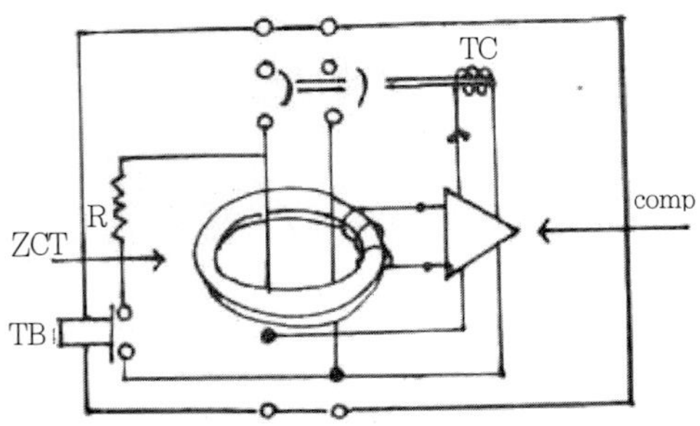

〈그림 5.6〉 전류동작형의 누전차단기 구조

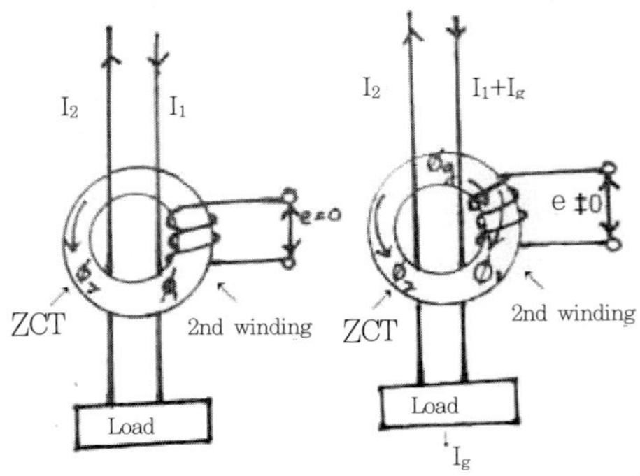

〈그림 5.7〉 영상변류기의 동작원리

〈표 5.11〉 누전차단기 트립기구의 동작방법에 의한 비교

구 분	전자식(electromagnetic-type)	전자식(electronic-type)
구 성	영상변류기의 출력을 직접 트립기구에 보내 회로를 차단하는 방식.	연상변류기의 출력을 증폭기에 보내 증폭시킨 후 트립 코일을 작동 차단하는 방식
장 점	- 극간 절연저항의 측정 가능 - 결상 시에도 지락전류가 흐르면 동작함. - 제어전원이 불필요 - 서지에 의한 오작동과 고장이 없음 - 온도의 영향이 거의 없음	- 고감도, 대용량의 제작이 가능 - 소형화, 시연형, 반하시형으로 제작 가능 - 감도전류의 안정성이 우수 - 동작시간의 설정이 용이 - 반도체 부품의 몰드화에 의해 성능 안정
단 점	- 고감도 릴레이의 환경영향이 많음 - 고감도, 대용량의 제작이 어려움 - 동작시간의 설정이 어려움 - 영구자석의 흡착력으로 가동철편을 흡착하고 있으므로 이물질이 부착되면 안정성이 저하됨	- 전원이 필요 없어 개폐시나 뇌 발생시의 서지전압 등의 영향을 많이 받음 - 제어전원이 필요함 - 결상시(무전압, 저전압)에서는 지락이 발생해도 동작하지 않음 - 온도의 영향을 많이 받음

전류동작형의 누전차단기는 차단동작방법에 의해 영상변류기의 출력신호를 변환하지 않고 사용하는 전자식(電磁式* electromagnetic-type)과 반도체 증폭기에 의해 증폭하여 사용하는 전자식으로 구분하며 이들의 특징을 비교하면 다음 표 5.11과 같다.

〈표 5.12〉 누전의 검출방식에 의한 누전차단기의 비교

구 분	전 압 동 작 형	전 류 동 작 형
구성	누전발생시 기기의 프레임에 발생하는 대지전압을 검출하여 차단.	누전발생시 지락전류를 연상변류기로 검출하여 차단.
보호범위	검출 코일이 접속된 기기의 감전보호뿐이므로 전류의 지락보호기능은 없음	차단기의 부하측 전로 및 기기의 지락·감전 등
접지공사	제3종 또는 특별3종 접지와 검출용의 접지가 필요	제3종 또는 특별3종 접지만으로 가능
사용장소	접지저항 값의 변화가 적은 장소로 한정	고정 및 기반설비에서 사용 가능

5.2.2.2 전열기(電熱器)에 의한 과열(過熱)

전열기는 전류의 발열작용을 이용한 것으로 고온의 발열체를 가지고 있어서 기기의 불량 또는 취급불량 등에 의한 화재위험이 다른 전기기기에 비하여 높다. 또한 전열기에 의한 화재는 복사열에 의한 발화, 가연물에의 접촉 착화 등 전기화재라고 하기보다는 화기에 의한 일반화재에 가깝다.

1. 열평형(熱平衡)

전열기의 설계 및 제조에 있어서 발열(發熱)과 방열(放熱 : 전도·대류)의 균형을 고려하여 정상적인 사용조건으로는 기기 및 주변온도가 어떤 온도 이상으로 상승하지 않도록 되어있다. 그러나 예상 밖의 사용조건 또는 고장 등에 의한 발열량(發熱量)이 커진 경우와 방열이 방해된 경우 등으로 열의 평형이 무너져 과열상태가 되어 발화하게 된다.

2. 안전기구

전열기에 내장된 안전기구로서는 온도조절기로 대표되는 온도제어장치·온도 퓨즈·전도(顚倒) 안전스위치 등이 있지만, 최근에는 자기온도 제어(制御)기능을 가지는 세라믹 발열체를 사용한 것 또는 마이크로컴퓨터에 의해 온도를 제어하는 방식의 기기가 많아지고 있다.

① 온도제어장치(溫度制御裝置)는 온도를 일정 범위로 유지하기 위한 장치이고 과열보호를 원래 목적으로 한 안전장치는 아니다. 그러나 이 장치에 고장 및 기능장애가 생기면 안전영역 내의 온도유지를 위한 열평형(熱平衡)이 보장되지 않기 때문에 안전기구의 하나라고 볼 수 있다.

② 온도퓨즈는 발열회로(發熱回路)에 직렬로 들어가 있으므로 온도가 일정치를 넘는 경우에는 이것이 용단되어 발열체의 회로를 차단하여 과열을 막는다. 따라서 철사 등 불량퓨즈를 사용하여 과전류에 의한 용단이 되지 않은 화재사건 또는 설계 잘못으로 온풍히터의 송풍회로에 퓨즈를 넣었기 때문에 송풍기(送風機)만 정지하여 과열로 발생한 화재 등의 경우가 있다.

③ 전도 안전스위치는 전기스토브 등 이동 발열기기의 밑바닥에 전원스위치 와 직렬로 조합한 스위치로 통상 기기무게로 접점이 연결되지만, 넘어지면 스프링(spring)의 작용으로 회로가 차단되는 구조이다. 따라서 이 스위치를 비닐테이프 등으로 고정하여 사용할 경우에 넘어졌을 때 스위치가 기능발휘를 하지 못하여 화재가 발생한 경우가 있다.

3. 조사요점

① 코드와 콘센트의 접속 유무, 기구스위치의 ON-OFF, 기기회로의 전기적 용흔(鎔痕) 유무 등으로부터 판단하여 통전상태를 입증한다.

② 출화요인으로는 방사열(放射熱)과 전도열(傳導熱)에 의한 과열출화가 대부분이고, 무염착화의 출화형태를 갖는 경우도 있다. 또한 기기와 착화물질과의 위치관계에서 발화 가능성을 객관적으로 실증할 필요도 있다. 따라서 기기의 사용환경과 조건, 통전

시간, 착화물의 재질과 위치 등을 면밀히 조사할 필요가 있으며, 이것을 바탕으로 재현실험에 의한 확인도 가장 좋은 방법이다.

③ 기기(器機)의 구조 및 안전장치의 기능과 작동조건 등을 충분히 이해할 필요가 있으며, 특히 안전장치에 대해서는 열화(劣化) 및 비(非)전문가 수리 등에 의해서 기능이 정지하기도 하고, 본래 것과는 다른 재질의 것이 취부되는 경우가 있기 때문에 그 점에 주의하여 검증한다.

5.2.3 전기화재 원인별 조사요점

5.2.3.1 단락(短絡* Short/ Short circuit)

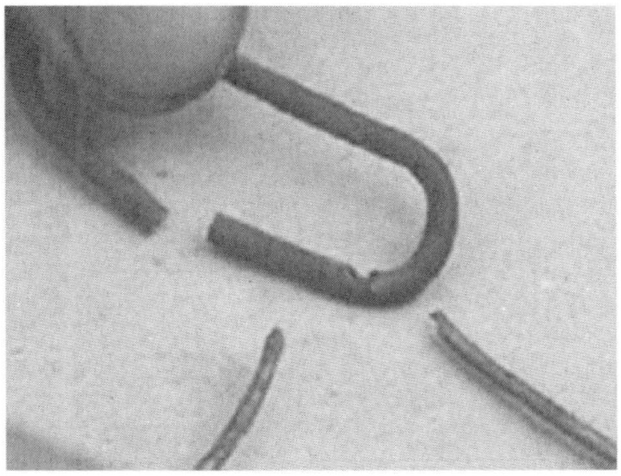
〈사진 5.19〉 철재 고리 접촉부의 피복손상에 의한 전선단락 및 침식현상

단락이란 전선의 절연피복이 손상되어 동선이 서로 접촉된 경우 및 못 등의 금속을 매개로 동선 상호간에 이어진 경우 등 매우 짧은 회로를 구성하는 것을 말하며, 이를 경우 전기회로의 양극 또는 양쪽 전선 사이에 무저항도전통로 또는 매우 짧은 순간에 무부하회로(저 저항) 등을 구성하여 과대전류와 고열이 생성되고, 접촉부분은 빠삭빠삭하는 소리와 동시에 접촉개소에는 전기불꽃이 발생하여 용융흔(鎔融痕* Fusion marks· Melting signs)을 생성시키며 용단된다.

1. 단락의 발생요인

단락*의 발생요인을 전선의 절연피복의 손상원인에 따라 분류하면 다음과 같다.

(1) 물리적인 외력에 의한 전선의 절연피복의 손상에 따른 단락

가구류 등의 중량물체에 의한 전선압박(電線壓迫), 전선을 밟거나 잡아당기는 등 물리적으로 거친 취급, 스테이플로 고정할 때 전선피복 손상, 전선의 고정(固定)부와 가동(稼動)부의 경계에 반복적으로 가하여진 비틀림 및 굽힘에 의한 손상, 쥐 등에 의한 절연피복의 손상, 재질의 경년열화 등에 의하여 종국적으로 전선피복이 파괴되어 단락현상으로서 육안식별이 가능하다.

(2) 접촉불량 등 국부발열에 의한 절연열화에 따른 단락

접속불량, 비전문가의 수리(修理)에 의한 비틀림 접속, 빈번한 굴곡조작에 의하여 생성된

비닐전선 및 코드의 반단선(半斷線* Partial disconnection) 등의 접촉불량에 의한 국부적인 발열로 절연열화하여 단락으로 진행한다.

(3) 화재열 등 외부 열에 의해 절연 파괴되어 단락

연소의 확대과정에서 화염(火焰* Blaze) 및 화재열(火災熱* Heat by fire)에 의하여 전선의 절연피복(絕緣被覆)이 소훼(燒燬) 또는 절연파괴됨으로 인한 단락현상으로서 화재원인과는 무관하다. (1)과 (2)에 의하여 생성된 용흔(鎔痕)을 1차 용흔이라고 말하며, 일반적으로 (3)의 경우를 2차 용흔이라고 분류하지만 외형상 각각의 특징을 관찰함으로써 판별할 수 있는 경우도 있다.

2. 단락출화의 특징

단락불꽃의 에너지는 크지만 국부적이고 순간적이기 때문에 주변 가연물의 온도를 그 발화온도까지 높이는 경우는 적으므로 단락발생이 곧바로 발화로 이어지는 경우는 확률적으로는 오히려 낮다고 할 수 있다. 그러나 가연성 기체의 인화폭발 및 열용량이 적은 퇴적먼지(분진)에 착화하여 급속히 화세가 확대되는 분진폭발에 의한 화재위험은 있고, 또한 연속적인 이착(離着)에 의한 단락불꽃이 발생할 경우에는 온도상승에 따른 흑연화(黑鉛化 : 炭化)가 진행되는 전선피복에 착화할 위험과 주변 가연물에는 화염의 상승이 느리고 담뱃불 등의 미소화원(微小火源)에 의한 발화와 유사한 발화형태를 나타내며, 단락개소를 중심으로 국부적으로 깊게 타 들어가는 V-pattern과 무염(無焰)연소에 의한 발화형태를 나타내는 경우가 많다.

① 단락불꽃은 국부적이고 순간적인 열에너지가 크기 때문에 가연성 기체(氣體) 및 증기(蒸氣)와 열용량이 작은 분진(粉塵) 등에는 충분히 착화(着火)하여 폭발적으로 연소(燃燒)가 확산한다.

② 국부적이고 순간적인 단락불꽃은 비교적 열용량(熱容量)이 큰 목재와 같은 주변의 가연물의 발화온도까지 올릴 수 없기 때문에 발화의 확률이 비교적 낮다고 할 수 있으나, 연속적으로 단락불꽃이 발생할 경우에는 탄화(炭化) → 불씨의 착화 → 발염발화(發焰發火) → 연소 확대(燃燒擴大) 등의 화재발생구조(火災發生構造)를 가진다.

③ 단락불꽃이 연속적으로 발생한 경우와 절연피복의 경년열화로 인하여 전선피복이 탄화 및 흑연화 현상이 진행되어 온도가 상당히 상승되어 있는 경우 등의 전선피복은 단락불꽃에 의한 착화 위험은 높다고 할 것이다.

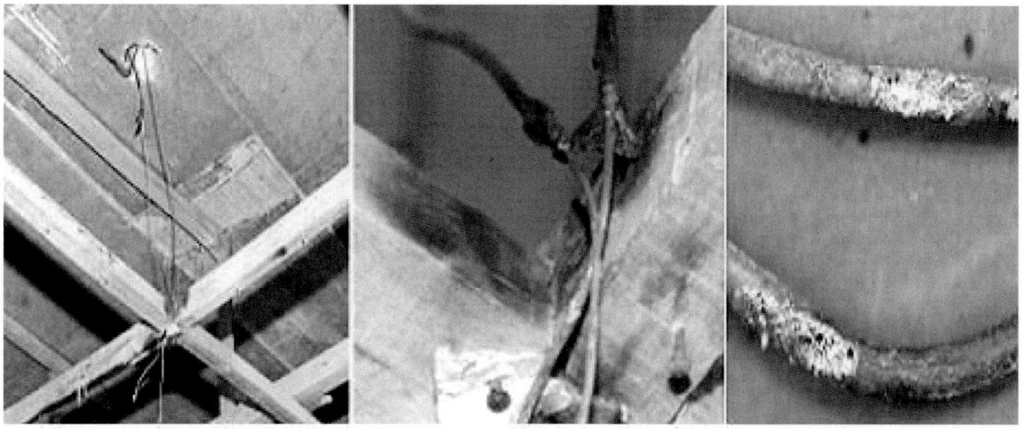

〈사진 5.20〉 전선의 이착(離着) 스파크에 의한 화재발생전의 천장 달대목재의 탄화현상 및 전선상의 침식현상

3. 단락전류(Short Current)

단락전류(短絡電流)란 임피던스가 거의 없는 상태로 전로(電路)에서 선간 접촉된 경우 그 접촉점을 통하여 흐르게 되는 대단히 큰 전류를 말하며, 단락전류는 무제한으로 큰 전류가 흐르는 것이 아니고 기본적으로 '**도체(導體)에 흐르는 전류는 가해진 전압(電壓)에 비례하고 저항(抵抗)에 반비례 한다**'는 옴의 법칙(Ohm's law)에 따라 전압과 저항의 상관관계에 의하여 결정된다.

전압은 주상변압기(柱上變壓器)의 2차 측의 전압이고, 저항은 주상변압기로부터 단락개서까지 회로의 임피던스로 전선의 굵기와 길이 및 주상변압기의 용량 등에 의해서 결정된다. 따라서 단락전류의 값은 간단하게 산출하는 것은 불가능하지만, 일반 수용가의 배선은 약 100 ~ 1,000[A]의 범위가 된다고 알려져 있다.

4. 용흔(鎔痕)의 종류와 식별요령

화재현장에 소잔된 전선 및 코드에 형성된 녹은 현상이 전기적인 원인에 의해 생성된 용흔인지 화재열에 의해 형성된 열흔(熱痕)인지를 식별하고, 전기적인 여건에 의해 생성된 용흔으로 판단될 경우에는 발화원인으로서의 1차적인 단락 용흔인지 아니면 화재에 의해서 2차적으로 발생한 용흔)인지를 판단하는 것은 발화원인의 입증을 위해서 중요한 요소가 된다.

(1) 용흔과 열흔의 식별요점

① '용흔*(Fusion marks / Melting signs : 鎔融痕·短絡痕·合線痕)'이란 통전상태의 전기회로에서 화학적·물리적 및 기계적으로 전선피복의 절연파괴로 인하여 단락되

(a) 1차 단락현상　　　　(b) 2차 단락현상

〈사진 5.21〉 비닐코드선(연선)의 단락용흔

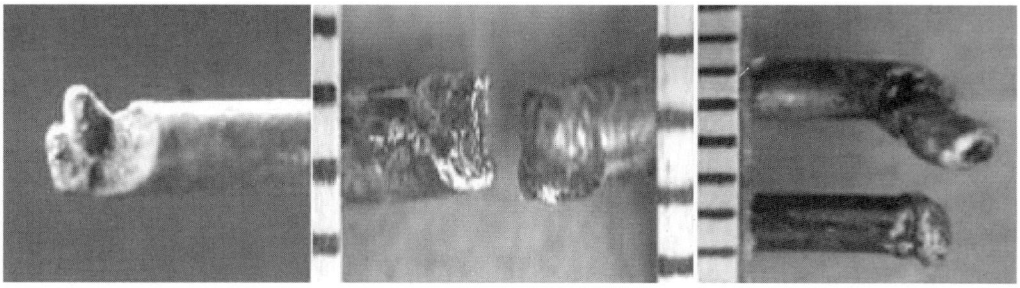

〈사진 5.22〉 전선(1.5mm²)의 단락 용흔 및 침식흔

〈사진 5.23〉 외부의 화열에 의한 열흔(熱痕 : 熔融痕)

어 순간적으로 빛과 고열(高熱)이 발생하며 생성시킨 전선의 용융흔적(鎔融痕迹)을 말하며, 직경이 가는 비닐연선에는 광택이 나는 구형(球形)의 용흔이 생성되고 비교적 굵은 동선(銅線)의 경우에는 침식흔(侵蝕痕)을 남긴다.

② '열흔(熱痕·熔融痕* Fusion mark by heat / Signs bathed in heat / Traces bathed in heat)' 이란 불통전상태(不通電狀態)에 있는 전선이 용융점(熔融點 : 1,083℃) 이상의 고온의 화재열(火災熱)을 받아 녹아서 흘러내린 흔적을 말하며,

표면이 거칠고 광택이 없으며 용융범위가 비교적 넓고 둥그스름함이 적고 용적(熔滴)이 아래로 흐르는 현상이 현저하다.

〈표 5.13〉 용흔과 열흔의 비교

구분	표면형태	탄화물 (XMA 분석)	금 속 조 직 (금속현미경)	Void 분포 (금속현미경)	EDX 분석
용흔 (鎔痕 : 短絡)	구형(球形)의 형상으로 광택이 있음	일반적으로 탄소(炭素)가 검출되지 않음	용흔 전체가 미세한 동(銅)과 산화 제1동의 공유결합조직으로 점유하고 있고, 동의 초기결정으로 변형된다.	큰 구형의 보이드가 용흔의 중앙에 생성되는 경우가 많다.	OK·CuL, line이 용융된 부분에서 검출되지 않으나, 정상적인 부위에서 검출된다.
열흔	표면이 거칠고 광택이 없으며, 구형형상이 아니든가 용적(溶滴)이 아래로 흐르는 현상이다.	탄소가 검출되는 경우가 많다.	동의 초기의 결정성상(結晶性狀)이 보이지만, 대부분 동의 초기결정 이외의 금속결정으로 변형되어 있다.	일반적으로 미세한 보이드가 많이 생긴다.	CuL line이 용융된 부분에서 검출되지만, 정상부위에서는 소량 검출된다.

※ 주 ⓐ 금속조직의 차이는 단락 용흔의 냉각속도의 차이에 의하므로, 한번 발생한 공유결합결정(共有結合結晶)은 화재열(800~1,000℃)로 다시 가열되더라도 금속조직에는 변화가 발생되지 않는다.

ⓑ 보이드(void)의 발생 메커니즘은 공기 중의 산소가 용융한 동에 흡수되어 냉각 당시 가스로 분리하기 위하여 발생한다. 외부화염에 의한 용융은 주변의 온도가 높아 냉각속도가 느리기 때문에 작은 void가 고르게 퍼져서 용융부분 전체에 존재하는 경우가 있다.

ⓒ XMA(X-ray Microanalyzer)는 전자빔을 이용하여 시료에서 발생하는 원소를 정성 분석할 수 있는 것으로 물질의 조성을 알아내는데 유용하다.

ⓓ 에너지 분산 X선 분석기(EDX : Energy Dispersive X-ray Analysis)는 단일성분을 갖는 원소의 화학성분의 변화를 알 수 있는 분석기로서 물질의 스팩트라(ex : CuL·CuK·OL and OK line)를 알 수 있다.

(2) 단락에 의한 용흔이 1개소만 발견될 경우

① 발화부(發火部) 안에서 단락에 의한 용흔이 발견될 경우에는 단락 원인, 착화물(着火物)과의 인과관계, 여타 화원(火源)의 부존재 입증(不存在立證) 등을 종합적으로 분석검토한 후에 화인(火因)인 1차 단락 여부를 판정한다.

② 발화지점 이외의 장소에서 단락에 의한 용흔(鎔痕)이 발견될 때에는 화재 초기 연소의 확대과정에서 화염(火焰) 및 화열(火熱)에 의하여 전선피복이 절연파괴(絕緣破壞)되어 발생한 2차 단락현상(短絡現象)으로 판정하고 화인에서 배제하고, 동일 회로에서 가장 가까운 직선거리에 있는 발화부의 한정을 위한 상황증거(狀況證

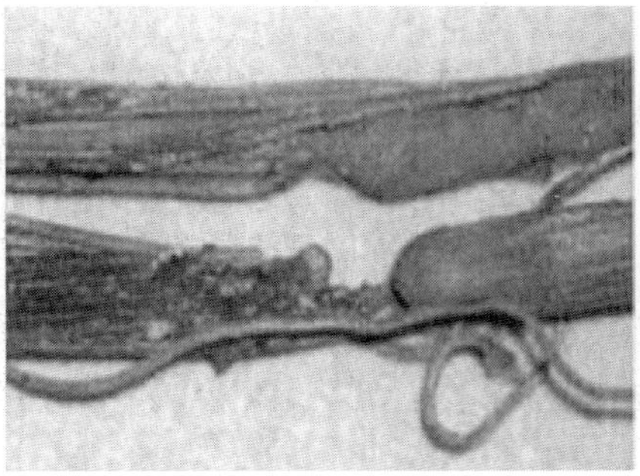

(a) 1차 단락용흔

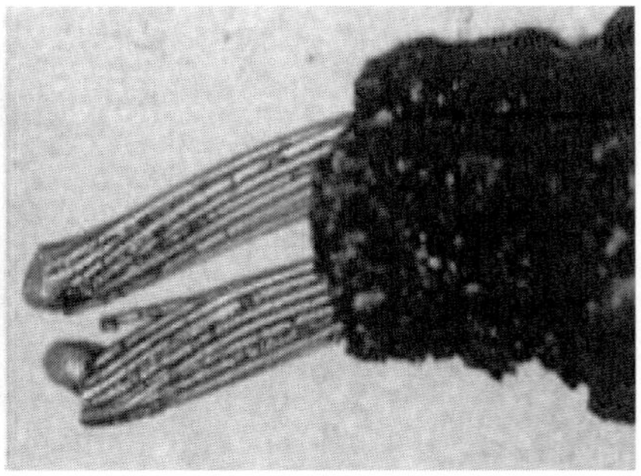

(b) 2차 단락용흔

〈사진 5.24〉 절연파괴에 의한 선간단락 용흔과 화염에 의한 단락용흔(2차 단락)

據)로 활용한다.

(3) 단락에 의한 용흔(鎔痕)이 2개소 이상에서 발견될 경우

① 단락흔(短絡痕·通電痕* Fusion mark by short circuit / Melting mark by short circuit)이 동일회로에 2개소 이상 생성되어 있을 때에는 화인으로 배제되는 2차 단락으로 판정하고, 단락개소의 직하(直下) 등 가장 가까운 위치에 있는 발화부의 한정에 따른 상황증거로 한다.

② 단락흔적이 복수회로에서 다수가 발견될 경우에는 배선경로, 취급상황, 소훼현상에 따른 화류진행방향, 착화물의 연소 성향, 기타 화원(火源)의 존재 가능성 등을 종합하여 판단한다.

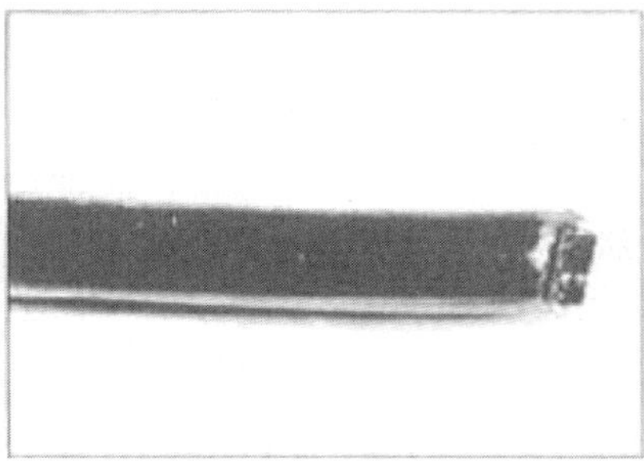

(a) 실체 사진(X20)

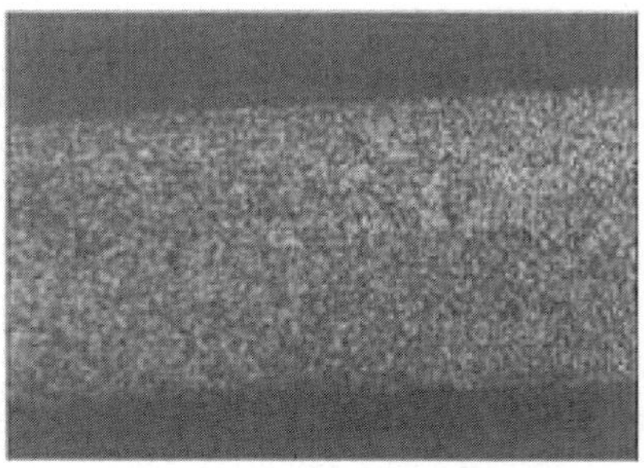

(b) 금속현미경 사진(X100)

〈사진 5.25-1〉 정상(normal) 전선(1.0mm IV)

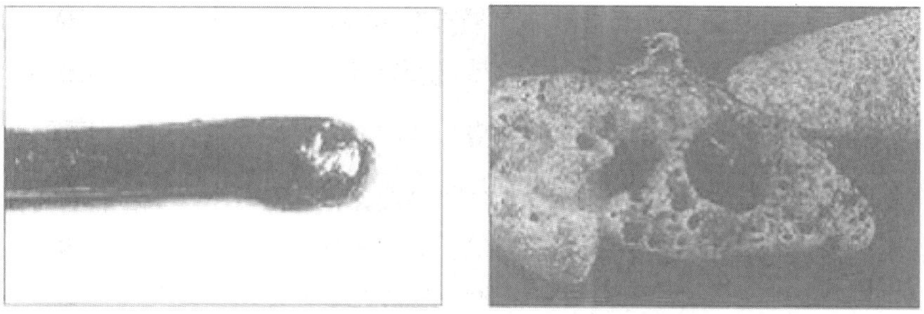

(a) 실체 사진(×20) (b) 금속현미경 사진(×100)

〈사진 5.25-2〉 1차 용흔의 단락전선(1.0mm IV)

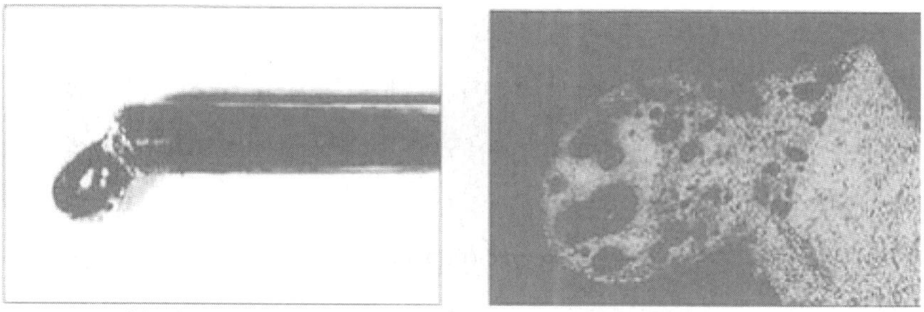

(a) 실체 사진(×20) (b) 금속현미경 사진(×100)

〈사진 5.25-3〉 절연피복 손상에 의한 2차 용흔의 단락전선(1.0mm IV)

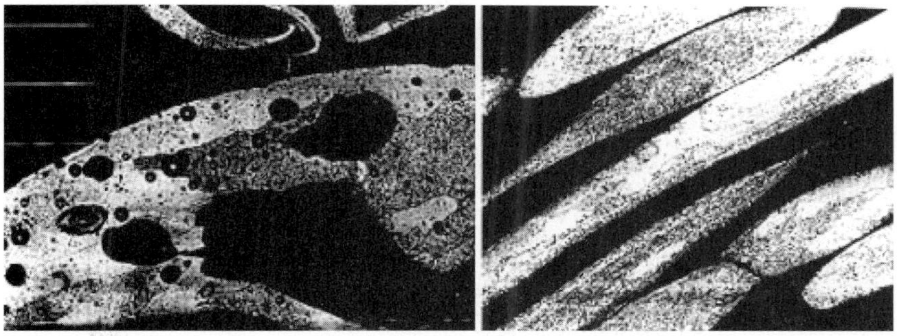

〈사진 5.25-4〉 금속현미경에 의한 금속조직 분석(외부 화염에 의해서 전선피복의 소실로 인한 합선으로 생성된 여러 형태의 구멍과 주상조직)

5.2.3.2 과부하(過負荷* Over Load)

전선의 허용전류와 전기기기 및 부품의 정격전압·정격전류·정격시간 등의 값을 초과하여 사용한 경우를 과부하라고 말하고, 이때 자동차단을 필요로 하는 전류를 과부하전류(過負荷電流* Overload Current)라 한다.

'허용전류(許容電流* Allowable Current)'란 일정 규모의 전선이 정상기능을 발휘하면서 흘릴 수 있는 최대전류량을 말하며, 설치장소 및 배선방식 등에 따라 차이가 있을 수 있다.

'정격전압(定格電壓)'이란 규정된 조건에 따라 운전과 성능 및 특성을 나타낼 때의 사용상의 기준이 되는 전압으로써 전기기계기구·배선기구 또는 그 설비의 단자 간에 공급되는 사용회로와 전압의 상한을 말한다.

1. 과부하의 원인

(1) 전선의 과부하

전선에서 과부하상태가 되는 주된 원인은 사용부하의 총합이 전선의 허용전류를 초과하는 경우이며, 다음과 같은 경우에는 허용전류 이하라도 실질적으로 과부하 상태가 된다.

① 이부자리·다다미 등의 아래 및 단열재(斷熱材) 사이를 전선이 통과하여 방열효과(放熱效果)가 저하되어 오히려 축열(蓄熱)되는 환경조건일 경우.

② 전류의 감소계수(減少係數)를 무시한 금속관배선 및 경질(硬質)의 비닐관으로 배선하였을 경우.

③ 코드(cord) 릴에 코드를 감은 상태에서 코드 허용전류에 가까운 전류를 흘리는 경우.

④ 꼬아서 만든 비닐전선의 소선(素線) 이부가 단선(斷線)되어 있었을 경우 등.

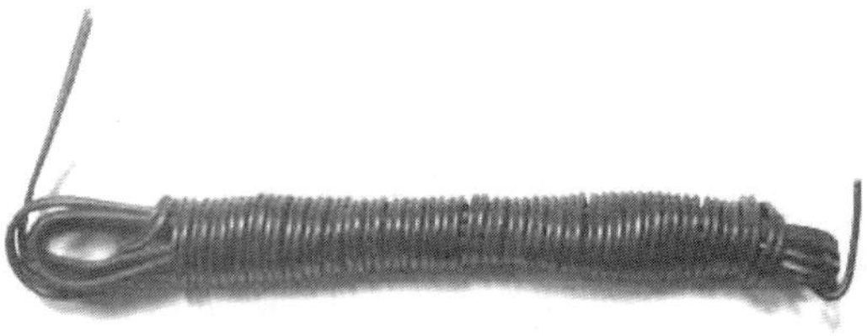

〈그림 5.8〉 비닐 평형코드(VFF)의 부적절한 사용사례

(2) 전기기기 및 부품의 과부하

반도체(半導體) 및 코일 콘덴서 등의 전기부품은 일정한 저항(抵抗 : 임피던스)을 가지고 있기 때문에 전기부품이 전기적(電氣的)으로 파괴 즉, 임피던스가 감소되면 전류의 증가영향으로 다른 부품의 정격초과(定格超過)형태인 과부하(過負荷)가 나타나는 경우가 있다. 또한 전동기(電動機)를 가지는 기기로서 전동기의 회전 방해 즉, 구속운전(拘束運轉)에 의한 기계적인 과부하 또는 권선에 정격을 넘은 초과전류(超過電流)가 흘러 전기적으로 과부하의 상태가 된다.

2. 화재위험

비닐전선과 코일의 절연피복(絕緣被覆) 및 에나멜(Enamel)의 허용온도는 발화온도보다 훨씬 낮기 때문에 허용전류보다 조금 초과하여 사용하더라도 즉시 발화하는 경우는 없지만, 그 상태가 장시간 계속되면 서서히 절연열화(絕緣劣化)되고, 온도가 더욱 상승되면 피복에서 분해가스가 발생하게 되어 마침내 절연파괴로 선간(線間)단락 또는 코일의 층간(層間)단락 등을 일으켜 화재위험이 있다.

또한 전선의 과부하에 의한 발화(發火)는 단락(短絡)에 의한 발화형태가 대부분이고, 단락의 발생 전에 단락개소의 절연체(絕緣體)가 먼저 탄화(炭化)되는 경우가 많기 때문에 용흔(鎔痕) 그 자체로서는 구별하기 어렵다.

3. 조사의 요점

(1) 과부하의 요인의 판단요소

과부하로 인한 단락 여부를 판단하기 위해서는 먼저 아래와 같은 과부하 요인의 존재 유무를 조사하여 검토 확인한다.

① 전선의 허용전류와 부하의 크기

② 배선의 상태

③ 회로상의 문제점 유무

④ 코드류의 사용상태 등

(2) 조사요점

전선의 과부하에 의한 단락은 열에 의한 절연파괴에 의해서 발생한다. 따라서 기계적인 손상이 없는 전선에서는 금속관 및 염화비닐의 내부, 이부자리와 담요의 밑, 릴에 감은 코드 층의 중앙 부근 등 비교적 방열조건(放熱條件)이 나쁜 개소에서 국부적으로 발생하기 쉽다.

① 위의 과부하 요인 중에 하나라도 해당 사실이 있으면 일단 과부하에 의한 발화 로 의심하여 볼 필요가 있지만, 코드류 등의 사용상태에 의해서 실제의 허용전류가 다른 것은 재현실험(再現實驗)에 의한 발열 유무를 확인할 필요가 있다.

② 방열조건(放熱條件)에 차이가 없는 경우에는 전선피복의 전체가 동일한 열(熱) 손상을 받는다. 예컨대 절연피복이 전체적으로 녹기도(溶融)하고, 피복 내부에 열손상의 흔적이 남기도 하는데, 이들은 원인판정에 중요한 요소가 된다.

③ 전동기 및 전자밸브의 과부하에 의한 화재는 권선이 전체적으로 소손(燒損)되어 층간단락흔적을 생성시키는 것이 보통이다. 이때 베어링의 수열(受熱)변색현상, 구동부의 구속운전, 콘덴서 등 기동장치의 단락 및 단선(斷線), 기계적 또는 시간적인 과부하 상태 등을 종합적으로 조사할 필요가 있다.

5.2.3.3 반 단선(半斷線* Partial disconnection)

반단선이란 전선 및 비닐연선이 일정한 각도와 힘으로 굽어지고 펴지는 작용이 장시간 반복적으로 이루어지면 절연피복(絕緣被覆) 속에 들어있던 도선(導線) 및 소선(素線 : 心線)의 일부 또는 전부가 단선(斷線)된 불안전 상태의 전선을 말하며, 이러한 반단선 상태의 전선을 계속 사용하게 되면 단선개소(斷線個所)에서 닿았다 떨어졌다 하는 전선의 이착(離着)현상이 반복적으로 지속됨에 따라 많은 열을 발생시켜 종국적으로 화재원인이 된다.

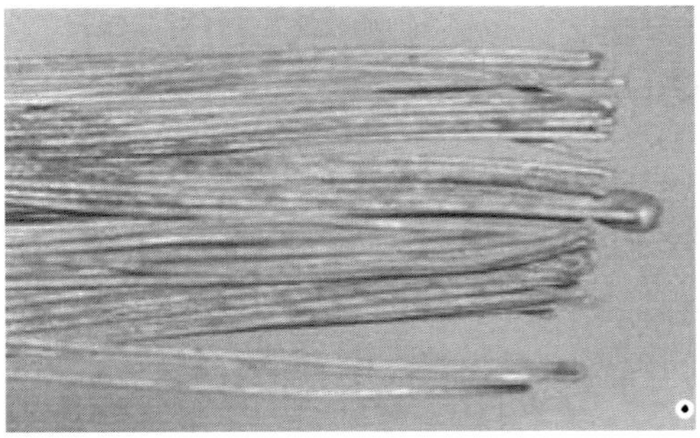

〈사진 5.26〉 코드의 반단선현상

1. 화재위험

① 비닐 연선 및 코드의 심선(心線)의 일부 또는 전부가 단선되어 절연피복 속에서 반복하여 이착할 때마다 발생한 불꽃에 의하여 절연(絕緣)이 파괴되어 밖으로 나온 불꽃은 그 주변에 부착된 먼지 등의 분진(粉塵)에 인화되어 연소가 급속하게 확대된다.

② 심선의 이착불꽃에 의하여 절연피복의 내부표면이 흑연화(黑煙化) 되고, 생성된 흑연에 미소전류가 흘러 흑연화(Graphite) 증식현상(增殖現象)이 진행되어 마침내 절연파괴에 따른 선간단락(線間短絡)으로 진행되어 발화하는 경우가 많고, 이때 부하전류(負荷電流)의 유무와는 상관없는 특징을 가진다.

③ 반단선 및 용착부분(鎔着部分)의 저항치가 높아져서 국부적으로 발열량의 증가에 따른 절연파괴에 의하여 발화하는 경우도 있다.

2. 조사의 요점

① 반(半)단선 코드는 사용부하일 때는 물론 절연피복 내부의 흑연화가 진행하여 선간에서 전류가 누설하게 되면 무(無)부하의 상태라도 발화할 수 있기 때문에 우선 부하의 상태를 조사하는 것이 중요하다. 즉, 부하전류가 흐르고 있지 않았음에도 불구하고 코드의 단락개소에서 발화한 화염(火焰)형태가 보이면 충분히 반단선을 의심할 필요가 있다.

② 상황증거(狀況證據)로서 부하에 의한 반복통전(反復通電) 및 절연피복의 국부적인 발열이 있는 반단선에 따른 일반적인 제반현상에 대하여 발화지점을 목격자 등 관계자들에게 확인하는 것도 필요가 있다.

③ 반단선에 의한 화재의 경우에도 단선개소에 단락이 생성되어 있는 경우가 많지만, 다음과 같은 점에서 일반적인 단락단선(短絡斷線)과 다르다.

- 단락단선에는 단선개소의 각 선단(先端)에 큰 용흔(鎔痕)이 생성되며 각각의 소선(素線 : 心線)이 용착(鎔着)하여 한 덩어리로 되어 있는 것이 많다.
- 반단선 코드의 경우에는 부하쪽의 선단에 반드시 단락흔(短絡痕 : 合線痕)이 생성된다고는 할 수 없다.
- 단선(斷線* Breaking of wire · Cutting of wire)측의 일부의 소선 각각의 선단에 이착(離着) 당시의 용흔이 생성되고, 단선되지 않은 소선에는 용흔이 생성되지 않는다. 특히 기계적인 단선의 경우에는 소선의 단선측 및 비단선측에 단락흔적이 보이는 것이 보통이다.

5.2.3.4 트래킹과 흑연(黑鉛)화 현상

〈사진 5.27〉 차단기 전원 측의 트래킹 발열현상

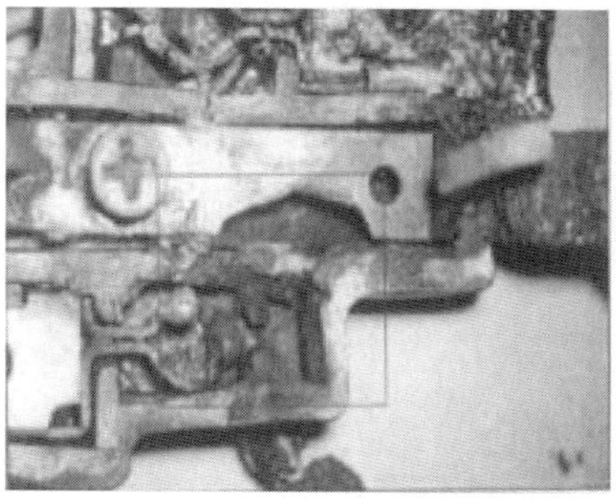

〈사진 5.28〉 콘센트 전극간의 트레킹에 의한 발열현상과 소손콘센트

트래킹(Tracking)과 흑연화현상(黑鉛化現象* Graphite phenomenon)은 그 발생시점은 다르지만, 트래킹에 있어서도 표면방전(表面放電)에 의해서 유기(有機)절연물의 탄소가 흑연(黑鉛)화되고, 최근에는 전기의 배선기구에서 발생하는 이러한 유형의 발화원인을 일괄하여 트래킹이라고 한다.

1. 트래킹현상(Tracking phenomenon)

① '트래킹'이란 전압(電壓)이 인가(認可)된 이극도체(二極導體) 사이의 고체절연물 표면에 수분을 많이 함유한 먼지 등의 전해질(電解質)의 미소물질, 전해질을 함유하는 액체증기 또는 금속가루 등의 도체가 부착하면 그 절연물 표면의 부착물 사이에서 소규모의 방전(放電)이 발생하고, 반복적인 방전으로 절연물 표면에서 도전통로가 점차적으로 형성되는 현상을 말한다.

② 트래킹현상(Tracking phenomenon)이란 충전상태에 있는 전선·케이블 및 전기제품의 전극간의 절연체 표면에 습기·수분·먼지·오존 등으로 오염된 표면부로 전류가 흐르면 주울 열(Joule heat)로 인하여 그 표면이 국부적으로 건조 및 탄화하여 전계부제(電界不齊)로 인한 국부적인 미소(微少)발광방전인 신틸레이션(Scintillation) 또는 카본화(Csrbonized)로 플래시오버(Flash Over) 및 소호현상이 생긴다.

절연체의 일부가 열분해(熱分解)로 인하여 탄화 또는 침식됨에 따라 탄화도전로(炭化導電路* Carbonic electric conductive pass)가 형성되며 마침내 절연파괴로 인한 단락 또는 지락(地絡)으로 발전하여 발화하는 현상을 말한다.

2. 흑연화 현상(Graphite phenomenon)

'흑연화 현상(黑鉛化現象)' 또는 '석묵화 현상(石墨化現象)' 이란 목재나 플라스틱 등의 유기절연재가 누전(漏電)회로에서 발생하는 스파크 또는 회로 스위치 및 릴레이 등의 접점개폐(接點開閉) 당시에 발생하는 스파크 등의 전기불꽃에 장시간 노출되면서 절연체 표면에 탄화도전로가 형성되고, 그 주변은 주울 열(Joule heat)의 영향으로 흑연화 범위를 입체적으로 점차로 확대시킴과 동시에 전류 증가로 인하여 발화하는 현상을 말한다.

트래킹과 흑연화

개념적으로 트래킹은 절연물에 습기 등으로 발열 탄화되어 전류가 흐르는 "통로"를 의미하고, 흑연화는 이때 나타나는 "탄화물의 실체" 즉, 재료적인 현상을 의미한다고 볼 수 있다. 따라서 이들 현상은 대부분 동시에 나타날 수 있고, 그것이 의미하는 차이가 있으나 화재이후의 과정에서 현상 자체를 떼어내어 별개의 것으로 구분 짓는 것은 혼동을 초래할 수 있다.

3. 화재위험

① 전기불꽃이 발생하면 주변의 유기 절연체가 탄화됨과 동시에 흑연화되지만, 순간적인 고온으로 열용량이 작아 곧바로 냉각하기 때문에 1회의 전기불꽃으로 생성되는 흑연은 극히 미량으로 전극간의 절연파괴까지는 도달하지 않는다. 그러나 수회의 전기불꽃이 반복적으로 발생하여 전극간의 절연체가 흑연화되면 도전(導電)로가 형성되어 이 부분으로 전류가 계속적으로 흐르게 되어 발화위험이 있다.

② 비금속(非金屬)인 흑연의 전기전도도는 금속에 비교하여 그 고유저항이 훨씬 크기 때문에 초기의 작은 전류에도 발열하고, 발열에 의하여 소실되는 순간에 불꽃을 발생시키기도 한다. 이러한 불꽃과 열에 의하여 주변의 절연체에서 탄화 및 흑연화가 입체

적으로 확대되며 진행한다.

③ 트래킹의 초기에는 전류치(電流値)가 적어서 발열범위(發熱範圍)도 작기 때문에 절연체가 독립 연소하는 경우는 없고 보다 심부(深部)를 향하여 무염(無焰)연소의 상태로 진행하다가 전류치의 발열면적이 상당히 커지는 일정한 단계를 지나면 순간적으로 발화하여 독립연소하며 화재로 진행된다. 이때 경우에 따라서 단락(短絡 : 合線) 및 누전(漏電* Leak)의 요인이 되기도 한다.

4. 조사요점

① 전기적 요인에 의한 흑연화의 발생 여부는 탄화물(Carbonaceous material)을 수거하여 저항(抵抗)을 테스트하여 조사하고, 이때 테스트봉의 간격은 10[mm] 정도로 하며 대략 100[Ω] 이하를 목표로 한다. 그러나 흑연은 소실(燒失)되기 쉽고, 화열(火熱)에 의해서도 생성될 수 있으므로 단순히 탄화물의 저항측정만으로 트래킹의 발생 여부를 단정하는 것은 금물이다.

② 트래킹에 의하여 생성된 흑연은 전로에 가까운 전기기기의 내부 및 배전선로 또는 누전경로에 존재하고 있다.

③ 트래킹에 의한 화재는 흑연부에 전류가 흐를 때 발생하는 고열에 의하여 도체(Conductor)에 용흔(鎔痕)이 생성되고, 흑연부는 깊게 타들어 가는 것이 보통이다. 그러나 화재규모가 커지게 되면 강한 화재 열에 의하여 흑연이 완전 소실되어 버리기 때문에 깊은 연소흔적을 판별하기가 불가능하다.

④ 이상은 흑연 발생이 전기적인 요인에 의한 것인지, 화재 열에 의한 2차적인 것인지를 판별하는 근거가 되나, 현실적으로 흑연이 완전 소실된 상태로 화재현장에 소잔(燒殘)되어 있기 때문에 화재현장의 전체 적인 소훼현상을 종합적으로 조사하여 이들 양자를 구별해야 한다.

5.2.3.5 접촉 불량과 아산화동증식

도체(Conductor)의 접속부에 접촉상태가 불량하면 전류가 흐를 때에 발열하여 접속부의 주변에 있는 전선의 절연피복이 파괴되어 발화하는 경우가 있는데, 이때의 발열요인으로는 접촉저항의 증가에 따른 주울 열(Joule heat)에 의한 것과 특수산화물의 생성에 의한 발열인 아산화동증식(亞酸化銅增殖)에 의한 발열현상이 있다.

1. 접촉저항에 의한 발열현상

두 개의 도체를 접속시켜 전류를 인가하면 전압강하(電壓降下)가 일어나 그곳에 저항(抵

抗* Resistance)이 존재하며, 국부적인 발열이 일어나게 되는데 이를 접촉저항(接觸抵抗)에 의한 발열현상이라고 말하며, 이와 같은 현상은 스위치의 접점 불량 또는 회로의 납땜 부분과 연결이 견고하지 않는 단자와 단자 사이, 전선과 전선의 연결부, 탄성이 약화된 꽂음 접속기 부분 등에서 나타날 수 있으며, 견고한 부분이라도 진동·이완·이동 사용 등으로 인하여 사용 중에 나타날 수 있어서 예방이 어렵고 발화위험은 상대적으로 크다.

① 접속부의 접촉 불량상태는, ⓐ 접촉면의 부식(腐蝕), ⓑ 개폐기의 칼 및 플러그의 중도반단, ⓒ 플러그 칼의 변형, ⓓ 진동(振動)에 의한 접속단자 비스(나사)의 느슨함 등에 의하여 발생한다.

② 전류의 공급과 중단의 반복에 의한 열냉(熱冷)의 반복은 플러그 칼집의 탄성피로(彈性疲勞)로 인한 칼을 잡아주는 복원력(復原力)의 감소에 따른 접촉압력 을 저하시켜 접촉상태를 점차적으로 약화시킨다.

③ 발열된 접속부에는 2차적으로 산화피막(酸化皮膜)이 생성되어 접촉부의 온도 가 더욱 높아져 마침내 접촉가연물을 발화시키는 정도에 도달하게 된다. 이는 약 10[A] 이상의 전류가 흐를 때에 많이 발생한다고 알려져 있다.

④ 금속 등의 도체상호간의 접촉저항은 보통 약 0.1[Ω] 이하이지만, 접촉면적의 감소

〈사진 5.29-1〉 콘센트 날에 형성된 불완전 접촉에 의한 발열흔적

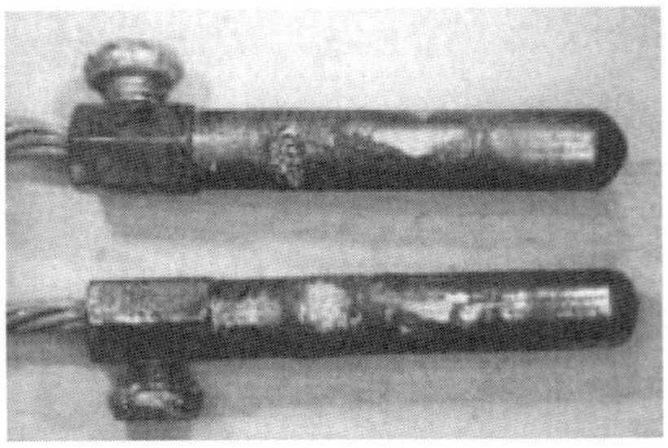

〈사진 5.29-2〉 플러그 단자간의 미세한 발열현적

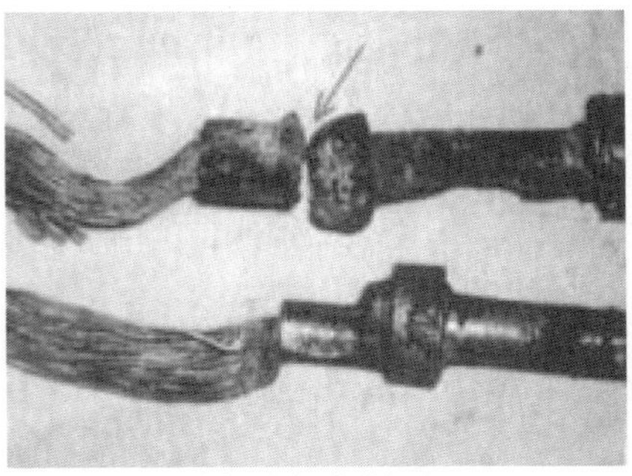

(a) 이착 발열흔적

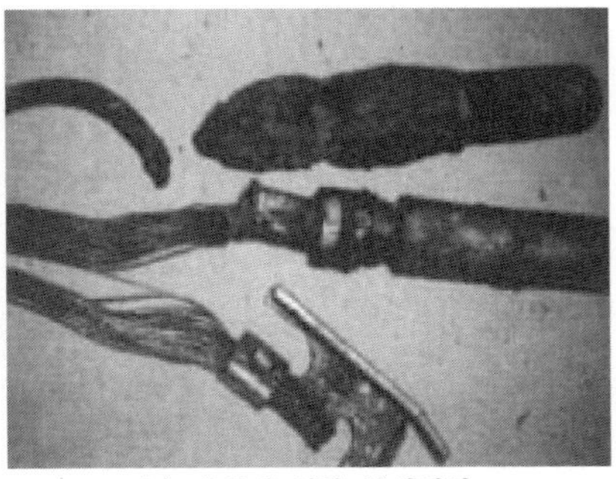

(b) 발열에 의한 부식현상

〈사진 5.29-3〉 플러그 단자와 코드 연결부의 단절에 의한 이·착 발열흔적과 부식현상

및 접촉압력의 저하와 산화피막의 생성 등에 의하여 접촉저항이 증가하고, 접촉저항이 증가하면 그것에 비례하여 주울 열도 커져 접촉부에서 국부적인 발열현상이 발생한다.

2. 아산화동증식에 의한 발열현상

'아산화동증식(亞酸化銅增殖)' 이란, 접촉의 불량개소에서 이(離)·착(着) 당시 발생하는 고온의 스파크 불꽃에 직면한 동제(銅製)도체의 일부가 산화하여 아산화동이 생성되어 이것이 성장하면서 발생하는 발열현상을 말하고, 이때 도체(전선 등)가 고온이 되면 전선피복 및 배선기구 등의 절연체를 발화시켜 화재원인이 된다.

① 아산화동(亞酸化銅 : CuO)은 일종의 반도체(半導體)이며, 통전상태의 동제도체 상호간의 접촉 불량이나 전선의 단선에 따른 스위칭(Switching)작용이 발생함에 따라 생성되는 이상(異常)적인 접촉저항(接觸抵抗)으로 극히 높은 열이 발생함으로써 접속부에 아산화동 성분의 산화막(酸化膜)이 형성되며 고열을 발생시키는 현상이 일어난다.

② 아산화동증식은 최초의 접촉부에서 빨간 불이 희미하게 나타나면서 흑색물질(黑色物質)이 생성되며, 이것이 서서히 커져 띠형을 형성하게 되는데, 이 검은 덩어리부분이 아산화동이다.

③ 아산화동증식에 의한 발열현상은 국부적인 현상으로 약 1,000℃를 초과하여 발열하는 경우가 있으므로 배선기구 등에 사용되는 합성수지제품의 절연물 및 주변의 접촉 가연물 등에서 발화할 화재위험은 높다.

3. 조사요점

접촉 불량 및 아산화동증식에 의한 발열현상에 따른 화재는 어느 경우이든 도체에 흐르는 전류의 발열작용에 의한 것이므로, 화재당시 부하전류(負荷電流)의 통전상태가 전제조건이 된다. 따라서 불(不)통전 상태에서는 고려할 필요가 없다.

① 부하전류가 흐르고 있는 경우에는 그 전류의 크기를 조사하고, 적은 전류에 의한 접촉저항으로 인한 발열원인으로 발화한 경우에는 접속나사의 느슨함, 접촉면의 맞물린 상태 및 부서짐 등으로부터 접속부의 접촉 불량의 유무를 조사하여 판단한다.

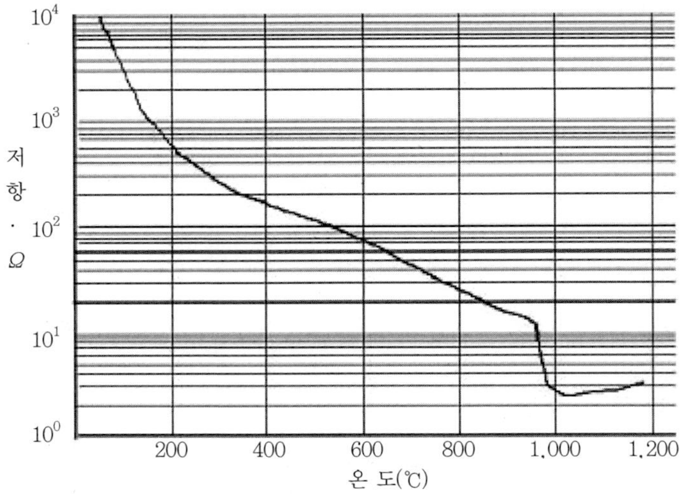

〈그림 5.9〉 아산화동의 저항 - 온도특성 곡선

② 아산화동증식에 의한 발열현상은 도체의 소잔부분뿐만 아니라 아산화동의 결손(缺損) 부분까지 회수하여 조사할 필요가 있다. 아산화동의 생성과정에서 그 표면에 산화동 피막이 형성되며, 화재현장에서는 탄화물이 부착된 덩어리의 형태로 소잔되어 있는 경우가 많으므로 외관상의 식별은 곤란하다.

③ 아산화동은 대단히 무르고 유리와 같이 쉽게 부서지고, 그 분쇄(粉碎)물은 은회색(銀灰色)의 금속광택을 가지고 있으며, 이것을 현미경으로 30~80배 확대하여 관찰하면 루비(Ruby)와 닮은 글라스형의 결정을 보인다. 특히 이 적색결정(赤色結晶)은 아산화동 특유의 것이므로 발화부에 대응하는 도체 접촉부에서 이것을 확인할 수 있다면, 아산화동증식에 의한 발열현상에 따른 화재 가능성이 매우 높기 때문에 유용한 물적 증거가 된다.

④ 현미경이 없을 경우에는 회수한 산화물덩어리의 저항을 측정하여 제로 또는 무한대가 아니면, 건조기(Dryer) 등으로 가열하여 저항의 변화를 조사한다. 이때에 온도상승에 따라 저항이 내려가면, 그 덩어리 속에 아산화동이 함유되어 있다고 판단하여도 좋다.

⑤ 발화부인 접촉의 불량개소에 아산화동이 없으면 기본적으로 접촉저항이 발열원인이 된다. 그러나 아산화동은 무르고 손괴되기 쉬우므로 반드시 이것을 회수할 수 있다고 말할 수 없기 때문에, 아산화동이 발견되지 않더라도 곧바로 다른 방향으로 원인조사를 할 것이 아니라 부하전류의 크기, 도체의 굵기, 접촉면의 거친 상태 등으로부터 종합적으로 검토하여 판단한다.

5.2.3.6 은 이동(Silver migration)

'은 이동(銀移動)' 이란 직류전압이 인가된 도금을 포함한 은(銀)의 이극도체(二極導體) 사이에 절연물이 있을 때에 그 절연물의 표면에 수분이 부착하면 은의 양이온이 절연물의 표면에서 음극 쪽으로 이동하여 그곳에 전류가 흘러 발열하는 현상을 말한다. 전극(電極)을 포함한 전로에는 고온이 되기 때문에 트래킹(Tracking)과 같이 전극이 용융(鎔融)되기도 하고, 반도체가 파손되는 것으로 알려져 있다. 따라서 우선 직류전압과 은이온을 확인하면 좋겠지만, 전원에는 교류를 직류로 정류하고 있는 경우와 교류를 인가하고 있는 반도체 히터와 같이 부하 자체의 정류작용을 이용하는 경우가 있다.

'반도체히터(Semiconductor Heater)' 는 정특성의 서미스터(Thermistor)를 사용한 것으로서 발열체가 온도조절 기능을 가지고 있는 것이 특징이다. 전기밥솥과 전기오븐 등과 같이 발열에 의하여 온도가 상승하여 일정한 온도 이상이 되면, 급격하게 저항 값이 증가하여 전류를 감소시키므로 과열을 방지하게 된다.

① 전극에는 은이온이 검출되지 않기 때문에 은 이온을 검출하기 위해서 전극간의 전류경로에 대해서 조사하지 않으면 안 된다는 사실에 유의해야 한다.

② 은 이동현상을 발생 및 촉진시키는 요인으로서 절연물(絕緣物)의 흡습성(吸濕性), 고온다습(高溫多濕)인 사용환경, 산화 및 환원성 가스의 존재 등이 있다는 것을 고려하여 조사한다.

5.2.3.7 누전화재(漏電火災* Leak fire)

일반수용가의 전기는 배전용변압기(配電用變壓器 : 柱上變壓器)에 의해서 강압(降壓) 또는 송전(送電)되고, 이 변압기의 1차 측 고압전류의 혼촉(混觸)에 의한 2차 측 선로에의 침입위험을 방지하기 위해서 2차 측의 중성선 또는 1선이 접지되어 있으며, 비(非)접지 측과 대지(大地)간의 전위차가 변압기 2차 측의 전압이 된다. 따라서 지선으로부터 옥내배선과 콘센트를 지나서 부하까지의 비접지 측의 절연 불량개소가 건조물로 접지된 금속조영(金屬造營)재 등에 닿으면, 그 조영재로부터 접지도체를 지나서 대지에 전류가 흘러 주상(柱上) 변압기의 접지선을 통해 변압기로 되돌아가는 누전회로(漏電回路)를 형성한다.

'누전화재' 란, 누전경로에서 전류의 집중으로 저항이 비교적 큰 개소(예컨대 함석판과 함석판의 맞닿은 부분)가 있으면 그 부분이 과열하여 발화하는 화재를 말한다.

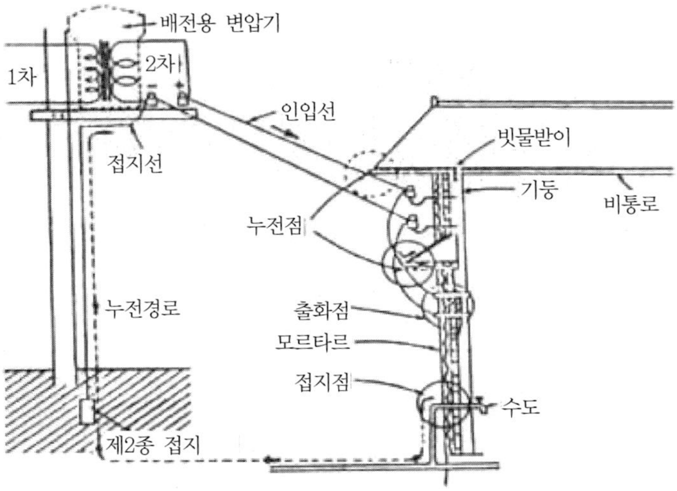

〈그림 5.10〉 건물의 모르타르 벽체에서 출화한 누전전류의 경로

1. 누전의 3요소

누전화재는 전선의 충전부(充電部)에서 금속조영재 등으로 전류가 흘러들어오는 누전점(漏電點), 과열(過熱)개소인 출화점(出火點) 및 접지물로 전기가 흘러들어오는 접지점(接地點) 등의 3요소가 있다. 따라서 누전화재의 원인조사는 이것을 규명하는 것이 중요한 요점이 된다.

(1) 누전점

비접지 측의 전로에서 절연이 파괴되어 접지된 금속조영재 등과 접촉하는 것이 누전화재의 전제가 되며, 전선의 직접접촉의 경우에만 한정하지 않고, 전기기기의 금속 케이스·금속관·안테나·지선 등의 금속부재 또는 유기 제의 흑연(黑鉛)화 부분을 경유하여 누전되는 경우도 있다. 따라서 누전개소는 반드시 발화건물에 있다고 한정할 수 없고, 인접건물 또는 그것보다 떨어진 곳에 있는 것도 적지 않다.

누전차단기(漏電遮斷器)가 설치된 경우에는 누전화재는 우선 방지할 수 있지만, 누전점이 누전차단기보다 전원(電源)측에 있는 경우에는 차단기는 당연히 작동되지 않아 누전을 방지할 수 없다.

(2) 출화점

누전점은 한곳이라도 누전 이후 다수의 분기경로(分岐經路)를 경유하여 두 개 이상의 접지점에서 땅속으로 흘러들어가는 것이 보통이므로 출화점은 복수가 되는 경우가 많으며, 또한 누전점 및 접지점이 그대로 출화점이 되는 경우도 있다. 특히, 흑연화에 따라 유발된 경우, 못 또는 철판이 전선피복에 물리어 누전된 경우 등은 누전점에서 출화하는 경우가 많다. 따라서 다음과 같은 개소는 누설(漏泄)전류가 비교적 집중 하여 흘러 출화하기 쉬운 부분이다.

① 모르타르(Mortar)의 이음매

② 금속관과 모르타르의 접촉개소

③ 못 등으로 고정한 함석판의 맞닿은 부분

(3) 접지점

가스관 및 수도관, 소화전의 배관 또는 건물의 구조철골 등 건물로부터 연속하여 땅속에 매설(埋設)된 금속체가 접지물로 되는 것이 일반적이고, 인접건물 또는 떨어진 건물로 접지되어 있는 경우도 있다. 이들의 접지물과 그물망·벽체함석·전선관 등의 건물조영(建物造營)재와의 접촉개소가 접지점이 되지만, 접지점은 벽체 속에 있는 경우가 대부분이고 실제로 그 특징을 발견하기가 매우 곤란하다. 따라서 접지점이 판명되지 않은 경우에는 출화점 근처 금속조영재의 접지저항을 측정하여 접지사실을 밝힌다.

2. 화재위험

출화점으로 흐르는 전류는 건물 내의 누전경로 각 접촉개소의 접촉저항, 누설전류가 흐르는 각 재질의 고유저항, 건물 및 접지선의 접지저항 등의 값에 좌우되며, 접지저항은 지면의 건습(乾濕)에 의해 그 값이 크게 다르다.

누설전류가 집중되는 개소가 출화점이 되지만, 이 부분의 줄열(Joule heat)이 직접발화로 이어지는 경우와 근접 목재를 도전(導電)화시켜 여기에 흐르는 전류에 의해서 발화하는 경우가 있다.

(1) 모르타르 벽체의 이음매

목재건물의 모르타르 벽은 목재위에 방수펠트(防水Felt)를 덮어서 굵기 1mm 정도의 금속와이어 또는 스테이플로 목재에 고정하고 그 위에 모르타르를 칠한 구조를 가지고 있으며, 화재위험은 다음과 같다.

① 라스(Lath)에 누설전류가 흐르면 라스이음매에 국부적인 발광(發光)발열하는 글로우 현상이 계속적으로 발생하여 주변의 목재를 탄화(炭化)시키고, 공기 공급이 불충분할 경우에는 서서히 탄화도전로가 형성된다. 이때 누설전류의 크기에 따라서 접촉점의 라스가 소실되어 끊어지는 경우와 끊어지지 않는 경우가 있다.

② 소실(燒失)되어 라스가 끊어지면 주된 전로의 위치가 이동하지만, 전로가 끊어짐과 동시에 발생한 스파크에 의하여 주변목재의 탄화 및 흑연화에 따른 도전화를 촉진시키며, 끊어진 라스를 통하여 흑연화된 부위에 전류가 흐르면 트래킹의 경우와 같이

흑연화의 진행을 더욱 촉진시켜 출화로 이어진다.

③ 모르타르 벽을 가진 건물에서 라스(Lath)와 접촉될 가능성이 있는 도체로는 전선관·수도 및 가스관·담 등의 비를 막는 덮게 함석판·지선(支線)의 지지금속·외벽에 부착된 함석판의 고정 못 또는 연통·간판 또는 안테나 등의 지선 장착용 못 등 여러 개소가 있다.

이상의 도체와 라스의 접촉에 의한 출화는 위의 ① ② 경우와 유사하지만, 접촉개소가 얼마 되지 않기 때문에 누설전류가 특히 집중하기 쉬운 개소의 접점이 한번 용단(溶斷)되면 그대로 누전회로가 차단되어 출화까지 도달하지 않는 경우도 많다.

(2) 함석판과 함석판의 맞닿은 부분

함석판과 함석판의 맞닿은 부분은 판의 가장자리를 보통 1.8m당 수본의 못을 박아 고정시켜 접촉면적이 크기 때문에 상당히 큰 전류가 흐르지 않는 한 목재가 과열에 의한 탄화 사례는 거의 없다. 그러나 장기간의 경과로 함석을 고정시킨 낡고 부식된 못 또는 나사 등이 느슨하여져 맞닿은 부분의 접촉이 불완전하게 되었을 경우에는 누설전류의 전로(電路)에 한정된 접촉개소가 발열하게 되며, 특히 못 부위가 누설전류의 집중으로 국부적인 고온이 되기 쉽고, 접점의 이(離)·착(着) 당시 스파크에 의한 목재의 흑연화로 도전로(導電路)가 형성되면서 발화하는 사례가 종종 있다. 단 외기(外氣)에 의한 냉각효과가 크고 주변목재의 탄화가 진행되면 고온부와의 사이에 틈이 형성되어 화재로 발전하지 않는 경우가 많다.

(3) 벽 붙이 스위치

내화(耐火)건축물의 옥내배선에는 금속관공사(金屬管工事)를 실시하는 경우가 많고, 벽 붙이 스위치 등의 취부에는 강(剛)판재 아웃렛박스가 많이 사용되고 있다.

스위치의 접점불량에 의한 개폐 당시의 불꽃 또는 결로(結露) 침입에 의한 트래킹(Tracking) 등으로 인한 스위치 내부 절연물의 흑연화가 시작된다. 이때의 흑연화는 이극의 방향으로 진행되는 경우와 스위치의 취부함의 방향으로 진행되는 경우가 있다. 후자의 경우 흑연화가 스위치의 취급함까지 도달하게 되면 전선에서 흑연화 부분을 경유해 취급함 → 취부나사(비스) → 아웃렛박스 → 금속관 등으로 누설전류가 형성된다.

금속관은 철관(鐵管)을 통해서 대지로 접지되어 있어 큰 누설전류가 흐르게 됨으로 인하여 스위치 내부의 흑연(Graphite)화 부위에서 출화로 이어지는 화재위험이 있다.

3. 조사요점

누전화재(漏電火災)조사의 요점은 ⓐ 일반적인 전로에서의 누설전류가 건물 및 부대설비 또는 공작물에 유입되는 누전점, ⓑ 누설전류의 전로에서 발열되어 발화한 출화점, ⓒ 누설전류가 대지로 흘러들어가는 접지점 등을 규명하고, 누전 사실과 이것에 기초한 출화 사실과의 상당인과관계를 밝혀나가는 것이다.

(1) 출화점(出火點: Source)

출화점은 철망과 철판 상호간의 이음매 또는 이것들과 철사·못 등의 다른 금속의 접촉부로 대표되므로 라스벽체 내부 및 이면 등에서 출화하는 위치적인 특징을 가지고 있으며, 출화부에 흑연화현상(Graphite phenomenon)이 형성되어 있는 것이 많다. 따라서 출화점을 한정하는데 흑연(Graphite)의 검출이 귀중한 근거가 되지만 다음과 같은 사항을 고려하여 종합적으로 판단해야 한다.

① 출화개소의 부근에 금속부재의 접촉점 등 전류가 집중하는 개소가 있다.

② 많은 경우 출화개소 부근의 망(網)의 이음매 또는 철판 및 철사의 접촉개소 등에 전기적 용흔(鎔痕) 및 침식(侵蝕)흔적이 형성되어 있다.

③ 금속부재의 발열에 의한 출화의 경우 반드시 출화점에 용흔이 발생하는 것은 아니지만, 출화점 이외의 개소에 용흔 및 출화에 도달하지 않은 부위의 목재 등의 가연물에 그을린(炭化) 부분이 남게 된다. 따라서 이것들이 확인되면 누전발생과 동시에 그 개소가 출화점임을 입증할 수 있지만, 현실적으로 화재의 진행과정에서 소실되어 식별하기는 어렵다.

④ 이상과 같이 출화부의 위치적인 특성 및 소훼(燒燬)현상, 흑연화현상, 누설전류의 전로(電路), 금속재의 접촉상황 등을 종합하여 출화점을 판단하는 것이 중요하다.

(2) 누전점(漏電點)

누전점은 전류의 통로로 설계된 전선과 접지된 금속조영(金屬造營)재 또는 이것과 접촉한 금속재의 접촉점이고, 접촉 당시의 스파크로 용융(鎔融) 및 침식흔적을 생성시키는 경우가 많으나, 누설(漏泄) 전류치(電流値)가 적은 경우에는 용융 및 침식흔적이 발생하지 않는다.

화재현장에서 누전화재(漏電火災)의 여부를 판정하려면 누전점을 명확히 규명할 필요가 있고, 누전점의 검색방법은 인입선(引入線)·옥내배선·전기기기 등으로 나누어서 검색하는 것이 좋다.

① 전주(電柱)에서 배전반 및 분전반까지의 지선에 대한 누전검색

노출된 전선에 대한 누전점 유무의 검색은 육안으로 쉽게 판단할 수 있지만, 벽체

내부 등 장소적으로 간단하게 관측할 수 없는 부분에 대해서는 전로와 대지 사이 전선의 절연저항(絕緣抵抗)을 측정하여 그 측정치 가 5[kΩ] 미만이면 옥내배선의 어느 부위에서 누전한 것으로 판단하고 그 범위 전체를 상세하게 검색할 필요가 있다.

② 옥내배선 및 전기기기로부터 누전검색

옥내배선의 경우 각각의 배선회로마다 대지 사이의 절연저항을 측정하여 우선 누전회로를 한정함으로써 누전검색이 시작된다.

- 절연저항이 낮은 회로가 판명되면, 분전반에서 전기기기 쪽으로 저항치의 변화를 순차적으로 조사하여 특정부위에서 저항치가 갑자기 변화하면 그 끊어진 부위가 누전개소가 된다.
- 전기기기 코드의 플러그를 뽑더라도 저항치가 오르지 않으면 옥내배선에 누전점이 있는 것으로 판단하고, 옥내배선의 적정개소에서 전선을 끊어서 저항치의 변화를 조사한다.
- 누전점의 색출을 위해서 벽체의 일부를 파괴할 필요가 있을 경우에는 전기배선도 등에 의해서 건물구조 및 배선의 위치를 파악한 후에 파괴범위를 최소한도로 한정한다.
- 누전점이 출화부로부터 멀리 떨어져 있는 경우 및 화재규모가 큰 경우에는 절연저항의 측정이 불가능하기 때문에 건물구조, 배선상황, 기기사용 상태 등으로부터 누전점으로 의심되는 각각의 개소를 조사해야 한다.

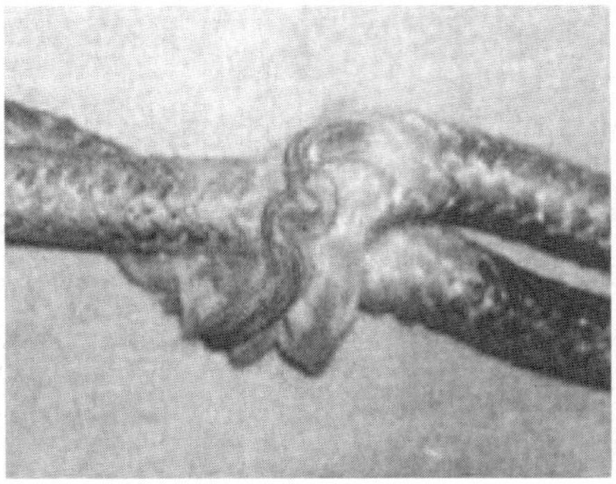
(a) 열성(熱線)

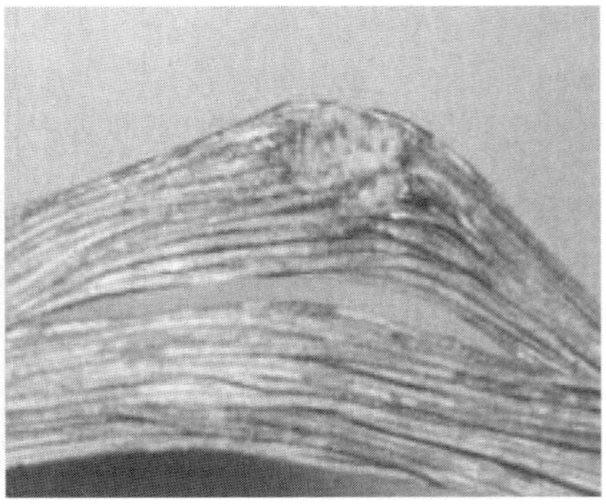
(b) 연선(縱線)

〈사진 5.30〉 열선과 전기배선(연선)의 누전점

(3) 접지점(接地點)

접지(接地* Electrical Grounding)점은 복수의 점(點) 또는 면(面)에서 처음부터 접지물체에 접속되어 있는 경우가 많으므로 누전점의 경우와 같은 전기적인 요인에 의한 용융흔적의 생성은 드물다. 따라서 접지물체와 발열물건 또는 이것과 전기적으로 연결되는 금속재와의 접촉개소를 육안으로 확인한 후에 테스터 및 접지저항계 등에 의한 도통확인 및 접지저항을 측정한다.

5.2.3.8 방전(放電* Arcing)

1. 화재위험

① 전극간의 전계(電界)가 현저히 불균일한 경우에는 전계가 큰 부분에 국부적인 방전이 생기며, 이것을 코로나 방전(Corona Discharge)이라고 한다. 평판전극과 침전극간에 가한 직류전압을 점점 올리면 침(針)에 희미한 보라색의 광점이 나타나는데, 이것을 글로우 코로나(glow corona)라고 말하고, 이것보다 전압을 더 올리면 길게 연장된 형태의 브러시 코로나(brush corona)를 발생하며, 더욱 전압을 올리면 반대 측의 평판전극에 도달하는 스트리머 코로나(streamer corona)가 발생한다. 3개의 코로나 중 스트리머 코로나와 브러시코로나는 전압 및 전극의 형상에 의해서는 가스 및 증기에 착화할 가능성이 있고, 침전극의 양극 측이 착화위험이 크다.

② 직류 대신 50~60Hz 정도의 교류를 가한 경우에는 그 반(半)주기마다 극성에 따르는 코로나를 발생하는 것이 되며, 송전선 같은 평행 원통도체에 있어서도 기압 및 온도 등의 변화에 의해 방전조건이 조성되면 코로나를 발생하여 코로나 손이 생기고, 더욱 전압을 올리면 불꽃방전이 되어 계속해서 아크방전(arc discharge)으로 된다. 공기 속에서 불꽃방전이 발생할 때의 전압은 전극의 형상·기압·습도 등에 의해 변하지만, 건조한 공기는 대략 전극간의 1cm 주변 30kV 이상이다.

③ 아크방전은 전류가 크고 음극 부근에서 수천℃의 고온이 되므로 가스 및 증기, 먼지 등 일부의 고체에도 착화할 수 있다. 따라서 아크방전은 아크등(燈) 및 전기용접 등에 사용되고 있고, 또한 수 암페어 이상의 전류를 흘린 채로 전극을 떼는 경우 즉, 부하(負荷)스위치를 넣은 채로 콘센트로부터 플러그를 빼는 경우 등에도 아크를 발생한다.

④ 네온관과 같이 고압배선으로 충전부가 노출되고 있는 경우에는 그 부분으로부터 가까운 부근의 접지도체로 이어지는 방전이 생기기 쉽고, 이때 전류가 흐르는 부분 즉, 습기 찬 목재 등은 탄화되어 도전(導電)화 되기 쉽다.

2. 조사의 요점

① 화재의 원인이 되는 것은 대부분 아크방전에 의한 불꽃(spark)으로 인화성 가스 및 증기(蒸氣)·분진(粉塵)·면 먼지·전선피복 등에 착화시킬 수 있고, 유기절연재를 탄화시켜 절연파괴(絕緣破壞)를 야기할 수 있는 요인이 되기도 한다. 따라서 방전불꽃

에 의한 가연성 가스·증기·먼지 등의 착화는 방전불꽃의 발생 가능성 및 각각의 착화물의 존재를 조사한다.

② 네온관 설비로서는 방전에 의한 전압강하로 인하여 점등(點燈)이 잘 되지 않기도 하고, 광량(光量)이 저하되고 있는 것이 대부분이므로 이러한 상태의 유무를 조사한다.

③ 고압방전(高壓放電)에 의하여 목재(木材) 등의 유기절연체(有機絶緣體)에 전류가 흐를 경우에는 탄화흔적이 생성되기 때문에 그 상태를 조사한다.

5.2.3.9 정전방전(Electrostatic discharge)

'정전방전(靜電放電)'이란 두 가지의 부도체(不導體)물질 표면에서 각각 양전기와 음전기로 축적된 정전기(Static electricity)가 순간적으로 방전(放電* Arcing)하는 현상을 말하며, 이때의 방전불꽃은 가연성 가스 및 증기 또는 분진 등에 착화할 수 있지만 종이와 같은 가연물은 착화시킬 수 없다. 물체가 전하(電荷)를 띠게 되는 현상을 '대전(帶電* Electrification)'이라 하고, 대전된 물체를 '대전체(帶電體)'라 하며, 대전체가 띤 전기를 '전하'라고 말하고, 대전체와 대전체 또는 전하와 전하 사이에서 작용하는 힘을 '전기력(電氣力)'이라 한다. 물체를 대전시키는 방법으로는, ⓐ 다른 대전체와 접촉시키는 방법, ⓑ 마찰전기(摩擦電氣)에 의한 방법, ⓒ 정전유도(靜電誘導)에 의한 방법 등이 있다.

1. 정전기의 종류

정전기(靜電氣* Static electricity)는 두 종류의 부도체가 접촉하고 떨어질 때에 발생하며, 정전압은 1 ~ 10[kV] 정도 발생하기 때문에 가연성 가스 및 증기와 분진(粉塵) 등에 착화가 가능하며, 그 종류는 다음과 같다.

(1) 마찰대전(摩擦帶電)

마찰대전은 두 부도체 물질이 서로 마찰함에 의한 접촉위치의 이동으로 전하의 분리 및 재배열이 일어나서 정전기가 발생하는 현상을 말한다.

(2) 박리대전(剝離帶電)

서로 밀착되어 있던 물체가 떨어질 때에 전하의 분리가 일어나 정전기가 발생하는 현상으로서 접촉면적·접촉면의 밀착력(密着力)·박리속도(剝離速度) 등에 따라서 정전기의 발생량이 변하며, 마찰대전보다 더 큰 정전기가 발생한다.

(3) 충돌대전(衝突帶電)

충돌대전이란 분체(粉體)와 같은 입자(粒子) 상호간 및 입자와 고체 사이에서 서로 충돌

함에 따라서 접촉(接觸)과 분리(分離)가 빠르게 이루어짐으로 인하여 정전기가 발생하는 현상을 말한다.

(4) 유동대전(流動帶電)

가연성 액체의 경우에는 전기의 절연성이 높고 고유저항이 크면 유동대전의 현상이 일어나기 쉽다.

(5) 분출대전(噴出帶電)

순수가스(純粹Gas)가 분출(噴出)할 때에는 대전이 잘 일어나지 않지만, 가스가 분진 또는 분무(噴霧)입자로 되어 있을 때에는 보다 쉽게 대전한다.

(6) 인체대전(人體帶電)

인체대전은 발생조건에 따라서 다르나, 전기저항이 큰 신을 신고 습도가 40% 이하인 대리석 같은 전기절연체를 걸을 때에 1~1.5[kV] 정도로 대전한다고 알려진다.

2. 정전기의 발생요인

(1) 물체 특성

정전기 발생은 접촉과 분리하는 두 물체의 상호특성에 의하여 지배되며 한 물체의 특성에는 전혀 영향을 받지 않고, 일반적으로 접촉이나 분리하는 두 물체가 대전서열(帶電序列) 안에서 가까운 위치에 있으면 대전량(帶電量)은 적고, 먼 위치에 있을수록 대전량이 큰 경향이 있다.

(2) 물체표면상태(物體表面狀態)

정전기 발생은 물체의 표면상태에 영향을 받으며, 일반적으로 물체표면이 매끈하면 정전기의 발생량이 적고, 물체표면이 수분이나 기름 등에 오염되어 있을 때에는 산화(酸化) 및 부식(腐蝕)에 의하여 정전기의 발생량이 크다. 따라서 물체에 이물질과 불순물이 있으면 정전기의 발생량은 커진다.

(3) 물질이력(物質離力)

정전기 발생은 접촉과 분리가 처음 일어날 때에 최대가 되며, 이것이 반복되면 정전기의 발생량은 점차적으로 감소되는 경향이 있다.

(4) 접촉의 면적과 압력

물체간의 접촉면적과 접촉압력은 정전기 발생에 지대한 영향을 주기 때문에 접촉면적이 클수록 정전기의 발생량이 커지고, 접촉압력이 증가하면 접촉면적도 증가하므로 결국 정전기의 발생량도 증가한다.

(5) 분리속도(分離速度)

물체의 분리과정에서 정전기 발생량은 전하의 완화시간에 따라 좌우되기 때문에 전하의 완화시간이 길수록 전하의 분리에 주는 에너지도 커져서 정전기 발생량이 증가한다. 따라서 분리속도가 빠를수록 정전기의 발생량은 커지게 된다.

3. 정전기 방전(靜電氣放電)

정전기의 방전을 형태별로 분류하면, 불꽃방전(Spark Discharge)·코로나방전(Corona Discharge)·아크방전(Arc Discharge) 등으로 나눌 수 있으며, 대전도체(帶電導體)로부터의 방전은 코로나방전 또는 불꽃방전이 되고 이들의 방전은 전하의 공급속도가 대체로 적고 방전에 의하여 급격하게 소멸되는 전하를 보충할 수 없기 때문에 방전이 단시간에 종료되는 특징을 가진다.

4. 조사요점

정전기에 의한 화재가 발생되기 위해서는, ⓐ 정전기의 대전(帶電), ⓑ 연소한계농도 범위 내의 가연성 기체 및 증기 또는 먼지(粉塵)의 체류(滯留), ⓒ 가연물의 최소발화에너지 이상의 방전불꽃 발생 등 3요소가 갖추어지는 것이 필요조건이다.

정전기의 방전불꽃에 의한 화재는 가연성 가스 및 증기와 먼지 등에 인화시켜 발생하며, 다른 전기적 요인에 의한 화재의 경우와 다르게 스파크흔적 등의 물적인 증거(證據)가 거의 없고 소훼현상에도 특징이 나타나지 않는다. 따라서 화인입증(火因立證)은 상황증거(狀況證據)에 의하여 다음과 같은 상황을 고려하여 판단한다.

① 정전기의 대전 및 방전에 대해서는, 취급물건의 성형, 출화 당시의 작업내용 및 작업자의 행동, 접지(接地) 등의 대전방지에 대한 조치상황, 경과시간 및 기상상황 등으로부터 그 가능성의 유무를 판단하고 경우에 따라 재현실험에 의하여 이것을 확인한다.

② 착화물의 상태에 대해서는 취급물건, 취급상태 및 환경조건 등으로부터 폭발 분위기를 형성하고 있었는지의 여부를 조사하여 판단한다.

③ 가연성 기체 및 증기와 먼지 등의 분진이 화재위험 분위기를 형성하고 있는 장소에서는 정전기의 방전불꽃뿐만 아니고, 릴레이 접점·전동기의 브러시·온도조절기·스위치 개폐 당시에 발생하는 전기불꽃 등에 의해서도 쉽게 인화되어 발화하기 때문에 이들 화원(火源* Ignition / Fire source)에 대하여 충분히 고려하며 조사하고, 이에

근거하여 판정하는 것이 필요하다.

5.2.4 전기제품별 조사요점

5.2.4.1 냉장고

1. 화재 경향

냉장고는 내부단열재인 스티로폼과 경량화를 위한 얇은 철판으로 인하여 화재 당시 열전달이 빠르고 쉽게 연소되어 냉장고 자체의 발화 의심을 많이 받게 되나, 대부분의 설치위치가 벽체 및 모서리에 접하여 설치되기 때문에 발화요인이 있는 부분은 다음과 같이 대부분 냉장고의 뒷부분에 위치하게 된다.

① 냉장고에서 발화하여 연소되는 경우에는 벽체 또는 모서리에 명확한 "V"패턴의 연소형태를 남긴다.

② 주된 발화개소가 이면(裏面)의 컴프레서 부분이 되어 벽체와 냉장고 몸체 사이에서 발화하게 되므로 몸체에 화염(火焰)에 의한 수열변색흔적 즉, 주염흔(走焰痕)을 남기게 된다.

③ 냉장고가 놓여있던 바닥부분이 장판 또는 마루 등 가연성일 경우에는 국부적인 연소형태를 나타낸다.

〈사진 5.31〉 냉장고 뒷면 하단에서 출화한 소잔형태

2. 조사요점

〈사진 5.32〉 냉장고 배면과 모터 및 압축기 주변의 변색 및 소잔현상

(a) 압축기 PTC 결합부의 발화

(b) PTC 단자 발열현상

〈사진 5.33〉 냉장고 압축기의 PTC 결합부의 발화현상과 PTC단자 발열현상

냉장고는 냉매순환에 의한 열(熱)교환 사이클 자체에서의 발화위험은 없고, 기동 릴레이 단자부의 발열 또는 단자간의 트래킹, 배선의 전기합선, 냉동실의 성애 제거를 위한 제상 히터인 L·코드, 제상과정에서 생긴 물을 증발시키기 위한 히터인 TE 플레이트 등에서 발화하는 사례가 있다.

(1) 전원코드와 뒷면 하단 배선의 전기합선

냉장고는 그 설치특성상 뒷면에 먼지가 많아 착화가연물로 작용되기 충분한 요건을 지니고 있고, 특히 습기가 많고 온화하여 야외의 경우, 쥐 같은 설치류의 이빨에 의한 절연파괴가 빈번하게 발생된다. 또한 냉장고용 전원코드를 연결하는 콘센트는 대부분 바로 뒷면에 설치되는 경우가 많아 냉장고를 벽면에 밀착시켜 설치한다든지, 사용 중에 뒤로 밀려나면서 플러그를 누르거나 손상시킬 수 있어 이에 대한 조사를 철저히 할 필요가 있다.

(2) PTC 서미스터

PTC 서미스터(Thermistor)

PTC란, Positive Temperature Coefficient(정저항 온도계수)의 약자로 온도가 상승하면 전기저항이 급격히 커지는 온도 정특성의 반도체 소자를 의미하고, 서미스터란,Thermally Sensitive Resistord의 약자로 온도변화에 대하여 극히 큰 저항 값 변화를 나타내는 저항기로써, PTC 서미스터는 온도의 상승과 함께 저항이 증가하는 특성을 나타내며, 모터의 보조권선에 직렬로 연결하여 모터 가동 시에 정규속도 70%까지 전류를 흘려주고, 이후 PTC 자체발열에 의한 PTC의 저항상승으로 전류 값이 적어져서 회로를 차단하는 효과를 나타내는 특성을 이용해서 냉장고 압축기(기동용)에 사용된다.

이 밖에 과전류의 보호용, 히터용, TV 디가우징용, 모터기동용, 온도센서용 등으로 사용되고 있다.

압축기의 기동소자(起動素子)로 항상 열과 진동, 습기(濕氣 : 냉장고의 특성상 내외부의 온도 차이로 생기는 물방울 등)에 노출되어 있어서 지속적인 발열 또는 불완전 접촉에 의한 과열, 극간의 절연파괴에 의한 트레킹 등으로 발화위험이 상존하고 있으며, 모두 단자의 국부적인 용융 또는 연결배선의 합선으로 증명할 수 있다.

(3) L·코드, TE 플레이트

냉동실의 성애 제거를 위하여 물을 증발시키는 발열체로써 장기간 사용할 경우, 열선(熱線)이 가늘어지는 부분이 생기면 그 부분의 저항이 국부적으로 증대되어 적열의 발열이 일어나 가연물에 착화할 수 있어서 가열선의 일부가 용융상태로 발견되거나 전원선에서 전기 합선이 동반되기도 한다. 특히 냉동실 내부에서 발화형태가 두드러질 경우에 이를 의심해 볼 수 있다.

(4) 구체적인 조사요점

① 컴프레서(Compressor) 내부코일의 층간단락(層間短絡) 조사

- 배면 하부(背面下部)가 소훼(燒燬)되어 있다.
- 컴프레서의 변색(變色) 및 단자부의 수지가 용융되어 원형훼손(原型毁損)이 되어 있다.
- 컴프레서 내부 권선의 에나멜(Enamel) 도료변색(塗料變色) 및 단락흔(短絡痕)의 유무에 대하여 조사 확인한다.

② 내부배선(內部配線)으로부터의 발화 유무 조사

- 냉장고 내부에 서리의 부착 여부를 확인하고, 서리제거 히터선의 단선 여부(斷線與否)를 조사한다.
- 노출하여 배선한 코드선에 대하여 전기흔적 및 피복색깔에 의한 배선용도를 조사하여 확인한다.

③ 콘덴서의 절연열화 여부(絕緣劣化與否)에 대한 조사

- 절연열화의 경우에는 뒷면밑바닥의 소훼현상이 심하다.
- 콘덴서의 리드 선에 단락흔적)이 생성되어 있다.
- 콘덴서의 절연열화에 의한 출화의 경우에는 콘덴서 케이스에 천공(穿孔 : 구멍이 뚫림)이 형성되기도 하고, 내부전극 및 유전체(誘電體)가 탄화(炭化)되어 있는 등 콘덴서가 현저하게 소손(燒損)되어 있다.

④ 기동 릴레이로부터 발화 여부에 대한 조사

냉장고 컴프레서에 장치되어 있는 수지커버 내부의 기동 릴레이가 열적(熱的)인 영향으로 소자표면의 은(銀)이 녹아 다른 전극으로 이동하여 전류가 흘러 과열에 의한 발

화사례가 있으므로 이를 조사한다.

5.2.4.2 텔레비전

1. 기판의 땜납불량 및 흑연(黑鉛)화에 따른 발화

기판에 전자부품을 땜납으로 취부할 때에 단자의 땜납붙이 부분의 접촉 불량에 의한 발열발화(發熱發火) 또는 기판 내의 볼륨저항체가 단선되어 스피커에 의한 기판의 흑연화로 인하여 발화하는 경우가 있으므로, ⓐ 기판 내부에 고전압 및 전류가 큰 부분에서의 현저한 소손 유무, ⓑ 기판에 취부된 부품 주변의 소손 유무 또는 부품단자의 용융 유무, ⓒ 기판의 땜납붙이의 균열생성 유무, ⓓ 기판의 탄화부분의 저항치의 저하 여부 등을 조사하여 확인한다.

2. 누설방전(漏泄放電)에 의한 발화

일반적으로 승압전용변압기(昇壓專用變壓器) 고압(高壓)부의 절연(絕緣)불량으로 기판 및 덮게 등의 접지방향으로 방전하여 방전경로에 부착된 먼지 등에 착화하여 발화하는 경우가 있으므로, ⓐ 텔레비전 영상이 비치고 있는 상황에서의 발화 여부(發火與否), ⓑ 누설방전 흔적 · 커버손상 및 기판 접지부의 소손상황(燒損狀況) 등을 조사하여 확인하고, 텔레비전 전체가 현저하게 소훼(燒燬)된 경우에는 다음 사항을 고려하며 확인한다.

① 승압전용변압기가 설치되어 있는 부위가 심하게 소훼되어 있다.

② 승압전용변압기 주변의 기판이 회색의 재로 되어 있다.

③ 승압전용변압기 초점 유닛부를 절단하여 기판의 초점전극의 땜납붙이 부분으로부터 외측방향으로 탄화하여 누설 방전한 상황을 조사하여 확인한다.

3. 승압전용변압기의 층간단락

장기간 사용으로 권선피복(捲線被覆)이 절연열화(絕緣劣化)되어 상하좌우의 권선(捲線)과 권선에서 단락(短絡)으로 발열하여 승압(昇壓)전용변압기 내의 충전수지(에폭시수지)를 균열시켜 외부 포장몰드 용기 밖으로 분출하는 경우가 있으므로 다음 사항을 고려하여 조사한다.

① 텔레비전의 영상이 비치고 있을 때에 발화하고 있었는지를 확인한다.

② 승압전용변압기의 측면의 일부만이 소훼되어 있다.

③ 승압전용변압기를 절단하면 내부권선 및 권선 주위의 수지가 소훼되어 있다

④ X선 촬영에 의하여 내부권선의 일부가 용융되어 있는지를 관측하여 확인한다.

4. 전원코드의 단락

기구(器具)에 첨부된 코드에서의 발화사례와 같이 코드에 기계적인 힘이 가하여졌을 경우에는 반(半)단선의 상태가 발생하여 발열 발화한다.

5.2.4.3 전기세탁기

1. 발화 경향

세탁기는 운전자체가 진동이고, 물과 함께하는 기기로서 전로의 부실은 곧바로 전기적인 여건에 의한 발화위험을 가지고 있다.

① 배선의 경우, 단자부의 절연 또는 보수 후의 이음부 등의 부실로 습기가 침투(浸透)하여 트레킹 또는 전기합선을 일으키는 경우가 많고, 진동이나 눌림 등에 의한 코드의 절연손상은 내부 소선의 엉켜있는 상태로 식별될 수 있다.

② 급배수의 스위치 역할을 하는 전자석의 장애발생으로 코일의 과열 또는 단자 간의 절연파괴에 의한 발화사례가 있다. 모터 또는 전자밸브 부분에서 발화한 경우에는 드럼통에 국부적인 연소흔적을 남기게 된다.

③ 드럼회전의 동력장치인 전동기의 과열 또는 폴리와 벨트 사이의 마찰열 등에 의한 발화가 하단에서 발생할 수 있다. 이때 벨트부분에서의 마찰열(摩擦熱)로 발화한 경우에는 폴리나 브레이크 부분에서 터닝컬러가 나타나게 되고, 마찰열이 직접 벨트 등 가연물에 착화시키거나 마찰열에 의한 배선의 절연피복 손상으로 인한 단락불꽃에 의해 착화될 수 있다.

④ 세탁기 조절기판의 회로 또는 소자가 발화되는 경우도 많다.
통제부 회로는 여러 개의 소자가 결합되어 제어시스템을 이루는 것으로써, 특정 소자가 탄화 또는 이상(異常)발생시에 나타난 부분만 부품을 교환한 경우에는 고장을 일으킨 본래의 기능을 소거하지 못한 상태로 지속적인 발열상태가 되어 발화하는 경우가 있다.

2. 조사요점

① 전동기 권선의 층간단락(層間短絡) 즉, 코일의 단락흔적을 조사한다.

② 전자밸브는 가동편이 기계적인 마모(磨耗)를 일으키거나, 코일의 절연열화에 의한 과열로 인하여 발화하는 경우가 있으므로 이를 조사한다.

③ 기내배선 접속부의 절연피복 등이 진동에 의한 손상으로 단락되는 경우가 있으므로 이를 조사한다.

④ 콘덴서의 절연열화에 대해서 조사한다.

⑤ 배수 시에 전자밸브의 작동용 전자코일에서 부조화가 발생하면 2차코일에 전류가 흐르지 않아 정상적인 유지가 불가능한 상태가 되며, 흡입할 때에 전류가 흐르면 회로 접점이 1분당 50～60회 동작하기 때문에 접점부에서 연속적인 아크가 발생하여 몰드 성형수지(成形樹脂)가 발화하는 경우가 있다. 이때 배수전자 코일에는 변색은 없고 권선의 선단(先端)부에 전기적인 용융흔적이 보이므로 이를 조사한다.

〈사진 5.34-1〉 세탁기 내에서 발화된 소잔현상

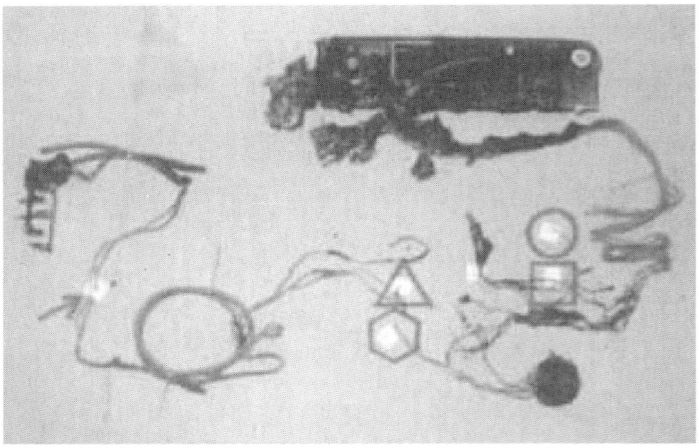

〈사진 5.34-2〉 정렬된 세탁기 내부의 소잔전선

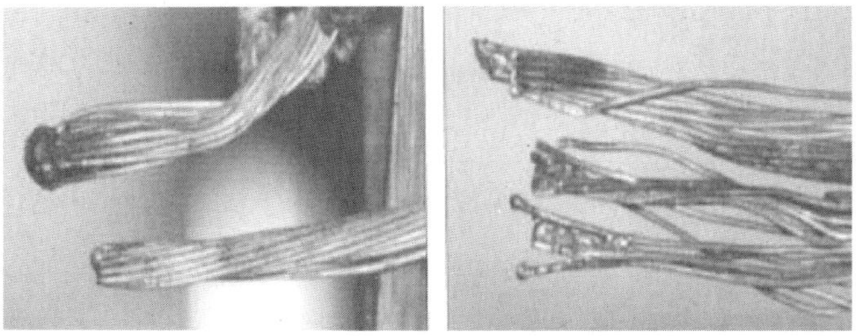

〈사진 5.34-3〉 전기배선에서 나타나는 합선흔적

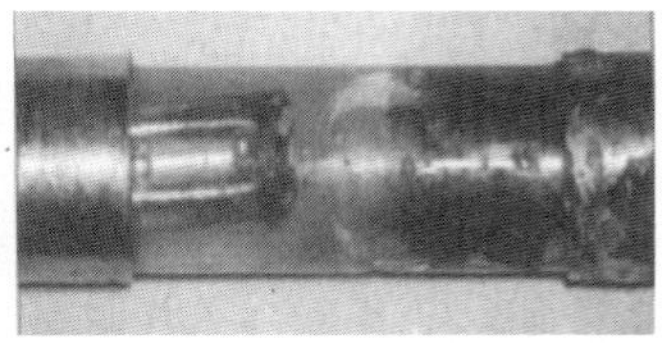

〈사진 5.34-4〉 발화세탁기의 용단된 전원퓨즈

(a) 모터 축의 결합부위

〈사진 5.34-5〉 브레이크 드럼축의 모터 축의 결합부위와 커링 결합부의 이완현상

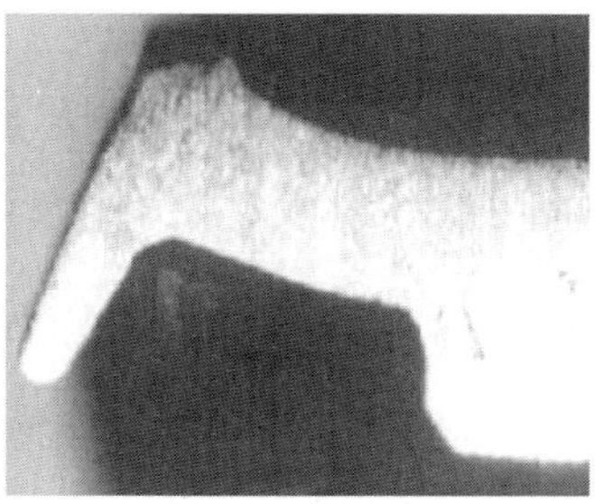

(b) 커링 결합부의 이완상태

〈사진 5.34-5〉 브레이크 드럼축의 모터 축의 결합부위와 커링 결합부의 이완현상

5.2.4.4 선풍기 및 환풍기

1. 발화 경향

① 선풍기 및 환풍기를 장시간 가동 또는 날개의 강제적인 정지 및 회전마찰에 의한 과부하로 모터가 과열되면서 발화하는 것이 일반적이다.

② 모터로 연결되는 내부배선의 취약부에서 선간의 절연파괴(絕緣破壞)로 합선(단락)이 일어나 발화한다.

③ 스탠드(밑판)의 내부배선 또는 전원코드의 취급부주의(장력·눌림·꺾임 등)로 전기합선(단락)이 일어나 발화한다.

2. 조사요점

① 모터로부터 전원코드 플러그까지의 전원계통에서 전기합선을 확인하여 화재 당시의 통전 유무를 판정한다.

② 퓨즈가 용단되어 있었을 경우에는 퓨즈 이전의 부하측 즉, 모터로 연결되는 배선 또는 모터를 의심한다.

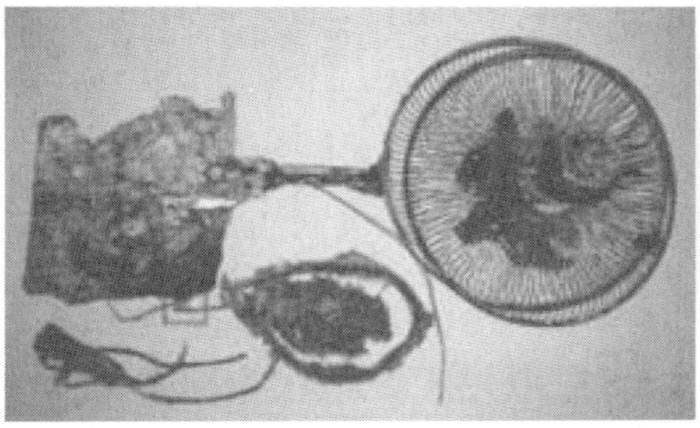

〈사진 5.35-1〉 발화 의심이 되는 소잔 선풍기

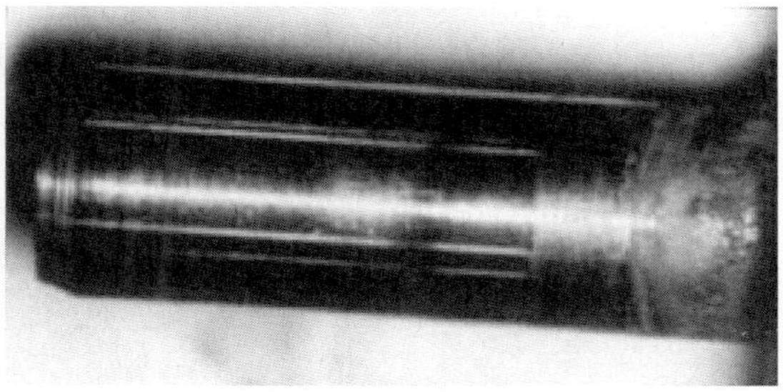

〈사진 5.35-2〉 회전장애에 의한 회전축의 변색현상

③ 모터의 권선에서 층간단락현상이 발견되면, 구속운전으로 인한 날개의 회전 장애·회전축의 저항·장시간의 방치 등 모터의 과부하 원인을 확인한다.

④ 콘덴서 및 절연재의 열화(劣化) 유무를 조사하여 확인한다.

〈사진 5.35-3〉 모터 과열에 의한 권선의 층간단락현상

3. 선풍기 조사의 주의사항

① 최근의 선풍기는 몸체부분에 온도퓨즈 또는 릴레이가 장착되어 있어 모터의 표면온도가 120℃ 초과하지 않도록 되어 있으며, 모터의 코일 바니시(절연물)는 약 180℃

에서 절연파괴가 된다.

② 스탠드형의 선풍기는 모터에서 발화할 경우 모터 앞쪽이 무겁고 지지부가 열에 약해서 화재 초기에 날개 보호망이 스위치 부위로 떨어질 수 있어서 기계식 누름스위치의 경우에는 직접 또는 충격에 의해 "정지" 상태를 만들 수 있음을 참고해야 한다.

5.2.4.5 전기밥솥

1. 발화 경향

밥솥에서 사용되는 시스히터(Sheath Heater)에서 발생되는 열은 취사과정에서 물을 증발시켜 취사가 완료된 상태(물이 모두 고갈된 상태)에서 계속 발열되면 과열에 이르게 되어 발화위험이 있다.

① 제어계통의 이상으로 열판(熱板)이 취사완료 후에도 보온으로 넘어가지 않은 상태로 가열되어 내용물이 탄화되어 발화에 이르게 된다.

② 열적인 영향을 받는 내부배선은 모두 난연성을 쓰고 있으나, 수리후의 변형 또는 노출단자가 먼지·습기 등으로 절연이 파괴된 경우 및 전기밥솥의 빈번한 이동 등으로 인한 전원코드의 몸체 인입(引入)부의 꺾임 또는 장력(張力)에 의한 소선의 손상(반단락) 등에 의한 전원코드의 발화가 자주 일어난다.

③ 본래 사용목적이 아닌 난로용 또는 제어장치를 제거한 히터 대용으로 사용함에 따른 발화유형도 있다.

2. 조사요점

① 전원플러그의 삽입 또는 이탈에 관계없이 전기합선 흔적이 있으면 화재 당시 통전이 입증되고, 내부 발화의 가능성이 높아진다. 만약 합선흔적 부분에 특이한 절연파괴의 요인이 없다면 몸체의 이상 유무를 조사해야 한다.

② 내용물인 밥의 밑면이 심하게 탄화된 현상 또는 밑면 열판이 시스히터(Sheath Heater)의 곡선을 따라 용융되어 나타나는 현상 등은 전기밥솥의 과열에 의하여 발화할 때의 두드러진 특징이 된다.

③ 부가적으로 제어부의 온도센서의 정상작동의 유무와 온도퓨즈의 정상 유무를 확인하여 변형 또는 수리 등에 의한 결함을 찾아낸다.

〈사진 5.36-1〉 제어기능을 제거하여 온열기로 사용하여 발화한 전기밥솥

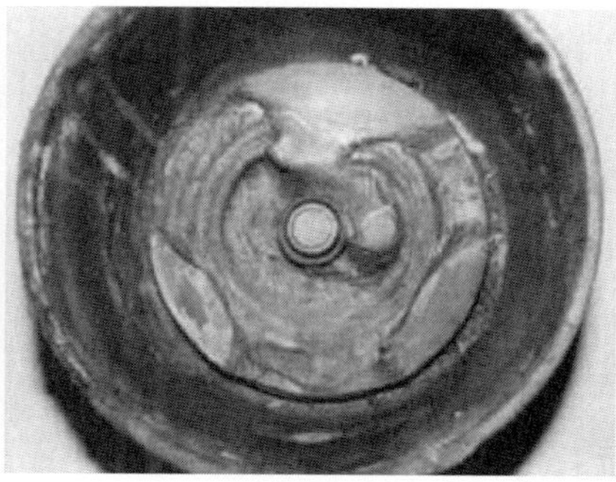

〈사진 5.36-2〉 밥솥 가열부인 열판의 과열에 의한 용융현상

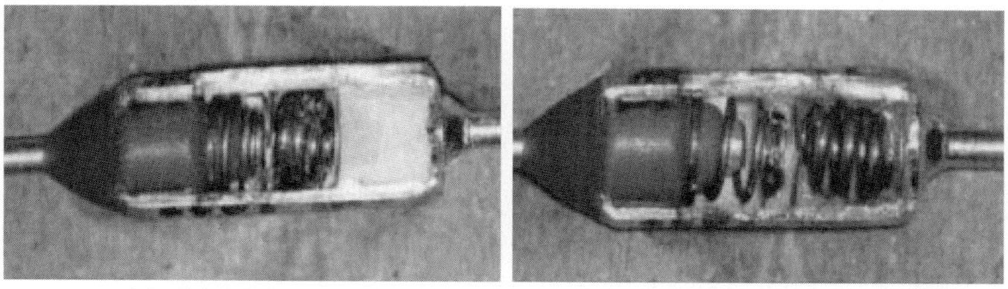

(a) 정상상태의 온도퓨즈 (b) 과열용단 후의 온도퓨즈

〈사진 5.36-3〉 정상상태 온도퓨즈의 내부구조와 과열용단 후의 온도퓨즈 내부형태

5.2.4.6 전기다리미

전기다리미는 발열체(發熱體* Sheath Heater)에서 발생한 열을 밑면으로 전하는 기구로써 작은 취급 소홀에 의해서도 화재위험이 많다. 따라서 모든 다리미는 표시눈금을 두어 대상 의류에 따라서 80~200℃ 정도로 제어되게 되어 있다.

제어기능(制御機能)은 온도에 따른 열(熱)팽창을 이용한 바이메탈(Bimetal) 스위치를 많이 사용하고 있지만, 장기간의 사용에 의한 스위치 간격의 변화 또는 접점부의 부식(腐蝕) 등으로 인하여 밑면의 온도가 발열온도가 표시하는 눈금에 일치하지 않을 수도 있다.

바이메탈(Bimetal)

전열기의 온도를 통제하는 장치 중 가장 일반적으로 사용되는 것으로써, 팽창계수(膨脹係數)가 매우 다른 두 종류의 얇은 금속편(金屬片)을 맞붙인 것이다. 온도에 따른 열팽창의 차이로 한쪽으로 구부러지게 되고, 냉각되면 다시 복원되는 특징을 갖는다. 이 구부러지는 힘과 변위(變位)를 이용하여 스위치를 개폐하여 회로를 단속하는 제어기능을 갖는다.

1. 발화경향

① 다리미는 사용목적상 열이 많이 나고, 사용 중에 전원코드를 당기거나 좌우로 움직임

· 진동 · 약간의 충격 등이 반복될 수 있어서 전원 이음부의 나사 이완(弛緩) 또는 코드 꺾임부의 반(半)단선 등으로 불완전 접촉에 의한 발화사례가 있다.

② 발열(發熱)면을 가연물에 접촉한 상태로 방치한 경우에는 밑면의 축열(蓄熱)에 의하여 탄화(炭化)되면서 발화에 이르게 된다.

2. 조사의 요점

(1) 전원계통

전로의 합선부분이 확인되면 통전이 입증되고, 굽힘이나 눌림에 의한 절연파괴의 여부를 조사하여 합선부분과의 관련성을 규명한다.

(2) 온도제어 스위치

바이메탈의 경우 접점부가 용접한 것처럼 용착되어 있으면, 원하는 온도에서 온도제어가 되지 않고 지속적으로 과열된 것으로 볼 수 있다.

(3) 소잔형태

의류의 종류에 따라 열판(熱板) 밑면에 의류가 녹아 붙거나 열판의 테두리를 따라 안쪽으로 탄화형태를 갖는 특징이 있다면, 밑면 방치의 과열을 의심할 수 있다.

5.2.4.7 전기스토브

전기스토브는 발열체(發熱體)의 열복사(熱輻射)와 대류(對流)를 이용하는 난방(煖房)기구로써, 자연대류방식과 팬을 이용한 강제대류방식을 사용한다.

(1) 대부분의 난로는 전도(顚倒)시 밑면에 안전스위치를 내장하여 전로를 끊어주는 구조이고 내부의 전로는 모두 불연재의 피복을 사용하여 쉽게 손상되지 않으나, 반사판(反射板) 등에 접촉되거나 수리 이후 이음부 등이 불량하면 전기합선 등을 일으켜 발화할 수 있다.

(2) 사용방법 및 장소가 적절치 못하여 의류 · 커튼 등의 가연물에 접촉되면서 발화하거나, 방사열(放射熱)의 앞 또는 직상부에서 수건말림 등에 의한 가연물이 축열되면서 발화에 이른다. 열선(熱線)의 표면은 400℃ 이상이 되어 근접하면 일반가연물의 발화온도에 쉽게 도달한다.

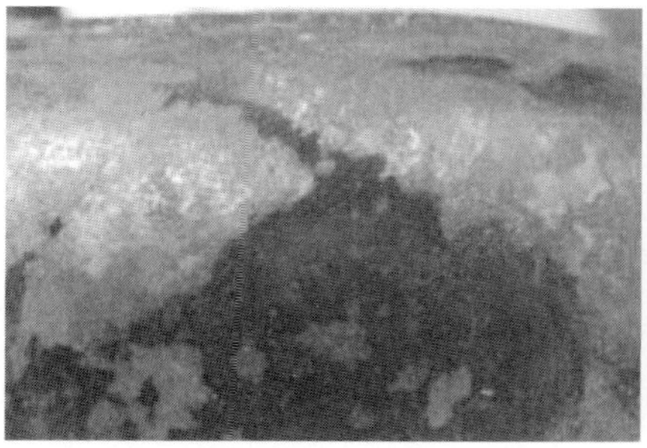

〈사진 5.37〉 난로표면에 덮여 탄화한 의류의 탄화물

〈사진 5.38〉 난로의 온풍장치 입구에 적치된 보루박스에 착화된 소잔현상

5.2.4.8 형광등 기구

1. 원리

① 전등유리관의 내벽에 형광물질을 도포하고, 양쪽에 텅스텐의 이중 또는 삼중 전극을 넣고 그 속에 열전자를 방출하는 이미터(Emitter)를 충전하고, 유리관 속은 진공(眞空)으로 한 후 소량의 수은과 아르곤 가스를 봉입(封入)한다.

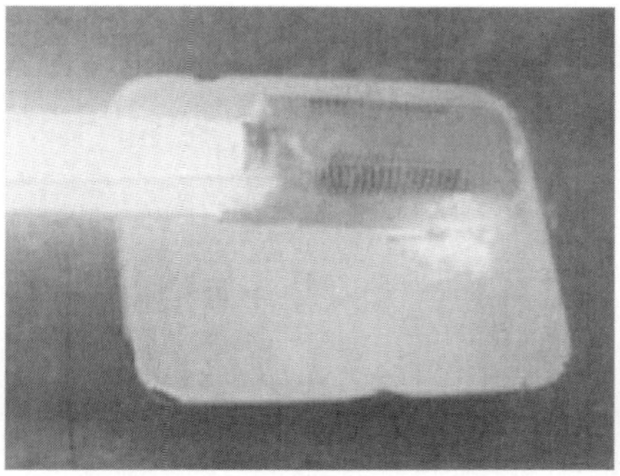

〈사진 5.39 〉 형광등 안정기에서의 초기출화형태(전원코드 합선까지 점등 됨)

〈사진 5.40〉 형광등기구 내의 콘덴서 절연열화에 의한 발화초기현상

(a) 안정기의 과열현상

(b) 안정기 코일의 층간단락현상

〈사진 5.41〉 화재로 이어진 안정기의 과열현상과 안정기 코일의 층간단락현상

② 점등을 자동적으로 쉽게 하기 해 글로스타터(Glow Starter : 점등관)를 사용하고, 방전이 시작되면 과전류가 점점 증가하여 전극을 파괴하는 것을 막기 위해 전류를 제한하기 위하여 초크코일(Choke Coil) 등의 안정기를 사용한다.

③ 점등할 때에는 점등관의 바이메탈 전극이 발열하여 쌍전극에 접촉하고, 이때 형광등에는 정상의 2배 가까운 전류가 흘러 코일이 예열된다.

④ 예열에 의하여 이미터(Emitter)로부터 열전자가 방출되고, 방전에 의하여 포화증기가 된 수은증기(水銀蒸氣)에 작용하여 자외선을 발생한다. 자외선은 관 내부벽의 형광물질에 의해 가시광선이 됨으로써 우리가 원하는 빛을 얻게 된다.

2. 발화 경향

① 천장에 위치한 형광등에서 발화된 경우에는 천장에서 출화되어 옆면으로 확대 연소되거나 직하단의 바닥으로 연소물이 낙하되면서 바닥에 2차 발화되는 양상을 가진다.

② 형광등 기구에서의 발화는 안정기 및 콘덴서(Condenser)의 절연열화(絕緣劣化)에 의한 발열로의 발화, 코드와 리드선의 단락에 의한 발화, 글로우 스타터의 극간 절연열화에 의한 방전불꽃으로 케이스 착화 등으로 나타난다.

③ 특히, 안정기(安定器* Ballast)는 과전압(過電壓)이 인가(認可)되거나 2등용 서클라인

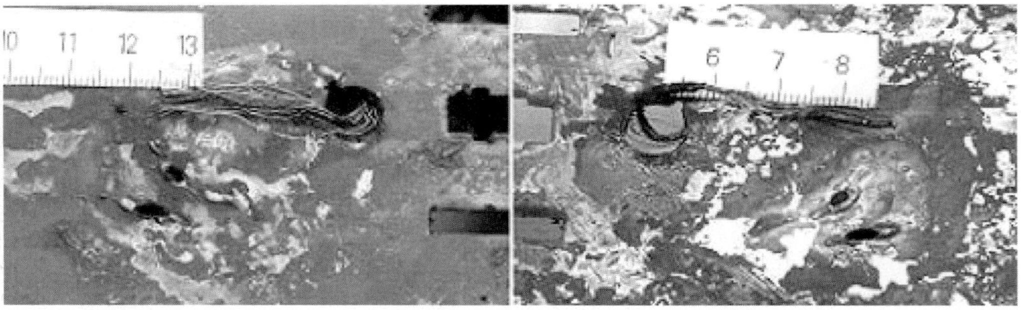

〈사진 5.42-1〉 형광등 갓의 윗면과 내면 및 코드의 용융현상

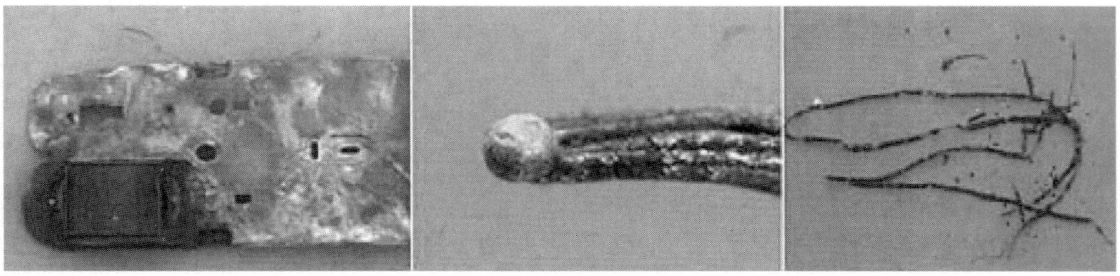

〈사진 5.42-2〉 형광등의 소잔현상과 내장 코드의 단락현상

과 같이 상대적으로 축열이 큰 경우에는 온도상승에 의한 안정기의 절연열화를 촉진할 수 있다.

3. 조사요점

① 전원코드의 합선 유무로 통전(通電)을 확인하고, 안정기와 글로우 스타터, 전극 등으로 연결되는 내부 소선의 합선흔적을 발견한다. 일단 형광등 내부배선에서 합선흔적이 발견되면 공중으로 뜬 불꽃이 최초에 형광등에 닿지 않는 한 형광등 내부에서 발화한 것으로 본다.

② 안정기 과열에 의한 경우에는, 안정기의 내부코일에서 층간 단락흔적을 남기거나 코일과 전원코드 사이의 이음부에서 절연파괴로 아크가 발생하는 경우도 있다. 이의 확인을 위해서는 코일이 손상되지 않도록 유의하며 안정기의 절연물을 제거하여 코일의 층간단락흔적을 살피고, 외부뿐만 아니라 철심과 접하는 코일의 내측 단락도 확인한다. 코일의 층간단락은 외부의 화염(火焰)보다 자체과열에 의해 코일의 절연물이 녹으면서 생긴 것이기 때문이다.

③ 글로우 스타터의 극간방전이나 콘덴서의 절연열화에 의한 발열로 발화한 경우에는 연소(燃燒)후에 그 흔적이 소실(燒失)되는 경우가 대부분이므로 그 잔재(殘在)를 세밀하게 찾거나 내부배선에서 단락흔적이 나타나는 2차 증거를 확보하는 것이 중요하다.

5.2.4.9 백열등

텅스텐을 필라멘트로 하여 열손실(熱損失)을 위해 진공(眞空)으로 하거나, 고온에서 필라멘트가 증발됨으로써 수명이 짧아지는 것을 예방하기 위해 질소가스를 봉입(封入)하기도 한다.

1. 발화 경향

① 전기적으로 크게 문제될 것은 없지만 이동형으로 사용하거나 기관실 등에서 진동부의 위에 걸쳐 사용하는 경우, 소켓과 전원코드 사이의 연결 불량으로 인한 발열이 초래할 경우가 있다.

② 백열전구는 보통 60W·100W·200W 등을 주로 사용하는데 전구(電球)의 표면온도는 그 종류와 부위, 설치상태 등에 따라 다를 수 있으나 일반적으로 상온에서 120～241℃에 이르고, 200W가 온도가 가장 높고 구면(球面)이 하늘을 향할 때 구면의 끝단부가 최고의 온도를 나타낸다.

③ 전구의 온도는 공기 중에서는 별 문제가 없지만, 종이나 의류에 둘러싸인다든지 작업

중에 톱밥이나 가연물 등에 덮여있을 때에는 축열에 의한 탄화 후에 발화에 이른다.

(a) 톱밥에 접촉된 백열등　　　(b) 유리 파열과 톱밥착화

〈사진 5.43〉 톱밥에 접촉된 백열등 주변 표면의 탄화현상 및 유리 파열과 동시 톱밥표면 착화현상

2. 조사요점

① 백열전구의 사용 당시 가연물질과의 접촉흔적으로 전구표면에 탄화물이 흡착되거나 톱밥 등 가연물에 덮여 국부적인 연소형태를 남기고, 공히 전원코드에서 전기합선을 나타내면 전구에서 발화한 것으로 의심할 수 있다.

② 백열등의 이동 중에 있어서 전원코드의 손상 가능성을 조사하고, 소켓과 전원코드 간의 납땜 접합부에서 국부적인 발열로 녹거나 천공(穿孔)되고, 또 이웃하는 전원코드에서 합선흔적이 생기면, 이 역시 입증증거가 된다.

5.2.4.10 기타 조사요점

1. 퓨즈(Fuse)

'퓨즈'는 전선로에 과(過)전류가 계속 흐르는 것을 방지하기 위하여 사용하는 일종의 과전류 보호를 위한 장치이며, 과전류가 흐르면 가열되어 그 자체가 녹아 끊어져 퓨즈 2차측의 전로를 전원측과 분리시키는 역할을 한다.

퓨즈는 납과 주석 또는 아연과 주석의 합금으로 만들며, 고압용은 한류형과 비(非)한류형이 있고 저압용(低壓用)은 개방형과 포장형이 있으며, 전기설비기술기준의 적용을 받는다. 따라서 전기용품안전관리법(電氣用品安全管理法)과 기타 전기관계법령(電氣關係法令)에 의한 제조(製造)·특성(特性)·정격(定格)·사용규제(使用規制) 등에 따라 올바르게 사용되고 있었는지에 대하여 다음과 같은 사항을 고려하며 조사할 필요가 있다.

① 퓨즈 대신에 철사나 동선(銅線)을 사용해서는 안 된다.

② 퓨즈를 확실하게 취부해야 한다.

③ 동일한 개폐기(開閉器)에는 정격전류 퓨즈를 사용해야 한다.

④ 특정장소 이외에는 실 퓨즈를 사용하여서는 안 된다.

⑤ 용단(溶斷)된 퓨즈를 서로 꼬아서 사용하여서는 안 된다.

⑥ 예비퓨즈를 반드시 준비해야 한다.

⑦ 퓨즈가 용단되었을 때에는 반드시 그 용단원인을 조사하여 규명해야 한다.

2. 냉·난방기 및 제습기

① 냉·난방기 및 제습기(除濕機)는 일체형과 분리형 등 여러 가지 분류방법이 있지만, 한국산업규격에는 유닛의 구성, 냉각방식, 정격냉방능력 및 정격난방능력 등으로 구분하고 있다.

② 냉·난방기는 소비전력이 크고 전류가 많이 흘러 일반적으로 콘센트에 플러그를 꽂은 상태로 놓아두는 경우가 많으므로 콘센트 부분에서 트래킹(Tracking)에 의한 발화(發火)가 많고, 또한 코드의 묶은 상태 및 테이블 탭(Table Tap)에 의한 전원의 연장상황 등을 조사한다.

3. 기타

① 차폐히터(遮蔽Heater)를 사용한 온풍히터(溫風Heater)는 전동기의 트러블 또는 회로단선(回路斷線)에 의한 팬 전동기의 정지로 인한 히터과열(Heater 過熱)에 의한 발화 여부에 대한 조사.

② 전기장판·전기요·전기방석 등은 코드 및 전열선(電熱線)의 단선(斷線)에 의한 이(離)·착(着) 불꽃 또는 컨트롤러의 고장에 의한 코드히터의 과열 등에 대한 조사.

③ 오븐 토스터의 경우에는, ⓐ 목재선반 가운데 등 고정된 장소에서 장시간 사용에 따른 저온착화위험(低溫着火危險), ⓑ 이물침입(異物侵入) 및 부식(腐蝕) 등에 의한 타이머 고장으로 장시간 연속통전(連續通電), ⓒ 프린트기판에 국물 등이 침습(浸濕)하여 스위치의 제어불능(制御不能)인 상태에서 장시간 연속통전(連續通電)에 따른 가열 여부 등에 대한 조사.

④ 모발건조기는 인접 코일히터의 접촉에 의한 국부발열, 퇴적(堆積)된 먼지에 의한 불티 비산, 구속운전에 따른 전동기 과열 등에 대하여 조사한다.

⑤ 전기주전자의 경우에는 전자접촉기(電子接觸器)의 가동편의 노크에 따른 코일 가열 및 빈 용기 가열에 의한 리미터 열전대의 기능열화(機能熱化)로 인한 발화 가능성 등에 대한 조사.

⑥ 전자레인지 및 오븐레인지 등은 오븐 내부의 상태, 기판상황, 제어부의 접촉 불량, 구동전동기의 층간단락 등에 대하여 주의 깊은 조사.

⑦ 가연물의 접염(接焰) 또는 복사열에 의한 발화 가능성이 있을 때에는 가연물의 종류·위치·집적(集積)상태 및 먼지의 퇴적상태 등에 대한 조사

⑧ 통전방치(通電放置) 및 오통전(誤通電)에 의한 주변 가연물에의 착화 여부조사.

⑨ 팬 전동기의 구속운전(拘束運轉) 및 과열에 의한 층간단락 여부에 대한 조사.

⑩ 내열(耐熱)코드 대신 일반코드를 사용하는 등 비전문에 의한 수리 유무(修理有無)에 대한 조사.

5.3 연소(燃燒) 기구별 조사요점

5.3.1 가스연료 연소기구

5.3.1.1 가스용품

1. 1회용 가스라이터

1회용 가스라이터는 가장 일반적인 착화기구로 과거의 성냥을 대신하고 있으며, 연료통이 상대적으로 얇은 재질(AS수지·두께 3~5mm)로서 장시간 직사광선에 노출될 경우 내부압력의 팽창으로 쉽게 폭발할 가능성이 있다. 그러나 100℃ 이하에서는 가스발화는 일어날 수 없고 별도의 착화원이 필요하다. 따라서 조사요점은 다음과 같다.

① 1회용 가스라이터는 대부분 그 품질이 만족스럽지 못하여 50℃ 내외에서 연료통(燃料筒)에 균열이 발생하는 제품이 많고, 심지어는 상온에 결합부에서 가스가 누출되는 경우가 있기 때문에 무심코 방치하는 곳에서 가스가 누출되어 주변 점화원에 의하여 착화되어 화재로 발전할 수 있다.

② 특히 일부 수입제품은 점화를 용이하게 하기 위해서 부탄보다도 프로판의 비율을 높게 하여서 증기압이 상대적으로 높은 프로판이 외부 열에 민감하게 반응하기 때문에 그만큼 폭발위험이 높다.

③ 방화나 실화의 경우 사람의 착화행위의 수단으로 사용되는 사례가 많으므로 화재현장의 바닥이나 용의자로부터 그 존재를 확인할 필요가 있다.

2. 에어로졸(Aerosol)

에어로졸은 내용액과 분사제가 밀폐용기 안에 혼합되어 있어서 사용할 때 분무(噴霧)형태로 분사(噴射)되는 재품을 말하며, 헤어무스·헤어스프레이·살충제·방향제·각종 자동차 용품 등 다양한 용도의 제품이 있다. 분사제(噴射劑)로의 압력 유지를 위해 상온에서 분무

가 충분한 증기압을 가지고 있는 LPG가 많이 사용되고, 에어로졸이나 부탄용기는 그 내압이 15kg/cm^{2}로서 LPG가 분사제로 사용될 경우 이 압력에 이르는 온도는 75℃ 정도이기 때문에 차 안에 두거나 소각장(燒却場)에 잔유물로서 버리는 경우에는 폭발이나 화재위험이 있다.

① 에어로졸의 화재관련 증거로는 방치(放置)위치와 사고환경(온도 등)을 확인하는 것이 중요하다.

② 소잔(燒殘)물을 찾아 수거하여 그 샘플을 구하여 분사제로 사용된 물질이 무엇인지 확인하여 가연성 여부를 규명한다.

3. 가스풍선

풍선은 공기보다 가볍고 어린이들이 가지고 노는 것이기 때문에 안전을 위해 공기보다 가볍고 불연성(不燃性)기체인 헬륨(He)을 주로 사용한다. 그러나 일부에서는 가격이 싸고 비중(比重)이 가벼워서 폭발위험이 있는 수소가스(H_2)를 헬륨 대신 사용하는 경우가 있다. 따라서 언제든지 터지거나 가스가 누출될 수 있는 풍선에 가연성 가스인 수소를 주입하는 것은 매우 위험하다.

① 대체(代替)가스 주입에 의한 폭발화재의 의심이 갈 경우에는 유사품에 대한 내용물의 성분분석을 전문기관에 의뢰하여 확인한다.

② 점화(點火)원으로 작용될만한 주변여건을 검토하고, 가스 주입(注入)자와 유통과정에 대한 면밀한 조사가 동반되어져야 한다.

5.3.1.2 가스기구 및 설비

1. 가스배관

가스배관(Gas配管)은 가스용기로부터 가스기구까지 가스를 전달하는 기능을 하며, 일반적으로 저압부(低壓部)에는 금속 플랙시블 호스 또는 염화비닐호스 등을 사용하고 고압용으로는 고무호스를 사용하고 있다.

(1) 화재위험

① 배관(配管) 또는 호스의 이음부에는 가스누출 위험이 많으므로 전기기구 및 전선 등과 일정한 거리를 두어 전기스파크 등에 의한 가스폭발화재의 발생을 예방해야 한다.

② 금속배관과 연소기구를 연결하는 호스는 3m 이내로 연결 사용하는 것이 바람직하고, 호스길이가 길면 꼬여서 가스의 흐름방해 또는 화기(火氣)에 접촉되는 경우 녹아서 가스누출의 직접적인 원인이 될 수도 있다.

③ 가정에서 하나의 가스공급원에서 두 대의 연소기를 사용하기 위해 T형 분기(分岐)를 사용하여 호스를 분기시켜 연결하였을 경우에는 외력에 의해 쉽게 빠질 수 있고, 사용하지 않는 쪽의 마감불량이나 사용자가 바뀔 때 취급 부주의로 가스누출에 의한 대형사고가 일어날 위험이 높다.

④ 도시가스관의 파열의 경우 저압가스관에서는 특별한 음향을 내지 않지만, 중압 이상의 고압가스관일 경우에는 공기가 찢어지는 듯한 굉음(轟音)의 가스 분출음(噴出音)을 발생시키고, 불꽃의 높이는 약 10m을 육박한다.

(2) 조사요점

① 호스 연결부에서 가스가 누출되었을 경우

밸브나 콕에 표시된 붉은 선까지 호스가 끼워졌는지 또는 호스밴드로 조임을 하였는지 등을 확인한다. 만약 분리된 상태로 폭발 또는 연소되었을 경우에는 오염(汚染)이나 그을음 흔적에 의하여 분리시기와 화재사고의 관련성 여부를 확인한다.

② 폭발 등에 의한 호스손상의 경우

손상원인(損傷原因)이 폭발 이전 어떤 공구에 의한 것인지 또는 폭발 당시 구조물에 손상된 것인지를 전문기관(국과수 물리분석과)에 의뢰하여 감정을 받아 가스의 누출 원인을 규명해야 한다.

2. 중간밸브

(1) 구조 및 기능

볼(Ball)밸브의 구조는 시계바늘 반대방향으로 90도로 완전히 돌렸을 때 핸들 방향과 유로(流路)의 방향이 평행이 되면 열리는 구조로 되어 있다.

(2) 조사요점

① 심한 연소로 손잡이가 소실(燒失)되어 외관상 개폐 여부를 식별할 수 없을 때에는 손잡이 체결용 나사구멍이 있는 구조물이 길이의 장축과 볼의 관로가 일치하는 경우 즉, 길게 호스방향으로 되어 있으면 개방된 경우이다.

② 심하게 연소되지 않았으나 화재 당시의 위치를 식별할 수 없을 경우에는 손잡이와 밸브 몸체의 접촉부분의 먼지나 그을음 등 오염상태로 판별한다.

3. 퓨즈코크

(1) 구조와 기능

퓨즈코크는 중간밸브 내부에 과류차단 안전기구를 삽입하여 호스가 코크 및 기구에서 이

탈되거나 호스가 파열되어 설정(設定)량(예 : F.1.2 = 1.2m^3/h의 작동유량) 이상의 가스가 배출되어 유속이 증가될 경우 가스통로를 차단하여 화재위험을 예방한다.

(2) 퓨즈코크의 한계

퓨즈코크의 구조물은 열에 약해서 화재초기 화염(火焰)에 접촉되면 차단기능을 할 수 없고, 밸브를 반 이하로 열어놓았을 경우의 가스누출 또는 칼로 절개한 호스의 절개부위가 맞대었을 때 등의 경우에는 가스누출의 유속이 약하여 작동하지 않는 한계가 있으므로 화재조사관은 이러한 경우들을 충분히 고려해야 한다.

〈사진 5.44-1〉 볼밸브와 결합된 퓨즈 코크

(a) 정상공급 (b) 과다흐름

〈사진 5.44-2〉 정상공급시의 퓨즈 코크의 단면과 과다흐름에 의한 작동상태

(3) 조사요점

① 가스방향에 맞게 제대로 연결하였는지를 확인한다. ; 밸브에 표시된 가스흐름 방향의 화살표대로 연결하지 않으면 퓨즈 코크는 작동되지 않는다.

② 열손상(熱損傷)으로 인해 내부가 녹았는지를 확인한다. ; 퓨즈의 재질은 열에 약해서 변형되기 쉽다.

③ 밸브 이하의 호스를 3m 이상으로 사용하여 가스누출부위의 압력저하가 발생하였는지를 확인한다. ; 방출압력(放出壓力)이 저하되면 가스의 방출속도가 늦어져 퓨즈 코크는 그 기능을 발휘하지 못한다.

④ 밸브 부하 측의 가스누출부위가 기구 소모량보다 크지 않았는지를 확인한다. ; 적은 가스량이 누출되는 경우가 있다.

4. LPG 압력조정기

(1) 구조와 기능

LPG 압력 조정기(調整機)는 공급가스의 압력을 가스기구의 사용에 적합하도록 조정하는 기구로서, 용기압력(用器壓力 : 0.7~15.6kg/cm^2)을 연소기구에 알맞은 압력(가정용 : 230

~330mmH_2O)으로 낮추어 주기 위해 용기 충전(充塡)구에 연결하여 사용호스 또는 배관으로 이어지며, 가정용 LPG용기에 사용되는 압력 조정(壓力調整)기는 4kg/h를 배출한다. 압력 조정기는 고압가스가 입구로 들어오면 감압실(減壓室)을 덮고 있는 다이어프램이 압력 조정용 스프링을 밀어 올리면서 밸브와 연결된 레버를 당겨 밸브시트가 고압입구(高壓入口)를 차단함으로써 가스량을 조절하여 압력을 낮추는 기능을 한다.

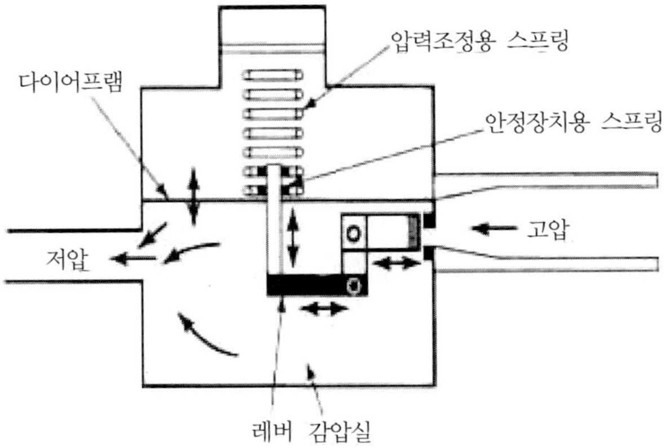

〈그림 5.11〉 압력조정기의 구조와 기능

(2) 조사요점

가스폭발화재의 경우 특별한 누설부가 발견되지 않거나 이음부가 이탈되어 있을 때에는 압력조정기의 출구압(出口壓)을 측정하여 기능이상(機能異常)의 유무를 점검한 뒤에 분해하여 그 기능을 조사해야 한다.

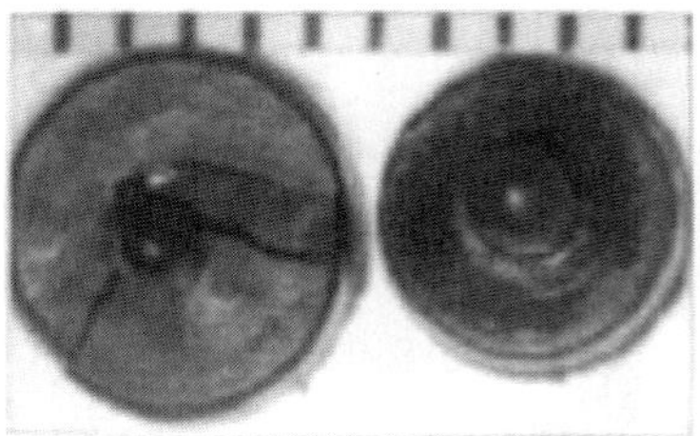

〈사진 5.45〉 고압 측 입구 밸브시트의 파손상태

① 압력조정기의 다이어프램이 찢어진 곳이 있는지 여부를 확인한다.

다이어프램이 찢어지면 밀어 올리는 힘을 받지 못하여 레버를 끌어당기지 못하고 고압 입구쪽 밸브를 막지 못한다.

② 고압쪽 입구를 막는 밸브시트의 정상 여부를 확인한다.

고무시트가 오래되면 경화(硬化)되어 쪼개지거나 과도한 눌림으로 기밀 유지가 불가능해진다.

5. LPG 용기

비교적 낮은 증기압을 갖는 액화가스인 LPG의 용기는 용접용기(鎔接用器)를 사용하며, 용기의 종류는 10kg·20kg·50kg 등이 있고 가정 및 업소용으로는 20kg 용기를 많이 사용된다. 20kg 용기는 충전 내용물의 기준용적(V) 47ℓ ·질량 20kg·용기자체 질량(W) 약

22kg이다. 이들 정보와 용기가 견딜 수 있는 한계 값인 내압시험압력(TP)과 제조 연월일 등이 각 용기마다 프로텍터 측면에 표시되어 있다.

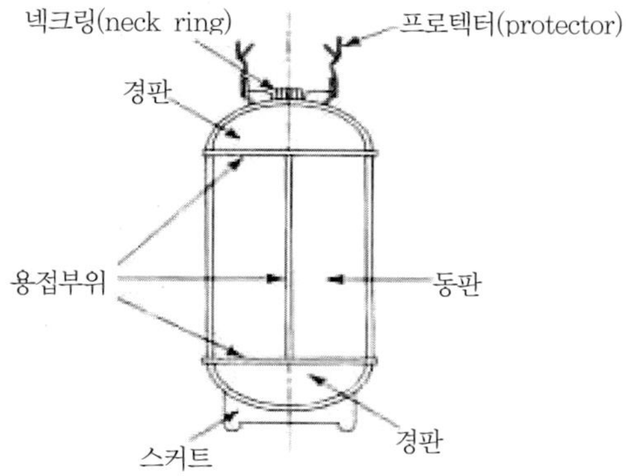

〈그림 5.12〉 LPG 용기의 외관

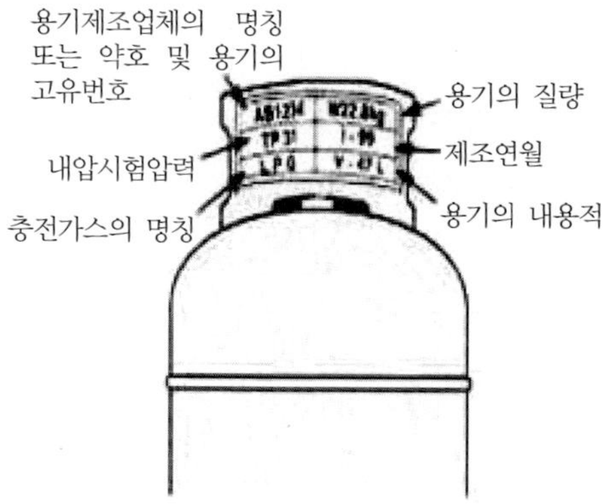

〈그림 5.13〉 가스용기의 표시

(1) 특이점

① 가스용기 내의 가스가 급격하게 배출되면 증발잠열(蒸發潛熱)의 손실에 의한 냉각(冷却)으로 용기표면에 성애가 부착되어 있는 것을 볼 수 있다.

② 정상적인 용기는 내압상승의 경우 파열(破裂) 이전에 안전밸브를 통해 가스배출이 되도록 되어 있으나, 용접부분의 부식(腐蝕) 또는 용기표면의 급속한 가열(加熱) 등으로 내용물이 접촉되지 않은 부분이 연화(軟化)되면서 압력을 견디지 못해 파열되는 경우가 있다.

(2) 내압시험 압력(TP : Test Pressure)

① 아세틸렌가스 = 최고충전압력(FP) × 3

② 아세틸렌 이외의 가스 = 최고충전압력(FP) × $\frac{5}{3}$

③ 설비 = 상용압력 × 1.5

(3) 최고 충전압력(FP)

① 초저온/저온 용기 = 상용압력 중 최고압력

② 초저온/저온 이외의 용기 = 내압시험압력(TP) × $\frac{5}{3}$

※ 단, C_2H_2 용기의 최고충전압력 = 15.5kg/cm^2

(4) 기밀(氣密)시험압력

① 초저온/저온 용기 = 최고충전압력(FP) × 1.1

② 아세틸렌가스 용기 = 최고충전압력(FP) × 1.8

(5) LPG 용기의 폭발

가정용 LPG 용기가 압력에 견딜 수 있는 한계내압(TP-31kg/cm^2) 이상의 내부압력일 때에는 가스통이 터진다. 따라서 가스용기의 파열위험을 예방하고자 파열압력 이전에 80% 정도에서 가스가 새게 하여 용기파열을 막도록 안전밸브가 설치되어 있다. 따라서 프로판과 부탄의 혼합물인 LPG는 상온에서 5~7kg/cm^{2}의 증기압을 갖고 있기 때문에 온도가 60℃에 도달하면 안전밸브를 통하여 가스가 새어나온다. 그러나 화재현장에서 용기 몸통이 찢어지거나 용접부가 파열된 것을 종종 볼 수 있는데, 이는 다음과 같은 경우를 고려할 수 있다.

① 용기의 원래 설계된 내압을 유지하지 못하는 경우에는 대부분 용기가 파열한다. 특히 용기가 눕혀 있었을 경우에는 상단 기화공간부분은 바닥의 액체부분보다 냉각이 어려워 고온에 쉽게 가열되어 용기재질이 연화되고, 내부압력에 의해 팽창되면서 약해져서 급기야 파열에 이르게 된다.

② 내부압력으로 팽창된 용기가 찢어지면서 가스가 외부로 분출되어 주변공기와 적정 혼합비를 이루어 불씨를 만나 연소되며, 가스통이 날아가는 것은 내부의 팽창압력이 일시에 해방되면서 반대방향으로 추진력을 얻어 이동되는 것이다.

③ 가스통의 위치나 방향에 따라서 수십 미터를 날아갈 수 있고, 화염이 일시에 커지면서 큰 위험을 초래할 수 있다. 특히 변형 없이 용접부분의 파열은 용접부가 내압기능을 수행하지 못하였는지를 의심할 필요가 있다.

(6) 고압가스 용기의 파열원인

① 용기내 압력(用器耐壓力)의 부족

- 용기재료의 불균일
- 용기내벽의 부식(腐蝕)
- 철판재료의 피로(疲勞)
- 용접개소의 불량=
- 사제용기(私製用器)의 사용
- 용기자체의 결함=
- 압력용기에 대한 낙하(落下) 및 충돌에 의한 충격
- 압력용기에 대한 절단(切斷) 및 구멍을 내는 천공작업(穿孔作業) 등

② 용기내압의 이상상승(異常上昇)

- 과잉충전(過剩充塡)
- 가열
- 화재 등으로 인한 용기온도의 급격한 상승
- 내용물의 증발반응(蒸發反應)이나 분해반응(分解反應) 등

(7) 조사요점

① 파열부분이 몸통표면인지 용접부분인지를 확인한다.

몸통표면의 파열에는 대부분 가열에 의한 재질약화로 안전밸브 작동압력 이하에서 파열된 것이고, 용접부의 파열에는 용접불량 또는 사용상의 부식 등의 경우이므로 전문기관에 의뢰하여 이상 유무에 되한 감정을 받을 필요가 있다.

② 가스 충전소 등에서 간혹 용기 내부에서 폭발되는 경우가 있는데, 이는 충전계통의 이상 또는 불씨의 역류(逆流) 등을 의심할 필요가 있다. 용기 내부의 화학적 폭발은 급격한 압력팽창(壓力膨脹)으로 안전밸브의 출구를 통한 가스배출은 기대할 수 없다.

6. 용기밸브

(1) 구조와 기능

안전밸브는 용기 내의 가스흐름을 열고 닫는 중요한 역할을 하는 것으로서 밸브 몸통·안전장치·핸들·스템·오링·밸브시트 등으로 구성되며, 충전구의 나사는 왼나사이고, 충전 후에는 조정(調整)기를 이곳에 연결하여 사용한다.

따라서 안전밸브는 용기 내의 압력이 비정상적으로 상승할 경우 가스용기의 내압(耐壓) 이하에서 가스를 방출(스프링 식)함으로써 용기파열을 방지한다.

(2) 화재위험

가스용기의 장기간 방치로 인한 오염 등으로 핸들이 덜 잠긴 상태로 고정되어 있는 것을 잠긴 것으로 오인하고 압력조정기를 탈거(脫去)한 경우의 가스누출 또는 가스가 누출될 때, 당황하여 핸들을 반대로 심하게 돌리면 고정되면서 잠금이 어려워질 때의 가스누출 등의 화재위험이 있다.

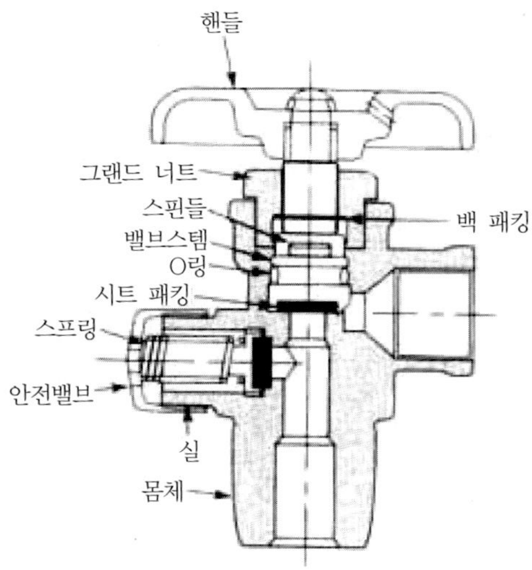

〈그림 5.14〉 용기밸브의 단면도

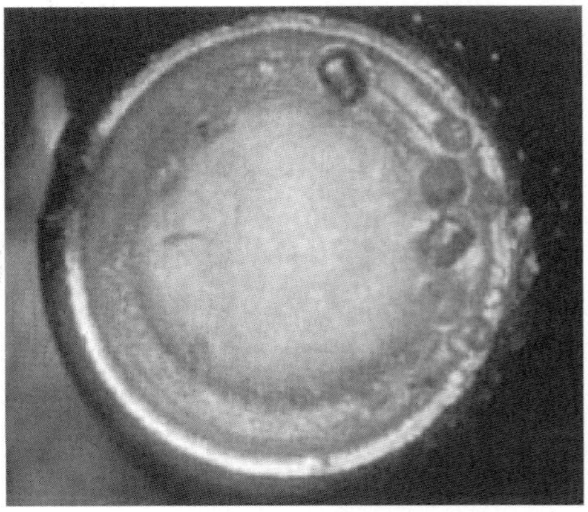

〈사진 5.46〉 스템부분의 금속이물질 부착으로 기밀불가 상황

(3) 조사요점

① 핸들 쪽으로의 가스누출은 밸브의 O링이 파열되어 기밀유지(氣密維持)가 안 되는 경우이다.

② 충전구의 부위에서의 가스누출은 핸들이 완전히 잠기지 않았거나 밸브시트가 경화 또는 파열되어 기밀이 불가능한 경우이다.

③ 출구에 금속조각 등 이물질이 삽입되어 완전한 잠금이 불능인 경우에는 외부적인 조치가 불가능하여 가스누출이 계속된다. 따라서 호스 또는 압력조정기를 탈거하기 전에 밸브의 기밀유지 여부를 반드시 확인해야 한다.

④ 프로텍터 부분에 가스누출에 의한 화염의 접촉흔적(走焰痕)이 있었을 경우, 안전밸브 방향일 때에는 내압상승에 의한 안전밸브 작동으로 가스가 누출되어 착화한 경우이고, 출구 주변일 때에는 화염에 밸브시트가 녹아서 가스가 분출(噴出)되어 착화한 경우이다.

5.3.1.3 가스연소기구의 조사요점

1. 이동식 부탄 연소기

이동식 부탄 연소기는 가스용기와 레인지를 경량·최소화하여 레인지에 캔 용기를 결합하도록 하여 이동이나 휴대가 가능하여 널리 사용되고 있으며, 그 조사요점은 다음과 같다.

① 가열용기 또는 불판바닥의 삼발이 큰 경우와 2대의 레인지 위에 1개의 철판을 얹는 경우 등 가스용기의 가열(加熱)환경을 확인한다.

② 용기 결합부의 가이드와 용기접속 표시부가 일치하였는지 또는 접속부의 개스킷 손상 유무를 확인하여 결합불량의 여부를 조사한다.

③ 소잔(燒殘) 레인지의 그을음과 오염상태에 따른 탈착레버의 이동위치를 확인하여 가스용기의 탈착(脫着) 여부를 조사한다.

④ 탈착레버에 의하여 신축(伸縮)되는 가스용기 가이드 홈의 스프링의 신장(伸張) 상태를 확인하여, 화재 당시의 고온으로 탄성을 상실한 스프링의 위치가 결합위치인지 이탈위치인지를 조사한다.

⑤ 기구에서 가압안전장치에 의해 용기파열이 예방되나 안전장치의 간극이 너무 넓어서 그 기능이 저하되는 경우가 있으므로 기계적 구조를 조사해야 한다.

⑥ 용기 밑면과 용기 가이드 홈 밑면의 상호 접촉흔적 즉, 파열에 의한 밀림과 충격흔적을 확인하여 화재 당시의 결합 여부를 입증한다.

⑦ 버너 밑면의 여유공간에 예비용 가스용기를 보관한 상태로 조리할 경우 수열된 예비용기가 폭발하여 화재 및 화상을 입는 사례가 간혹 있다.

〈사진 5.47〉 부탄 연소기 탈착레버의 변형흔적

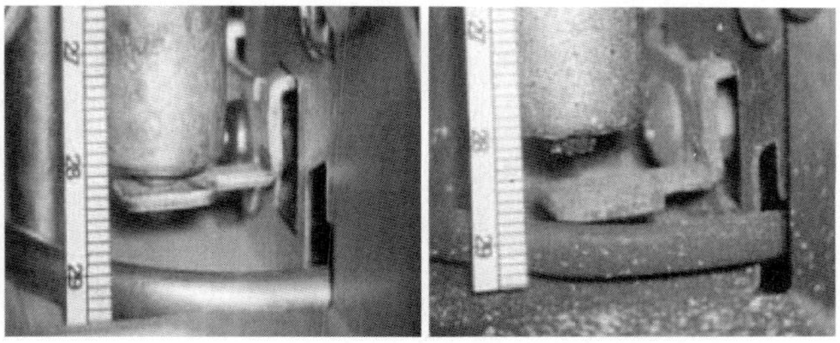

〈사진 5.48〉 가압 안전장치의 간극 변형으로 인한 폭발

2. 가정용 가스레인지

가스레인지 과열에 의한 화재는 대부분 분화방치(焚火放置)에 의한 가열용기의 과열에 의한 발화·인접 가연물의 착화·용기 과열(用器過熱)로 상단 배기후드의 배선손상(配線損傷)으로 인한 합선 등의 유형으로 발생한다. 가스레인지로부터 출화된 화재는 화재 당시 가스레인지가 작동상태 즉, 분화(焚火)중이었음이 전제조건이 되며, 조사요점은 다음과 같다.

(a) 가압 안전장치의 정상상태

(b) 극간 이격거리의 과대

〈사진 5.49〉 가스레인지 과열에 의한 발화지점 주변의 각 소잔현상

(a) 우측 버너의 분화 중 회색 연소흔적

(b) 좌측 버너의 분화 중 과열현상

〈사진 5.50〉 가스버너의 수열 변색흔적과 그을음 흡착현상

(1) 가스레인지의 점화스위치를 확인한다

① 누름버튼(연속 스파크식 점화장치 : 건전지·교류전원)식은 기구의 안쪽 하단에 위치하여 화재에도 쉽게 손상되지 않는 가이드 홈을 관찰하여 그 위치를 확인할 수 있다(사진 5.51 참조).

(a) 누름 식 기구코크 밑면

(b) 소화된 가이드 홈의 구조

〈사진 5.51〉 누름식 기구 코크의 소잔위치 확인

② 회전식(압전식 점화장치)은 압전소자의 해머를 들어올리는 갈고리 위치가 해머를 들어올려 지나쳐 있으면 밸브가 개방된 것이다(사진 5.52 참조).

(a) 소화된 기구코크 손잡이 위치

(b) 점화된 해머를 지나친 갈고리 위치

〈사진 5.52〉 회전식 점화손잡이의 구조와 소잔위치

(2) 기본적으로 용기 과열에 의한 발화의 경우에는 내용물의 수분이 모두 증발하여 바닥 부분에 탄화흔적이 존재할 수 있고, 내용물이 식용유 같은 유지(油脂)류일 때에는 완전증발 이전에 발화될 수 있기 때문에 내용물의 확인이 매우 중요하다. 그러나 용기 재질이나 화재 이후의 재가열 등에 의하여 많은 변화가 유발되므로 단지 용기의 용융현상(熔融現象)만으로는 용기과열을 특정할 수는 없다.

(3) 가스레인지 직상단의 와가 또는 슬레이트 지붕이 천공상태(穿孔狀態)가 되는 사례가 많으며, 가스레인지 바로 위의 배기후드 전기배선이 가장 먼저 합선된다.

(4) 가스레인지의 인접 벽지·목재싱크대·커튼·고무장갑·행주·가스호스 등의 위치와 소훼현상(燒燬現象)을 조사 확인한다.

(5) 화재 당시 분화 중이었던 버너는 소화상태였던 것에 비하여 회색(灰色)의 연소흔적(燃燒痕迹) 또는 주염흔(走焰痕)을 남길 수 있고, 삼발이나 국물바지 등은 상대적으로 적색의 산화(酸化) 또는 부식흔적(腐蝕痕迹)이 형성되어 있다.

3. 가스보일러와 가스온수기

기기는 연소장치·점화장치·열 교환 장치·안전장치(소화 안전장치와 과열방지장치)·제어장치(압력·수위·온도)·급배기장치로 구성되며, 화재위험은 기기내 부의 전기배선·연소통의 균열·불꽃의 넘침에 의한 발화 등의 위험이 있으며, 외부에서는 유입배관의 이음부나 조임부에서의 가스누출에 의한 착화위험이 있다. 따라서 조사관은 다음 사항을 조사해야 한다.

① 분화중인 버너 내부에서 불꽃이 밖으로 나올 수 있는 결함 유무에 대하여 조사하여 연소로(燃燒爐)의 파손(破損) 또는 열(熱)교환기의 막힘에 의한 불꽃 넘침이 있을만한 특이점을 규명한다.

② 기기 내부화재의 경우에는 내부배선의 전기합선을 동반할 수 있으므로 부수적인 증거로 합선흔(合線痕 : 鎔痕 등)을 수집 보존한다.

③ 가스호스 접속 부 또는 압력조정기(壓力調整機) 이음부 등에서 가스누출에 의한 특이점을 조사한다.

④ 내부폭발이 화재로 이어지지 않았을 경우에는 가스누출부의 주변의 비닐 등 가연물에 열(熱)변형 현상을 남기므로 이를 조사한다.

〈사진 5.53-1〉 가스보일러 내부발화에 의한 소잔현상

〈사진 5.53-2〉 연소실의 벽면균열과 수열 변색현상

4. 가스난로 - 용기내장형 가스난방기

난로의 구조는 캐비닛과 버너·스위치·가스배관·용기·용기밸브 등으로 구성되며, 버너의 화염이 직접 노출되는 형식으로 보통 1단·2단·3단으로 구분되며, 3단 운전시의 최고온도는 버너표면 상단부로서 600℃ 이상 나타나고, 보호망(保護網) 상단은 400℃ 내외이다. 실내나 실외 이동용으로 이용범위가 넓고, 취급부주의로 인한 연소 중 가연물의 접촉이 제일 위험하며, 가스의 유로(流路)나 용기에서의 가스누출이 대표적인 화재 위험요소가 되며, 조사요점은 다음과 같다.

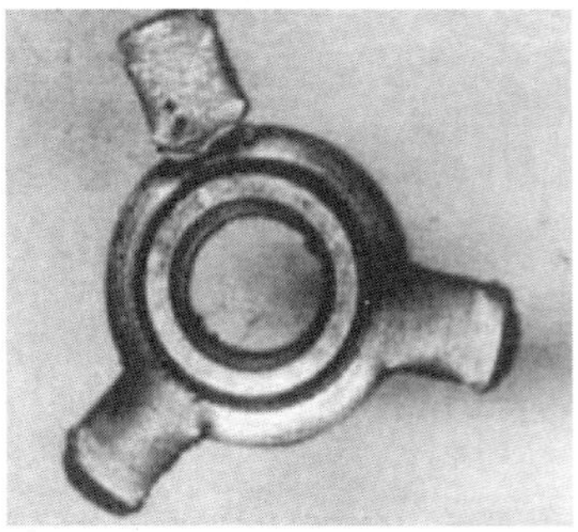

〈사진 5.54〉 스템 부분의 금속이물질 함유로 인한 기밀파괴

① 스위치의 작동상태를 조사하여 화재 당시 사용 여부를 확인한다.

② 고온부인 버너 보호망(保護網)에 가연물의 접촉 및 근접 여부를 확인한다.

③ 가스호스의 기밀 여부에 대해서 조사 확인한다.

④ 가스용기의 밸브 이상 유무에 대해서 조사 확인한다.

5.3.2 액체연료 연소기구의 조사요점

5.3.2.1 석유난로

1. 종류 및 구조

(1) 심지식의 석유난로

① 석유를 심지로 빨아올려서 기화(氣化)·연소시키는 간편한 방식으로써, 원통형의 큰 심지로 빨아올려진 석유는 선단 안쪽에 접해져 있는 스프리더(Spreader)라고 하는 많은 금속 캡 구멍을 통해서 기화·연소된다.

② 스프리더의 아래쪽 원통은 석유탱크를 지나 아래쪽으로 가면서 벌어져서 많은 1차 공기를 스프리더에 공급하고, 스프리더의 위쪽에는 굵고 긴 금속제 원통이 세워져서 공기의 대류가 잘된다.

③ 심지의 상하조작으로 화력(火力)을 조절하거나 불을 끄는 작용은 톱니바퀴와 노브(knob)로 조작한다.

〈사진 5.55〉 화재 당시 분화중이였던 심지식의 연소기기 소잔현상

(2) 기화식 석유난로

석유탱크 내에 압력을 가해서 노즐로부터 분사되는 석유를 예열(豫熱)하여 기화시켜 이 석유가스를 연소시키는 방식으로서, 자동화로 작동이 간단하고 편리한 여러 가지 형식의 석유가스난로가 사용되고 있다.

(3) 분무(噴霧)식 석유난로

노즐로부터 연료를 분무하여 연속점화 또는 자동점화장치로 착화시키는 형태로서, 전도소화(顚倒消火)장치 · 불꽃감지장치 · 파열방지(過熱防止)장치 · 정전(停電)시의 안전장치 · 유면감지(油面感知)장치 · 점화안전(點火安全)장치 등이 부착되어 있다.

2. 발화유형

(1) 연료누출(燃料漏出)

분화상태(焚火狀態)의 난로에 연료를 주입(注入)할 때에 분화(焚火)심지와 바깥 몸체 사이의 연료누출 또는 안전장치가 없는 난로의 전도(顚倒) 등의 경우에 심지의 불꽃이 연료에 옮겨 붙으면서 화재가 발생한다.

(2) 연료오용(燃料誤用)

대개 등유 대신 휘발유를 사용했을 경우가 해당되며, 초기 수분 동안은 별다른 징후를 나타내지 않다가, 증발량이 점점 많아지면서 수십 분 이내에 염통(焰筒) 밖으로 화염이 유출되어 화세가 커져서 주변 가연물에 쉽게 옮겨 붙어 발화한다.

(a) 정상상태의 난로

(b) 이상연소에 의한 출화

〈사진 5.56〉 등유난로에 휘발유 사용 30분 경과후의 이상연소현상

(3) 이상연소(異常燃燒)

연소통 내의 화염이 커져 인접한 연료통에 열전달(熱傳達)이 일어나서 연료증발을 촉진시켜 더욱 화세(火勢)가 커지는 등의 악순환이 이루어지며, 다량의 그을음에 배기경로(排氣經路)가 막히면서 급기(給氣)경로까지 화염이 유출되어 연료탱크를 직접 가열시키고, 연료탱크 내의 압력상승으로 인한 연료누출로 화재가 발생한다.

(4) 가연물의 접촉

난로표면에 수건 등을 건조(乾燥)시키는 경우 또는 창문 옆에 설치한 난로에 커튼이 날려 발열부에 접촉될 경우 등에는 착화에 이르게 된다.

3. 조사요점

(1) 가장 기본적으로 화재 당시 난로의 사용 여부를 확인해야 한다.

① 심지식의 경우 심지통의 표면에 설치된 톱니바퀴와 노브(knob)의 소잔된 변형 위치로 심지의 고저를 확인할 수 있다.

② 전자식이 결합된 난로의 경우에는 전원코드 및 내부배선에서 단락흔(短絡痕) 퓨즈 등을 확인하여 화재 당시의 사용상황을 입증한다.

③ 조절기에 자동복원을 위한 스프링이 내장된 경우에는 연소열에 의해 스프링의 탄성(彈性)이 상실되어 화재 당시의 위치 및 상태를 유지하고 있다.

(2) 연료누출의 경우에는 연료교환의 작업흔적이 남아 있게 되고, 연료누출에 의한 연소는 특별한 가연물이 없는 바닥표면에 탄화흔적을 남기게 된다.

(3) 연료오용이 의심되는 경우에는 그 출처를 확인하고, 잔류물을 수거하여 전문기관에 분석 의뢰하여 그 종류를 확인한다.

(4) 이상연소 시에는 염통 내부에 그을음이 불균일하게 부착되어 있고, 화염이 초기에 국부적으로 유출(流出)될 경우에는 부분적으로 수열흔(受熱痕)을 상하로 길게 남긴다.

(5) 가연물의 접촉에 의한 화재의 경우에는 가연물의 연소잔해가 그 주변에 남거나 보호망 또는 염통표면(焰筒表面)에 직물류가 탄화형태로 발견되고, 경우에 따라 열면(熱面)에 직물류의 무늬가 남기도 한다. 연소직물이 날리면서 부착되는 경우에는 이미 무늬형태가 연소 변형되므로 무늬가 형성될 수 없다.

〈사진 5.57〉 이상연소에 의한 염통의 그을음 부착현상

5.3.2.2 석유보일러

1. 구조 및 기능

기본구조는 버너에서 등유(燈油)를 연소시켜 열을 획득하고, 그 열로 물을 데워 난방과 따뜻한 물을 이용하는 원리이다(그림 5.15 참조).

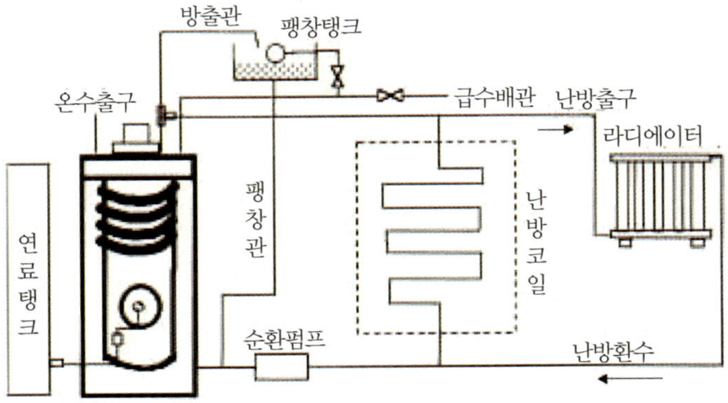

〈그림 5.15〉 보일러의 일반적 구조도

2. 발화유형

(1) 연료누출(燃料漏出)

연료누출은 연료탱크로부터 버너에 이르는 호스의 손상·버너와 전자펌프 등의 기구 이음부의 이완(弛緩)·에어벤트(공기 배기구)작업 이후의 방치 등의 경우에 일어나며, 이때 유증(油蒸 : 기름의 기체상태)이 급기구(給氣口)를 통해 버너에 이어지면 유증(油蒸)을 따라 화염의 유출위험이 있고, 초기 연소가 국부적이지 않고 내부의 부속 전체에 골고루 열변형(熱變形) 또는 심한 그을음을 동반한다.

〈사진 5.58-1〉 가정집 보일러실의 전후면 변색 및 소잔현상

〈사진 5.58-2〉 유류탱크의 변색 및 뚜껑의 소잔현상

(2) 이상연소

① 버너점화가 잘 안되거나 연료/공기의 혼합상태가 좋지 않아 과다연료가 연소로(燃燒爐)에 고여 있게 되면 일시에 폭발적인 연소가 일어날 수 있고, 연소로의 취약한 용접부 등이 절개되어 화염이 분출될 수 있다.

② 이상연소에 의한 화재위험은 가정용의 소형보다는 빌딩이나 산업용의 대형 보일러가 훨씬 높으며, 화재 이전에 반복적인 강제점화의 시도 또는 자주 꺼지는 등 불완전연소가 선행되는 경향을 나타내고, 연소로가 폭발할 경우에는 내측에서 외측으로 불룩한 변형 또는 일부가 절개되는 현상을 나타낸다.

〈사진 5.59-2〉 이상연소에 의한 석유보일러 연통부의 그을음 부착현상

〈사진 5.59-1〉 비닐하우스 온풍기(유류 사용) 전후면의 소잔현상

(3) 전기(電氣)적 이상

보일러의 연료는 등유(燈油)를 사용하지만, 전기에너지로 작동되는 제어장치·점화장치·급기(給氣)팬·변압기·전자펌프 등의 기구배선이 무리한 장력(張力)·꺾임·눌림 등이 발생하면 일반전기화재와 같이 합선에 의한 발화위험이 있다.

(4) 연도출화(燃道出火)

보일러의 배기구와 연통 또는 연통과 연통의 이음 부는 기밀(氣密)이 잘 유지되어야 하지만 장기간 사용으로 인한 보일러의 진동 또는 왜곡(歪曲)·배기가스에 의한 부식(腐蝕) 등으로 화염유출 또는 그을음입자의 누설(漏泄)에 의해 가연물에 착화되는 경우가 있다.

3. 조사요점

(1) 전기배선

가정용의 경우 연료누출 또는 전기적인 원인에 의한 보일러 내부에서 발화되면 뚜껑으로 차폐된 단일공간에서 어느 정도 연소가 지속되기 때문에, 충전상태의 내부배선의 절연피복(絕緣被覆)이 연소되면서 전기에 의한 합선흔적을 생성한다. 따라서 전기합선흔적의 내부존재와 퓨즈용단의 여하는 보일러의 내측 또는 외측 발화의 기준이 될 수 있다.

(2) 연료계통

① 연료탱크로부터 버너에 이르는 유로(油路)의 기밀을 검사하여 손상원인을 규명한다.

② A/S 또는 수리 이후 화재의 경우에는 그 내역을 조사하여 관련성 여부를 규명할 필요가 있다.

(3) 버너와 연소로(燃燒爐)

① 버너의 노출부에 과도한 그을음이 흡착되어 있으면, 부적절한 혼합기에 의한 불완전연소 또는 점화를 위한 방전전극(放電電極)의 약화로 초기착화를 방해하여 연소로에 기름이 고일 수 있다.

② 연소로의 팽창(膨脹) 또는 균열(龜裂) 등은 내부에서의 압력팽창을 의심할 수 있고, 압력팽창은 이상연소의 결과로 나타난 것이다.

▸ 사례 : 유류 사용 보일러의 분배기에 연결된 연료호스의 파열(破裂)에 의한 연료누출로 인하여 발생한 화재사건

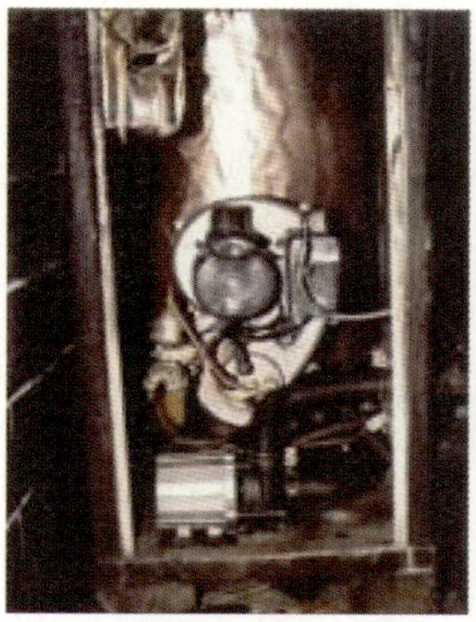

〈사진 5.60-1〉 골고루 그을린 보일러 내부의 소잔현상

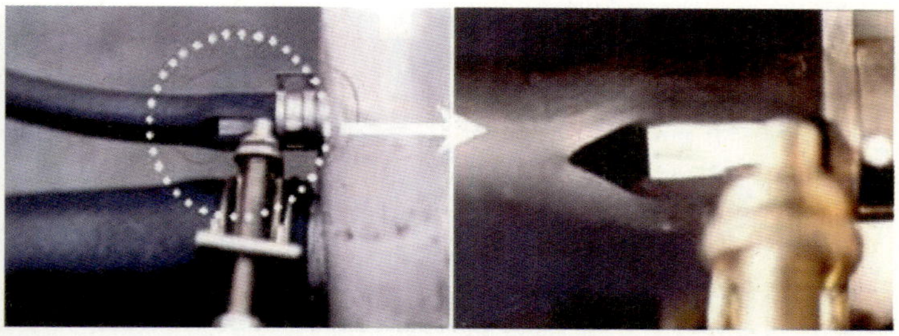

〈사진 5.60-2〉 온수배관 조임나사에 의한 분배기 연결 연료호스의 파손상태

5.3.2.3 식물유의 가열 튀김기계

1. 구조 및 기능

① 튀김 기는 식용유를 시즈 히터로 원하는 온도만큼 가열하여 닭이나 각종 튀김 물질을 익히는 것으로서, 전원(電源)부·제어(制御)부·발열(發熱)부 등이 있고, 전원은 메인 조작 스위치와 온도조절 스위치가 있다.

② 온도조절 스위치는 시즈 히터 부분에 감열체(感熱體)를 장착하여 가는 관을 통해 온도상승에 의한 내부액체(공업용 알코올)의 팽창이 벨로우즈에 전달되어 스위치의 접점이 단속되는 것으로서, 그 간격을 조절하면 작동온도의 크기를 조절할 수 있다.

2. 발화유형

(1) 시즈히터

열선(熱線)과 전원의 연결부에서, 외곽 파이프와 내부열선의 절연파괴(絕緣破壞)로 전기적인 발열 또는 연결부의 불완전 결속 등에 의한 접촉부에서 발열한다.

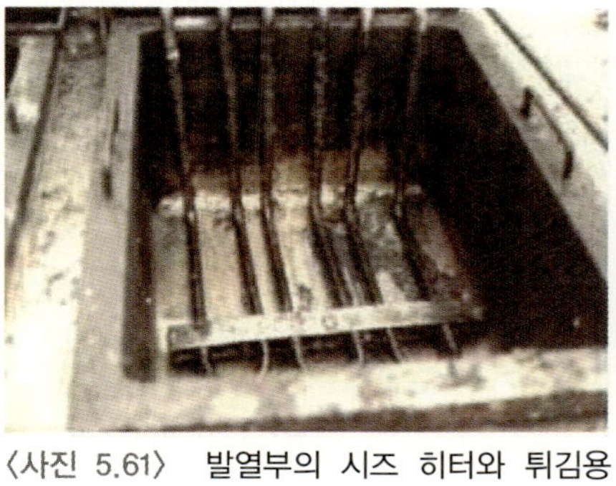

〈사진 5.61〉 발열부의 시즈 히터와 튀김용기

〈사진 5.62-1〉 통닭 튀김용기의 수열변색현상

〈사진 5.62-2〉 시즈 히터 앞뒷면의 소잔현상과 코드 단락 용흔

(2) 온도제어장치

벨로우즈를 이용한 액체 팽창식의 안전장치 중 감열(感熱)체의 파손 또는 세관(細管)이 꺾임이나 눌림으로써 막혀 온도상승의 정보를 벨로우즈에 전달할 수 없어 스위치가 작동되지 않아 지속적인 가열로서 과열발화(過熱發火)된다.

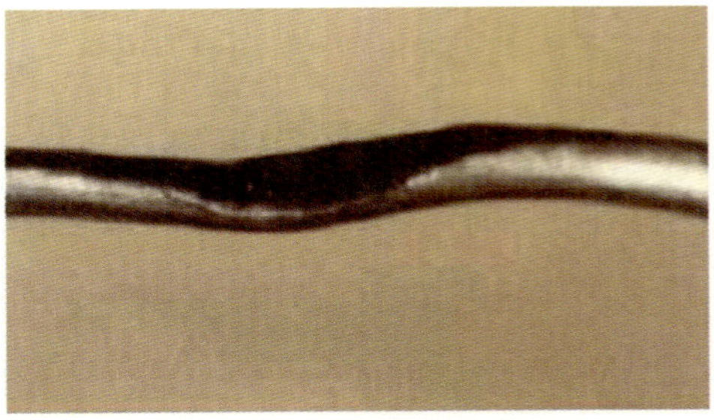

〈사진 5.63〉 세관의 눌림 현상

(3) 식용유

식용유는 튀김 당시 160℃ ~ 180℃를 권장하고 있으나, 식용유를 너무 오래 사용하거나 변질되면 약간의 과열에도 쉽게 불이 붙을 수 있다.

〈표 5.14〉 식용유의 온도별 화재특성

식용유온도(℃)	170 ~ 180	240 ~ 250	300 ~ 320	340 ~ 370
현 상	적 정	기름이 튀고 연기발생	연기가 자욱하고, 불씨가 있으면 착화	불씨 없이 상면에서 발화
가열시간(분)	5 ~ 10	10 ~ 15	15 ~ 20	20 ~ 25

3. 조사요점

(1) 방치(放置) 유무

사람의 조작상황을 확실하게 규명하고 온도조절 시스템을 조사한다.

(2) 온도조절기

액체팽창(液體膨脹)식 온도조절기에서 세관(細管)의 막힘이나 감열체(感熱體)의 파손부분이 있으면, 온도상승을 감지하지 못하거나 온도조절기의 간극이 기계적으로 정밀하지 못하여 설정된 온도눈금에 정확하게 연동하지 못한다. 또한 시중에 사용되는 온도조절기의 눈금과 식용유 온도와의 일치 정도는 만족할만한 것이 못되는 실정이다. 따라서 이들에 대하여 조사하여 확인한다.

5.4 자동차 화재

'자동차 화재'는 차량자체의 화재에 국한되는 것이 아니고, 방화범죄(放火犯罪) 행위·가옥 및 건축물로의 피해 확대·주차시설의 피해·인명의 사상 등 그 피해가 무한하여 과거에 비해 더욱 철저한 화인규명이 요구되고 있는 실정이다. 또한 차량의 결함에 따른 소비자의 피해구조(被害救助)를 위해서도 전문적인 조사기능의 활성화가 요구된다. 따라서 자동차화재도 일반화재와 마찬가지로 초기의 일반감식에 준하는 자세한 관찰과 주변에 대한 수사가 매우 중요하다.

5.4.1 자동차의 중요구조와 기능

자동차(自動車* Automobile)는 원동기를 사용하여 궤도(軌道) 또는 가선(架線)에 의하지 아니하고 운전되는 차로써, 원동기(原動機)에 의하여 육상에서 이동할 목적으로 제작된 기계장치를 말하며, 대략 15,000여 개의 부품의 조립으로 만들어진다.

5.4.1.1 엔진

엔진룸은 보통 차량의 앞쪽에 위치하며, 연료탱크로부터 연료를 공급받아 동력을 생성시킴으로써 구동력(驅動力)을 만들뿐만 아니라 전기를 생산하여 저장 사용하며, 엔진이 지속적으로 작동하기 위해서는 연료(燃料)·점화(點火)·윤활(潤滑)·냉각(冷却)장치 등이 필수적이다(그림 5.16 참고).

1. 연료장치(燃料裝置)

연료장치는 엔진 내에서 연소될 혼합기를 만들기 위하여 가솔린·가스 등을 공기와 혼합하기 위하여 대부분의 엔진은 전자 연료분사장치(EFI ; Electronic Fuel Injection)를 장착하고, 전자제어 모듈(ECM) 또는 컴퓨터가 한 개 또는 여러 개의 연료분사기를 동시에 제어함으로써 엔진에 연료가 필요할 때 모듈(ECM)로부터 신호가 인젝터Injector)를 열개

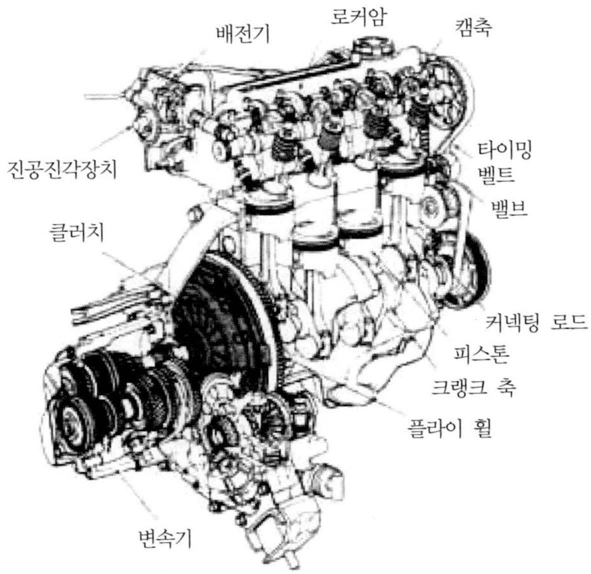

〈그림 5.16〉 직렬 4기통 엔진의 구조

함으로써 연료/공기의 혼합기를 만든다.

연료계통의 단계는 전자제어 연료분사장치의 연료공급은 흡입필터를 통해 연료펌프에서 압송되며, 파이프(Pipe)·고압필터·딜리버리(Delivery)파이프를 거쳐 각 인젝터(Injector)에 분배된다.

인젝터(Injector)에 걸리는 연료의 압력은 압력조절기(Pressure regulator)에 의해 이루어지고, 이 때의 압력은 흡기다기관(吸氣多岐管)내의 압력보다 항상 3.35kg/cm^3 더 높은 압력이 일정하게 유지되도록 되어 있고, 규정압력 이상 여분의 연료는 리턴 파이프를 통하여 연료탱크로 되돌아간다.

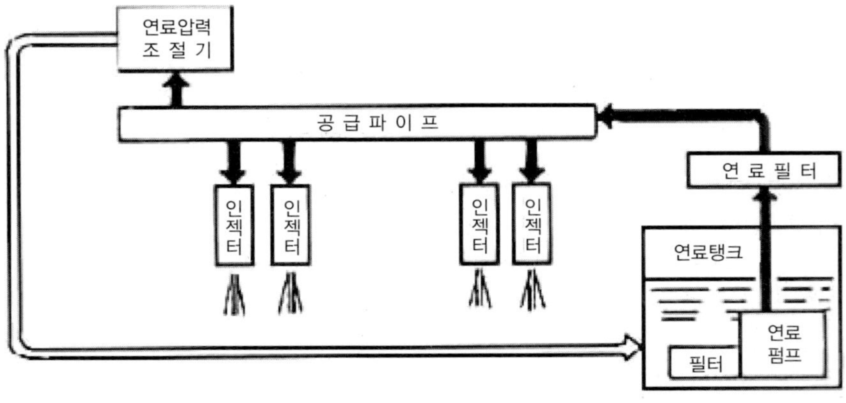

〈그림 5.17〉 자동치 연료공급의 계통도

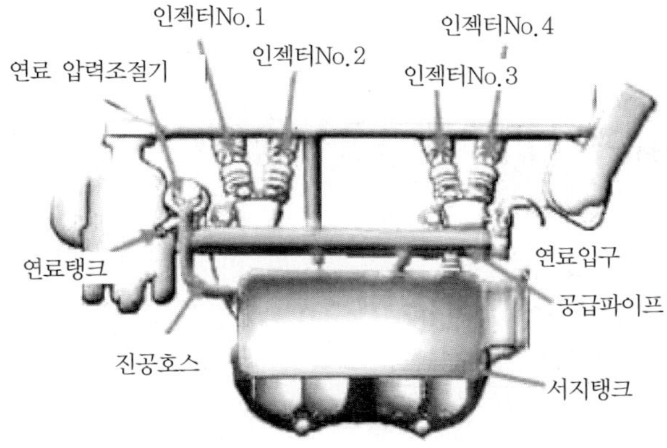

〈그림 5.18〉 자동차 엔진의 연료 공급

2. 점화장치

엔진의 실린더에 연료/공기의 혼합기가 들어온 후 피스톤은 실린더의 위쪽으로 움직여 실린더 내의 혼합기를 압축하고, 이어 점화 플러그에서 전기불꽃이 튀어 혼합기를 점화시킨다. 이때 발생하는 연소는 자동차를 움직이는데 필요한 동력을 만들어 낸다.

3. 윤활장치

엔진의 각 부품들의 마찰을 줄여 마모(磨耗)현상을 방지하는 윤활장치는 엔진 내부의 각 미끄럼 운동부에 오일을 공급하여 마찰열로 인한 베어링의 고착현상 등을 방지하기 위해 미끄럼 운동면의 사이에 유막(油膜* oil film)을 형성하여 마찰력이 매우 큰 고체마찰을 마찰력이 작은 액체마찰로 바꾸어 주는 작용을 한다. 여기에 사용하는 오일을 엔진오일 또는 윤활유(潤滑油)라고 부르며, 유막을 유지하기 위해 지속적으로 오일을 공급해주는 장치를 윤활장치라고 말한다.

윤활유는 점도가 같은 기름이면 인화점이 높은 것이 양질이며, 동·식물성 기름은 광물성의 기름보다 인화점이 높은데 보통 200℃ 이상이다. 따라서 인화점이 높은 것은 좋으나 필요 이상 높으면 다른 성능이 떨어진다(그림 5.19 참조).

4. 냉각장치

냉각장치는 엔진을 냉각하여 파열(破裂)을 방지하고, 적당한 온도를 유지하는 장치를 말한다.

① 실린더 안의 연소가스 온도는 2,000 ~ 2,500℃에 이르며, 이 열의 상당량이 실린더 벽·실린더 헤드·피스톤 밸브 등에 전도되며, 이러한 열전도부의 온도가 너무 높아지면 부품의 강도가 저하되어 고장 또는 수명이 단축되고 연소상태도 나빠져서 노킹

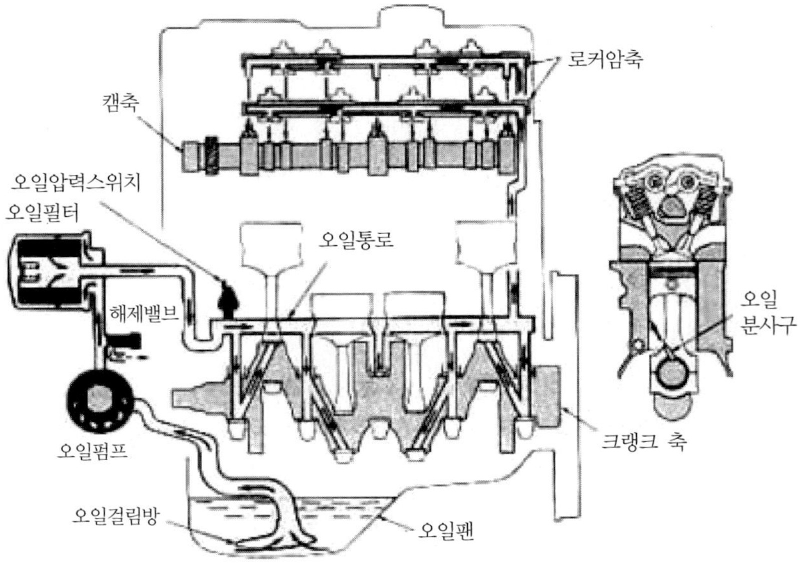

〈그림 5.19〉 윤활유의 순환 계통도

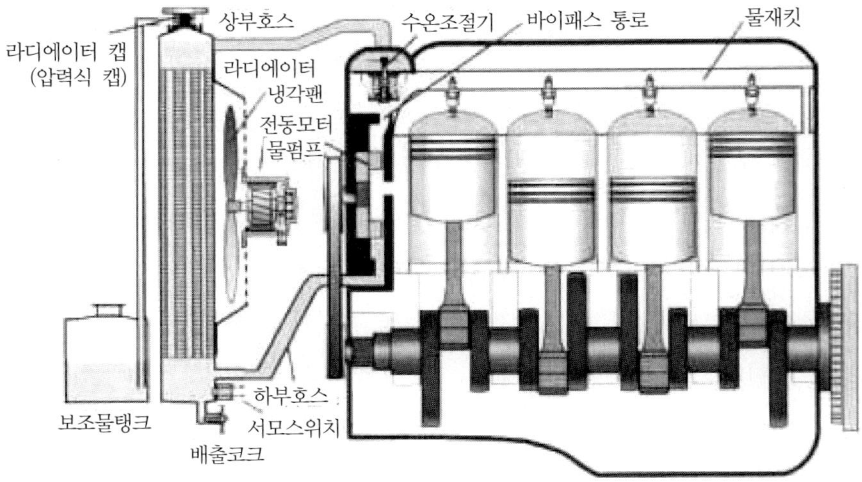

〈그림 5.20〉 냉각장치 개요도

또는 조기점화 등으로 엔진의 출력이 저하된다.

② 엔진이 너무 냉각되면 손실열량(損失熱量)이 크기 때문에 엔진효율이 낮아지고, 연료 소비량이 증가하는 등의 문제가 발생하므로, 엔진의 온도를 약 80～90℃ 정도로 유지시키는 것이 냉각장치의 기능이다.

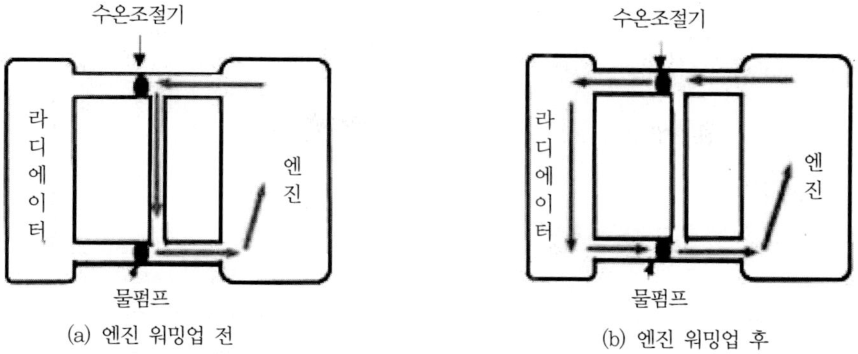

〈그림 5.21〉 냉각수의 순환도

③ 워터펌프는 엔진과 라디에이터 사이에서 냉각수(冷却水)를 순환시키는 역할을 하며, 외부공기는 라디에이터로부터 열을 흡수하여 데워진 냉각수를 식힌다. 이 과정에서 팬(Fan)은 공기가 라디에이터를 통해 움직이는 것을 돕고, 써모스텟(Thermostat)은 냉각수가 적절온도를 유지하도록 하는 기능을 하며, 이때의 냉각수의 온도는 80～90℃를 유지하도록 설계된다.

〈표 5.15〉 기관 내부 주요부위의 온도

기관의 각 부위	온 도(℃)	기관의 각 부위	온 도(℃)
연소실 가스	2,500	실린더의 벽	150~370
배기밸브 헤드부위	650~730	피스톤 헤드부위	290~310
배기밸브 스탬	635~860	연소실의 벽	200~260
점화플러그의 전극	450~875	피스톤 스커트 부위	90~200
피스톤 헤드중심	290~300	피스톤 링(1번)	150~260

5. 배기(排氣)장치

엔진을 작동시키기 위해서 실린더 안에 혼합기의 흡입(吸入)을 위한 공기청정기·인젝트(Injector) 및 흡기 매니폴드(다기관)가 있고, 또 혼합기의 연소가스를 외부로 배출하기 위한 배기 매니폴드·배기파이프·3원 촉매 및 소음기로 구성되어 있다.

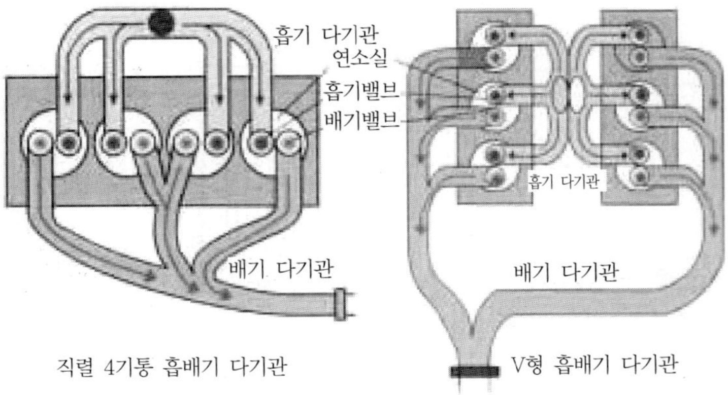

〈그림 5.22〉 흡배기 다기관의 구성도

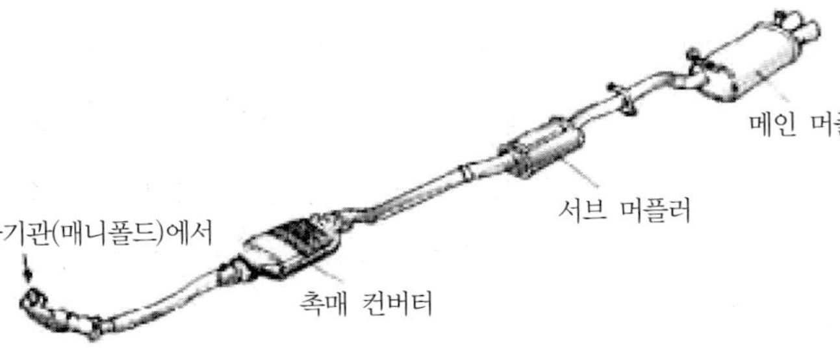

〈그림 5.23〉 배기 다기관으로부터 연결되는 배기경로

가솔린기관(Gasoline engine)

가솔린 기관은 가솔린을 연료로 사용하는 내연기관으로 실린더 안에서 공기와 연료를 혼합하여 점화플러그로 점화 연소시킬 때 발생하는 높은 압력의 연소가스로 피스톤을 움직이게 하고, 이것을 크랭크 기구에 의해 회전운동으로 바꾸어 원동력을 얻는 기관이다. 가솔린 기관은 자동차 외에 오토바이·항공기·고속선박 등에 사용되고, 크기나 무게에 비하여 큰 출력을 얻을 수 있으나 디젤기관보다 연료비가 비싸고 열효율이 낮아 경제성은 떨어진다.

디젤기관(Diesel engine)

경유 또는 중유를 연료로 압축·점화에 의해서 작동하는 왕복운동형의 내연기관으로써 디젤엔진 또는 압축점화기관이라고도 한다. 실린더 안에 공기를 흡입·압축해서 고온·고압으로 하여, 여기에 액체연료를 분사하여 자연 발화시켜 피스톤을 작동시킴으로써 동력을 얻는 내연기관이다. 디젤기관은 가솔린기관보다 값이 싼 경유를 연료로 사용하고, 연료소비량이 적으므로 운전비용이 싸고 기동도 쉬워서 내연기관 중에서 가장 널리 사용되고 있다.

5.4.1.2 전기장치

자동차의 전기장치는 축전지(蓄電池)와 발전기(發電機)를 중심으로 배선을 통해 각 시스템으로 연결되는 구조이다.

1. 배선(配線)

배선의 구조는 대부분 도체(導體)와 절연물(絕緣物)로 구성되며, 용도에 따라 전력용·신호용 배선으로 크게 나눌 수 있다.

(1) 전력(電力* Power)용

대부분 동(銅* Capper)을 주성분으로 한 도체와 PVC를 주성분으로 한 절연체를 주로 사용하며, 사용부위별로 난연(難燃* Flame retardant) 및 내열(耐熱* Heat resistant)성을 추가하는 배선이 주로 쓰인다.

(2) 신호(信號)용

구조는 전력용과 유사하나 차폐(Shield)되는 구조를 더 갖는 것이 일반적이며, 차내의 전자파 및 기타 전기 노이즈(Noise)를 차단하는 기능을 더한 것이다.

(3) 허용전류

건축용의 전기배선에서와 같이 차량의 배선에도 허용전류가 있어서 부하에 따라 적정한 배선을 사용한다. 허용전류(許容電流)는 도체의 사이즈(단면적)에 따라 기본적으로 차이가 있으며, 허용전류에 영향을 미치는 요인들 중 가장 많은 영향을 미치는 것은 절연물의 성질과 관련된 주위 온도와 배선의 단면적(斷面積)과 관련 되는 소선(素線)수이다.

2. 축전지

(1) 축전지의 구조

납(鉛)과 황산물질이 갖는 화학적 에너지를 전기적 에너지로 변환시켜 이용할 수 있도록 한 장치로써, 화학적 에너지를 전기적 에너지로 변환시키는 상태를 방전(放電)이라고 말하며, 또 전기에너지를 화학에너지로 변화시켜 축적하는 것을 충전(充電)이라 말한다.

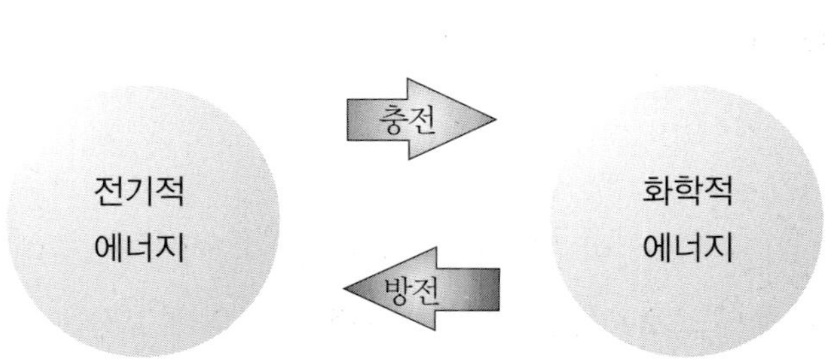

〈그림 5.24〉 축전지의 에너지 변환

납축전지는 양극에 과산화납(PbO_2), 음극에 납(Pb)을 사용하고 황산(H_2SO_4)에 넣은 것이다. 극판(極板)면적의 증가를 위하여 많은 양극과 음극의 극판이 병렬로 연결되어 있으며, 또 각 극판 사이에는 절연물로 만든 격리(隔離)판이 들어 있다.
충전(充電)된 상태에서는 양극은 이산화납, 음극은 납이지만 방전을 계속하면 양극과 음극이 다 같이 황산납으로 되며, 동시에 물이 생기게 되므로 전해액(電解液)의 비중이 저하된다.

PbO_2 + $2H_2SO_4$ + Pb[충전] ⇔ [방전] $PbSO_4$ + $2H_2O$ + $PbSO_4$
(양극) (전해액) (음극) (양극) (전해액) (음극)

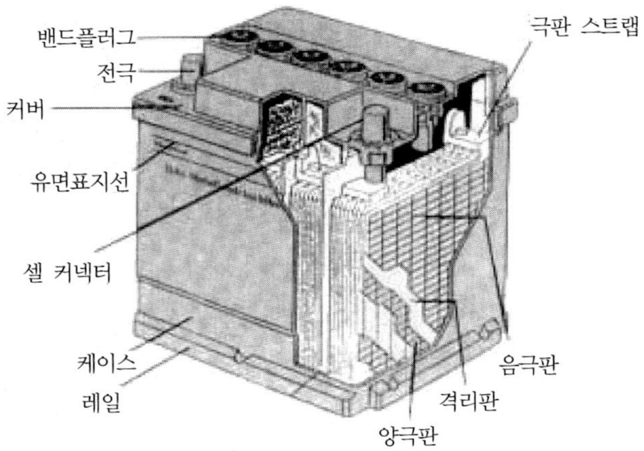

〈그림 5.25〉 축전지의 구조

(2) 축전지의 종류

① **납축전지** : 일반 축전지

② **알칼리 축전지** : 전해액(電解液)을 수산화나트륨으로 사용한 선박용으로써 가격이 높고 수명이 길다.

③ **MF축전지** : 극판(極板)이 납 칼슘으로 구성되어 Gas 발생이 적고 전해액이 불필요하며, 자기방전이 적다.

3. 시동 모터

전류의 자기(磁氣)작용에 의하여 발생하는 전기력을 이용한 것으로써, N극과 S극 사이에 도선을 놓고 전류를 흐르게 하면, 전류의 자기작용에 의해 도선은 전자력(電磁力)을 받게 된다. 즉, 시동모터의 브러시와 정류자를 통하여 도선에 전류를 흐르게 하면, 자력선이 발생하여 코일이 회전하게 되어 전기적인 에너지를 기계적인 에너지로 바꾸게 된다. 플레

밍의 왼손법칙을 이용한 원리이다.

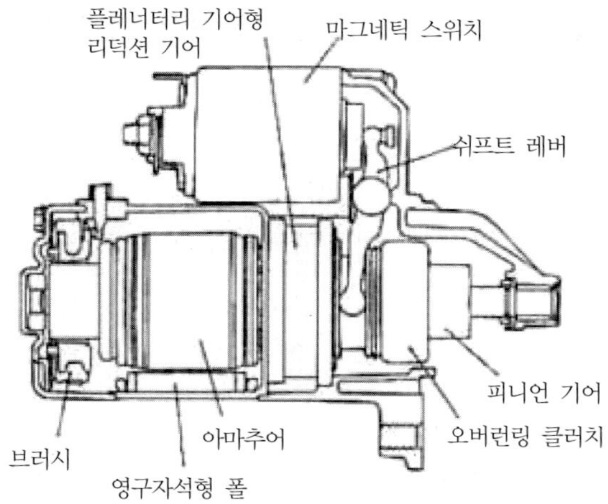

〈그림 5.26〉 시동 모터의 구조

4. 점화장치

가솔린 또는 LPG 등의 연료를 사용하는 엔진에서 압축(壓縮)된 혼합기(混合氣)를 폭발(爆發)적으로 연소시키기 위하여 점화플러그로 점화하는 장치로써, 시스템 전체를 점화계통이라고 부른다. 정확한 점화시기에 의한 방전으로 강한 불꽃을 얻는 것은 엔진에 필수적인 요소이며, 전류흐름의 순서는 점화스위치 → 배터리 → 시동모터 → 점화코일 → 배전기(配電機) → 고압케이블 → 스파크 플러그 등의 순이다.

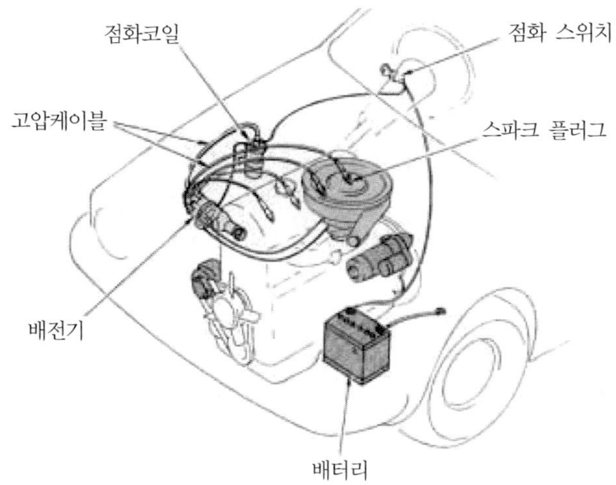

〈그림 5.27〉 점화장치의 구조

5. 발전기(發電機)

발전기는 스테이터(Stator) 안에 로터가 회전함으로써 3상 교류전류(交流電流)가 발생한다. 이 교류전류를 다이오드에 의해 직류로 변환하여 배터리에 충전하게 된다.

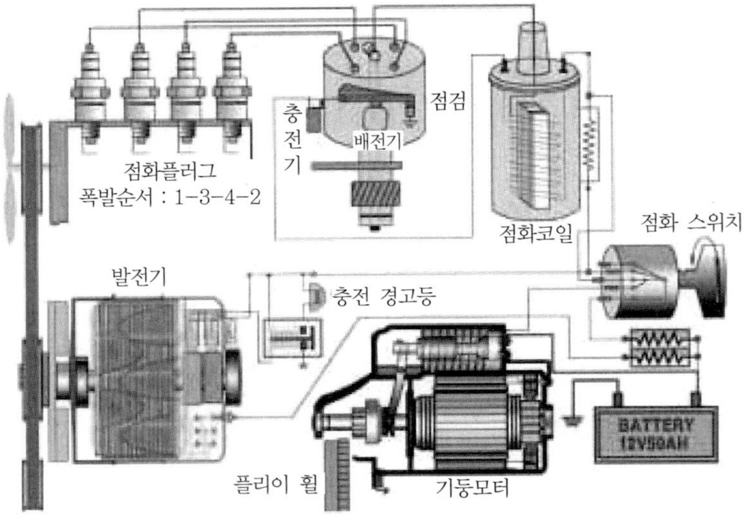

〈그림 5.28〉 발전기의 계통도

5.4.2 LPG 차량

LPG를 사용하는 엔진의 메커니즘은 휘발유 엔진과 기본적으로 같다. 즉, 봄베(Bombe)라 불리는 연료탱크에 저장된 액체상태의 LPG가 연료 필터(Filter) · 솔레노이드밸브(Solenoid Valve) 및 연료파이프 등을 통해 베이퍼라이저(Vaporizer)로 들어가 기화(氣化)된 다음 공기와 섞여 연소실에서 흡입(吸入) → 압축(壓縮) → 폭발(爆發) → 배기(排氣)

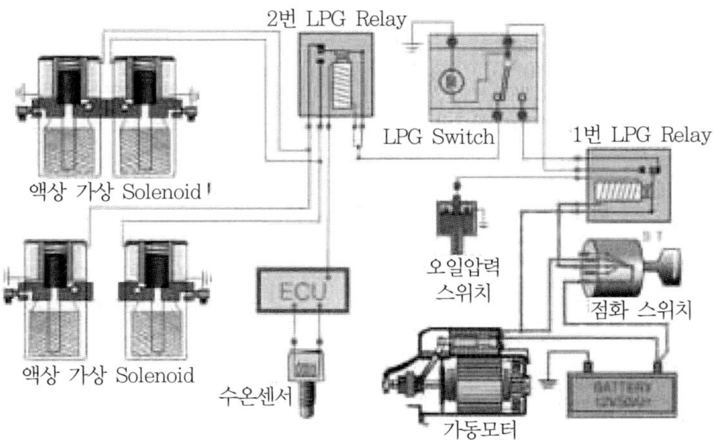

〈그림 5.29〉 LPG 차량의 계통도

하는 순으로 작동한다.

5.4.2.1 LPG 연료

1. 연료의 특징

① 상온(20℃)에서 프로판은 약 7.4kg/cm^2, 부탄은 1.4kg/cm^2 이상 가압하면 쉽게 액화하는 성질을 가지고 있으며, 대기압 상태에서 프로판은 −42.1℃, 부탄은 −0.5℃ 이하로 냉각하면 액화(液化)한다.

② 액화상태의 LPG는 온도를 상승시키면 부피가 늘어나게 되는데 혼합비율에 따라 다르게 나타날 수 있으나, 프로판은 250배, 부탄은 230배 팽창하며, 이러한 부피의 팽창은 물의 15~20배, 금속류의 100배 정도가 된다.

③ 연료탱크에 규정 이상 LPG를 충전할 경우 액체 LPG가 온도에 따라 팽창하여 연료탱크가 파열하게 되므로, 연료탱크(봄베)에는 LPG를 85% 이상 충전하지 않도록 규정하고 있다.

④ 예컨대 LPG를 15℃에서 연료탱크에 85%를 충전했을 경우, 온도가 60℃가 되면 액체 LPG가 팽창하여 용기 내의 공간이 완전히 없어지게 되며, 60℃ 이상 온도가 올라갈 경우 연료탱크가 파열된다.

2. 프로판과 부탄의 혼합비

LPG는 온도와 프로판 · 부탄의 혼합비에 의해 증기압(蒸氣壓)이 달라지므로, 압력에 의한 시동성의 확보를 위해 계절별·지역별로 프로판과 부탄의 혼합비(混合比)를 가변(可變)적으로 적용하고 있으며, 그 기준은 아래 표와 같다.

〈표 5.16〉 온도별 프로판과 부탄의 평균 혼합비율

온 도	− 20℃	− 10℃	0℃	5℃	10℃ 이상
프로판(%)	30	20	10	5	0
부 탄(%)	70	80	90	95	100

〈표 5.17〉 월별 프로판과 부탄의 평균 혼합비율

월 별	1	2	3	4	5	6	7	8	9	10	11	12
프로판(%)	30		30	20	0				20		25	30
부 탄(%)	70		70	80	100				80		75	70

3. 연료의 공급계통

LPG 자동차의 연료공급 구조는 가솔린이나 디젤기관처럼 연료를 공급하기 위한 연료펌프가 없고, 연료탱크(봄베) 내에 있는 가스압력에 의해 연료를 공급하는 구조로 되어 있다.

① LPG 연료는 주성분이 부탄(계절별로 70%에서 100%까지 포함)이 기온이 낮아질 경우, 기화의 기준이 되는 증기압이 낮아져 기체화(氣體化)가 어려워지는 성질로 인해 시동 시에는 봄베 내에 있는 기체상태의 연료를 이용하여 시동을 걸게 되며, 이때 긴급차단장치와 전자밸브의 기체(氣體)측 밸브는 열리게 되고, 액체(液體)측 밸브는 닫히게 됨으로써 기체연료만 공급된다.

② 시동이 걸린 후 엔진의 냉각수 온도가 15℃가 되면 기체 측 밸브를 닫고 액체 측 밸브를 열어 액체상태의 연료를 기화기로 전달하게 되며, 이때 기화기는 전달된 액체상태의 연료를 엔진에서 데워진 냉각수를 이용하여 가열시켜서 기체상태로 만들어 엔진에 기체연료를 계속해서 공급하게 된다.

5.4.2.2 LPG 엔진의 구성 부품

1. LPG 봄베(Bombe)

봄베에는 LPG 충전밸브(綠色), 기체 LPG 송출밸브(黃色), 액체 LPG 송출밸브(赤色) 등 3가지의 기본밸브로 구성되어 있다.

용기본체의 항장력 41kgf/cm^2 이상·두께 3.2mm의 고압가스용기용 탄소강판을 사용하여 원통으로 용접하고 31kgf/cm^{2}의 내압시험과 10kg/cm^{2}의 기밀시험을 거쳐 제작되며, 고압가스 증명을 각인으로 표시하고 있다. 또한 용기를 회색(灰色)으로 도장(塗裝)한다.

용기 본체에는 충전밸브(녹색)·액(液)송출밸브(적색)·기(氣)송출밸브(황색)·플로트 게이지 등이 부착되어 있으며, 충전밸브에 부착된 안전밸브는 화재 등으로 용기 내의 압력이 24kgf/cm^2 이상이 되면 작동하여 용기의 파열(破裂) 및 폭발(爆發)을 방지한다.

〈사진 5.64〉 차량의 가스용기

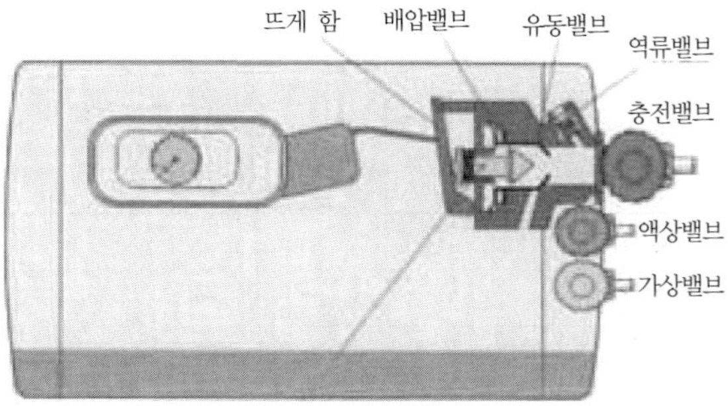

〈그림 5.30〉 Bombe 구성품의 배치도

(1) 액면 표시장치

LPG의 과충전(過充塡* Over charge)을 방지하기 위하여 봄베 내에 충전된 LPG양을 확인하기 위해 뜨개식이 사용된다.

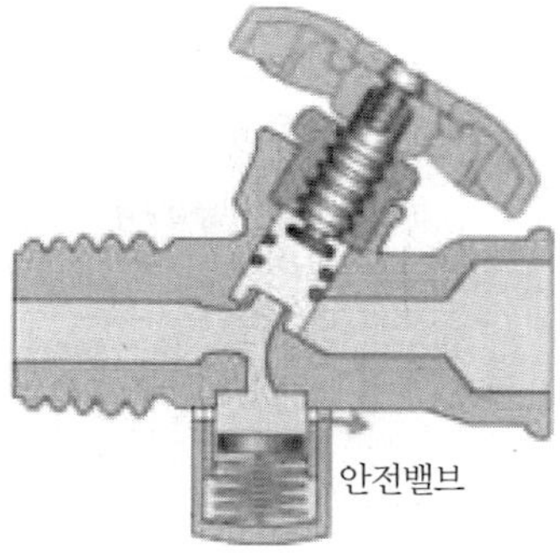

〈그림 5.31〉 안전밸브의 구조

(2) LPG 충전밸브

액상(液相)LPG를 충전할 때 사용하는 밸브로써, 충전밸브에 부착된 안전밸브는 봄베 주위의 온도상승(화재 등)에 의해 봄베의 내(內)압력이 상승하여 24kg/cm^2 이상이 되면 안전밸브가 작동하여 봄베 내의 LPG압력을 일정하게 유지시켜 폭발 등의 위험을 방지하는 일을 한다(밸브의 색상 : 초록색으로 도색).

(3) 송출밸브

봄베에 충전된 LPG를 연소실로 공급하는 밸브 아래쪽에는 과류방지 밸브(EFV)가 설치되어 있어 차량에 이상이 발생할 때 LPG의 누출로 인한 사고를 방지한다(기체 송출밸브 : 황색, 액체 송출밸브 : 적색).

2. 기화기(Vaporizer)

LPG 탱크에 기체연료만 사용하면 혹한(酷寒) 때에도 시동(始動)성을 크게 높일 수 있지만 고속주행 시에 출력이 떨어지고 운전성이 나빠져서 정상적인 주행을 하기 어렵고, LPG의 탱크 용량에도 문제가 발생한다. 따라서 액체연료(체적이 기체의 약 1/250배)를 사용해야 하고, 감압·증발(기화)의 조압(압력조절) 기능을 하는 기화기를 달아야 한다. 주의할 점은 기화기에서 발생하는 타르(찌꺼기)를 정기적으로 제거해야 하며, 타르 제거요령은 냉각수가 충분히 데워진 후 즉, 타르가 굳어 있지 않은 상태에서 드레인 코크를 열고 타르를 배출(排出)시킨 다음 드레인 코크를 닫아야 하며, 기화기의 주요기능은 다음과 같다.

(1) 1차 감압(減壓)실(고압 측)

봄베로부터 전달되는 액체LPG를 0.3kg/cm^{2}으로 감압 및 기화하여 2차 감압실로 보낸다.

(2) 2차 감압실(저압 측)

1차 감압 실에서 들어온 LPG를 더욱 감압하여 대기압 정도의 압력으로 낮추어 준다.

(3) 고정 조정 스크루(Idle adjust screw)

공회전(空回轉)상태에서 스크루를 돌려 공회전 상태의 CO 또는 HC의 농도를 조절한다.

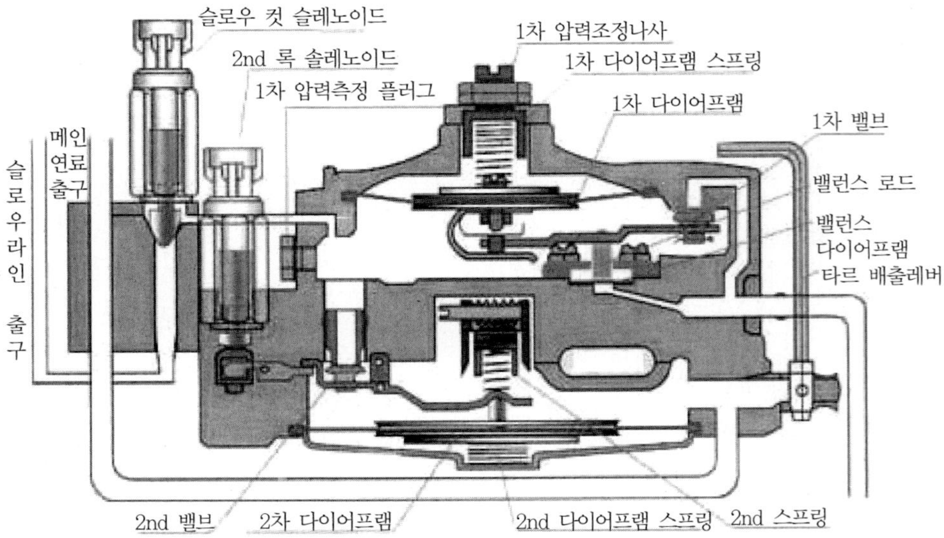

〈그림 5.32〉 기화기(Vaporizer)의 구조도

(4) 온수(溫水)실

LPG가 액체상태에서 기체로 될 때 주위로부터 기화열(氣化熱)을 흡수하여 밸브를 동결시키는 현상을 방지하기 위하여 두고 있다.

(5) 드레인 콕

LPG 연료조성에는 불(不)휘발성물질(타르)이 혼합되어 있어서 이것이 기화기(Vaporizer) 내에 고이면 기화기의 작동이 불량해진다. 따라서 이것을 방지하기 위해 드레인 콕 레버를 90° 열어서(1회/월) 타르를 배출시킨다.

(6) 1차 압력조정 스크루

1차 감압실의 LPG 압력을 0.3kg/cm^{2}으로 조정하기 위한 스크루이다.

(7) 2차 로크 솔레노이드 밸브

엔진 작동 시에 2차 밸브를 열어 LPG를 공급하고, 엔진 작동정지 시에는 2차 밸브를 닫아 LPG 공급을 차단한다.

(8) 저속차단 솔레노이드 밸브

엔진의 시동(始動)시에 필요한 LPG를 추가 공급하는 장치이다.

3. 믹서(Mixer)

(1) 믹서의 기능과 구성

믹서는 기화기(Vaporizer)에서 기화된 연료를 공기와 혼합해 연소실에서 연소되기에 가장 적당한 비율로 연소실에 공급하는 일을 한다.

① 메인 조정 스크루(MAS : Main Adjust Screw)

연료의 유량(流量)을 정하기 위한 장치로써, LPG는 계절에 따라 비중 및 압력변화에 따른 공연비가 변하기 때문에 믹서의 연료 주입구에 메인 조정 스크루가 달려있다.

② 혼합비 조정 스크루(AAS : Air Adjust Screw)

엔진이 공회전할 때 1차 스로틀밸브를 지나 흐르는 혼합기의 양을 조정하는 것이 주(主)기능이고, 기화기의 공회전 혼합비 조정 스크루로 일산화탄소의 배출량을 조정하는 것이 부(副)기능이다.

③ 가스차단 밸브(FBM믹서)

급(急)감속할 때 솔레노이드 밸브가 작동되어 진공(眞空)이 만들어지면 가스 입구를 막아 더 이상 연료공급이 되지 않도록 한다.

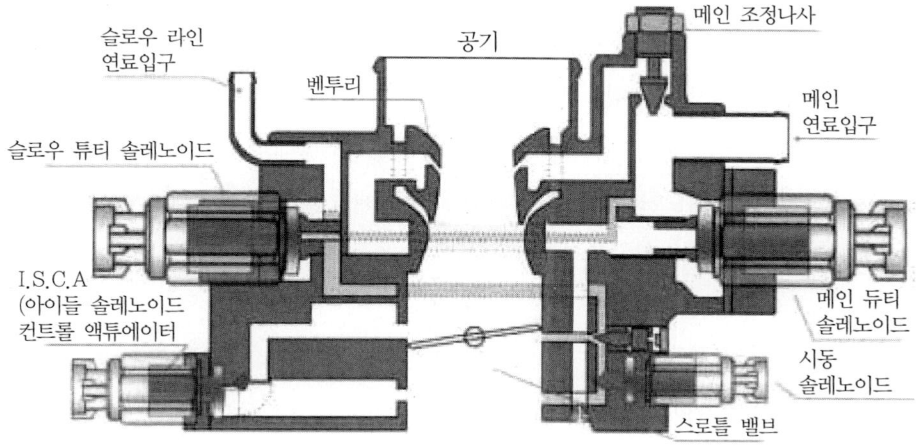

〈그림 5.33〉 믹서의 구조

(2) 믹서의 종류

① 기계식 믹서

기화기(Vaporizer)에서 완전히 기화된 LPG는 벤투리(Venturi)에서 발생하는 부압에 의하여 저압호스로 믹서에 도입되고, 파워 조정나사로 유량(流量)이 조정되어 흡입공기와 혼합되어 실린더에 흡입된다.

② 전자식 믹서

피드백 믹서라고 부르며, 에어조정나사·주 조정나사·피드백 솔레노이드 밸브·ISC밸브·오토초크 등으로 구성된다.

4. 필터

LPG 연료필터는 휘발유의 연료필터와 같이 연료 중의 불순물을 여과하지만, 그 구조는 전혀 다르다. 특히 엘러먼트(Element)는 금속분말을 태워 만든 것 또는 두꺼운 펠트 같은 재질의 여과재료가 사용되고, LPG의 증기압에도 견딜 수 있는 튼튼한 구조로 되어 있고, 필터 엘러먼트는 붙였다 뗄 수 있고 청소도 할 수 있다.

입구쪽으로 들어간 LPG는 다공질의 세라믹 엘러먼트에 의해 80㎛ 이상의 불(不)가용성 이물질을 여과하고, 다시 필터 엘러먼트 내의 영구 자석에 의해 엘러먼트를 통과한 미세한 부유철분(浮遊鐵分)을 흡착하도록 되어 있다.

5. 액체·기체 솔레노이드 밸브

액체·기체 솔레노이드 밸브는 LPG 엔진의 시동성을 좋게 하기 위하여 냉각수 온도(15℃ 기준)에 따라 액상 또는 기상 LPG를 차단/공급하는 역할을 한다.

운전석의 LPG 스위치를 조작하여 LPG를 공급하거나 차단할 수 있고, 아랫부분에는 필터가 일체식으로 달려있다. 즉 냉각수 온도(15℃ 기준)에 따라 온도가 내려가면 기상 솔레노이드 밸브가 작동하여 기체상태의 가스연료를 기화기로 공급시켜 시동(始動)성을 좋게 하며, 이때 운전석의 계기판에는 기상표시등이 켜져 있다. 반대로 온도가 올라가면 기상표시등이 꺼지고, 액상 솔레노이드 밸브가 작동해서 액체상태의 LPG를 기화기에 공급시켜 엔진의 출력저하를 막아주는 역할을 한다.

5.4.2.3 LPG 차량의 화재위험성

LPG 차량의 화재위험성은 가스누출에 의한 것이 대부분이며, 나머지는 가솔린 또는 디젤기관의 일반차량에 대한 화재위험에서 다루기로 한다.

1. 구조적인 화재위험성

현재 프로판과 부탄의 혼합구조(混合構造)하에 있는 국내 LPG 자동차는 기온이 낮을 때 액체 LPG가 쉽게 기화되지 않는 성질 때문에, 초기 시동 시에는 봄베 상층부에 있는 기체연료를 이용하여 시동을 걸기 위해 봄베에서 전자밸브까지 기체연료를 공급할 수 있는 라인을 갖추고 있다.

이러한 기체연료의 공급라인은 긴급차단장치·전자밸브·기체연료 공급파이프 등이 필요하고, 동 부품들을 서로 연결해야 하기 때문에 동 연결부위에서 가스누출의 가능성이 증대된다. 특히 연료계통 이음부에 들어가는 고무패킹이 열경화(熱硬化)로 기밀(氣密)유지를 못하거나 수리불량(修理不良)에 의한 가스누출은 사전에 인지하기 어려워 누출에 의한 화재위험성이 대단히 높다.

2. 교통사고 이후 화재위험성

LPG 자동차는 교통사고로 연료주입 파이프가 파손되었을 경우 봄베 내에 있는 연료가 누출되어도 가스누출을 자동 차단시킬 수 없는 구조이며, 기체연료공급 파이프가 파손될 경우에도 시동이 꺼지지 않은 상태에서는 액체상태의 연료가 전자밸브의 기체밸브로 역류(逆流)되어 누출될 위험이 있고, 이렇게 누출된 가스는 주변의 점화원에 인화되어 화재로 이어질 수 있다.

또한 엔진에 연료가 공급되지 못할 정도로 액체연료공급 파이프가 파손될 경우에는 시동이 꺼져 연료탱크 부위에 설치되어 있는 긴급차단장치 및 과류방지(過流防止) 밸브가 작동하여 연료공급을 차단하므로 인하여 연료의 누출위험성은 없으나, 시동이 꺼지지 않을 정도로 파손되어 가스가 누출될 경우에는 동 차단장치들이 작동을 하지 않기 때문에 연료누출(燃料漏出)로 인한 화재위험성이 있다.

5.4.2.4 차량화재의 사례와 조사요점

1. 연료계통의 개조(改造)로 인한 화재

(1) 대상차량의 구조

조사대상 차량은 휘발유 전용차량을 LPG 차량으로 불법개조한 것으로써, LPG 용기에서 기화기(Vaporizer)까지의 연료계통에서는 가스가 누출되지 않는 상태이나, 기화기 이후의 연료계통이 LPG 전용이 아닌 휘발유 전용(專用)의 믹서 및 스로틀을 사용하여 기화된 LPG가 엔진룸 내부로 누출될 수 있는 구조이다.

(2) 조사요점

① 가스화재의 경우에는 발화원(發火源) 자체보다 가스 누출개소의 조사가 가장 중요한

〈사진 5.65〉 엔진룸 내부의 소잔현상과 휘발유 자동차 전용믹스

부분이며, 이러한 경우 점화원은 엔진 및 배기관 매니 폴더 등의 고온 표면·전기적인 스파크·기계적인 스파크·운전자가 제공할 수 있는 나화(裸火) 등 여러 형태의 점화원이 존재할 수 있다.

② 누출가스의 확산과정에서 미상(未詳)의 점화원에 의해 착화되면, 가스의 누출 개소로 화염(火焰)이 수렴(收斂)되며, 누출가스의 연소열로 누출개소가 가장 심하게 수열(受熱) 받아 변색 및 변형된다.

2. LPG 차량 배관의 체결불량에 의한 화재

(1) 현황

대상차량은 LPG 전용차량으로 엔진룸 내부에 설치된 솔레노이드 밸브의 설치 부분을 중심으로 연소 확대되어 엔진룸 내부가 전소(全燒)되어 있었다.

〈사진 5.66〉 LPG 차량 엔진룸 내부의 소잔 현상

〈사진 5.67〉 솔레노이드 밸브 바디의 니플과 볼트 사이의 틈새

(2) 조사사항

① 엔진상단에 배선된 일부전선에서 단락용흔(短絡鎔痕)이 식별되나, 이는 연소의 중심과 이격(離隔)된 상황으로써 발화(發火)원으로 작용되었을 가능성보다는 연소의 확대 진행과정에서 절연피복이 소실(燒失)되면서 단락 용흔이 발생되었을 가능성이 높다.

② 연소의 중심부에 설치된 솔레노이드 밸브를 분해 조사한바 동 솔레노이드 밸브 바디의 니플(Nipple)부분과 연결볼트 간의 체결이 약화된 상태였으며, 동 솔레노이드 밸브를 절단 분해하여 조사한바 틈새가 식별되었으며, 동 틈새에 해당되는 니플의 표면에서 타르의 오염흔적이 발견됨을 볼 때, 체결력(締結力)의 약화로 인한 틈새를 통하여 LPG가 엔진룸 내부로 누출(漏出)될 수 있는 구조이다.

③ 자동차는 운행 중 항상 진동을 발생하는바, 자동차의 진동에 의한 조임부분의 풀림이나 체결력이 약화될 수 있으며, 소비자 보호원의 통계자료에 의하면 가스전용 차량의

경우 약 18%(불법 개조차량의 경우 약 40%) 의 가스가 누출한다고 한다. 따라서 가스차량의 화재조사에 있어서 이러한 점을 반드시 염두에 두어야 할 것이다.

3. LPG 차량 기화기의 결함에 의한 화재

(1) 기화기(Vaporizer)의 원리

LPG 차량은 기화기를 통하여 액상의 LPG를 기상의 LPG로 상변화시킨다. 따라서 기화기는 1차실·2차실로 구분되며, 1차실은 다이어프램(Diaphram)·밸브·스프링 및 대기압과의 상호작용에 의해 용기의 직압(直壓)을 0.3kg/cm^{2}로 감압(減壓)하며, 2차실은 거의 대기압의 수준으로 감압하여 믹서 측에 LPG를 공급한다.

(2) 위험성

상기의 구성요소와 동작 중, 1차실의 다이어프램이 파손되면 용기의 직압이 믹서 측으로 가해질 수 있으며, 과압의 LPG가 믹서 이음매 혹은 필터부분으로 역류(逆流)가 가능하며, 엔진룸 내부로 LPG가 누출될 수 있다.

〈사진 5.68〉 엔진룸의 소잔현상과 다이어프램의 손상부분

(3) 조사사항

대상 차량은 LPG 전용차량으로써 기화기의 설치부분을 중심으로 연소가 확대되었고, 기화기를 분해검사(分解檢査)한바 1차실의 다이어프램 중 밸브와 접촉되는 부분이 파손된 상태로 소잔되어 있었으며, 1차 실 커버부분 중 다이어프램 파손부분과 접촉된 부분에서 타르의 오염흔적이 발견되었다. 동 파손부분은 밸브의 반복적인 작동에 의한 피로에 따른 파손으로 볼 수 있다.

4. 솔레노이드 밸브의 결함에 의한 화재

(1) 구조 및 기능

솔레노이드 밸브는 밸브부와 필터부가 일체형으로 구성되어 있으며, 연료통로를 개폐(開

閉)하는 역할을 하여 용기 측의 연료를 기화기로 공급(供給) 또는 차단(遮斷)한다.

① 가스전용차량에는 솔레노이드 밸브 2점이 기화기의 전단에 부착되어 기상(氣相) 및 액상(液相)의 LPG를 공급 또는 차단하고, 액상가스가 기상배관으로 역류하지 않도록 체크밸브가 부착되어 있다.

② 냉각수의 온도가 15℃ 이상 또는 이하의 여부에 따라 기상 및 액상 솔레노이드 밸브가 개폐되는 제어를 행한다.

③ 솔레노이드 밸브의 입구부분에 적색(赤色)페인트가 도색된 부분이 액상 솔레노이드 밸브이며, 용기 측에 연결된 긴급차단 밸브도 솔레노이드 밸브의 구조이다.

(2) 조사사항

대상차량은 LPG 전용차량으로 솔레노이드 밸브의 바디부분과 필터 커버부분의 가공 불량(加工不良)으로 틈새가 형성되어 완전 밀폐(密閉)되지 않은 구조로써, 링(O) 표면에서 접촉 밀폐된 부분과 접촉되지 않은 부분이 식별된다.

〈사진 5.69〉 LPG 차량 엔진룸 내부의 소잔 및 필터 바디 측의 틈새형성 현상

5.4.3 차량의 화재위험성

자동차 화재는 건물 내의 구획화재와 달리 바람의 영향이 크고 연소형태가 일정하지 않아 소잔현상에서 발화지점을 축소하는 것이 어려울 경우가 많으며, 발화(發火)원으로 작용하는 고열부분은 화재 열에 의한 고온전도로 인하여 그 소잔흔적을 입증하기 어려운 경우가 있음을 명심하여 소잔증거로서 무리한 추론(推論) 등은 삼가고, 소잔되지 않은 발화원이라도 화재 전의 차량상태에 대한 검토를 충분하게 할 필요가 있다. 즉, 차량화재 발생 이전의 사고 및 수리이력, 최근에 설치한 부착물 또는 교체부품, 차량에 대한 중대한 결함으로 제조사의 리콜 여부, 차량의 개조 여부 및 개조 당시 순전부품의 사용 여부 등은 발화지점의 축소 및 발화의 개연성 여부의 판단에 키포인트가 될 수 있는 부분으로 조사 이전

에 이들을 규명하여 두는 것이 중요하다.

1. 연료 및 윤활장치

연료는 휘발유·경유·LPG 등이 사용되고 있으므로 이들의 기본 인화/발화의 특이성과 엔진의 배기 다기관 등 고온부의 특이성과 결합하여 화재로 발전될 수 있고, 연료 또는 오일이 누출될 때 발화위험이 있으나 출화되기 위해서는 가연물과 함께 혼재될 경우가 가장 위험하다.

① 오일이 부족할 경우에는 냉각수의 부족과 같이 엔진과 배기계통에 과열을 가져올 수 있다.

② 연료라인에서 연료가 누설되는 경우에는 라인의 체결 불량 또는 고무호스부분의 경화(硬化)·열화(劣化)·밴드 조임 부분의 균열(龜裂) 등이 있을 수 있다.

③ 오일의 경우에는 오일필터를 잘못 결합하거나 개스킷 또는 패킹의 노후(老朽)에 의한 누유(漏油) 등으로 엔진 및 배기장치 등 고온부에 접촉되어 착화(着火)되거나 배선의 단락스파크로 착화될 수 있다.

〈사진 5.70〉 엔진블록과 배기 매니 폴더에 누유(漏油)된 오일

〈사진 5.71-1〉 오일의 누유와 엔진과열에 의한 연소현상(착화시험)

〈사진 5.71-2〉 연소 이후 오일 누유부분의 소잔현상

2. 냉각장치

냉각장치(冷却裝置)의 이상에는 냉각수의 누수 또는 써모스텟(Thermostat)의 결함(缺陷), 워터펌프의 결함, 팬벨트의 결함 등이 있으며, 이들의 결함이 있을 경우에는 냉각수의 온도와 압력 상승으로 이음부나 고무호스부분의 파열로 냉각수가 누출되어 종국에는 엔진 과열로 이어진다. 특히 정차(停車)중 장시간의 공회전은 주행 당시 공기의 공급에 의한 공

랭(空冷)기능이 없기 때문에 엔진과열에 이르기 용이하다.

3. 배기장치

① 배기(排氣)장치 중에서 가장 온도가 높은 부분은 엔진룸의 매니 폴더 부분으로써, 이 부위에 엔진오일 또는 가연물이 접촉될 경우 발화위험이 있고, 장시간의 공회전(空回轉) 또는 엔진룸의 센서 등이 균형을 상실할 때 혼합기의 변화와 이상연소(異常燃燒) 과정에 의한 미연소 혼합가스가 배기구에 전달되어 촉매(觸媒)장치와 소음기(消音器) 부분에서 2차 연소에 의하여 화재가 발생될 수 있다. 배기장치에 따른 화재의 경우에는 발화흔적(發火痕迹)을 남기기 어려우므로 발화지점 또는 엔진의 운전 개요를 파악하는 것이 매우 중요하다.

② 운전자가 엔진을 작동시켜 놓고 잠자는 경우에는 엔진의 장시간 공회전에 따른 불안정과 잠든 상태에서 가속페달을 밟게 됨으로써, 배기장치에 2차 연소(燃燒)를 일으켜 언더코팅 재·머플러 고정레버·플라스틱 구조물 등에 착화되어 화재가 발생하는 경우가 많다. 이럴 경우에는 주변에서 엔진의 굉음(轟音)을 들었다는 목격자의 진술을 들을 수 있다.

(a) 소음기의 과열현상 (b) 미연소 혼합가스 연소

(c) 범퍼에 착화 연소 (d) 소잔현상

〈사진 5.72〉 소음기의 과열에 의한 출화과정과 소잔현상

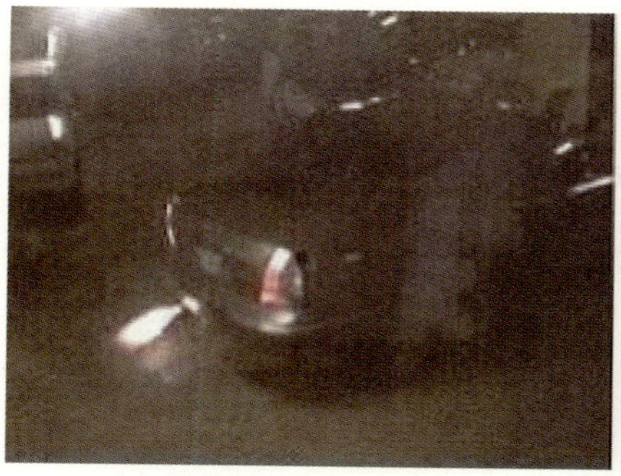

(a) 미연소 혼합가스 배출연소

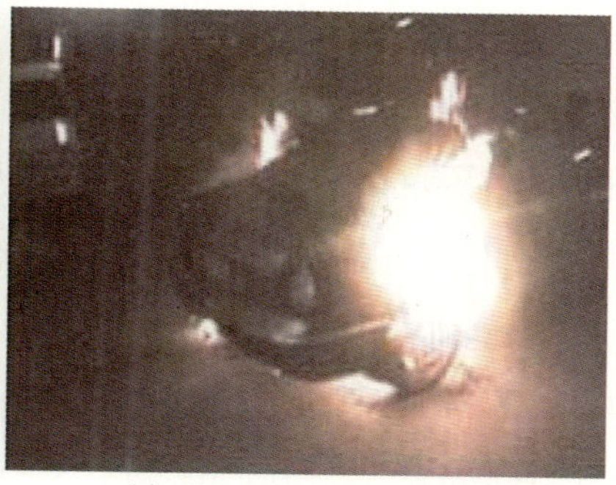

(b) 하부 구조물에 착화연소

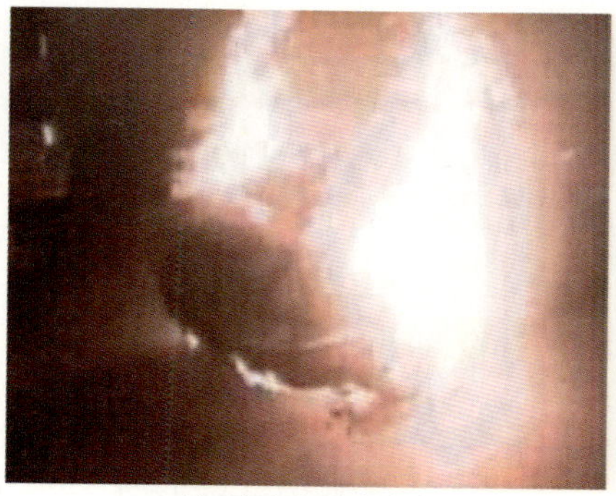

(c) 화염의 확대현상

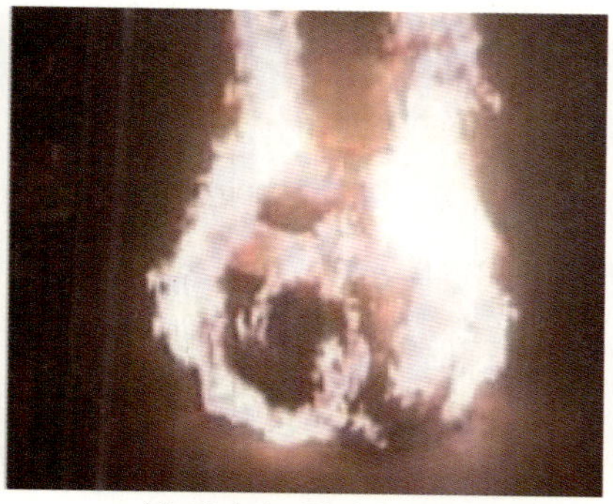

(d) 차량전소(운전자 사망)

〈사진 5.73〉 지하주차장에서 소음기의 과열에 의한 출화사례

4. 전기장치

① 전기장치는 배선회로와 전기제품 등의 커넥터와 배선의 설계 잘못·조립 불량·이완 등 접촉 불량 등에 의한 발화위험이 있고, 전로의 절연피복 또는 케이스가 가연물로 된 플라스틱 제품인 혼 또는 전등 등에서 제품의 기능 이상에 의한 발화위험이 있다

② 특히 자동차의 출고 이후 소비자가 부착한 원격시동장치·도난경보장치·보조등(燈)·안개등 등의 불법 전기장치 및 기구는 절연성이 약한 배선 또는 추가 설치에 의한

(a) 혼의 국부적인 연소흔적

(b) 전원단자의 과열현상

〈사진 5.74〉 임의로 부착한 혼에서 발화된 소잔현상

과부하 등으로 발화위험을 안고 있다.

③ 자동차용 배선은 다른 시스템보다 상대적으로 전류가 크고 각 부하에 알맞게 제조된 배선을 사용하였으므로, 한 개의 퓨즈에 여러 개의 시스템이 연결된다든지, 특히 스타터 모터·전조등·열선 등 대용량의 전류가 사용되는 회로에 추가 시스템을 부착하는 것은 화재위험이 매우 높다.

5. 제동(制動)장치

브레이크 시스템에서는 드럼 또는 디스크에 브레이크 패드가 지속적으로 접촉되면서 방열(放熱)량보다 과도하게 발생한 마찰열(摩擦熱)에 의하여 금속(金屬)부분이 적열(赤熱)상태가 되었을 때에 먼지 등 가연물이 존재할 경우에는 화재위험이 있다.

〈사진 5.75〉 브레이크의 마찰열에 의한 고온부의 변색현상

5.4.4 차량화재의 조사요점

5.4.4.1 현장조사

1. 차체조사(車體調査)

차체의 표면연소는 도장(塗裝)의 연소흔적과 실내의 내장재 및 타이어 등의 연소에 의한 수열흔적(受熱痕迹) 등으로 식별할 수 있으므로, 엔진룸과 실내·트렁크·범퍼 등의 독립개체의 연소의 확대 진행경로를 관찰한다.

① 차체 연소의 범위와 방향, 화염에 휩싸인 수열흔적 등으로 구분하여 초기의 발생화

〈사진 5.76〉 실내발화의 경우 차체의 수열변색흔적

염을 판별한다. 즉, 차체의 연소 끝단이 뚜렷한 곳(연소 확대가 크지 않는 부분)은 발화지점에 가깝고, 연소경계가 흐린 곳은 연소의 확대가 빠른 곳으로 발화지점에서 상대적으로 멀다고 판단할 수 있다.

② 도장된 철판은 가장 심하게 연소된 부위의 도장이 완전 소실되어 변색 또는 부식된다.

2. 유리창문의 형태

(1) 창문유리의 비산(飛散)

① 자동차 밖으로 파열되어 비산된 창문유리가 있는지 여부를 판별하기 위해 바닥 부위를 자세히 조사한다.

② 1 ~ 10m까지 멀리 비산된 유리가 존재할 경우에는 자동차의 내부폭발의 증거(證據)가 된다. 이때에는 문짝이나 트렁크 등의 기밀부가 변형되었는지도 확인한다.

(a) 폭발순간의 유리파편의 비산현상　　(b) 폭발 이후 연소 및 문짝 변형현상

〈사진 5.77〉 휘발유 유증에 의한 폭발순간과 연소진행상황

(2) 소락(燒落)

대부분의 유리파편이 문짝 바로 밑에 떨어져 있는데 반해, 한 개의 문짝 밑에만 유리파편이 없는 경우에는 화재 전에 도구를 이용하여 외부에 안으로 유리를 파열시켰을 경우를 생각하고, 소잔(燒殘)차량 내부를 조사하여 실내로 들어간 유리파편을 확인한다.

(3) 유리파편의 절개형태

한점을 기점으로 방사형(放射形)으로 곧게 뻗은 유리의 절개형태는 한점에 힘이 가해져 생성되는 것으로써 외력이 작용되었음을 추정할 수 있고, 반면 파단면(破斷面)이 곡선이고 중심이 없는 유리파편은 열(熱)에 의해 형성된 것으로 볼 수 있다. 그러나 내부화염(內部火焰)이 국부적으로 한점에 작용될 때에는 외력작용과 같이 방사형의 절개면(切開面)이 나타

〈사진 5.78〉 외부충격에 의해 파열되어 바닥에 떨어진 유리조각

날 수 있음을 유의해야 한다.

3. 차량주변에 대한 수색

(1) 용기의 식별

방화(放火)의 촉진제 또는 발화원으로 사용된 도구 등을 현장에 남길 수 있으므로, 소잔차량을 중심으로 철저히 수색할 필요가 있다.

(2) 족적(足跡)과 유류물(遺留物)

정상적인 주정차 지역이 아닌 야산 또는 범행 이후 도주차량의 화재일 경우에는 차주와 관계없는 사람 즉, 차를 이동시킨 사람 또는 화재를 일으킨 사람의 신원 파악을 위해 족적과 윤적(輪跡)·유류물 등을 대상으로 일반감식을 철저히 할 필요가 있다.

4. 차량 밑면과 가장자리의 소잔물에 대한 조사

① 차량방화의 경우, 인화물질의 촉진제를 사용하거나 주변의 신문지·광고전단 등을 이용하여 엔진 밑면·타이어 밑면, 범퍼 밑면 등에 놓고 불을 붙여 방화하는 경우가 많다. 따라서 이들 소잔(燒殘)물들은 화재진압 당시의 소화(消火)수에 의해 쓸려나가 주변 가장자리로 밀려나는 경우도 있고, 범퍼 또는 엔진 내부의 알루미늄 같은 저융점(低融點)의 금속이 녹으면서 바닥에 떨어져 소잔물과 함께 응고(凝固)되어 하단에 남는 경우도 있으므로 소잔물을 걷어내면서 면밀하게 조사해야 한다.

② 엔진룸 내부 또는 바퀴 상단을 지나는 배선 등에서 발화하여 심하게 연소될 경우 실제 발화부의 증거물들은 차량 밑면에 떨어지게 마련이다. 따라서 물에 쓸려간 것은 물론 소잔물에 눌려 숨어 있는 것 등을 찾아내야 하고, 때로는 전조등의 배선 또는 혼 등 작은 시설물들은 플라스틱에 엉켜 붙어 식별하기 곤란한 경우가 있으므로 각별히 유의할 필요가 있다.

5. 창문과 문짝의 개폐 여부에 대한 조사

(1) 문짝의 개방 여부

소잔 자동차 문짝의 화재 당시의 개폐 여부는 다음 두 가지 관점에서 조사한다.

① 문짝 자체가 화재 당시 개방된 상태에서 연소되었는지 닫힌 상태에서 연소가 확대 진행되었는지를 조사한다. 이는 불길의 진행경로와 페인트의 표면연소의 범위를 관찰하여 수열(受熱) 변색 정도의 차이 또는 연소경계면 등에서 구별이 가능하다. 만약 문짝이 개방상태에서 연소된 것이라면 차량화재에 사람의 행위가 개입되었을 가능성이 매우 높다.

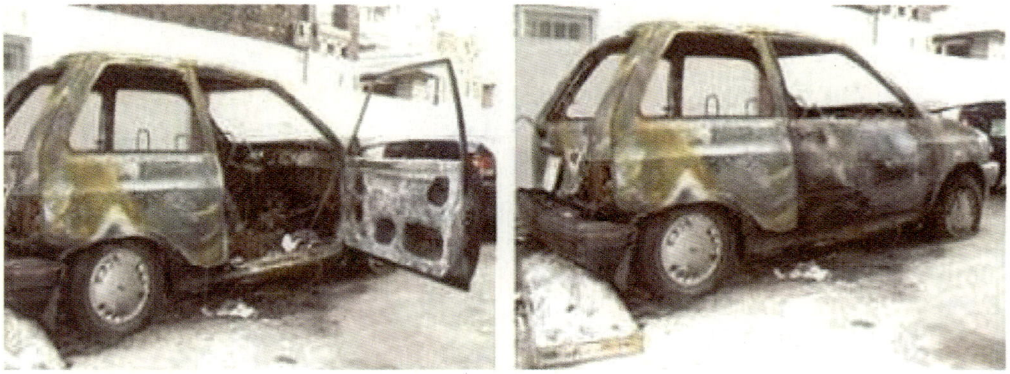

(a) 개방된 상태에서의 문짝 소잔현상 (b) 소잔 문짝의 수열변색현상의 차이

〈사진 5.79〉 앞 문짝이 열린 상태에서의 소잔현상

② 다음 사진에서와 같이 수열흔적으로부터 불길의 진행방향을 기준으로 연소 당시의 문짝위치를 판별할 수 있을 것이나, 만약 바닥을 치우지 않았다면 문짝의 연소물의 낙하위치를 확인할 수 있어서 화재 당시의 문짝위치를 구체적으로 판별할 수 있을 것이다.

〈사진 5.80〉 닫힌 상태에서의 앞 문짝의 안팎 변색현상

(2) 도어록의 잠금 여부

① 도어록이 열린 상태에서는 화재 전의 착화행위가 용이하다고 볼 수 있기 때문에 화재 당시에 도어록이 잠긴 상태인지 열린 상태인지를 조사해야 한다.

② 연소상태가 심할 경우에 도어록의 잠김 여부를 판별하는 것은 어려우나, 연소의 정도에 따라 문짝 내부의 누름스위치의 위치를 판별하거나, 매우 심한 연소일 때에는 도어록 뭉치를 분해하여 정밀검사를 해야 한다.

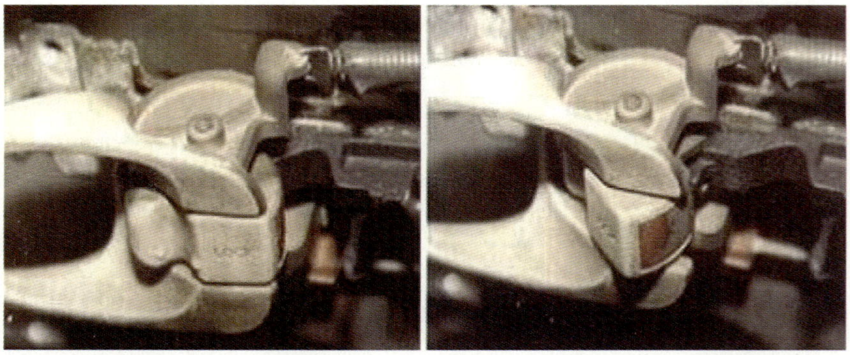

(a) 도어록 위치의 변형상태 (b) 연소 당시의 도어록의 위치(열림 상태)

〈사진 5.81〉 연소에 따른 그을린 오염현상에 의한 도어록의 위치판별

(3) 창문유리의 상태

창문유리의 상태를 확인하는 것은 차량의 잠금 시에 유리가 모두 닫히지 않은 상태라면 사람의 접근이 용이할 뿐 아니라 화재 당시 연소시간의 해석에도 중요한 인자(因子)가 되기 때문이다.

① 화재에 의해 유리창이 소실되면 화재 당시의 유리창의 위치를 판별하기 어려우나 문짝 틀에 남아있는 유리 잔해의 위치 또는 문짝 내부 유리 가이드 홈의 위치 등을 분석하여 화재 당시 열린 창문의 위치를 확인한다.

② 창문의 개방과 그렇지 않은 경우는 내부폭발 당시 차량의 변형에도 영향을 미친다. 즉 ,문짝이 모두 닫힌 경우에는 내부의 폭발압력이 균등하게 작용되어 창문이 파열되기보다는 문짝 전체가 밖으로 밀려나면서 내부압력을 해소하게 되고, 문짝 중 어느 곳의 유리가 일부 개방되었을 경우에는 내부의 등압(等壓)이 개방공간으로 집중되면서 일부 개방된 유리를 모두 파열시키면서 압력이 해소된다.

5. 엔진룸

자동차 엔진룸에는 온도릴레이 퓨즈 등이 내장되어 있다고는 하지만, 여전히 엔진과열 또는 배선에서 발화하는 경우가 많다. 즉 배선의 경우 퓨즈는 합선(合線) 자체를 예방할 수 없고, 피복이 난연(難燃)성이라 하더라도 먼지 또는 보호관 호스 등은 여전히 불에 타기 쉽고, 특히 배선의 이음부위 또는 접속기구의 불완전한 접속 등에 의한 불완전 접촉의 경우에는 발화(發火)까지 퓨즈용단이 어려워 화재위험은 더욱 크다 하겠다.

(1) 소잔현상

① 연소 초기에는 충분한 산소에 의해 연소되기 때문에 그 부위는 비교적 흰색의 완전연소현상을 나타내며, 나머지 부분은 연기와 함께 불완전 연소에 의해 그을린 현상으로 나타난다. 다라서 이러한 소훼 정도를 상대적으로 비교 조사하는 것이 중요하다.

② 화재의 초기 성장기까지는 발화지점 이외의 부분이 불완전 연소를 하게 되나, 상당한 시간이 경과하여 최성기에 이르려 연기의 배출과 공기의 유동(流動)이 자유로운 단계에 도달하면 완전연소현상이 나타나게 될 것이다. 따라서 소훼(燒燬)및 수열(受熱) 정도를 상대적으로 면밀히 관찰할 필요가 있다.

(a) 엔진룸 배터리 옆에서 발화

(b) 뒷좌석에서 발화(방화)

〈사진 5.82〉 엔진룸에서의 발화와 뒷좌석에서 방화시의 엔진룸의 소잔현상

(2) 후드

엔진룸 후드는 엔진룸 내부의 초기연소당시 도장부의 국부적인 소실 및 변색현상 은 엔진룸 전체로 화염이 번져나간 소잔흔적과 구별될 수 있다.

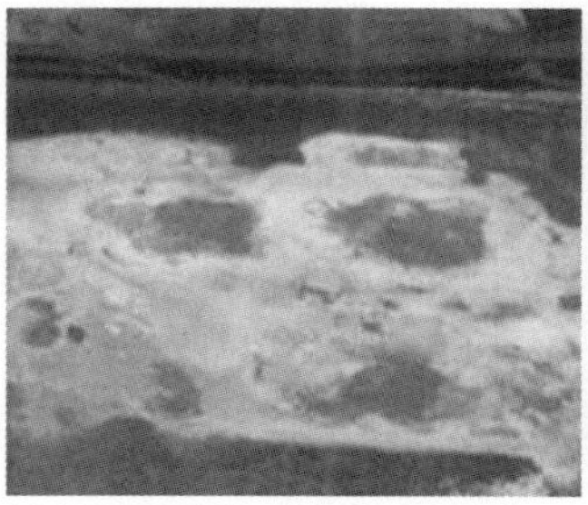

(a) 발화초기의 엔진부분 후드의 소잔현상

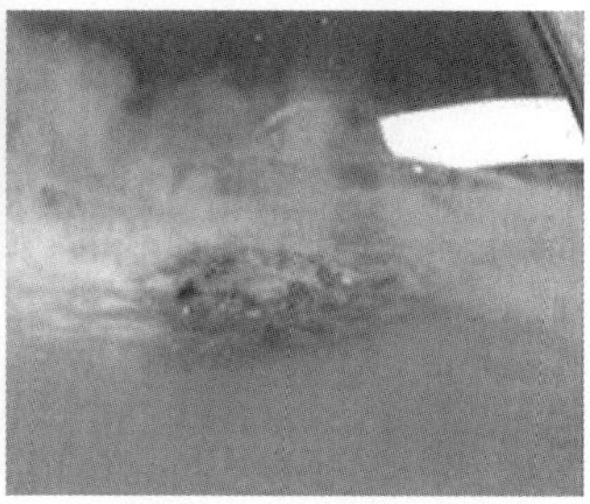

(b) 부분연소 후 진화된 후드의 수열변색흔적

〈사진 5.83〉 엔진룸의 발화에 따른 후드의 수열변색현상

① 흰색에 가까운 수열 흔적을 남기고, 연소 경계면(境界面)이 덜 연소된 곳과 구분되어 지므로 발화지점의 판별에 도움을 준다.

② 연소범위의 해석을 위해서는 연소의 방향성을 고려하여 화염이 어느 쪽으로 이동되었는지를 판단하고, 이를 역으로 추적하면 발화지점을 판별할 수 있다.

(3) 배선(配線)

자동차의 배선은 시동모터 등과 같이 (+)·(−)배선이 동시에 배열되거나 차체 접지를 (−)로 하고 (+)배선을 배열하는 구조이고, 엔진룸 내부배선은 차량 시동키에 들어가기 전의 배선이 많고, 각각의 배선에 대한 퓨즈가 별도로 있어서 활선상태의 배선이 탈 때 배터리가 방전(放電) 또는 퓨즈가 용단될 때까지 전기합선이 일어나기 마련이다. 따라서 퓨즈용단 또는 방전 이전에 단락이 발생하므로 발화지점 근처에서 이들 현상이 발견되는 경우가 대부분이다.

► 사례 : 배터리 주전원선 이음부의 불완전 결속에 의하여 발화한 차량화재

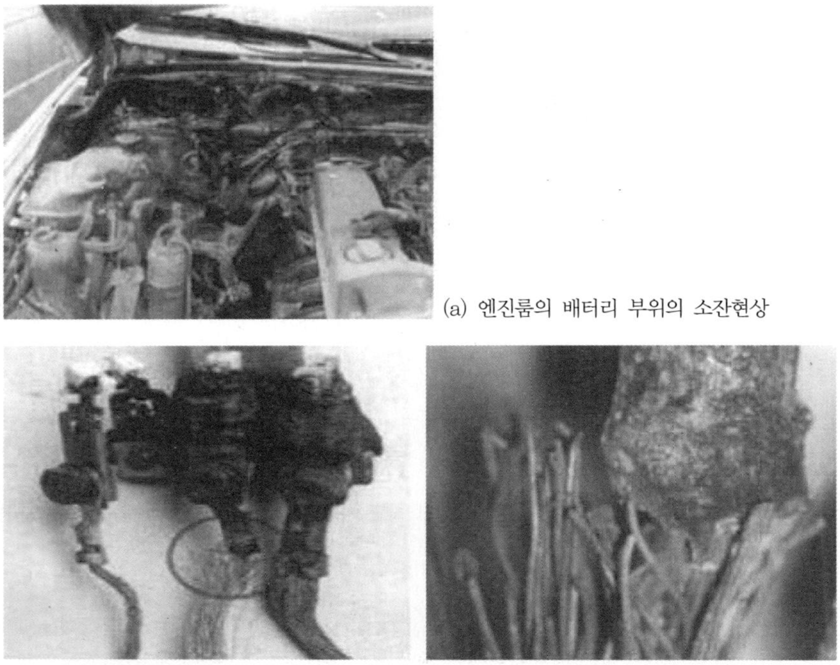

(a) 엔진룸의 배터리 부위의 소잔현상

(b) 배터리 주배선의 소잔현상

(c) 단자와 전선의 불완전결속에 의한 발열현상

〈사진 5.84〉 엔진룸 주배선의 단자와 전선의 불완전결속에 따른 발화된 소잔현상

① 자동차의 배선에 관련된 발화 특이점은 건축물의 경우와 같이 합선보다는 이음부나 손상된 전선, 단자 연결부 등에서 국부적 발열이 발생할 수 있다. 따라서 이들의 특징은 선간이 아니라 한 선 자체의 일부가 국부적으로 용융(鎔融)하는 현상을 보여준

다.

② 전기적인 발열현상 중의 하나인 불완전 접촉에 의한 발열은 통류면적의 감소·간헐적인 접촉과 분리·아산화동증식 등 다양한 원인으로 구분될 수 있고, 전기(電氣)적인 원인에 의한 발화원으로써 대단히 높은 점유율을 차지하고 있다.

③ 특히 퓨즈링크의 부하는 대부분 알터네이터(Alternator : 제네레다) 등 큰 전류량을 요구하는 대 전력기기로서 불완전 접촉이 발생할 경우 발열 및 발화 메커니즘은 다른 기기에 비하여 훨씬 크고, 급속하게 진행될 수 있다.

④ 운행을 마치고 주차 후에 화재가 발생한 경우는 운행 중에 이미 착화가 시작되었다가 주차 후에 연소가 확대된 것으로 판단되고, 압착단자와 전선의 접촉 불량에 의한 화재로서 일단 진전되면 필연적으로 발화한다.

- 엔진룸 내부 배터리에 인접하여 설치된 퓨즈링크 부분을 중심으로 연소가 확대된 소훼현상을 나타내고 있었다.
- 퓨즈링크 중 바디에 접속된 단자가 다른 인접한 단자와는 달리 180도 회전되고, 좌측으로 편향된 상태였다.
- 단자에 압착 결합된 소선 대부분이 발열에 의해 용융 절단된 상태였다.
- 위의 경우에서 단자와 소선은 회전 및 편향에 의해 인장력을 받아 소선이 절단 또는 분리될 수 있으며, 통류면적의 감소 또는 접촉 및 분리 당시 발생한 아크에 발열될 수 있는 상태였다.

(4) 배관(配管)

연료배관 등 각종 오일배관의 이완(弛緩) 또는 탈거(脫去) 등을 조사한다. 연소 이후에는 판별하기가 쉽지 않으나, 의심이 될 때에는 분해검사를 실시하여 파열부(破裂部)의 열(熱) 손상 또는 기계적 손상의 여부 등을 판별해야 한다.

(5) 모터

시동모터·라디에이터 팬 모터·발전기·실내송풍 모터 등 회전기계의 작동이 예상되는 경우, 전원선과 권선(捲線) 등에서 전기적인 발열현상이 있었는지 여부를 조사한다.

① 차량의 시동모터는 강한 기동토크를 얻기 위해 직류모터를 사용하며, 이 모터는 전류의 용량이 매우 크고, 또한 기동(起動) 시에는 정격전류의 6~12배 이상의 돌입 전류가 흐른다.

② 과도한 전류에 의해 시동모터의 정류자편과 브러시 사이의 전극이 변형될 수 있으며, 또한 전극의 변형으로 인한 전류의 집중에 의하여 정류자편과 브러시 가 용착(鎔着)될 수 있다.

- 화물차량의 엔진룸 내부의 시동모터 설치부분을 중심으로 연소 확대의 소잔 현상을 나타내고 있었다.
- 시동모터에 부가 설치된 릴레이 단자에서 전기적인 발열에 의한 용흔(鎔痕) 이 발견되었다.
- 시동모터의 분해 검사한 바, 브러시 및 정류자편이 전기적인 발열에 의해 용융된 상태였으며, 용착(鎔着)된 상태에서 회전력에 의한 회전방향으로 정류자편과 브러시가 파손되어 있었다(사진 5.85 참조).

► 사례 : 시동모터에서 발화한 화물차량화재

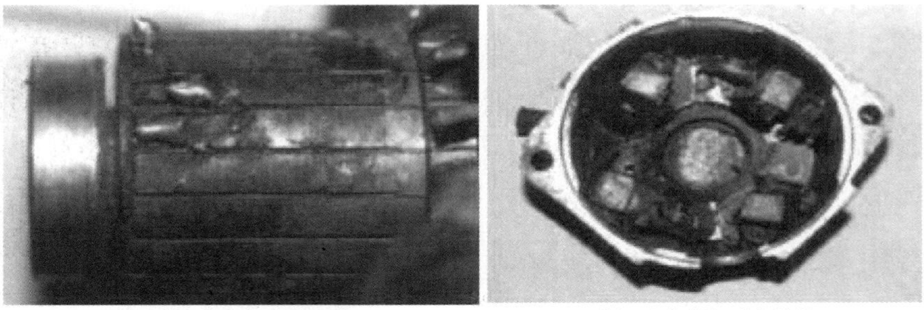

(a) 정류자편의 용융흔적　　(b) 브러시의 파손현상

〈사진 5.85〉 정류자편과 브러시의 발열발화에 의한 용융 및 파손현상

(6) 퓨즈

각종 퓨즈에 대한 조사를 실시하여 주로 활선상태(活線狀態)에서 연소된 배선을 추정하여 그의 이상 유무 또는 말단의 부하기기(負荷器機)에 대하여 조사한다.

(7) 기타

운행 중의 자동차화재에 대하여 화재성상(火災性狀)에 따라 각종 센서·릴레이스 위치·기타 중요부품에 대하여 조사하여 이상 유무를 확인한다.

7. 실내조사

〈사진 5.86〉 절도목적으로 절단된 차량설비

자동차 실내에서 발생한 화재는 실내배선의 합선(合線) 가능성도 있지만, 대부분 담뱃불에 의한 실화(失火) 또는 방화(放火)가 주를 차지하고, 차량의 문이 밀폐된 경우에는 어떤 이유에 의해 발화되더라도 외부공기와의 통로를 만들지 못하면 자연소화(自

然消火)되는 경향을 보인다. 그러나 대시보드 등 가연물이 충분하고 화염이 근접한 유리에 닿아 파열(破裂)되면 화재는 커질 수 있다.

(1) 도난품의 유무

화재동기와 관련될 수 있는 도난품의 유무에 대하여 조사해야 하며, 가장 일반적인 것으로는 오디오시스템 또는 TV 등이 도난의 대상물이 될 수 있다. 만약 소잔자동차를 면밀히 조사하여 이들 대상믈들이 소잔되어 있지 않다면 소잔 연결전원선의 절단(切斷) 여부를 추가로 확인한다.

(2) 시동키의 삽입 여부

주로 교통사고 이후의 화재 또는 승차한 사람이 사망한 상태에서의 주차차량의 화재 등의 경우에는 시동키의 행방은 중요한 수사의 단서가 될 수 있고, 또한 화재당시 시동이 켜져 있었는지에 대한 판별도 시동키로 확인할 수 있다. 따라서 시동이 켜진 상태에서 발생한 화재의 원인조사는 그만큼 특이성을 가지게 된다.

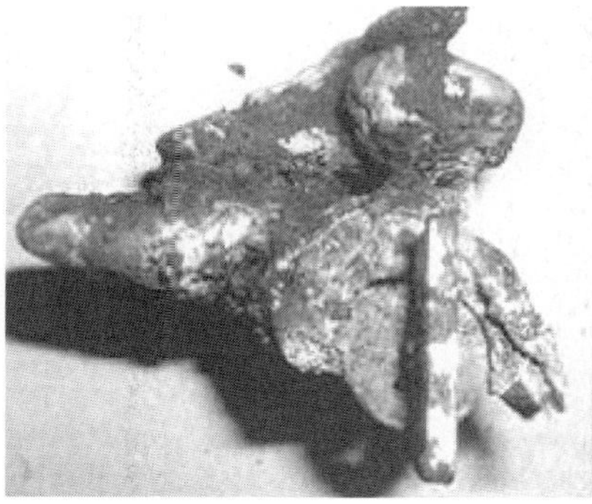

(a) 전소된 차량바닥에 유류된 키 박스

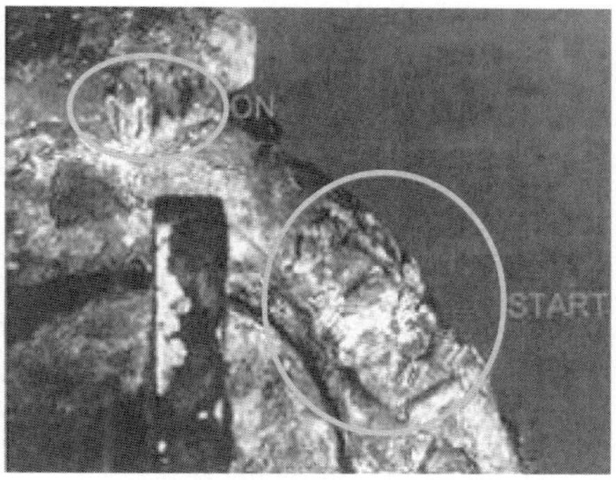

(b) 키의 위치와 식별 문자

〈사진 5.87〉 변형 소잔된 시동키 뭉치에서의 위치식별

(3) 차량의 바닥조사

소잔된 자동차의 실내바닥은 초기 연소에 따른 정보가 숨어 있는 경우가 많다. 즉, 착화촉진제(시너 또는 휘발유 등)를 사용하였을 경우에는 소잔(燒殘) 퇴적물에 쌓여 잔유성분이 남게 되고, 밖에서 창유리를 깼다면 시트 위 또는 바닥에 유리파편이 충격에 의한 파열상태로 남아 있고, 또한 유리를 파열시키기 위한 돌 또는 화분 등 도구가 바닥에 유류되어 있다.

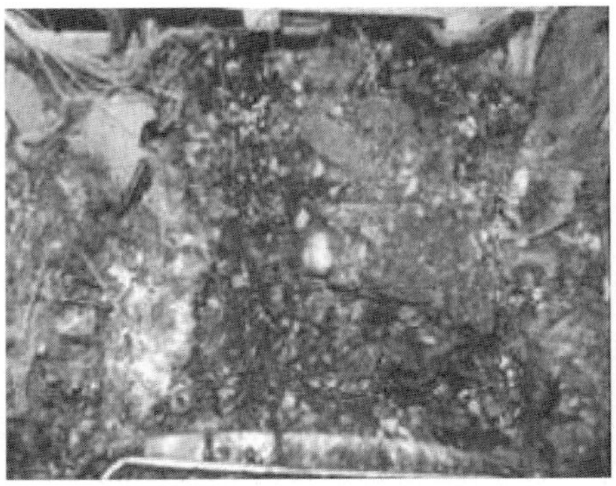

(a) 승용차 조수석의 소잔현상

(b) 소잔퇴적물의 밑면에서 발굴된 시너용기

〈사진 5.88〉 방화차량의 소잔현상과 바닥부에서 식별되는 시너용기

(4) 자연소화

대부분의 자연소화성 화재는 담뱃불 또는 내부의 전기배선에 의하여 발화한 이후 자동차의 기밀이 유지된 상태에서 발생되고, 소화(消火) 작업이 필요 없기 때문에 연소부위의 소잔(燒殘)물을 매우 세밀하게 조사할 수 있다. 즉, 건드리면 흩어질 정도의 담뱃재라도 세심하게 관찰하면 담배꽁초의 잔해 또는 천장에서 떨어진 작은 단락배선 등을 색출할 수 있다.

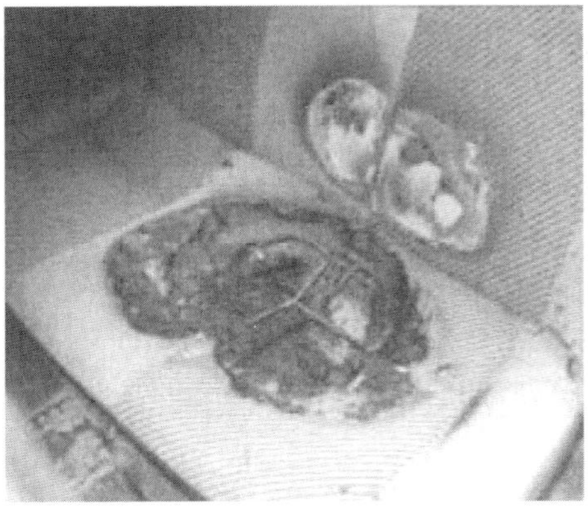

〈사진 5.89〉 면장갑에 착화 이후 밀폐공간에서 자연소화된 시트의 소잔현상

8. 트렁크

트렁크에서 발화 가능성은 많지 않으나 차종에 따라 배터리가 트렁크에 장착되어 있을 경우에는 트렁크 내에서 배선이 시작될 수 있다. 또 목격자가 들은 "펑" 소리의 정체가 트렁크 내의 스프레이 통 등에 기인할 수 있으므로 트렁크 내부의 소잔물건에 대하여 조사할 필요가 있다.

9. 타이어

타이어에 직접 착화시키는 것은 어려우나 차체의 연소 확대과정에서 타이어에 착화되기 쉽고, 연소과정에서 타이어가 파열되면서 폭음을 발생시킨다.

촉진제를 사용한 방화의 경우에는 타이어 밑의 흙은 연소되지 않고 인화물질이 흡수되어 있어서 증거로 발견되기 쉽고, 아스팔트의 경우에는 석유류의 인화물질이 흡수되면 연화(軟化)되어, 그 징후를 잘 나타낸다.

(a) 좌측 뒤 타이어 주변　　　　(b) 우측 뒤 타이어 주변

〈사진 5.90〉 차량방화에서 좌우 후면타이어의 소잔 및 차체 변색현상

10. 자동차의 밑면

(1) 연료라인

자동차 밑면의 주요구조는 연료라인과 배기관이다. 화재의 종류에 따라 연료라인의 파손 또는 연료통의 파열 등에 대하여 차를 들어올려 조사한다.

(2) 배기관

배기 다기관에 연결된 삼원촉매장치 소음기(消音器) 등에서 불완전 연소에 의한 착화 가능성을 고려하여 가연물의 부착 또는 설치부의 가연물(可燃物) 상태 등을 조사한다.

〈사진 5.91〉 실내 우측 뒷자리에서 발화한 불길에 영향을 받은 밑면의 변색현상

5.4.4.2 자동차화재의 특성과 유의사항

1. 자동차화재의 특성

① 자동차는 동력기계 계통·전기전자 계통·연료공급계통·배기계통 등 복잡한 계통과 계통이 유기적으로 연결 또는 연동되는 장치라 할 수 있다. 따라서 전문지식 없이는

화재의 원인조사는 불가능한 바, 차량에 대한 각 계통별 구조적인 이해는 조사의 필수불가결한 요소라고 말할 수 있다.

② 차량화재에 있어서 연료·시트 등 화재하중(火災荷重)이 높고, 외기(外氣)에 개방된 상태인 연료(燃料)지배형의 화재특성을 보인다. 따라서 화재 초기에 진화(鎮火) 또는 자연 소화될 경우를 제외하면, 대부분의 가연물은 전소(全燒)하여 유실(遺失)되고 구조물이 심하게 수열 변형되어 발화지점 및 발화원인의 조사가 불가능할 경우가 많다.

③ 자동차는 운행과정에서 항상 진동을 발생하며, 시동모터 및 예열선 등 대(大) 전력기기의 사용이 빈번하고, 다양한 부착물 및 이들의 변(變)·개조(改造)가 용이하기 때문에 이러한 구조적 특수성에 의한 발화원에 상시 노출되어 있다고 볼 수 있다.

④ 이상과 같이 자동차는 개방된 공간에 존치되는 환경적인 특수성으로 인하여 사회적인 불만 또는 주차불만 등을 가진 자가 불특정한 방법으로 방화할 수 있으며, 차량자체 및 고가 장식품 등이 절도의 대상물이 되고, 절도행위의 은폐를 목적으로 방화할 수 있다.

2. 유의사항

(1) 자동차를 함부로 이동시키지 않는다.

자동차의 소잔현상의 해석은 연소의 잔유물과 차체 등을 종합하여 판단하는 것이 합리적이고, 그 지역의 풍향과 지형 등도 고려대상이 된다.

(2) 현장 주변에 대한 청소를 하지 않는다.

소화주수로 인하여 화재관련 정보 들은 물에 쓸려 도로의 가장자리 등으로 밀려나는 상태가 된다. 따라서 지저분하다는 생각만으로 이들을 제거하는 것은 중요한 상황정보를 멸실시켜 버리는 행위가 된다.

(3) 작은 것도 소홀히 취급해서는 안 된다.

실제로 발화를 일으킨 부품 또는 도구는 상대적으로 보다 심하게 소훼(燒燬)될 수 있고, 소훼 정도가 심하여 현장에서 소홀히 취급될 가능성이 있다. 따라서 현장에서는 확인할 수 없는 발화 가능성에 대한 감정(鑑定) 등에 대비하여 가능한 모두 수거(收去)하여 모아두는 것이 좋다.

5.4.4.3 현장에서 야기되는 특이점

1. 자동차의 전기장치

엔진룸 및 계기판 등 배선회로에서 화재가 발생할 경우, 자동차 키를 뽑은 상태라 하더라도 연소과정에 스위치의 선간단락현상이 일어나 스위치의 연결효과가 발생하면 와이퍼의 작동·경음기의 작동·라이트의 작동·시동의 켜짐 등의 현상은 자연스러운 과정이 된다. 따라서 경음기소리 또는 시동소리 등을 들었다는 목격자들의 진술에 대하여는 이러한 과정을 참작해야 하고, 특히 기어가 물린 상태에서 화재가 발생하면 화재의 진행과정에 자동차가 앞으로 또는 뒤로 진행될 수 있음을 유의할 필요가 있다.

2. 폭음(爆音)

자동차화재에 있어서 둔탁한 소리로는 실내 연소에 의하여 유리가 파열되는 "퍽" 하는 소리유형으로 나타나게 되고, 트렁크 내부에 부탄가스통 및 분무용 용기가 있었을 경우 또는 타이어에 불이 붙어 파열될 경우 등에는 강한 파열음(破裂音)을 생성하게 된다.

5.4.5 자동차 방화

자동차는 개방된 공간에 존치되는 특수성으로 인하여 사회적인 불만 등을 가진 방화범의 불특정한 방화대상물이 될 수 있으며, 차량절도 행위의 은폐(隱蔽) 목적으로 방화할 수도 있다. 따라서 자동차 방화사건의 조사를 위해서는 자동차의 소잔현상·주변의 소락(燒落)물건·주차상태 및 경과시간·도어록의 개폐 여부·차량 내부의 이물질의 존재 유무·물품의 도난 여부 등에 대하여 종합적인 조사가 이루어질 필요가 있다.

5.4.5.1 자동차 실내방화

1. 화재유형

자동차에 대한 실내방화는 주로 주차공간에서 이루어지고, 주차공간의 특성상 사람이 거주하는 주거공간과는 달리 보는 사람이 없다면 굳이 침투경로 또는 착화행위를 위장하려 하지 않는 경향을 가진다.

① 문짝이 잠겨져 있는 경우에는, 창문유리를 돌 또는 화분 등으로 깨고 착화시키는 행위가 이루어지고, 파열된 유리창으로 산소공급이 자유로워져 자연적인 진화현상은 기대하기 어렵고, 빠른 시간 내에 맹렬한 화염에 휩싸이게 된다. 따라서 파열된 유리파편은 실내로 유입되게 되고, 차량 밖으로 떨어진 다른 창문 유리조각의 양에 대비하여 유리파편이 매우 적게 나타난다.

② 살인행위의 은폐 또는 자살 등 범죄수단으로의 방화행위는 대부분 휘발유 등 유류용매(油類溶媒)를 살포하여 착화시키는 사례가 많아서, 비록 문짝이 밀폐되어 있었다 하더라도 화재 초기의 강렬한 화염으로 인하여 유리가 파열되고 차체 전체가 화염에 휩싸이게 된다.

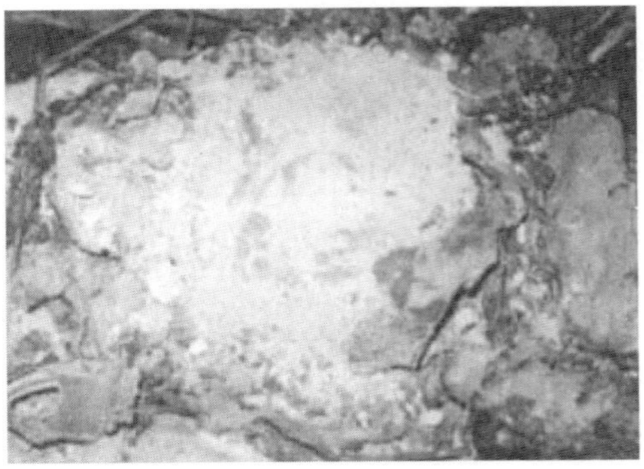

〈사진 5.92〉 창문유리 파열을 위해 운전석에 투기된 화분잔해

2. 소잔흔적과 조사요점

자동차의 소잔현상은 발화지점 부위가 상대적으로 소훼현상이 심하고, 상승 연소흔적과 흰색 등의 수열변색흔적을 형성시킨다.

① 단일공간인 차량내부는 연소경로 및 이동흔적을 식별하기가 용이치 않으므로 시트의 연소 정도와 천장의 소훼(燒燬)현상·문짝의 내외 측의 소잔(燒殘)현상 등으로

(a) 유리파손 이후 방화 연소상황

(b) 화재진압 이후의 소잔현상

〈사진 5.93〉 뒷좌석의 방화에 의한 연소상황과 소잔현상

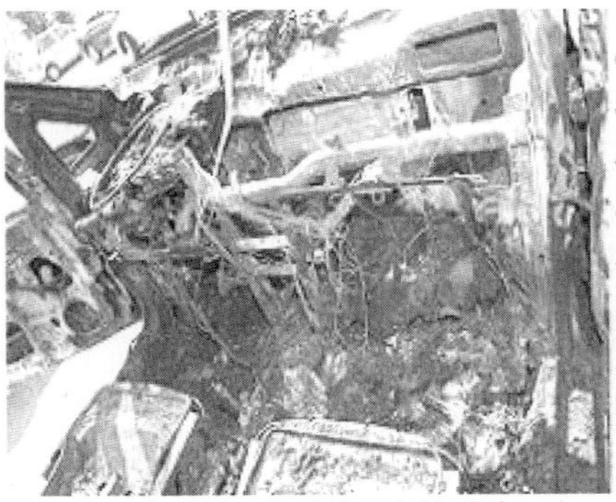

(a) 발굴조사 전의 조수석 상황

(b) 발굴 후의 수열변색현상

〈사진 5.94〉 조수석에서 방화한 소잔상황과 변색현상

부터 발화지점을 좁혀나간다. 이때 승용차를 기준으로 앞좌석의 전후좌우, 뒷좌석의 좌우 등으로 구분하여 소잔현상을 대비하여 관찰한다.

② 경우에 따라 실내의 특정 지역에 대한 발화지점의 결정은 의미가 없을 수도 있겠으나, 발화지점의 축소는 정확한 발화원의 규명과 증거 수집을 위해서 중요하다.

③ 문짝의 잠금 여부에 대한 조사를 선행하고, 내부의 연소 잔해물 속에서는 화염에 의하지 않고, 화재 이전의 외력에 의해 파열된 비산 유리파편의 유무 및 촉매제로 사용된 인화물질의 잔유물의 존재 유무와 그 용기 등을 세밀하게 조사한다. 이러한 것들은 연소 용융물 등과 엉킨 덩어리로 바닥부에 존재하는 경우가 많으므로 세밀한 조사가 요구된다.

5.4.5.2 차량의 외부방화

1. 화재유형

사회적 불만·주차시비·원한 등으로 발생되는 차량방화는 차량 외부에서 착화시키는 것이 용이할 수 있고, 특히 연소가 용이한 타이어 또는 범퍼에 치중되는 경향이 있다. 타이어 또는 범퍼의 표면은 작은 불씨로 직접 착화되기는 어려워서 주변의 나뭇가지·신문지·보루박스 등의 가연물을 이용하는 방화가 일반적이며, 때로는 가연물이 충분할 경우에는 엔진룸의 밑면에 착화시켜 방화행위를 은폐하거나 인화물질을 타이어 주변에 뿌려서 연소를 촉진시키는 경우도 있다.

2. 소잔흔적(燒殘痕迹)

외부의 가연물을 사용하지 않고 라이터 등 작은 나화로는 범퍼 또는 타이어 표면에 착화시키기는 어려우나, 범퍼 끝단과 타이어 상단을 감싸는 흙 바지는 작은 불로도 착화가 용이할 뿐 아니라 착화이후 연소의 확대가 매우 용이하여 이에 의한 착화의 경우에는 연소

(a) 차량의 좌측면의 소잔현상

(b) 차량의 우측면의 소잔현상

〈사진 5.95〉 차량의 양측면 하단에 인화물질을 이용한 방화의 소잔현상

이후 발화원을 남기지 않게 된다.

3. 조사요점

다음 항의 연소실험 사례에서와 같이 추가적인 가연물을 사용하지 않고 이동 착화원(着火源)으로 방화하게 되면 화재현장에서 물적인 증거를 획득하기 불가능하다. 따라서 발화지점을 최소한으로 좁히고, 화재의 촉진제와 소멸(燒滅)성 착화원이 이용되었다는 결과 자체를 규명하는 것도 범행의 방법이나 의도를 파악하는 수사에 도움이 될 것이다.

① 외부의 방화에 있어서 연소 이후 불씨를 남기는 경우는 많지 않기 때문에 착화가 용이한 종이류 또는 나무 등의 가연물이 소잔된 것을 찾아내거나, 토양에의 훈습(薰習) 또는 타이어 밑에 존재하는 촉진제로 사용한 인화물질을 검출하는 것이 중요하다.

② 소잔(燒殘) 차량은 엔진룸 및 실내는 연소되지 않은 상태이고, 전면 좌측·우측의 바퀴를 중심으로 각각 독립적으로 연소의 확대현상을 보인다.

③ 독립적인 연소의 확대 진행현상은 방화에서 나타나는 전형적인 연소현상이다.

4. 연소실험 사례

바람이 불어오는 쪽 앞 범퍼 끝단과 접촉된 흙받이에 착화시켜 방치할 경우, 착화 5분 후에 불길이 범퍼로 이동 착화되고 상단 후드로 연소가 확대되었고, 화염 정도가 왕성해지면서 풍향·풍속의 영향을 받아 반대쪽으로 화염이 급격히 확대되면서 15분 경과 이후에는 범퍼와 후드가 반 정도 연소되고, 그 이후 범퍼는 바닥으로 떨어져 계속 연소하였다. 약 20분경과 후에는 반대쪽 타이어가 파열되면서 범퍼의 연소는 쇠퇴기에 접어들었다는 실험 결과이다.

(a) 흙받이에 라이터로 착화　　(b) 초기의 연소 확대(점화 후 5분)

(c) 범퍼로 전이된 성화단계(15분)

(d) 진화 이후 소잔현상(20분)

〈사진 5.96〉 앞 범퍼 끝단부에 방화이후 단계별 연소상황과 소잔현상

5.5 미소화종에 의한 화재

5.5.1 미소 무염화종의 종류와 특징

'미소화종(微小火種)' 이란 담뱃불·모기향·선향·용접불똥 ·소각장의 불티 등의 작은 불씨를 말하며, 이들 모두는 가연물과 접촉되어 화재로 발전하게 된다.

발화과정은 가연물에 무염(無焰)착화 → 무염연소(無焰燃燒 : 燻燒) → 착염발화(着焰發火) → 급격하게 연소가 확대된다. 훈소(燻燒)의 지속과 착염(着焰)조건은 가연물의 종류 및 상태(밀도와 공기유통) 및 열의 축적(蓄積) 등에 의하여 열(熱) 사이클이 구성될 때이다.

5.5.1.1 담뱃불

1. 담뱃불 화재의 특징

담뱃불에 의한 화재는 그 흔적을 남기지 않아 물적인 증명은 매우 어렵다. 연소현상과 가연물의 존재에서 발화지점을 국소적으로 좁히고, 그곳에 다른 발화원이 배제되는 것과 담뱃불 이외의 다른 불씨가 없었음을 방증(傍證)해야 한다.

연소 정도가 심하지 않은 연소 초기에는 가연물을 따라 이동하는 연소흔적을 남길 수 있고, 침대 또는 이불 등과 같이 일정 두께가 있는 가연물에 담뱃불이 착화되는 경우에는 수평적인 연소이동보다 상하의 연소진행이 선행(先行)되거나 병행(竝行)되어 연소 이후에 착화지점의 연소심도(燃燒深度)가 상대적으로 깊어지며 소실된 형태로 식별된다. 다음은 담뱃불의 성질에 대한 설명이다.

① 담배는 보통 필터와 몸체부분으로서 모두 종이로 싸여 있으며, 필터는 합성섬유 또는

펄프로 되어 있다.

② 담배의 연소 성향(燃燒性向)은 풍속 1.5m/sec 정도일 때에 가장 좋고, 3.0m/sec 이상으로 되면 꺼지기 쉬운 성향을 가지고 있다.

③ 담뱃불의 일반적인 온도는 중심부가 700~800℃, 표면은 200~300℃, 권지의 연소단(燃燒端)은 550~650℃, 흡연 시에는 840~850℃의 범위이고, 산소농도가 16% 이하일 경우에는 연소되지 않는 것이 보통이다.

2. 화재 위험성

담뱃불은 적열연소(赤熱燃燒) 상태에서 중심부의 최고온도는 800~900℃ 정도이며, 까치담배 한 개가 실온에서 완전 연소되는데 걸리는 시간은 무풍(無風)의 수평상태에서 15분 내외이고, 자기 자신이 착염되지 않고 훈소현상(燻燒現象)이 지속될 수 있는 가연물과 접촉되어 훈소하다가 착염되어 발화하게 된다. 실제 실험을 통해 발염(發焰)시키는 것은 용이하지 않으나, 통계상으로 전체 화재원인의 약 10%를 점하고 있다.

① 담뱃불에 접촉된 가연물이 종이류·낙엽·신문지 등 천연섬유소가 용이하며, 같은 종류라 하더라도 그 형태 및 접촉상황에 따라 훈소의 지속이나 착염 여부가 달라진다. 합성수지 또는 휘발유와 같은 액상가 연물에서는 융해(融解) 및 기화열(氣化熱)로 에너지를 빼앗겨서 소화되기 때문에 여간해서 착화되지 않는다.

② 판판한 종이 위에 담뱃불을 투기(投棄)한 경우에는 착화되지 않으나, 경사면이나 두루마리 속에 끼어 들어갈 경우에 착화되기 쉽고, 휴지와 같은 종이부스러기와 함께 쓰레기통에 들어가면 적당한 보온으로의 축열(蓄熱) 및 상승기류 형성에 의해 용이한 산소공급 등 발화조건을 만족시켜 발화되는 사례가 많다.

③ 화학섬유는 용융(熔融)되어 착화가 용이하지 않으나 식물성섬유로 된 직물은 착화가 용이하며, 매트리스와 같이 면직물 등을 혼합시켜 만든 것들은 무염연소가 장시간 지속되며, 폴리우레탄과 같은 화학섬유가 희석된 경우에는 발염발화(發焰發火)되지 않는 경향이 있다.

④ 썩은 목재 또는 가마니·다다미·멍석 등과 같이 볏짚과 같은 것으로 만든 것에 담뱃불이 떨어지면 착화(着火)되기 쉬운데, 이때에는 조직밀도가 적당해야 하며, 직접 접촉되면 소실(燒失)되기 쉽고, 근접하였을 때에는 발화(發火)가 용이하다.

3. 화재유형

담뱃불로 일어나는 화재유형(인화물에 의한 인화화재는 제외)들은 다음과 같다.

① 침대·침구·소파·의자(비행기·선박·열차·자동차 포함)에서 잠시 걸쳐 놓은 담배를

잊어버리고 다른 일을 하는 사이 발화 또는 담뱃불의 끝이 어느 틈에 없어져서 착화되어 발화.

② 고속으로 달리던 화물자동차에서 끽연 중이던 담뱃불의 끝이 날려 화물 또는 훈소(燻燒)가연물에 박혀 발화.

③ 가연물부스러기 또는 쓰레기유가 청소되지 않은 경우, 휴지가 있는 각종 휴지통 등에 투기된 담뱃불에 의한 발화(봄·가을의 산불화재 포함).

④ 음주만취(飮酒滿醉)자·훈소성(燻燒性) 가연물 취급 장소에서의 취급부주의, 미성년자 또는 부녀자가 남몰래 끽연하다가 급한 상황에서 아무렇게 버린 담뱃불에 의하여 발화하는 경우도 가끔씩 볼 수 있다.

〈사진 5.97〉 모텔방의 소잔현상(담뱃불에 의한 화재 추정)

⑤ 재떨이의 꺼진 불을 확인하지 않고 각종 휴지통 등에 모아 버린 것에서 발화.

► 사례 : 노래방 카운터 옆 휴지통에서 발생한 화재

〈사진 5.98-1〉 노래방 카운터 주변의 소잔현상

〈사진 5.98-2〉 발화부의 좌측 의자와 우측 카운터의 소잔현상

〈사진 5.98-3〉 발화부와 벽면의 소잔현상

〈사진 5.98-4〉 휴지통 내부 및 밑면의 소잔현상

4. 조사요점

담뱃불화재는 난방(暖房) 및 전기기기(電氣器機) 등의 화재와는 달리 담배 자체가 완전히 불에 타서 그 흔적이 남는 경우가 드물기 때문에 물증(物證)의 추적조사가 곤란하다. 따라서 다음과 같은 조사요점에 의하여 발화부의 주변 훈소흔(燻燒痕) · 관계자들의 진술 및 환경조건 등의 상황증거(狀況證據)를 근거로 종합적으로 분석 검토하여 판단해야 한다.

① 담뱃불에 의하여 착화(着火)된 가연물의 존재 및 훈소흔의 확인

② 재떨이 · 성냥 또는 라이터 등 흡연관련 용구의 소잔상황(燒殘狀況)의 확인

③ 담뱃불에 쉽게 착화될 수 있는 가연물의 존재와 2차적으로 유염(有焰)착화한 주변 가연물의 연소의 확대경로와 전체적인 화재의 확산경로와의 부합 여부에 대한 확인
④ 행위자의 흡연행위와 착화하여 발염(發焰)에 이르기까지의 경과시간이 착화 가연물과의 관계에서 타당한 연소범위 내에 있었는지 확인
⑤ 흡연행위로 특정시킬 필요는 없고, 또한 행위자가 반드시 흡연행위를 하였다고 단정할 필요는 없지만, 그 개연성(蓋然性)은 확인할 필요가 있다.
⑥ 담뱃불 이외의 화원(火源 : 火種·불씨) 부존재(不存在) 확인 및 입증

5.5.1.2 모기향 및 선향

모기향은 담뱃불과 같이 중심부의 온도는 600℃ 이상으로 연소의 지속시간은 대략 6시간 정도이며, 선향(향불)은 가연물에 접촉될 경우 극히 이연성인 가연물을 제외하고는 발열량이 적어 자체가 소화된다. 모기향에 의한 발화입증은 '설치상태의 확인', '접촉 가능성의 확인', '기타 발화원인' 을 부정함으로써 입증한다.

5.5.1.3 용접불똥

용접(鎔接) 또는 절단(切斷)작업 당시에는 수많은 불똥이 발생하고, 풍속이나 작업높이·절단기의 경우에는 산소압력 및 절단속도 등에 따라 다를 수 있으나, 높이와 지면에 낙하하여 반사되며 2차적으로 비산하는 불티까지 고려하면 작업중심으로부터 10m 이상이 화재의 위험반경에 놓일 수 있다.

비산불티는 약 3,000℃ 이상의 고온체로서 가연물에 접촉되면 충분히 착화되고, 가연물의 종류에 따라 비산된 후 상당시간이 경과된 이후에도 축열에 의한 발화위험이 있다. 불씨로 작용하기 용이한 불티의 직경은 0.3~3mm 정도이며, 착화 경향은 불티가 가연물(위험물)에 접촉 또는 용접물체(鎔接物體)가 가열되어 열전도(熱傳導)에 의한 주위 가연물 또는 보온재에 착화되는 것이 가장 일반적이다.

1. 전기용접(電氣鎔接)

(1) 발화 특징

용접불똥의 비산거리(飛散距離)에 대해서 여러 가지 실험보고들이 있지만 사람이 서 있는 자세로 허리부분의 높이에서 작업을 실시할 경우에 바닥 반경 약 1~1.5m 정도에서 가장 많은 용접불똥의 낙하분포를 보인다. 특히 전기용접의 경우 작업 전후의 접지와 전원관리의 소홀로 불티 이외의 전기적인 발화위험을 초래하는 경우도 있고, 전기용접에 의하여 발생하는 불똥은 다음과 같다.

① 용융금속(鎔融金屬)에 포함되어 있는 가스가 방출될 때 발생하는 불똥
② 용접된 금속에 포함되어 있는 프라그(용접봉의 외측에 도포된 피복)에 의하여 발생하는 가스에 의하여 비산하는 불똥
③ 용접 중에 용융된 금속이 용접봉과 피(被)용접물 간에 단락이 발생되고, 그때 발생하는 큰 전류가 흘러 금속을 비산시키는 것 등이 있다.

(2) 조사요점
① 용접작업의 행위사실 여부를 확인(작업일지, 용접지점의 용접형태 등)한다.
② 용접작업에 의한 예상반경 또는 예상 발화지점에서 용접 잔유물(殘有物)을 자석(磁石) 등으로 발견위치를 고정물체와 비교하여 사진을 촬영한다.
③ 작업지점과 채취지점과의 불티 이동통로에 대한 합리적인 설명이 가능한지를 검토하여 확인한다.

2. 가스 절단
(1) 발화특징
① 흔히 산소용접(절단)이라 불리는 것으로 산소(酸素)·LPG 또는 아세틸렌 등의 가스를 이용하는 것으로서, 철의 가스용단은 철을 산화시켜 절단하는 것으로 비산(飛散)하는 산화철(酸化鐵)은 용법 시의 그것과는 다르다.
② 가스용단 당시에 발생하는 불똥(산화철입자)은 적정 상태에서 절단할 때는 0.5mm 이하의 것이 많으며, 적열상태의 산화철이 연속하여 대량으로 발생되기 때문에 불똥의 비산개소에 있는 가연물에 착화하는 것이다.

(2) 조사요점
① 용접 사실에 대한 확인
② 가스 압력조정기의 이상 유무 및 호스의 파열 또는 이음부의 누출 여부
③ 토치 스위치의 개폐 여부
④ 절단의 방향과 잔류불똥의 검출
⑤ 불똥의 비산지점의 가연물 적치 여부 등

5.5.1.4 연통(煙筒)

1. 발화특징
(1) 복사열(輻射熱* Radiant Heat)에 의한 착화
연통에 가연물이 근접하여 장시간 있었을 경우에 화재가 발생하며, 화재발생의 패턴은

건조(乾燥) → 탄화(炭化) → 무염(無焰)연소 → 발염(發焰) → 확대연소 등의 화재패턴을 가진다.

이때 가연물의 부피가 크면 클수록 화재위험은 더욱 높다.

(2) 전도열(傳導熱* Conduction Heat)에 의한 착화

연통에 접촉되어 있던 철재 등의 불연재(不燃材)를 통한 전도열을 장시간 받은 가연물에 착화되어 발생하며, 화재의 발생패턴은 복사열에 의한 화재발생 패턴과 같다.

(3) 가연물의 낙하 또는 접촉에 의한 착화

연통에 가연물이 낙하 또는 접촉되어 있을 때에 화재가 일어난다.

(4) 구조불량에 의한 착화

연통이 벽체 또는 지붕 등을 관통하는 부분에 대하여 적절한 불연재의 마감처리를 하지 않았거나 불완전한 부위에서 화재가 일어난다.

(5) 균열 및 파손에 의한 착화

연통에 균열(龜裂)·파손(破損) 및 부식(腐蝕)이 생성되고, 그 틈새로 화염(火焰) 및 열기(熱氣)가 새어나와 주변의 가연물에 착화 및 가열시켜서 화재가 일어난다.

2. 조사요점

① 벽체 관통부로부터 출화한 경우에는 그 출화부보다 상방이 변색 또는 탄화되고, 접촉 가연물의 탄화가 심하고, 유염연소 개소보다 재가 원형으로 회화(灰化)되어 남아 있는 경우가 많다.

② 구조적으로는 연통의 벽체 또는 지붕의 관통부분에 적절한 불연재의 막음처리가 없거나 불완전한 부분이 있었는지를 확인하고, 연통의 균열과 부식부분으로 화염이 새어나와 가연성 구조물의 과열에 의한 발화의 경우에 그에 따른 증거를 규명한다.

5.5.1.5 충돌·마찰불꽃

대부분의 충돌 또는 마찰 불꽃에 의해 가연물에 착화되기는 어려우나, 가연성 가스가 존재할 경우에는 점화(點火)원으로서 작용할 수 있다. 따라서 충돌흔적과 가연가스의 존재를 확인해야 한다. 특히 마찰불꽃인 그라인더는 발생 직후의 온도는 1,200~1,700℃ 정도 이지만, 입자(粒子)가 매우 작아 가연물에 직접 착화시키지는 못하지만, 경우에 따라서 목재의 갈라진 틈새 등 매우 좁은 틈새에 끼어 있는 먼지 등에 파고 들어가 발화시키는 사례가 있다. 따라서 작업상황과 함께 가연물의 상태를 확인하여 입증해야 한다.

5.5.1.6 축수 및 벨트

(1) 축수의 파손·윤활유(潤滑油)의 부족·샤프트의 굴곡 등에 의하여 발생한 마찰열 자체의 과열, 벨트가 느슨하여 프리와 벨트간의 미끄럼 발생에 따른 마찰열에 의한 과열 등에 의하여 발화된다.

(2) 마찰열(摩擦熱)에 의해 출화된 경우에는 훈소(燻燒)로부터 시작되고, 마찰열 발생부분에서 터닝 컬러 현상이 나타나고, 그 주변에 배선된 전선에서 단락흔적(短絡痕迹)이 나타나게 된다.

5.5.1.7 소각(燒却)불티

나뭇잎 및 종이류가 연소하게 되면 불티가 상승기류를 타고 날리게 되는데, 이때 발생된 불티가 이연성(易燃性) 물질에 떨어져 착화하게 되면 화재로 발전하게 된다. 따라서 무염연소에 의한 국부적인 연소흔적 등의 연소상황과 가연물의 상태, 불씨의 발생 가능성, 출화부의 잔해에서 낙하 불씨의 잔유물질 확인, 습도·풍향·풍속 등의 기상조건 등을 검토 확인하여 판정한다.

5.5.2 미소화종에 의한 발화증명

1. 정확한 발화개소의 판단

'미소화종(微少火種)' 은 화재진압 이후 물적 증거가 남지 않는다. 따라서 정확한 발화개소를 찾아내는 것이 아주중요하다.

2. 기타 발화원에 의한 발화 가능성의 배제(소거법)

발화부에서 발화와 관련지을만한 전기설비·전기기기·연소기구·고온물체·자연발화성 물질의 존재 등을 부정하고, 촛불·모기향 등 설치된 불씨에 의한 발화 가능성을 검토하며, 담뱃불의 존재 가능성을 검토 판단한다.

3. 가연물의 종류 확인

발화개소의 소잔잔해(燒殘殘骸)로부터 가연물의 종류를 확인하여, 화종(火種)이 존재할 경우 연소의 확대 가능성의 유무를 검토하여 확인한다.

4. 유염화종(有焰火種)과의 구분

라이터불·성냥불·촛불 등 유염화종인 경우에는 급속히 화재로 발전(개방된 상태인 경우

5분 이내에 초기 진화불가의 상태로 발전함)하나. 담뱃불 등 무염화종(無焰火種)은 가연물에 접촉되어 비교적 장시간의 훈소단계를 거쳐 착염(着焰)되며, 이때까지의 경과시간은 수십 분에서 수 시간이 되기도 한다. 따라서 발생장소에서 마지막 인적(人跡)과 행위상황을 조사할 필요가 있다.

5.5.3 유염화종과 발화

유염화종은 라이터불·성냥불·촛불 등과 같이 화염(火焰)이 있는 화종(火種·火源 : 불씨)으로 어린아이들의 불장난 등에 의해 화재가 발생하며, 그 특징은 행위 후에 급격하게 연소가 확산된다.

이는 상황(狀況)조사를 통해 입증해야 하며, 만약 행위자가 사망 등 피해를 당한 경우에는 사망자의 부검을 통한 간접증명(혈중 CO_2 농도 및 그을음 등)과 기타 발화원인의 철저한 부정이 요구된다.

5.5.3.1 촛불

촛불은 초의 크기에 따라 연소의 지속시간이 6시간·8시간·10시간 등의 임의 조절이 가능하며, 사용 중의 전도(顚倒)·가연물의 접촉 등에 의하여 화재로 발전된다. 촛불은 심지에 의해서 액체가 증발연소(蒸發燃燒)되며, 양초 자체만으로는 연소가 지속되지 않는다.

5.5.3.2 양초의 성상(性狀)

양초의 원료는 석유제품의 부산물로서 원유(原油)를 분류하여 얻어지는 파라핀왁스가 주원료로 사용되며, 제법(製法)상 소량의 스테아린산을 첨가하고 있다.

주원료인 파라핀왁스는 세크로우 및 고형 파라핀이라고도 불리고 있으며, 양초 이외에 크레용·의약·가공지·방청유·화장품 등에 널리 사용되고 있다. 이 원료로는 중유(重油)를 주로 하고 갈탄과 역청탄에도 포함되어 있다. 파라핀왁스의 제법은 용제(溶劑)에 의한 밀랍제거방법이 현재에도 많이 사용되고, 톨루엔·벤젠·아세톤의 혼합용제를 사용하여 추출하며, 주요성질은 다음과 같다.

① 비중(比重) : 약 0.9

② 융점(融點) : 40~70℃(130~140°F)

③ 발화점(發火點) : 약 380℃

④ 가솔린·벤젠·아르콜·올리브유 등에 녹는다.

⑤ 물과 친화성(親和性)이 없고, 전기절연성(電氣絕緣性)이 풍부하다.

⑥ 휘발성(揮發性* Volatility)이 극히 적고, 착화가 용이하며, 유해가스(有害Gas)를 발생시키지 않고 연소한다.

5.5.3.3 조사요점

발화지점의 하부에 있는 물체가 불완전 연소를 한 경우 기저(基底)부분의 잔해(殘骸)에서 파라핀의 확인이 비교적 용이한 편이며, 무염(無焰)연소에 의해 나타나는 발화부의 회화(灰化)현상이 나타나지 않는다.

① 정상적인 촛불에 의해 출화된 경우에는, 촛대 등 잔해가 나타나며, 하부의 연소 잔해에서 파라핀을 확인할 수 있으므로 주의가 필요하며, 가연물의 접촉 가능성 및 촛대의 전도 가능성을 검토하고, 기타의 발화원의 존재를 부정한다.

② 비정상적인 경우 즉, 인위적인 경우에는 주변에 착화 용이한 가연물인 골판지·면섬유·커튼·휴지 등의 잔해물을 확인하고, 불완전 연소된 잔유물에서 파라핀 잔해를 검사할 필요가 있다.

5.6 방화(放火* Arson)

방화란 사람이 나쁜 뜻을 가지고 고의적으로 불을 질러 건조물(建造物) 또는 기타의 물건을 소훼(燒燬)하는 행위 또는 그 자체의 화재를 말한다.

방화형태를 방화의 동기별로 분류하면, 약물작용·만취상태·정신이상·보험금사취 목적 및 기타 이득·원한관계·분노 및 치정질투·성적용구·타인의 이목 집중·자해 및 인생도피·타 범죄의 은닉·호기심 및 스릴 등 재미 등과 무작정이거나 특별한 동기도 없이 방화하기도 한다. 이들의 방화행위는 종이 등 이연성(易燃性)가연물에 나화(裸火 : 성냥불·라이터 등)로 착화시키는 경우, 가스·석유·휘발유 등 인화성 물질을 살포시킨 후에 착화시키는 경우, 실화(失火)로 위장하는 경우 등이 있다.

5.6.1 방화의 성격과 특징

5.6.1.1 방화사건의 성격

방화사건의 현장은 실화 또는 자연발화의 화재현장과 아주 유사하기 때문에 범죄사실의 은폐기도(隱蔽企圖)로 위장 및 알리바이(Alibi)를 조작하기 때문에 보다 진보된 과학적인 화재조사기법(火災調査技法)과 수사능력의 조화가 요구되고, 또한 방화사건은 일반화재와 그 성격이 다르므로 사법기관이나 소방기관의 단독조사가 아닌 협업조사가 특히 중요하다.

5.6.1.2 방화의 특징

방화사건은 재산보다 인명(人命)을 대상으로 하는 방화가, 장소적으로는 주택에 대한 방화가, 동기로는 원한이나 보복 등 정신적인 요인에 기인하는 방화가 많이 발생하고 있다. 또한 일반적인 화재발생은 계절적인 측면에 좌우되나, 방화사건은 비계절적이고 비주기적으로 발생하는 특징이 있다.

또한 방화(放火)는 일반적으로 은폐된 공간에서 이루어지기 때문에 화재의 발견이 늦고, 휘발유나 시너 같은 휘발성 인화물질을 이용하는 경우가 많으므로 화재발생시 순간적이고 폭발적(爆發的)으로 확산되어 그 피해범위가 비교적 크고, 방화범자신의 노출된 신체부위가 화상(火傷)을 입는 경우가 많다.

5.6.2 방화의 목적유형

1. 경제적인 이익추구

경제적인 이익추구를 위한 방화로는 보험금 사취(保險金詐取), 양곡 등 물품보관업자가 부족한 재고량의 은폐 목적, 납세유예(納稅猶豫) 목적 등으로 행한 방화로 분류할 수 있다. 이와 같이 경제적인 이익을 목적으로 방화한 방화범들은 대부분 화재 확산에 대한 은근한 기대와 조급성을 나타내는 심리적인 독특성을 가지고 있다.

따라서 화재사건 수사관은 화재로 인하여 이익을 보게 될 사람이 누구인가에 초점을 맞추어 제반사항을 면밀히 검토하고 분석하여 그 결론을 도출하도록 노력해야 한다. 예컨대 보험금 사취를 목적으로 한 방화사건으로 의심이 있을 경우에는 다음과 같은 사항을 고려하여 보험금의 청구(請求)에 있어서 납품(納品)·채무(債務)·계약(契約)·세무(稅務)·소방(消防)·보험회사 등과 관련하여 제출되는 서류검토 및 방화범과 용의자 주변의 가족·친지·인척 또는 동업자 등의 이해관계자들의 진술이 서로 일치하지 않는 이유 등을 체계적으로 추적해야 한다.

① 보험가입 전후의 재정상황(財政狀況)

② 재고량 및 유행이 지난 제품 등의 누적상황(累積狀況)

③ 기업의 청산위기상황(淸算危機狀況)

④ 제품의 규격미달로 인한 상품화의 실패상황(失敗狀況)

⑤ 건물 및 시설물의 법규위반(法規違反) 또는 개·보수의 곤란상황

⑥ 계약상품의 납기일 준수곤란(遵守困難) 등

2. 은폐(隱蔽)와 증거인멸(證據湮滅)

살인 및 강·절도(强·竊盜)의 범죄은폐 목적 또는 사기(詐欺)·횡령(橫領)·배임(背任)을 위한 서류증거(書類證據)를 인멸(湮滅)할 목적으로 일반적인 화재사건으로 위장하여 방화하는 경우가 있다.

3. 방화광(放火狂* Pyromania)

방화광은 불을 보고 감정적인 희열(喜悅)과 만족을 얻거나 또는 화재현장에서 구경꾼들의 흥분과 소방관들의 진화활동(鎭火活動)에 만족을 얻기 위하여 방화를 한 후에 화재현장 주변에 남아서 지켜보면서 만족을 얻는다. 따라서 방화사건의 수사관은 화재현장에 운집한 사람들 중에 특이한 거동 수상자(擧動殊狀者)가 있었는지를 면밀하게 관찰할 필요가 있고, 필요하면 화재진압작전 상황 또는 화재진행 상황을 촬영한 비디오테이프를 입수하여 분석한다.

4. 원한과 복수

전체적인 방화사건의 약 20%를 점유하고 있는 방화동기에는 주로 인간관계의 분쟁에 따른 원한과 복수에 의하여 발생하고 있다.

5. 술과 약물

술이나 약물(藥物)을 복용한 상태에서 아무런 이유 없이 또는 사소한 일에 흥분하여 감정을 억제하지 못한 상태에서 방화를 저지르는 경우가 있다.

6. 선동(煽動)과 테러

사회불안을 조성하거나, 조직의 내부분규(內部紛糾)·정치적인 시위(示威)·노사(勞使)문제의 제기 등 사회적인 관심을 집중시킬 목적으로 방화행위를 한다.

7. 기타

기타의 방화에는 생활비관으로 자살하기 위한 방화, 가정불화·사회적인 반발·영웅심·정신이상자 등에 의하여 발생하는 방화가 있다.

5.6.3 방화조사의 핵심요소와 유의사항

1. 화재현장에 따른 방화와 실화의 차이점

① '실화(失火* Actionable Fire)'의 경우에는 발화부가 단 한곳으로 특정되는데 반하여,

'방화(放火*Arson)' 의 경우에는 방화범의 심리상태가 확실한 화재발생을 의욕(意慾)하기 때문에 가연성 액체(휘발유 및 시너 등)를 여러 장소에 살포(撒布)하거나 또는 여러 곳에 불을 붙이는 성향을 가지고 있기 때문에 화재현장에는 발화부로 추정되는 장소가 2곳 이상 형성되어 있는 것이 보통이다.

② '실화' 의 경우에는 발화부에서 화원(火源)을 발견할 수 있는 것이 대부분이지만, '방화' 의 경우에는 화원의 소실(燒失)로 인하여 화인규명(火因糾明)이 어렵다.

③ '실화' 의 경우에는 가스화재 등 특별한 경우에 소사자(燒死者) 및 화상피해자가 있고 대부분 현장의 탈출경로가 분명히 밝혀지지만, '방화' 의 경우에는 폭발적으로 급속하게 확산되는 불길에 의하여 방화범의 노출된 신체부위에 화상(火傷)을 입는 사례가 많고 대부분 탈출경로가 불명확하다.

④ '실화' 의 경우에는 화재관계자의 진술(陳述)과 화재현장의 소훼현상(燒燬現象)이 일치하지만, '방화' 의 경우에는 관계자의 진술과 화재현장 상황이 부합되지 않는다.

⑤ '실화' 에 대한 화재조사는 화재의 책임소재(責任所在)·구체적인 공공위험(公共危險)의 유무(有無)·과실(過失)의 경중(輕重) 및 업무상의 과실 유무 등을 밝혀 실화의 죄(罪)로 의율(依律)하기 위한 입증자료(立證資料)의 수집에 있지만, '방화' 에 대한 화재조사는 방화범인의 색출과 검거 및 방화의 수단방법을 규명하여 방화죄로 의율하기 위한 증거 수집에 있다.

2. 방화사실의 입증

방화에 대한 간접증거(間接證據)로서 정확한 정황증거(情況證據)는 증거 재판주의(證據裁判主義)의 공판절차에서 증거능력(證據能力)있는 증거의 증명력(證明力)에 대한 가치판단은 법관(法官)의 자유판단에 맡기는 자유 심증주의(自由心證主義)를 만족시키는데 객관적인 사실이 될 수 있다. 따라서 현장조사에서 채취한 물적 증거(物的證據)는 그것이 방화범의 특정행위와 어느 정도 상관관계가 있는지를 입증하는데 초점이 맞추어져야 한다.

3. 유의사항

화재현장의 개괄적이고 외견적(外見的)인 실상과 화재의 목격 내지 발견자들의 국부적인 진술만으로 간단하게 방화사건으로 추측하는 것은 금물이다. 화재조사는 인신구속(人身拘束) 및 인권침해(人權侵害)와 관련되는 중요한 문제이므로 방화사건으로 결론내리기 전에 실화(失火) 또는 자연발화(自然發火)의 가능성 유무를 다시 분석 검토하고 모순점이 없다고 판단될 때에 최종적으로 결론 내리는 신중함이 필요하다.

5.6.4 방화 가능성의 판단요소와 용의자

화재현장에 임장조사(臨場調査)할 당시에는 방화와 실화에 대하여 판단할 수 없기 때문에 항상 이 양자의 가능성을 염두에 두고 화재조사를 진행하되, 예비(豫備)조사 또는 본(本)조사의 진행과정에서의 추정 발화부와 그 주변에서 다음과 같은 사실이 확인 또는 탐지(探知)되거나 진술이 확보되면 그 즉시 방화사건의 조사체제로 전환하고, 현장 주변에서 특이한 거동(擧動)을 하였던 자가 있었는지의 유무에 대하여 조사해야 한다.

5.6.4.1 일반적인 판단요소(判斷要素)

1. 무단침입과 출입흔적

① 닫혀있던 출입문 및 창문이 열려져 있었거나 잠금장치가 풀려져 있는 등 외부에서 누군가 억지로 출입하였거나 침입흔적(侵入痕迹)이 있을 때.

② 유리창 등에 외부로부터의 강제적인 파손흔적과 같은 인위적(人爲的)이고 고의적(故意的)인 파괴흔적이 있을 때.

③ 이상한 사람의 출입과 행동에 대하여 거주자 또는 목격자 등의 진술이 있었을 때 등에는 옆집과의 거리와 담의 형태, 출입구·창문·기타의 개구부 등의 제반현상을 확인하여 화재현장으로의 접근로(接近路) 및 접근방법 등을 규명한다.

2. 범죄흔적(犯罪痕迹)

① 살인·약취(掠取)·절도 등 여타의 범죄흔적이 있을 때.

② 물품의 도난·파손(破損)·제거 및 이동 등의 흔적과 그러한 사실이 있을 때.

3. 고장과 파괴

소화설비(消火設備)·경보시설(警報施設) 및 감시설비(監視設備) 등을 작동불능의 상태로 만들기 위하여 고의적으로 절단(切斷) 또는 전원차단(電源遮斷)을 시킨 흔적이 발견되었을 때.

4. 이상연소현상(異常燃燒現象)

① 동일 화재실내 또는 같은 영역에서 완전히 독립된 화염(火焰)이 2개소 이상의 위치에서 각각 목격되었거나 현장조사 당시에 발화부로 의심되는 소훼현상(燒燬現象)이 2개소 이상으로 산발적(散發的)으로 분산되어 있을 때.

② 가연성 휘발물질의 연소흔적·물질 특징의 냄새·유류(油類)의 흐른 소훼흔적 및 유막

(油膜* Oil film)의 형성·소잔 연료통의 식별 또는 연료통이 발견되는 등 화재현장에서 식별될 때.

③ 급격하게 연소하는 발화물질(發火物質)을 사용한 흔적이 발견되었을 때.

④ 화재영역의 구조(構造)와 수용가연물(受容可燃物)의 양에 비추어 볼 때 화재에 의한 피해가 지나치게 과도하고 불이 빠르게 확산되었을 때.

⑤ 인접장소에서 여러 개체가 동시 또는 연쇄적으로 화재가 발생되었을 때.

5. 진술내용의 불일치(不一致)

① 화재관계자들의 진술과 자백의 내용이 어딘가에 모순점이 있거나 또는 화재현장의 제반상황과 일치하지 않았을 때.

② 최종적으로 사람이 자리를 이탈한 외출 등의 시간과 화재발생 시간에서 모순점이 있거나 또는 이재관계자의 행적에 이상함이 발견될 때.

6. 화재진압의 지연과 방해

① 화재발생에 대한 고의적인 신고지연사실(申告遲延事實)이 있을 때.

② 화재의 진압작전을 지연시키거나 방해하는 이상한 행위를 할 때.

7. 기타 상황

① 일견 의심의 여지가 보이는 다른 상황이 있을 때.

② 화재가 예상을 벗어난 엉뚱한 장소에서 시작되었을 때.

③ 저장연료(貯藏燃料)의 부족분이 확인되었을 때.

④ 현장에 없어야 할 물건 또는 물질이 화재현장에 존재하고 있었을 때.

⑤ 불을 발생시킬 수 있는 화원(火源)이 없는 장소 또는 부위에서 출화하였거나 폭발현상이 있었을 때.

⑥ 실화 또는 자연발화라는 사실적·과학적인 증거가 없었을 때.

5.6.4.2 방화용의(放火容疑) 대상자

① 화재현장에서 떨어진 한적한 곳에서 혼자 행동하거나, 사람을 우연히 만났을 때에 놀라거나, 황급하게 뛰거나 걸어가는 등 이상한 거동을 하는 사람.

② 착복한 옷이나 몸에서 연기(煙氣)나 화기(火氣)의 냄새가 나는 사람.

③ 손과 얼굴 등 노출된 신체부위에 화상을 입었거나 그을음이 묻어 있는 사람.

④ 정신질환자 및 불에 대한 희열·충격·증오심 등을 가지고 생활하는 사람.

⑤ 화재현장에서 관찰 · 관망(觀望) 및 구경 등을 계속하고 있는 사람.

⑥ 방화전과사실(放火前科事實) 및 기록이 있는 사람 등.

5.6.5 방화의 행위방법과 조사요점

방화행위의 수단으로서의 불씨(點火源·着火源·發火源)로는 ⓐ 일반적인 직접방화(直接放火)의 불씨로 나화(裸火)인 성냥불·라이타불·촛불 등과 훈소화원(燻燒火源)인 꺼지지 않은 담뱃불이 사용되고, ⓑ 시간지연에 의한 간접방화(間接放火)의 수단으로 전자회로(電子回路)나 시한퓨즈(時限Fuse) 또는 화학물질의 화학반응을 이용하고 있다. 따라서 조사관은 방화에 사용된 점화원(點火源)의 규명과 입증에 노력해야 한다.

5.6.5.1 직접착화(直接着火)

1. 착화방법

① 이연(易燃)성 가연물인 신문지·의류·이불 등을 모아놓고 성냥 또는 라이터 등으로 직접 불을 붙인다.

② 인화성 물질인 시너 및 휘발유 등의 석유류를 살포 또는 다량의 가스를 누출(漏出)시키거나 가연물에 첨가(添加)하여 직접 불을 붙인다.

③ 긴 헝겊에 휘발유 등 석유류를 묻히는 등 도화선(導火線)을 이용하여 출입문 또는 문 밖에서 불을 착화시킨다.

④ 화염병(火焰甁) 등 착화물을 이용하여 원하는 곳으로 던져서 불을 붙인다.

2. 화재의 특이점

① 착화행위 직후 화염(火焰)이 확대되고, 대부분 한 곳에만 착화시키지 않고 여러 곳에 착화시키는 경향이 있으므로 여러 개소의 착화지점에서 자동소화 된 흔적이 발견되는 경우가 많다(사진 100 참조).

② 비교적 착화가 용이한 부분에 착화시키므로 착화 즉시 상(上)방향으로 발전 되어 훈소(燻燒) 또는 회화(灰化)현상이 식별되지 않으며, 하방의 발화정점(發火頂點)에서 여타한 발화징후도 나타나지 않는다.

③ 인화물질을 이용한 경우에는 그 용기를 멀리 감추는 것보다 불속에 투기하는 경우가 많으며, 이때 용기가 바닥 면에 접한 부분이 소잔된 형태로 화재현장 에 남는다(사진 101, 102 참조).

〈사진 5.100〉 석유를 살포 방화한 벽면 및 바닥부의 소잔현상

〈사진 5.101〉 화재현장에서 식별된 인화물질 용기 밑면의 소잔현상

④ 직접착화의 경우 방화범의 의류에 촉진제가 부착되거나, 의류·머리카락·손과 발의 체모가 일부 그을리거나 탈 수 있다.

⑤ 휘발유와 같은 인화물질을 뿌리거나 가스를 누출시켜 착화하는 경우에는 폭발적인 연소로 인하여 방화범 자신도 큰 화상이나 신체적인 손상을 입을 수 있다.

⑥ 방화가 내부자의 소행일 경우에는 원활한 화염성장을 위하여 창문 등을 열어 두거나 유리창을 안에서 밖으로 파열(破裂)시키고, 외부인일 경우에는 출입문 대신 창문유리를 밖에서 안으로 파열시키고 침입하는 경우가 발생한다.

3. 조사요점

(1) 출입문의 시건 여부

화재 당시 사람의 출입상황을 확인하고, 방화행위가 내부 또는 외부자의 소행(所行)인지를 구별한다.

(2) 경보장치(警報裝置)

경보장치의 적절한 작동 여부 또는 변형 여부 등을 확인하여 화재시점과의 인과관계를 밝힌다.

(3) 현장의 바닥조사

대부분의 방화지점은 바닥부에서 이루어지고, 연소의 확대진행으로 인한 적재물의 도괴(倒壞)로 바닥부가 덮이는 경우가 많으므로 발화부의 바닥은 세밀하게 조사할 필요가 있다.(사진 5.102 참조)

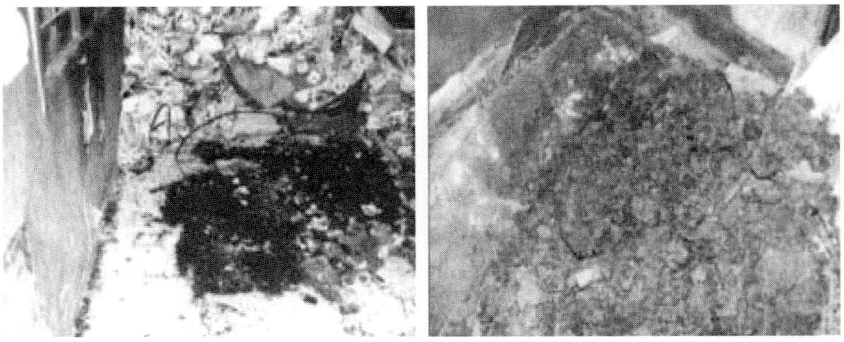

〈사진 5.102〉 바닥 퇴적물을 제거한 후의 바닥부의 소잔현상

〈사진 5.103〉 인근의 정보지 및 쓰레기 등 가연물로 이용 착화한 소잔현상

(4) 첨가 가연물의 존재확인

연소에 의한 소훼(燒燬) 정도에 따라 소잔물이 존재하지 않을 수도 있으나, 구조상 원래 존재해서는 안 되는 위치에 가연물(신문지·전단지·이불 및 의류 등)이 이동되어 소훼되어 있었는지에 대하여 세밀하게 조사한다(사진 5.103 참조).

(5) 인화물질의 검지

① 유막(油膜* Oil film : 기름띠)이 형성되었거나 적재물의 밑바닥 등 기름이 스며들기 용이한 곳을 찾아 냄새를 맡거나 의심이 되는 대상물을 물에 띄어 봐서 기름띠가 형성되는 경우에는 그 대상물들을 채집 밀봉하여 전문기관에 성분분석을 의뢰한다.

〈사진 5.104〉 유류살포 방화현장의 바닥부의 소잔현상

② 흙 또는 모래 등은 인호물질을 함유하면서 연소되지 않으므로 그 잔유(殘油)물을 남기기 쉽다. 특히 계단을 따라 흘러내리거나 구석으로 흘러들어갈 경우에는 일반연소와 구별이 용이할 정도로 소잔현상의 특성을 가지므로 이를 증명하기 위해 노력한다.

(6) 유리파편의 방향성

유리파편의 비산(飛散)위치와 파단면을 검사하여 출격방향을 확인한다. 평판유리에 충격을 가하면 충격의 반대 면에 방사형(放射形)으로 파괴기점이 나타나고, 동심원 방향은 이와 반대쪽에 파괴기점(破壞基點)이 나타난다. 따라서 파편의 파단면이 방사형의 부분인지 동심원의 부분인지를 구분하여 리플마크에서 파괴 기점을 규명하면 외력의 방향을 알 수 있다. (※ p.95 사진 2.18, 그림 2.7-1 / p.96 사진 2.19, 그림 2.7-2 참조)

(7) 독립적인 발화지점

주변의 가연물이 쉽게 연소되지 않는 것으로 연소의 확대가 기대되지 않을 경우에는 여러 곳에 착화시킴으로써 방화의 결과를 의욕(意慾)하므로, 서로 연결되지 않는 독립적인 발화개소를 보여준다.

(a) 주방내의 발화브와 소잔현상 (b) 복도설치 TV 주변에서의 발화현상 (c) 탈의실에서의 발화현상

〈사진 5.99〉 ○○모텔방화현장의 각각 독립된 방화개소(4개소)의 소잔현상

(8) 방화 용의자

방화 용의자(放火容疑者)의 경우에는 신발·의류 등에서 인화물질의 취향의 발생 유무, 모발·의류·손과 발의 체모 등의 탄화흔적 유무, 노출된 신체부위의 화상(火傷) 유무 등을 확인한다.

5.6.5.2 인화성 물질을 사용한 방화

인화성 물질을 사용하여 방화하는 경우 급격히 발화하여 확대되므로 사전의 징후 없이 갑자기 화염(火焰)이 외부로 유출되어 발견된다. 또한 연소형태는 훈소(燻燒)과정을 거치지 않으므로 회화(灰化)형태가 나타나지 않으며, 연소의 진행방향이 잘 나타나지 않는 특징이 있다.

1. 휘발유 및 시너 등 저(低)비점 유류를 사용하는 경우

휘발유 또는 시너 등 저비점 물질은 공간의 크기에 따라 다르지만 쉽게 기화(氣化)되어 살포(撒布)후 수분 내에 유증(油蒸)에 의한 폭발범위에 들게 되고 특별한 방법을 쓰지 않으면, 착화시키는 순간 폭발현상을 동반하여 행위자는 부상을 입게 된다. 연소 잔해(殘骸)에 나타나는 특징은 난연성인 바닥타일·카펫·목재 합판 등에 살포된 흔적이 남게 되며, 스며들어간 틈새·연소 당시 자연적으로 연소될 수 없는 모서리 부분 등이 국부적으로 연소된 형태를 남기게 되며, 대부분의 경우 잔해에서의 인화성 물질의 확인은 불가능하다.

2. 석유를 사용하는 경우

석유는 살포되었다 하더라도 유증이 발생하지 않으므로 폭발로 이어지지는 않으며, 휘발유와 마찬가지로 난연성 재질에 살포흔적을 남기게 되고, 스며들어간 모서리와 틈새 등이 국부적으로 연소되고, 연소잔해에서 대부분 석유성분의 확인이 가능하다.

3. 가스를 사용하는 경우

대부분 일시적으로 다량의 가스가 누출되며, 착화 시에 폭발로 이어지고 행위자는 크게 화상 또는 사망하게 된다. 이의 입증(立證)은 가스폭발임을 입증하고 가스의 누출부위를 확인한다. 대부분 심하게 연소되어 손상된 가스배관이라도 호스 내부의 철심 등을 이용 손괴상태를 확인할 수 있으며, 특히 LPG의 경우 사고 직후에는 용기에서 결로(結露) 또는 결빙(結氷)현상을 확인할 수 있다.

5.6.5.3 지연(遲延) 착화

1. 착화방법

① 촛불을 이용하여 양초가 완전 연소될 때 가연물에 접촉 착화되도록 하여 발화시간을 지연시킨다. 촛불은 8~15시간 사이에 있어서 양초의 두께와 길이에 따라 다양하게 조절할 수 있다.

② 전기 발열체에 가연물을 올려놓아 화재현장으로부터 도피할 시간을 획득하거나 전기 화재로 위장한다.

③ 시계 또는 타이머를 이용하여 원하는 시간에 점화(點火)스위치를 작동케 하여 발화시킨다.

④ 도주시간(逃走時間)을 확보하기 위하여 가스 및 전기 등의 조리기구에 의류 등을 올려놓고 착화시켜 발화하며, 이때 조리기구 위에 있어서는 안 되는 의류가 탄화(炭化)된 상태이고, 전선에 전기의 합선흔적이 나타난다. (사진 5.105 참조)

〈사진 5.105〉 소잔 전기조리기구 위의 의류 탄화물 현상

2. 화재의 특이점

① 지연 착화는 건물주 또는 사주(使嗾)를 받은 사람의 실화위장(失火僞裝)의 행위목적 및 방화범의 도피시간 확보 목적 등으로 행하여진다.

② 건물주 자신이 방화할 경우에는 출입문이나 방문의 잠금장치가 잠긴 사례가 많다. 따라서 잠금장치가 잠겨 있다는 이유만으로 사람의 출입을 배제하는 것은 큰 판단의 오류를 범할 수 있다.

③ 절도 또는 기타 범행을 은폐할 목적으로 방화할 경우에는 문을 원래 상태로 잠그기 보다는 범행현장으로부터 이탈이 급해서 출입문이 열려있는 사례가 많다.

④ 특히 기존시설은 방화범이 언제든지 이용하기 쉽고, 착화 당시 방화범 자신에게 특별한 위해(危害)를 가할 위험이 적다. 따라서 가구의 이동 또는 변형이 아닌 가연물의

이동이 중시되므로 진화작업 종료 후에 이 같은 흔적을 신중하게 조사하여 식별할 필요가 있다.

3. 조사요점

(1) 전원인가(電源認可) 여부의 조사

난로 및 조리기구 등의 전기기기일 경우에는 플러그의 상태와 단락용흔(短絡鎔痕)의 발생 유무를 확인하여 화재 당시의 통전 여부(通電 與否)를 판단한다.

(2) 스위치 조사

기구의 전원인가 또는 가스가 충만한 상태에서 스위치가 작동되었는지를 조사하여 사용자가 사용하지 않은 스위치의 변형은 의심하여 확인한다.

(3) 가연물에 대한 조사

가스의 경우에는 가스누출 여부, 전열기의 경우에는 수건 또는 의류가 발열체에 덮여 있었는지 여부 등을 확인하여 이를 증명할 수 있게 한다.

(4) 양초에 대한 조사

양초의 주변에 착화 가능한 가연물 또는 인화(引火)물질을 동반하는 것이 일반 이므로, 연소의 중심부에 보관상태가 아닌 양초 잔해의 발견 여부를 확인한다.

5.6.5.4 무인스위치 조작을 이용한 기구착화

1. 착화방법

우리의 일상생활에서 유용하게 사용되는 자동 스위치가 방화행위에 이용되는 경우이다.

① 원격장치를 이용하여 점화 스위치를 작동시킨다. 특히 대형파괴를 목적으로 하는 다이너마이트 도화선(導火線) 등에 이용되기도 한다.

② 주위의 온도를 이용하여 온도에 따라 작동하는 즉, 실내온도보다 높은 온도가 접근하면 작동되는 스위치를 설치하며, 주로 열감지(熱感 知)센서를 이용한다.

③ 가로등이 어두워지면 자동으로 불이 들어오는 스위치와 같은 광량(光量)을 이용한 스위치를 사용한다.

④ 레이저 같은 광선(光線)을 이용하여 스위치를 작동시킨다(광선이 물체 또는 사람에 닿아 빛이 차단되면 작동되는 스위치이다.).

2. 화재의 특이점

기존 시설의 스위치단자를 이용하거나 배터리 전원을 연결시켜 스위치만 작동되는 회로를 구성하여 스위치가 연결되었을 경우, 코일·금속그물망·열선(熱線)·파열전구(破裂電球) 등에 가연물을 접촉시켜 발화되게 한다.

3. 조사요점

(1) 발화원(發火源)

어떤 스위치든 최종목적은 발화원의 구성이다. 따라서 발화원이 될만한 전열(電熱)기구를 찾아서 그 출처를 조사한다.

(2) 회로망

스위치로부터 전열기구로 가는 회로전선을 찾아 스위치와 전열기구와의 관계를 규명한다.

(3) 배터리

기존의 실내전원의 이용 곤란 또는 제조의 편리성 때문에 발화에너지원이 되는 별도의 배터리(건전지)를 사용하는 것이 일반적인 현상이므로, 바닥부에 설치되거나 떨어지면 식별 가능한 만큼 보존된다.

5.6.5.5 피해자의 행위를 이용한 착화

1. 착화방법

① 빈집에 들어가 가스호스의 기밀을 파괴시켜 피해자가 조리기구를 작동하는 순간 급속히 발화되어 화재에 이르게 한다.

② 집안의 배선 또는 전기기구를 미리 합선시켜 스위치가 작동되면 전기화재로 나타나게 한다.

③ 휘발유통·가방·차량 등에 인화물질과 점화장치(點火裝置)를 담아 손으로 만지면 스위치가 작동되어 화재가 발생하여 피해자에게 위해를 가한다.

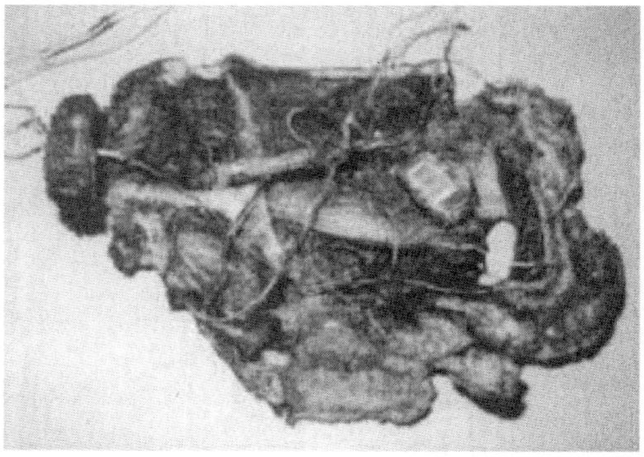

〈사진 5.106〉 휘발유통에 점화장치를 매달아 들어 올리는 순간 폭발한 잔해

2. 화재의 특이점

① 행위자가 직접 피해자가 되면서 특별한 행위자의 과실로 설명할 수 없는

발화과정으로 화재가 발생한다. 즉, 개문(開門) 또는 전등의 스위치를 켜는 등 일상적인 행위로 인하여 발화한다.

② 기존의 스위치 시스템에 발화와 관련된 점화시스템을 결합시켜 스위치의 작동과 함께 발화하여 화재에 이른다.

③ 특정한 개인 및 집단 또는 불특정 다수인을 대상으로 행해질 수 있다.

3. 조사용점

(1) 피해자의 행위상황

피해자의 직접적인 행위에 의한 화재의 경우에는 피해자의 구체적인 행위가 가연물과 발화원에 어떤 영향을 미쳤는지를 조사한다.

(2) 외부로부터의 반입물건

피해자의 행위를 이용할 경우, 기존 스위치 시스템에 연결되는 점화히터 또는 배선, 기존 발열체에 가연물 등 외부로부터의 반입(搬入)물건 또는 이동물건이 필요하게 된다. 소화작업 이후 이들 흔적을 발견하기 쉽지 않으나, 정확한 발화지점을 규명하여 이들 흔적의 색출을 위해 노력하는 것이 중요하다.

(3) 점화원(點火源)

발화원이 될만한 전등 또는 전열기(電熱器) 등에 부착된 물질 및 전원의 변경 등에 대해서 조사하여 확인한다.

5.6.5.6 실화로 위장된 방화

1. 착화방법

① 개인적인 이득을 취하기 위해 화재 이후 조사관이 실화(失火)로 착각하도록 위장하려는 목적으로 착화를 시도한다.

② 보험금 사취(詐取)를 목적으로 사람의 개입을 은폐하기 위해 전선에 인화물질 또는 가연물을 놓고 착화시켜 조사과정에서 발화지점과 적기적인 발화원으로 판명되도록 시도한다.

③ 재산적(財産的)인 보상(報償)을 위해 낡은 가전제품을 구입하여 제품 내부의 결함(缺陷)을 시연한다.

2. 화재의 특이점

① 소잔(燒殘) 대상물의 조사만으로는 실화를 가장한 방화로 유도된 것인지를 판단하기

는 매우 어렵다. 따라서 위장실화의 경우에는 발화여건 또는 연소의 확대조건 등의 인위적인 조성과 피해자 방화의도의 개연성 여부가 중요한 변수가 된다.

② 어떤 경우 발화원인이 명확하게 규명되고 피해자의 구체적인 행위가 입증된다 하더라도, 피해자의 범의(犯意) 즉, 고의(故意)를 명확하게 밝히지 못할 때에는 실화로 위장된 방화행위를 정확히 규명하였다고 볼 수 없으므로 수사책임자는 책임감을 가지고 조사해야 한다.

③ 감정기관에서 "발화원인의 구체적 논단불가"라는 회신의 경우, 감정물이 잘못 선택되어진 때를 제외하고 현장상황에 있어서 발화지점의 발화원으로서 가능성이 충분하거나 감정대상물이 충분한 경우에는 "원인불명"으로 조사를 포기하기보다는 주변수사 쪽으로 관심을 돌려봄도 바람직하다.

3. 조사요점

(1) 실화 인정(失火認定)

화재관련자가 전기화재 등 실화사실을 쉽게 인정하거나 그 가능성을 조사관에게 필요이상으로 설명하는 경우에는 위장실화(僞裝失火)에 의한 방화 의심을 배제할 수 없다.

(2) 증거인멸(證據湮滅)

가연물의 적재상태(積載狀態) 또는 연소시간에 비하여 심하게 소훼(燒燬)되어 증거색출이 곤란하거나 생업 또는 안전을 핑계로 현장조사 이전에 화재현장을 심하게 훼손시켰을 경우이다.

(3) 알리바이의 강조

대낮 또는 사람의 통행이 빈번한 곳에 쉽게 발견되도록 하고, 화재 관련자는 그 시간에 맞는 명확한 알리바이(현장부재증명)를 성립시키는 경우이다.

이상과 같이 위장실화에 의한 방화의 경우에는 조사관의 현장조사 이외에 사법권을 가진 수사관의 광범위한 수사가 필히 요구된다 하겠다.

5.6.6 방화수사의 요점

5.6.6.1 방화용의자(放火容疑者)수사

① 화재현장에 모여 있는 군중을 대상으로 반드시 사진촬영을 하여 둔다.

② 최초 목격자를 대상으로 용의자의 선정 등 비중 있는 수사를 한다.

③ 용의자가 선정될 경우 현행범인 체포를 위하여 미행수사를 행한다.

④ 동일 수법의 방화사건이 발생하면 전과자를 조회하여 수법수사(2002.3.1부터 작성대상에 포함되었음)를 행한다.

⑤ 방화범죄(放火犯罪)에 있어서 범행에 사용한 도구 등이 불에 소훼되어 범죄를 구증할 만한 물증(物證)을 찾기 어렵기 때문에 범인을 현장에서 검거하지 못하였을 경우에는 범인 발견에 어려움이 있고, 용의자를 선정한 이후에도 유죄입증(有罪立證)에 상당히 곤란한 경우가 많다.

5.6.6.2 차량 등 연쇄방화사건(도깨비불)의 유의사항

① 연쇄(連鎖)화재의 경우에는 방화사건일 가능성이 농후하다.

② 인화성(引火性)이 강한 가연물을 사용하였을 것으로 추정한다.

③ 증거물(證據物)은 소훼되어 현장에 소잔되어 있을 가능성이 적다.

④ 특정장소가 아닌 다수의 장소에서 연쇄방화가 발생했을 경우에는 원한보다는 정신병자 및 방화광(放火狂)의 소행일 가능성이 높다.

5.6.6.3 방화범에 대한 수사

1. 방화동기(放火動機)에 대한 수사

① 경제적인 이득을 목적으로 하는 방화

② 다른 범죄의 은폐를 목적으로 하는 방화

③ 악희(惡戱)를 목적으로 하는 방화

④ 불특정다수인을 선동하기 위한 목적으로 하는 방화

⑤ 방화광에 의한 방화

⑥ 범죄의 수단으로서의 방화

* 형법 제164조 후단이 규정하는 '현주건조물방화치사죄'는 살인죄와 상상적 경합으로 의율할 것이 아니다. 다만 존속살인죄와 현주건조물방화치사죄는 상상적 경합에 있다(大判 1996.4.26 96도485).

2. 방화수단에 대한 수사

화재현장의 불탄 재나 탄화(炭化)찌꺼기도 방화수단을 밝히는 증거자료가 될 수 있으므로 그들의 산일(散逸)을 방지하고 면밀하게 관찰조사하는 것이 중요하다.

3. 현장검증의 요소

① 화재현장의 방위·위치·주변상황

② 피해상황

③ 풍향·풍속·습도 등의 화재 당일의 기상상황

④ 출화(발화) 당시의 시각과 상태

⑤ 연소상황

⑥ 증거물건

⑦ 피의자가 판명되었을 경우에는 인적사항과 당시의 행동상황

(a) 침대 및 가구재의 소잔현상

(b) 바닥과 침대 측면의 소잔현상

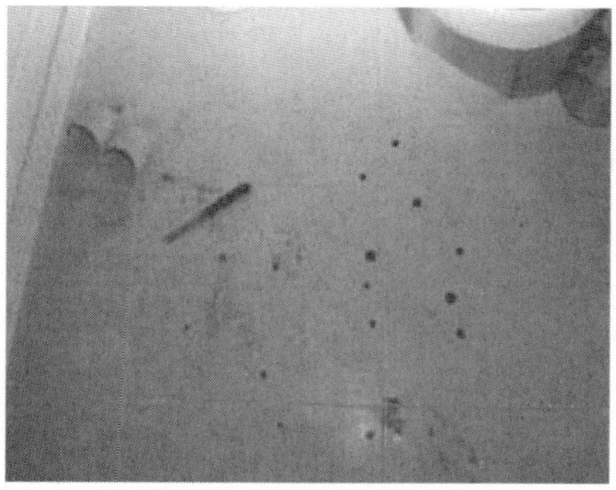

(c) 화장실 바닥의 혈흔과 칼

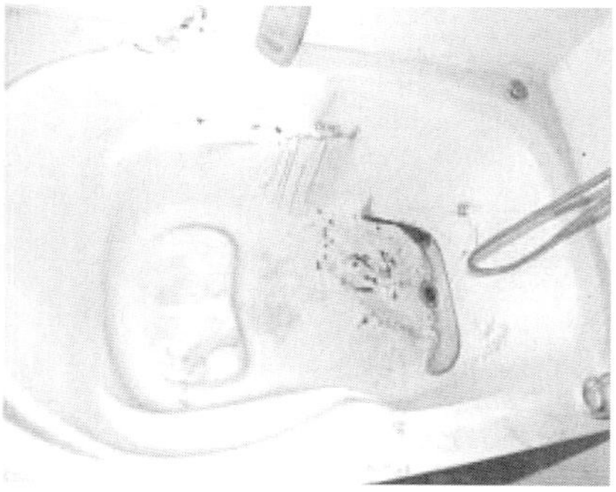

(d) 욕조바닥의 혈흔

〈사진 5.107〉 살인방화사건현장의 증거 및 소잔상황

4. 증거물의 압수

발화점(發火點) 및 그 주변에 있던 물건으로서 방화에 관계가 있다고 의심되는 모든 소잔물건(燒殘物件)은 빠짐없이 사진촬영 후에 수거하여 압수(押守) 보존조치 한다.

5.6.6.4 수사의 종결단계에서의 검토사항

① 증거물 및 그 증거가치의 보존에 미비점이 없는지를 확인한다.

② 진술에 대한 증거조사가 충분하게 되었는지를 검토한다.

③ 입증 사실과 증거 사이에 모순·불합리 및 부자연스러운 점은 없는지를 검토한다.

④ 증거물에 대한 이화학적(理化學的)인 검토는 충분하게 행하여졌는지, 또는 분석(分析) 및 감정(鑑定)을 의뢰할 필요는 없는지를 검토한다.

⑤ 증거물의 가치와 성질 및 상태가 화인과 관련하여 모순 또는 불합리한 점은 없는지를 검토한다.

⑥ 수사서류를 작성함에 있어서 그 서류작성 목적에 따른 제반사항이 충실하게 작성되었는지를 검토한다.

6

화재사건과 형사법

제 6 장

화재사건과 형사법(刑事法)

6.1 화재사건의 수사

6.1.1 수사의 기본원칙

수사의 방법에는, 상대방의 동의(同意) 또는 승낙(承諾)을 받아 임의적인 방법에 의하여 수사하는 임의수사(任意搜查)와 강제처분(强制處分)에 의하여 수사하는 강제수사(强制搜查)가 있으며, 수사는 원칙적으로 임의수사에 의하고 강제수사는 법률에 규정된 경우에 한하여 허용된다(형소법 제199조)는 것을 임의수사의 원칙이라고 한다. 한편 임의수사라고 하더라도 수사의 성질상 개인의 인권을 침해할 염려가 있으므로 법적절차를 준수해야 한다. 따라서 검사 · 사법경찰관리 기타 직무상 수사에 관계가 있는 자는 비밀을 엄수하고, 피의자 또는 다른 사람의 인권을 존중하고 수사에 방해되는 일이 없도록 주의해야 한다(형소법 제198조).

6.1.1.1 임의수사와 강제수사의 구별

구별의 기준에 대하여 여러 가지 학설이 있으나, '임의수사'와 '강제수사'의 구별 실익은 새로운 형태의 과학적 수사방법에 대한 사법적(司法的) 통제에 있어서 그 기준이 명확할 것이 요구되기 때문에 상대방의 의사에 반하여 실질적인 법익 침해(法益侵害)를 초래하는 처분을 강제수사라고 보는 실질설(實質說)의 타당하다고 보는 견해를 따른다.

6.1.1.2 동의 또는 승낙에 의한 수사

1. 임의동행

① '임의동행(任意同行)' 이란 수사기관이 피의자나 상대방의 동의 또는 승낙을 얻어 수사기관까지 동행하는 것을 말하며, 법적 근거로는 경찰관 직무집행법에 의한 임의동행(동법 제3조)과 형사소송법(刑事訴訟法)에 의한 임의동행(형소법 제199조1항)이 규정

되어 있다.

② 임의동행의 과정에서 강제력이 개입될 때에는 임의수사로서의 한계(限界)를 벗어나게 된다. 임의동행과 강제연행의 구별은 동행시간과 장소 및 방법, 동행거부의 유무나 퇴거자유를 종합하여 판단해야 하므로 임의동행의 형식을 취한 경우에도 강제의 실질을 갖춘 때에는 강제수사에 해당한다.

2. 승낙수색과 승낙검증

수사기관이 법관의 영장 없이 수색 또는 검증을 하는 경우에 단순히 이의를 제기하지 않는 정도가 아니라 명백하게 승낙한 경우에는 임의수사로서 허용된다.

6.1.1.3 강제수사 법정주의와 영장주의(令狀主義)

① 우리나라는 인권침해의 위험을 방지하기 위하여 강제수사의 허용조건을 형사소송법 제199조에 강제수사는 법률에 특별한 규정이 없으면 하지 못한다고 규정하여 '강제수사법정주의'를 취하고 있다.

② '영장주의'란 법관이 발부한 적법한 영장에 의하지 않으면 형사절차상의 강제수사는 할 수 없다는 원칙을 말한다.

현행 형소법은 피의자의 체포·구속(형소법 제200조의2, 제201조) 또는 압수 ·수색·검증(형소법 제215조)에는 법관이 발부한 영장이 있어야 한다는 사전 영장의 원칙을 규정하고 있고, 예외적으로 현행범의 체포(형소법 제212조)와 긴급체포(형소법 제200조의3)의 경우에는 체포영장을 요하지 않고 사후에 구속영장을 발부 받으면 족하다.

또한 체포·구속 목적의 피의자 수색, 체포·구속현장에서의 압수(押收)·수색(搜索)·검증(檢證), 범죄 장소에서의 압수·수색·검증(형소법 제216조), 긴급체포시의 압수·수색·검증[형소법 제 217조제1항]의 경우와 같이 영장(令狀)을 받을 수 없는 예외적인 사정이 있을 때에는 긴급성에 대처하기 위하여 영장에 의하지 않은 압수·수색·검증이 허용된다.

6.1.1.4 비례성(比例性)의 원칙

'비례성의 원칙'이란 형사절차(刑事節次)에 의한 개인의 기본권 침해는 사건의 중요성과 기대되는 형벌(刑罰)에 비추어 상당성(相當性)이 유지될 때에만 허용된다는 원칙을 말한다. 따라서 비례성의 원칙은 인권보장을 위하여 강제수사를 규제하는 중요한 역할을 담당하며, 임의수사에 있어서도 수사의 필요성과 균형성이 인정되어져야 하고, 수사의 필요성이 인정될 때에도 수사목적의 달성으로 얻는 이익과 수사활동으로 침해되는 이익 사이에 균형성(均衡性)이 있어야 한다.

6.2.1 임의수사(任意搜査)

6.1.2.1 피의자 신문(被疑者訊問)

'피의자 신문'이란 수사기관이 수사에 필요한 때에 피의자에게 출석을 요구하여 피의자로부터 진술을 듣는 것을 말하며, 수사기관이 피의자의 진술을 통하여 직접 증거를 수집하는 절차일 뿐만 아니라 피의자가 자기에게 유리한 사실을 주장할 수 있는 기회를 제공하는 의미도 가지고 있다.

1. 출석요구

수사기관이 피의자를 신문하기 위해서는 피의자의 출석을 요구해야 하며(형소법 제200조 제1항), 출석요구의 통지방법에는 제한이 없다.

2. 진술 거부권의 고지

수사관이 피의자의 진술을 들을 때에는 진술을 거부할 수 있음을 알려야 한다(형소법 제200조 제2항). 만약 진술 거부권을 고지하지 않고 신문한 진술을 기재한 피의자신문조서는 그 증거능력이 인정되지 않는다. 신문할 때마다 진술 거부권을 고지할 필요는 없고, 피의자가 거부할 수 있는 진술내용에도 제한이 없다.

3. 신문의 방법

① 검사 또는 사법경찰관이 피의자를 신문할 때에는 먼저 그 성명·연령·본적·주거와 직업을 피의자가 틀림없는지 확인해야 한다(형소법 241조). 이를 '인정신문(認定訊問)'이라고 하고, 피의자는 인정신문에 대하여도 진술을 거부할 수 있다.

② 피의자에게 신문할 사항은 범죄사실과 정상에 관하여 필요한 사항이며, 피의자에게도 이익이 되는 사실을 진술할 기회를 주어야 한다(형소법 제242조).

③ 검사 또는 사법경찰관이 사실을 발견함에 필요하다고 판단될 때에는 피의자와 다른 피의자 또는 피의자 아닌 자와 대질하게 할 수 있다(형소법 제245조)

4. 사법경찰 관리의 참여

사법경찰관(司法警察官)이 피의자를 신문할 때에는 사법경찰 관리를 참여하게 해야 한다

(형소법 제243조). 이는 조서기재의 정확성과 신문절차의 적법성(適法性)을 보장하기 위한 것이다.

5. 변호인의 참여

형사소송법이 피의자신문에 변호인이 참여할 수 있다는 명문규정(明文規定)을 두고 있지는 않지만, 헌법(憲法)은 변호인의 조력을 받을 권리와 변호인과의 접견 교통권(接見交通權)을 선언하고 있다.

6. 피의자신문 조서의 작성

① 피의자의 진술은 조서에 기재해야 하며(형소법 제244조 제1항), 피의자신문조서에 기재된 진술은 일정한 조건 아래에서 증거능력이 인정된다(형소법 제312조).
② 검사 또는 사법경찰관은 피의자에게 조서를 열람하게 하거나 읽어 주어야 하며, 오기(誤記)의 여부를 물어 피의자가 증감·변경의 청구를 하였을 때에는 그 진술을 조서에 기재해야 한다(형소법 제244조 제2항).
③ 피의자가 조서에 오기 없음을 진술한 때에는 피의자로 하여금 그 조서에 간인(間印)한 후 서명 또는 기명·날인하게 한다(형소법 제244조 제3항).
④ 작성자의 서명날인은 공무원이 작성하는 서류에 관하여 그 기재내용의 정확성과 완전성을 담보하는 것이므로, 검사 또는 사법경찰관은 피의자신문조서에 서명날인을 해야 한다.

6.1.2.2 참고인조사

검사 또는 사법경찰관은 수사에 필요한 때에는 피의자 아닌 자의 출석을 요구하여 진술을 들을 수 있다(형소법 제221조). 피의자 아닌 제3자를 '참고인(參考人)'이라 하고, 참고인은 피해자·고소인·목격자 등에 한하지 않고 누구든지 수사에 필요한 때에는 참고인으로 조사할 수 있다.

1. 출석요구

① 참고인에 대한 출석요구의 방법에는 제한이 없으므로 서면(출석요구서)·전화 등 적당한 방법으로 하면 된다.
② 참고인은 수사기관의 출석요구에 대해서 출석의 의무가 없으며, 그 불출석에 대해서 제재가 가해지지 않는다. 다만 참고인이 출석을 거부하는 경우에 검사는 제1회 공판기일 전에 한하여 증인신문을 청구할 수 있다(형소법 제221조의 2).

2. 참고인의 진술

수사기관이 참고인으로부터 피의사건에 관하여 진술을 듣기 전에 진술거부권을 고지할 필요는 없다. 왜냐하면 참고인은 수사에 대한 협조자에 불과하므로 진술을 거부할 수 있을 뿐만 아니라 조사장소로부터 언제든지 퇴거할 수 있기 때문이다.

3. 진술조서의 작성

수사기관이 참고인의 진술을 들을 때에는 조서를 작성해야 한다(형소법 제48조). 참고인의 진술을 기재한 진술조서는 일정한 조건 아래에서 증거능력이 있다(형소법 제312조, 313조).

4. 국가보안법상의 특칙

검사 또는 사법경찰관으로부터 국가보안법에 해당하는 피의사건의 참고인으로 출석요구를 받은 자가 정당한 이유 없이 2회 이상 출석요구에 불응한 때에는 관할법원 판사의 구속영장을 발부받아 구인(拘引)할 수 있으며, 이 경우 필요한 때에는 참고인을 임시로 유치(留置)할 수 있다(국가보안법 제18조).

6.1.2.3 감정·통역의 위촉과 사실조회

1. 감정(鑑定)의 위촉

① 검사 또는 사법경찰관은 수사에 필요한 때에는 감정을 위촉할 수 있다(형소법 제221조).

② 수사기관으로부터 감정위촉을 받은 자가 작성한 감정서는 일정한 요건 아래 그 증거능력이 인정된다(형소법 제313조 제2항).

2. 통역·번역의 위촉

검사 또는 사법경찰관은 수사에 필요한 때에는 통역(通譯) 또는 번역(飜譯)을 위촉할 수 있다(형소법 제221조). 통역·번역의 위촉을 받은 자가 그 위촉을 거절할 수 있음은 감정위촉의 경우와 같고, 통역의 경우에는 통역인 진술조서를 작성하는 이외에 피의자신문조서 또는 참고인진술조서에 통역인이 진술자와 공동으로 서명해야 한다.

3. 사실조회(事實照會)

① 수사에 관하여는 공무소 기타 공사단체에 조회하여 필요한 사항의 보고를 요구할 수 있다(형소법 제199조 제2항). 이를 사실조회라고 하며, 조회할 수 있는 사항에는 제한이 없다.

② 사실조회는 상대방에게 의무를 부과한다는 의미에서 강제수사에 해당한다는 견해가 있으나, 상대방의 의무불이행에 대한 강제수단이 없기 때문에 임의수사에 해당한다.

6.1.3 체포(逮捕 : 대인적 강제처분)

'체포'란 죄를 범하였다고 의심할만한 상당한 이유가 있는 피의자(被疑者)의 신병을 확보하기 위하여 피의자를 단기간 동안 수사관서 등 일정한 장소에 인치(引致)하는 강제처분(强制處分)이다. 체포는 그 요건이 완화되어 있고 기간이 단기간(短期間)인 점에서 엄격한 요건 아래에서 비교적 장기간 신체의 자유를 제한하는 구속(拘束)과 구별된다.

6.1.3.1 영장에 의한 체포

형사소송법은 피의자의 체포에 관하여 체포영장에 의한 체포를 원칙으로 한다. 즉, 피의자가 죄를 범하였다고 의심할만한 상당한 이유가 있고, 수사기관의 출석요구에 응하지 아니하거나 응하지 아니할 우려가 있는 때에는 지방법원 판사의 체포영장을 발부받아 피의자를 체포할 수 있고(형소법 제200조의 2 제1항), 체포영장의 집행(執行)절차는 다음과 같다.

1. 체포 이유의 고지

체포영장(逮捕令狀)을 집행하는 사법경찰관리는 피의자에 대하여 ① 범죄사실의 요지,② 체포의 이유와 ③ 변호인을 선임할 수 있음을 말하고 ④ 변명할 기회를 준 후가 아니면 피의자를 체포할 수 없다(형소법 제200조의5, 제72조).

2. 체포영장의 제시

체포영장을 집행할 때에는 피의자에게 체포영장을 반드시 제시해야 한다(형소법 제200조의 5, 제85조 제1항). 다만, 체포영장을 소지하지 아니한 경우에 급속을 요하는 때에는 피의자에 대하여 피의사실의 요지와 영장이 발부되었음을 알리고 집행할 수 있다(형소법 제85조 제3항). 이 경우에 집행을 완료한 후에는 신속히 체포영장을 제시해야 한다(형소법 제85조 제4항).

3. 피의자의 인치(引致)

체포영장의 집행을 받은 피의자를 신속히 지정된 장소에 인치해야 한다(형소법 제200조의 5, 제85조 제1항). 체포영장의 집행을 받은 피의자를 호송할 경우에 필요한 때에는 가장 근접한 교도소 또는 구치소에 피의자를 임시로 유치할 수 있다(형소법 제86조).

4. 체포서류의 작성

체포영장집행 사무를 담당한 자가 체포영장을 집행한 때에는 체포영장에 집행일시와 장소를, 집행할 수 없었을 때에는 그 사유를 각 기재하고 기명날인해야 한다(규칙 제100조 제1항, 제49조 제1항).

5. 체포에 수반하는 강제처분

① 체포영장을 집행할 때에는 영장 없이 타인의 주거에서 피의자를 수색하거나, 체포현장에서 압수·수색·검증을 할 수 있다(형소법 제216조 제1항).

② 피의자의 체포가 무기 사용 이외의 다른 수단으로는 불가능하다고 인정되는 상당한 이유가 있으면 경찰관은 필요한 범위 내에서 실력행사를 할 수 있고, 다른 체포수단이 없는 때에는 필요최소한의 범위 내에서 무기를 사용할 수 있다(警職法 제11조).

6.1.3.2 긴급체포(緊急逮捕)

'긴급체포'란, 중대한 사건의 경우에 긴급을 요하여 지방법원 판사의 체포영장을 받을 수 없는 때 수사기관이 영장 없이 피의자를 체포하는 것을 말한다(형소법 제200조의 3). 긴급체포는 중대한 범죄에 한하고, 범행과 체포 사이에 시간적 근접성을 요하지 않는 점에서 현행범인의 체포와 구별된다.

1. 요건의 엄격성

(1) 범죄의 중요성

피의자가 '사형', '무기' 또는 '장기 3년 이상의 징역이나 금고'에 해당 하는 죄를 범하였다고 의심할만한 상당한 이유가 있어야 한다.

(2) 체포의 필요성

피의자가 '증거를 인멸할 염려'가 있거나 '도망' 또는 '도망할 염려'가 있어야 한다.

(3) 체포의 긴급성

긴급을 요하여 지방법원 판사의 체포영장을 받을 수 없을 것을 요한다. '긴급을 요한다.'란, 피의자를 우연히 발견할 경우 등과 같이 체포영장을 받을 시간적 여유가 없는 때를 말한다. 즉, 판사의 체포영장을 받아서는 체포할 수 없거나 체포가 현저히 곤란한 것을 요한다.

2. 고지절차

검사 또는 사법경찰관이 피의자를 긴급체포함에 있어서는 피의자에게 긴급체포를 한다는 사유를 알리고(형소법 제200조의3 제1항), 범죄사실의 요지와 변호인을 선임할 수 있음을 말한 뒤 변명의 기회를 주어야 한다(형소법 제200조의 5, 제72조).

3. 긴급체포에 수반한 강제처분

(1) 대물(對物)적 강제처분

검사 또는 사법경찰관이 피의자를 긴급체포하는 경우에 영장 없이 타인의 주거에서 피의자를 수색하거나, 체포현장에서 압수·수색·검증을 할 수 있다(형소법 제216조). 또 긴급체포된 피의자가 소유·소지 또는 보관하는 물건에 대하여 체포 시로부터 48시간 내에 영장 없이 압수·수색·검증을 할 수 있다(형소법 제217조 제1항).

(2) 경찰장구와 무기의 사용

경찰관은 피의자를 긴급체포하기 위해 필요하다고 인정되는 상당한 이유가 있을 때에는 경찰장구(수갑·경찰봉 등)를 사용할 수 있고(警職法 제10조의2), 필요한 한도 내에서 무기를 사용할 수 있다(警職法 제10조의4).

4. 긴급체포 후의 조치

(1) 긴급체포서의 작성

검사 또는 사법경찰관이 피의자를 긴급체포한 경우에는 즉시 긴급체포서를 작성해야 하고(형소법 제200조의 3 제3항), 긴급체포서에는 범죄사실의 요지와 긴급체포의 사유, 긴급체포한 일시와 장소, 구금한 장소, 체포자의 관직과 성명을 기재해야 한다(형소법 제200조의 3 제4항, 규칙 제95조 제2 항).

(2) 검사의 승인

사법경찰관이 피의자를 긴급체포한 경우에는 즉시 '검사(檢事)의 승인'을 받아야 하고 (형소법 제200조의 3 제2항), 검사의 승인을 얻지 못한 경우에는 피의자를 즉시 석방해야 한다(형소법 제200조의4 제2항). 검사는 사법경찰관의 긴급체포에 대해서 사후 심사를 함으로써 그 남용을 방지하고 있다.

6.1.3.3 현행범의 체포

헌법(憲法) 제12조 제3항 단서는 '현행범인 경우 … 에는 사후에 영장을 청구할 수 있다' 고 규정하여 현행범인의 체포를 영장주의의 예외로 인정하고 있고, 이에 따라 형사소송법 제

212조는 '현행범인은 누구든지 영장 없이 체포할 수 있다'고 규정하고 있다. 현행범인에 대한 체포는 그 범죄가 명백하여 수사기관에 의한 권한남용의 위험이 없고, 긴급한 필요성이 인정되기 때문에 영장주의의 예외가 인정된 것이다.

1. 체포요건

(1) 범죄의 명백성

현행범인을 체포하려면 체포 당시에 특정범죄의 범인임이 명백해야 한다.

(2) 구속사유의 존재

통상체포(通常逮捕)시에도 구속사유가 존재할 필요는 없으므로 현행범인의 체포에 있어서도 구속사유가 존재할 필요는 없다고 본다.

(3) 비례성의 원칙

경미사건, 즉 50만 원 이하의 벌금·구류 또는 과료에 해당하는 죄의 현행범인에 대하여는 범인의 주거가 분명하지 아니한 때에 한하여 현행범인으로 체포할 수 있다(형소법 제214조).

2. 체포절차

(1) 체포의 주체

① 현행범인은 누구든지 영장 없이 체포할 수 있다(형소법 제212조). 그러므로 검사 또는 사법경찰관리는 물론 일반인도 현행범인을 체포할 수 있다.

② 검사 또는 사법경찰관리가 아닌 자가 현행범인을 체포한 때에는 즉시 검사 또는 사법경찰관리에게 인도해야 한다(형소법 제213조 제1항).

③ 사법경찰관리가 현행범인의 인도를 받은 때에는 체포자의 성명·주거·체포의 사유를 물어야 하고, 필요한 때에는 체포자에 대하여 경찰관서에 동행할 것을 요구할 수 있다(형소법 제213조 제2항). 이 동행의 요구는 임의동행이다.

(2) 고지절차

검사 또는 사법경찰관리가 현행범인을 체포하거나 일반인이 체포한 현행범인을 인도받는 경우에는 범죄사실의 요지·체포이유·변호인을 선임할 수 있음을 말하고 변명할 기회를 주어야 한다(형소법 제213조의2).

6.1.3.4 체포 후의 절차

1. 구속영장의 청구

① 체포된 피의자를 구속하고자 할 때에는 검사는 체포한 때로부터 48시간 이내에 구속영장을 청구해야 한다(형소법 제213조의2, 제200조의2 제5항).

② 검사 또는 사법경찰관이 긴급체포한 피의자에 대한 구속영장을 청구할 때에는 긴급체포(緊急逮捕)서를 첨부해야 한다(형소법 제200조의4 제1항).

③ 48시간의 기간 내에 구속영장을 청구하면 족하며, 반드시 구속영장이 발부될 것을 요하는 것은 아니다.

④ 체포영장에 의하여 체포된 피의자를 구속영장에 의하여 구속한 때에는 구속기간은 체포된 때부터 기산한다(형소법 제203조의2).

2. 피의자의 석방

① 체포된 피의자에 대하여 검사(檢事)가 48시간 이내에 구속영장을 청구하지 아니하거나, 구속영장 청구가 기각된 때에는 피의자를 즉시 석방해야 한다(형소법 제200조의2 제5항, 제200조의4 제2항, 제213조의2).

② 긴급체포 되었으나 구속영장을 청구하지 아니하거나, 구속영장을 발부받지 못하여 석방된 자는 영장 없이는 동일한 범죄사실에 관하여 다시 체포하지 못 한다(형소법 제200조의4 제3항).

6.1.4 수사상 압수·수색(대물적 강제수사)

6.1.4.1 의의(意義)

1. 수사상 압수(押收)

'수사상압수'란 수사기관이 증거방법으로 의미가 있는 물건이나 몰수가 예상되는 물건의 점유를 취득하는 강제수사를 말한다. 수사기관의 압수에 대해서도 법원의 압수에 관한 규정이 준용된다(형소법 재219조). 수사기관의 압수에는 압류(押留)와 영치(領置)가 있다.

(1) 압류(押留)

'압류'는 영장의 발부를 전제로 하여 물건의 점유를 점유자 또는 소유자의 의사에 반하여 강제적으로 취득하는 강제처분을 말한다. 좁은 의미의 압수란 압류를 의미한다.

(2) 영치(領置)

'영치'는 소유자 등이 임의로 제출한 물건이나 유류(遺留)한 물건을 계속하여 점유하는 것이다(형소법 제218조).

2. 수사상 수색(搜索)

'수사상 수색'이란 압수할 물건이나 피의자를 발견하기 위한 목적으로 수사기관이 사람의 신체나 물건 또는 주거 기타의 장소에 대하여 행하는 강제수사를 말한다. 수색은 주로 압수와 함께 이루어지고, 실무상으로 압수·수색영장이라는 단일영장이 발부되고 있다.

6.1.4.2 압수·수색의 요건

1. 범죄혐의의 존재

압수·수색을 함에 있어서도 범죄에 대한 혐의가 있어야 한다. 압수·수색영장청구서에는 피의사실의 요지를 기재하고(규칙 제107조), 피의자에게 범죄의 혐의가 있다고 인정되는 자료를 제출할 것을 요구하고 있다(규칙 제108조).

2. 필요성

압수·수색은 증거수집과 범죄수사를 위하여 필요한 때에만 인정된다. 따라서 압수할 물건은 증거방법으로 의미가 있게 될 개연성이나 몰수될 개연성이 있어야 하고, 수색은 압수할 물건을 발견하기 위한 것이어야 한다. 압수·수색은 증거물의 확보를 통해 형사절차를 관철하고 판결의 집행을 확보하기 위한 것이기 때문이다.

3. 비례성

'비례성(比例性)의 원칙'은 압수·수색에 있어서도 적용된다. 형사소송법 제215조의 '필요한 때'란, 압수·수색의 필요성뿐만 아니라 압수·수색의 비례성까지 의미한다.

① 임의수사로써 수사의 목적을 달성할 수 있는 경우에는 압수·수색은 허용되지 않는다.

② 압수·수색은 증거물이나 몰수물의 수집·보전에 불가피한 최소한의 범위에 그쳐야 한다.

③ 압수·수색에 의한 기본권의 침해는 범죄의 태양과 경중, 대상물의 가치 및 중요성과 균형관계를 이루어야 한다(대법원 2004. 3. 23 자 2003모126 결정) .

6.1.4.3 압수물의 처리

1. 압수물의 보관

(1) 자청(自廳)보관의 원칙

① 압수물은 압수한 수사기관의 청사로 운반하여 직접 보관하는 것이 원칙이다.

② 수사기관은 압수물을 보관할 때 그 상실 또는 파손 등을 방지하기 위한 필요한 조치를 취해야 한다(형소법 제219조, 제131조).

③ 수사기관이 압수물을 보관함에 있어서 선량한 관리자의 주의의무를 진다.

(2) 위탁보관

운반 또는 보관이 불편한 압수물은 간수(看守)자를 두거나 소유자 또는 적당한 자의 승낙을 얻어 보관하게 할 수 있다(형소법 제219조, 제130조 제1항).

(3) 대가(代價)보관

몰수(沒收)해야 할 압수물이 멸실·파손 또는 부패의 염려가 있거나 보관하기 불편한 경우에는 이를 매각한 대가를 보관할 수 있다(형소법 제219조, 제132조).

2. 압수물의 폐기(廢棄)

① 위험발생의 염려가 있는 압수물은 폐기할 수 있다(형소법 제219조, 제130조 제2항). 폐기처분은 개인의 재산권(財産權)에 중대한 침해를 가져오므로 신중히 이루어져야 한다.

② 위험발생의 염려가 있는 압수물이란, 폭발물이나 오염된 어패류·육류 등과 같이 위험발생의 개연성이 매우 높은 압수물을 의미한다.

③ 압수물을 폐기할 때에는 폐기조서(廢棄調書)를 작성하고 사진을 촬영하여 이에 첨부해야 한다(司警規 제52조)

3. 압수물의 가환부(假還付)

압수물의 가환부란, 압수의 효력을 존속시키면서 압수물의 경제적 이용을 위하여 소유자·소지자 또는 보관자 등에게 잠정적으로 돌려주는 제도이다.

(1) 임의적 가환부

수사기관은 소유자·소지자·보관자 또는 제출인의 청구에 의하여 증거로 사용될 압수물을 가환부할 수 있다(형소법 제219조, 제133조 제1항).

(2) 필요적 가환부

증거에만 사용될 압수물로서 그 소유자 또는 소지자가 계속 사용해야 할 물건은 사진촬영 기타 원형보존(原形保存)의 조치를 취하고 신속히 가환부해야 한다(형소법 제219조, 제133조 제2항).

(3) 가환부의 통지와 효과

① 수사기관이 가환부의 결정을 할 때에는 미리 이해관계인에게 통지해야 한다(형소법 제219조, 제135조).

② 가환부는 압수 자체의 효력을 잃게 하는 것이 아니다. 따라서 가환부를 받은 자는 압수물의 보관의무를 지며, 수사기관의 요구가 있으면 제출해야 한다.

4. 압수물의 환부

압수물의 환부란, 압수물을 종국적으로 소유자 또는 제출인에게 반환하는 수사기관의 처분을 말한다.

(1) 대상

① 검사 또는 사법경찰관이 체포영장(형소법 제200조의2) 또는 긴급체포(형소법 제200조의3)에 의하여 피의자를 체포하거나 현행범인(형소법 제212조)을 체포하는 경우에 체포현장에서 압수한 물건(형소법 제216조 제1항 제2호) 및 긴급 체포된 자가 소유·소지 또는 보관하는 물건으로써 구속영장 발부기간 내에 압수된 물건(형소법 제217조 제1항)은 법관으로부터 **'구속영장을 발부 받지 못한 때'** 에는 즉시 환부해야 한다(형소법 제217조 제2항 본문). 이 경우 물건의 압수를 계속할 필요가 있는 때에는 별도로 압수영장을 발부 받아야 한다(동항 단서).

② **'압수를 계속할 필요가 없다고 인정되는 압수물'** 은 사건종결 전이라도 결정으로 환부해야 한다(형소법 제219조, 제133조 제1항 전단). 환부가 가능한 물건은 증거물로 이용되지도 않고 동시에 몰수(沒收)대상물도 아닌 물건이어야 한다.

(2) 절차

① 환부는 수사기관의 결정에 의한다(형소법 제219조, 제133조 제1항 전단). 사법경찰관이 압수물을 환부할 때에는 검사의 지휘를 받아야 한다.

② 환부는 직권으로 행하는 것이므로 소유자 등의 청구가 있을 필요는 없다.

③ 환부처분(還付處分)은 피해자·피의자 또는 변호인(辯護人)에게 통지해야 한다(형소법 제219조, 제135조).

(3) 효과

환부에 의하여 압수는 그 효력을 상실한다. 압수물의 환부처분은 압수를 해제하는 효력을 가질 뿐이므로 이해관계인은 민사소송절차에 의해 그 권리를 주장할 수 있다(형소법 제333조 제4항).

(4) 환부불능과 공고

① 압수물을 환부 받을 자의 소재가 불분명하거나 기타 사유로 인하여 환부를 할 수 없는 경우에는 검사는 그 사유를 관보에 공고해야 한다.

② 공고한 후 3월 이내에 환부청구가 없는 때에는 그 물건은 국고에 귀속된다.

③ 이 기간 안에도 가치 없는 물건을 폐기할 수 있고, 보관하기 곤란한 물건은 공매하여 그 대가를 보관할 수 있다(형소법 제219조, 제486조).

6.1.5 수사상의 검증(檢證)

'검증'이란 사람의 신체·장소·물건의 성질과 형태를 오관(五官)의 작용으로 인식하는 강제처분을 말한다. 검증은 그 주체에 따라 법원에 의한 검증과 수사기관에 의한 검증으로 구분되며, 수사상의 검증에 관하여는 법원의 검증에 관한 규정이 준용된다(형소법 제219조).

6.1.5.1 실황조사와 수사상검증

'실황조사(實況調査)'란 수사기관이 범죄현장 또는 기타 장소에서 실제상황을 조사하는 활동을 말하며, 주로 화재사고와 교통사고 등에서 행하여진다. 실황조사와 수사상의 검증은 엄격히 구분된다는 견해가 있으나, 실황조사의 실질은 임의수사의 성격을 가진 검증이므로 실황조사를 수사상의 검증에 포함시켜 파악해야 한다고 생각된다.

6.1.5.2 검증의 절차

1. 검증영장의 청구와 발부

검사가 검증을 하기 위해서는 지방법원 판사가 발부하는 영장이 있어야 하고, 사법경찰관은 검사에게 신청하여 검사의 청구로 지방법원 판사가 발부하는 영장(令狀)에 의하여 검증을 할 수 있다(형소법 제215조). 검증영장의 발부와 그 기재사항은 압수·수색의 경우와 같다.

2. 검증영장의 집행

① 수사기관은 검증을 함에 있어서 신체의 검사·사체의 해부·분묘의 발굴·물건의 파괴·기타 필요한 처분을 할 수 있다(형소법 제219조, 제140조).

② 사체의 해부 또는 분묘의 발굴을 하는 때에는 예의를 잃지 않도록 주의하고, 미리 유족에게 통지해야 한다(형소법 제219조, 제141조 제4항).

3. 검증조서의 작성

① 검증에 관해서는 검증결과를 기재하는 검증조서를 작성해야 한다(형소법 제49조 제1항).

② 검증조서에는 검증목적물의 현상을 명확하게 하기 위하여 도화(圖畵)나 사진을 첨부할 수 있다(형소법 제49조 제2항).

③ 검증조서에는 조사 또는 처분의 연월일시와 장소를 기재하고, 그 조사 또는 처분을 행한 자와 참여한 사법경찰관리 등이 서명 날인해야 한다(형소법 제50조)

6.1.5.3 실황조사서(實況調査書)

1. 의의(意義)

'실황조사서'란 화재사고 등 각종 재난사고 발생 직후에 수사기관이 화재현장의 상황을 임의(任意)로 조사하여 그 결과를 기재한 서류를 말한다. 검증(檢證)은 영장에 기하여 행해지는 강제처분(强制處分)임에 반하여 실황조사는 수사기관의 임의처분(任意處分)으로 행하여지는 점에서 차이가 있다.

2. 실화조사서의 증거능력

(1) 판례(判例)

사법경찰관이 작성한 실황조사서는 이 사건사고가 발생한 직후에 사고 장소에서 긴급을 요하여 판사의 영장 없이 시행된 것이므로, 이는 형소법 제216조 제3항에 의한 검증에 해당한다. 그런데 사후영장을 받지 않았으므로 이 실황조사서는 유죄의 증거로 삼을 수 없다.[대법원 1889.3.14.선고 88도1399]

(2) 검토(檢討)

실황조사는 임의수사(任意搜査)에 해당하고, 실황조사서도 그 실질에 있어서는 검증조서와 같으므로 형소법 제312조 제1항의 적용을 받는다고 본다. 실황조사서가 그 작성자의 법정진술(法庭陳述)과 그 실황조사서에 첨부된 사진·도면 등에 의하여 그 기재의 정확성이 인정되는 경우에도 그 증거증력을 부정한다는 것은 소송경제상 불합리하다(임동규 형사소송법 449면).

3. 작성목적

화재사건 당시의 현장상황을 명백히 하고 증거자료(證據資料)를 수집(蒐集)하여 보전(保全)함에 있다.

4. 실황조사서의 구성

'실황조사서'는 화재현장의 각각의 사실이나 실체를 관찰하여 화재 원인과 결과 간의 상관관계를 밝혀 화재 당시의 상황을 명백하게 하여 증거자료를 수집보존하고, 화재관계인들로부터 필요상황을 청취하여 그 내용들을 과학적이고 논리적인 지식과 경험에 따라서 종합하여 객관적으로 검토 분석하여 판단한 내용을 기재한 서류로서 그 실질은 법관이 작성한 검증조서와 같다고 볼 수 있다. 따라서 실황조사서는 관찰내용을 시간적인 순서에 따라 기록하여 나가는 것이 가장 좋은 방법이다. 〔※ 부록 "실황조사서식과 작성요점" 참조〕

6.2 방화와 실화의 죄

6.2.1 의의(意義)와 본질(本質)

6.2.1.1 방화(放火)와 실화(失火)죄의 의의

방화죄와 실화의 죄는 고의(故意) 또는 과실(過失)로 불을 놓아 현주(現住)건조물·공용(公用)건조물·일반(一般)건조물 또는 일반물건(一般物件)을 소훼(燒燬)하는 것을 내용으로 하는 공공위험죄(公共危險罪)이다. 이러한 좁은 의미의 방화죄이외에 형법(刑法)은 ⓐ 진화(鎭火)를 방해하거나, ⓑ 폭발성 있는 물건을 파열하거나, ⓒ 가스 등의 공작물을 손괴하는 것도 방화죄에 준하여 처벌하고 있다.

실화의 죄는 과실로 화재를 발생케 했다는 점에서 차이가 있을 뿐 불에 의한 공공위험죄라는 점에서 방화죄와 본질을 같이하고, 실제로 방화죄에 비하여 압도적으로 많이 발생할 뿐만 아니라 예측할 수 없는 막대한 피해를 수반 하는 범죄(犯罪)이다.

1. 방화죄의 고의(故意)

'방화죄(放火罪)의 고의'란 방화죄의 구성요건적인 사실의 실현을 희망할 뿐만 아니라 그것을 무조건적으토 수행해 내려는 실현의사가 있는 것을 말한다. 따라서 공공위험죄인 방화죄의 고의는 확정적 고의(確定的故意)일 필요는 없으며 미필적 인식(未畢的認識)으로도 족하다. 따라서 방화와 소훼(燒燬)에 대한 인식(認識) 또는 예견(豫見)만 있으면 족하고 반드시 그 사실의 발생케 할 희망 및 목적이 있음을 요하지 않는다.

2. 실화(失火)죄의 과실(過失)

'실화죄의 과실' 이란 심리요소(心理要素)로서 실화 죄의 구성요건에 해당하는 사실에 대한 불인식(不認識)과 주의의무위반(主意義務違反)을 의미한다.

(1) 인식 있는 과실과 인식 없는 과실

'인식(認識) 없는 과실(過失)' 이란 결과발생(結果發生)에 대한 인식이 없는 형법상의 과실(過失)로서 객관적인 주의의무위반만이 문제가 되는 과실의 전형적인 형식이다. '인식있는 과실' 이란 결과발생의 가능성을 다소 인식하면서도 구체적으로 자기의 경우에는 발생하지 않을 것으로 믿었던 경우를 말한다.

(2) 일반과실과 업무상과실

'업무상과실(業務上過失)' 이란 일정한 업무에 종사하는 자가 그 업무상(공무는 그 성격상 포함되는 경우와 안 되는 경우가 있다) 일반적으로 요구되는 주의의무를 태만(怠慢)함으로 인하여 죄(罪)를 범한 경우로, '일반과실(一般 過失)' 에 비하여 그 형(刑)이 가중되는 경우이다. 여기서 업무는 반드시 직업이나 영업(營業)일 필요는 없고 또한 주된 업무일 필요도 없다.

(3) 경과실(일반과실)과 중과실

'중과실(重過失)' 이란 중대한 과실을 말하는바, 조금만 주의를 했더라면 능히 결과발생을 인식할 수 있었던 경우이나, 실제로 어느 정도에 이르러야 되느냐 하는 것은 사회통념(社會通念)에 따라서 법관이 결정할 문제이다.

6.2.1.2 보호법익 및 보호의 정도

1. 보호법익(保護法益)

방화죄의 보호법익은 공공의 안전과 평온이라는 사회적인 법익을 보호하는 순수한 공공위험의 죄이고, 형법이 제166조와 제167조에서 타인의 소유물과 자기소유물에 대하여 처벌에 차이를 두고 있는 것은 그 불법의 차이를 고려한 것에 지나지 않는 것으로 이해해야 한다.

2. 보호의 정도

위험범(危險犯)은 보호의 정도에 따라서 추상적(抽象的)위험범과 구체적(具體的)위험범으로 구별된다.

(1) 추상적위험범

추상적위험범은 전형적으로 위험한 행위방법 자체를 처벌하는 범죄로서 법익(法益)침해사실이나 구체적인 위험발생이 문제되는 것이 아니라, 구성요건에 규정된 행위방법의 일반적 위험만으로 범죄가 완성된다. 형법 제164조, 제165조 및 166조1항의 범죄가 여기에 해당된다.

(2) 구체적위험범

구체적위험범은 위험의 발생이 구체적으로 증명될 것을 요하는 범죄로서 위험의 발생이 구성요건요소(構成要件要素)가 된다. 형법 제166조2항과 제167조의 범죄가 여기에 해당된다.

6.2.1.3 공공위험(公共危險)죄와 피해자의 승낙

1. 공공위험죄의 본질

'공공위험' 이란 일반적으로 공중(公衆) 즉, 불특정다수인(不特定多數人)의 생명·신체·재산을 침해할 가능성을 의미함으로 위험개념의 기초는 침해(侵害)의 가능성이다.

'공공의 위험판단' 은 객관적·사후적인 판단을 의미하므로, 행위자의 주관을 기초로 할 것이 아니라 구체적인 사정을 고려하여 경험칙상(經驗則上) 결과발생의 가능성 유무를 객관적으로 판단해야 한다. 따라서 객관적인 판단이란 물리적 위험성이 아닌 심리적 위험성 즉, 일반인이 심리적으로 공공의 위험이 있다고 느껴지는가에 있다.

2. 피해자의 승낙

추상적위험범의 경우에는 피해자(被害者)의 승낙은 범죄성립에 영향이 없지만, 일반건조물 방화죄(一般建造物放火罪 : 형법 제166조)와 일반물건 방화죄(一般物件放火罪 : 형법 제167조)의 구체적 위험범의 경우에는 피해자의 승낙이 범죄성립의 조각요건(阻却要件)이 된다.

6.2.1.4 방화죄의 착수 및 기수시기

1. 방화죄의 착수시기

방화죄의 착수시기에 대하여 통설 및 판례는 불을 놓는 것을 기준으로 하여 발화(發火)

또는 점화(點火) 행위가 있을 것을 요한다. 따라서 발화 또는 점화하여 매개물에 착화되지 않았거나 매개물에 착화한 불이 독립하여 연소하지 않았을 경우에는, 형법상 특별규정이 있을 때에 방화죄의 미수범(未遂犯)으로 처벌된다.

2. 방화죄의 기수시기(旣遂時期)

방화죄의 본질이 공공위험죄인 점에 비추어 기수시기는 공공의 위험을 야기하는 때를 기준으로 결정되어야 한다는 이유로, 불이 매개물을 떠나 목적물에 독립하여 연소(燃燒)할 수 있는 상태에 이르렀을 때에 방화죄의 기수가 된다는 견해인 독립연소설(獨立燃燒說)이 우리나라의 통설 및 판례의 태도이다.

6.2.1.5 방화죄의 죄수(罪數)

방화죄의 보호법익이 공공의 안전이라는 사회적인 법익이라는 점을 고려하여 1개의 방화행위(放火行爲)로 수개의 건조물 및 수인의 소유에 속하는 건조물을 소훼(燒燬)한 때에도 1개의 방화죄가 성립할 따름이고, 수개의 건조물에 대하여 순차적으로 방화한 때에도 건조물이 같은 지역에 있을 때에는 1죄가 성립한다. 또한 적용법조를 달리하는 건조물과 물건 등을 소훼한 경우에는 가장 중한 죄의 포괄1죄(包括一罪)가 된다.

6.2.1.6 방화죄의 결과적가중범

결과적가중범(結果的加重犯)이란 기본적인 범죄행위로 인하여 행위자가 예견치 못한 사람의 생명 또는 신체에 대한 공공위험(公共危險)을 수반하는 중한 결과가 야기된 경우에 중한 결과를 이유로 형(刑)이 가중(加重)되는 형태의 범죄를 말한다.

1. 진정결과적가중범

'진정결과적가중범(眞正結果的加重犯)'이란 고의에 의한 기본범죄에 기하여 과실로 중한 결과를 발생케 하는 경우로, 형법(刑法)상 대부분의 범죄가 이에 해당된다.

2. 부(不)진정결과적가중범

'부진정결과적가중범' 이란 중한 결과(結果)를 과실(過失)로 발생시킨 경우뿐만 아니라 고의로서도 발생케 한 경우를 말한다.

6.2.2 방화죄의 행위객체

1. 건조물(建造物)

건조물이란 가옥(家屋) 기타 이에 준하는 공작물(工作物)로서 토지에 정착하여 사람이 내부에 출입할 수 있는 정도의 기둥에 의하여 지지되고 지붕이 있는 구조물(構造物)을 말하며, 그 규모나 재료의 여하는 불문(不問)한다. 따라서 토막굴이나 방갈로 등도 여기에 해당될 수 있고, 건조물의 부속(附屬)건물도 건조물과 불가분한 일체로 형성되어 파괴하지 않고 뜯어낼 수 없는 것일 때에는 건조물에 해당한다. 그러나 가옥과 접속되지 않는 축사(畜舍)나 천막은 건조물이 아니다.

2. 기차(汽車)와 전차(電車)

'기차'란 증기(蒸氣)를 동력으로 궤도(軌道) 위를 진행하는 차량이며, 전차란 전기(電氣)에 의하여 궤도를 진행하는 차량을 말한다. 따라서 가솔린 카나 디젤기관차에 의하여 견인(牽引)되는 열차도 기차에 포함되고, 케이블카도 전차에 해당된다고 해석된다.

3. 자동차·항공기·선박·광갱

'자동차'는 원동기에 의하여 육상(陸上)에서 운전되는 차량을 말하고, '항공기(航空機)'란 사람이나 물건을 공중으로 비행하여 운반하는 비행기 및 헬리콥터 등의 비행체(飛行體)를 말하고, '선박(船舶)'은 동력 유무(動力有無) 및 규모의 대소와 형상을 묻지 않는다. '광갱(鑛坑)'이란 광물을 채취하기 위한 지하시설을 말하며, 광업권(鑛業權)에 의하지 않고 불법(不法)하게 설치된 것도 포함된다.

6.2.3 방화죄(放火罪)

6.2.3.1 현주건조물 등 방화죄[형법 제154조]

① 불을 놓아 사람이 거주(居住)로 사용하거나 사람이 현존(現存)하는 건조물·기차·전차·자동차·선박 항공기) 또는 광갱을 소훼(燒毁)한 자는 무기(無期) 또는 3년 이상의 징역(懲役)에 처한다.

② 제 1항의 죄를 범하여 사람을 상해(傷害)에 이르게 한 때에는 무기 또는 5년 이상의 징역에 처한다. 사망에 이르게 한 때에는 사형, 무기 또는 7년 이상의 징역에 처한다.

제 164조 제1항의 미수범(未遂犯)은 처벌한다.[형법 제174조]

본죄는 불을 놓아 사람이 거주로 사용하거나 사람이 현존하는 건조물 등을 소훼함으로써 성립하는 추상적위험범으로, 누구의 소유(所有)에 귀속되는가를 묻지 않는다. 이러한 객체(客體)에 불이 난 때에는 사람의 생명에 대한 위험이 크다는 점을 고려하여 무거운 형으로 벌하는 것이다.

1. '사람의 주거에 사용하는' 이란

방화 당시 범인의 가족이나 기타의 친족·동거자를 포함한 범인 이외의 자가 일상생활의 장소로 사용하는 것을 말한다. 그러므로 범인만이 혼자 사용하는 경우에는 이에 해당하지 않고 형법 제166조(일반건조물 등 방화죄)의 객체가 된다.

사람의 주거에 사용하는 장소는 반드시 방화 당시 사람이 현존해야 할 필요는 없고 당시에 주거로 사용하는 장소로도 족하고, 어떤 건조물 전체가 주거로 사용될 필요도 없다. 따라서 화재건물의 숙직실(宿直室) 등 일부만이 주거로 사용되어도 화재건물 전체가 다 주거에 사용되는 건조물이 되기 때문에, 어느 한 부분에 방화하여도 현주건조물방화죄(現住建造物放火罪)가 성립된다.

2. '사람이 현존하는' 이란

방화 당시 건조물 등의 내부에 범인 이외의 사람이 존재하는 것을 말하며, 건조물의 일부에 사람이 있으면 전체에 사람이 현존한다고 할 수 있고, 사람이 존재하는 때에는 주거에 사용될 것을 요하지 않고 현존하는 이유도 불문한다.

3. 현주건조물 등 방화치사상죄[형법 제164조2항]

현주건조물 등 방화죄를 범(犯)하여 사람을 사상(死傷)에 이르게 하였을 때에 성립하는 결과적가중범(結果的加重犯)이다.

① 여기의 사람이란 행위자 이외의 사람을 의미하기 때문에 방화의 공동정범(共同正犯)이 이로 인하여 사상에 이르게 되었다고 할지라도 본죄는 성립하지 않는다.

② 결과적가중범의 일반원리에 따라 사상의 결과에 대하여 인과관계(因果關係)가 있고, 결과발생을 예견할 수 있었을 것을 요한다.

③ 사상결과(死傷結果)에 대한 인과관계는 사람이 소사(燒死)한 경우뿐만 아니라 연기나 가스에 의하여 질식사(窒息死)하거나, 붕괴(崩壞)하는 건조물 등에 압사(壓死)한 경우 또는 사상의 결과가 불을 피하여 뛰어내리다가 일어난 때는 물론 불에 대한 쇼크로 일어난 때에도 긍정된다.

④ 피해자가 진화작업(鎭火作業)에 열중하다가 화상(火傷)을 입은 경우에는 예견할 수 있는 결과라고 할 수 없지만(대판 1966.6.28 66 도 1), 피해자의 진화작업이나 구조

행위가 법적으로 의무 지워진 경우에는 이로 인하여 발생 한 사상결과를 행위자에게 귀속시킬 수 있다고 해야 한다.

6.2.3.2 공용건조물 등 방화죄[형법 제 165조]

불을 놓아 공용(公用) 또는 공익(公益)에 공하는 건조물·기차·전차·자동차·선박·항공기 또는 광갱을 소훼한 자는 무기 또는 3년 이상의 징역에 처한다. 미수범은 처벌한다.[현법 제174조]

본죄는 불을 놓아 공용 또는 공익에 공하는 건조물 등을 소훼함으로써 성립하는 추상적 위험범이다.

1. '공용에 공(供)한다.' 함은

국가 또는 공공단체의 이익을 위하여 사용되는 것을 말한다. 공용건조물(公用建造物)이라도 주거(住居)에 사용하거나, 사람이 현존하는 경우에는 현주건조물 등 방화죄가 된다.

2. '공익에 공(供) 한다.' 함은

일반사회 공중(公衆)의 이익을 위하여 사용되는 것으로, 객체(客體)의 소유권이 누구에게 속하건 묻지 않는다. 따라서 법인(法人)에 속해도 관계없다.

6.2.3.3 일반건조물 등 방화죄[형법 제166조]

① 불을 놓아 전 2조(前 2條)에 기재한 이외의 건조물·기차·전차·자동차·선박·항공기 또는 광갱(鑛坑)을 소훼(燒毁)한 자는 2년 이상의 유기징역(有期 懲役)에 처한다.

② 자기소유에 속하는 제1항의 물건(物件)을 소훼하여 공공의 위험을 발생케 한 자는 7년 이하의 징역 또는 1,000만 원이하의 벌금에 처한다.

제1항의 죄(罪)의 미수범은 처벌한다.[형법 제174조]

1. '자기소유에 속하는'이란

건조물 등이 행위자 또는 공범자(共犯者)의 소유에 속하는 것을 말하고, 타인소유에 속한 때에 소유권자(所有權者)의 동의(同意)가 있는 경우는 물론, 무주물(無主物)인 때에도 자기소유인 경우에 준한다고 해석해야 할 것이다.

자기소유에 속한 건조물 등이라도 압류(押留) 기타 강제처분을 받거나 타인의 권리 또는 보험의 목적이 된 때에는 타인의 물건으로 간주한다.[형법 제176조]

강제처분(强制處分)에는 제한이 없으므로 국세징수법(國稅徵收法)에 의한 체납처분(滯納

處分), 강제경매절차(强制競賣節次)에서의 압류(押留) 또는 형사소송(刑事訴訟)에 의한 몰수물건(沒收物件) 등을 포함한다.

타인의 권리에는 저당권(抵當權)·전세권(傳貰權)·질권(質權) 또는 임차권(賃借權) 등이 포함된다.

2. '공공의 위험' 이란

불특정다수인(不特定多數人)의 생명·신체·재산에 대한 위험을 의미하며, 행위자는 이에 대한 인식이 있어야 한다.

3. 구체적(具體的)위험범

건조물 등의 소유권이 타인에게 속하는 때에는 추상적위험범임에 반하여, 자기소유인 때에는 구체적위험범이므로 공공의 위험이 발생한 경우에 한하여 본죄가 성립한다.

자기소유물에 대해서도 공공위험죄(公共危險罪)인 방화죄는 성립하지만 방화의 객체가 자기소유물인 때에는 자기의 소유물을 손괴(損壞)하는 것은 범죄가 되지 않는 점을 고려하여 구체적인 공공의 위험이 발생되지 않은 때에는 처벌할 필요가 없다고 본 것이다.

6.2.3.4 일반물건방화죄(一般物件放火罪)[형법 제167조]

① 불을 놓아 전 3조에 기재한 이외의 물건을 소훼하여 공공의 위험을 발생하게 한 자는 1년 이상 10년 이하의 징역에 처한다.
② 제1항의 물건이 자기소유에 속한 때에는 3년 이하의 징역 또는 700만 원 이하의 벌금에 처한다.

자기의 소유에 속하는 물건이라도 압류 기타 강제처분(强制 處分)을 받거나 타인의 권리 또는 보험의 목적물이 된 때에는 본장(本章)의 규정(規定)의 적용에 있어서, 타인의 물건으로 간주한다.[형법 제176조]

본죄는 구체적위험범(이므로 본죄가 성립하기 위해서는 공공의 위험이라는 구체적인 위험이 발생해야 한다. 따라서 불을 놓아 본죄의 객체(客體)인 물건을 소훼한 때에도 공공의 위험이 발생하지 않은 때에는 본죄는 성립하지 않는다. 타인소유의 물건인 때에 한하여 손괴죄(損壞罪)가 성립할 수 있다.

공공의 위험에 대한 인식(認識)이 고의(故意)의 내용이 된다는 것은 구체적위험범의 본질상 당연하다.

6.2.3.5 연소죄(延燒罪)[형법 제168조]

① 제166조 제2항 또는 전조(前條) 제2항의 죄를 범하여 제164조, 제165조 또는 제166조 제1항에 기재한 물건(物件)에 연소(延燒)한 때에는 1년 이상 10년 이하의 징역에 처한다.

② 전조(前條) 제2항의 죄를 범하여 전조 제1항에 기재한 물건에 연소한 때에는 5년 이하의 징역에 처한다.

자기소유 건조물 또는 물건에 대한 방화가 확대되어 타인소유물에 연소한 경우를 처벌하기 위한 자기소유물에 대한 방화죄의 결과적가중범(結果的 加重犯)이다. 여기서 연소란 행위자가 예견할 수 없었던 물체에 불이 이전(移轉)되어 소훼(燒燬)하게 하는 것을 말한다.

1. 성립의 전제

'본죄는 자기소유 건조물 방화죄나 자기물건 방화죄의 성립을 전제로 한다.' 따라서 본죄의 적용을 위해서는 자기물건이 소훼(燒燬)되었을 뿐만 아니라, 이로 인하여 공공(公共)의 위험이 일어나야 한다. 또 형법 제166조 2항과 167조의 죄는 미수(未遂)를 벌하지 않으므로 자기소유물에 대한 방화죄는 기수(旣遂)에 이를 것을 요한다.

2. 진정결과적가중범(眞正結果的加重犯)

'본죄는 진정결과적가중범이다.' 따라서 본죄는 중한 결과에 대하여 과실(過失)이 있는 때에만 적용되며, 고의(故意)가 있는 때에는 형법 제164조 내지 제165조의 죄와 제166조1항 또는 제167조1항의 죄가 성립한다. 형법 제167조2항의 죄를 범하여 동조 1항에 기재된 물건이 연소되고 ,나아가 제164조 내지 제166조1항의 물체에 연소된 때에도 본조 1항이 적용된다.

6.2.3.6 방화예비·음모죄(放火豫備·陰謀罪)[형법 제175조]

형법 제164조 제1항, 제165조, 제166조 제1항, 제172조 제1항, 제172의 2 제1항, 제173조 제1항과 제2항의 죄(罪)를 범할 목적으로 예비(豫備) 또는 음모한 자는 5년 이하의 징역에 처한다. 단 그 목적한 죄의 실행에 이르기 전에 자수한 때에는 그 형(刑)을 감경(減輕) 또는 면제(免除)한다.

1. 음모(陰謀)

'음모' 란 방화실행(放火實行)을 위한 심적 준비상태(心的準備狀態)로 2인 이상이 방화죄

(放火罪)를 범하려고 서로 의사를 교환하는 것을 말한다. 즉, 한 개 또는 수 개의 특정범죄(特定犯罪)를 행하려는 복수인(複數人)의 합의이다.

음모는 넓은 의미의 예비의 일종이나 2인 이상이 상호적으로 범죄의사(犯罪意思)를 교환한다거나 범죄의 합의라는 점에 특징이 있다. 그래서 실제상으로는 예비행위(豫備行爲)와 선후관계를 인정할 수 없다. 따라서 음모는 단독범(單獨犯)에서는 생각할 수 없으나, 예비는 단독범에서도 가능하다.

2. 예비

'예비'란 주관적인 범죄의사를 가지고, 객관적으로 범죄 실행(犯罪實行)을 위한 물적(物的) 준비상태로 실행단계에 이르지 않은 상태를 말하며, 원칙적으로 처벌하지 않으나 특별한 규정이 있을 때만 처벌한다. 따라서 어떤 죄를 범하려는 의사를 구두(口頭)·서면(書面) 또는 태도로 표현하였다 하더라도 그것 자체로서는 범죄의 고의나 착수문제(着手問題)는 될지언정, 특별한 경우를 제외하고는 범죄의사를 실현하려는 준비행위로 인정할 수 없기 때문에 예비가 아니다.

3. 미수범(未遂犯)

① 범죄의 실행(實行)에 착수했으나 완성에 이르지 못한 미수범은 범죄 실행의 착수 이후에만 문제가 되고, 실행행위의 착수 이전의 행위인 예비·음모와는 구별된다.

② 미수범에는 장애미수(障碍未遂)와 중지미수(中止未遂)가 있으나 일반적으로 미수라 할 때는 장애미수만을 말한다.

③ 비교적 중한 죄로서 형법 각 본조에 미수범으로 처벌규정(處罰規定)이 있을 때에만 처벌하며, 기수범(旣遂犯)보다 형(刑)을 감경(減輕)할 수 있다.

6.2.3.7 준방화죄(準放火罪)

1. 진화방해죄(鎭火妨害罪)[형법 제169조]

화재(火災)에 있어서 진화용(鎭火用)의 시설 또는 물건을 은닉(隱匿) 또는 손과(損壞)하거나 기타 방법으로 진화(鎭火)를 방해한 자는 10년 이하의 징역에 처한다.

본죄는 화재가 일어난 경우에 진화용의 시설 또는 물건을 은닉 또는 손괴(損壞)하거나 기타의 방법으로 진화를 방해함으로써 성립하는 범죄이다.

① '화재에 있어서'란 공공(公共)의 위험이 발생할 정도의 연소상태(燃燒 狀態)가 있는 것을 말하며, 이미 화재가 발생한 경우뿐만 아니라 화재가 발생하고 있는 경우를 포함한다. 화재원인을 불문하며, 방화(放火)·실화(失火) 또는 천재(天災)에 의한 화재인가

를 묻지 않는다.

② '진화용의 시설 또는 물건'이란 소화(消火)활동에 쓰이는 기구를 말한다. 예컨대 화재경보기(火災警報機)와 같은 소방용 통신시설(消防用通信施設)·소화전(消火栓)·소방자동차 기타 소방용(消防用)으로 마련된 시설과 기구를 말하며, 타인의 소유이건 자기의 소유이건 불문한다.

③ '은닉'이란 시설이나 물건의 발견을 불가능 또는 곤란하게 하는 행위를 말하고, "손괴"란 물질적 훼손에 의하여 효용을 해하는 일체의 행위이다. 예컨대 호스를 절단하거나 파괴하는 것이 여기에 해당한다.

④ '기타의 방법에 의한 진화를 방해하는 것'이란 소방차를 못 가게 하거나 소방관을 폭행·협박하는 경우가 포함되며, 부작위(不作爲)에 의하여도 진화방해를 행할 수 있다.

⑤ '본죄의 성립을 위한 주관적 구성요건'으로써 행위자는 화재시라는 행위 상황을 인식하고 진화를 방해한다는 사실에 대한 고의가 있어야 한다.

2. 폭발성 물건 파열죄(爆發性 物件破裂罪)[형법 제172조]

① 보일러·고압(高壓)가스 기타 폭발성 있는 물건을 파열(破裂)시켜 사람의 생명·신체 또는 재산에 대하여 위험을 발생시킨 자는 1년 이상의 유기징역(有期懲役)에 처한다.

② 제1항의 죄를 범하여 사람을 상해(傷害)에 이르게 한 때에는 무기(無期) 또는 3년 이상의 징역에 처한다. 사망에 이르게 한 때에는 무기 또는 5년 이상의 징역에 처한다.

제172조 제1항의 죄의 미수범(未遂犯)은 처벌한다.[형법 제174조]

제172조 제1항의 죄를 범할 목적으로 예비(豫備) 또는 음모(陰謀)한 자는 5년 이하의 징역에 처한다. 단, 그 목적한 죄의 실행에 이르기 전에 자수한 때에는 그 형을 감경 또는 면제(免除)한다.[형법 제175조]

본죄는 보일러·고압가스 기타 폭발성 있는 물건을 파열시켜 사람의 생명·신체 또는 재산에 대하여 위험을 발생케 함으로써 성립하는 구체적위험범이다. 폭발성 물건의 파열(破裂)은 방화는 아니지만 폭발물의 파괴력이 화력(火力)에 의한 파괴력에 준하는 것으로 보아 방화죄와 함께 규정하고 있는 것이다.

(1) 행위(行爲)

① '폭발성 있는 물건'이란 급격하게 파열하여 물건을 파괴하는 성질을 가진 물질을 말하며, 보일러·고압가스는 그 예시(例示)에 불과하다. 그러나 총포(銃砲)는 여기의 폭발성 물건(爆發性物件)이라고 할 수 없다.

② '파열시킨다'는 것은 물질의 급격한 팽창력(膨脹力)을 생기게 하는 일체의 행위를 포함한다.

③ 본죄가 성립하기 위해서는 폭발성 물건의 파열로 사람의 생명·신체 또는 재산에 대한 구체적 위험이 발생해야 한다. 특정한 소수인의 생명·신체 또는 재산의 위험이 있으면 족하고 반드시 공공의 위험이 되어야 하는 것은 아니다.

(2) 주관적 구성요건

폭발성 물건을 파열하여 사람의 생명·신체 또는 재산에 대한 위험을 발생케 한다는 고의가 있어야 한다. 생명·신체 또는 재산에 대한 위험의 인식(認識)도 고의의 내용이 된다.

3. 가스·전기(電氣) 등 방류죄(放流罪)[형법 제172조의 2]

① 가스·전기·증기(蒸氣) 또는 방사선(放射線)이나 방사성 물질(放射性物質)을 방출(放出)·유출(流出) 또는 살포(撒布)시켜 사람의 생명·신체 또는 재산에 대하여 위험을 발생시킨 자는 1년 이상 10년 이하의 징역에 처한다.

② 제1항의 죄를 범하여 사람을 상해(傷害)에 이르게 한 때에는 무기 또는 3년 이상의 징역에 처한다. 사망에 이르게 한 때에는 무기 또는 5년 이상의 징역에 처한다.

제172조의 2 제1항의 죄의 미수범(未遂犯)은 처벌한다.[형법 제 174조]

제172조의 2 제1항의 죄를 범할 목적으로 예비(豫備) 또는 음모한 자는 5년 이하의 징역에 처한다. 단 그 목적한 죄의 실행에 이르기 전에 자수한 때에는 그 형을 감경(減輕) 또는 면제(免除)한다.[형법 제175조]

본죄는 구체적 위험범(具體的危險犯)으로써 공공(公共)의 위험을 구성요건으로 하지 않는다. 그러나 본죄에 열거된 행위는 공공의 위험을 발생시키는 점에 있어서 방화죄에 준한다고 보아야 한다는 이유로 1995년의 형법개정에 의하여 본죄가 신설되었다.

(1) '방사선(放射線)'이란 전자파(電磁波) 또는 입자선(粒子線) 중 직접 또는 간접으로 공기를 전리(電離)하는 능력을 가진 것을 말한다.

(2) '방사성 물질(放射性物質)'이란 핵연료물질(核燃料物質)·사용 후의 핵연료(核燃料)·방사성동위원소(放射性同位元素) 및 원자핵분열 생성물 등을 말한다.

(3) '방출(放出)·유출(流出)'이란 관리되고 있는 것을 외부에 발산(發散)시키는 것을 말하고, '살포(撒布)'는 분말상태(粉末狀態)나 미립자상태(微粒子狀態)의 방사성 물질을 방치하여 분말(粉末) 또는 미립자(微粒子)가 자연히 날라 흩어지게 하는 것을 포함한다.

(4) 사람의 생명·신체 또는 재산에 대하여 구체적 위험을 발생케 할 것을 요하나, 공공의 위험에 이르러야 하는 것은 아니다.

4. 가스·전기 등의 공급방해죄(供給妨害罪)[형법 제173조]

① 가스·전기 또는 증기의 공작물을 손괴(損壞) 또는 제거(除去)하거나 기타 방법으로 가스·전기 또는 증기의 공급이나 사용을 방해하여 공공의 위험을 발생하게 한 자는 1년 이상 10년 이하의 징역에 처한다.

② 공공용(公共用)의 가스·전기 또는 증기의 공작물(工作物)을 손괴 또는 제거하거나 기타 방법으로 가스·전기 또는 증기의 공급이나 사용을 방해한 자도 전항의 형(刑)과 같다.

③ 제1항 또는 제2항의 죄(罪)를 범하여 사람을 상해(傷害)에 이르게 한 때에는 2년 이상의 유기징역에 처한다. 사망에 이르게 한 때에는 무기 또는 3년 이상의 징역에 처한다.[형법 제173조]

제1항·제2항의 미수범은 처벌한다.[형법 제174조]

(1) 의의(意義)

가스·전기 또는 증기의 공작물을 손괴 또는 제거하거나 기타 방법으로 그 공급이나 사용을 방해함으로써 성립하는 범죄로서, 폭발성물건 파열 죄(爆發性物件破裂罪)와 같은 화력(火力)은 아니지만, 이에 준하는 파괴력을 가진 가스 등의 공작물을 손괴·제거하여 그 목적에 의한 사용을 방해하여 공공의 위험이 발생한 것을 처벌하는 것이다.

(2) 제1항과 제2항의 죄(罪)

제1항의 죄의 객체(客體)는 가스·전기 또는 증기의 공작물이며, 행위는 손괴(損壞)·제거 기타의 방법으로 가스·전기 또는 증기의 공급이나 사용을 방해하여 공공의 위험을 발생하게 하는 것이다. 손괴는 물질적(物質的)인 훼손(毁損)을 말하며, 제거는 목적물(目的物)을 없애는 것을 말한다. 구체적위험범(具體的危險犯)이므로 공공의 위험이 발생해야 한다.

제2항의 죄는 객체가 공공용의 가스·전기 또는 증기의 공작물(工作物)로 제한되어 있으며, 이 경우에는 추상적위험범(抽象的 危險犯)이므로 공공의 위험발생을 요건으로 하지 않는다.

(3) 결과적가중범(結果的加重犯)

사상의 결과가 발생한 때에 성립하는 결과적가중범이다. 본죄(本罪)에 대하여 본죄 전체가 부(不)진정결과적가중범이라는 견해(이형국 공저 469면)와 상해에 이르게 한 때에는 부(不)진정결과적가중범이지만, 치사죄(致死罪)는 진정결과적가중범이라는 견해(이재상 518면)가 있으나, 방화죄에 있어서 본죄(本罪)의 전체가 결과적가중범이라는 진정결과적가중범이라는 견해(백형구 432면)가 타당하다고 생각된다.

6.2.4 실화(失火)의 죄(罪)

6.2.4.1 단순실화죄(單純失火罪)[형법 제170조]

① 과실(過失)로 인하여 제164조 또는 제165조에 기재한 물건(物件) 또는 타인의 소유에 속하는 제166조에 기재한 물건을 소훼(燒毁)한 자는 1,500만 원이하의 벌금에 처한다.

② 과실로 인하여 자기의 소유에 속하는 제166조 또는 제167조에 기재한 물건을 소훼(燒毁)하여 공공의 위험을 발생하게 한 자도 전항(前項)의 형(刑)과 같다.

1. 의의(意義)

과실로 형법 제164조·165조 또는 타인의 소유에 속하는 제166조의 물건을 소훼(燒毁)하거나, 자기의 소유에 속하는 제166조 또는 제167조에 기재한 물건을 소훼하여 공공위험을 발생케 한 때에 성립하는 범죄이다.

2. 과실(過失)

'과실'이란 주의의무위반(主意義務違反)을 의미한다. 형법 제170조 제2항이 규정하고 있는 자기소유에 속하는 제166조 또는 제167조에 기재한 물건의 의미에 관하여 대법원(大法院)은 전원합의체결정(全員合議體決定)을 통하여 '자기의 소유에 속하는 제166조에 기재한 물건' 또는 '자기의 소유에 속하든 타인의 소유에 속하든 불문하고, 제167조에 기재한 물건'을 의미하는 것으로 해석해야 한다고 판시(判示)하였다.[대법원 1994.12.20.94 모 32 전원합의체결정]

본죄(本罪)는 작위범(作爲犯)뿐만 아니라 부작위(不作爲)에 의해서도 범할 수 있다. 다만 부작위에 의한 실화의 죄(失火罪)가 성립하기 위해서는 부작위범(不作爲犯)의 일반이론(一般理論)이 적용되어야 한다.

6.2.4.2 업무상 실화·중(重)실화 죄[형법 제171조]

업무상과실(業務上過失) 또는 중대한 과실로 인하여 제170조의 죄를 범한 자는 3년 이하의 금고(禁錮) 또는 2,000만 원 이하의 벌금에 처한다.

1. 의의(意義)

업무상과실 또는 중과실(重過失)로 인하여 실화죄(失火罪)를 범한 경우에 형(刑)을 가중(加重)한 것으로, '업무상실화(業務上失火)'는 업무자(業務者)의 예견의무(豫見義務)로 인하여 책임이 가중되는 경우임에 반하여, '중실화(重失火)'는 과실이라는 불법이 가중되는 경우이다.

2. 업무(業務)

'업무'란 주유소(注油所)와 같이 화재의 위험이 수반되는 업무, 화기(火器)·전기(電氣)를 다루는 사람과 같이 화재를 일으키지 않도록 특별히 주의해야 할 업무 및 화재방지를 내용으로 하는 업무가 포함된다.

3. 중과실(重過失)

'중과실'은 행위자(行爲者)가 극히 근소한 주의를 함으로써 결과발생(結果發生)을 예견(豫見)할 수 있었는데도 부주의로 이를 예견하지 못한 경우를 말한다.

판례(判例)

판례는 성냥불이 꺼진 것을 확인하지 아니한 채 플라스틱 휴지통에 던지거나[대법원 1993.7.27.93 도 135], 연탄아궁이로부터 80cm 떨어진 곳에 스펀지와 솜 등을 쓰러지기 쉽게 쌓아두어 방치(放置)한 것[대법원 1987.1.17.88 도643]은 중대한 과실에 해당함에 반하여, 호텔 오락실의 경영자가 그 오락실 천장에 형광등 등을 설치하는 공사를 하면서 무자격 전기기술자로 하여금 전기공사(電氣工事)를 하게 하였다는 것만으로 화재발생(火災發生)에 대한 중대한 과실을 인정할 수 없다고 한다.[대법원 1989.10.13.89·도 204]

6.2.4.3 과실 폭발성 물건 파열죄, 과실 가스·전기 등 방류죄, 과실 가스·전기 등 공급방해죄, 업무상 과실·중과실 폭발성 물건 파열죄 등

① 과실로 제172조 제1항, 제172조의 2 제1항, 제173조 제1항과 제2항의 죄를 범한 자는 5년 이하의 금고(禁錮) 또는 1,500만 원 이하의 벌금(罰金)에 처(處)한다.

② 업무상과실(業務上過失) 또는 중대한 과실로 제1항의 죄를 범한 자는7년 이하의 금고 또는 2,000만 원 이하의 벌금에 처한다.

'과실 폭발성 물건 파열죄(過失爆發性物件破裂罪)' 는 과실로 보일러·고압가스(高壓Gas) 기타 폭발성 물건(爆發性物件)을 파열(破裂)시키거나, 가스·전기·증기 또는 방사선이나 방사성 물질(放射性物質)을 방출(放出)·유출(流出) 또는 살포(撒布)시켜 사람의 생명·신체 또는 재산의 위험을 발생케 하거나, 가스·전기 등의 공급이나 사용을 방해함으로써 성립하는 범죄이다.

'업무상과실(業務上過失)·중과실폭발성 물건 파열죄(重過失爆發性物件破裂罪)' 는 업무상과실·중과실로 인한 가중적인 구성요건이다.

부록

1 제조물책임법의 일반론

1. 제조물책임법(製造物責任法)

〔제정 2001.1.12 법률 제6109호〕

■ 제1조 목적(目的)

이 법은 제조물(製造物)의 결함(缺陷)으로 인하여 발생한 손해(損害)에 대한 제조업자(製造業者) 등의 손해배상책임(損害賠償責任)을 규정함으로써 피해자(被害者)의 보호를 도모하고 국민생활(國民生活)의 안전향상(安全向上)과 국민경제(國民經濟)의 건전한 발전에 기여함을 목적(目的)으로 한다.

■ 제2조 정의(定義)

이 법에서 사용하는 용어(用語)의 정의(定義)는 다음과 같다.

1. "제조물(製造物)"이라 함은 다른 동산(動産)이나 부동산(不動産)의 일부를 구성하는 경우를 포함한 제조(製造) 또는 가공(加工)된 동산을 말한다.
2. "결함(缺陷)"이라 함은 당해 제조물(製造物)에 다음 각목(各目)의 1에 해당 하는 제조(製造)·설계(設計) 또는 표시상의 결함이나 기타 통상적으로 기대할 수 있는 안전성이 결여(缺如)되어 있는 것을 말한다.
   가. "제조(製造)상의 결함"이라 함은 제조업자(製造業者)의 제조물(製造物)에 대한 제조(製造)·가공(加工)상의 주의의무(注意義務)의 이행 여부에 불구하고 제조물(製造物)이 원래 의도한 설계(設計)와 다르게 제조·가공됨으로써 안전하지 못하게 된 경우를 말한다.
   나. "설계(設計)상의 결함(缺陷)"이라 함은 제조업자(製造業者)가 합리적인 대체 설계(代替設計)를 채용하였더라면 피해나 위험을 줄이거나 피할 수 있었음 에도 대체설계(代替設計)를 채용하지 아니하여 당해 제조물(製造物)이 안전하지 못하게 된 경우를 말한다.
   다. "표시상의 결함(缺陷)"이라 함은 제조업자(製造業者)가 합리적인 설명·지시(指示)·경고(警告) 기타의 표시를 하였더라면 당해 제조물(製造物)에 의하여 발생될 수 있는 피해나 위험을 줄이거나 피할 수 있었음에도 이를 하지 아니한 경우를 말한다.
3. "제조업자(製造業者)"라 함은 다음 각목(各目)의 자(者)를 말한다.
   가. 제조물(製造物)의 제조(製造)·가공(加工) 또는 수입(輸入)을 업(業)으로 하는 자

(者)

나. 제조물(製造物)에 성명(姓名)·상호(商號)·상표(商標) 기타 식별가능(識別可能)한 기호(記號) 등을 사용하여 자신을 가목(目)의 자(者)로 표시한 자(者) 또는 가목(目)의 자(者)로 오인(誤認)시킬 수 있는 표시를 한 자(者)

■ 제3조 제조물책임(製造物責任)

① 제조업자(製造業者)는 제조물(製造物)의 결함(缺陷)으로 인하여 생명(生命)·신체(身體) 또는 재산(財産)에 손해(당해 제조물에 대해서만 발생한 손해를 제외한다)를 입은 자(者)에게 그 손해(損害)를 배상(賠償)해야 한다.

② 제조물(製造物)의 제조업자(製造業者)를 알 수 없는 경우 제조물을 영리목적(營利目的)으로 판매(販賣)·대여(貸與) 등의 방법에 의하여 공급한 자(者)는 제조물의 제조업자(製造業者) 또는 제조물을 자신에게 공급한 자를 알거나 알 수 있었음에도 불구하고 상당한 기간 내에 그 제조업자 또는 공급한 자를 피해자(被害者) 또는 그 법정 대리인(法定代理人)에게 고지(告知)하지 아니한 때에는 제1항의 규정(規定)에 의한 손해(損害)를 배상(賠償)해야 한다.

■ 제4조 면책사유(免責事由)

① 제3조의 규정(規定)에 의하여 손해배상책임(損害賠償責任)을 지는 자(者)가 다음 각호(各號)의 1에 해당하는 사실을 입증(立證)한 경우에는 이 법(法)에 의한 손해배상책임(損害賠償責任)을 면(免)한다.

1. 제조업자(製造業者)가 당해 제조물(製造物)을 공급하지 아니한 사실
2. 제조업자(製造業者)가 당해 제조물(製造物)을 공급한 때의 과학(科學)·기술 수준(技術水準)으로는 결함(缺陷)의 존재를 발견할 수 없었다는 사실
3. 제조물(製造物)의 결함(缺陷)이 제조업자(製造業者)가 당해 제조물을 공급할 당시의 법령(法令)이 정하는 기준을 준수함으로써 발생한 사실
4. 원재료(原材料) 또는 부품(部品)의 경우에는 당해 원재료(原材料) 또는 부품을 사용한 제조물(製造物) 제조업자(製造業者)의 설계(設計) 또는 제작(製作)에 관한 지시(指示)로 인하여 결함(缺陷)이 발생하였다는 사실

② 제3조의 규정에 의하여 손해배상책임(損害賠償責任)을 지는 자(者)가 제조물(製造物)을 공급한 후에 당해 제조물에 결함(缺陷)이 존재한다는 사실을 알거나 알 수 있었음에도 그 결함에 의한 손해(損害)의 발생을 방지하기 위한 적절한 조치(措置)를 하지 아니한 때에는, 제1항 제2호 내지 제4호 의 규정에 의한 면책(免責)을 주장할 수

없다.

■ 제5조 연대책임(連帶責任)

동일한 손해(損害)에 대하여 배상(賠償)할 책임(責任)이 있는 자(者)가 2인 이상인 경우에는 연대하여 그 손해(損害)를 배상할 책임이 있다.

■ 제6조 면책특약(免責特約)의 제한

이 법(法)에 의한 손해배상책임(損害賠償責任)을 배제(排除)하거나 제한하는 특약(特約)은 무효(無效)로 한다. 다만, 자신의 영업(營業)에 이용하기 위하여 제조물(製造物)을 공급받은 자(者)가 자신의 영업용재산(營業用財産)에 대하여 발생한 손해(損害)에 관하여 그와 같은 특약(特約)을 체결한 경우에는 그러하지 아니하다.

■ 제7조 소멸시효(消滅時效) 등

① 이 법(法)에 의한 손해배상(損害賠償)의 청구권(請求權)은 피해자(被害者) 또는 그 법정대리인(法定代理人)이 손해(損害) 및 제3조의 규정에 의하여 손해배상 책임(損害賠償責任)을 지는 자(者)를 안 날로부터 3년간 이를 행사하지 아니 하면 시효(時效)로 인하여 소멸(消滅)한다.

② 이 법(法)에 의한 손해배상(損害賠償)의 청구권(請求權)은 제조업자(製造業者)가 손해(損害)를 발생시킨 제조물(製造物)을 공급한 날로부터 10년 이내에 이를 행사해야 한다. 다만, 신체(身體)에 누적(累積)되어 사람의 건강(健康)을 해하는 물질(物質)에 의하여 발생한 손해(損害) 또는 일정한 잠복기간(潛伏 期間)이 경과한 후에 증상(症狀)이 나타나는 손해에 대하여는 그 손해가 발생한 날부터 기산(起算)한다.

■ 제8조 민법(民法)의 적용

제조물(製造物)의 결함(缺陷)에 의한 손해배상책임(損害賠償責任)에 관하여 이 법(法)에 규정된 것을 제외하고는 민법(民法)의 규정(規定)에 의한다.

■ 부칙(附則) 〈제6109호, 2000.1.12〉

① (시행일) 이 법(法)은 2002년 7월 1일부터 시행(施行)한다.

② (적용례) 이 법(法)은 이 법 시행(施行)후 제조업자(製造業者)가 최초로 공급한 제조물(製造物)부터 적용한다.

2. 제조물책임의 의의 및 성질

가. 의의(意義)

제조물책임(製造物責任* Product Liability : PL, Produkthaftung)이란 제조물의 결함(缺陷)으로 인하여 그 제조물의 이용자 또는 제3자의 생명·신체 또는 재산에 손해를 입었을 때 그 제조물의 제조업자나 판매자에게 결함제조물(缺陷製造物)로 인한 손해를 배상(賠償)하도록 책임을 지우는 법리(法理)를 말하고, 제조물책임에서는 결함제조물(缺陷製造物)의 모든 자를 손해배상책임(損害賠償 責任)의 주체(主體)로 하는데 그 특징이 있다.

나. 사회적 경향

현대의 산업사회의 진전과 과학기술의 고도화에 따라 소비자(消費者)에게 제공되는 제품도 고도화·복잡화되고, 소비자는 상품의 성분(性分)·성능(性能)·제조공정(製造工程) 및 사용방법 등에 관한 모든 정보(情報)를 스스로 알 수 없게 되었고, 제조업자와 소비자 사이에 분쟁(分爭)이 발생하여 소송(訴訟)으로 해결하려고 하여도 소비자는 소송수행(訴訟遂行) 및 입증(立證) 등에 어려움이 적지 않게 되었다. 따라서 소비자보호와 제조물의 안정성 확보를 위하여 결함제조물(缺陷製造物)로 인한 손해에 대하여 제조업자와 판매자에게 손해배상책임(損害賠償責任)을 확대하여 왔으며, 이제는 입법적(立法的)으로 제조업자에게 무과실책임(無過失責任)을 지우기까지 되었다.

다. 법적 성질

(1) 불법행위책임에 대한 보완

① 제조물책임법(製造物責任法)이 없었을 때에는 제조물 관련사고의 피해자가 제조업자에게 손해배상(損害賠償)을 청구(請求)하기 위해서는 민법 제750조(不法行爲責任)의 규정을 적용하여 구제(救濟)되어 왔다.

② 결함제조물의 피해자(소비자)가 직접적인 계약관계(契約關係) 없는 제조업자에게 손해배상(損害賠償)을 청구하기 위해서는 ⓐ 가해자(제조업자)의 고의(故意) 또는 과실(過失), ⓑ 손해의 발생, ⓒ 가해자의 고의 또는 과실과 손해의 발생과의 인과관계(因果關係)를 입증(立證) 해야만 된다. 그러나 제조물의 제조기술의 고도화·복잡화로 인하여 제조업자의 과실을 입증한다는 것은 현실적으로 지극히 곤란하다. 따라서 피해자 입증부담(立證負擔)의 경감이 요구된다.

(2) 책임요건의 변경

제조물책임법(製造物責任法)은 피해자의 입증부담(立證負擔)을 경감한다는 측면에서 '제조업자의 과실'이라는 주관적요건(主觀的要件)을 '제조물의 결함'이라는 객관적요건(客觀的要件)으로 그 책임요건(責任要件)을 변경함으로써 소비자(消費者)의 피해를 보다 쉽게 구제(救濟)하는데 그 목적(目的)이 있다. 따라서 제조물책임법(製造物責任法)에 의한 손해배상(損害賠償)을 받기 위해서는 ① 제조물의 결함(缺陷), ② 손해(損害)의 발생, ③ 제조물의 결함(缺陷)과 손해(損害)의 발생과의 인과관계(因果關係)를 입증(立證)하도록 책임요건을 변경하였다. 즉, 주관적인 **'고의(故意)·과실(過失)'**의 요건이 객관적인 **'제조물의 결함(缺陷)'**으로 전환된 것이다.

따라서 "제조물에 객관적으로 나타난 '결함'이 있으면 제조업자의 주관적인 요소인 **'제조업자의 고의·과실'**이 없더라도 책임(責任)을 지게 된다."는 의미에서 **'무과실책임(無過失責任)'**이라고 말하는 경우도 있지만, '결함'이 없는 한 책임을 지지는 않는다는 점에서 **'결함책임(缺陷責任)'**이라고 표현하는 것이 제조물 책임원칙을 보다 더 적절하게 표현한 것이 될 것이다.

〈표 1〉 민법과 제조물책임법의 책임요건 비교

구 분	민 법	제조물책임법
요 건	① 제조업자의 고의·과실 ② 손해의 발생 ③ 제조업자의 고의·과실과 손해의 발생 사이의 인과관계	① 제조물의 결함 ② 손해의 발생 ③ 제조물의 결함과 손해의 발생 사이의 인과관계

3. 제조물책임법의 성립배경

제조물책임법(製造物責任法)이 오늘날과 같이 세계적인 관심을 집중하게 된 직접적인 이유는 미국에서 발전한 엄격한 제조물책임법리(製造物責任法理)의 전개와 판례(判例)의 집적에 있다고 할 수 있다. 따라서 미국에서의 제조물책임법리 발전요인으로는 몇 가지 특수요인이 있지만, 공통적인 성립배경으로는 ① 소비경제생활의 구조적 변화와 소비자 피해의 광역·심각화, ② 소비자운동의 활성화와 권리의식 공양, ③ 제조물책임 문제에 대한 국제적인 균형 촉진 등을 들 수 있다.

가. 산업구조 변화와 소비자 피해의 광역·심각화

일찍이 산업화(産業化)를 이룬 미국·EU·일본 등 여러 나라의 산업을 소비자(消費者)와 관련지어 그 특징을 살펴보면 다음과 같다.

① 생산(生産)과 소비(消費)가 분화되어 유통구조가 복잡할 뿐만 아니라 대량 생산·대량 소비는 광범위하게 제품이 확산되도록 하였다.

② 오늘날의 제품은 첨단기술과학으로 제조되어 복잡·고도화되어 사고(事故)가 발생할 경우 광범위한 지역에서 심각한 피해가 발생하게 된다.

③ 기업(企業)의 힘이 거대화(巨大化)됨으로써 상대적인 소비자의 약체화(弱體化)를 가져와서 소비자 보호의 필요성이 강하게 요구되었다. 예컨대 과거 일본에서도 식품이나 항공기 등에 관한 비참한 사고가 발생하여 사회적인 문제가 되기도 하였다.

우리나라의 경우에도 미국·EU 등 여러 나라와 마찬가지로 대량생산(大量生産)·대량판매(大量販賣)라는 시장구조(市場構造)가 이미 확립되었다고 볼 수 있고, 특히 미국이나 EU 등 여러 나라를 포함한 세계 각국에 다양한 제품을 수출하고 있으므로 각국에서 이미 제조물책임분쟁(製造物責任分爭)에 휘말리고 있거나 앞으로 문제가 될 가능성이 있다.

나. 소비자운동의 활성화와 소비자 권리의식의 고양

미국의 랄프 네이더(Rhalp Naider) 변호사(辯護士)는 불량 자동차의 추방운동을 일으켰으며, 현재 “소비자 대통령”이라고 불리 울 정도로 소비자운동을 활성화(活性化)시켰다. 또한 1962년에는 케네디 대통령에 의해 발표된 소비자보호 특별 연두교서에서

① 안전한 권리(the right to safety)

② 알 권리(the right to be informed)

③ 선택할 권리(the right to choose)

④ 의견을 반영할 권리(the right to be heard) 등 소비자의 4대 권리를 천명함으로써 소비자의 권리의식(權利意識)이 크게 고양되었다.

이러한 권리의식은 더욱 발전하여 재판(裁判)에서 소비자 자신의 이익(利益)을 주장할 수 있도록 하거나 제도상의 권리를 확립하도록 하는데 큰 영향을 주게 되었으며, 각국에서 제조물책임법(製造物責任法)을 입법(立法)하게 되는 강력한 동기(動機)가 되었다.

다. 제조물책임 문제에 대한 국제적인 제도의 조화

1992년 말 출발한 EU의 시장통합(市場統合)은 EU 가맹국 사이에서 사람·물건·금(金)·서비스 등의 자유로운 유통(流通)을 목적으로 한 것이며, 이를 위하여 지역 내의 법제(法制)의 통합을 진행시켰다. 예컨대 ISO 9000시리즈의 품질보증(品質保證)시스템을 유럽규격으로 채택한 것이나 제조물책임에 관한 EU지침을 채택하여 각국에서 입법(立法)을 추진하여 EU 가맹국(가맹국) 모두 제조물책임법(製造物責任法)을 입법한 상태이다. 이러한 국제적인 입법추세(立法趨勢)에 따른 법원칙(法原則)의 수정은 국제적인 제도의 조화를 취함으로써 자국의 소비자 보호(消費者保護)에도 긴요한 것이다.

이러한 책임법(責任法)의 국제적인 통일이 이루어지고 있는 환경 속에서 우리나라에서도 1999년 12월에 입법하였고, 2002년 7월 1일부터 시행(施行)하고 있다. 따라서 제조물책임법의 시행은 제조업체에게는 보다 안전한 제품으로 품질 경쟁력(品質競爭力)을 확보할 수 있으며, 소비자에게는 결함제조물(缺陷製造物)로 인한 피해(被害)를 보다 쉽게 구제(救濟)받을 수 있는 장치가 된다.

2 실황조사서식과 기재요점

[서식 제42호] [집규 제 29호]

실 황 조 사 서

○ ○ ○ (○○세) 소유 ○○에서 발생한 화재사건에 대하여 ○○년.○월. ○일. 11:00 경 다음 장소에 임하여 실황을 조사한바 다음과 같다.

1. 실황조사의 장소(대상)

경남 ○○군 ○○읍 ○○리 ○○번지 ○○○소유의 가정주택

2. 실황조사의 목적

화재사건 당시의 상황을 명백히 하고 증거자료를 수집 보전함에 있음

3. 실황조사의 입회인

피해자 ○○○ 45세

4. 실황조사의 경위 및 결과

가. 실황조사의 조건

이 실황조사 당시는 주간으로 청명하여 화재현장에서 실황조사를 하는데 아무런 지장이 없었다.

나. 현장의 위치

화재현장 부근 도면을 활용하여 누구나 알 수 있는 특정장소 및 건물을 중심으로 화재현장에 쉽게 접근할 수 있는 경로를 설명한다.

다. 화재현장 및 부근의 상황

화재현장의 주변상황과 화재건물의 구조적인 특성 및 용도와 가장 심하게 소락(燒落) 및 소훼(燒燬)된 부위를 한정하여 개략적으로 기술한다.

라. 화재현장상황

(1) 외곽에서 관찰된 소잔현상

① 화재현장 외곽에 있는 현장에 있어야 할 물건 또는 비산된 소잔물건 등의 위치 및 이동경위를 밝혀 기술한다.

② 화재건물의 외벽에 가설된 모든 출입문·창문 등의 개구부에 대하여 상하 좌우의 소훼현상과 동 개구부의 외벽 상부에 형성된 주염(走焰) 및 주연흔(走煙痕)의 형성방향을 각각 비교하여 조사하고, 이를 근거로 불길의 진행방향을 판단하여 기술한다.

(2) 현장 내의 소손현상과 발화부의 한정

① 발소흔적(拔燒痕迹 : 불길이 틈새를 통하여 뿜어져 나온 흔적)의 형성위치 및 상태를 밝혀 불길이 어느 실에서 어디로 흘러갔는지를 기술한다.

② 화재건물의 구조(構造)재 및 수용 가연물의 소잔현상을 외곽에서 중심부를 향하여 비교 관찰하여 불길의 진행경로를 판단하여 기술한다.

③ 목재계단부의 소잔현상 또는 불연재 계단부에 형성된 주염 및 주연흔의 형성 상황을 비교 조사하여 출화층을 밝혀 기술한다.

④ 불연벽재 및 기둥과 천장의 박리현상(剝離現象) 또는 주염흔적의 형성위치 및 상태를 밝혀 불길의 진행경로를 판단하여 기술한다.

⑤ 현장내의 철재·알루미늄 등의 불연재의 용융(熔融) 및 주염흔)의 형성 위치 및 상태 또는 만곡방향(彎曲方向) 등을 비교분석하여 불길의 진행방향을 판단하여 기술한다.

⑥ 구획 불연벽체의 전·후면에 형성된 주염 및 주연흔의 상태 또는 가연벽재(可燃壁材)의 전·후면과 저면부의 소훼현상을 대비 검토하여 불길의 진행방향을 판단하여 기술한다.

⑦ 도괴방향(倒壞方向) 또는 소락상황(燒落狀況)을 조사하여 불길의 진행방향을 판단하여 기술한다.

⑧ 천장재·탁자·선반 등의 윗면과 밑면의 소잔현상을 대비 조사하여 불길이 아래에서 위로 또는 위에서 아래로 흘러갔는지를 판단하여 기술한다.

⑨ 목재의 완소흔적(비교적 낮은 온도에서 서서히 연소된 흔적)의 위치 및 상태를 조사하여 불길의 진행방향과 발화부의 위치를 판단하여 기술한다.

⑩ 사체(死體)의 위치 및 소사자세(燒死姿勢) 등을 조사하여 화재 당시 대피경로(待避經路)를 판단하여 기술한다.

⑪ 방화범(放火犯)의 경우에는 출입 및 도주경로(逃走經路)에 따른 제반 상황과 방화증거물(放火證據物)의 위치와 소잔상황을 규명하여 기술한다.

⑫ 위의 사항을 입체적으로 종합하여 발화부위를 추정하여 기술한다.

(3) 발굴조사와 화인추정

① 소잔전선(燒殘電線)을 추적 조사하여 단락용흔(短絡鎔痕)의 생성 여부 및 화재당시의 통전(通電)회로를 판별하여 기술한다.

② 발화부에 집적(集積)된 물건의 소잔현상과 화재당시의 위치를 조사하여 기술한다.

③ 현장에 있는 화원(火源)으로서 가능성이 있는 제반 화기시설 및 전기기기에 대하여 화재 당시의 사용 여부 및 그 주변의 소훼현상을 각 개체별로 조사하여 화재원인으로써 가능성 유무를 판단하여 기술한다.

④ 담뱃불 등 무염화원(無焰火源)에 의한 출화 여부(出火與否)에 대하여 조사한 결과를 기술한다(실화사건의 경우 반드시 기재할 필요가 있다).

⑤ 위의 각항을 종합하여 판단한 화인(火因)과 출화하여 확대 연소한 상황을 추정 판단하여 기재한다.

마. 증거자료

① 실화사건(失火事件)의 경우 화재원인과 직·간접적으로 관련이 있는 제반 증거자료는 소유자의 임의제출형식으로 수집하여 보전한 사실과 필요에 의하여 전문 감정기관에 감정 의뢰하였을 경우에는 그 사실을 기재한다.

② 방화사건(放火事件)의 경우 사건관계 증거물은 관계자의 임의제출에 의한 영치(領置) 및 압수(押收) 또는 전문기관에 감정 의뢰한 사항을 기재한다.

③ 방화(放火) 또는 중요 실화사건의 경우에는 법관의 사후영장(事後 令狀)을 받아두는 것이 아주 중요하다.

바. 피해상황

인적피해상황(人的被害狀況) 및 물적피해상황(物的 被害狀況)을 소방기관(消防機關)과 상호 협조하여 판단한 사항을 기재한다.

사. 도면 및 사진

► 예시

이 실황조서의 경위 및 결과를 더욱 명확히 하기 위하여 현장부근 약도, 화재건물의 평면도를 작성하고, 현장사진 ○○매를 촬영하여 이 조사서 말미에 첨부함.

아. 기타

방화범(放火犯)이 인정(認定) 또는 부인(否認)하는 사항, 참고인의 진술내용 및 현장상황과의 부합 여부(附合與否) 등 필요하다고 인정되는 사항을 기재한다.

이 실황조사는 ㅇㅇ.2.20.14:00에 시작하여 동일 16:50에 끝나다.

○○○○년 ○○월 ○○일

○○ 경찰서 수사과 강력반

경위 ○○○ 인

경사 ○○○ 인

3 감정서(사례)

감 정 서

2001년 1월 3일 마산동부경찰서장의 요청에 의하여 경찰서원 및 이재관계자의 참여 아래 다음 화재사건에 대하여 감식하다.

1. 사건

2001. 1. 2. 15:00경 마산시 회원구 합성2동 소재 송하빌딩 9층 송하레스토랑에서 발생한 화재사건.

2. 감식사항

현장감식에 앞서 현장상황을 명백히 한 후 경찰서원 및 이재관계자들로부터 출화상황 및 화재현장에 관한 제반사항에 대하여 설명을 받았다.

3. 감식경과

가. 발화부의 한정

(1) 본 화재건물은 철근콘크리트 10층 건물로써 9층의 내부가 가장 심하게 소락(燒落) 및 소훼(燒燬)되어 있었다.

(2) 동 화재건물 9층 내부의 소잔현상(燒殘現象) 비교하여 조사한바 종업원 탈의실의 내부가 가장 심하게 소잔되어 있었다.

위의 각항과 주염흔(走焰痕), 주연흔(走煙痕), 철재류의 수열방향(受熱方向) 및 가연물의 소잔현상(燒殘現象) 등을 종합하여 판단하면, 본 화재의 발화부는 동 화재건물 9층 종업원 탈의실내에 있는 커피분쇄기의 주변으로 생각된다.

나. 발굴 및 화인조사

(1) 화재실내를 발굴조사한 바 일체 화기시설은 발견할 수 없었다.

(2) 소잔 전기다리미의 코드선이 이탈된 상태로 소잔되어 있었음을 볼 때, 동 전기다리미는 화재 당시 사용되지 않았음이 인정된다.

(3) 탈의실 내의 소잔전선을 발굴 및 추적조사한 바, 동 탈의실 출입문 우측의 회로불상의 전선(1.6mm^2)에 단락(합선)에 의한 용흔(鎔痕)이 생성되어 있었음을 볼 때 화재당시 동 회로는 통전상태에 있었음이 인정되나, 동 용흔의 생성위치와 불길의 진행경로를 고려할 때 화염에 의하여 전선피복의 소실로 인한 2차 단락흔(합선흔)으로 판단되므로 화인으로서 배제된다.

(4) 동 탈의실 중앙창문쪽에 소잔된 커피분쇄기의 둘둘 말려 소잔된 비닐전선에 단락용흔(합선용흔)이 3개소에 생성되어 있었음을 볼 때 동 회로는 화재 당시 통전상태였음이 인정되나, 동일 회로상에 3개소의 단락개소(합선개소)가 생성된 것은 화염에 의하여 전선피복이 소실되어 생성된 2차 단락(합선) 현상으로 판단되므로 화인으로서 배제된다.

(5) 동 탈의실 중앙창문 아래 바닥과 벽체 사이의 홈(10cm×10cm)에 배선된 회로불상의 소잔된 비닐전선에 단락(합선)에 의한 용흔(鎔痕)이 생성되어 있었음을 볼 때 화재 당시 동 회로는 통전상태였음이 인정되고, 동 용흔의 생성위치 주변의 연소현상과 전체적인 불길의 확산 진행경로 등을 종합하여 판단할 때 1차 단락(합선) 현상으로 판단된다.

(6) 홈(凹)안으로 배선된 비닐전선의 경우, 홈(凹)의 보온적인 구조에 의한 축열(蓄熱)로 전선피복의 경년열화(經年劣化)에 의한 단락불꽃으로 출화할 위험은 높다.

4. 감정

위의 각항을 종합하여 판단하면 본 화재는 동 화재건물 9층 탈의실의 중앙창문 아래 위치한 바닥과 벽체 사이 홈(凹) 안으로 배선된 비닐전선의 단락(합선)불꽃에 의하여 발화하여 확대 연소한 것으로 추정된다.

이상과 같이 감정하다.

위 감식은 2001. 1. 3. 13:00경에 착수하여 동일 15:00경에 종료하다.

감정인 : ○○○○경찰청

수사연구관 ○○○ 인

4 차량화재 분석 사례

1. 일반현황

- 차 종 : 11.5 Ton Cargo 트럭
- 차량번호 :
- 출 고 일 :
- 주행거리 : 50,309km
- 연 료 : 경유
- 제조회사 :
- 운 전 자 :
- 소 속 : 운수
- 화재일시 :
- 조사일시 :
- 화재장소 :
- 조 사 자 :
- 입회 및 면담자 :

2. 사고현장 상황

가. 차량운행

화재차량은 00년0월0일 20:00경 전남 여수에서 화물을 적재하여 경기 안산에서 화물을 하차한 후, 다음 날 오전에 안산을 출발하여 빈차로 사고장소를 운행 중에 있었으며, 사고 당시 차량에는 운전자 혼자 탑승하고 있었다.

나. 도로상태

사고가난 도로는 폭 6m 정도의 비포장도로로서 사고지점은 비포장도로 시작부분에서 약 2km 떨어져 있다. 화재차량은 도로의 중앙부분에 위치하고 있었으며, 도로여건은 시속 20~30km 이상의 속도로 주행하기가 곤란한 상태이다.

3. 화재개요

가. 화재발생

화재는 비포장도로를 서행으로 운전 중에 발생하였다. 급격한 화재에 운전자는 2도 화상을 입었으며, 차량은 운전실과 엔진룸 부분의 가연성 물질을 연소시키고, 운전실과 연결된 화물칸의 일부가 소훼되었다.

나. 대피 및 신고

갑자기 화재가 발생하자 운전자는 차문을 열고 밖으로 뛰어 내렸고, 운전자의 안면부위·목·양쪽 손과 우측 어깨부분에 화상을 입었었다. 화재신고는 운전자가 했는지 주변의 주민들이 했는지는 확실하지 않으나, 인근 ○○○소방서에 화재신고가 접수된 시간은 13:05분이다.

다. 진화

화재신고 즉시 출동한 소방대에 의해화재가 진화되었으며, 화상을 입은 운전자는 구급차를 이용하여 병원으로 후송하였다.

4. 화재차량 관찰

가. 차량 외부

① 운전실과 엔진룸 부분의 외부는 연소열에 의하여 심하게 변형·변색되어 있었으며, 유리창은 앞면·뒷면·옆면 모두 파열되고 녹아 있었다.

② 엔진룸 외부의 철판은 열을 받아 도료가 거의 소실되어 회색과 청색으로 변색되어 있었고, 철의 팽창하중으로 휘어져 변형된 부분이 많았다.

③ 엔진룸 외부 철판(鐵板)은 검게 그을린 부분이 많고 도료는 소실(燒失)되지 않았으며, 운전실의 도어는 열고 닫을 수 없는 상태였고 차체의 일부는 휘어져 있었다.〈사진 1 참조〉

④ 화물칸은 운전석과 인접한 부분에 그을음이 부착되어 있었으며, 대부분은 원형 그대로의 상태를 보존하고 있었다.

⑤ 타이어는 운전실 아래에 있는 앞쪽 2개만 반소된 상태였고, 연료탱크 부분은 전혀 이상이 없었으며, 배터리는 체크결과 방전되지 않고 연소되지 않은 정상상태를 유지하고 있었다.

나. 운전실

① 운전실의 내부는 시트·플라스틱 계기판·전기배선계통·바닥판 등 모든 실내 가연물질은 완전히 소실되었고, 소실 정도는 보통의 차량화재의 경우보다 아주 심하게 소훼되어 연소의 강약에 따른 정확한 연소의 방향성을 판단하기에는 곤란하나 뒷부분보다 앞부분의 소훼현상이 강한 편이었으며, 배선에서 단락흔적은 발견되지 않았다. 〈사진 2 참조〉

② 운전실 내에서 크기가 다른 소형 스프레이 캔 5개가 발견되었으며, 1개는 파열되지 않고 원통부분의 아래쪽이 찢겨 있었고, 나머지 4개는 아래 또는 윗부분이 파열되어 있었다.〈사진 3 참조〉

③ 파열된 4개의 캔은 운전석 및 조수석 발부분의 바닥에서 발견되었으며, 파열되지 않은 1개의 캔은 운전석 의자 밑에서 발견되었다.

④ 파열된 캔은 파열 당시의 압력으로 원래의 위치에서 이동되었을 것이다.

〈사진 1〉 운전석 외주부의 소잔현상

〈사진 2〉 운전석 내부의 소잔현상

〈사진 3〉 운전실에서 소잔된 소형 스프레이 통

다. 엔진룸

화물자동차의 엔진룸은 운전석의 아랫부분에 있는데, 호스·배선 등 가연성 부품은 거의 소훼되었고 연료탱크를 포함한 연료계통에서는 특이한 연소현상은 발견되지 않았다.

라. 화물적재함

운전실과 인접된 화물실의 바닥목재가 약간 소실되었을 뿐 여타부분은 원형 그대로의 상태였으며, 화물실의 바닥에서 소실된 부분이 없는 원형상태의 이불이 발견되었다.

5. 관계자 진술

아래의 운전자와 소방관의 진술내용은 조사자 본인이 직접 면담한 것이 아니고, 제3자가 면담한 내용을 간추려 정리한 것이다

가. 운전자

① 비포장도로를 서행으로 운전 중 운전석의 앞부분에서 "펑"하는 소리와 함께 순식간에

불길이 솟아올라 화상을 입고 문을 열고 밖으로 뛰어내려, 근처에 있는 공중전화를 이용하여 파출소에 신고하고 의식을 잃은 상태에서 회복하여 보니 병원침상이었다.

② 이불은 운전석의 뒷부분에 있었던 것인데 불을 끄려고 가지고 내린 것이고, 공기청정기와 전기장판을 시가라이터와 연결사용하고 있었으며, 그 밖에 차량의 내부를 임의로 개조하지 않았다.

③ 담배는 즐기는 편이나 발화 당시 담배는 피우지 않았고, 운전실 내에 있던 소형 캔은 곰팡이 제거제와 내장왁스이며, 창문을 닫고 히터를 가동한 상태에서 운전 중이었다.

나. 출동 소방관

신고를 받고 화재현장에 도착하여 불타고 있는 차량을 진화(鎭火)하였으며, 운전자는 사고차량 앞에서 화상(火傷)을 입고 넋이 나간 사람처럼 앉아 있어서 병원으로 후송(後送)하였다.

다. 사고현장 최초 조사자

① 화재차량을 견인하기 위하여 현장에 도착했을 때 차량은 도로 중앙부분에 위치하고 있었음을 볼 때 화재 당시 운행 중이었던 것으로 판단된다.

② 화재차량 옆에 이불이 있어서 혹시 이 차량과 관련되었을 것으로 생각하여 신고 왔다.

③ 사고현장 주변은 민가가 드물고 차량이나 보행자가 별로 없는 한적한 도로이며, 비포장으로 요철이 아주 심한 상태였다.

6. 조사결과 분석

- 운전자의 진술내용과 차량의 정지위치를 볼 때 화재차량은 운행 중이었음이 인정된다.
- 운전 당시 운전자가 미처 대피하지 못하고 화상을 입을 정도로 갑자기 불길이 운전실의 전체로 휩싸인 것으로 보아 화재는 급격히 폭발적으로 발화되었으며, 또한 차량화재의 일반적인 소훼현상보다 소실 정도가 아주 심한 상태였음을 볼 때 인화성 액체 또는 가연성 가스와 같은 연소촉진제와 관계되었다.
- 화재 당시 운전실의 내부온도는 유리가 전부 녹아 있었던 것으로 보아 900℃ 정도까지 도달하였으며(유리의 용융점 : 760℃), 연소시간은 약 15~20분 정도로 추정된다.
- 운전실 내의 전기배선에서 단락흔적이 발견되지 않았으며, 배터리가 정상이었다.

일반적으로 단락 당시에 발생하는 많은 전류로 인하여 배터리가 방전된다.

- 운전자의 화상부위가 안면부위·목·양쪽의 손 등 화염에 노출된 신체부위 전체에 해당되는 것을 볼 때 운전실에서의 최초 화염(火焰)은 강렬하고 광범위하였다.
- 운전자의 오른쪽 어깨부위에 화상을 입은 것으로 보아 어깨 윗부분의 옷에 불이 붙은 것으로 판단되고, 화상부위가 모두 신체의 윗부분인 것으로 보아 최초의 화염은 운전석의 상부에서 더 강렬하였다.

7. 발화지점의 판정

가. 검토

- 차량의 소잔현상으로 보아 발화지점은 엔진룸 또는 운전실로 한정된다.
- 만약 엔진룸에서 발화하였다면, 엔진룸을 연소시키면서 화염이 운전실로 확대되어 운전자에게 화상을 입혀야 한다. 그러나 엔진룸과 운전실 사이에 연소통로(개구부)가 없고 창문이 닫혀있었으며 아래에서 위로 연소의 확대흔적을 발견할 수 없고, 운행 중인 운전자가 엔진룸에서의 화재를 감지하지 못하고 운행을 계속할 수가 없다.
- 보통의 차량화재는 충돌 또는 방화 없이 전소되기 곤란하며, 특히 운행 중인 차량이 엔진부분에서 가연성 증기를 형성하여 폭발적으로 연소될 수 없고, 화재 차량은 경유를 연료로 사용하므로 그 가능성은 더욱 희박하다.
- 가연성 부품이 거의 없는 엔진룸에서의 화재는 발화지점 부위에 한정되는 경우가 많다.

나. 결론

상기의 검토내용과 같이 연소의 강약과 방향성으로 보아 엔진룸에서 발화하지 않았으며, 운전실의 소잔현상과 운전자의 진술내용 등을 종합하여 이 차량화재의 발화지점은 운전실로 판정함.

※ 운전실에서 일어난 화재는 운전실 내부의 많은 가연성 물질을 연소시켜 실내온도가 800℃ 정도까지 도달하였다. 이 연소열이 전도 및 복사작용에 의해 또한 유리창이 녹아 파손된 후의 화염분출에 의해 엔진룸·적재함 등의 가연성 부품을 연소시켰다.

8. 발화원인의 판정

가. 검토

- 운전자의 진술내용 및 운전자의 화상경위 등으로 보아 이 화재는 운전실에서 급속

하고 강렬하게 시작되었다.

- 운전실 내에 있던 일반가연물의 착화로는 폭발적인 연소가 시작될 수 없으며, 운전실 내에는 연료라인과 기타 인화성 액체는 존재하지 않는다.
- 운전실에서 발견된 5개의 소형 스프레이 캔이 이 화재와 깊은 관련이 있다.
  - 파열된 4개의 캔은 화재발생 이후 캔이 수열에 의한 내부압력의 증가로 파열되어 운전실 내부의 연소를 가속화시켰다.
  - 파열되지 않고 캔 원통부분이 찢긴 상태로 운전석 의자 밑에서 발견된 1개의 캔은 화재 이전에 그 내용물이 누출되었다(내용물이 있었다면 열을 받아 4개의 캔과 같이 파열됨).

※ (주)

운전자가 진술한 내용과 캔의 규격을 시중에서 판매하고 있는 스프레이 캔과 비교해 본 결과, 운전실에서 발견된 캔은 팡이제거제·래커·성애제거제로 밝혀졌다. 이들 캔은 전부 LPG로 충전되어 있었으며, 파열되지 않고 발견된 1개의 캔은 팡이제거제로서 시판되고 있는 제품은 LPG 84g이 충전되어 있었다.

- 요철이 심한 비포장도로를 운행 중 운전석 의자(스프링이 붙어 있음)가 심하게 움직여 의자 밑에 보관되어 있던 스프레이 캔이 파손되고, 이 캔에서 LPG가 누출되었다.
- 운전실 내에서 여러 가지 종류의 발화원이 항상 존재하고 있다. 그러나 이러한 발화원이 운전실 내의 일반가연물을 착화시킬 수 없다. 그러나 가연성 가스는 일반고체가연물과는 달리 미소한 에너지에 의해서 착화하는데, 누설된 LPG를 착화시킬 수 있는 운전실 내의 발화원으로는 다음과 같은 것들이 있다.
  〈시가라이터·혼·릴레이·퓨즈·전기배선·정전기·마찰스파크·흡연 등〉
- 상기의 발화원은 어떤 차량이든지 운전실 내에 항상 존재하고 있는 것으로서, 가연성 가스가 실내에 체류하고 있는 경우에는 화재발생은 피할 수 없다.
- 물리적 증거를 제시하여 발화원을 정확히 규명하는 것은 상기의 발화원의 특성, 운전자의 진술의 신빙성, 심한 소훼현상 등의 요인으로 감식은 불가능하다.

나. 결론

요철이 심한 비포장도로를 운행 중 운전석 밑에 보관되어 있던 스프레이 캔 1개가 스프링 의자의 요동으로 파손되어 캔 내부의 LPG가 누출, 운전실 내에 상존하고 있던 발화원에 의해 착화된 것으로 판정함.

5 혼합 및 혼촉 위험물

〈자료 1〉 대표적인 혼합 발화

혼합위험물질		현상
산화성	환원성	
무수크롬산	아닐린	발 화
	신 나	발 화
	아세톤	발 화
	무수초산	폭 발
	알 콜	발 화
	그리스	발 화
액체공기 (液體空氣)	수소(水素)	폭 발
	메 탄	폭 발
	아세틸렌	폭 발
	나트륨	폭 발
	금속분(金屬粉)	폭 발
액체산소 (液體酸素)	디메틸 · 케톤	폭 발
	테레핀油	폭 발
	인(燐)	폭 발
	활성탄(活性炭)	폭 발
	목탄분(木炭粉)	폭 발
	에 텔	폭 발
염소(鹽素)	황린(黃燐)	발 화
	아세틸렌	발 화
	암모니아	발 화
	안티모니 분말	발화, 폭발
브 롬	금속분(金屬粉)	발 화
브롬酸 칼륨	치오, 그리콜, 암모늄	발 화
	과황산암모늄	발 화
염화질소 (鹽化窒素)	인(燐)	폭 발
	지방유(脂肪油)	폭 발
	고무	폭 발
	비소(砒素)	폭 발
	테레핀油	폭 발
고도표백분	아세틸렌	발 화
	염화(鹽化)암모늄	폭 발
크롬酸 납	어유(魚油)	발 화
바륨, 아지드	4염화탄소	발화(마찰)

혼합위험물질		현상
산화성	환원성	
	금속분(金屬粉)	폭 발
	목탄(木炭)	폭 발
亞鹽素酸칼륨	황화탄소(黃化炭素)	발 화
過鹽素酸칼륨	에텔	발화, 폭발
	목탄 등 가연물	발화, 폭발
過鹽素酸 나트륨	수산(蓚酸)	발 화
	치오黃酸나트륨	발 화
질산(窒酸) 암모늄	유황(硫黃)	발화, 폭발
	인(燐)	발화, 폭발
	목탄(木炭)	발화, 폭발
	금속분(金屬粉)	발화, 폭발
	황화(黃化)안티모니	발화, 폭발
아질산(亞窒酸)나트륨	염화(鹽化)암모늄	폭발(가열)
	카본 · 블랙	발 화
아질산(亞窒酸)	시 안	발 화
	알코올	폭발(가열 · 충격)
重크롬酸카륨	황산(黃酸)	발화, 폭발
	히드라진	발화, 폭발
	히드록실아민	발화, 폭발
過망간酸칼륨	글리세린	발 화
	톨루엔, 설폰, 아미드	발 화
	유황(硫黃)	발 화
	목탄(木炭)	발 화
	금속분(金屬粉)	발 화
	인(燐)	발 화
	황화(黃化)안티모니	발 화
	황산(黃酸)과 설탕	발화, 폭발
과산화수소 (過酸化水素)	알코올	폭 발
	수화(水化)히드라진	발 화
	목탄이나 목모(木毛)	발 화
	금속분(金屬粉)	발화(마찰)
	유황(硫黃)	발화(마찰)
過酸化칼륨	알루미늄 분말과 물	발 화

혼 합 위 험 물 질		현 상	혼 합 위 험 물 질		현 상
산 화 성	환 원 성		산 화 성	환 원 성	
나프텐酸 코발트	메틸, 에킬, 케톤, 퍼·옥사이드(MEKPO)	발화, 폭발		유황(硫黃)	발화(가열)
				인(燐)	폭발(마찰)
피크린酸	생석회(生石灰)	발 화		규소(硅素)	폭발(마찰)
산화철	용해(용해)알루미늄	폭 발		마그네슘	폭발(마찰)
무수(無水) 마레인산	가성(가성)소다(水酸化나트륨)	폭 발	발연(發煙)질산 또는 농질산(濃窒酸)	크실렌·아닐린	발화, 폭발
염소산(鹽素酸)칼륨	유황(硫黃)	폭 발		인화수소(燐化水素)	발화, 폭발
	인(燐)	폭 발		황화수소(皇化水素)	발화, 폭발
	황화(黃化)안티모니	폭 발		테레핀유	발화, 폭발

〈자료 2〉 폭발성 물질의 생성

혼 합 위 험 물 질		생 성 물	발 화 조 건
암모니아, 염화암모늄 濃液	염소, 차아염소산, 브롬, 요오드	할로겐화 질소	건조상태는 민감하여 작은 충격이나 가열로도 폭발
암모니아, 탄산암모늄 溶液	산화은(또는 금), 질산은	뇌산연(雷酸鹽)	
아세틸렌, 디·아세틸렌, 기타 아세틸렌계 및 탄화수소	동, 은, 수은염류 또는 암모니아 습기 하에 있는 이들 重金屬	아세틸렌화 중금속	
알코올류	질산은, 질산수은 등 질산염	뇌산연(雷酸鹽)	
염소산염(鹽素酸鹽)	암모니아, 탄산암모늄, 염화제1철, 질산은, 암모늄염, 산화납, 아산화수은 등	불안정한 염소산 염	혼합하면 가연물을 발화시킨다.
염소산염, 과망간산염류	강산(황산, 질산, 염산 등	불안정한 염소염	
산소(酸素)	아세트·알데히드, 에틸, 벤젠	과초산, 과산화 安息香산	
암모니아	동(銅)	질화동(窒化銅)	폭발(가열)
시안수은(水銀)	염소(鹽素)	염화(鹽化)시안	폭발위험
핵사, 메틸렌, 테트라민	요드포름의 화합물	폭발성 물질	폭발(178℃)
칼륨 – 나트륨	2황화탄소	폭발성 粉體	
셀렌	질산(窒酸)	폭발성 凝固物	
아세틸렌	염소산수은용액, 과염소산수은용액	猛爆性의 수은염	
일산화탄소	니켈	니켈·테트라·카보닐	폭발(60℃)

〈자료 3〉 산화성 및 화원성 물질에 의한 발화·폭발

산화성 물질	환원성 물질	비 고
염소산염류, 과염소산염류, 과망간산염류, 질산암모늄, 그 외 질산염류·중크롬산염류·과산화물	유황, 목탄, 금속류, 인, 황화안티몬, 유기물, 기타 환원성물질	마찰, 충격, 가열 또는 농황산이 접촉되면 위험하다. 특히 과산화물은 습기아래에서 위험하다.

산화성 물질	환원성 물질	비 고
과산화수소 농액	금속분, 분진, 금속산화물, 유기물	
發煙(농)질산	인화수소, 황화수소, 테레핀油, 유기물	
과염소산	무수초산, 금속, 금속산화물, 그 외 환원성물질	
무수차아염소산	유황, 인, 유기물	
무수크롬산	무수초산, 알코올	
아산화질산	유황, 탄소, 인	
피크린산	유기물	
액체공기, 산소, 염소, 브롬 등	수소, 메탄, 아세틸렌, 유황, 인, 나트륨, 칼륨, 금속분말, 테레핀油, 기타 유기물	
중크롬산염, 연소산염, 과염소산염, 염소, 산화수은 등	히드라진, 水化히드라진, 히드록실, 아민염류	
질산, 차아염소산용액, 표백분, 염산가스(溫)	아세틸렌	

〈자료 4〉 혼촉위험물

분류	혼촉위험물질	위 험 대 상 물	조 건	현 상	비 고
산소	산소(酸素)	디·메닐·케톤, 페닐·디 클로라민, 粘性油, 테레핀油		폭발	· dimethyl- ketone · phenyldichlo -ramin · 황화철은 촉매작용 · 인이 산소를 흡착할 때 흡착열
		산화철을 함유한 활성탄			
		인을 함유한 활성탄			
		에텔	산소와 반응하여 불안정한 과산화물을 만든다.		
		수소, 메탄, 아세틸렌, 유황, 금속분	마찰		
		목탄분(철·아연 함유)			
	고압산소	아세트알데히드		발화·폭발	acetaldehyde
		철분(또는 錆)	유동마찰	발화	
	액체산소	활성탄(카본·블랙), 목탄분, 에텔		폭발	
	오존(osone)	알코올, 에텔, 유황, 유기물, 특히 油類·樹脂類		발화	O_3
		인, 요드화 질소, 염화질소		폭발	

분류	혼촉위험 물질	위 험 대 상 물	조 건	현 상	비 고
무기과산화물	과산화수소 (H_2O_2)	히드라진(hydrazine), 알코올, 글리세린(glycerin), 중금속 분, 산화물		폭발	軟망간 鑛이 있으면
		곡분, 면, 양모, 해면, 油, 수지, 가연물		연소	
		유기산, 케톤류, 알데히드류	충격·가열로 과산화물생성	폭발	
	알칼리금속의 과산화물 예 : 과산화나트륨, 과산화칼륨	물		발화	황화물과 습기
		알루미늄 등의 금속분	미량수분	자연발화	유기물 존재 아래
		무수초산나트륨			
		수산화나트륨	진동		
		수산화칼륨			
		목초, 樹皮, 棉花, 유황	충격		
	과산화 수은 과산화 鉛 과산화 銀	유기물, 금속분 등의 환원성 물질(아민류, 아닐린, 알코올, 유기산, 유지, 인, 목탄, 황화비소, 안티모니, 금속분, 기타 유기물)	소량의 수분과 마찰	발화	
	· 과산화 鉛 · 四산화루테늄 · 오스뮴 산염 · 루테늄 산염	동식물유 등의 유기물, 연단(사삼산화연 : lead tetra −oxide)	가열	발화	유(油), 바니시에 산화되기 쉬운 유기물은 위험하다.
		무수수산 고무, 목탄, 유기물 유황	마찰	폭발	오스뮴 화합물은 강력한 발화합금으로 微光을 발하며 분해한다.
		유기물(有機物)	가열·충격		
유기과산화물	벤조일·퍼·옥사이드 (benzoyl per − oxide)	금속비누(나프텐산, 코발트 등)	충격·빛	폭발	· 고 순도는 위험하여 디메틸·프탈레이트 등의 안정제가 들어간다. · 에틸렌 퍼 옥사이드는 에텔을 장기간 공기 중에서 보존할 때 생성 ·전 과산화물은 건조상태에서는 강력한 폭발물이 된다. · cumene hydro per oxide
	벤젠·설포·퍼·옥사이드				
	멕포(MEKPO) 에틸렌 퍼 옥사이드, 무수초산 퍼 옥사이드, 에틸 퍼 옥사이드, 메틸 퍼 옥사이드, 모노 알데히드 퍼 옥사이드	· 유기물(유·수지), 稀 토류 금속, 철·금속분 · 활성탄			

분류	혼촉위험물질	위험대상물	조건	현상	비고
차아염소산염	큐멘·하이드로·퍼·옥사이드	가연물	마찰		
	무수염차아염소산	유황, 인, 유기물	약간 가열	발화 폭발	· 염화칼슘을 장기간 보존하면 폭발할 때가 있다. · 고도표백분과 디 치오카바메이트 계의 농약이 혼합되면 발화한다.
	고도표백분(차아염소산칼슘)	염화암모늄	충격	폭발	
		아세틸렌		발화	
	차아염소산 나트륨·칼륨	비누			
아염소산염	아염소산염 예 : 아염소산 나트륨, 아염소산 칼륨, 연(鉛)	강산(농황산·농질산), 유황, 유기물, 유지, 하이포 치오시안산, 암모늄, 수산, 기타 유기물·황화물·이황화탄소		발화 폭발	ammonium thiocyananate
염소산염	염소산염(鹽素酸鹽) 예 : 염소산나트륨, 염소산칼륨 등	암모니아	염소산암모늄 발생	폭발	· 염소암모늄은 폭발위험 이 있다. ·불안정한 염소산의 생성
		암모늄염	· 이산화염소 발생 · 밀폐공간에 방치		
		농황산, 농염산, 황화안티모니			
		알루미늄, 마그네슘, 철분 등의 금속분말	충격·마찰	발화	백색염의 섬광(閃光)
	염소산나트륨 염소산칼륨	유황, 이황화탄소, 유기유황, 황화물, 적린	마찰·충격	폭발	· 염소산아연, 염소산은 등도 위험하다(염소산은과 유황의 혼합물은 가압으로 폭발한다.) · 염소산나트륨과 유황의 2중 결합을 갖는 화합물(농약 등)의 혼합물은 100℃ 이하의 가열로 폭발한다.
		치오시안酸 암모늄		발화	
		히드라진, 히드록실 아민(hydroxyl amine)		폭발	
		염화 아연(亞鉛)	습기	발화	
		설탕과 적혈염, 차아황산나트륨, 가연물의 분말, 아민염(무기·유기 아민)	충격·마찰		
	염소산 스토론 튬	알루미늄, 마그네슘, 철분 등과 스테아린산염	충격·마찰	폭발	적색 염(赤色焰) 섬광제(閃光劑)
		시안화물, 활성탄, 가연물의 분말			
	염소바륨	스테아린산염	충격	발화	· 록색염, 섬광제, 칼륨염에서 위험
		비소, 안티모니, 목탄, 亞鉛粉, 철분	마찰·충격		
		유황	마찰	폭발	· 건조 시에 강폭성농산

분류	혼촉위험 물질	위 험 대 상 물	조 건	현 상	비 고
염소산염	염소바륨	황화동, 황화비소(鷄冠石), 요드화 질소	마찰	폭발	화 은의 암모니아 용액에 알코올을 가해서 만든다.
		뇌은(雷銀)			
		인의 2황화탄소 용액	2황화탄소증기 증발 후		
		설탕과 목편과 황산		발화	
		황화 안티모니, 5황화 안티모니	타격·스파크	폭발	
		요드화 인		발화	
	염소산 은(銀)	유황	가압(加壓)	폭발	
과염소산염	·과염소산 염 (예 : 과염소산칼륨)	히드라진과 水化物 히드록실아민과 鹽類		폭발	
		목탄 등 가연물, 지류, 에텔류	습기, 태양열	발화	방치하면 2산화염소와 산소로 분리, 그 일부가 흡열로 발화한다.
		유기물, 금속분, 강산화제, 산화물, 가연물	마찰·충격	발화 폭발	
	무수과염소산칼륨	비소, 안티모니, 목탄, 아연, 철 등의 금속분			
	과염소산에텔		자폭성 물질	발화 폭발	
	과염소산(過鹽素酸)	에텔, 아세톤			과염소산
	니트로실(nitrosyl per chlorate)	알코올, 요소(尿素)		발화	·니트로실은 과염소산과 산화질소)아질산소다와 질산으로 만듦), 에서 생성된 무수과염소산염으로 위험하다.
		테레핀 芳香族系 아민(아닐린·toluidine 등)		발화	·과염소산 에틸렌디아민은 발화제로, 과염소산 디아조늄이 된다.
		냉(冷)아닐린			
	과망간산염의 무수염		30℃ 이상 승온	폭발	자폭성 물질
과망간산	과망간산염(예 : 과망간산칼륨, 과망간산나트륨 등)	유황(硫黃), 유연(油煙)	177℃		
		글리세린	충격	발화, 폭발	발생한 수소가스가 폭발
		에탄올 + 황산		섬광 발화	
		피크린 산 + 농황산		발화	
		농황산, 과산화수소		폭발	

분류	혼촉위험 물질	위험대상물	조건	현상	비고
과망간산	과망간산염(예 : 과망간산칼륨, 과망간산나트륨 등)	철분(鐵粉)		연소	
		질산암모늄 + 유기물	가열·마찰	폭발	120℃에서 발화되는 과망간 암모늄이 생성된다.
		피리딘(pyridine)	가열·충격		
		에텔, 알코올, 테레핀油(turpentine-oil)과 황산		발화	
크롬산과 크롬화합물	무수 크롬산	초산, 피리딘, 그리스, 아닐린(aniline), 아세톤, 퀴놀린(quinoline), 신나, 알코올		발화	
	크롬산칼륨	시안화수은	가열(加熱)		
	크롬酸鹽	칼슘카바이드	마찰		
		무수초산, 빙초산, 기타 유기용제(有機溶劑)			
	4산화(酸化)크롬	청산(青酸)칼륨	가열	폭발	
	산화제2크롬	에텔, 알코올		연소(燃燒)	
중크롬산염	중크롬산鉛, 중크롬산칼륨, 중크롬산암모늄	카바이드(탄화칼슘) 시안화수은(水銀)	마찰		
	중(重)크롬산염(酸鹽)	가연물	가열	발화	
		히드라진과 그 水化物 히드록실아민(hydroxylamine)과 그 염류(鹽類)		발화, 폭발	
	중(重)크롬산	아닐린, 피리딘, 퀴놀린	가열, 방치	폭발	
	중크롬산칼륨	소석회(消石灰)		발화	
차아·아질산	차아질산(次亞窒酸)	2황화탄소	가열, 충격	발화	· 뇌산(雷酸)생성으로 · 아질산에스텔 생성으로 · 이·아조늄염 생성으로 · 니트릴·시아니드 생성으로
	아질산(亞窒酸)	마론산(malonic acid)		폭발	
		알코올			
		아민類			
		시안			
질산	질산(窒酸)	알코올, 가연물		발화 분해 폭발	
		β디케톤의 동염(銅鹽)			
	농질산(濃窒酸)	아세틸렌, 유기물, 농암모니아水, 아민류(농), 2산화질소, 탄수화물, 유기산, 강산화제		발화, 폭발	
	發焰(濃)窒酸	테레핀油, 종이, 나무, 직물(織物) 등의 유기물		발화	

분류	혼촉위험 물질	위 험 대 상 물	조 건	현 상	비 고
질산	발연질산(發煙窒酸)	치오펜(thiophene)		폭발 발화	
		요드化, 수소가스(HI), 셀렌化수소, 인화(燐化)수소, 황화수소			
질산에틸	질산에스텔(예 : 질산메틸·질산에틸·질산프로필		가열(加熱)	폭발	질산에스테르는 일반적으로 비점이상으로 가열하면 폭발한다.
	니트로글리세린(nitroglycerin)		충격		
	아질산아밀·에스텔	증기화(蒸氣化)	250℃ 이상		
	니트로·히드록실·아민·나트륨鹽	적린, 유황, 탄소	충격(衝擊)		
아질산염	아질산, 아질산염(예 : 아질산나트륨·아질산칼륨)	할로겐화암모늄, 암모늄염, 치오·시안산염, 청산칼륨, 적혈염(페리시안화물), 가연물	가열(加熱)		
		히드라진과 그 水化物	가열, 충격		
	아질산염 은(銀)	시안化銀			디·시안 생성으로
질산염	아질산염	차아인산나트륨, 염화암모늄	가열		
	질산암모늄(硝安)	황산암모늄(초안)	충격(衝擊)		
	용융초안(溶融硝安)	아연(亞鉛), 알루미늄, 銅 등의 금속분(金屬粉)			
	질산칼륨	초산나트륨 + 주석산염 수산염 + 구(枸)·산염 아인산나트륨	가열(加熱)		산화질소, 아질산가스 발생
	질산나트륨	하이포(치오황산나트륨)	용해(溶解)될 때		
		주석(朱錫), 땜납, 주석염(朱錫鹽)	장기반응		산화주석 생성(점화제로 쓰임)
	질산연(窒酸鉛)	아인산鉛, 아질산鹽	충격, 마찰		
	질산은(窒酸銀)	요드화 에틸(ethyliode), 시안화 은(銀)	가열(加熱)	발화	폭발성의 물질 생성

참고문헌

1. 화재원인과 조사실무(I)(Ⅱ)	송 재 철	수사간부 연수소
2. 기초연료과학과 화재지식	송 재 철	경찰수사 연수소
3. 방화와 실화	송 재 철	경찰수사 연수소
4. 화재수사 길라잡이	경찰청 수사국 편집	경찰청
5. 전기사용 합리화 사례집		대한전기협회
6. 국내 가스사고 사례집		한국가스안전공사
7. 97, 가스사고 모의실험 결과보고서		한국가스안전공사
8 휴게소 LPG 폭발사고 자료집		한국가스안전공사
9. 가스배관 손상사고 실체의 원인규명		한국가스안전공사
10. 사고조사 전문과정(교재)	한국가스안전공사	
11. 화재조사실무(교재)	경기도지방소방학교 교학과 편집	
12. Guide for Fire and Explosion Investigations		NFPA 921
13. 화재원인조사 입문	塚本孝一	전국가제법령출판사
14. 화재원인조사사례집	동경연합방화협회	전국가제법령출판
15 화재조사	김 만 우	신광문화사
16. 최신 연소공학	김 광 열 외	동화기술
17. 전기화재공학	최 충 식 외	동화기술
18. 소방전기회로	김 영 태	형설출판사
19. 나도 사진작가가 될 수 있다.		마산사진연구소
20. 화재조사 실무 용어사전		경기도 하남소방서
21. 형법총론·각론	이 재 상	박 영 사
22. 형사소송법	임 동 규	법 문 사44

화재조사 길잡이

[감수]
정재웅 현재 경남 소방본부장

[저자]
김태석 부산대학교 법정대학 법학과 졸업
경찰간부후보 18기 경위임관(경정 퇴직)
화재조사 실무경력 28년
경남재향경우회 부회장
현재/창신대학 소방방재과 외래교수
김유식 현재/한국국제대학교 방재공학부 교수
전국 소방학과 교수협의회 회장
한국국제대학교 공과대학장
윤충국 현재/창신대학 소방방재과 교수
경상남도 소방기술심의위원
정영진 현재/강원대학교 소방방재공학부 교수
전국대학 소방학과교수협의회 부회장

2009년 3월 10일 1판 1쇄 인쇄
2009년 3월 16일 1판 1쇄 발행

저 자 김태석 김유식 윤충국 정영진
발행인 강해작
발행처 기문당
주 소 서울시 성동구 공명길 39
(하왕십리동 966-22)
전 화 2295-6171(代)~5
팩 스 2296-8188
출판등록 1976. 10. 7 (1-44)
홈페이지 http : // 기문당
http : // www.kimoondang.com
ISBN 978-89-6225-141-8 93540
정 가 28,000원